ALEX ALVES MAGALHÃES DOS SANTOS
Pós-graduado em Matemática pela UFF
Graduado em Licenciatura e Bacharel em Matemática pela UFRJ

Matemática para Concursos
Geometria Euclidiana

Revisor Técnico: Professor Paulo Roberto Tralis
Doutor em Matemática
Diretor do Instituto de Matemática da UFF

Revisor Gramatical: Professor Alexandre Francisco da Silva
Bacharel, Licenciado e Especialista em Letras – UERJ.

EDITORA CIÊNCIA MODERNA

Editor: Paulo André P. Marques
Capa: Antônio Carlos Ventura
Diagramação: Verônica Paranhos
Revisão: Alexandre Francisco da Silva
Revisão técnica: Paulo Roberto Tralis
Digitalização de Imagens: Maria Lúcia C. Machado

FICHA CATALOGRÁFICA

Santos, Alex Alves Magalhães dos
Matemática para Concursos – Geometria Euclidiana
Rio de Janeiro: Editora Ciência Moderna Ltda., 2008.

Matemática; Geometria Euclidiana
I — Título

ISBN: 978-85-7393-418-2 CDD 510
516.2

Editora Ciência Moderna Ltda.
R. Alice Figueiredo, 46 – Riachuelo
Rio de Janeiro, RJ – Brasil CEP: 20.950-150
Tel: (21) 2201-6662/ Fax: (21) 2201-6896
http://www.lcm.com.br
lcm@lcm.com.br

01/08

DEDICATÓRIA

Dedico esta obra a minha família,
em especial aos meus pais
Durvani e Lígia Regina.

“ Não há ramo da matemática,
por abstrato que seja, que não
possa um dia vir a ser aplicado
aos fenômenos do mundo real”.

Nicolai Lobachevsky
Matemático Russo
(1792-1856)

PREFÁCIO

Quando eu estava na pré-adolescência admirava um colega por ser ele o melhor jogador de pingue-pongue (tênis de mesa) do colégio onde estudávamos. Pensava sempre que um dia gostaria muito de jogar da forma brilhante como ele jogava. Comecei então a me interessar por esse "esporte", aprendi o básico dessa atividade e com alguns outros amigos praticantes construí uma mesa. Num segundo momento, comecei então a treinar, me dedicar, e a cada dia aprender mais sobre aquela modalidade esportiva. Bem, para encurtar essa pequena história, quero dizer que fui muito bem-sucedido nessa empreitada, tendo ganho, inclusive, minha primeira competição jogando exatamente contra aquela pessoa que eu achava ser imbatível.

Na matemática, acho que também agi da mesma forma que no tênis de mesa, atividades tão distintas, mas que faço com prazer até hoje. Estou sempre me dedicando e aprendendo.

Esta introdução é apenas para dizer que a matemática não existe somente para ser estudada pelas mentes privilegiadas e pelos gênios, embora exija mais esforço e dedicação pessoal do que algumas outras disciplinas. Sugiro fortemente que você, que está começando a folhear as páginas deste livro, pense que, se não conseguir resolver um problema, deve mudar temporariamente de foco, fazer outros, mas não deixar de voltar àquele em um outro momento. Essa prática o ajudará sobremaneira a sentir-se capaz e a descobrir o prazer de desvendar os mistérios dessa tão nobre disciplina, também chamada por muitos de "Rainha das Ciências".

Esta coleção intitulada *Matemática para Concursos*, que futuramente será composta por obras, se propõe a fornecer um material de apoio destinado ao aprendizado da matemática básica por meio de uma apresentação sucinta da teoria, e da realização de exercícios que exigem a interpretação dos enunciados, o apreço pela ampliação do conhecimento matemático e também alguma criatividade. Em especial, este segundo volume da coleção – intitulado *Geometria Euclidiana* – que apresenta conceitos essenciais da geometria (plana e especial), deve ser "usado" por completo, por trazer questões que apresentam uma grande parte da geometria elementar de forma balanceada, didática e sem traumas. A nosso ver, esta obra é material indispensável para estudantes de concursos pré-militares, pré-técnicos e pré-vestibulares das mais conceituadas instituições de ensino e de pesquisa do nosso país. É interessante ainda destacar que, mesmo para alunos do ensino superior da área das ciências exatas, o livro oferece a possibilidade de revisar conceitos fundamentais da geometria que certamente aparecerão em matérias dadas naquele nível de ensino.

Prof. Paulo R. Trales

SUMÁRIO

CAPÍTULO 1

NOÇÕES E PROPOSIÇÕES PRIMITIVAS – SEGMENTO DE RETA – ÂNGULO – TRIÂNGULOS – PARALELISMO – PERPENDICULARIDADE

INTRODUÇÃO

• A Geometria Elementar, também chamada Geometria Euclidiana, fundamenta-se em três conceitos primitivos (entes matemáticos), ou seja, conceitos não definidos.

PONTO – RETA – PLANO

Representações e notações.

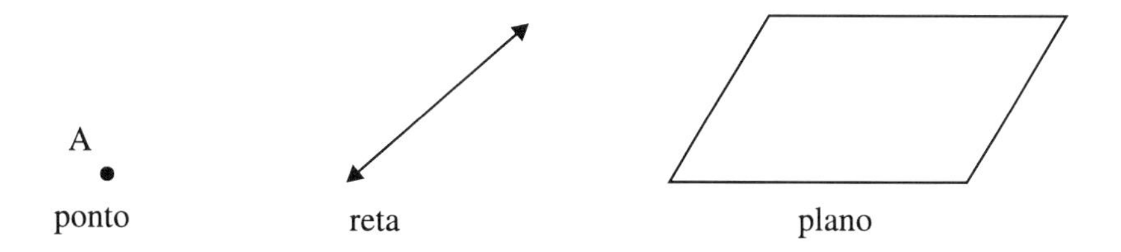

PROPOSIÇÕES PRIMITIVAS

• Proposições primitivas são afirmações aceitas como verdadeiras sem demonstrações.

• As proposições primitivas são também chamadas de **axiomas** que na geometria recebem o nome de **postulados.**

Assim, são postulados as proposições:

i) Por dois pontos distintos existe (passa) uma e somente uma reta.

ii) Por três pontos não colineares, isto é, não situados sobre uma mesma reta, existe (passa) um e somente um plano.

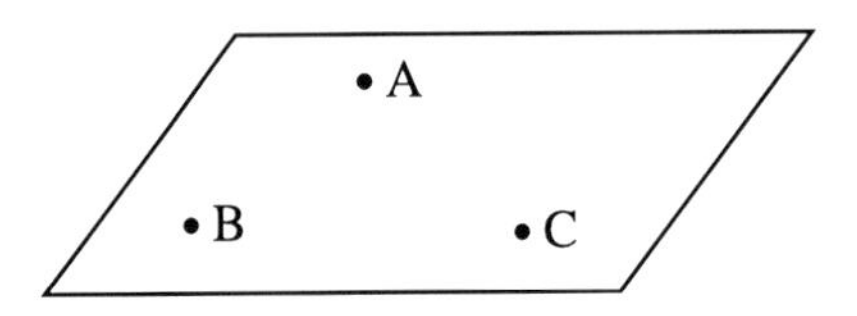

- **TEOREMA**

– Teorema é uma proposição que se deduz de conceitos primitivos, de definições, de postulados, ou de proposições já aceitas como verdadeiras.

– Em um teorema destacam-se duas partes: a hipótese e a tese. A hipótese é o conjunto de condições admitidas como verdadeiras. A tese é o que se pretende concluir verdadeiro como conseqüência da hipótese.

Assim no teorema: "se um triângulo é eqüilátero, então ele é eqüiângulo", tem-se:

Hipótese: um triângulo é eqüilátero.

Tese: ele é eqüiângulo.

Os teoremas são, em geral, enunciados na forma:

Se $\underset{....}{p}$, então $\underset{....}{q}$ onde p é a hipótese e q é a tese.

Em símbolos, indica-se $p \Rightarrow q$ e lê-se: p implica q.

– Demonstrar um teorema é concluir a veracidade da tese.

– Considere um teorema apresentado sob a forma $p \Rightarrow q$; trocando-se a hipótese pela tese e a tese pela hipótese tem-se uma nova proposição $q \Rightarrow p$, chamada **teorema recíproco** ou recíproca do teorema dado.

Assim, o teorema recíproco do teorema "se um triângulo é eqüilátero, então ele é eqüiângulo", e "se um triângulo é eqüiângulo, então ele é eqüilátero".

> **Nota:**
>
> A proposição recíproca de um teorema nem sempre é verdadeira.

- **FIGURA GEOMÉTRICA PLANA**

– Figura geométrica plana é qualquer subconjunto de pontos de um plano.

Assim,

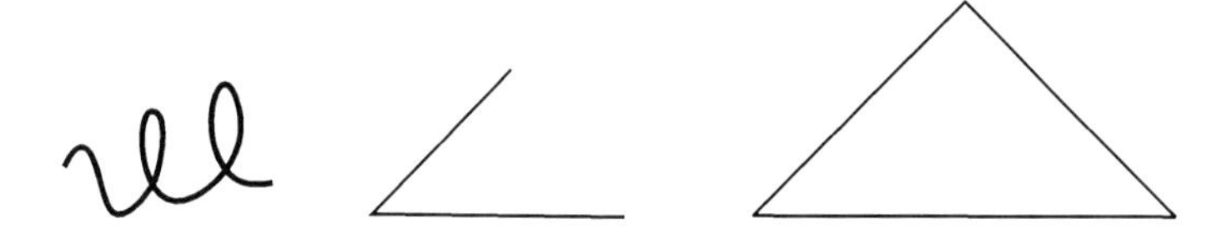

são exemplos de figuras geométricas planas.

- **CONVENÇÕES E NOTAÇÕES**

– $\overleftrightarrow{AB}$: reta determinada pelos pontos distintos A e B (reta não tem origem e nem extremidade).

– $\overrightarrow{AB}$: semi-reta de **origem** no ponto A e que passa pelo ponto B (semi-reta tem origem e não tem extremidade).

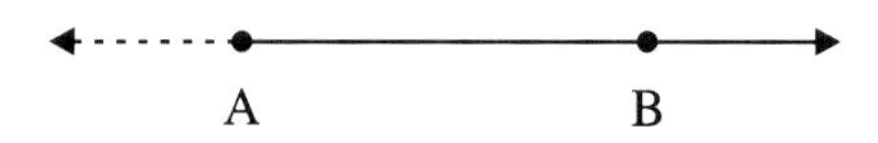

– $\overline{AB}$: segmento de reta de **extremidades** A e B (segmento de reta tem origem e tem extremidade).

– AB: **distância** entre os pontos A e B ou **medida** do segmento de reta $\overline{AB}$ numa unidade.

– rA: semiplano de **origem** na reta r e que passa pelo ponto A, com A não pertencente a r.

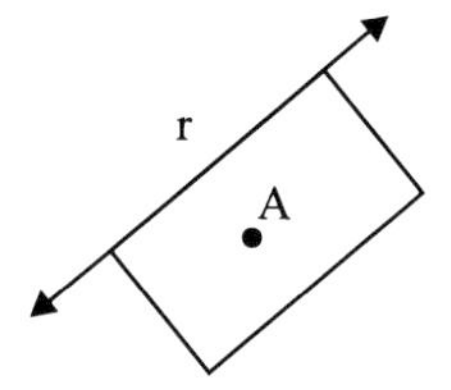

DEFINIÇÕES:

• PONTO ENTRE DOIS PONTOS

Um ponto C **está entre** dois pontos distintos A e B se, e somente se, os pontos A, B e C são colineares, dois a dois distintos e $AC + CB = AB$.

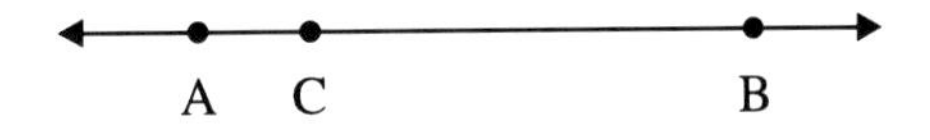

• SEGMENTOS CONGRUENTES

Dois segmentos de reta de medidas iguais, na mesma unidade, são chamados **segmentos congruentes.**

Assim por exemplo, os segmentos de reta $\overline{AB}$ e $\overline{CD}$ de medidas *3cm*, são congruentes.

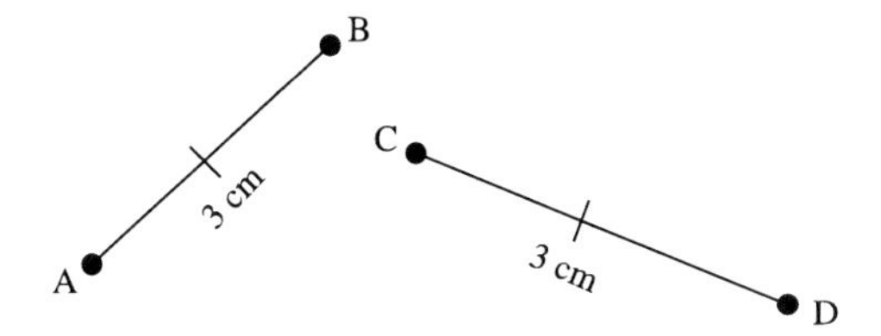

Em símbolos, indica-se:

$\overline{AB} \cong \overline{CD}$ e lê-se: $\overline{AB}$ é congruente a $\overline{CD}$.

• PONTO MÉDIO DE UM SEGMENTO DE RETA

Ponto médio de um segmento de reta é o ponto que divide esse segmento em dois outros segmentos congruentes entre si.

Assim, na figura, se M é o ponto médio de $\overline{AB}$, então $AM = MB$.

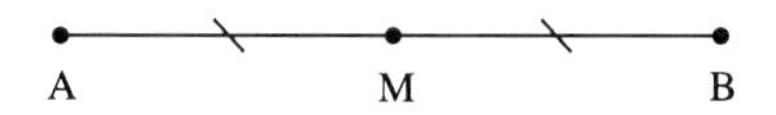

O ponto médio de um segmento é único.

• POSTULADO DO TRANSPORTE DE SEGMENTOS

Dados um segmento de reta $\overline{AB}$ e uma semi-reta $\overrightarrow{OL}$, existe um único ponto C sobre $\overrightarrow{OL}$ tal que $OC = AB$.

• PONTOS COPLANARES

Pontos coplanares são pontos de um mesmo plano.

• RETAS CONCORRENTES

Duas retas que têm um único ponto em comum são chamadas **retas concorrentes.**

No plano da figura abaixo, as retas $\overleftrightarrow{AB}$ e $\overleftrightarrow{AC}$ são concorrentes no ponto A.

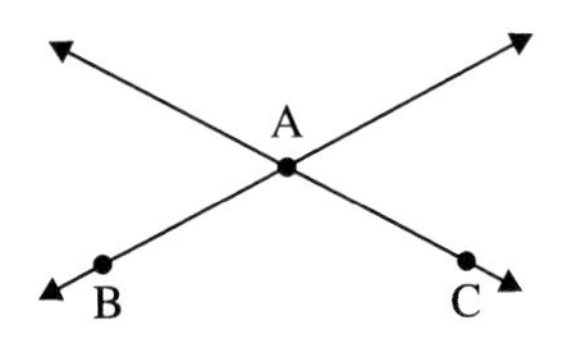

Indica-se: $\overleftrightarrow{AB} \cap \overleftrightarrow{AC} = \{A\}$.

• RETAS PARALELAS DISTINTAS

Duas retas coplanares que não têm ponto em comum são chamadas retas paralelas distintas.

No plano da figura, as retas r e s são paralelas distintas.

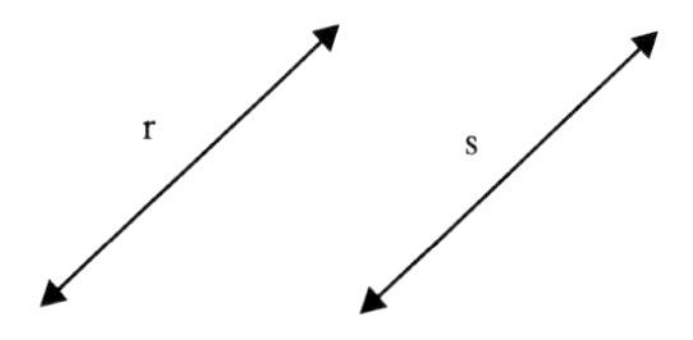

Indica-se: $r // s$.

• CONJUNTO DE PONTOS CONVEXO

Um conjunto de pontos é chamado **conjunto convexo** se, e somente se, é **vazio**, ou é **unitário**, ou então verifica a seguinte condição: qualquer segmento de reta cujas **extremidades pertencem** ao conjunto **está contido** nesse conjunto.

A figura F representa um conjunto convexo; porque quaisquer que sejam dois pontos distintos A e B pertencentes a F, o segmento $\overline{AB}$ está contido em F.

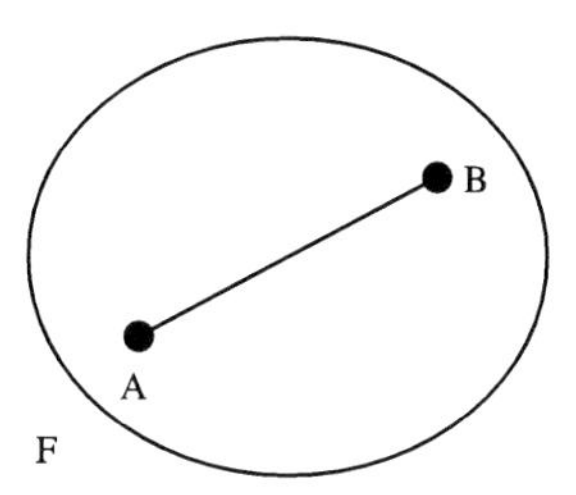

Um conjunto de pontos não convexo é chamado **conjunto côncavo** ou **conjunto não convexo.**

A figura G representa um conjunto côncavo, porque os pontos distintos A e B pertencem a G mas o segmento $\overline{AB}$ não está contido em G.

Um conjunto de pontos convexo é também chamado **região convexa**.

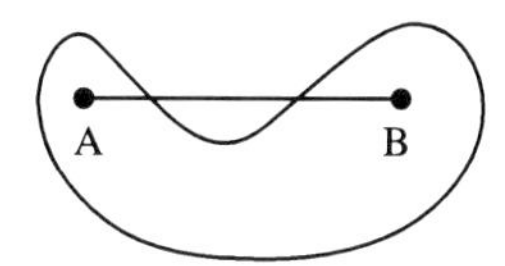

ÂNGULOS:

• ÂNGULO GEOMÉTRICO

– Ângulo geométrico é a união de duas semi-retas de mesma origem e não colineares.

A figura abaixo representa um ângulo geométrico.

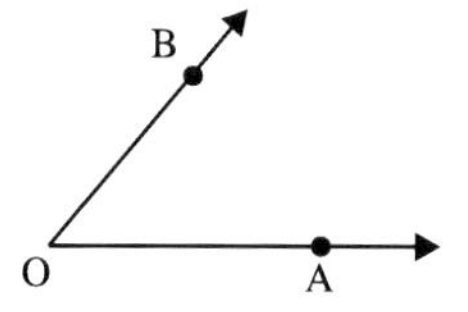

Indica-se: $\sphericalangle AOB$, ou $\sphericalangle BOA$, ou $\sphericalangle O$

Nomenclatura:

O .... vértice

$\overrightarrow{OA}$ *e* $\overrightarrow{OB}$ .... lados

• SETOR ANGULAR

– Seja um $\sphericalangle AOB$ situado num plano α e considere os semiplanos α_1 de origem na reta $\overrightarrow{OA}$ e que contém o lado $\overrightarrow{OB}$, e α_2 de origem na reta $\overleftrightarrow{OB}$ e que contém o lado $\overrightarrow{OA}$.

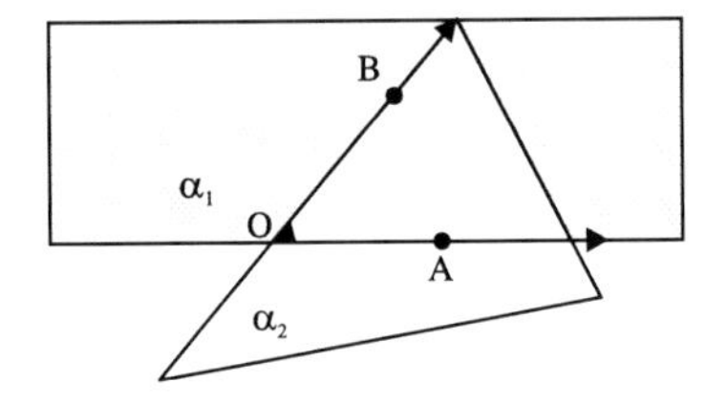

– O conjunto dos pontos comuns aos semiplanos α_1 e α_2 é chamado **setor angular.**

– Um **setor angular** é umsa **região convexa**. A figura abaixo representa um setor angular.

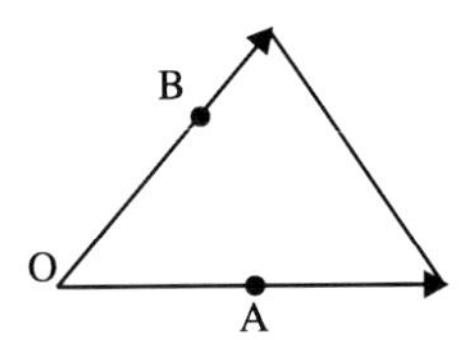

• INTERIOR E EXTERIOR DE UM ÂNGULO

– O conjunto dos pontos que pertencem ao setor angular, mas não pertencem aos lados é o **interior do ângulo**.

A figura abaixo representa o interior do $\sphericalangle$ AOB.

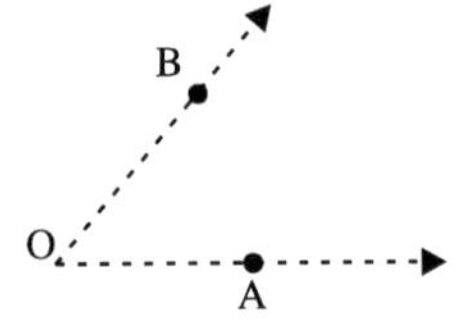

– Pontos que pertencem ao interior de um ângulo são pontos **internos ao ângulo**.

Na figura, o ponto P é interno ao $\sphericalangle AOB$.

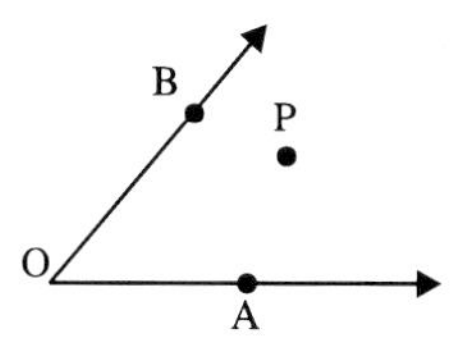

– O conjunto dos pontos que não pertencem ao setor angular é o **exterior do ângulo.**

A figura abaixo representa o exterior do $\sphericalangle AOB$.

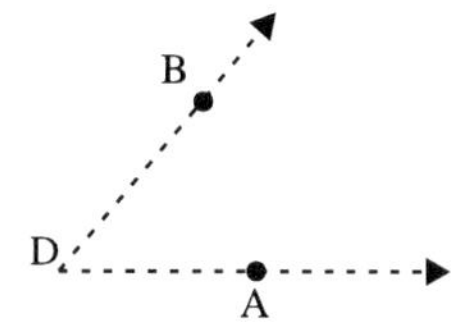

– Pontos que pertencem ao exterior de um ângulo são **pontos externos ao ângulo**.

Na figura abaixo, o ponto Q é externo ao $\sphericalangle AOB$.

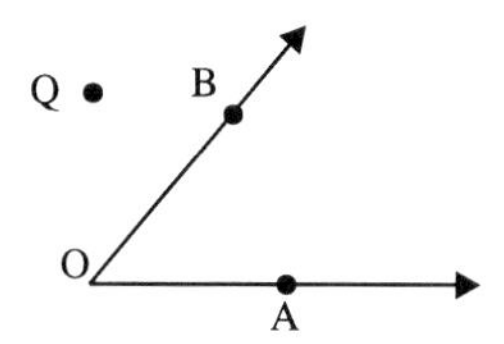

Notas:

1ª) A expressão ângulo significará ângulo geométrico.

2ª) Por extensão pode-se definir ângulo nulo, quando os lados coincidem e ângulo raso ou de meia volta, quando os lados são semi-retas opostas.

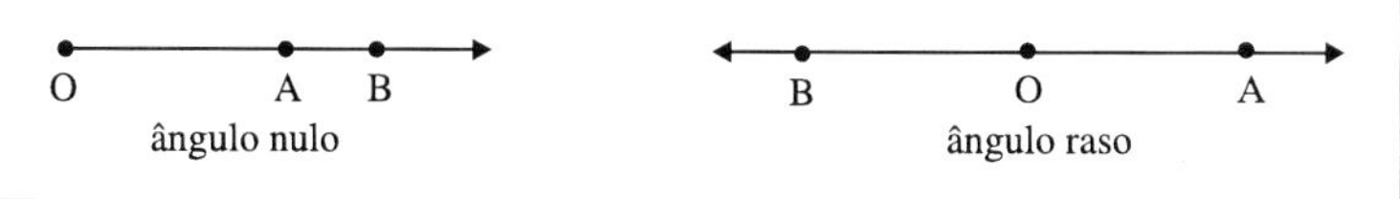

• SEMI-RETA ENTRE OS LADOS DE UM ÂNGULO

– Uma semi-reta está entre os lados de um ângulo quando ela tem origem no vértice e um ponto interno a esse ângulo.

A semi-reta $\overrightarrow{OC}$ na figura, está entre os lados do $\measuredangle AOB$.

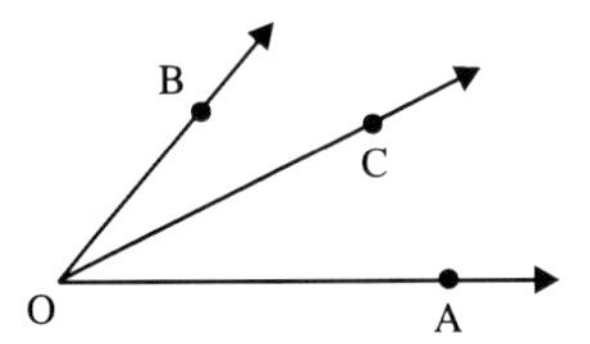

• ÂNGULOS ADJACENTES

– Dois ângulos que têm um lado comum entre os outros dois lados são chamados ângulos adjacentes.

Na figura, os $\measuredangle AOC$ e $\measuredangle COB$ são ângulos adjacentes.

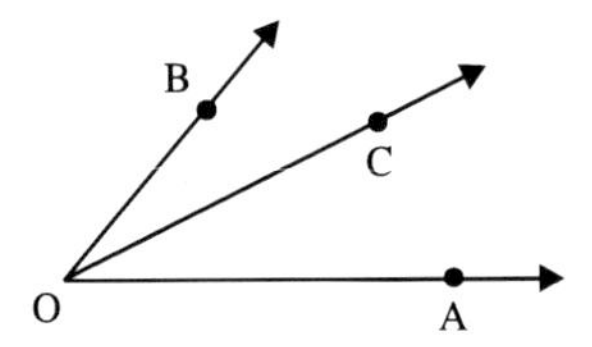

• POSTULADO DA ADIÇÃO DE ÂNGULOS

> Se dois ângulos $\measuredangle AOC$ e $\measuredangle COB$ são adjacentes, então $\measuredangle AOC + \measuredangle COB = \measuredangle AOB$

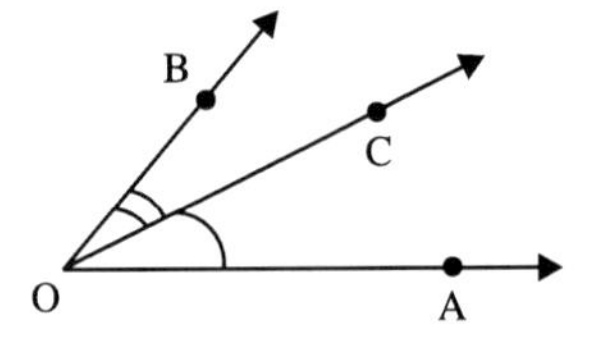

• MEDIDA DE UM ÂNGULO

– Medir um ângulo é compará-lo com outro adotado como unidade.

– A unidade adotada é o ângulo de medida *1* grau.

– Um grau (1°) é a medida de um ângulo que corresponde $\frac{1}{180}$ a de um ângulo raso.

– O instrumento utilizado para medir um ângulo é o transferidor, que tem o grau como unidade de medida.

Na figura, $\sphericalangle AOB$ mede 60°.

Indica-se: $m(\sphericalangle AOB) = A\hat{O}B = 60^o$ ou $A\hat{O}B = 60^o$.

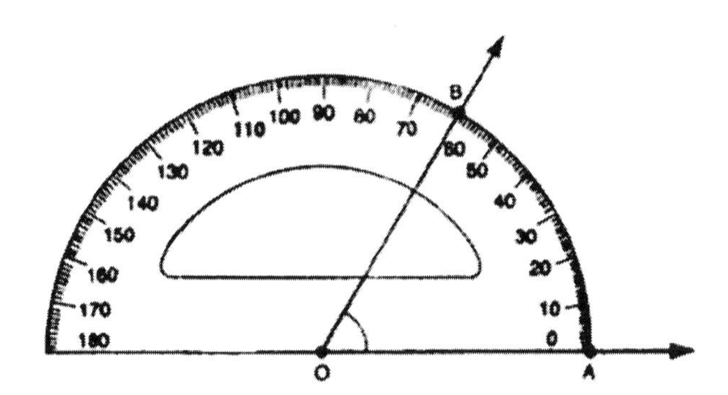

A medida α, em graus, de um **ângulo geométrico** é tal que:

$$0 < \alpha < 180$$

– Sistema sexagesimal:

Unidade de medida – grau (1°)

Subunidades de medidas

a) **minuto** – (1')

1' corresponde a $\frac{1}{60}$ do grau.

b) segundo – (s1'')

1'' corresponde a $\frac{1}{60}$ do minuto.

• ÂNGULOS CONGRUENTES

– Dois ângulos de medidas iguais, na mesma unidade, são chamados ângulos congruentes.

Indica-se: $\sphericalangle\, ABC \cong \sphericalangle\, DEF$.

Em símbolos:

$$\sphericalangle\, ABC \cong \sphericalangle\, DEF \Leftrightarrow A\hat{B}C = D\hat{E}F$$

• BISSETRIZ DE UM ÂNGULO

– Bissetriz de um ângulo é a semi-reta entre os lados de um ângulo que determina com esses lados dois ângulos adjacentes e congruentes.

Na figura abaixo, $\overrightarrow{OC}$ é a bissetriz do $\sphericalangle\, AOB$.

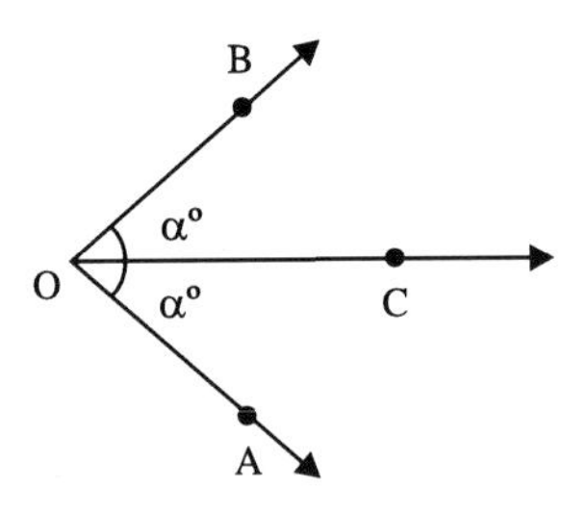

Nota:

A bissetriz de um ângulo é única.

• POSTULADO DA CONSTRUÇÃO DE UM ÂNGULO

Dados num plano, uma semi-reta $\overrightarrow{AB}$ e um $\sphericalangle$ MON, existe num dos semiplanos de origem na reta $\overleftrightarrow{AB}$ uma única semi-reta tal que o $\sphericalangle$ BAC é congruente ao $\sphericalangle$ MON

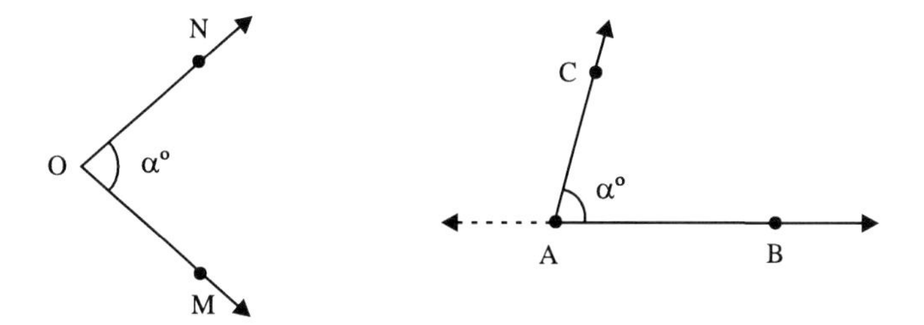

- **ÂNGULOS OPOSTOS PELO VÉRTICE**

– Dois ângulos onde lados de um deles são semi-retas opostas aos lados do outro ângulo, são chamados ângulos opostos pelo vértice.

Na figura abaixo, $\sphericalangle AOB$ e $\sphericalangle COD$ são opostos pelo vértice.

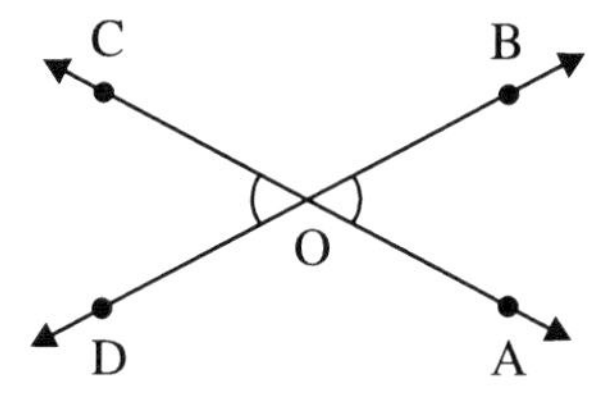

Indica-se: $\sphericalangle AOB$ e $\sphericalangle COD$ são o.p.v.

- **ÂNGULOS SUPLEMENTARES ADJACENTES**

– **Dois ângulos** que têm um **lado comum** e os outros dois lados são **semi-retas opostas**, são chamados **ângulos suplementares adjacentes**.

Na figura abaixo, $\sphericalangle COB$ é suplementar adjacente do $\sphericalangle AOB$, bem como o $\sphericalangle AOB$ é suplementar adjacente do $\sphericalangle COB$.

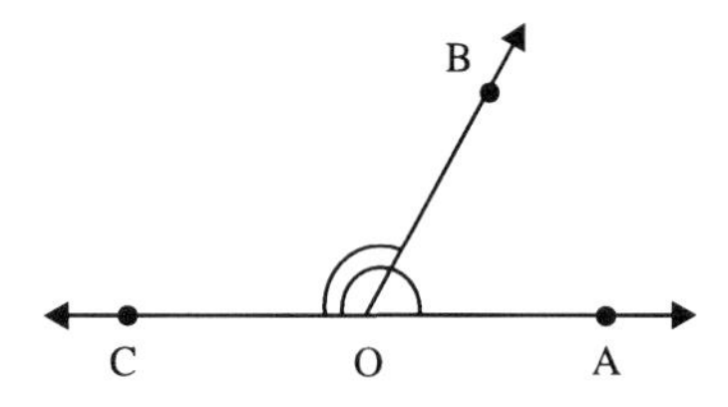

• ÂNGULOS, RETO – AGUDO – OBTUSO:

– **Ângulo reto** é todo ângulo congruente ao seu ângulo suplementar adjacente.

Na figura abaixo, o $\measuredangle AOB$ é ângulo reto.

O símbolo ⊾ lê-se ângulo reto.

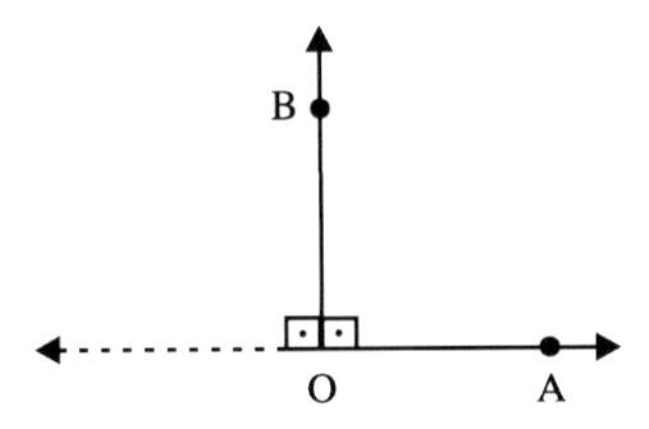

Decorre da definição que um ângulo reto mede 90º.

Ângulo agudo é todo ângulo cuja medida é menor que a de um **ângulo reto**.

Na figura abaixo, o $\measuredangle AOB$ é ângulo agudo.

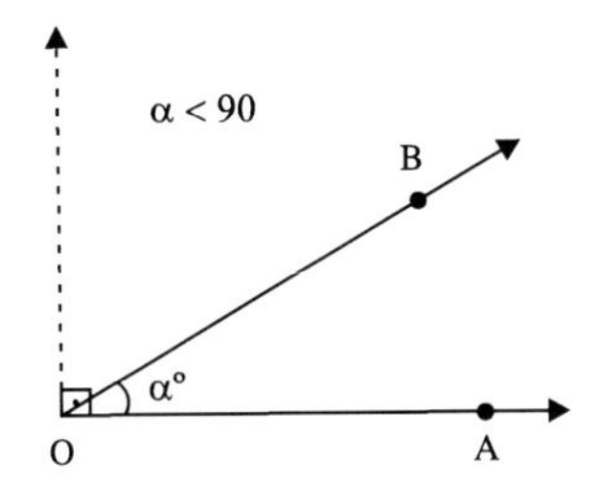

– **Ângulo obtuso** é todo ângulo cuja medida é maior que a de um ângulo reto.

Na figura abaixo, o $\measuredangle AOB$ é ângulo obtuso.

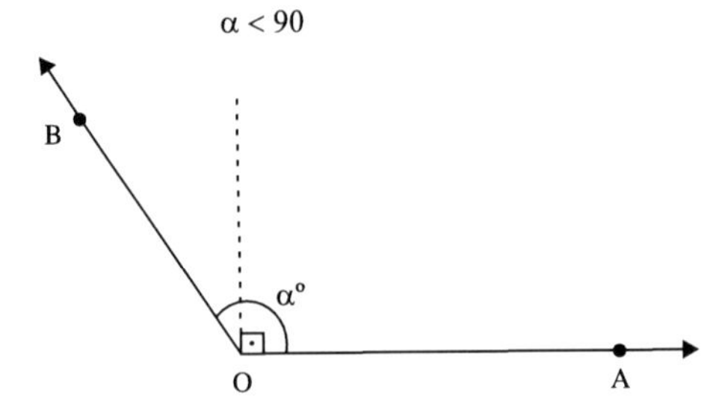

• ÂNGULOS COMPLEMENTARES

– Dois ângulos cuja soma das medidas é 90º são chamados ângulos complementares.

Na figura abaixo, os $\sphericalangle ABC$ e $\sphericalangle DEF$ são ângulos complementares um do outro.

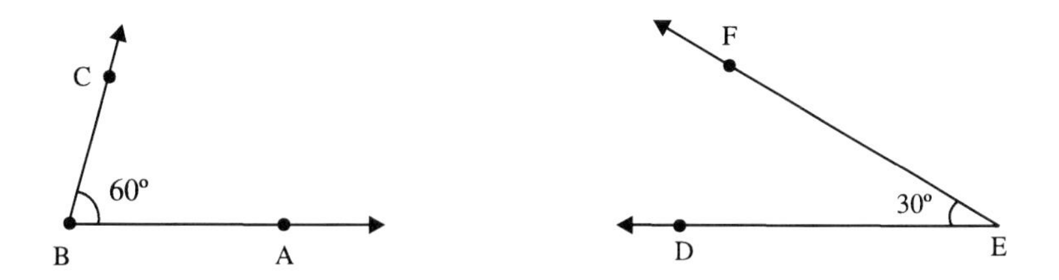

– **Dois ângulos adjacentes** cujos lados não comuns determinam um **ângulo reto** são chamados **ângulos complementares adjacentes.**

Na figura abaixo, os $\sphericalangle ABC$ e $\sphericalangle CBD$ são ângulos complementares adjacentes.

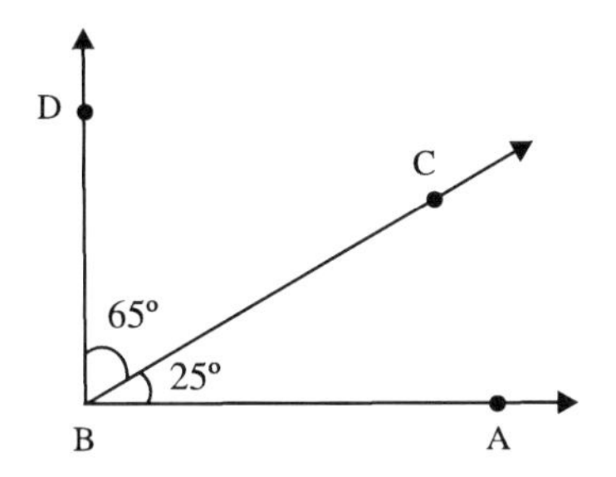

• ÂNGULOS SUPLEMENTARES

– Dois ângulos cuja soma das medidas é 180º são chamados **ângulos suplementares.**

Na figura abaixo, os $\sphericalangle ABC$ e $\sphericalangle DEF$ são ângulos suplementares um do outro.

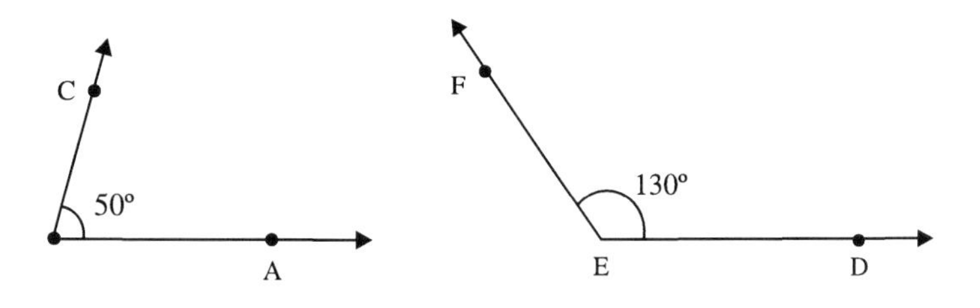

Na figura abaixo, os $\sphericalangle ABC$ e $\sphericalangle CBD$ são ângulos suplementares adjacentes.

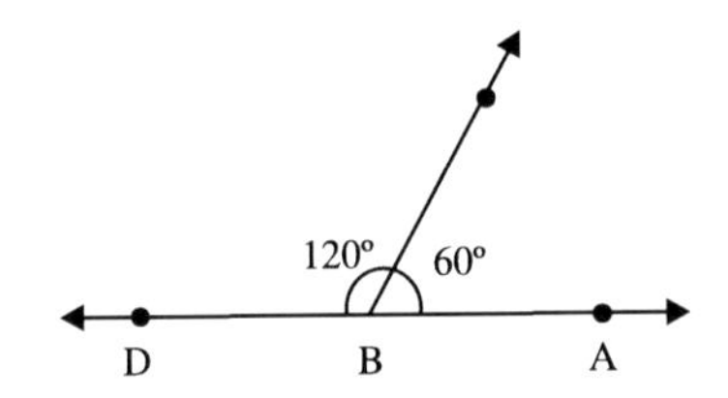

• ÂNGULOS REPLEMENTARES

– Dois ângulos cuja soma das medidas é 360º são chamados **ângulos replementares.**

♦ Operações com medidas de ângulo.

a) Adição:

Exemplo:

37º 49' 27'' + 28º 36' 33'' =

Solução:

$$\begin{array}{l} 37^\circ\,49'\,27'' \\ \underline{28^\circ\,36'\,33''} \\ 65^\circ\,85'\,60'' \end{array}$$

Observe que 85' pode ser escrito como 1º 25' e que 60'' correspondem a 1'. Logo, o resultado acima pode ser reescrito da seguinte forma:

68º 85'' 60'' = 65º + 85' + 60'' = 65º + 1º 25' + 1' = 66º + 26' = 66º 26'

b) Subtração:

Exemplo:

47º 22' 17'' – 39º 27' 56'' =

Solução:

$$\begin{array}{r} +1^{\circ} \\ 46^{\circ} \downarrow \\ \not{47}^{\circ}\ 22'\ 17'' \\ -39^{\circ}\ 27'\ 56'' \\ \hline \end{array} \Rightarrow \begin{array}{r} +1' \\ 81' \downarrow \\ 46^{\circ}\ \not{82}'\ 17'' \\ -39^{\circ}\ 27'\ 56'' \\ \hline \end{array} \Rightarrow \begin{array}{r} 46^{\circ}\ 81'\ 77'' \\ -39^{\circ}\ 27'\ 56'' \\ \hline 07^{\circ}\ 54'\ 21'' \end{array}$$

c) Multiplicação por um número natural:

Exemplo:

45° 30' x 4 =

Solução:

$$\begin{array}{r} 45^{\circ}\ 30' \\ \times\ \ \ 4 \\ \hline 180^{\circ}\ 120' \end{array} \Rightarrow 180^{\circ} + 120' = 180^{\circ} + 2^{\circ} = 182^{\circ}$$

d) Divisão por um número natural:

Exemplo:

35° 46' 27" ÷ 3 =

Solução:

$$\begin{array}{l|l} 35^{\circ} & 3 \\ \hline 02^{\circ} & 11^{\circ} \end{array} \Rightarrow 2^{\circ} = 120' \Rightarrow \boxed{46' + 120' = 166'}$$

$$\begin{array}{l|l} 166' & 3 \\ \hline 16 & 55' \\ 1 & \end{array} \Rightarrow 1' = 60'' \Rightarrow \boxed{27'' + 60'' = 87''}$$

$$\begin{array}{l|l} 87^{\circ} & 3 \\ \hline 0^{\circ} & 29^{\circ} \end{array}$$

Resposta: 11° 55' 29"

Ângulo formado pelos ponteiros de um relógio (macete):

O ângulo formado pelos ponteiros de um relógio é dado pela fórmula abaixo:

$$\alpha^\circ = |30.h - 5{,}5\,\text{min}|$$

$$\text{Notação}: \begin{cases} \alpha^\circ = \text{ângulo entre os ponteiros do relógio} \\ \text{h} = \text{hora do relógio} \\ \text{min} = \text{minutos do relógio} \end{cases}$$

OBS:

A hora varia de *0* a *11*, ou seja: $\boldsymbol{h} \in \{0,1,2, ...,11\}$

O minuto varia de *0* a *59*, ou seja: $\boldsymbol{min} \in \{0,1,2,...,59\}$

A fórmula é dada em módulo, ou seja: $\alpha^\text{o} > 0$

• RETAS PERPENDICULARES

– Duas retas concorrentes que formam **ângulos suplementares adjacentes congruentes** são chamadas **retas perpendiculares**. Na figura abaixo, as retas r e s são perpendiculares.

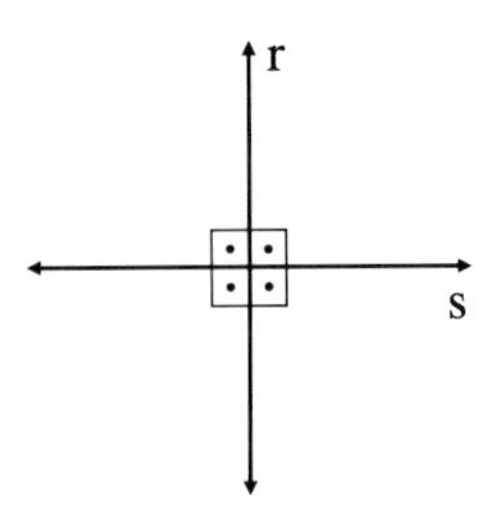

Indica-se: $r \perp s$ ou $s \perp r$.

– Diz-se que as retas r e s são perpendiculares entre si.

– Decorre da definição que duas retas perpendiculares entre si formam um ângulo reto.

– TEOREMA

> Por um ponto dado (P) e uma reta dada (r), num plano, passa uma única reta (s), desse plano, perpendicular à reta (r).

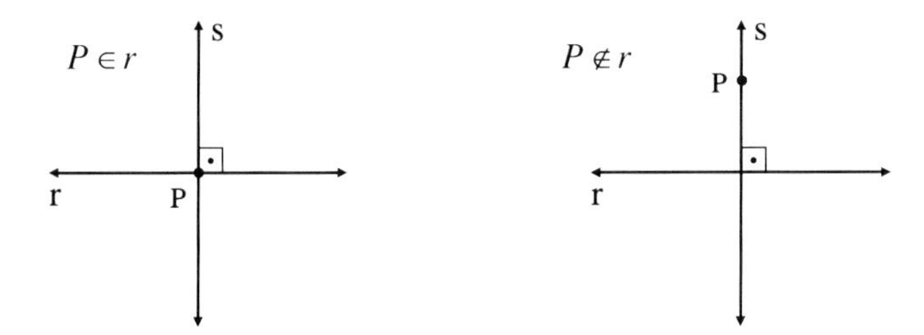

♦ O ponto de intersecção das retas r e s é chamado **pé da perpendicular.**

♦ Duas retas concorrentes e não perpendiculares são chamadas **retas oblíquas**.

Na figura abaixo, as retas r e s são oblíquas.

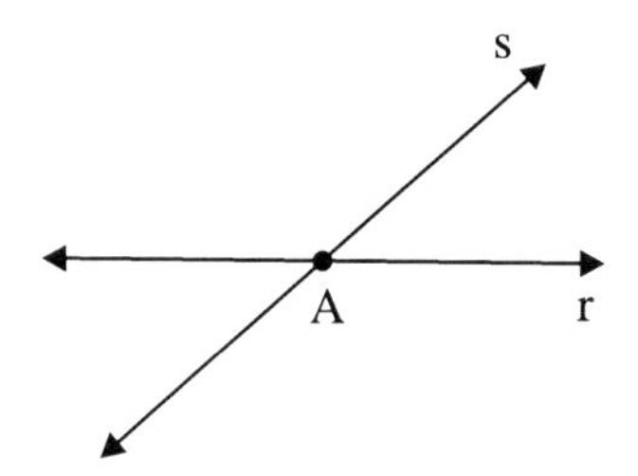

• TRIÂNGULOS

– Considere três pontos não colineares A, B e C. Existem três segmentos de reta com extremidades em dois desses pontos.

– **Triângulo** é a união dos três segmentos mencionados acima.

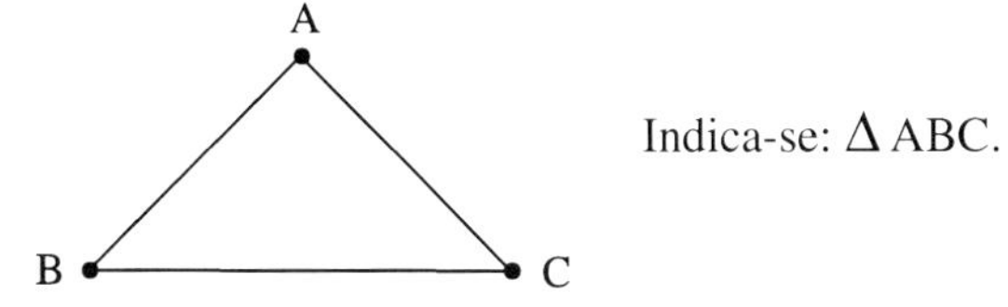

Indica-se: Δ ABC.

– **ELEMENTOS**

Vértices: são os pontos A, B e C.

Lados: são os segmentos $\overline{AB}$, $\overline{BC}$ e $\overline{AC}$

Ângulos: são os ângulos $\sphericalangle\ BAC$, $\sphericalangle\ ABC$ e $\sphericalangle\ ACB$.

Perímetro: é a soma das medidas dos lados.

- **DEFINIÇÕES:**

– **INTERIOR**

O conjunto dos pontos comuns aos interiores dos ângulos de um triângulo é chamado interior do triângulo.

Um ponto que pertence ao interior de um triângulo é chamado ponto interno ao triângulo.

Na figura abaixo, o ponto P é interno ao $\Delta\, ABC$.

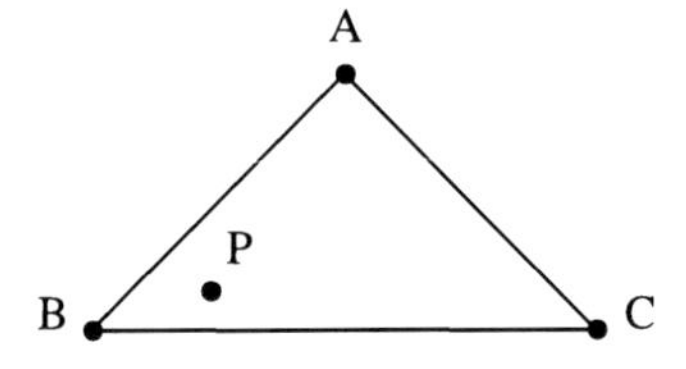

A união de um triângulo com seu interior é chamada região triangular.

Uma região triangular é uma região convexa.

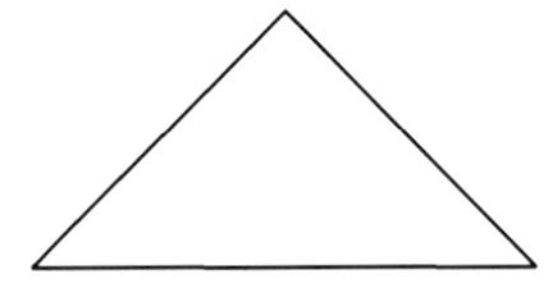

É comum referir-se a cada um dos ângulos de um triângulo como ângulo interno.

– EXTERIOR

O conjunto dos pontos do plano de um triângulo que não pertencem à região triangular é chamado **exterior do triângulo**.

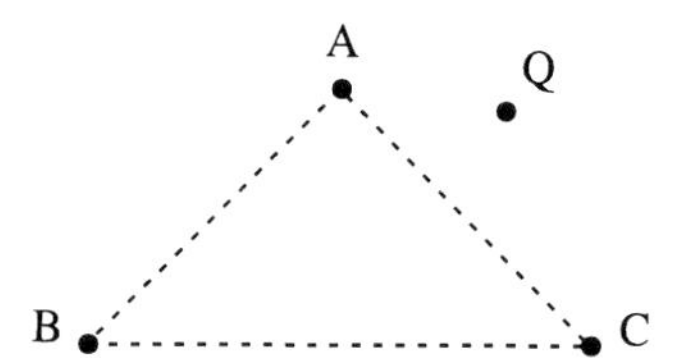

Um ponto que pertence ao exterior de um triângulo é chamado ponto externo ao triângulo.

Na figura acima, o ponto Q é externo ao $\Delta\, ABC$.

– ÂNGULO EXTERNO

Ângulo externo de um triângulo é um ângulo suplementar adjacente a um ângulo do triângulo.

Na figura, o $\sphericalangle\, ACD$ é um ângulo externo do $\Delta\, ABC$.

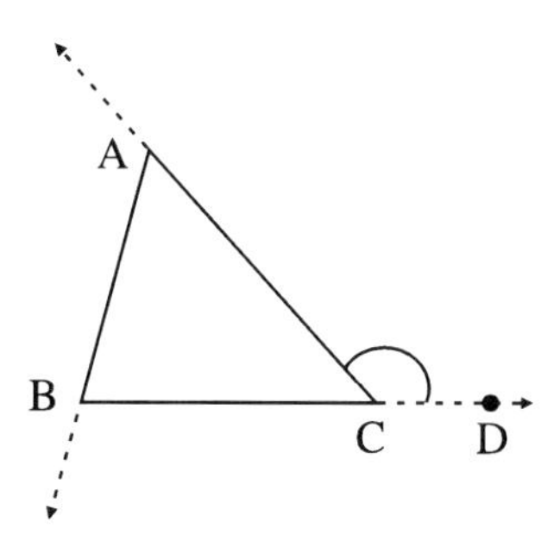

> **Nota:**
>
> Os termos adjacente e oposto são usados para descrever a posição relativa dos lados e ângulos de um triângulo.

Na figura anterior, o lado $\overline{BC}$ é adjacente aos $\sphericalangle\, B$ e $\sphericalangle\, C$ e oposto ao $\sphericalangle\, A$.

• CLASSIFICAÇÃO:

– Pode-se classificar os triângulos de dois modos:

1º) Quanto aos lados.

♦ Triângulo escaleno é o que tem os três lados com medidas desiguais.

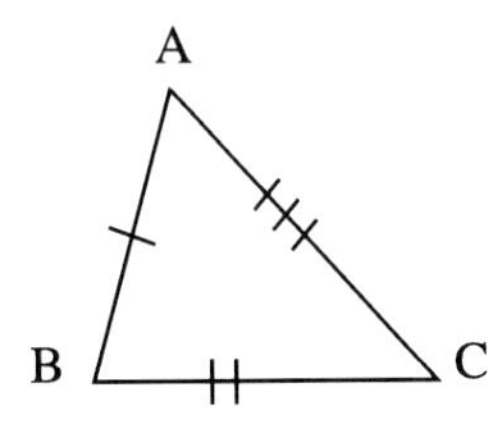

AB ≠ BC ≠ AC ≠ AB

♦ Triângulo isósceles é o que tem pelo menos dois lados com medidas iguais

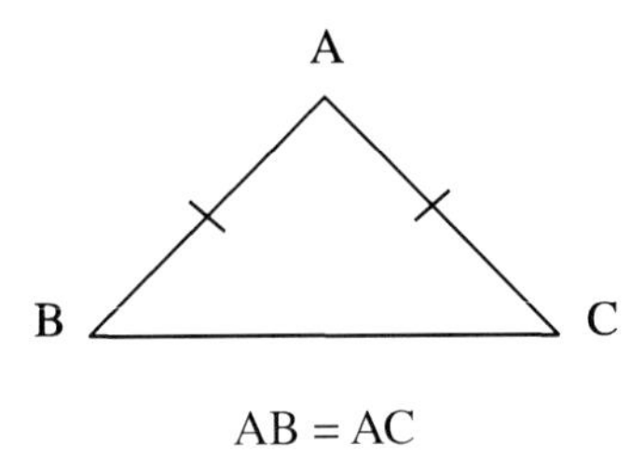

AB = AC

♦ Triângulo eqüilátero é o que tem os três lados com medidas iguais.

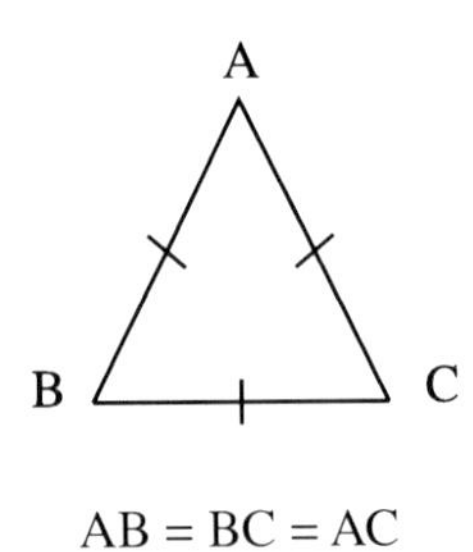

AB = BC = AC

2º) Quanto aos ângulos.

♦ Triângulo acutângulo é o que tem os três ângulos agudos.

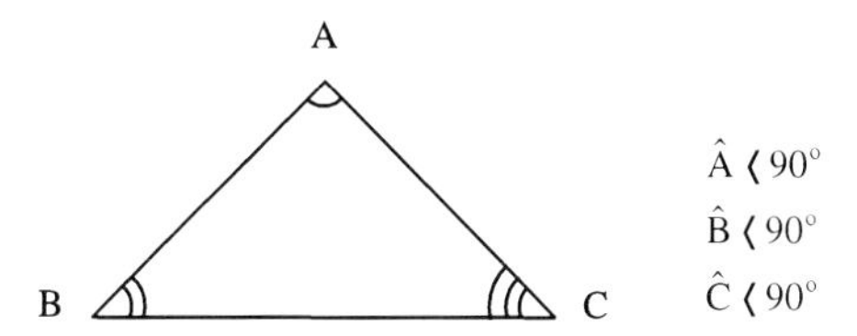

♦ Triângulo retângulo é o que tem um ângulo reto.

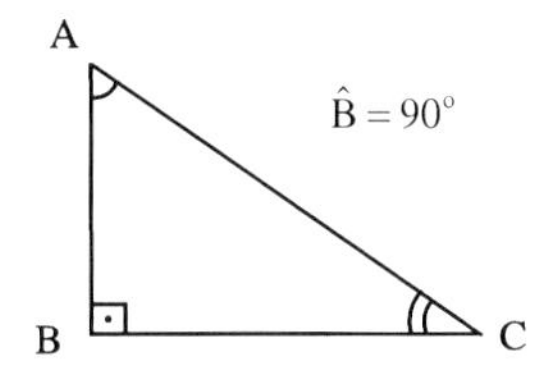

♦ Triângulo obtusângulo é o que tem um ângulo obtuso.

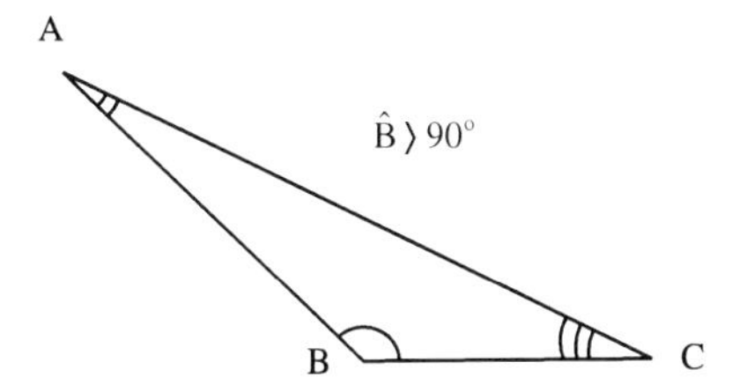

Notas:

1ª) Num triângulo que tem dois lados de medidas iguais (isto é, isósceles), o terceiro lado é chamado base e o ângulo oposto à base é chamado ângulo do vértice.

2ª) Num triângulo retângulo os lados adjacentes, que formam o ângulo reto, são chamados catetos e o lado oposto, "que está na frente", ao ângulo reto é a hipotenusa.

• SEGMENTOS NOTÁVEIS DE UM TRIÂNGULO

– **MEDIANA** de um triângulo é um segmento de reta que **une** (tem as extremidades) um **vértice ao ponto médio do lado oposto.**

Na figura abaixo, $\overline{AM}$ é uma mediana do $\Delta\, ABC$.

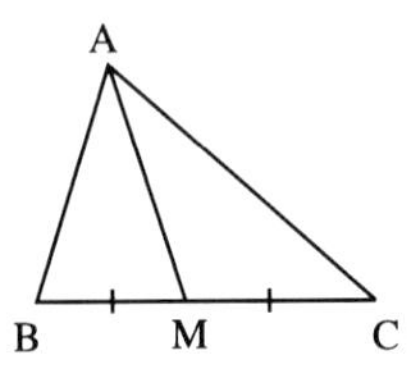

Um triângulo tem **três** medianas, uma para cada vértice.

– **BISSETRIZ INTERNA** de um triângulo é um **segmento de reta** que une um vértice a um **ponto do lado oposto** e divide o ângulo ao meio.

Na figura abaixo, $\overline{AS}$ é uma bissetriz interna do $\Delta\, ABC$.

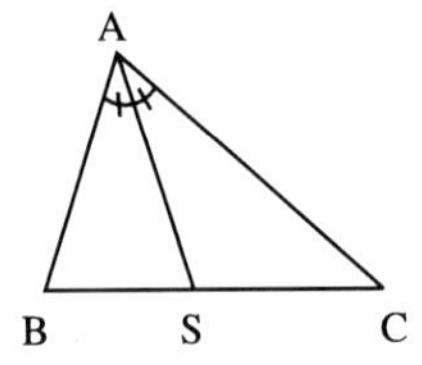

Um triângulo tem **três bissetrizes internas**, uma para cada vértice.

– **ALTURA** de um triângulo é o **segmento de reta da perpendicular** traçada de um **vértice à reta suporte do lado oposto**, que tem por extremidades esse vértice e o ponto de encontro com a reta suporte.

Na figura abaixo, $\overline{AH}$ é uma altura do $\Delta\, ABC$.

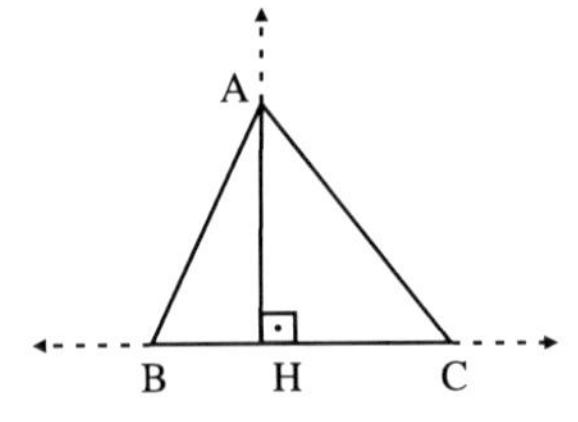

Um triângulo tem três alturas, uma para cada vértice.

Observe que:

1º) Em um triângulo retângulo cada cateto é altura relativa ao outro cateto.

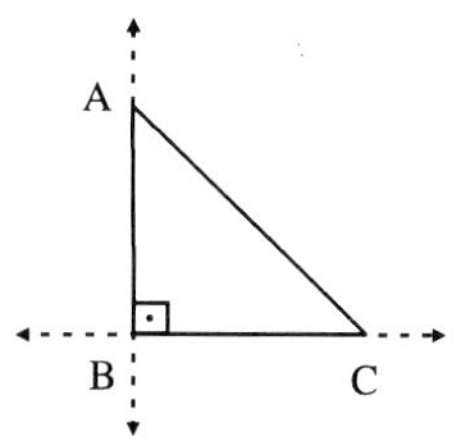

2º) A altura de um triângulo não é necessariamente um segmento interno ao triângulo.

Num triângulo retângulo pode ser um lado (cateto) e num triângulo obtusângulo pode ser exterior a ele.

Exemplo:

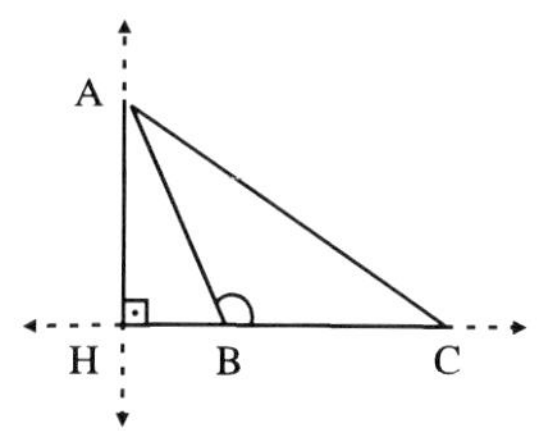

– MEDIATRIZ DE UM SEGMENTO DE RETA

Mediatriz de um segmento de reta é a reta perpendicular a esse segmento passando pelo seu ponto médio.

Na figura abaixo, m é a mediatriz de $\overline{AB}$.

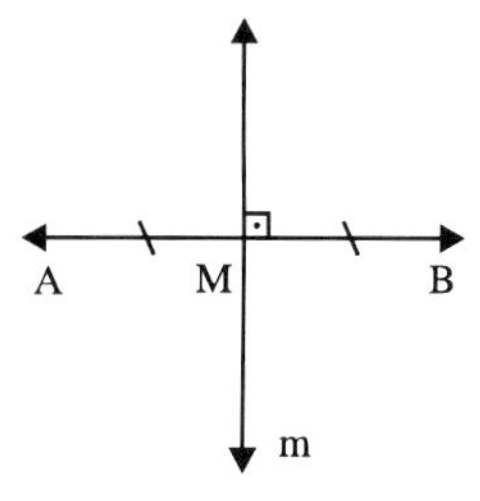

– **MEDIATRIZ** de um triângulo é a mediatriz de um dos seus lados.

Na figura abaixo, a reta m é a mediatriz do lado BC do ΔABC.

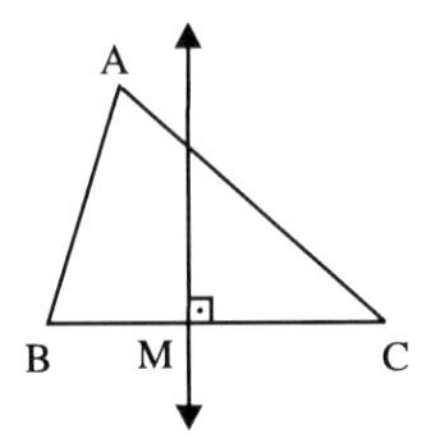

Um triângulo tem três mediatrizes, uma para cada lado.

• TRANSVERSAL EM RELAÇÃO A DUAS RETAS

– Uma **transversal** em relação a duas retas distintas é uma reta que intercepta essas retas em dois pontos distintos.

Na figura abaixo, a reta t é uma transversal que intercepta as retas r e s nos pontos A e B.

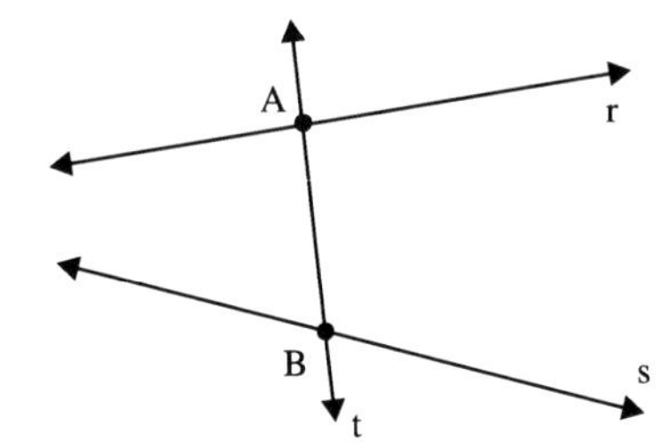

– Uma transversal determina em duas retas distintas **oito ângulos**.

Estes ângulos formam pares que recebem nomes especiais.

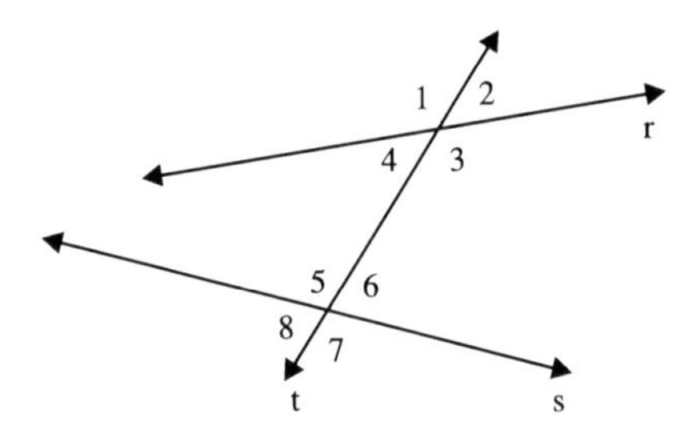

Pares de ângulos correspondentes:

$\sphericalangle \hat{1}$ e $\sphericalangle \hat{5}$, $\sphericalangle \hat{4}$ e $\sphericalangle \hat{8}$, $\sphericalangle \hat{2}$ e $\sphericalangle \hat{6}$, $\sphericalangle \hat{3}$ e $\sphericalangle \hat{7}$.

Pares de ângulos alternos internos:

$\sphericalangle \hat{4}$ e $\sphericalangle \hat{6}$, $\sphericalangle \hat{3}$ e $\sphericalangle \hat{5}$.

Pares de ângulos alternos externos:

$\sphericalangle \hat{1}$ e $\sphericalangle \hat{7}$, $\sphericalangle \hat{2}$ e $\sphericalangle \hat{8}$.

Pares de ângulos colaterais internos:

$\sphericalangle \hat{4}$ e $\sphericalangle \hat{5}$, $\sphericalangle \hat{3}$ e $\sphericalangle \hat{6}$.

Pares de ângulos colaterais externos:

$\sphericalangle \hat{1}$ e $\sphericalangle \hat{8}$, $\sphericalangle \hat{2}$ e $\sphericalangle \hat{7}$.

Observe que:

i) $\hat{1} = \hat{3}$, $\hat{2} = \hat{4}$, $\hat{5} = \hat{7}$ e $\hat{6} = \hat{8}$, como ângulos opostos pelo vértice.

ii) $\hat{1} + \hat{4} = \hat{2} + \hat{3} = ... = \hat{7} + \hat{8} = 180^\circ$, como ângulos suplementares adjacentes.

• RETAS PARALELAS DISTINTAS

– TEOREMA (EXISTÊNCIA DA PARALELA)

Hipótese: $r \neq s$, t é transversal, $\sphericalangle \alpha$ e $\sphericalangle \beta$ são alternos e $\alpha = \beta$

Tese: $r // s$.

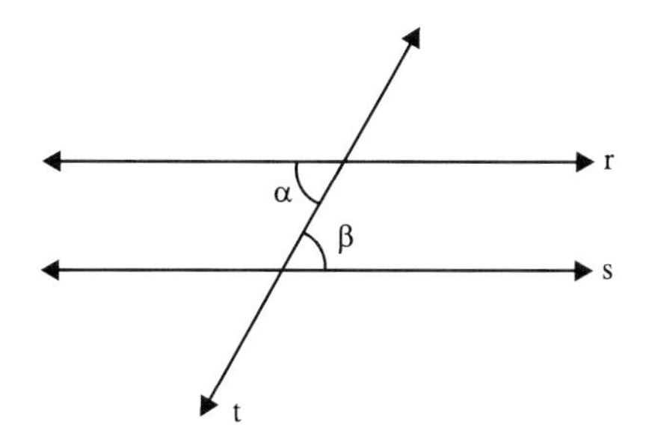

– POSTULADO DAS PARALELAS

Por um ponto dado existe uma e uma só reta paralela a uma reta dada

Na figura abaixo, pelo ponto P dado, passa apenas a reta s paralela à reta r.

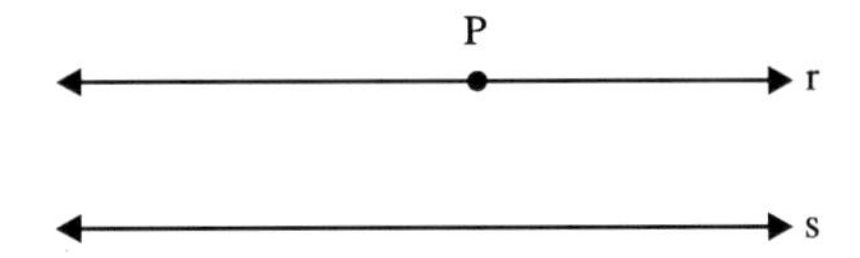

Este postulado, também chamado Postulado de Euclides (*300 A.C.*) é aquele que caracteriza a **Geometria Euclidiana.**

– TEOREMA RECÍPROCO

Se duas retas paralelas distintas são interceptadas por uma transversal, então os ângulos alternos são congruentes.

Hipótese: $r \neq s$, $r // s$, t é transversal, $\sphericalangle\, \alpha$ e $\sphericalangle\, \beta$ são ângulos alternos.

Tese: $\alpha = \beta$

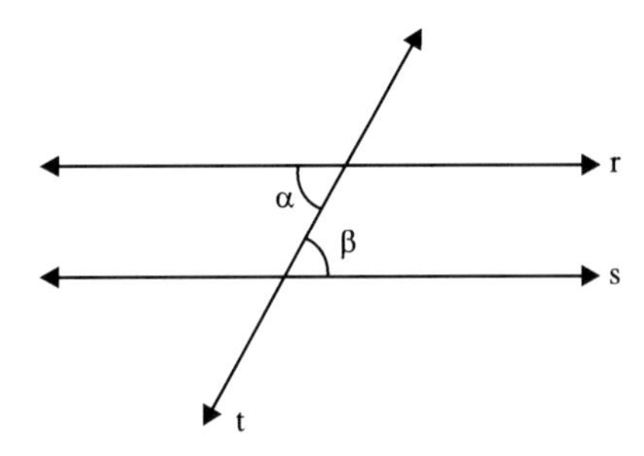

– ESQUEMA PARA APLICAÇÃO

Sendo $r \neq s$, t uma transversal, $\sphericalangle\ \alpha$ e $\sphericalangle\ \beta$ alternos ou correspondentes, tem-se:

$$\alpha = \beta \Leftrightarrow r \parallel s$$

• TRANSITIVIDADE DAS RETAS PARALELAS

– TEOREMA

> Se duas retas são paralelas a uma terceira reta, então elas são paralelas entre si.

Hipótese: r, s e m, $r \parallel m$, $s \parallel m$ e $r \neq s \neq m \neq r$.

Tese: $r \parallel s$.

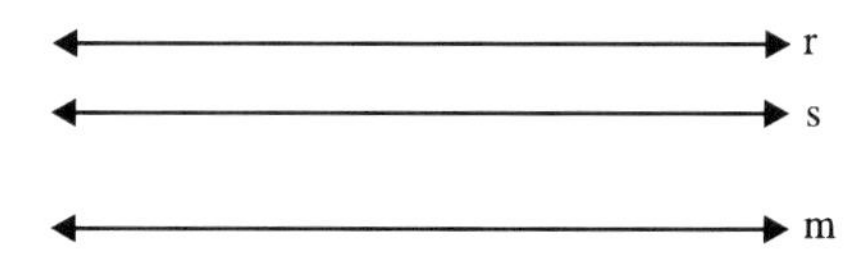

• ÂNGULOS DE UM TRIÂNGULO

– TEOREMA ANGULAR DE TALES

> A soma das medidas dos ângulos internos de um triângulo é igual a 180 º

Hipótese: $\Delta\, ABC$.

Tese: $\hat{A}+\hat{B}+\hat{C}=180^{\circ}$

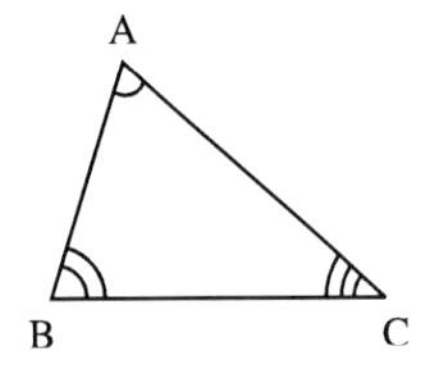

– ÂNGULO EXTERNO – TEOREMA

> Um ângulo externo de um triângulo tem medida igual à soma das medidas dos ângulos internos não adjacentes a ele.

Hipótese: $\Delta\, ABC$, $\sphericalangle\, ACD$ é externo e $A\hat{C}D=\hat{e}$

Tese: $\hat{e}=\hat{A}+\hat{B}$

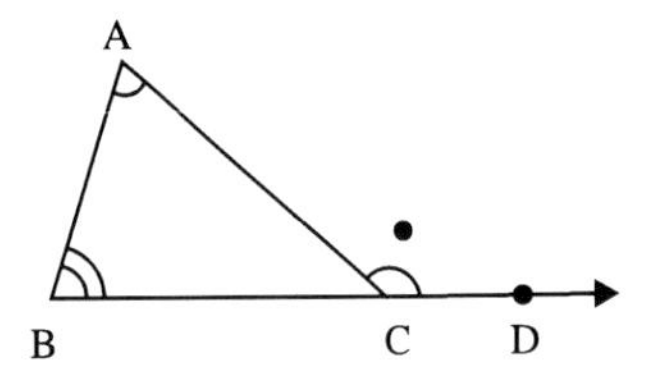

• TRIÂNGULOS CONGRUENTES

– Considere os triângulos $\Delta\, ABC$ e $\Delta\, DEF$.

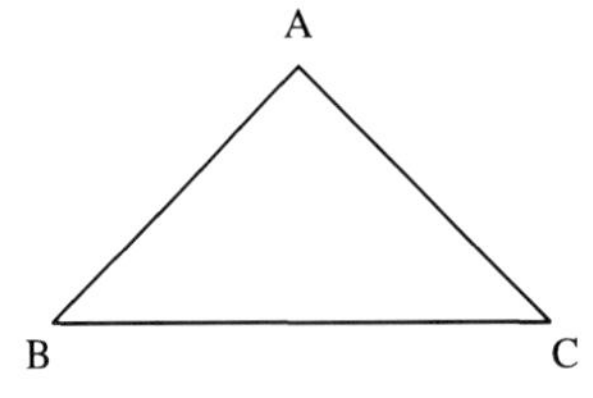

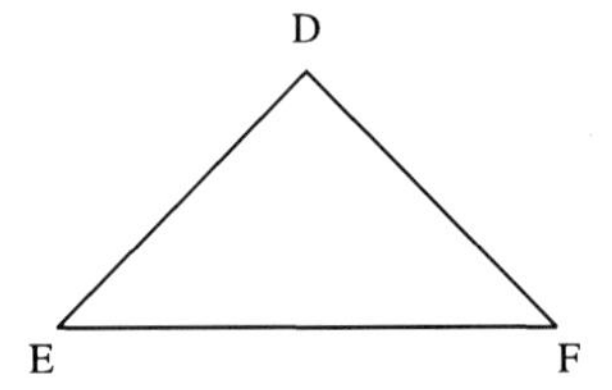

Seja uma correspondência.

$A \leftrightarrow D$, $B \leftrightarrow E$ e $C \leftrightarrow F$ ou $ABC \leftrightarrow DEF$ estabelecida entre os vértices desse dois triângulos.

De tal correspondência tem-se outras duas correspondências. Uma entre os lados $\overline{AB} \leftrightarrow \overline{DE}$, $\overline{BC} \leftrightarrow \overline{EF}$ e $\overline{AC} \leftrightarrow \overline{DF}$ e outra entre os ângulos $\sphericalangle A \leftrightarrow \sphericalangle D$, $\sphericalangle B \leftrightarrow \sphericalangle E$ e $\sphericalangle C \leftrightarrow \sphericalangle F$.

Suponha agora que:

$\overline{AB} \neq \overline{DE}$ $\qquad\qquad$ $\sphericalangle A \cong \sphericalangle D$

$\overline{BC} \neq \overline{EF}$ $\qquad$ e $\qquad$ $\sphericalangle B \cong \sphericalangle E$

$\overline{AC} \neq \overline{DF}$ $\qquad\qquad$ $\sphericalangle C \cong \sphericalangle F$

Nestas condições diz-se que os triângulos $\Delta\, ABC$ e $\Delta\, DEF$ são congruentes e a correspondência $ABC \leftrightarrow DEF$ é uma correspondência de congruência entre os dois triângulos.

Indica-se: $\Delta\, ABC \cong \Delta\, DEF$

De um modo geral, é adotada a seguinte:

DEFINIÇÃO:

Dois triângulos são congruentes se, e somente se, é possível estabelecer uma correspondência entre seus vértices de tal modo que:

Os **pares de lados correspondentes** são congruentes, e.

Os **pares de ângulos correspondentes** são congruentes.

A figura abaixo representa dois triângulos $\Delta\, ABC$ e $\Delta\, DEF$ congruentes. Os lados e ângulos correspondentes que são congruentes estão assinalados por mesmas marcas.

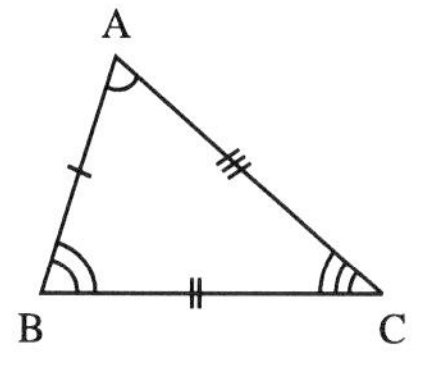

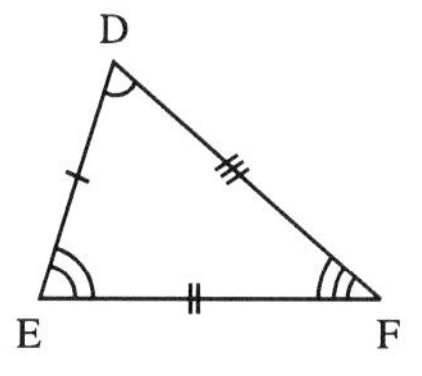

Estabelecida a correspondência de congruência $ABC \leftrightarrow DEF$ entre os vértices desses triângulos, em símbolos, indica-se:

$$\Delta ABC \cong \Delta DEF \Leftrightarrow \left\{ \begin{array}{lcl} \overline{AB} \cong \overline{DE} & & \sphericalangle A \cong \sphericalangle D \\ \overline{BC} \cong \overline{EF} & \text{e} & \sphericalangle B \cong \sphericalangle E \\ \overline{AC} \cong \overline{DF} & & \sphericalangle C \cong \sphericalangle D \end{array} \right\}$$

– CONSIDERAÇÕES:

1ª) A afirmação $\Delta ABC \cong \Delta DEF$ significa que se tem três congruências lineares e três congruências angulares.

2ª) Em dois triângulos congruentes:

i) os lados opostos a ângulos correspondentes são congruentes.

ii) os ângulos opostos a lados correspondentes são congruentes.

3ª) A congruência de triângulos é uma relação de equivalência, ou seja, é reflexiva, é simétrica e é transitiva.

Reflexiva: $\Delta ABC \cong \Delta ABC$

Simétrica: $\Delta ABC \cong \Delta DEF \Leftrightarrow \Delta DEF \cong \Delta ABC$

Transitiva:

$$\left. \begin{array}{l} \Delta ABC \cong \Delta DEF \\ \Delta DEF \cong \Delta GHI \end{array} \right\} \Leftrightarrow \Delta \text{ABC} \cong \Delta \text{GHI}$$

– CASOS DE CONGRUÊNCIA:

Da definição de dois triângulos congruentes decorrem três igualdades relativas a lados e três igualdades relativas a ângulos, num total de seis igualdades.

Existem quatro situações em que, conhecendo três dessas seis igualdades, pode-se decidir que os dois triângulos são congruentes, sem se recorrer à definição. Dessas três igualdades, pelo menos uma deve provir de lados.

Cada uma dessas situações, apresentando as condições mínimas para a congruência dos triângulos, é chamada caso ou critério de congruência.

1º CASO: LAL

O 1º caso é a correspondência **lado-ângulo-lado.**

Este caso é adotado como postulado.

> Se dois triângulos têm dois lados e o ângulo por eles determinados congruentes aos seus correspondentes, então eles são congruentes.

Hipótese:

$\Delta\, ABC, \Delta\, DEF$,

$AB = DE,\ \hat{B} = \hat{E}\ \ e\ BC = EF.$

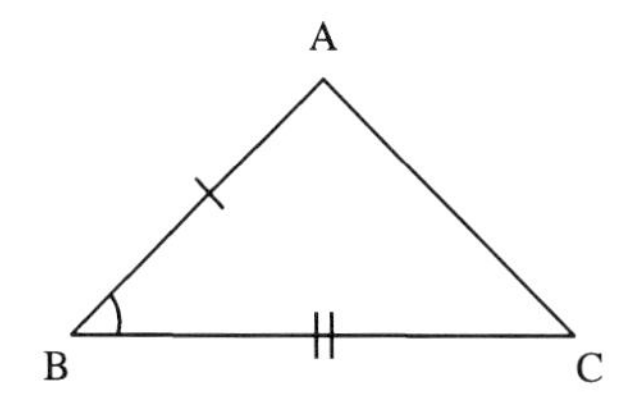

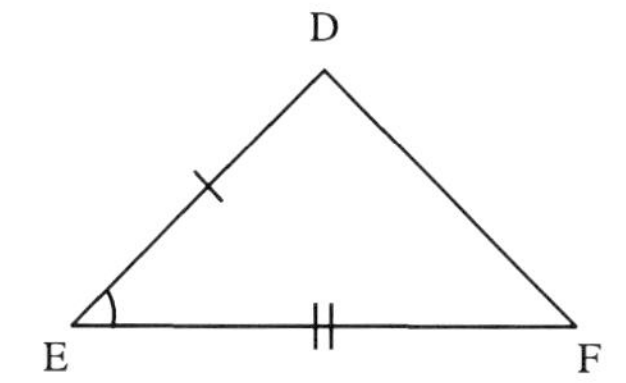

Tese: $\Delta\, ABC \cong \Delta\, DEF$

Esquema para aplicação:

$$\left.\begin{array}{l} AB = DE \\ \hat{B} = \hat{E} \\ BC = EF \end{array}\right\} \Rightarrow \Delta\, ABC \cong \Delta\, DEF$$

Da definição, resulta:

$$\Delta ABC \cong \Delta DEF \Rightarrow \begin{cases} \hat{A} = \hat{D} \\ \text{AC} = \text{DF} \\ \hat{C} = \hat{F} \end{cases}$$

Nota: As marcas nos lados e nos ângulos dos ΔABC e ΔDEF identificam os elementos correspondentes.

2º CASO: ALA

O *2º* caso é a correspondência **ângulo-lado-ângulo**.

> Se dois triângulos têm dois ângulos e o lado adjacente a eles congruentes aos seus correspondentes, então eles são congruentes.

Hipótese:

ΔABC, ΔDEF,

$\hat{B} = \hat{E}$, $BC = EF$, $\hat{C} = \hat{F}$.

Tese: $\Delta ABC \cong \Delta DEF$

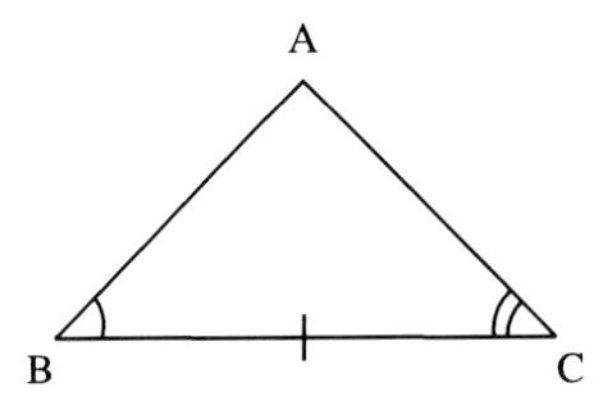

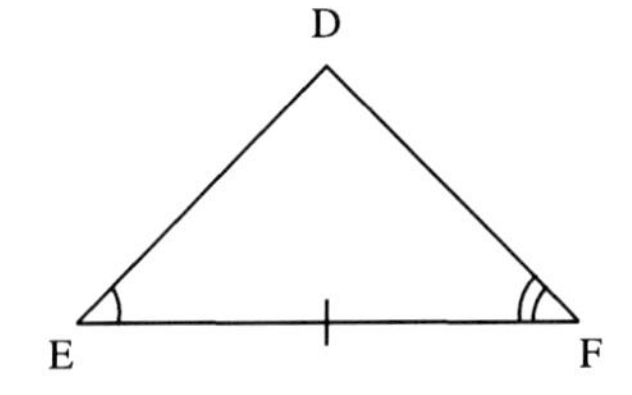

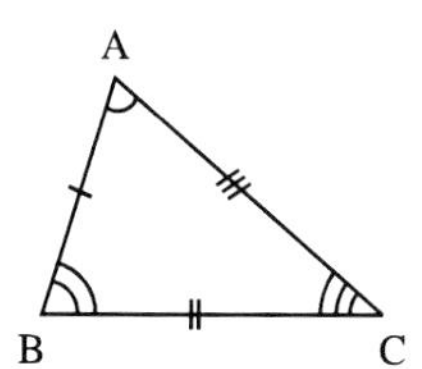

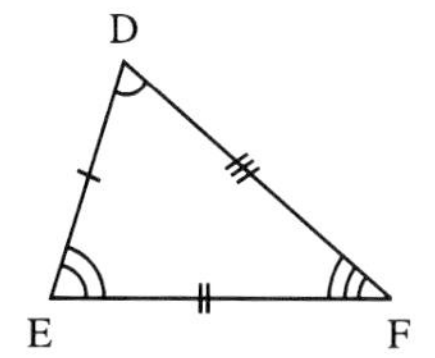

> Se dois triângulos têm os três lados congruentes aos seus correspondentes, então eles são congruentes.

3º CASO: LLL

O 3º CASO é a correspondência **lado-lado-lado.**

Hipótese:

$\Delta\, ABC$, $\Delta\, DEF$,

$AB = DE$, $BC = EF$ e $AC = DF$.

Tese: $\Delta\, ABC \cong \Delta\, DEF$.

Esquema para aplicação:

Pelo caso LLL, tem-se:

$$\left.\begin{array}{l} AB = DE \\ BC = EF \\ AC = DF \end{array}\right\} \Rightarrow \Delta\, ABC \cong \Delta\, DEF.$$

Da definição, resulta:

$$\Delta\, ABC \cong \Delta\, DEF \Rightarrow \left\{\begin{array}{l} \hat{A} = \hat{D} \\ \mathrm{AC} = \mathrm{DF} \\ \hat{C} = \hat{F} \end{array}\right.$$

4 º CASO: LAA$_o$

O 4º caso é a correspondência **lado-ângulo-ângulo oposto.**

> Se dois triângulos têm congruentes um lado, um ângulo e o ângulo oposto ao lado conhecido, então eles são congruentes.

Hipótese:

$\Delta\, ABC,\ \Delta\, DEF,\ BC = EF.$

$\hat{A} = \hat{D}$ e $\hat{B} = \hat{E}$

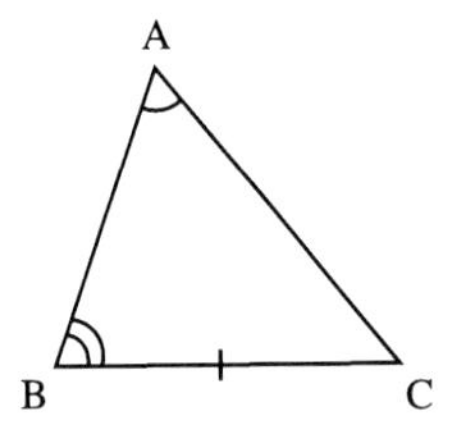

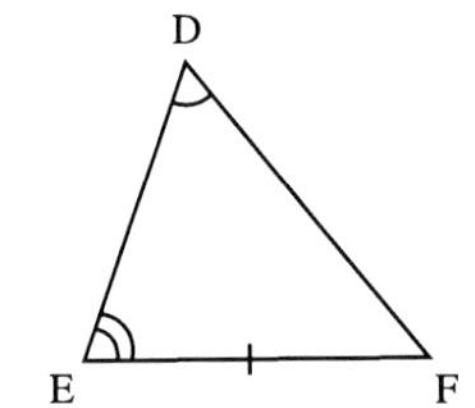

Tese: $\Delta\, ABC \cong \Delta\, DEF$

Esquema para aplicação:

Pelo caso LAA$_o$, tem-se:

$$\left.\begin{array}{l} BC = EF \\ \hat{A} = \hat{D} \\ \hat{B} = \hat{E} \end{array}\right\} \Rightarrow \Delta\, ABC \cong \Delta\, DEF$$

Da definição, resulta:

$$\Delta\, ABC \cong \Delta\, DEF \Rightarrow \left\{\begin{array}{l} AB = DE \\ AC = DF \\ \hat{C} = \hat{F} \end{array}\right.$$

CASO ESPECIAL - HC

O caso especial é a correspondência **hipotenusa-cateto**.

> Se dois triângulos retângulos têm hipotenusa e um cateto correspondentes congruentes, então eles são congruentes.

Hipótese:

$\Delta ABC, \Delta DEF, \hat{A} = \hat{D} = 90°,$

$BC = EF \; e \; AB = DE$

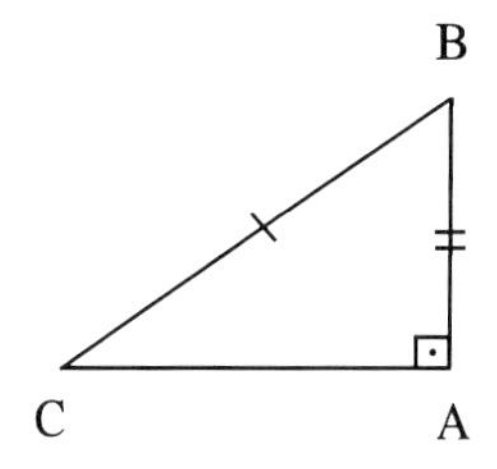

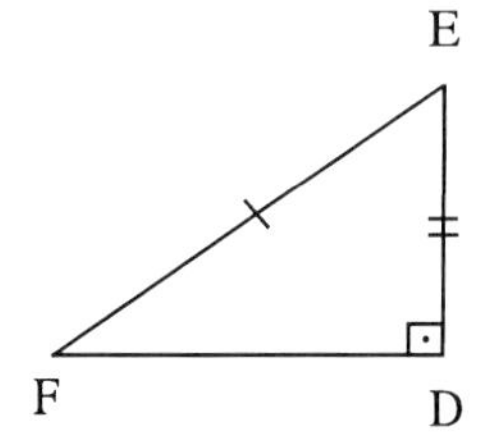

Tese: $\Delta ABC \cong \Delta DEF$

Esquema para aplicação:

Pelo caso especial, tem-se:

$$\left.\begin{array}{l} BC = EF \\ AB = DE \\ \hat{A} = \hat{D} = 90^o \end{array}\right\} \Rightarrow \Delta \text{ ABC} \cong \Delta \text{ DEF}$$

Da definição, resulta:

$$\Delta ABC \cong \Delta DEF \Rightarrow \left\{\begin{array}{l} AC = DF \\ \hat{B} = \hat{E} \\ \hat{C} = \hat{F} \end{array}\right.$$

• RELAÇÕES DE DESIGUALDADE NUM TRIÂNGULO

– TEOREMA

> Num triângulo, ao lado de maior medida opõe-se o ângulo de maior medida.

Hipótese: ΔABC, $AC > AB$.

Tese: $\hat{B} > \overline{C}$.

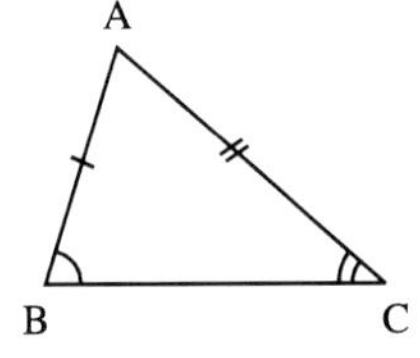

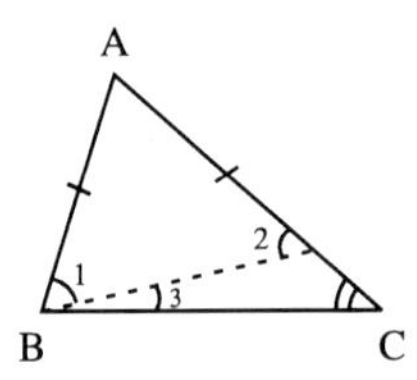

– CONSEQÜÊNCIA

> Num triângulo, a medida de cada lado é maior que o valor absoluto da diferença das medidas dos outros dois.

Hipótese: ΔABC, $BC = a$, $AC = b$, $AB = c$.

$a < b \;\; e \;\; a < c$

Tese: $a > |b - c|$

– CRITÉRIO DA EXISTÊNCIA DE UM TRIÂNGULO

Do teorema da desigualdade triangular e da sua conseqüência pode-se afirmar que, se existe um triângulo de lados medindo a, b e c, então:

$$|b-c| < a < b+c$$

– TEOREMA

(Teorema recíproco)

Num triângulo, ao ângulo de maior medida opõe-se o lado de maior medida.

Hipótese: $\hat{B} > \hat{C}$

Tese: $AC > AB$

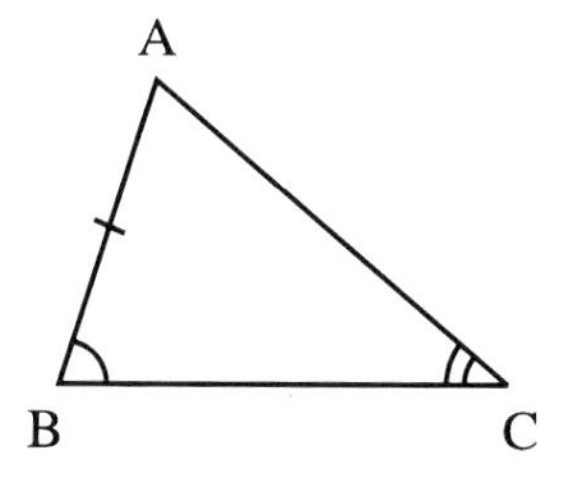

– TEOREMA

Teorema da desigualdade triangular:

> Num triângulo, a medida de cada lado é menor que a soma das medidas dos outros dois lados.

Hipótese: ΔABC, $AB > AC$ e $AB > BC$

Tese: $AB > BC + AC$

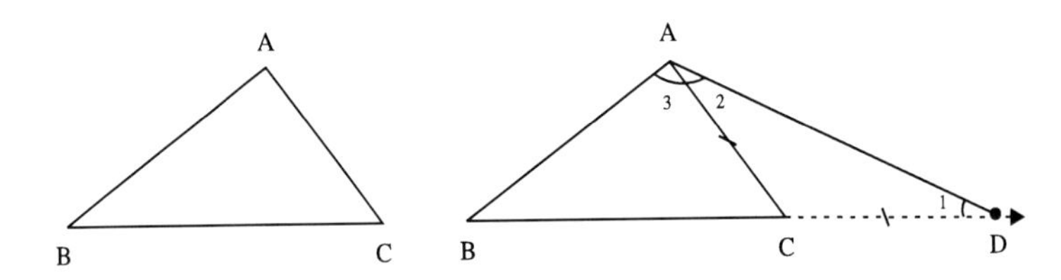

DESIGUALDADES EM DOIS TRIÂNGULOS

Para o teorema e o seu recíproco a seguir, considere a correspondência dos vértices dos ΔABC e ΔDEF.

– TEOREMA

> Se dois triângulos têm dois pares de lados correspondentes congruentes e os ângulos por eles determinados no primeiro triângulo maior que o ângulo correspondente no segundo, então o terceiro lado do primeiro é maior que o terceiro lado correspondente no segundo.

Hipótese: ΔABC e ΔDEF, $AB = DE$, $AC = DF$ e $\hat{A} > \hat{D}$

Tese: $BC > EF$.

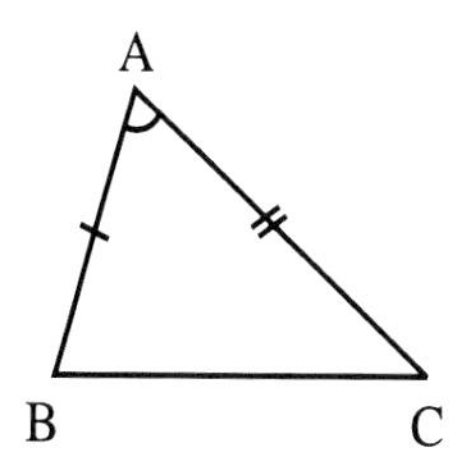

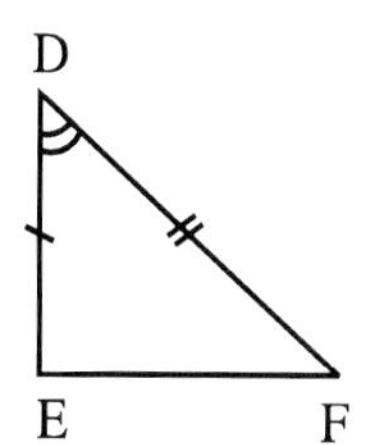

– TEOREMA - Teorema recíproco

> Se dois triângulos têm dois pares de lados correspondentes congruentes e o terceiro lado do primeiro triângulo maior que o terceiro lado do segundo, então o ângulo determinado pelos dois lados, no primeiro triângulo, é maior que o ângulo correspondente no segundo.

Hipótese: ΔABC *e* ΔDEF, $AB = DE$, $AC = DF$ *e* $BC > DF$.

Tese: $\hat{A} > \hat{D}$

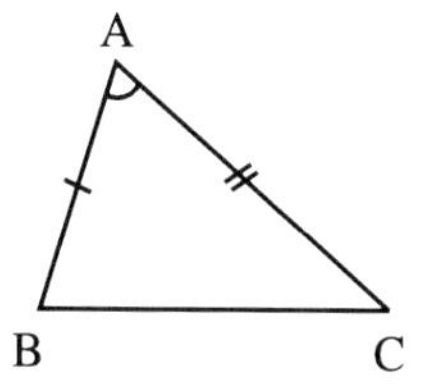

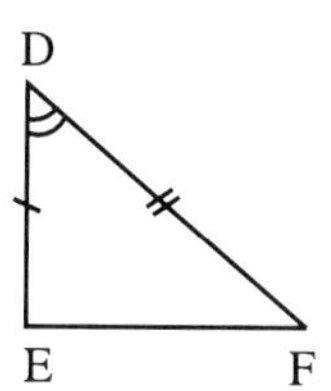

PROJEÇÃO ORTOGONAL

♦ Projeção ortogonal de um ponto sobre uma reta é o pé da perpendicular conduzida por esse ponto à reta.

Dados um ponto P e uma reta r, seja s a perpendicular à reta r pelo ponto P.

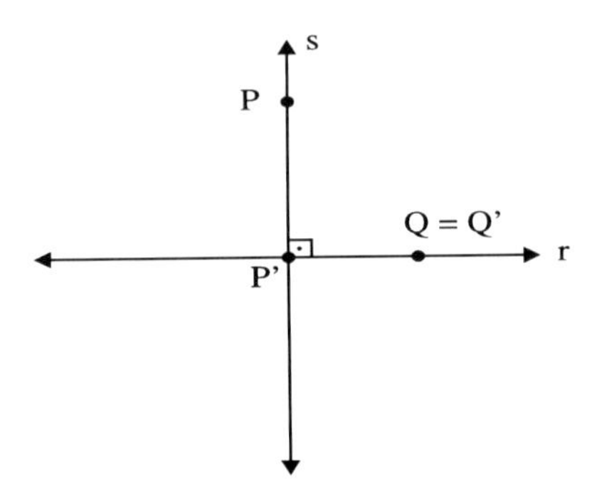

O ponto P' pé da perpendicular à reta r por P é a projeção ortogonal de P sobre r.

Em particular, se Q está na reta r, a projeção Q' coincide com Q.

Indica-se: $P' = proj_r P$

♦ **Projeção ortogonal** de um segmento de reta sobre uma reta (não perpendicular à reta suporte desse segmento) é um segmento cujas extremidades são as projeções ortogonais das extremidades do segmento dado.

Na figura, $\overline{A'B'}$ e $\overline{C'D'}$ são as projeções de $\overline{AB}$ e $\overline{CD}$ respectivamente, sobre a reta r.

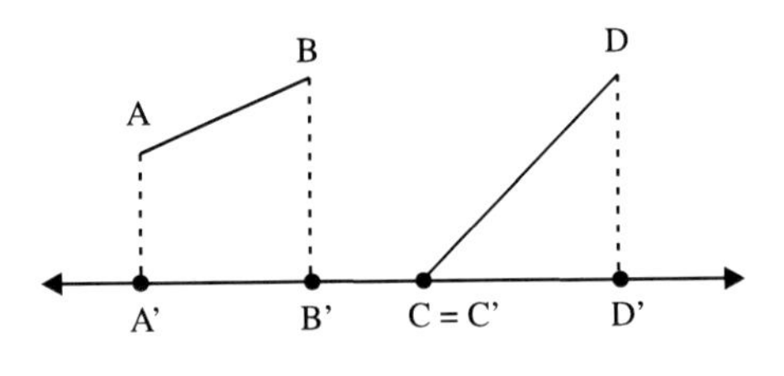

Indica-se: $= \overline{A'B'}$

Em particular, se $\overline{AB}$ é perpendicular à reta r, então as projeções ortogonais A' e B' coincidem, e, portanto, a projeção ortogonal do segmento $\overline{AB}$ é um ponto.

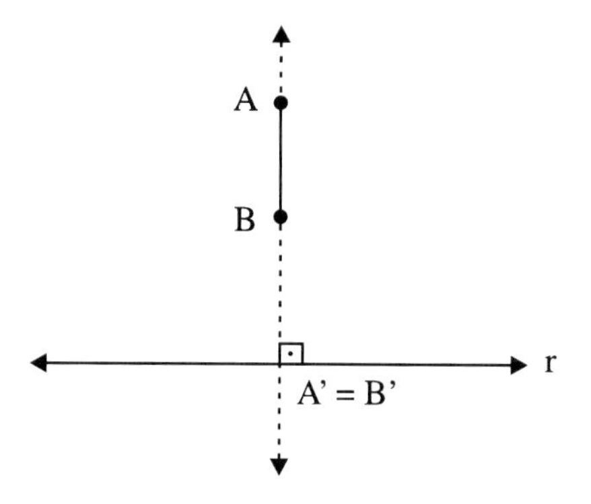

– TEOREMA

> Se dois segmentos têm uma extremidade comum e as outras duas em uma reta, sendo um perpendicular e o outro oblíquo a essa reta, então o de menor medida é o perpendicular à reta.

Hipótese: $\overline{PA} \perp r$ e $\overline{PB}$ oblíquo a r; A e B estão em r.

Tese: $PA < PB$.

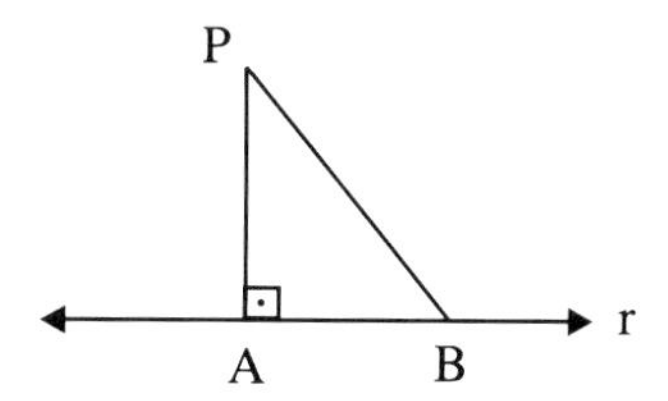

DISTÂNCIA ENTRE PONTO E RETA

♦ A distância entre um ponto e uma reta é a distância entre esse ponto e sua projeção ortogonal sobre essa reta.

♦ A distância entre o ponto P e a reta r é a distância PP', onde P' é a projeção ortogonal de P sobre r.

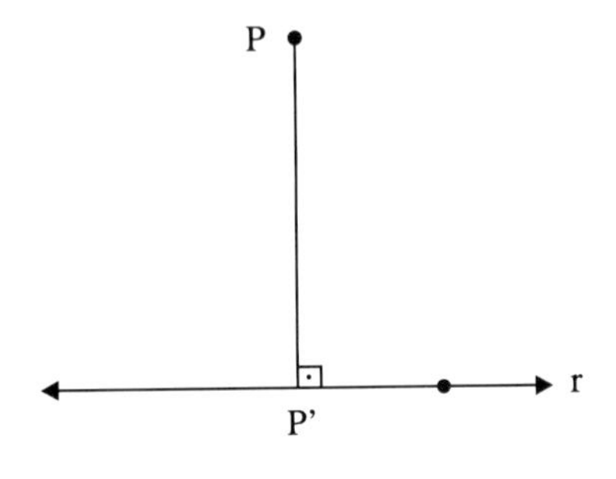

Indica-se: $d_{p,r} = PP'$.

Em particular, se um ponto Q pertence à reta r, a distância $d_{r,Q}$ é zero.

DISTÂNCIA ENTRE DUAS RETAS PARALELAS

- A distância entre duas retas paralelas distintas é a distância entre um ponto qualquer de uma das retas à outra reta.

A distância entre as retas r e s é a distância entre um ponto P da reta r à reta s.

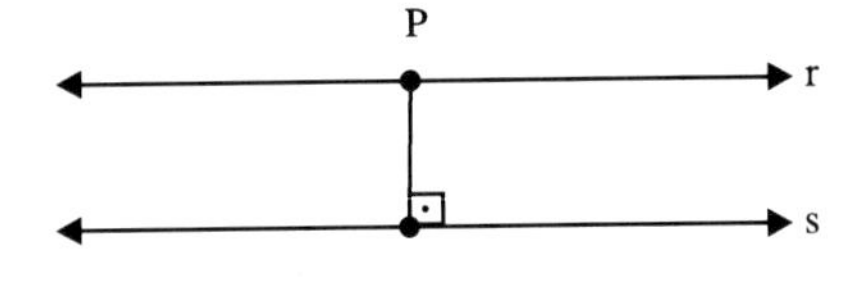

Indica-se: $d_{r,s} = d_{P,s}$

Nota:

A distância entre duas retas concorrentes é zero.

☑ EXERCÍCIOS PROPOSTOS:

1) (CESGRANRIO) Numa carpintaria, empilham-se 50 tábuas, umas de 2cm e outras de 5cm de espessura. A altura da pilha é de 154 cm. A diferença entre o número de tábuas de cada espessura é:

a) 12

b) 14

c) 16

d) 18

e) 25

2) (U.G.MG) Os pontos A, B, C, D são colineares e tais que AB = 6cm, BC = 2cm, AC = 8cm e BD = 1cm. Nessas condições, uma possível disposição desses pontos é:

a) A D B C

b) A B C D

c) A C B D

d) B A C D

e) B C D A

3) (U.E. CE.) O ângulo igual a $\frac{5}{4}$ do seu suplemento mede:

a) 100º

b) 144º

c) 36º

d) 80º

4) (U.F.UBERLÂNDIA) Dois ângulos consecutivos são complementares. Então o ângulo formado pelas bissetrizes desses ângulos é:

a) 20º

b) 30º

c) 35º

d) 40º

e) 45º

5) (U.F.ES) O triplo do complemento de um ângulo é igual à terça parte do suplemento desse ângulo. Esse ângulo mede:

a) $\frac{7\pi}{8} rd$

b) $\frac{5\pi}{16} rd$

c) $\frac{7\pi}{4} rd$

d) $\frac{7\pi}{16} rd$

e) $\frac{5\pi}{8} rd$

6) (PUC-SP) Dados os triângulos ABC e ADC, com $AB = CD$ e $AD = BC$, podemos concluir que o ângulo $A\hat{B}C$ é congruente ao ângulo:

a) $B\hat{A}C$

b) $A\hat{B}D$

c) $A\hat{C}D$

d) $C\hat{D}A$

e) $D\hat{C}B$

7) (U.F.MG) O recíproco do teorema: "Num triângulo isósceles os ângulos da base são iguais" é:

a) Os ângulos da base de um triângulo isósceles são iguais.

b) Se os ângulos da base de um triângulo são iguais, então o triângulo é isósceles.

c) Num triângulo isósceles os ângulos da base não são iguais.

d) Se os ângulos da base de um triângulo não são iguais, o triângulo não é isósceles.

e) Nenhuma das anteriores.

8) (U.F.GO) Se dois lados de um triângulo medem respectivamente $3dm$ e $4dm$, podemos afirmar que a medida do terceiro lado é:

a) igual a 5 dm

b) igual a 1 dm

c) igual a $\sqrt{7dm}$

d) menor que 7 dm

e) maior que 7 dm

9) (U.F.MG) Sobre geometria plana, a única afirmativa correta é:

a) Dois triângulos ABC e $A'B'C'$ tais que $\hat{C} = \hat{C}'$, $\overline{AB} = \overline{A'B'}$ e $\overline{BC} = \overline{B'C'}$ são sempre congruentes.

b) Se dois ângulos de um triângulo ABC são agudos, então ABC é um triângulo retângulo.

c) Três pontos distintos sempre determinam um plano.

d) Se dois triângulos têm os três ângulos congruentes, eles são congruentes.

e) Se a reta m é paralela às retas r e s, então r e s são paralelas ou coincidentes.

10) (FGV) Considere as retas r, s, t, u, todas num mesmo plano, com r//u. O valor em graus de $(2x + 3y)$ é:

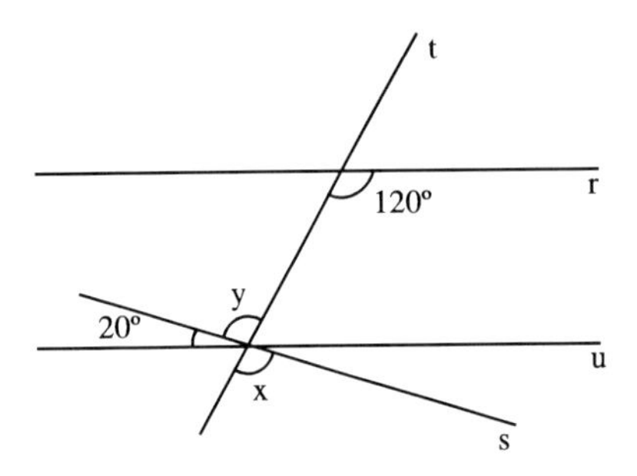

a) 64º

b) 500º

c) 520º

d) 660º

e) 580º

11) (U.F.GO) Na figura abaixo as retas r e s são paralelas. A medida do ângulo b é:

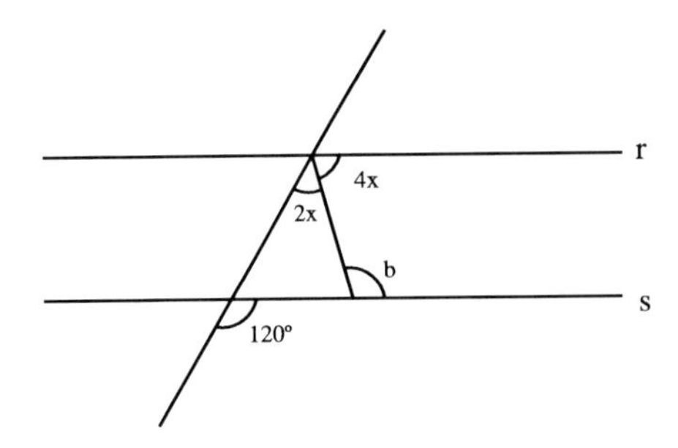

a) 100º

b) 120º

c) 110º

d) 140º

e) 130º

12) (PUC-SP) Considere a sentença:

"Num plano, se duas retas são ...., então toda reta... a uma delas é .... à outra.

A alternativa que preenche corretamente as lacunas é:

a) paralelas – perpendicular – paralela

b) perpendiculares – paralela – paralela

c) perpendiculares – perpendicular – perpendicular

d) paralelas – paralela – perpendicular

e) perpendiculares – paralela – perpendicular

13) (CESESP) Na figura abaixo as retas r e s são paralelas e as retas t e v são perpendiculares.

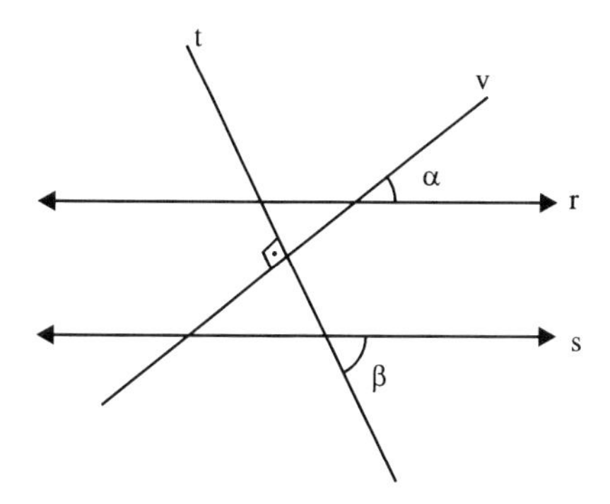

Assinale, então, dentre as alternativas abaixo, a única que completa corretamente a sentença: "os ângulos distintos α e β são...

a) opostos pelo vértice".

b) adjacentes".

c) suplementares".

d) complementares".

e) sempre congruentes".

14) (CESGRANRIO) Na figura, as retas *r* e *r'* são paralelas, e a reta *s* é perpendicular a *t*. Se o menor ângulo entre *r* e *s* mede *72º*, então o ângulo α da figura mede:

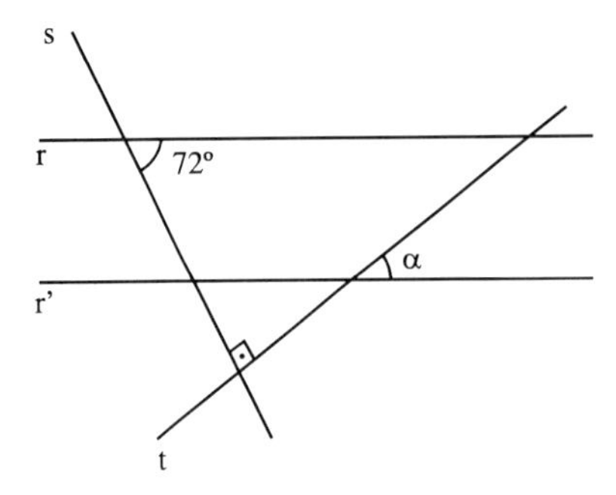

a) 36º

b) 32º

c) 24º

d) 20º

e) 18º

15) (CESGRANRIO) Duas retas paralelas são cortadas por uma transversal, de modo que a soma de dois dos ângulos agudos formados vale *72º*. Então, qualquer dos ângulos obtusos formados mede:

a) 142º

b) 144º

c) 148º

d) 150º

e) 152º

16) (CESGRANRIO) As retas r e s da figura são paralelas cortadas pela transversal t. Se o ângulo B é o triplo de A, então $B - A$ vale:

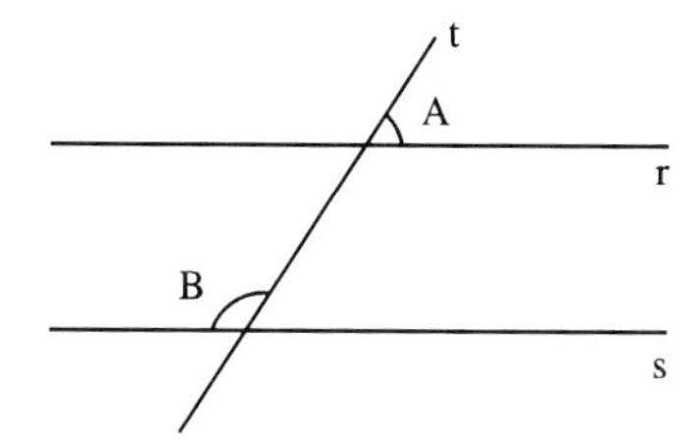

a) 90º

b) 85º

c) 80º

d) 75º

e) 60º

17) (STO.ANDRÉ) O triângulo ABC é isósceles, com $\overline{AB} = \overline{AC}$. Nele, está inscrito um triângulo DEF eqüilátero. Designando ângulo $B\hat{F}D$ por a, o ângulo $A\hat{D}E$ por b, e o ângulo $F\hat{E}C$ por c, temos:

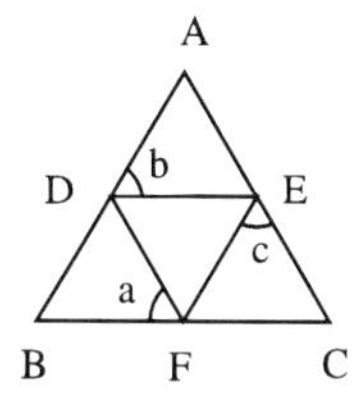

a) $b = \dfrac{a+c}{2}$

b) $b = \dfrac{a-c}{2}$

c) $a = \dfrac{b-c}{2}$

d) $c = \dfrac{a+b}{2}$

e) $a = \dfrac{b+c}{2}$

18) (FUVEST) Num triângulo ABC, os ângulos $\hat{B}$ e $\hat{C}$ medem 50° e 70°, respectivamente. A bissetriz relativa ao vértice A forma com a reta $\overleftrightarrow{BC}$ ângulos proporcionais a:

a) 1 e 2

b) 2 e 3

c) 3 e 4

d) 4 e 5

e) 5 e 6

19) (FATEC) Na figura abaixo, r é a bissetriz do ângulo $A\hat{B}C$. Se $\alpha = 40^o$ e $\beta = 30^o$, então:

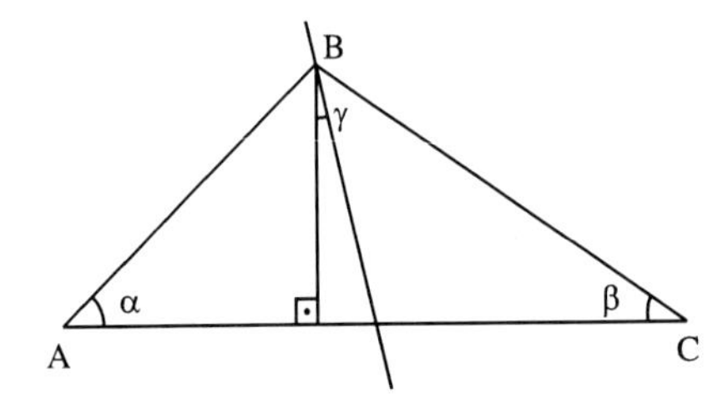

a) $\gamma = 0^o$

b) $\gamma = 5^o$

c) $\gamma = 35^o$

d) $\gamma = 15^o$

e) os dados são insuficientes para a determinação de γ.

20) (FATEC) Dado o triângulo ABC, abaixo indicado, construímos a poligonal $L = BCD_1C_1B_2C_2B_3C_3...$ O comprimento de L é:

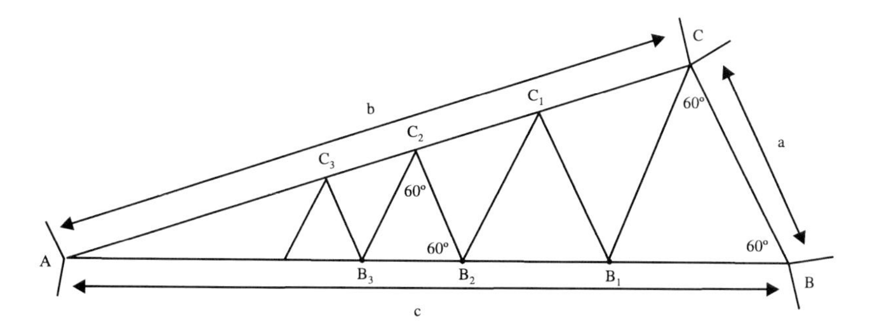

a) $2c$

b) $a+b+c$

c) $2(a+b)$

d) $2(a+c)$

e) $\dfrac{a+b}{2}+c$

21) (FUVEST) Na figura abaixo, $\overline{AB}=\overline{AC}$, O é o ponto de encontro das bissetrizes do triângulo ABC, e o ângulo $B\hat{O}C$ é o triplo do ângulo $\hat{A}$. Então a medida de $\hat{A}$ é:

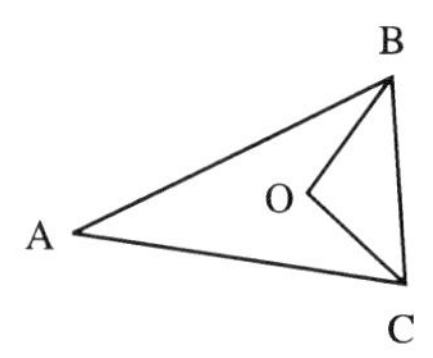

a) 18º

b) 12º

c) 24º

d) 36º

e) 15º

22) (PUC-SP) Na figura abaixo $a = 100^o$ e $b = 110^o$. Quanto mede o ângulo x?

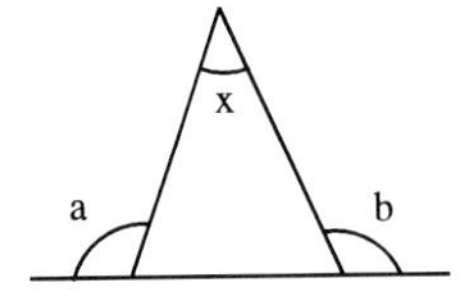

a) 30º

b) 50º

c) 80º

d) 100º

e) 220º

23) (FUVEST) Na figura $AB = BD = CD$. Então:

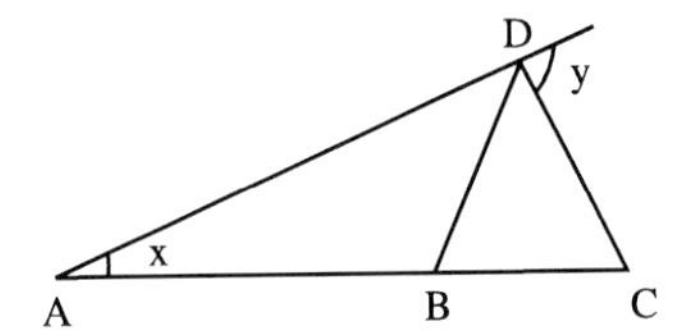

a) y = 3x

b) y = 2x

c) x + y = 180º

d) x = y

e) 3x = 2y

24) (U.F.MG) Os ângulos α e β da figura medem:

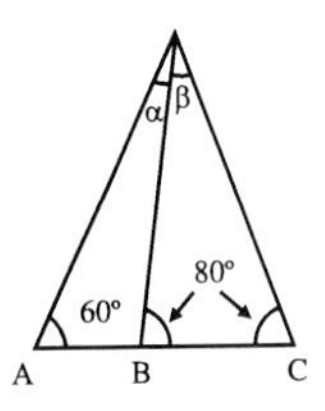

a) $\alpha = 20^o$, $\beta = 30^o$

b) $\alpha = 30^o$, $\beta = 20^o$

c) $\alpha = 60^o$, $\beta = 20^o$

d) $\alpha = 20^o$, $\beta = 20^o$

e) $\alpha = 10^o$, $\beta = 20^o$

25)(U.C.MG) Na figura abaixo, o ângulo $A\hat{D}C$ é reto. O valor, em graus, do ângulo $C\hat{B}D$ é de:

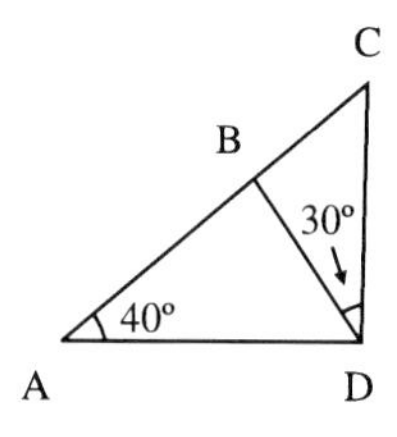

a) 95

b) 100

c) 105

d) 110

e) 120

26) (PUC-SP) Na figura $BC = CA = AD = DE$. O ângulo $C\hat{A}D$ mede:

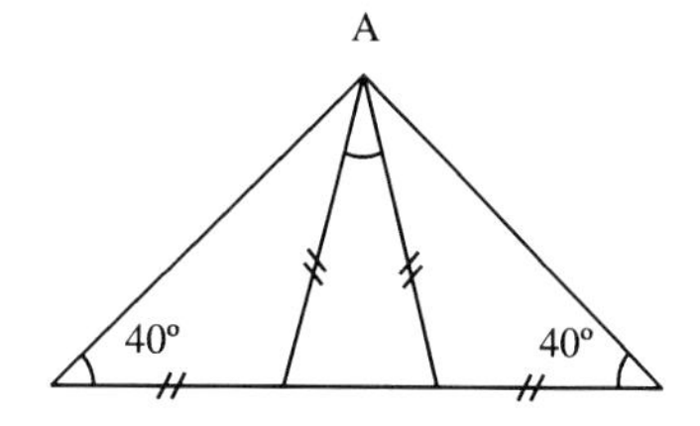

a) 10º

b) 20º

c) 30º

d) 40º

e) 60º

27) (PUC-SP) A soma $A + B + C + D + E$ das medidas dos ângulos:

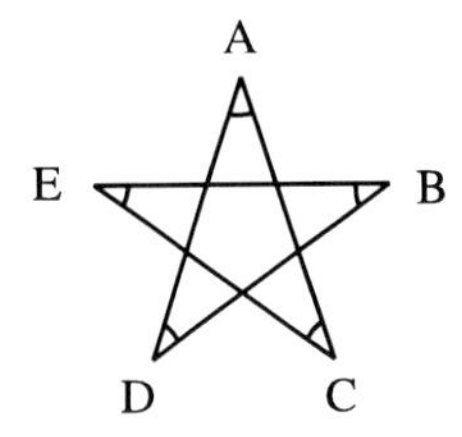

a) é 60º

b) é 120º

c) é 180º

d) é 360º

e) varia de "estrela" para "estrela"

28) (PUC-SP) Em um triângulo isósceles a média aritmética das medidas de dois de seus ângulos é *50º*. A medida de um dos ângulos do triângulo pode ser:

a) 100º

b) 90º

c) 60º

d) 30º

e) 20º

29) (FUVEST) Na figura, $AB = AC$, $BX = BY$ e $CZ = CY$. Se o ângulo A mede 40°, então o ângulo XYZ mede:

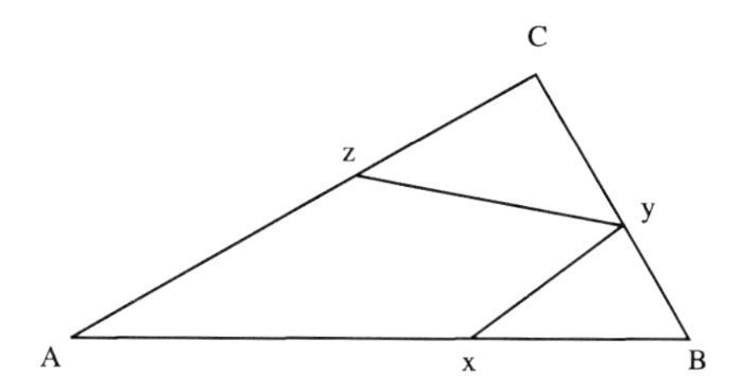

a) 40º

b) 50º

c) 60º

d) 70º

e) 90º

30) (U.F.MG) Observe a figura.

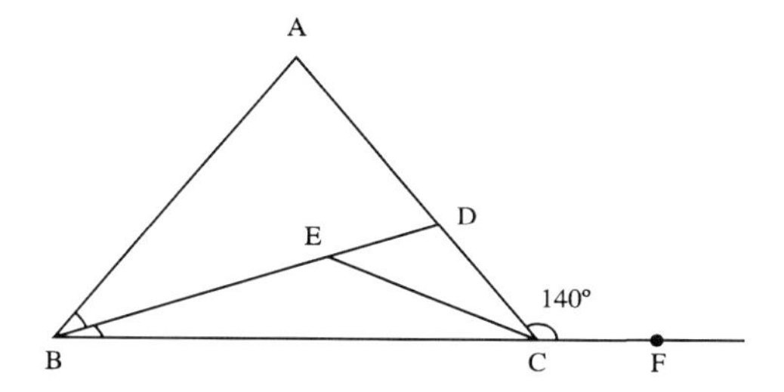

Nessa figura, $\overline{AB} \cong \overline{AC}$, $\overline{BD}$ bissetriz de $A\hat{B}C$, $\overline{CE}$ bissetriz de $B\hat{C}D$ e a medida do ângulo $A\hat{C}F$ é 140°.

A medida do ângulo , em graus, é:

a) 20

b) 30

c) 40

d) 50

e) 60

31) (U.F.R.PE) Observe que, na figura abaixo, a reta ℓ faz ângulos idênticos com as retas ℓ_1 e ℓ_2. A soma vale:

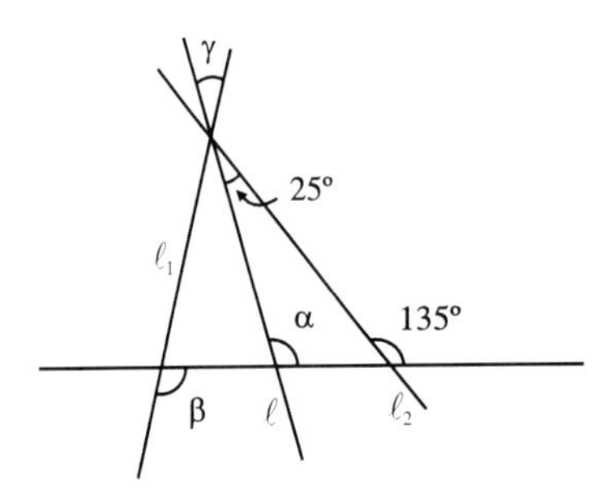

a) 180º

b) 215º

c) 230º

d) 250º

e) 255º

32) (U.F.MG) Observe a figura.

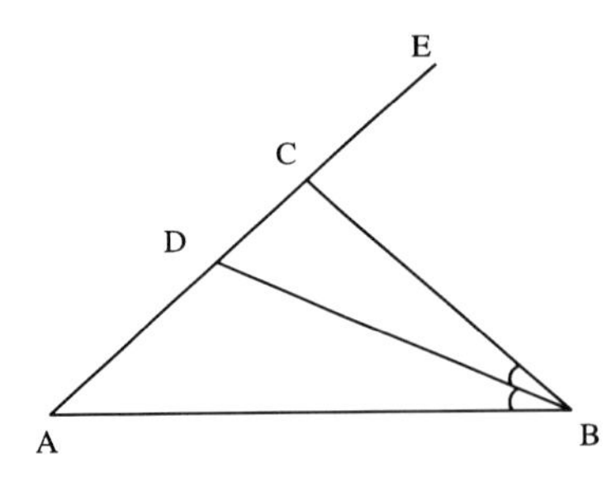

BD é bissetriz de $A\hat{B}C$, $E\hat{C}B = 2(E\hat{A}B)$ e a medida do ângulo $E\hat{C}B$ é *80º*. A medida do ângulo CDB é:

a) 40º

b) 50º

c) 55º

d) 60º

e) 65º

33) (U.F.MG) Observe a figura.

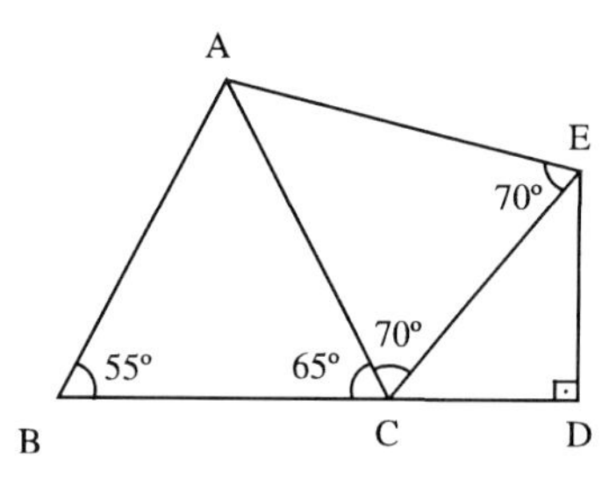

Com base nos dados dessa figura, pode-se afirmar que o maior segmento é:

a) $\overline{AB}$

b) $\overline{AE}$

c) $\overline{EC}$

d) $\overline{BC}$

e) $\overline{ED}$

34) (CESGRANRIO) Seja ABC um triângulo retângulo, onde D é o ponto médio da hipotenusa BC. Se $AD = AB$, então o ângulo $A\hat{B}C$ mede:

a) 67º 30’

b) 60º

c) 55º

d) 52º 30’

e) 45º

35) (U.C.SALVADOR) No triângulo retângulo ABC, representado na figura abaixo, $\overline{AH}$ é a altura relativa à hipotenusa e $\overline{AM}$ é mediana. Nestas condições, a medida x do ângulo assinalado é:

a) 55º

b) 65º

c) 70º

d) 75º

e) 80º

CAPÍTULO 2

QUADRILÁTEROS NOTÁVEIS – PONTOS NOTÁVEIS DO TRIÂNGULO - POLÍGONOS

Os quadriláteros n1otáveis são de cinco tipos: trapézio, paralelogramo, retângulo, losango e quadrado.

• TRAPÉZIO

Um quadrilátero convexo é um trapézio se, e somente se, ele tem um par de lados opostos paralelos.

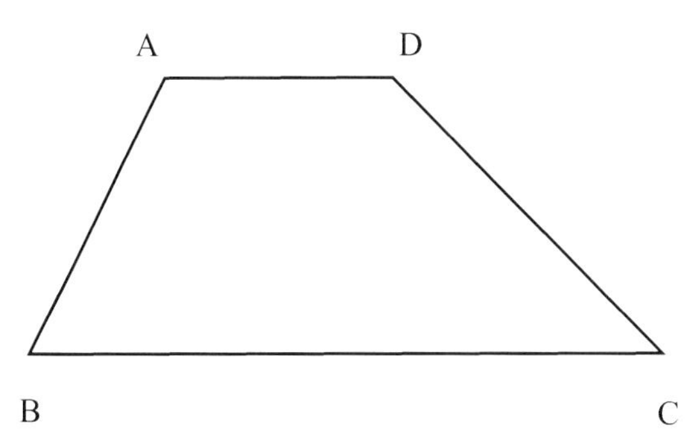

($ABCD$ é trapézio) ou

Os lados paralelos são as bases do trapézio.

Os trapézios classificam-se em:

i) Trapézio escaleno, se os lados não paralelos não são congruentes.

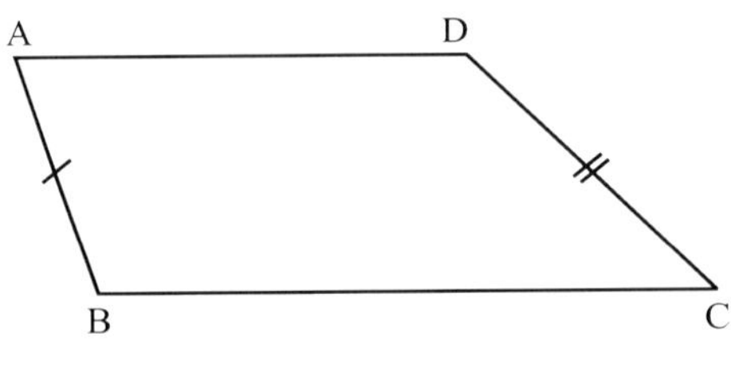

$AB \neq CD$

ii) Trapézio isósceles, se os lados não paralelos são congruentes.

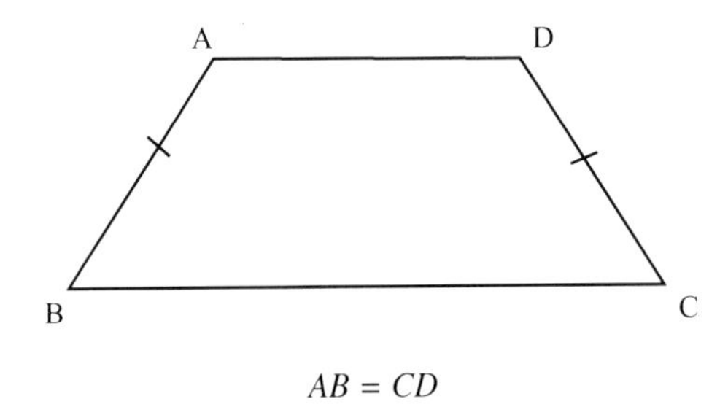

$AB = CD$

iii) Trapézio retângulo, se um dos lados não paralelos é perpendicular às bases.

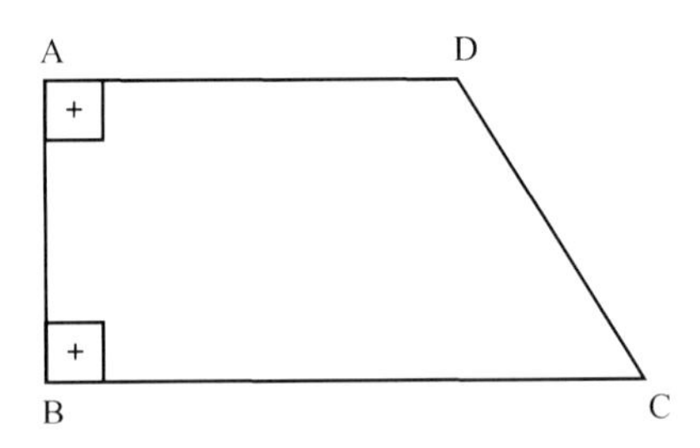

$\hat{A} = \hat{B} = 90^{\circ}$

• PARALELOGRAMO

Um quadrilátero convexo é um **paralelogramo** se, e somente se, ele tem os **pares de lados opostos paralelos.**

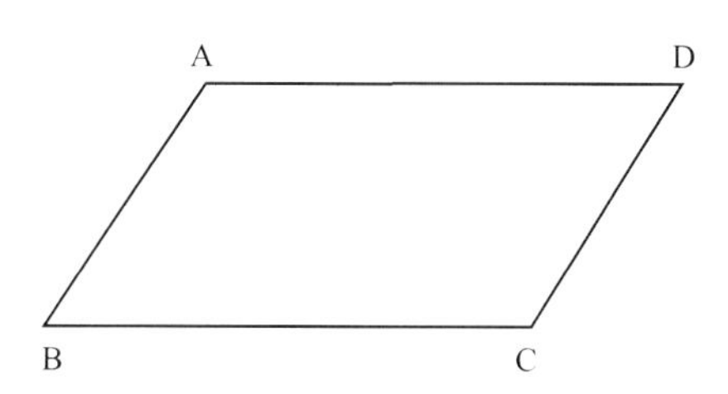

$(ABCD$ é paralelogramo$) \Leftrightarrow$ e $(\overline{AB} \,//\, \overline{CD}$ e $\overline{AD} \,//\, \overline{BC})$

• RETÂNGULO

Um quadrilátero convexo é um **retângulo** se, e somente se, ele é **eqüiângulo**.

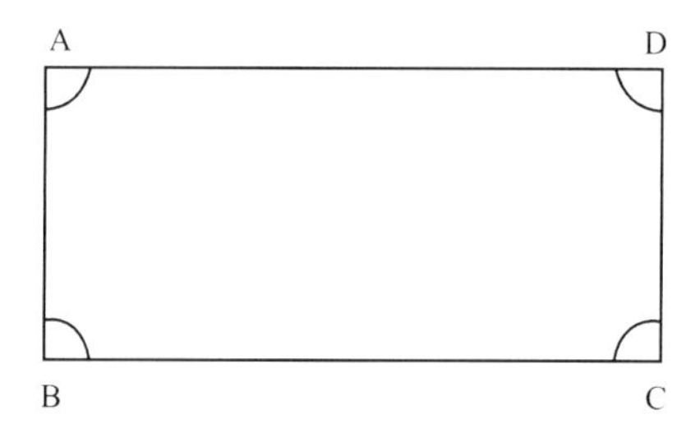

$(ABCD$ é retângulo$) \Leftrightarrow (\hat{A} = \hat{B} = \hat{C} = \hat{D})$

• LOSANGO

Um quadrilátero convexo é um **losango** se, e somente se, ele é **eqüilátero**.

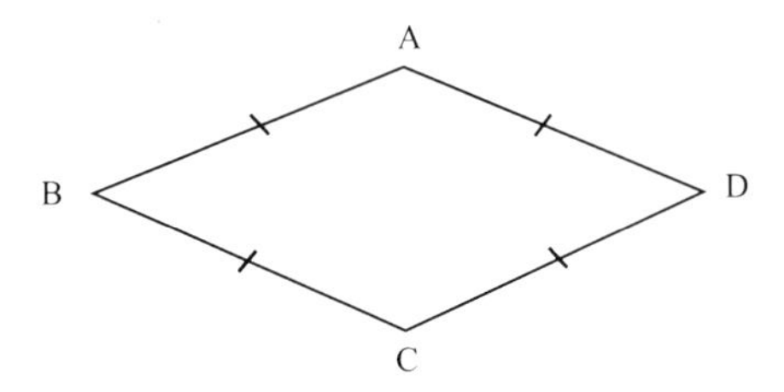

$$(ABCD \text{ é losango}) \Leftrightarrow (AB = BC = CD = DA)$$

Um losango é também chamado **rombo**.

• QUADRADO

Um quadrilátero convexo é um quadrado se, e somente se, ele é eqüiângulo e eqüilátero.

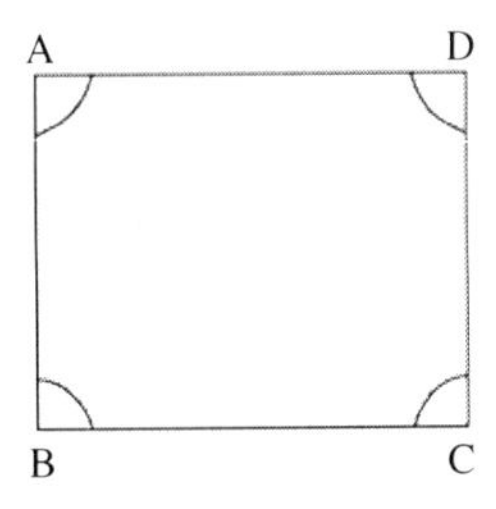

$$(ABCD \text{ é quadrado}) \Leftrightarrow \begin{pmatrix} \hat{A} = \hat{B} = \hat{C} = \hat{D} \\ e \\ AB = BC = CD = DA \end{pmatrix}$$

• ALGUMAS PROPRIEDADES:

1ª) Todo paralelogramo é um trapézio.

2ª) Cada um dos ângulos de um retângulo é um ângulo reto.

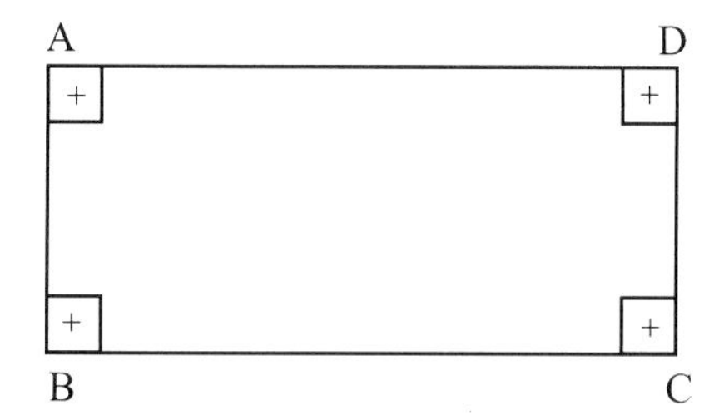

3ª) Todo retângulo é um paralelogramo.

4ª) Num losango, os ângulos de vértices opostos são congruentes.

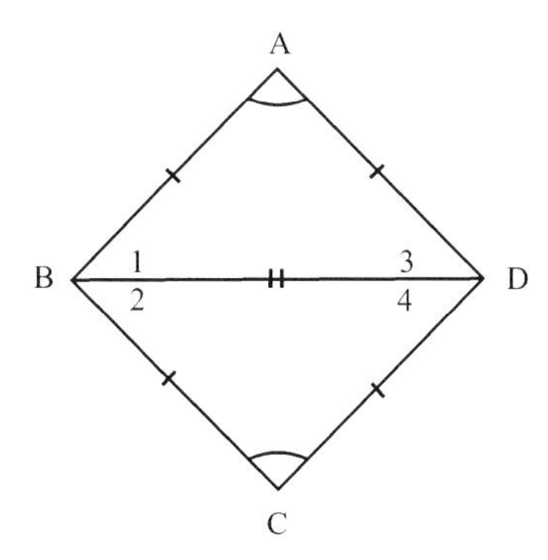

5ª) Todo losango é um paralelogramo.

6ª) Todo quadrado é um retângulo e um losango, ou seja, o quadrado é eqüilátero e eqüiângulo.

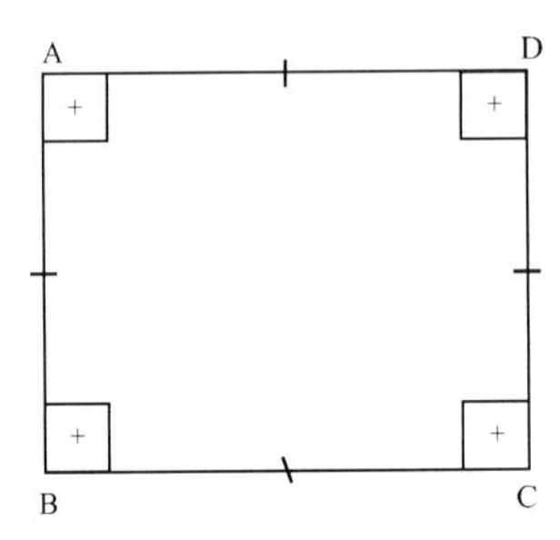

7ª) Propriedade Fundamental: Em todo trapézio, os ângulos adjacentes ao mesmo lado não paralelo são suplementares.

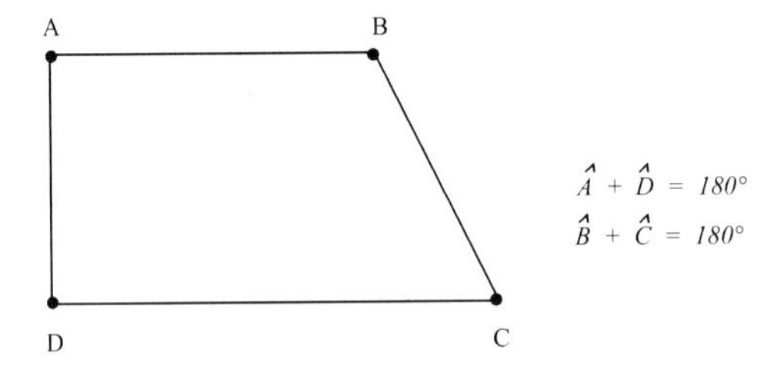

8ª) Propriedade Geral: Em todo quadrilátero a soma dos ângulos internos é igual a 360º.

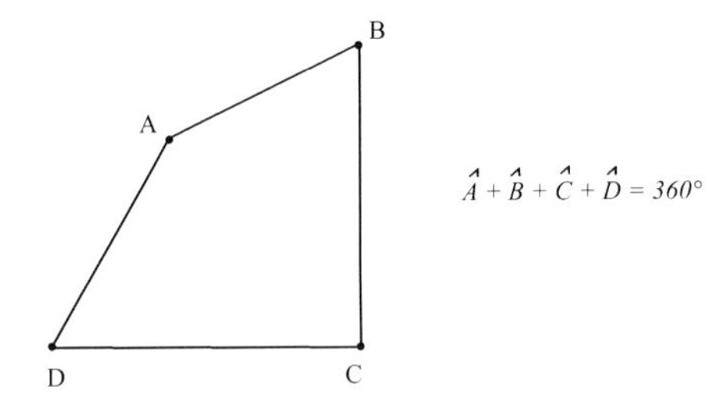

9ª) Propriedades das Bissetrizes:

P1) O ângulo formado pelas bissetrizes internas de dois ângulos consecutivos de um quadrilátero é igual à semi-soma dos outros dois ângulos internos.

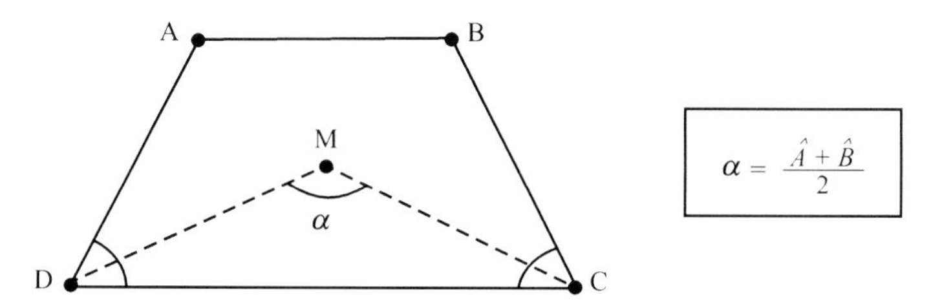

P2) O ângulo formado pelas bissetrizes externas de dois ângulos consecutivos de um quadrilátero é igual à semi-soma dos dois ângulos adjacentes.

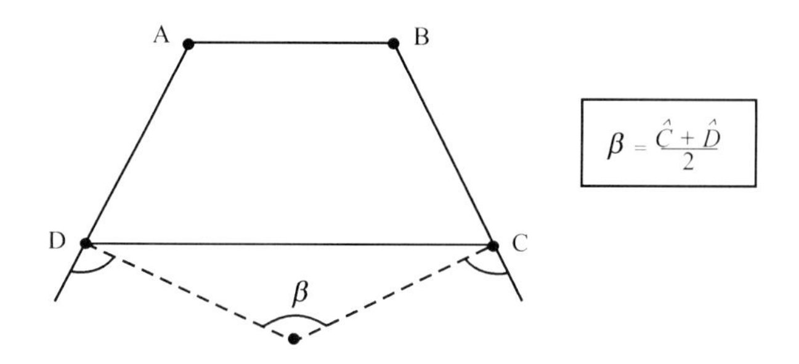

10ª) As diagonais de um retângulo são congruentes.

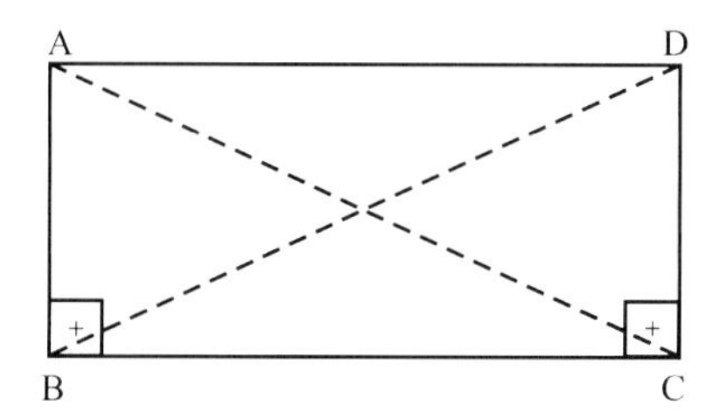

11ª) As diagonais de um losango são perpendiculares.

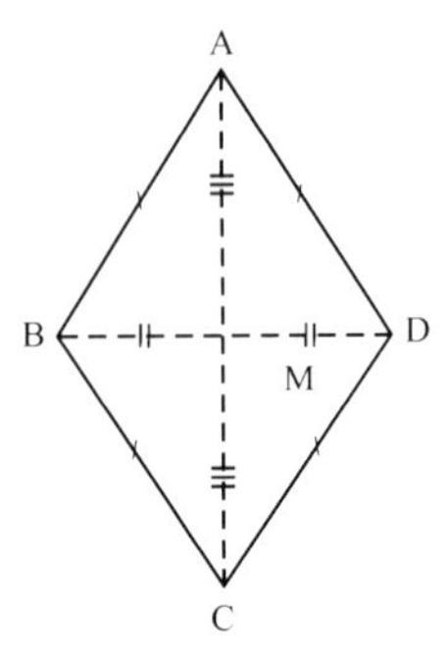

12ª) As diagonais de um quadrado são congruentes e perpendiculares.

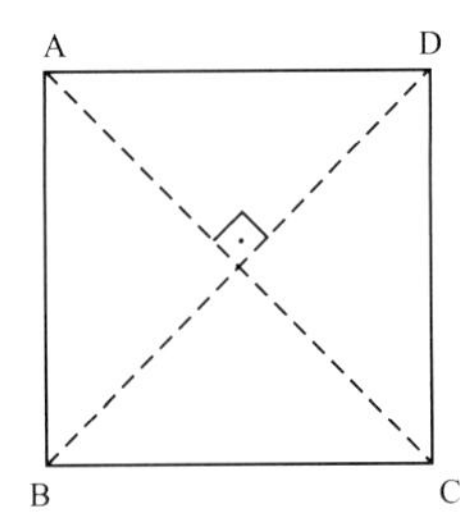

• BASE MÉDIA DE UM TRIÂNGULO

Um segmento de reta é base média de um triângulo se, e somente se, esse segmento tem as extremidades nos pontos médios de dois lados desse triângulo.

Na figura, sendo M e N os pontos médios dos lados $\overline{AB}$ e $\overline{AC}, \overline{MN}$ é uma base média do $\Delta ABC.$

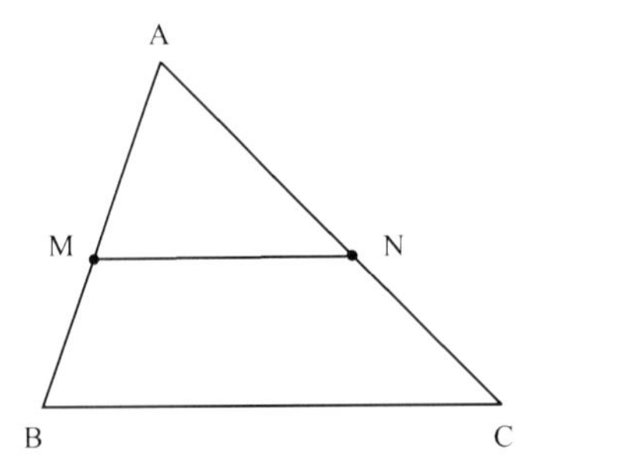

$$MN = \frac{AB + AC}{2}$$

• TEOREMA

> A base média de um triângulo é paralela ao terceiro lado e mede a metade do terceiro lado.

• BASE MÉDIA DE UM TRAPÉZIO

Um segmento de reta é a base média de um trapézio se, e somente se, esse segmento tem as extremidades nos pontos médios dos lados adjacentes às bases.

Na figura, sendo M e N os pontos médios dos lados e $\overline{CD}$ adjacentes às bases, $\overline{MN}$ é a base média do trapézio $ABCD$.

• TEOREMA

> A base média de um trapézio é paralela às bases e sua medida é a média aritmética das medidas das bases.

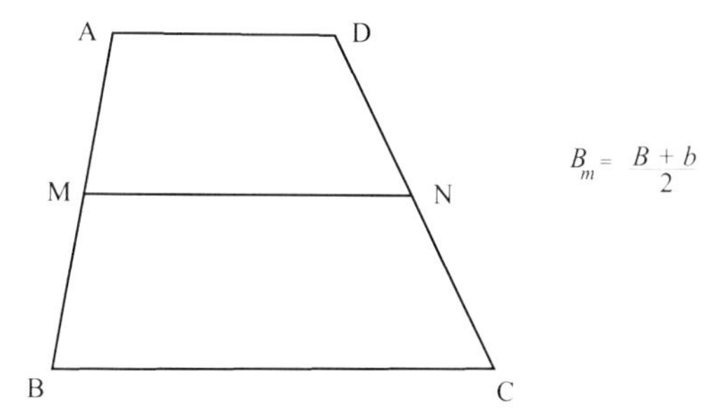

• Mediana de Euler:

É o segmento de reta que liga os pontos médios das diagonais.

Particularmente, nos trapézios, ela fica situada sobre a base média e é igual à semi-diferença das bases.

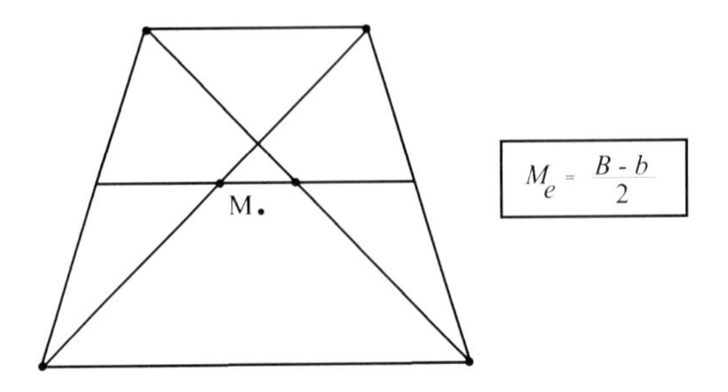

Notas:

1ª) Altura de um paralelogramo:

Chama-se altura de um paralelogramo ao segmento de reta que tem extremidades em dois lados opostos e que é perpendicular a um deles.

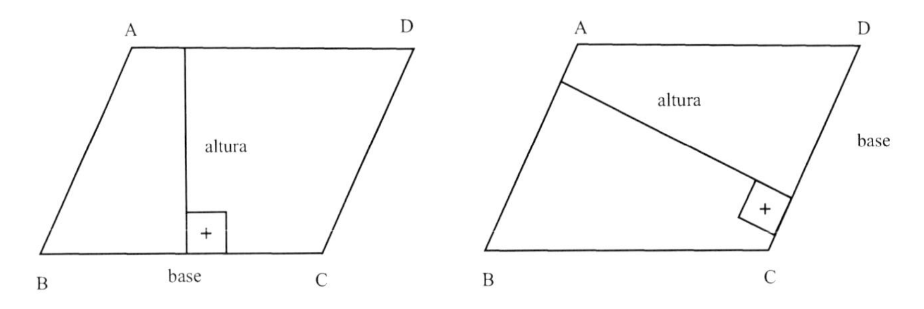

Base é o lado em relação ao qual se considera a altura.

2ª) Altura de um trapézio:

Chama-se altura de um trapézio ao segmento de reta que tem extremidades nas bases e que é perpendicular a uma delas.

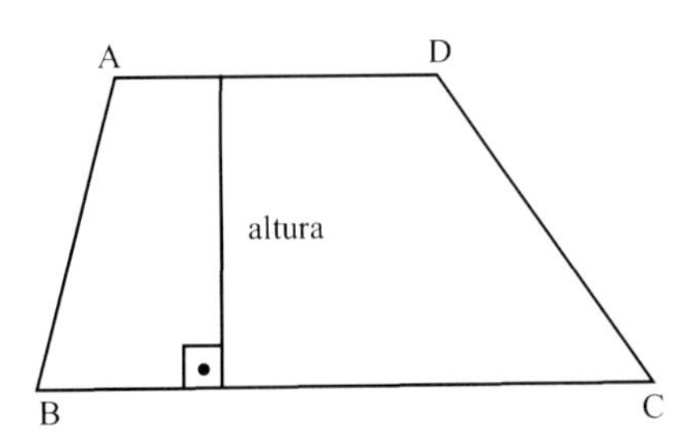

3ª) Distância entre as bases:

Distância entre as bases de um paralelogramo ou trapézio é a medida de uma altura relativa a eles.

- **Revisão:**

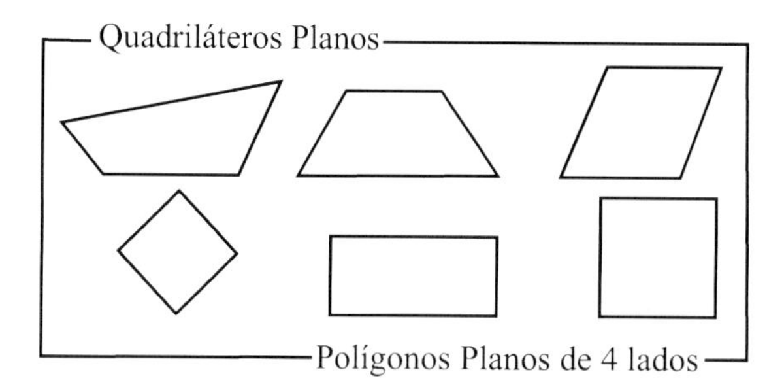

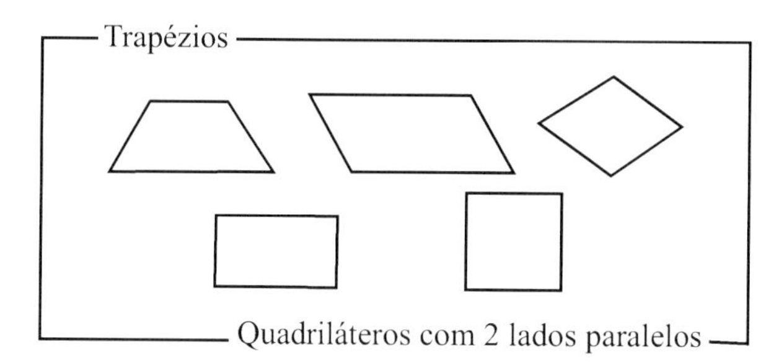

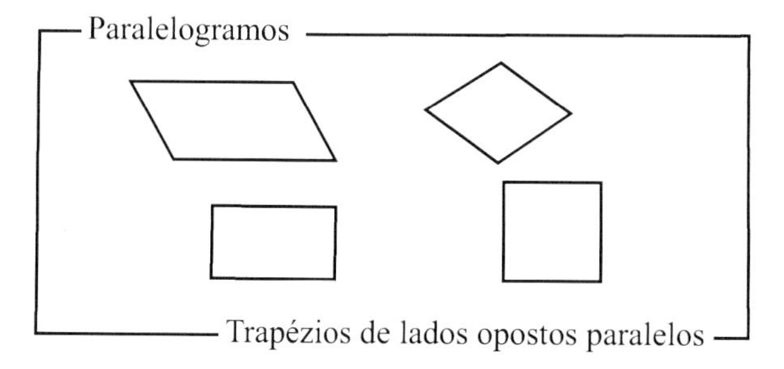

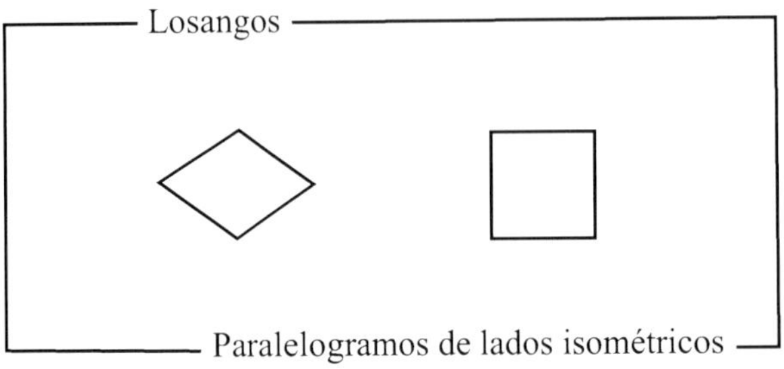

Losangos

Paralelogramos de lados isométricos

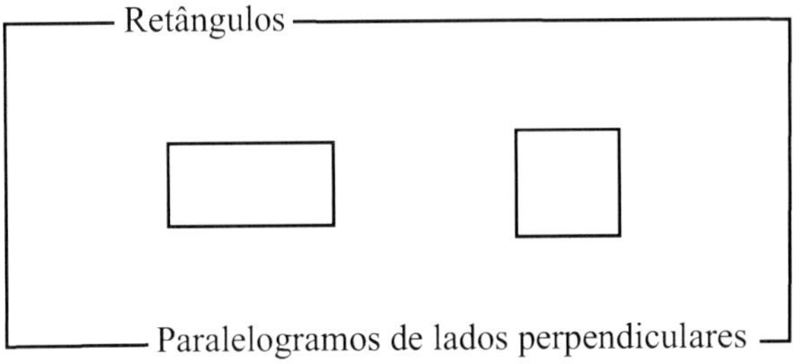

Retângulos

Paralelogramos de lados perpendiculares

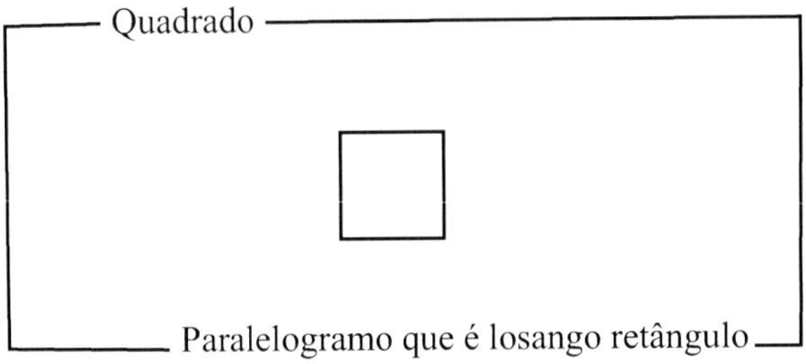

Quadrado

Paralelogramo que é losango retângulo

DIAGRAMA DE EULER – VENN:

Sejam:

U ... conjunto dos quadriláteros convexos

T ... conjunto dos trapézios

P ... conjunto dos paralelogramos

R ... conjunto dos retângulos

L ... conjunto dos losangos

Q ... conjunto dos quadrados

O conjunto T dos trapézios é, então, um subconjunto do conjunto U dos quadriláteros convexos.

Escrevemos: $T \subset U$

Para os demais conjuntos, $P \subset T, R \subset P, L \subset P$ e $Q \subset (R \cap L)$. Daí:

Podemos representar cada um dos subconjuntos num diagrama, para facilitar o estudo do comportamento dos quadriláteros notáveis, relativamente às suas propriedades.

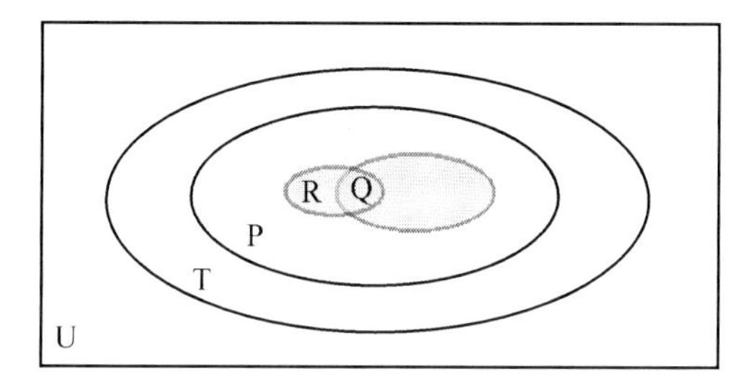

PONTOS NOTÁVEIS NO TRIÂNGULO

BARICENTRO:

• Mediana de um triângulo é um segmento de reta que une um vértice ao ponto médio do lado oposto.

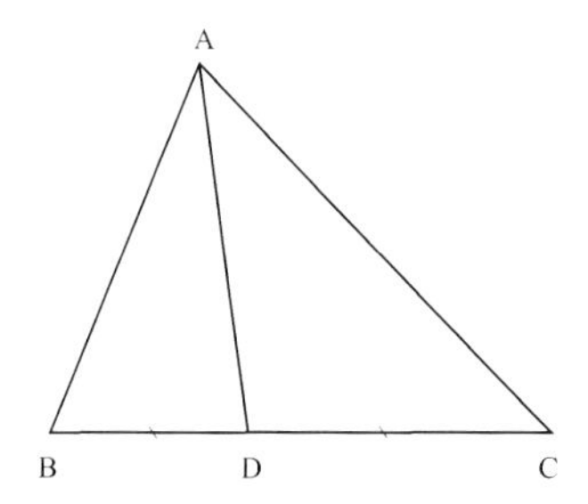

Na figura, $\overline{AD}$ é mediana do ΔABC relativa ao lado $\overline{BC}$.

As três medianas de um triângulo: I – interceptam-se num mesmo ponto; e II – a distância, desse ponto de intersecção, a um dos vértices é dois terços da medida da mediana relativa.

• TEOREMA

Hipótese: ΔABC, $\overline{AD}$, $\overline{BE}$ e $\overline{CF}$ são medianas.

Tese: i) $\overline{AD} \cap \overline{BE} \cap \overline{CF} = \{G\}$.

ii) $AG = \dfrac{2}{3}.AD$

$BG = \dfrac{2}{3}.BE$

$CG = \dfrac{2}{3}.CF$

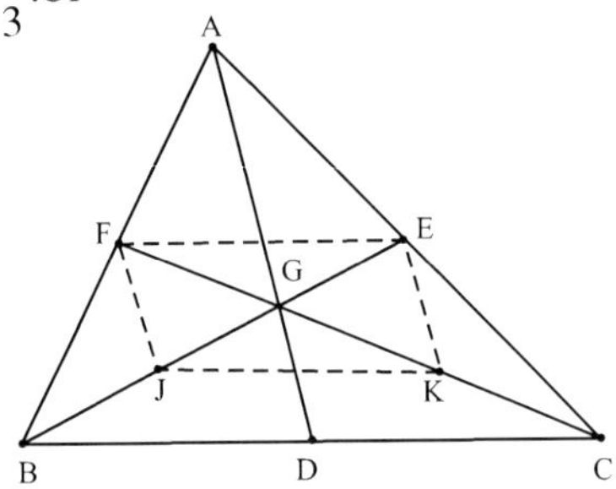

A
F
E
G
J
K
B
D
C

DEFINIÇÃO:

O ponto de concorrência das três medianas de um triângulo é chamado de baricentro.

INCENTRO:

• Bissetriz interna de um triângulo é um segmento de reta que une um vértice a um ponto do lado oposto e divide o ângulo do vértice ao meio.

Na figura, $\overline{AS}$ é a bissetriz interna do ΔABC, relativa ao vértice A, e $B\hat{A}S = S\hat{A}C$.

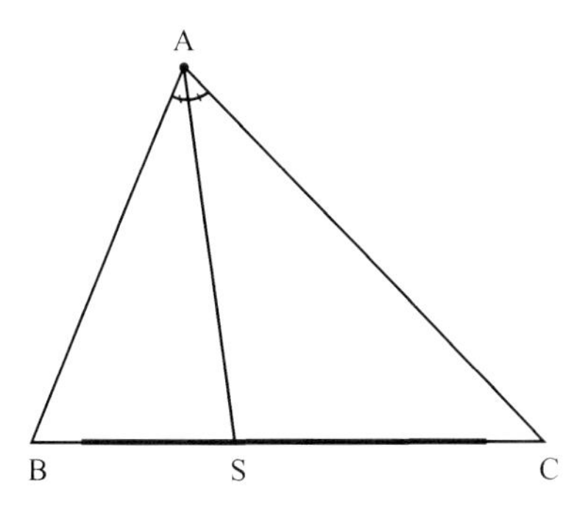

- **TEOREMA**

> As três bissetrizes internas de um triângulo:
>
> I – interceptam-se num mesmo ponto; e
>
> II – esse ponto de intersecção é eqüidistante dos três lados.

Hipótese: ΔABC, $\overline{AS}$, $\overline{BR}$ e $\overline{CT}$ são bissetrizes internas.

Tese: i) $\overline{AS} \cap \overline{BR} \cap \overline{CT} = \{I\}$.

ii) IX = IY = IZ.

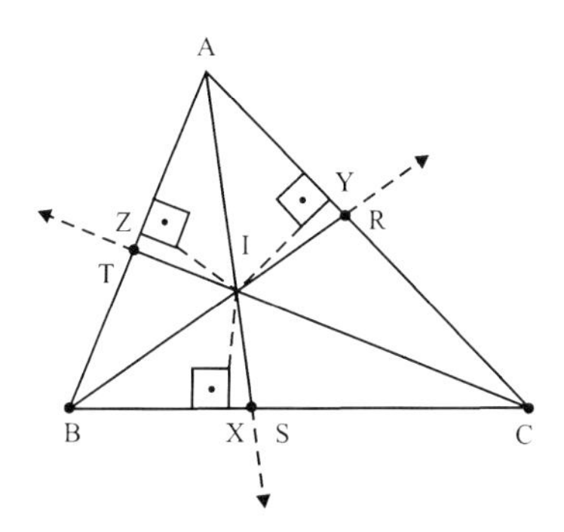

DEFINIÇÃO:

O ponto de concorrência das três bissetrizes internas de um triângulo é chamado incentro.

> **Nota:**
>
> O incentro é o centro da circunferência inscrita no ΔABC.

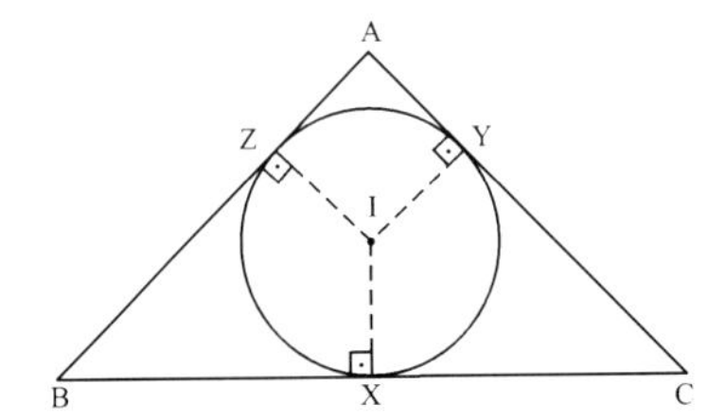

CIRCUNCENTRO:

• Mediatriz de um lado de um triângulo é a reta perpendicular a esse lado pelo seu ponto médio.

Na figura, m_a é a mediatriz do ΔABC, relativa ao lado $\overline{BC}$.

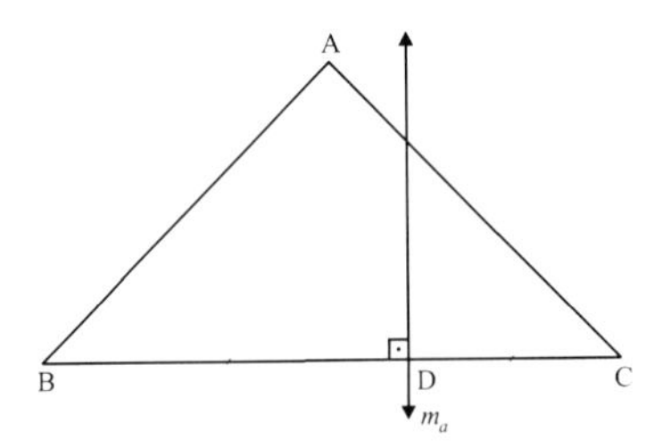

• TEOREMA

> As três mediatrizes dos lados de um triângulo:
>
> I – interceptam-se num mesmo ponto; e
>
> II – esse ponto de intersecção é eqüidistante dos três vértices

Hipótese: ΔABC, m_a, m_b, e m_c são as mediatrizes dos lados $\overline{BC}$, $\overline{AC}$ e $\overline{AB}$, respectivamente.

Tese: i) $m_a \cap m_b \cap m_c = \{O\}$.

ii) $OA = OB = OC$.

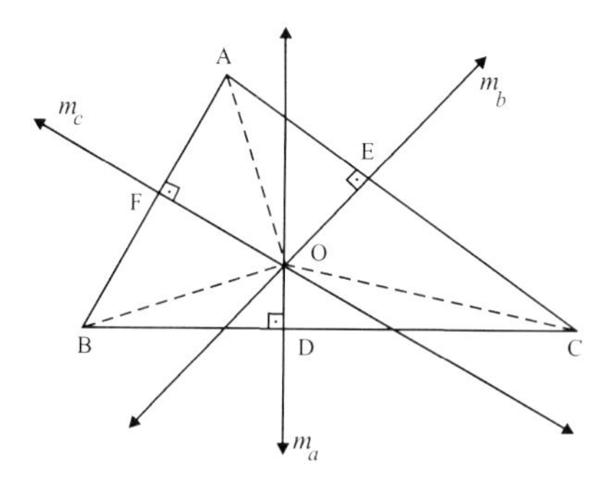

DEFINIÇÃO:

O ponto de concorrência das três mediatrizes dos lados de um triângulo é chamado circuncentro.

> **Nota:**
>
> O circuncentro é o centro da circunferência circunscrita ao ΔABC.

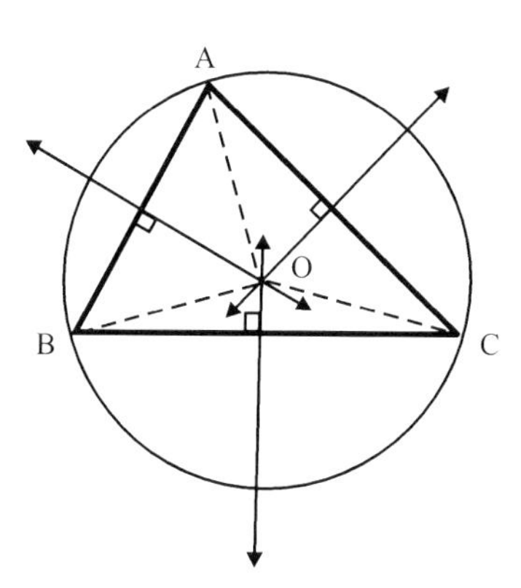

• Posição do circuncentro em relação a um triângulo:

i) é interno, se o triângulo é acutângulo.

ii) está na hipotenusa, se o triângulo é retângulo.

iii) é externo, se o triângulo é o obtusângulo.

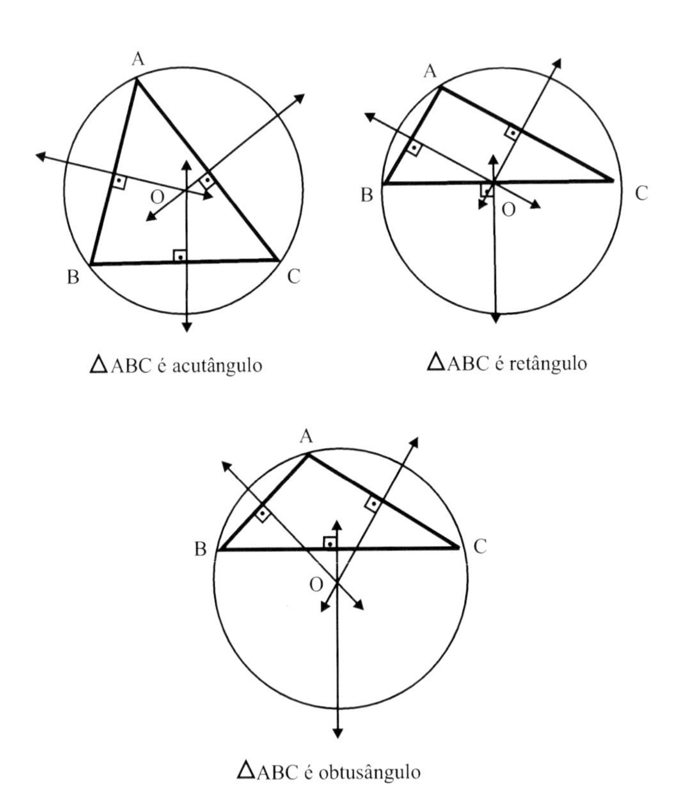

ΔABC é acutângulo

ΔABC é retângulo

ΔABC é obtusângulo

ORTOCENTRO:

• Altura de um triângulo é o segmento da perpendicular traçada de um vértice à reta suporte do lado oposto, que tem por extremidades esse vértice e o ponto de encontro dessa perpendicular com a reta suporte.

Na figura abaixo, $\overline{AD}$ é a altura do $\Delta\, ABC$, relativa ao lado BC.

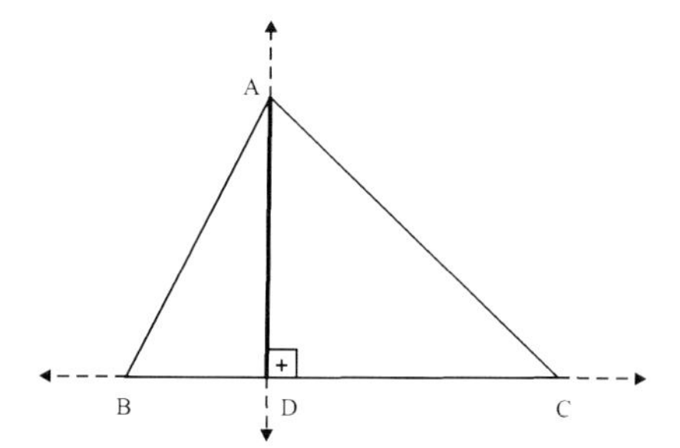

- **TEOREMA**

> As três retas suportes das alturas de um triângulo interceptam-se num mesmo ponto.

Hipótese: $\Delta\, ABC$, $\overleftrightarrow{AD}$, $\overleftrightarrow{BE}$ e $\overleftrightarrow{CF}$ são as retas suportes das alturas $\overline{AD}$, $\overline{BE}$ e $\overline{CF}$.

Tese: $\overleftrightarrow{AD} \cap \overleftrightarrow{BE} \cap \overleftrightarrow{CF} = \{H\}$.

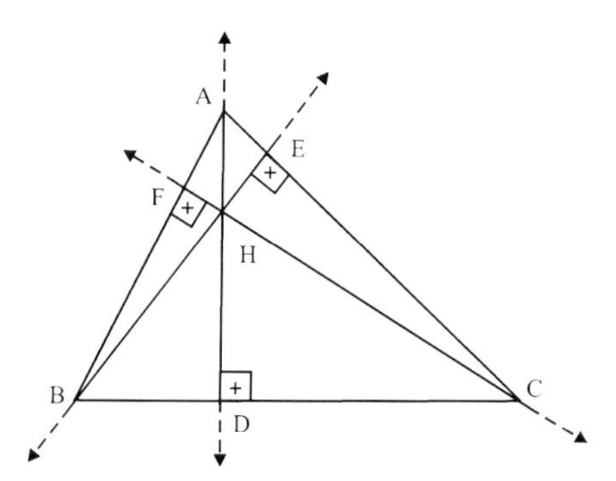

DEFINIÇÃO:

O ponto de concorrência das três retas suportes das alturas de um triângulo é chamado ortocentro.

- Posição do ortocentro em relação a um triângulo:

    i) é interno, se o triângulo é acutângulo.

ii) é o vértice do ângulo reto, se o triângulo é retângulo.

iii) é externo, se o triângulo é obtusângulo.

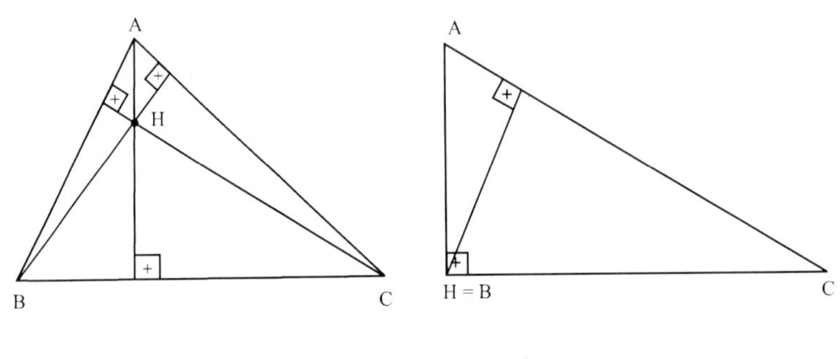

$\triangle ABC$ é acutângulo

$\triangle ABC$ é retângulo

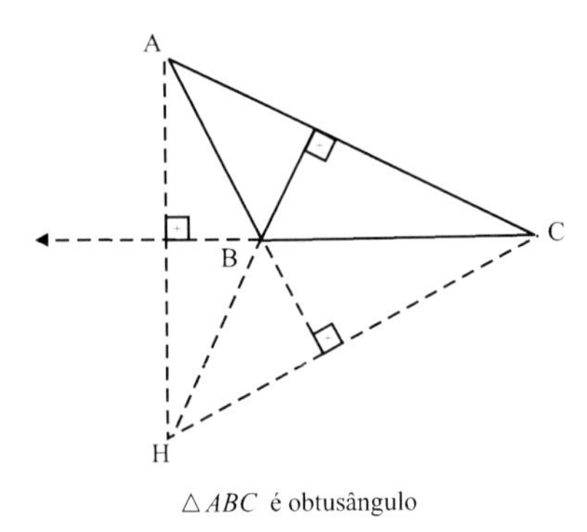

$\triangle ABC$ é obtusângulo

• Triângulo órtico é aquele cujos vértices são os pés das alturas de um triângulo.

Na figura abaixo, $\Delta\, DEF$ é o triângulo órtico do $\Delta\, ABC$

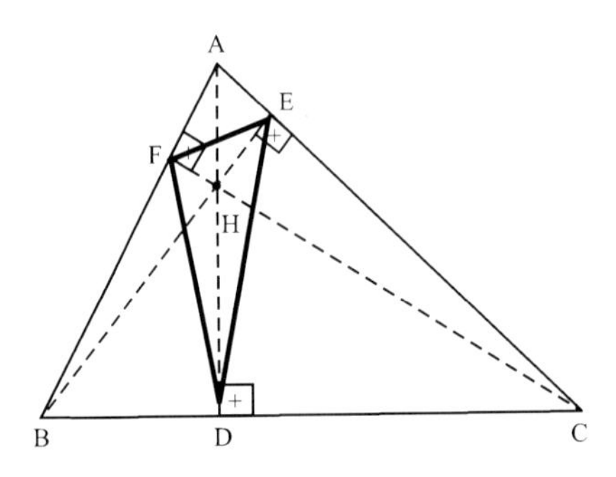

Notas:

i) Num triângulo isósceles, o baricentro, o incentro, o circuncentro e o ortocentro são colineares.

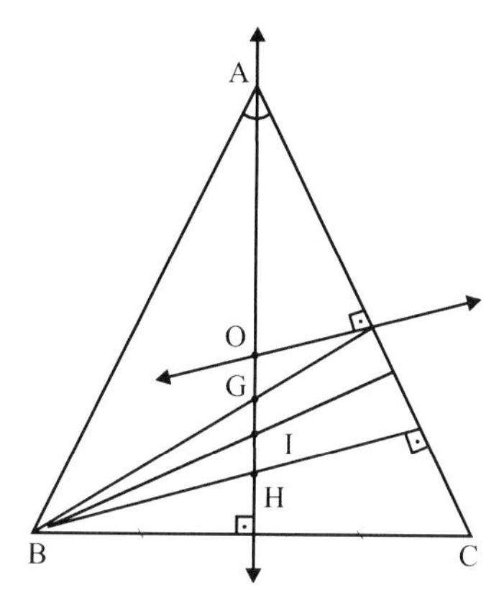

ii) Num triângulo eqüilátero, os quatro pontos notáveis são coincidentes.

iii) Macete (lembrete):

BICO: $\begin{cases} B \rightarrow Baricentro \\ I \rightarrow INCENTRO \\ C \rightarrow Circuncentro \\ O \rightarrow Ortocentro \end{cases}$

POLÍGONOS

DEFINIÇÕES:

– Seja $\{P_1, P_2, \ldots P_n\}$ um conjunto ordenado de n pontos de um plano, $n \geq 3$, de modo que três pontos consecutivos, $P_1P_2P_3, P_2P_3P_4, \ldots P_{n-1}P_nP_1$ sejam não colineares, e considere os segmentos $\overline{P_1P_2}, \overline{P_2P_3}, \ldots \overline{P_{n-1}P_n}$ e $\overline{P_nP_1}$.

– Chama-se **polígono** $P_1P_2 \ldots P_n$ a união dos segmentos $\overline{P_1P_2}, \overline{P_2P_3}, \ldots \overline{P_nP_1}$.

– Assim, dados os três conjuntos ordenados de cinco pontos cada um $\{P_1, P_2, P_3, P_4, P_5\}$ são polígonos as seguintes figuras:

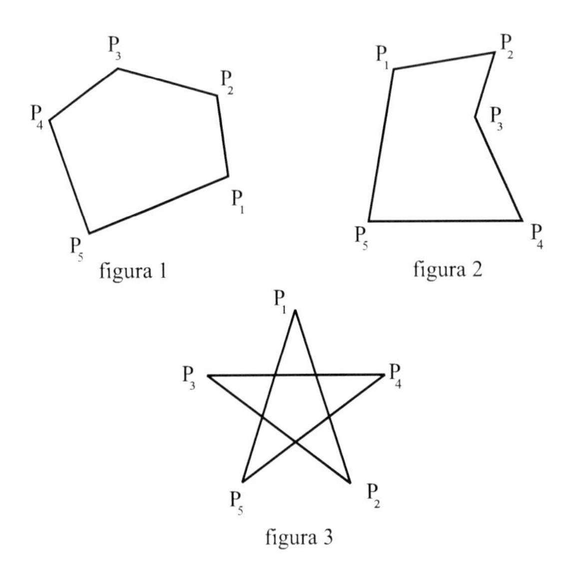

– Um polígono é também chamado contorno poligonal fechado. Dois segmentos como $\overline{P_1P_2}$ e $\overline{P_2P_3}$, por exemplo, são dois segmentos consecutivos.

– Um polígono cuja intersecção de quaisquer dois segmentos não consecutivos é o conjunto vazio chama-se **polígono simples.**

Assim, as figuras *1* e *2* representam polígonos simples.

A figura *3* não representa um polígono simples. Esse tipo de polígono é chamado polígono estrelado ou entrelaçado.

O nosso estudo limita-se apenas aos **polígonos simples**, que serão chamados daqui por diante **polígonos**.

ELEMENTOS:

Seja o polígono **ABCDE**, conforme figura abaixo:

- Vértices: são os pontos A, B, ... e E.
- Ângulos: $\sphericalangle A$, $\sphericalangle B$, ... e $\sphericalangle E$.
- Lados: são os segmentos

  Perímetro é a soma das medidas dos lados.

  Num polígono o número de **lados** é igual ao número de **vértices**.

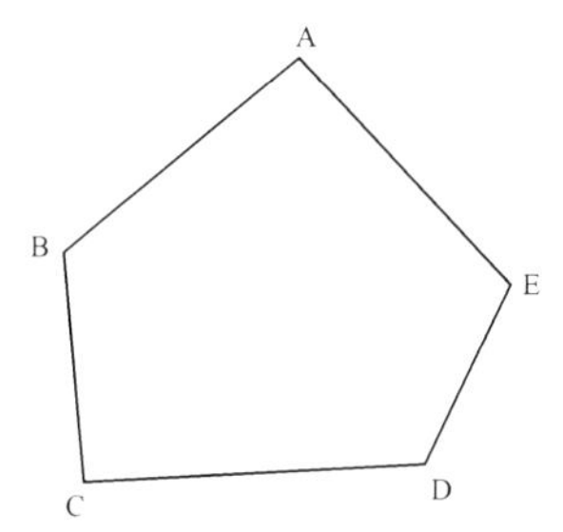

DIAGONAL

• Diagonal de um polígono é um segmento cujas extremidades são vértices não consecutivos desse polígono.

Assim, nas figuras abaixo os segmentos $\overline{AD}$ e $\overline{CE}$ são diagonais do polígono *AB-CDE*.

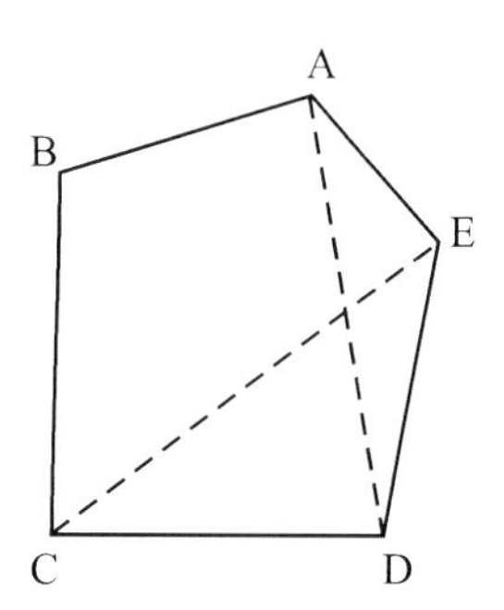

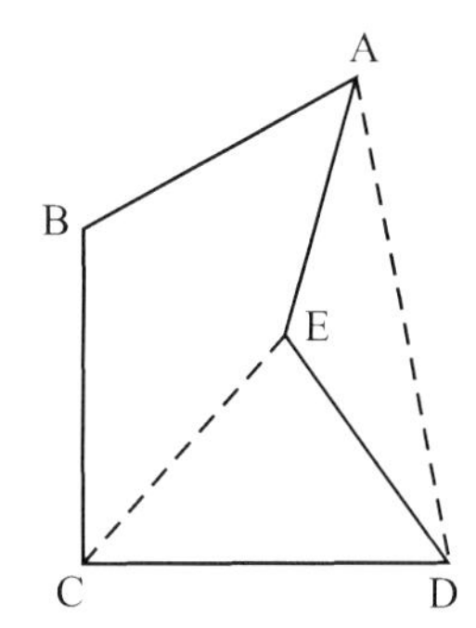

NOMENCLATURA

Conforme o número de lados, alguns polígonos recebem nomes especiais.

Assim:

n	nome
3	triângulo
4	quadrilátero
5	pentágono
6	hexágono
7	heptágono
8	octógono
9	eneágono
10	decágono
11	undecágono
12	dodecágono
13	tridecágono
⋮	⋮
20	icoságono

Um polígono que tem $n(n \geq 3)$ lados pode também ser chamado de n-látero ou n-gono.

Assim, um eneágono pode ser chamado 9-látero ou 9-gono.

– INTERIOR E EXTERIOR

Sejam um polígono e um ponto não pertencente a ele. Considere uma semi-reta com origem nesse ponto não passando por vértice algum e interceptando-se em m pontos.

- Esse ponto é **interno** se, e somente se, m **é ímpar**.
- Esse ponto é **externo** se, e somente se, m **é par**.

Assim, na figura *1* o ponto P é interno ao quadrilátero $ABCD$, e na figura *2* o ponto Q é externo ao polígono $ABCD$.

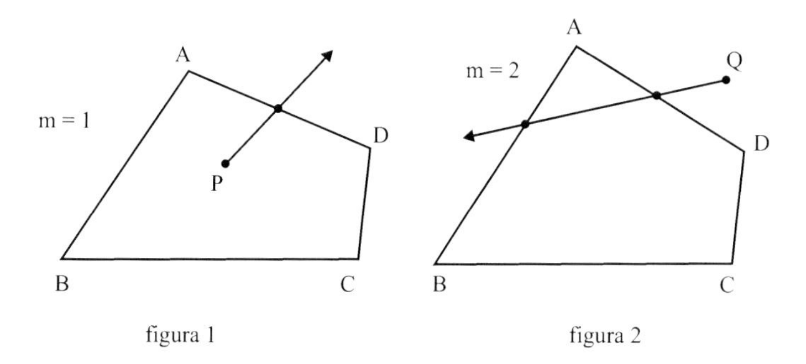

figura 1 figura 2

• Num polígono o conjunto de todos os pontos internos é seu interior, e o conjunto de todos os pontos externos é seu exterior.

– ÂNGULO EXTERNO

• Um ângulo é ângulo externo de um polígono se, e somente se, esse ângulo é suplementar adjacente de um ângulo desse polígono.

Na figura abaixo, o $\measuredangle CDE$ é um ângulo externo do quadrilátero $ABCD$.

Decorre dessa definição que:

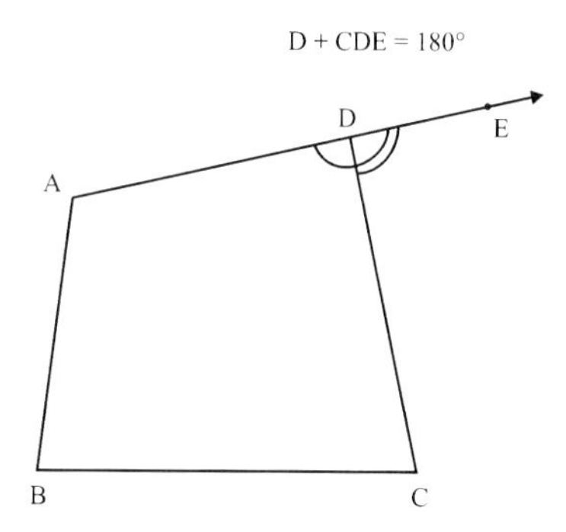

– SUPERFÍCIE OU REGIÃO POLIGONAL

A união de um polígono com seu interior é chamada superfície poligonal ou região poligonal.

A figura abaixo representa uma região poligonal.

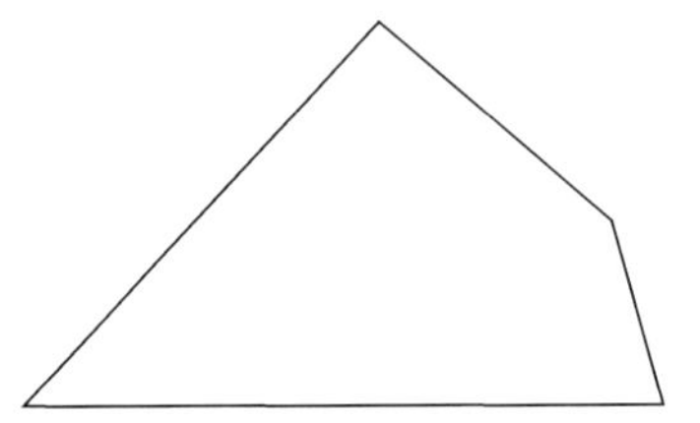

– POLÍGONO CONVEXO

• Um polígono é polígono convexo se, e somente se, sua região poligonal é um conjunto convexo de pontos.

Assim, o polígono $ABCDE$ da figura abaixo é um polígono convexo.

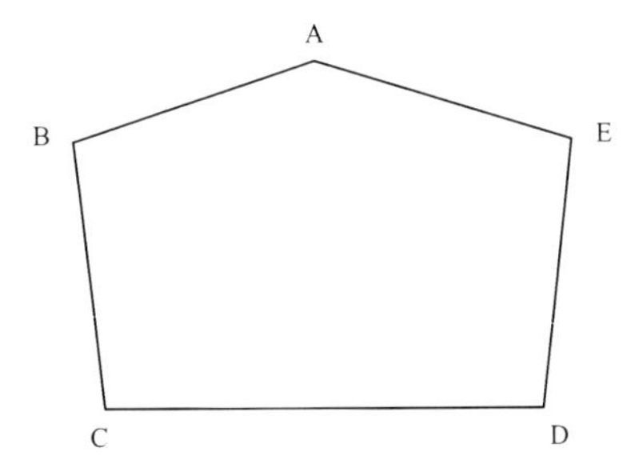

PROPRIEDADE:

> Os vértices de um polígono convexo estão num só dos semiplanos determinados pela reta suporte de qualquer lado.

Na figura, o polígono $ABCDE$ é polígono convexo e a reta $\overleftrightarrow{AB}$ por exemplo, separa os vértices C, D e E no mesmo semiplano ABC de origem $\overleftrightarrow{AB}$.

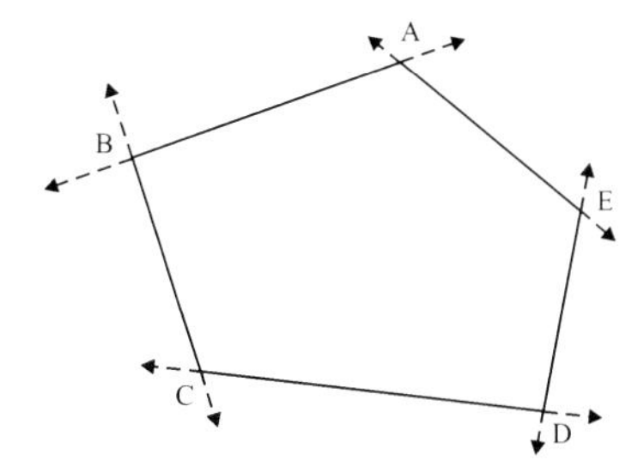

• Um polígono que não é polígono convexo é chamado polígono côncavo.

O polígono $ABCD$ representado na figura abaixo é um polígono côncavo.

Repare que os vértices A e B estão em semi-planos opostos em relação a $\overleftrightarrow{CD}$

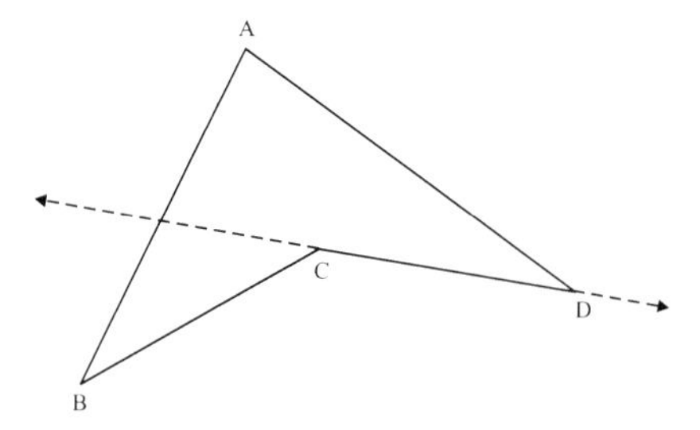

Exemplo 1:

Cada uma das seguintes figuras abaixo tem quatro segmentos. Apenas duas delas são quadriláteros simples. Identificar as duas que não são e justificar.

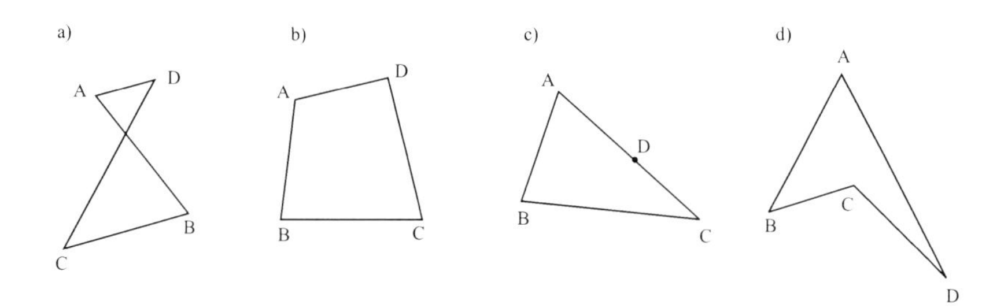

Resolução:

As figuras dos itens ***a*** e ***c*** não são quadriláteros simples, porque em ***a***, $\overline{AB}$ intercepta $\overline{CD}$ e em ***c*** os pontos $A; D$ e C são colineares.

Exemplo 2:

Cada um dos polígonos é convexo ou côncavo.

Quantas diagonais tem cada um deles? Quais são?

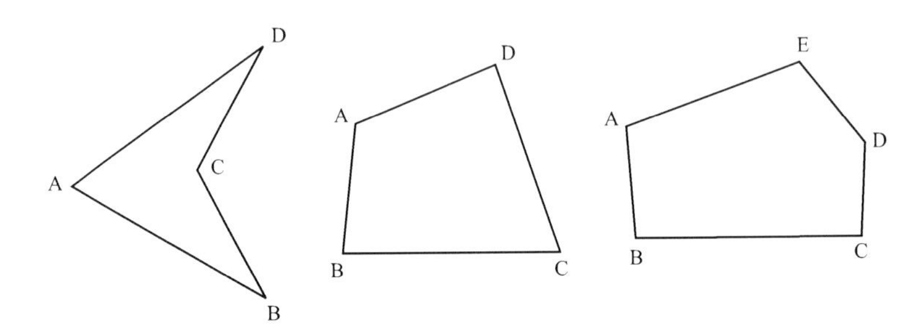

Resolução:

Os polígonos dos itens ***a*** e ***b*** têm, cada um, duas diagonais: $\overline{AC}$ e $\overline{BD}$.

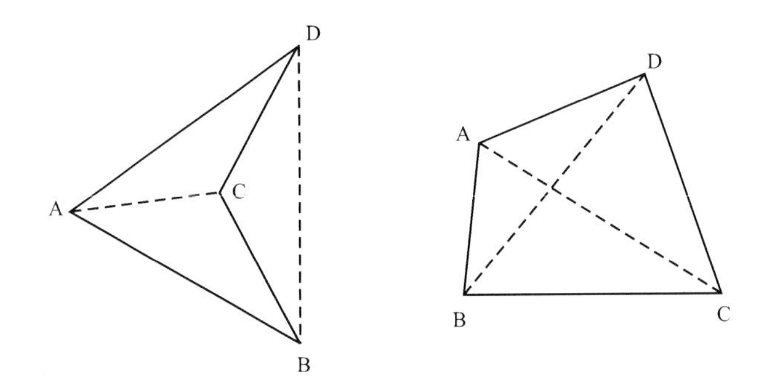

O polígono do item ***c*** tem cinco diagonais: $\overline{AC}, \overline{AD}, \overline{BD}, \overline{BE}, \overline{CE}$.

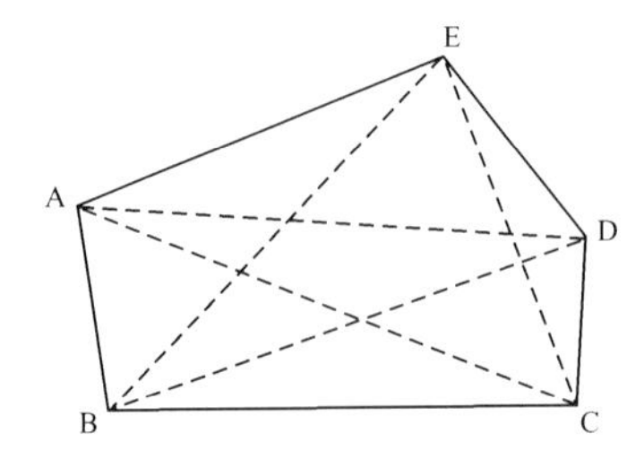

– POLÍGONO REGULAR

Um polígono que possui os lados congruentes entre si diz-se eqüilátero; se possui os ângulos congruentes entre si diz-se eqüiângulo.

Assim, o quadrilátero *ABCD* da figura *1*, é eqüilátero e na figura *2*, é eqüiângulo.

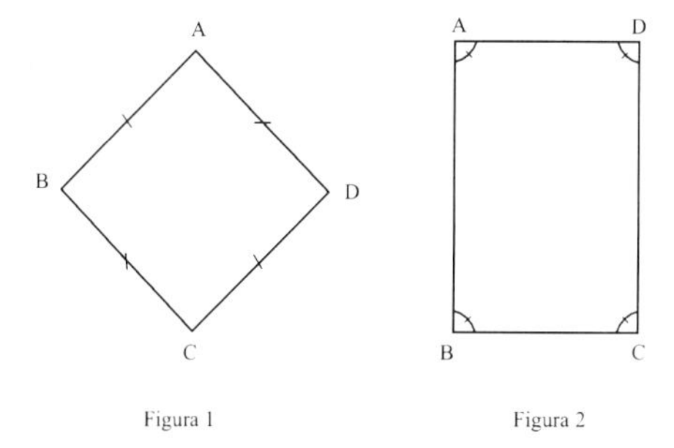

Figura 1 Figura 2

Um polígono convexo é polígono regular se, e somente se, ele é eqüilátero e eqüiângulo.

Assim, um triângulo regular é um triângulo eqüilátero, e um quadrilátero regular é um quadrado.

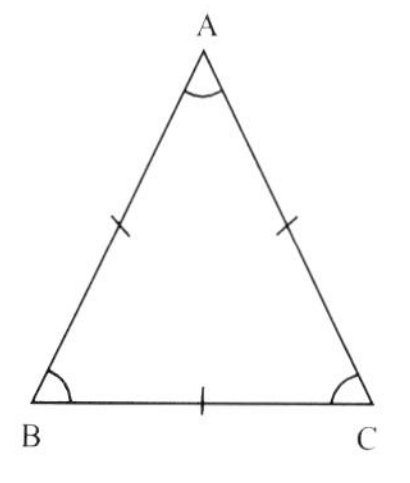

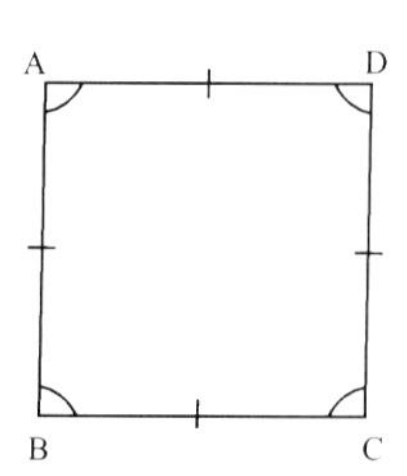

– NÚMERO DE DIAGONAIS DE UM POLÍGONO

Se um polígono tem n lados, $n \geq 3$, então ele possui $\dfrac{n(n-3)}{2}$ diagonais.

$$\therefore D = \frac{n(n-3)}{2}$$

– Número de diagonais que partem de um único vértice de um polígon

$$d = n-3$$

– SOMA DAS MEDIDAS DOS ÂNGULOS INTERNOS

A soma das medidas dos ângulos internos de um polígono convexo de n lados é $(n-2).180^o$

$$\therefore S_i = (n-2).180^o$$

– SOMA DAS MEDIDAS DOS ÂNGULOS EXTERNOS

A soma das medidas dos ângulos externos de um polígono convexo é 360º.

$$\therefore S_c = 360$$

Observe que a soma S_c é constante, ou seja, não depende do número n de lados.

– POLÍGONO REGULAR

• ÂNGULO INTERNO

Um polígono regular é eqüiângulo. Sendo $\hat{i}$ a medida de um ângulo interno, tem-se:

$S_i = n.i$ (1)

$S_i = (n-2).180^o$ (2)

Das relações (1) e (2), resulta:

$n.\hat{\imath} = (n-2).180^o$

$$\hat{i} = \frac{(n-2).180^\circ}{n}$$

• ÂNGULO EXTERNO

Os ângulos externos têm medidas iguais. Sendo ê a medida de um ângulo externo, tem-se:

$S_e = n.\hat{e}$

$S_e = 360^o$

Das relações (1) e (2), resulta:

$n.\hat{e} = 360^o$

$$\boxed{\hat{e} = \frac{360^\circ}{n}}$$

☑ EXERCÍCIOS PROPOSTOS:

36) (FUVEST) Na figura abaixo os ângulos $\hat{a}, \hat{b}, \hat{c}\ e\ \hat{d}$ e medem, respectivamente, $\frac{x}{2}, 2x, \frac{3x}{2}$ e x. O ângulo e é reto. Qual a medida do ângulo f?

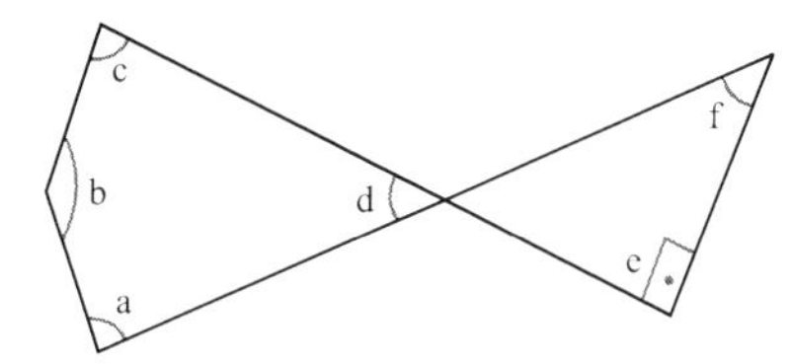

a) 16º

b) 18º

c) 20º

d) 22º

e) 24º

37) (PUC-CAMP) Considere as afirmações:

I – Todo retângulo é um paralelogramo.

II – Todo quadrado é um retângulo.

III – Todo losango é um quadrado.

E associe a cada uma delas a letra *V*, se for verdadeira, ou *F* caso seja falsa. Na ordem apresentada temos.

a) F, F, F

b) F, F V

c) V, F, F

d) V, V, F

e) n.d.a.

38) (U.F.UBERLÂNDIA) Num quadrilátero *ABCD*, o ângulo $\hat{C}$ é igual a $\frac{1}{3}$ do ângulo $\hat{B}$, o ângulo $\hat{A}$ mede o quíntuplo do ângulo $\hat{C}$ e o ângulo $\hat{D}$ vale *45º*. Pode-se dizer que $\hat{A}-\hat{B}$ vale:

a) 50º

b) 60º

c) 70º

d) 80º

e) 90º

39) (CESGRANRIO) As bases MQ e NP de um trapézio medem *42cm* e *112cm* respectivamente. Se o ângulo $M\hat{Q}P$ é o dobro do ângulo $P\hat{N}M$, então o lado PQ mede:

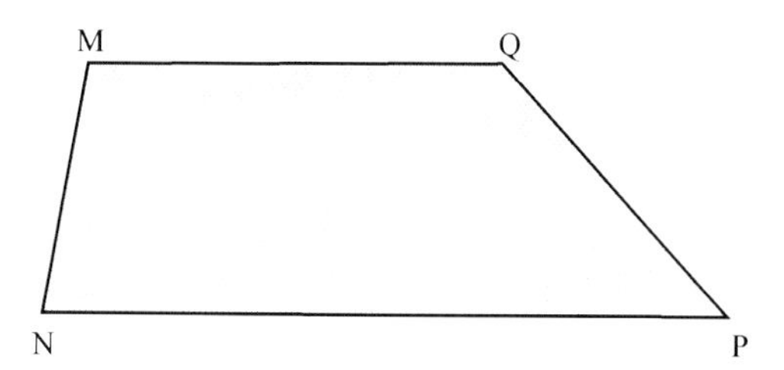

a) 154cm

b) 133cm

c) 91cm

d) 77cm

e) 70cm

40)(U.F.ES) Seja *ABCD* um trapézio retângulo. O ângulo formado pelas bissetrizes do seu ângulo reto e do ângulo consecutivo da base maior mede *92º*. Os ângulos agudo e obtuso deste trapézio medem respectivamente:

a) 88º, 92º

b) 86º, 94º

c) 84º, 96º

d) 82º, 98º

e) 79º, 101º

41) (FUNESP) A afirmação *falsa* é:

a) Todo quadrado é um losango.

b) Existem retângulos que não são losangos.

c) Todo paralelogramo é um quadrilátero.

d) Todo quadrado é um retângulo.

e) Um losango pode não ser um paralelogramo.

42) (CESGRANRIO) Na figura, $ABCD$ é um quadrado, ADE e ABF são triângulos eqüiláteros. Se os pontos C, A e M são colineares, então o ângulo $F\hat{A}M$ mede:

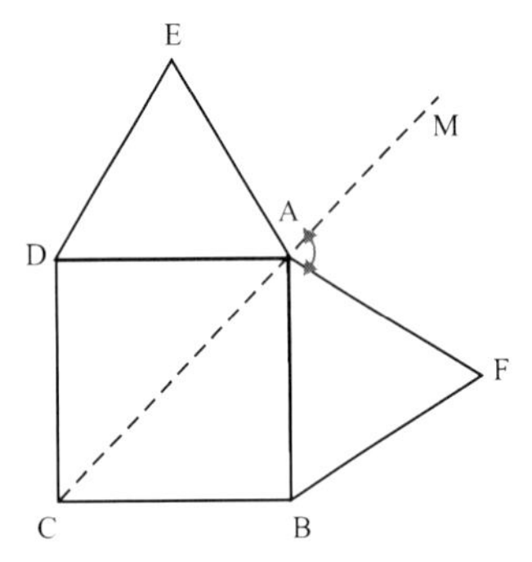

a) 75º

b) 80º

c) 82º 30'

d) 85º

e) 87º 30'

43) (CESGRANRIO) Assinale a alternativa que contém a propriedade diferenciadora do quadrado em relação aos demais quadriláteros:

a) Todos os ângulos são retos.

b) Os lados são todos iguais.

c) As diagonais são iguais e perpendiculares entre si.

d) As diagonais se cortam ao meio.

e) Os lados opostos são paralelos e iguais.

44) (CESGRANRIO) Em um trapézio retângulo, o menor ângulo mede *35º*. O maior ângulo desse polígono mede:

a) 155º b) 150º c) 145º d) 142º e) 140º

45) (VUNESP) Considere as seguinte proposições:

– todo quadrado é um losango;

– todo quadrado é um retângulo;

– todo retângulo é um paralelogramo;

– todo triângulo eqüilátero é isósceles;

Pode-se afirmar que:

a) só uma é verdadeira.

b) todas são verdadeiras.

c) só uma é falsa.

d) duas são verdadeiras e duas são falsas.

e) todas são falsas.

46) (ITA) Considere um quadrilátero $ABCD$ cujas diagonais AC e BD medem, respectivamente, $5cm$ e $6cm$. Se R, S, T, e U são os pontos médios dos lados do quadrilátero dado, então o perímetro do quadrilátero $RSTU$ vale:

a) 22cm

b) 5,5cm

c) 8,5cm

d) 11cm

e) 13cm

47) (ITA) Dadas as afirmações:

I – Quaisquer dois ângulos opostos de um quadrilátero são suplementares.

II – Quaisquer dois ângulos consecutivos de um paralelogramo são suplementares.

III – Se as diagonais de um paralelogramo são perpendiculares entre si e se cruzam em seu ponto médio, então este paralelogramo é um losango.

Podemos garantir que:

a) Todas são verdadeiras.

b) Apenas I e II são verdadeiras.

c) Apenas II e III são verdadeiras.

d) Apenas II é verdadeira.

e) Apenas III é verdadeira.

48) (COVEST) Na figura abaixo $AM = MD$ e $CM = MB$. Assinale as medidas de α e β respectivamente.

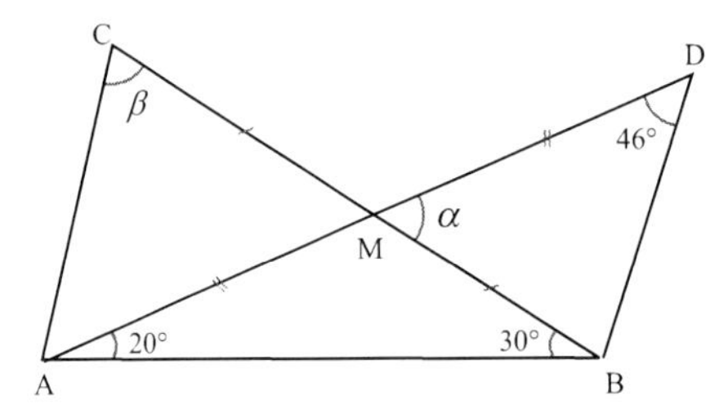

a) 50º e 80º

b) 54º e 80º

c) 50º e 84º

d) 54º e 84º

e) 50º e 76º

49) (COVEST) No triângulo *ABC*, o ângulo *A* mede *110º*. Qual a medida do ângulo agudo formado pelas retas que fornecem as alturas relativas aos vértices *B* e *C*?

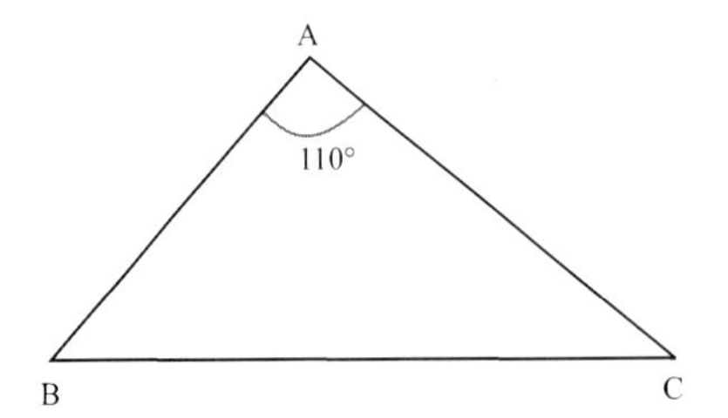

a) 60º

b) 80º

c) 70º

d) 75º

e) 65º

50) (U.F.MG) Na figura, *ABCD* é um quadrado e *BCE* é um triângulo eqüilátero. A medida do ângulo *AEB*, em graus, é:

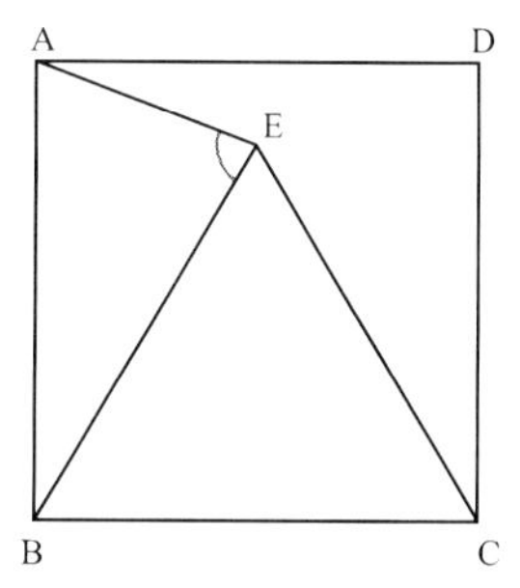

a) 30

b) 49

c) 60

d) 75

e) 90

51) (U.F.MG) Num triângulo eqüilátero *ABC*, de *8cm* de lado, traça-se *MN* paralelo ao lado *BC*, de modo que ele se decomponha num trapézio e num novo triângulo.

O valor de *MN* para o qual o perímetro do trapézio seja igual ao do triângulo *AMN* é:

a) 2cm

b) 3cm

c) 4cm

d) 5cm

e) 6cm

52) (U.F.VIÇOSA) Num trapézio isósceles de bases diferentes, uma diagonal é também bissetriz de um ângulo adjacente à base maior. Isto significa que:

a) os ângulos adjacentes à base menor não são congruentes.

b) a base menor tem medida igual à dos lados oblíquos.

c) as diagonais se interceptam formando ângulo reto.

d) a base maior tem medida igual à dos lados oblíquos.

e) as duas diagonais se interceptam no seu ponto médio.

53) (U.F.MG) Sobre figuras planas, é correto afirmar-se que:

a) um quadrilátero convexo é um retângulo se os lados opostos têm comprimentos iguais.

b) um quadrilátero que tem suas diagonais perpendiculares é um quadrado.

c) um trapézio que tem dois ângulos consecutivos congruentes é isósceles.

d) um triângulo eqüilátero é também isósceles.

e) um triângulo retângulo é aquele cujos ângulos são retos.

54) (U.C.SALVADOR) Sejam:

P: o conjunto dos retângulos

Q: o conjunto dos quadrados

L: o conjunto dos losangos

A figura que melhor representa as relações existentes entre eles é:

a) 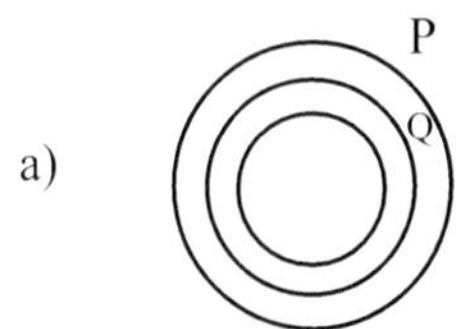

a) 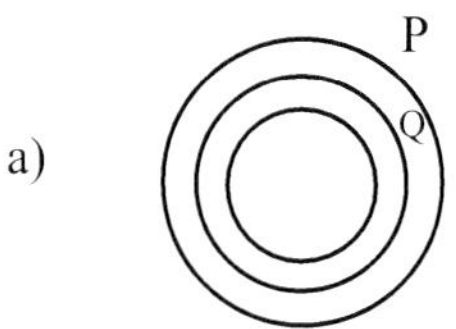

b) 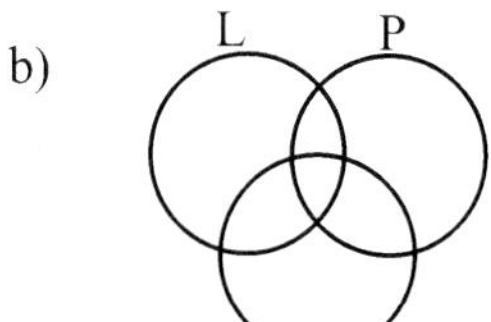

c) 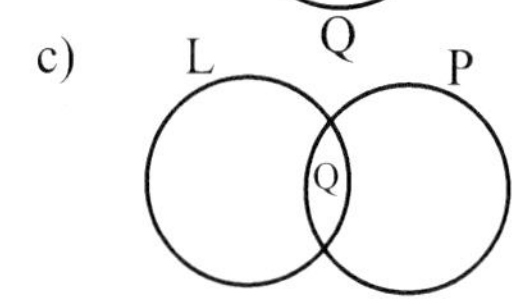

d) 

e) 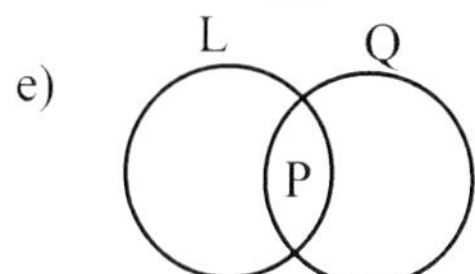

55) (U.MACK) A medida em graus do ângulo interno de um polígono regular é um número inteiro. O número de polígonos não semelhantes que possuem essa propriedade é:

a) 24

b) 22

c) 20

d) 18

e) não sei

(A medida em graus do ângulo interno de um polígono regular de n lados é: $180-\dfrac{360}{n}$.)

56) (PUC-SP) Cada ângulo interno de um decágono regular mede:

a) 36º

b) 60º

c) 72º

d) 120º

e) 144º

57) (UNICAMP) O polígono convexo cuja soma dos ângulos internos mede 1440° tem, exatamente:

a) 15 diagonais

b) 20 diagonais

c) 25 diagonais

d) 30 diagonais

e) 35 diagonais

58) (CESGRANRIO) Se um polígono convexo de n lados tem 54 diagonais, então n é:

a) 8

b) 9

c) 10

d) 11

e) 12

59) (CESESP) Dentre os quatro centros principais de um triângulo qualquer, há dois deles que podem se situar no seu exterior, conforme o tipo do triângulo. Assinale a alternativa em que os mesmos são citados:

a) O baricentro e o ortocentro.

b) O baricentro e o incentro.

c) O circuncentro e o incentro.

d) O circuncentro e o ortocentro.

e) O incentro e o ortocentro.

CAPÍTULO 3

CINCUNFERÊNCIA E CÍRCULO – ÂNGULOS NA CIRCUNFERÊNCIA

CIRCUNFERÊNCIA:

• Circunferência é o conjunto de todos os pontos de um plano cuja distância a um ponto fixo desse plano é uma constante positiva.

A figura abaixo representa uma circunferência λ, onde O é o centro (ponto fixo), $\overline{PO}$ é um raio r é a distância PO, medida do raio.

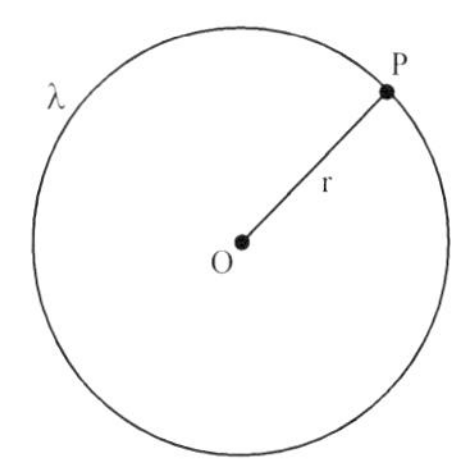

Em símbolos: $\lambda\ (O,\ r) = \{P \in \alpha \mid PO = r\}$ onde α é o plano da folha.

– POSIÇÕES RELATIVAS DE PONTO E CIRCUNFERÊNCIA

Dados um ponto A e uma circunferência $\lambda\ (O,\ r)$ em relação a λ, o ponto A pode ocupar uma das três seguintes posições:

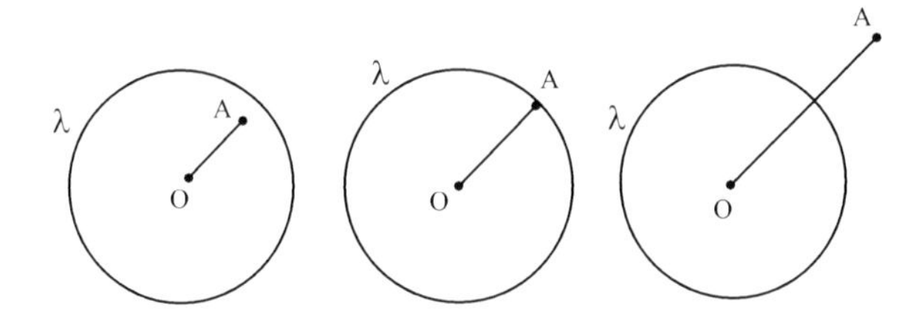

- A é interno a $\lambda \Leftrightarrow AO < r$.
- A pertence a $\lambda \Leftrightarrow AO = r$.
- A é externo a $\lambda \Leftrightarrow AO > r$.

– CÍRCULO

Círculo ou disco é a união de uma circunferência com seus pontos internos.

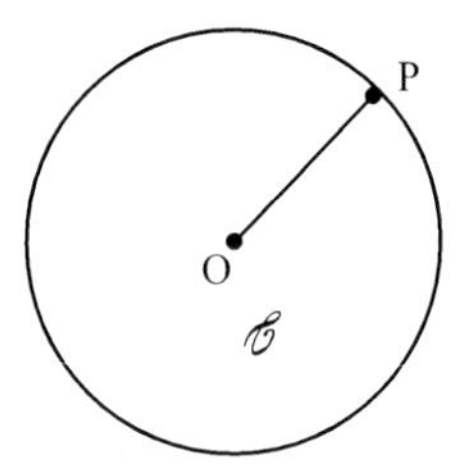

Em símbolo: $\mathscr{C} = \{P \in \alpha \mid PO \leq r\}$

– ELEMENTOS DE UMA CIRCUNFERÊNCIA OU DE UM CÍRCULO

Na circunferência de centro O e raio r da figura abaixo, tem-se:

$\overline{AO}$ .... *raio*

$\overline{AB}$ .... *diâmetro*

$\overline{CD}$ .... *corda*

$\overset{\frown}{CMD}$ .... *arco*

$AO = r$ e $AB = 2r$

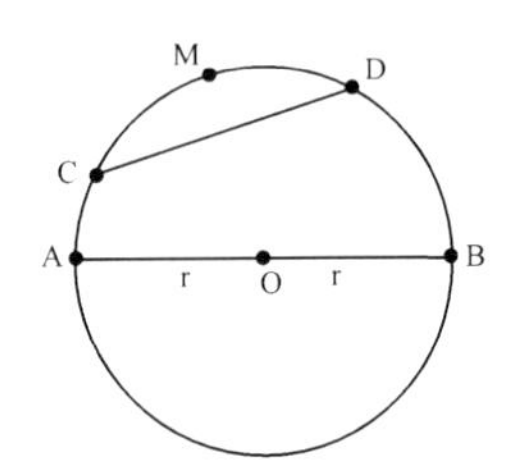

– DISTÂNCIA DE UM PONTO A UMA CIRCUNFERÊNCIA

• Distância de um ponto a uma circunferência é a medida do menor segmento com extremidades nesse ponto e na circunferência.

Nas figuras, a distância do ponto P à circunferência $\lambda\ (O,\ r)$ é a medida do segmento de reta $\overline{PA}$ cuja reta suporte é $\overleftrightarrow{PO}$

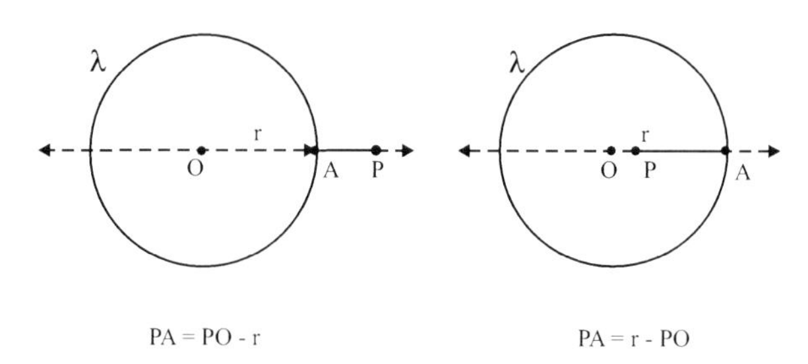

– POSIÇÕES RELATIVAS DE RETA E CIRCUNFERÊNCIA

Considere uma reta a, uma circunferência λ de centro O e raio r e a distância d do centro O à reta a.

A reta a em relação a circunferência λ podem ocupar entre si uma das três seguintes posições relativas:

• A reta ***a*** é **secante** à circunferência λ, ou seja, a reta a tem em comum com a circunferência λ dois **pontos distintos.**

$a \cap \lambda = \{A, B\}$

a é secante a $\lambda \Leftrightarrow d < r$.

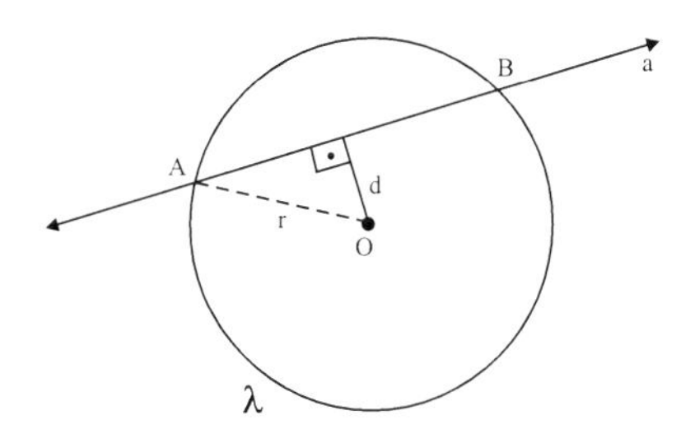

• A reta a é tangente à circunferência λ, ou seja, a reta a tem **um só ponto** em comum com a circunferência λ.

$a \cap \lambda = \{A\}$

a é tangente a $\lambda \Leftrightarrow d > r$.

O ponto A é chamado **ponto de tangência**.

Os pontos da reta a distintos do ponto de tangência são pontos exteriores a λ.

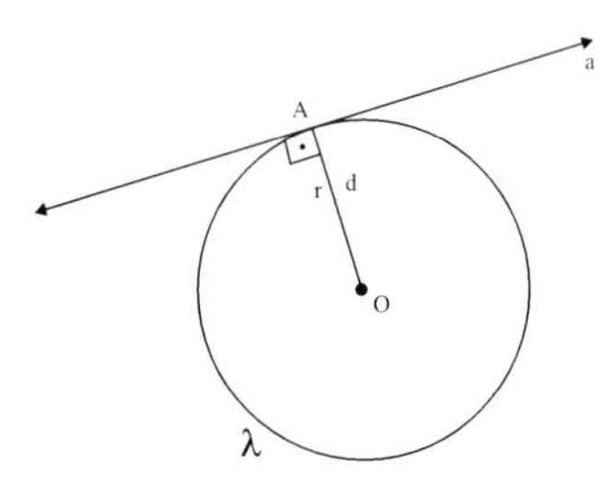

• Toda reta **tangente** a uma circunferência é perpendicular ao raio que tem uma extremidade no ponto de tangência.

A recíproca desta proposição é verdadeira.

• A reta a é **exterior** à circunferência λ, ou seja, a reta a não tem ponto em comum com a circunferência λ.

$a \cap \lambda = \{\ \}$

a é exterior a $\lambda \Leftrightarrow d > r$.

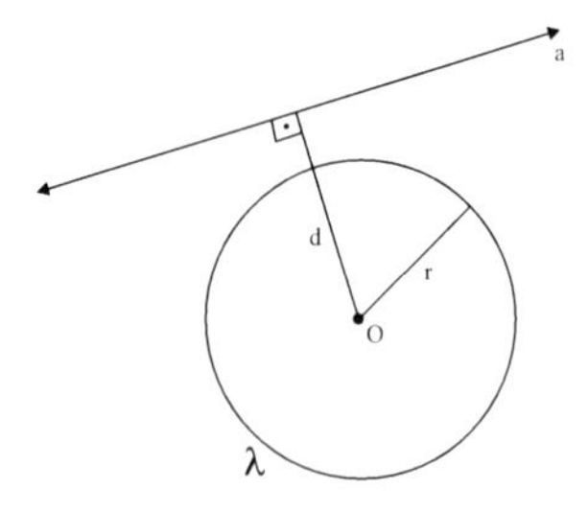

TEOREMA:

As tangentes traçadas de um ponto em relação a um círculo são iguais.

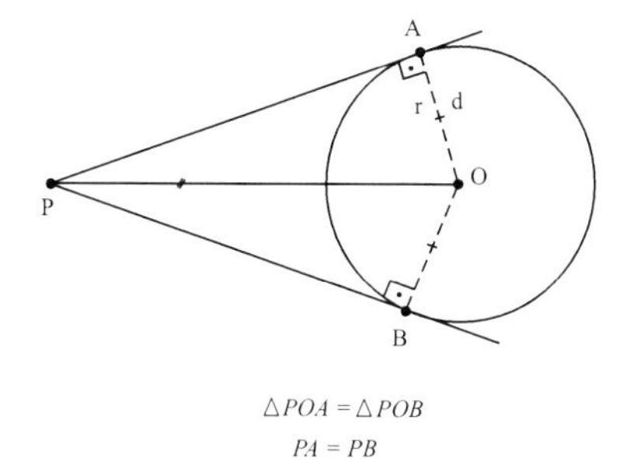

$\triangle POA = \triangle POB$

$PA = PB$

– ÂNGULO CENTRAL

• Ângulo central de uma circunferência é um ângulo cujo vértice é o centro da circunferência.

Na figura, o $\measuredangle AOB$ é um ângulo central da circunferência λ de centro O.

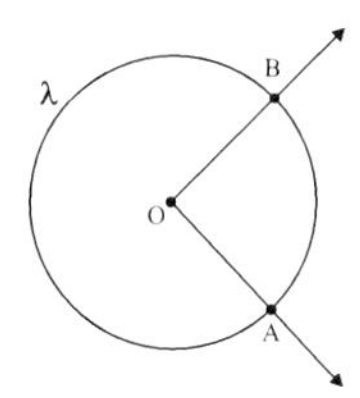

• O arco $\overset{\frown}{AB}$ situado no interior do $\measuredangle AOB$ é chamado arco correspondente do ângulo central ou arco interceptado.

• **A** medida, em graus, de um ângulo central é a medida do seu arco correspondente.

Na figura, tem-se:

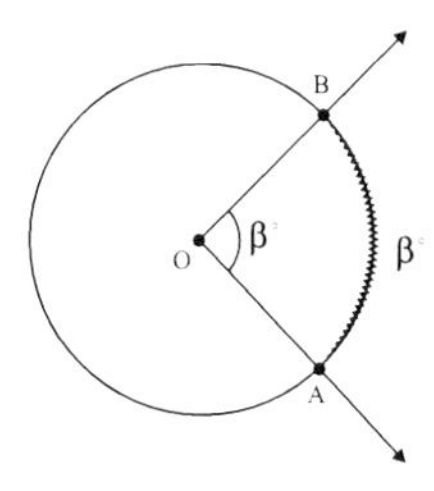

Notas:

1ª) A medida, em graus, de uma semicircunferência é *180º*.

2ª) A medida, em graus, de uma circunferência é *360º*.

– ÂNGULO INSCRITO

• Ângulo inscrito numa circunferência é um ângulo cujo vértice pertence a essa circunferência e cada lado é secante à mesma.

Na figura, o $\sphericalangle\, APB$ é um ângulo inscrito na circunferência λ.

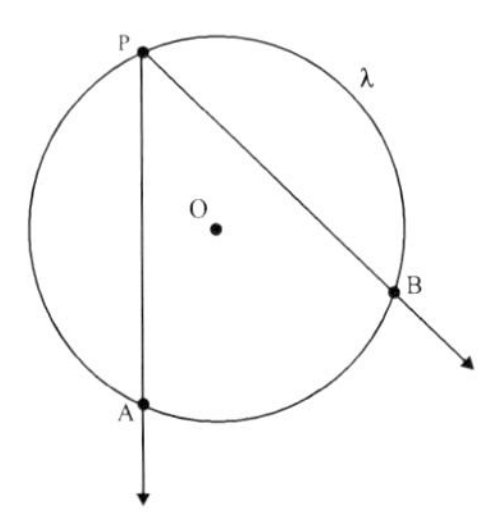

• O arco $\overset{\frown}{AB}$ situado no interior do $\sphericalangle\, APB$ é chamado arco correspondente do ângulo inscrito ou arco interceptado.

As figuras que se seguem representam outros ângulos inscritos e seus respectivos arcos correspondentes.

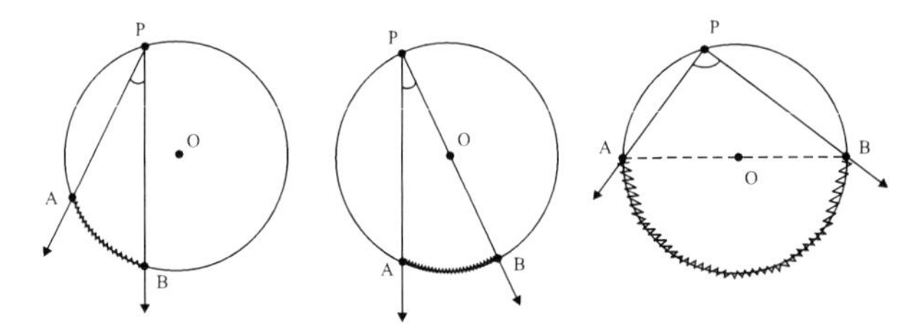

• TEOREMA

> A medida de um ângulo inscrito numa circunferência é a metade da medida do arco correspondente.

Hipótese: $\sphericalangle\, APB$ é um ângulo inscrito em $\lambda\,(O, r)$, e $A\hat{P}B = \alpha$ e $m(\overset{\frown}{AB}) = \beta$.

Tese: $\alpha = \dfrac{\beta}{2}$.

1º CASO:

Um dos lados passa pelo centro *O* de λ.

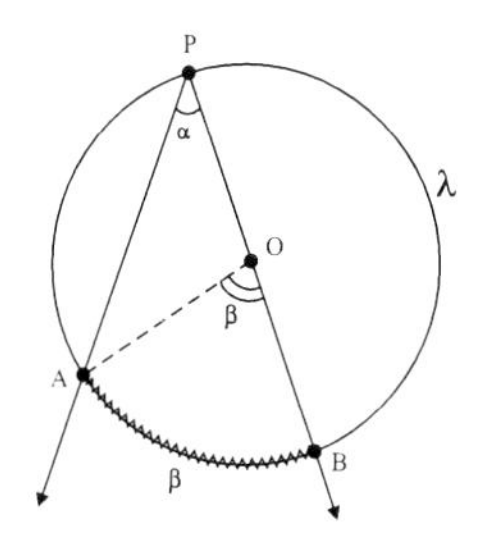

2º CASO:

O centro *O* de λ é interno ao ∢ APB.

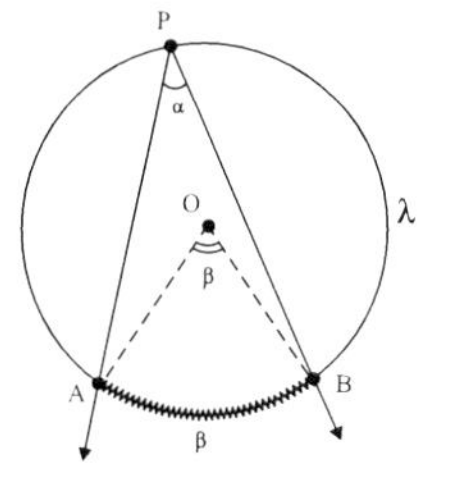

3º CASO:

O centro *O* de λ é externo ao ∢ *APB*.

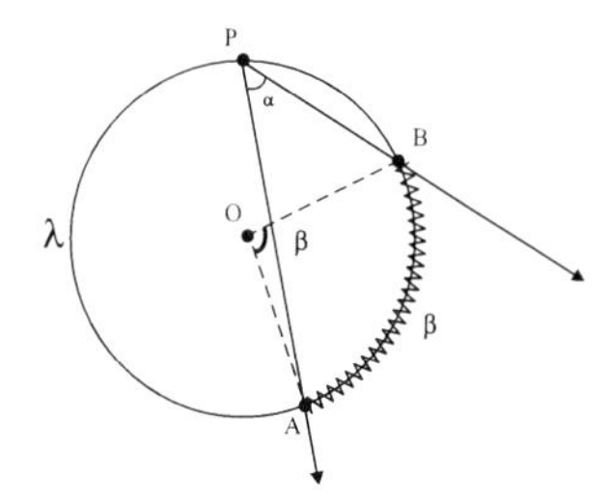

• CONSEQÜÊNCIAS:

1ª) Todo ângulo inscrito cujo arco interceptado é uma semicircunferência é um ângulo reto.

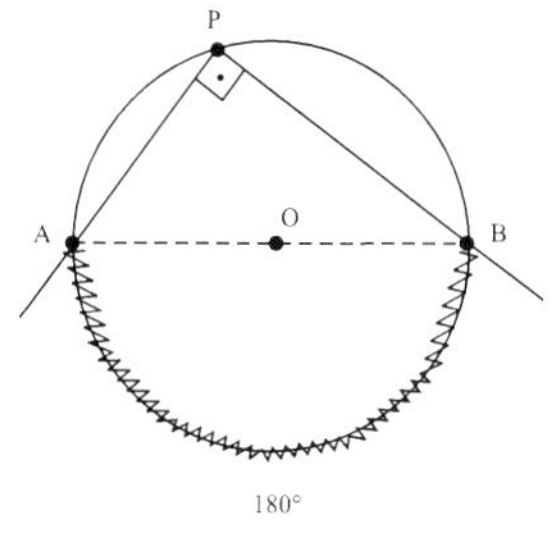

$P = \frac{1}{2} \cdot 180° \therefore P = 90°$

2ª) Ângulos inscritos na mesma circunferência que interceptam o mesmo arco ou arcos de medidas iguais, têm medidas iguais.

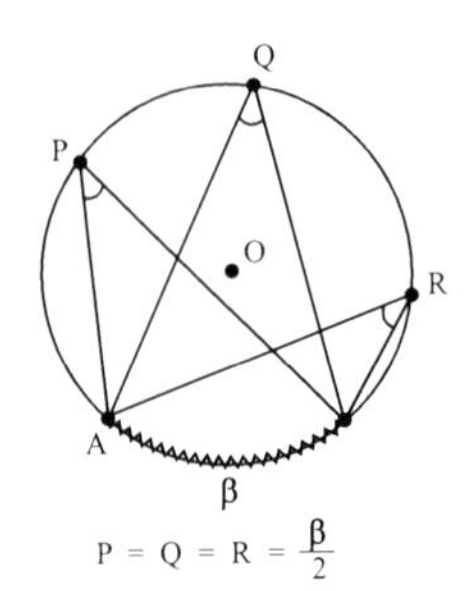

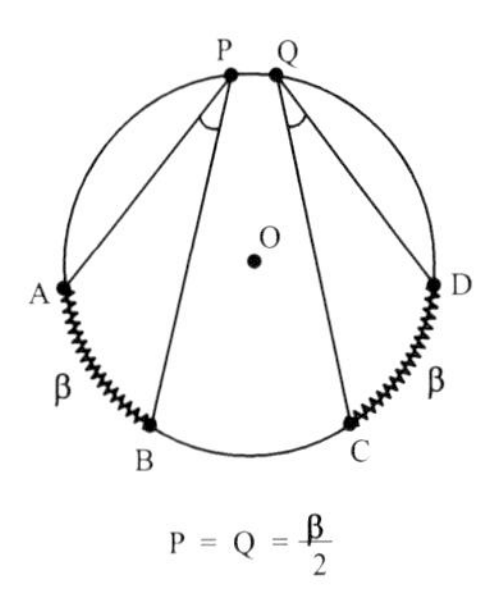

– ÂNGULO DE SEGMENTO

• Ângulo de segmento é um ângulo que tem o vértice numa circunferência, um lado é secante e o outro é tangente à circunferência.

Na figura, o $\measuredangle APB$ é um ângulo de segmento.

• O arco $\widehat{PB}$ situado no interior do $\measuredangle APB$ é chamado arco correspondente ou arco interceptado.

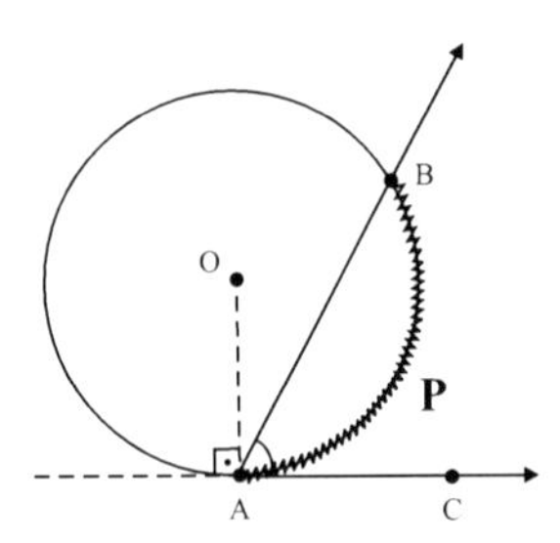

• **TEOREMA**

> A medida de um ângulo de segmento é a metade da medida do arco correspondente.

Hipótese: λ (*O, r*), ∢ *BAC* é um ângulo de segmento em λ , $B\hat{A}C = \alpha$ e m(AB) = β

Tese: $\alpha = \dfrac{\beta}{2}$.

1º CASO:

∢ *BAC* é um ângulo agudo.

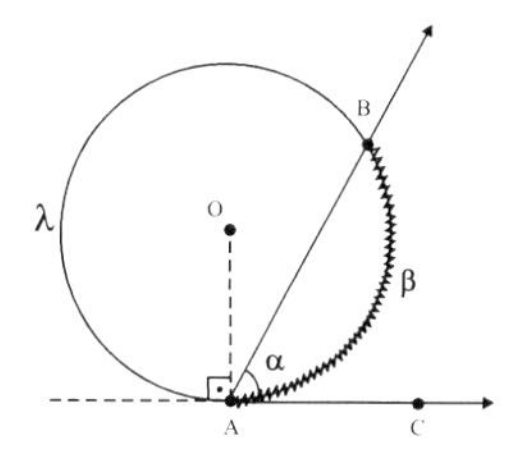

2º CASO:

∢ *BAC* é um ângulo reto.

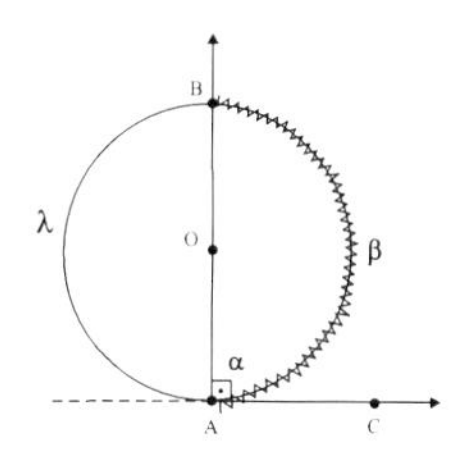

3º CASO:

∢ BAC é um ângulo obtuso.

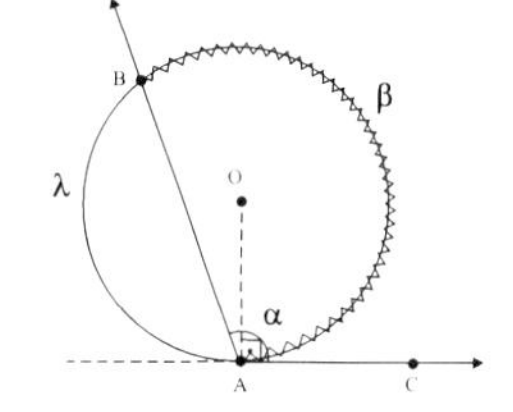

4º CASO:

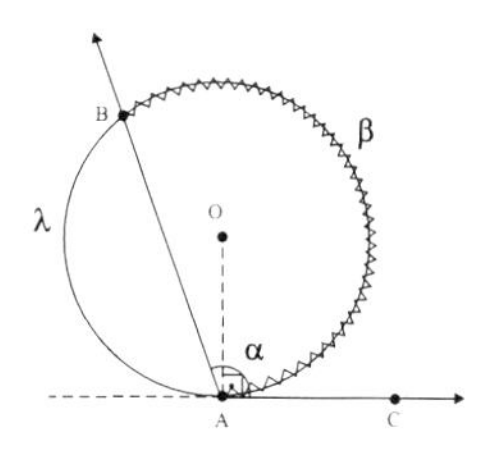

Construindo-se a semi-reta $\overrightarrow{AD}$, pelo caso anterior e o teorema do ângulo inscrito, segue-se que: $\alpha = \dfrac{\beta}{2}$.

– ÂNGULO EXCÊNTRICO INTERIOR

• Se duas cordas se cortam em um ponto interior a uma circunferência, distinto do centro, então qualquer um dos ângulos que elas formam é chamado ângulo excêntrico interior.

A medida do ângulo excêntrico interior é dada pela relação abaixo:

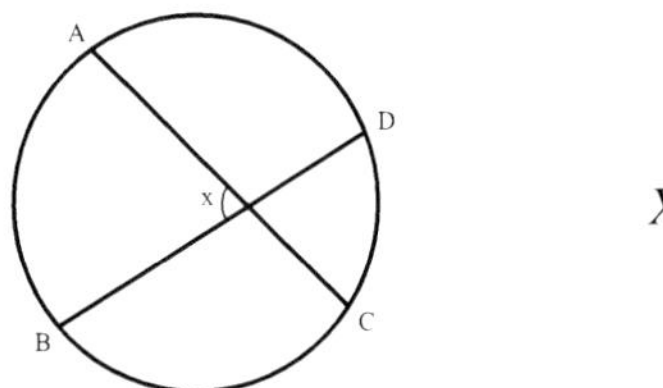

$$X = \frac{\widehat{AB} + \widehat{CD}}{2}$$

– ÂNGULO EXCÊNTRICO EXTERIOR

• Se com origem num ponto exterior a uma circunferência traçarmos duas semi-retas, ambas secantes à circunferência, ou ambas tangentes ou uma secante e a outra tangente, estas semi-retas formam um ângulo que é chamado ângulo excêntrico exterior.

A medida do ângulo excêntrico exterior é dada pela relação abaixo:

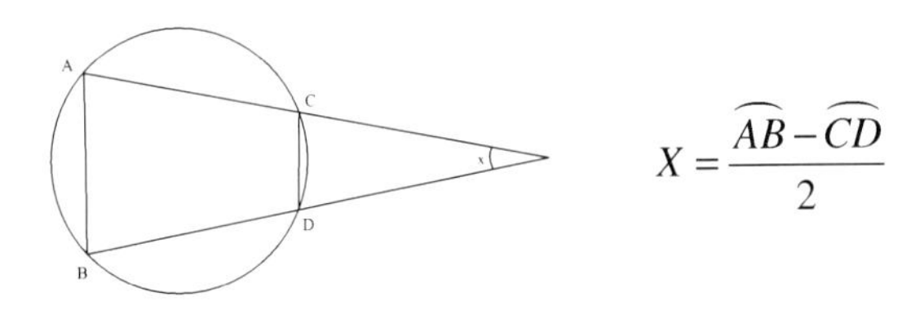

$$X = \frac{\widehat{AB} - \widehat{CD}}{2}$$

– QUADRILÁTERO INSCRITO NUMA CIRCUNFERÊNCIA

• Um quadrilátero que tem os quatro vértices numa circunferência é um quadrilátero inscrito nessa circunferência. Na figura, o quadrilátero $ABCD$ está inscrito na circunferência λ de centro O.

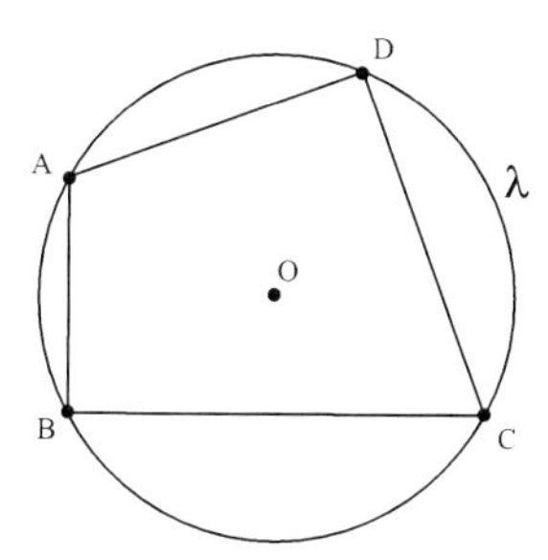

A circunferência λ está circunscrita ao quadrilátero *ABCD*.

• TEOREMA

Se um quadrilátero convexo é inscrito numa circunferência, então os ângulos opostos são suplementares.

Hipótese: *ABCD* é um quadrilátero convexo inscrito em λ (*O, r*)

Tese: $\hat{A}+\hat{C}=180^\circ$ *e* $\hat{B}+\hat{D}=180^\circ$

• TEOREMA RECÍPROCO

Se um quadrilátero convexo tem dois ângulos opostos suplementares, então ele é inscritível numa circunferência.

Hipótese: *ABCD* é um quadrilátero convexo, $\hat{A}+\hat{C}=180^\circ$ *e* $\hat{B}+\hat{D}=180^\circ$

Tese: *ABCD* é inscritível numa circunferência.

– SEGMENTO DE RETA TANGENTE

• Um segmento de reta que tem uma extremidade numa circunferência e cuja reta suporte é tangente a essa circunferência é chamado segmento de reta tangente.

Na figura, $\overline{AT}$ é um segmento de reta tangente a λ.

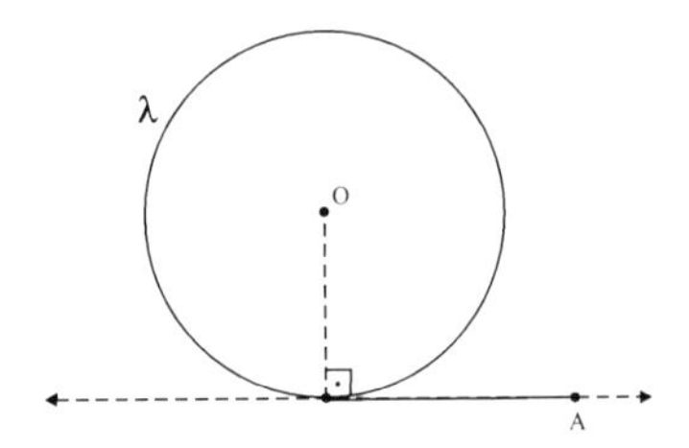

Notas:

– Um triângulo cujos lados são tangentes a uma circunferência é chamado triângulo circunscrito a essa circunferência.

Na figura abaixo, o ΔABC está circunscrito a λ (O, r).

– A circunferência λ (O, r) está inscrita no ΔABC.

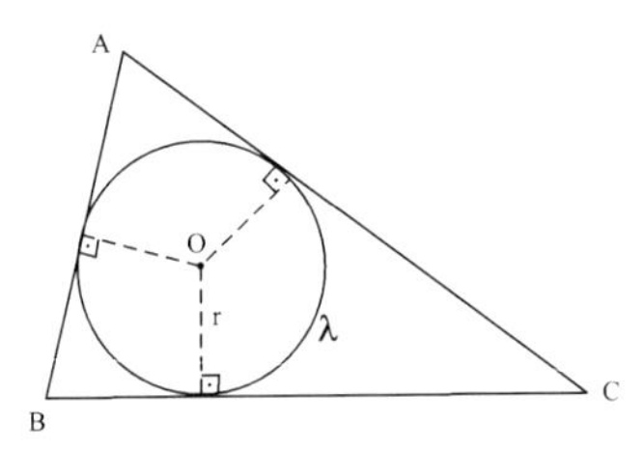

– QUADRILÁTERO CIRCUNSCRITO A UMA CIRCUNFERÊNCIA

• Um quadrilátero convexo que tem os quatro lados tangentes a uma circunferência é um quadrilátero circunscrito à essa circunferência.

Na figura abaixo, o quadrilátero convexo *ABCD* está circunscrito à circunferência λ. Os lados $\overline{AB}, \overline{BC}, \overline{CD}$ *e* $\overline{DA}$ e são tangentes a λ.

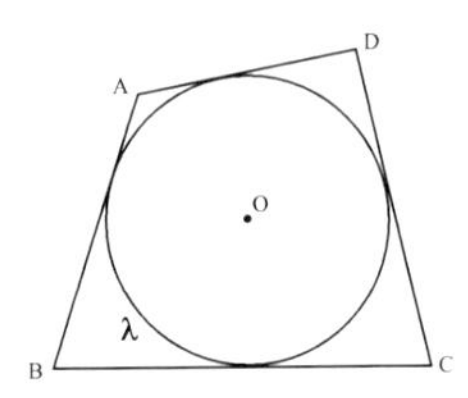

A circunferência λ está inscrita no quadrilátero convexo *ABCD*.

• TEOREMA DE PITOT

Se um quadrilátero convexo está circunscrito a uma circunferência, então a soma das medidas de dois lados opostos é igual à soma das medidas dos outros dois.

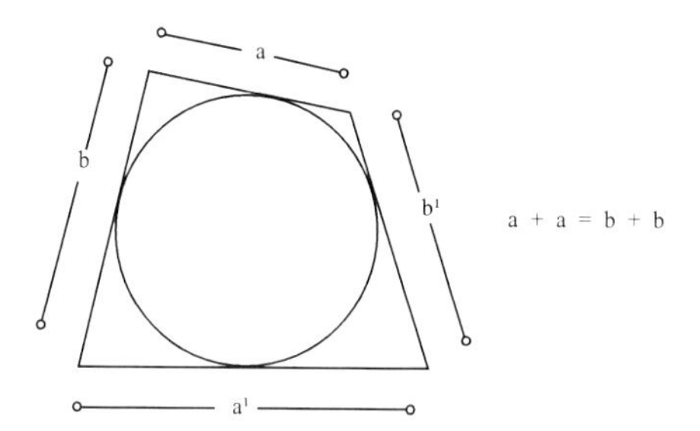

• TEOREMA RECÍPROCO

Se num quadrilátero convexo a soma das medidas de dois lados opostos é igual a soma das medidas dos outros dois, então o quadrilátero é circunscritível numa circunferência.

Hipótese: $ABCD$ é um quadrilátero convexo e $AB + CD = AD + BC$.

Tese: $ABCD$ é circunscritível a uma circunferência.

• TEOREMA DE HIPARCO

Em todo quadrilátero convexo inscritível num círculo o produto das diagonais é igual à soma dos produtos dos lados opostos.

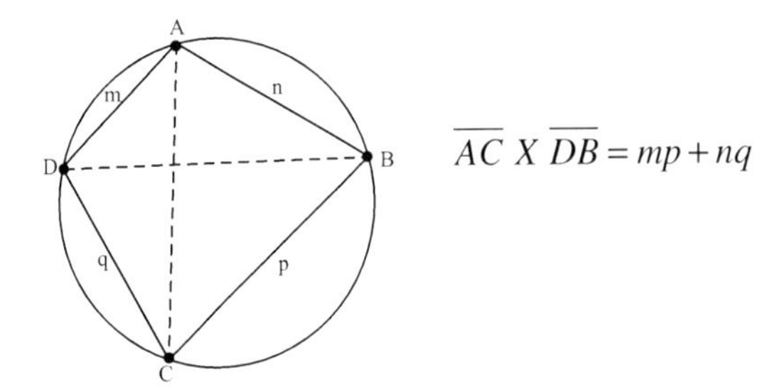

• TEOREMA

> A altura do trapézio isósceles circunscrito a um círculo é a média proporcional (média geométrica) entre as bases do trapézio.

Dois círculos são ortogonais:

Quando as tangentes aos círculos nos pontos comuns são perpendiculares.

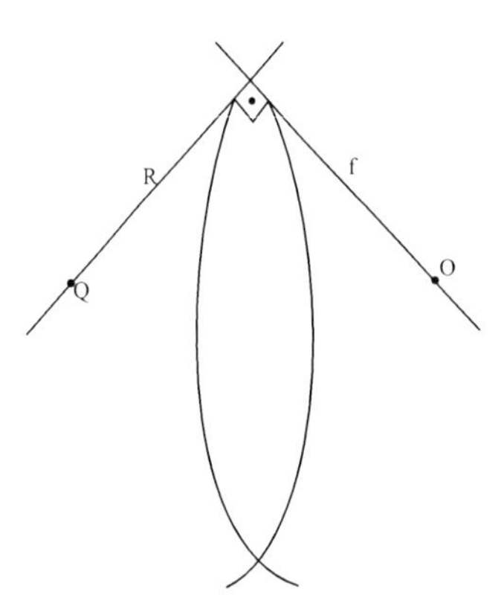

– LUGAR GEOMÉTRICO

Considere primeiramente o seguinte exemplo.

Sejam dois pontos distintos A e B dados em um plano α e um conjunto $\boldsymbol{m}$ de pontos X de α, definido por:

$$m = \{X \in \alpha \mid XA = XB, A \neq B\}$$

Isto significa que ***m*** é um conjunto de pontos do plano α tal que um ponto X qualquer de ***m*** dista igualmente dos pontos distintos A e B do plano α.

A igualdade $XA = XB$ é uma propriedade que caracteriza cada ponto X pertencente ao conjunto ***m***, em relação aos pontos A e B dados.

Conjuntos de pontos como ***m***, caracterizados ou identificados por uma propriedade, recebem o nome de Lugares Geométricos.

– DEFINIÇÃO:

- Uma figura plana é um lugar geométrico de pontos se, e somente se, todos os seus pontos e só eles têm uma mesma propriedade.
- Decorre da definição que o conjunto ***m*** do exemplo acima será um lugar geométrico se:

i) Todos os pontos X de ***m*** são tais que $XA = XB$.

ii) Só os pontos do plano α que pertencem a ***m*** são tais que $XA = XB$.

☑ EXERCÍCIOS PROPOSTOS:

60) (EPUSP) As bases de um trapézio isósceles circunscrito a uma circunferência medem *9m* e *6m*. Cada um dos outros dois lados do trapézio mede:

a) 4,5m

b) 6m

c) 7,5m

d) 8m

e) n.r.a.

61) (FUVEST) Em um plano é dada uma circunferência e um ponto A pertencente a ela. O lugar geométrico dos pontos do plano eqüidistantes da circunferência e do ponto A é uma:

a) reta.

b) circunferência.

c) elipse.

d) semi-reta.

e) parábola.

62) (U.F.CE) Duas tangentes são traçadas a um círculo de um ponto exterior A e tocam o círculo nos pontos B e C, respectivamente. Uma terceira tangente intercepta o segmento AB em P e AC em R e toca o círculo em Q. Se $AB = 20\ cm$, então o perímetro do triângulo APR, em cm, é igual a:

a) 39,5

b) 40

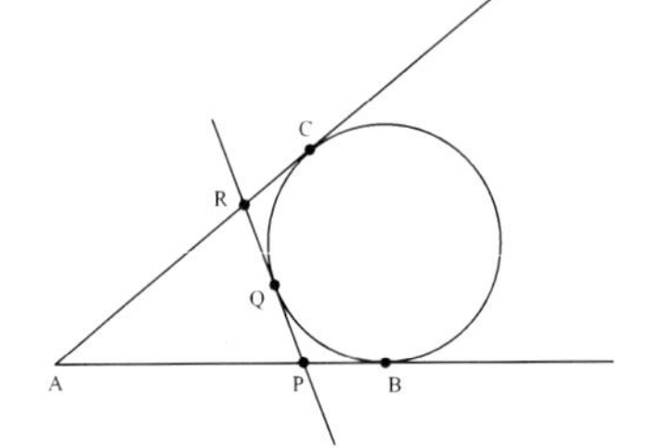

c) 40,5

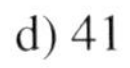
d) 41

e) 41,5

63) (U.MACK) $\overline{AB}$ é o diâmetro de uma circunferência; $\overrightarrow{AD}$ e $\overrightarrow{BC}$ são retas tangentes à circunferência e tais que $\overline{AC}$ e $\overline{BD}$ se interceptam num ponto E da circunferência. Sabendo que os comprimentos de $\overline{AC}$ e $\overline{BD}$ não são necessariamente iguais, assinale a sentença falsa:

a) $D\hat{A}C = A\hat{C}B$

b) $D\hat{B}A = A\hat{C}B$

c) $A\hat{D}B = A\hat{C}B$

d) $A\hat{D}B = D\hat{B}C$

e) não sei

64) (CESGRANRIO) Um quadrilátero convexo está inscrito em um círculo. A soma, em radianos, dos ângulos α e β mostrados na figura é:

a) $\frac{\pi}{4}$

b) $\frac{\pi}{2}$

c) π

d) $\frac{3\pi}{2}$

e) 2π

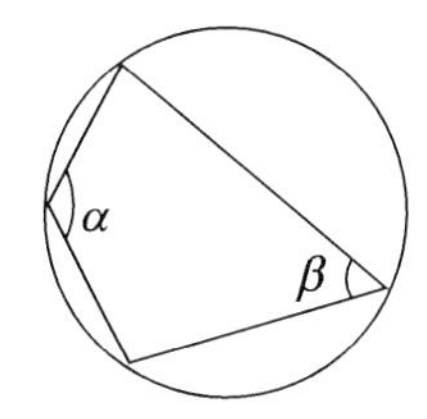

65) (U.F.UBERLÂNDIA) Em um dado triângulo retângulo inscrevemos uma circunferência de diâmetro d e circunscrevemos outra de diâmetro D. O perímetro do triângulo vale:

a) $d + D$

b) $2d + D$

c) $d + 2D$

d) $\frac{3}{2}(d+D)$

e) $2\,(d + D)$

66) (CESGRANRIO) As semi-retas PM e PN são tangentes ao círculo da figura e o comprimento do arco $\widehat{MGN}$ é 4 vezes o do arco $\widehat{MFN}$. O ângulo $M\hat{P}N$ vale:

a) 76º

b) 80º

c) 90º

d) 108º

e) 120º

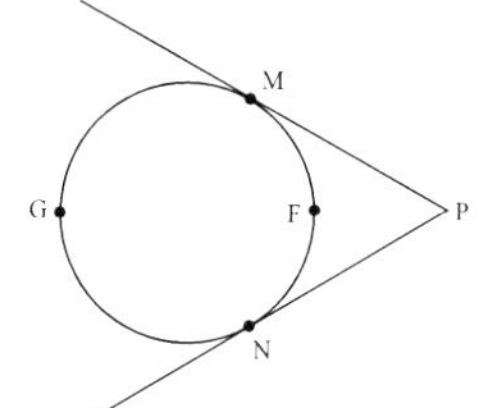

67) (PUC-SP) Na figura, AB é diâmetro da circunferência. O menor dos arcos (AC) mede:

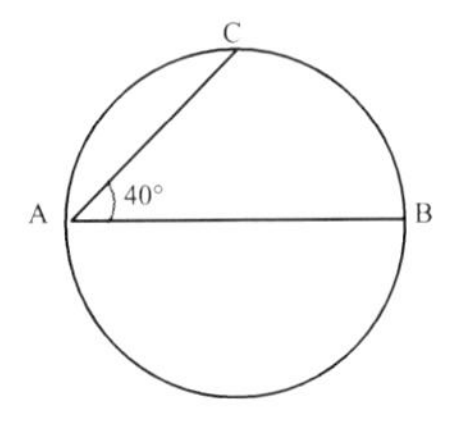

a) 100°

b) 120°

c) 140°

d) 150°

e) 160°

68) (U.F.GO) Se a corda AB da figura é um lado de um triângulo eqüilátero inscrito na circunferência de centro em C, a medida do ângulo α, em radianos, é:

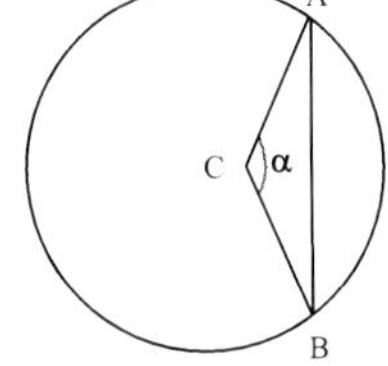

a)

b)

c)

d)

e)

69) (PUC-SP) O pentágono $ABCDE$ abaixo está inscrito em um círculo de centro O. O ângulo central $C\hat{O}D$ mede 60°. Então $x + y$ é igual a:

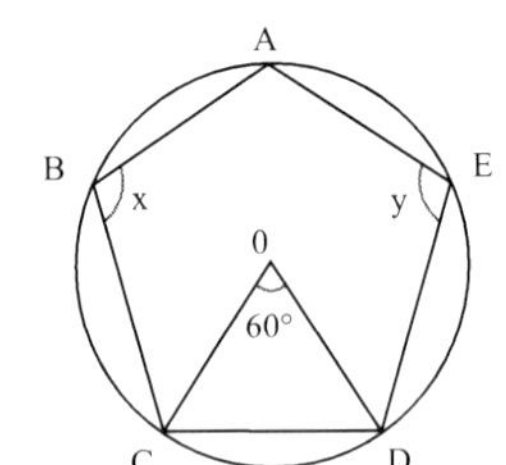

a) 180°

b) 185°

c) 190°

d) 210°

e) 250°

70) (CESGRANRIO) Em um círculo de centro O, está inscrito o ângulo α (ver figura). Se o arco $\widehat{AMB}$ mede 130°, o ângulo α mede:

a) 25º

b) 30º

c) 40º

d) 45º

e) 50º

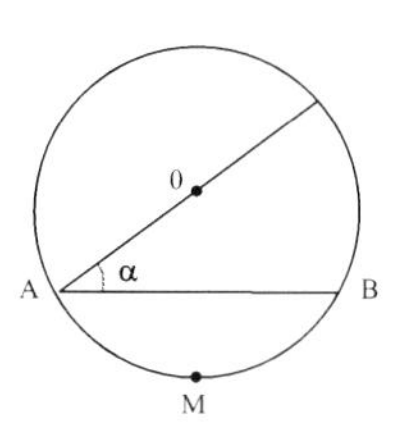

71) (U.F.PE) Considere a seguinte figura. Assinale a alternativa correta:

a) A medida do ângulo δ é igual à metade da soma das medidas dos arcos $\widehat{AB}$ e $\widehat{AC}$.

b) A medida do ângulo δ é igual ao dobro da medida do arco $\widehat{CB}$.

c) A medida do ângulo δ é igual à soma das medidas dos arcos $\widehat{AB}$ e $\widehat{AC}$.

d) A medida do ângulo δ é igual à medida do arco $\widehat{CB}$.

e) A medida do ângulo δ e a do arco $\widehat{AC}$ são iguais.

72) (FUVEST) Os pontos A, B e C pertencem a uma circunferência de centro O. Sabe-se que OA é perpendicular a OB e forma com BC um ângulo de 70°. Então, a tangente à circunferência no ponto C forma com a reta OA um ângulo de:

a) 10º

b) 20º

c) 30º

d) 40º

e) 50º

73) (CESESP) No eneágono regular estrelado da figura abaixo, um dos ângulos abaixo não pode ser medido entre seus lados ou seus prolongamentos. Assinale-o.

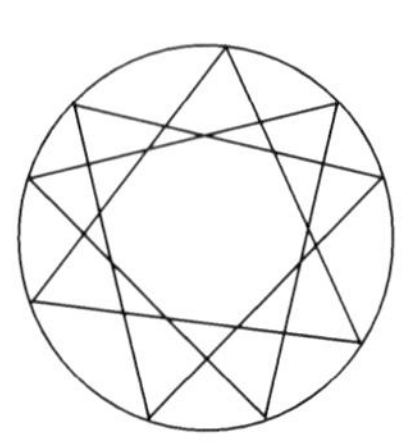

a) 20º

b) 30º

c) 40º

d) 60º

e) 80º

74) (CESGRANRIO) Se, na figura, $\widehat{AB} = 20^\circ$, $\widehat{BC} = 124^\circ$, $\widehat{CD} = 36^\circ$ e $\widehat{DE} = 90^\circ$, então o ângulo x mede:

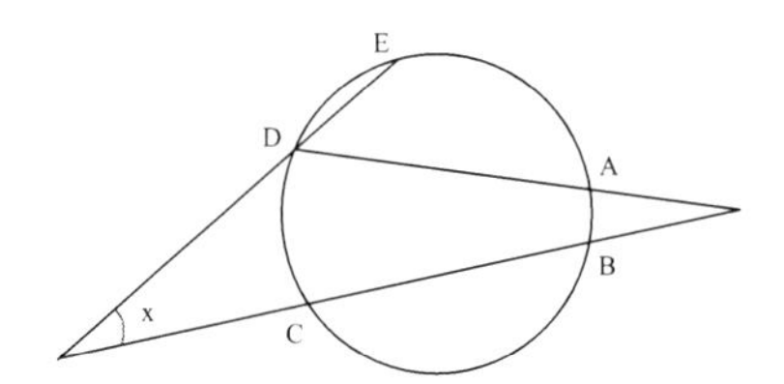

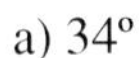
a) 34º

b) 35º 30'

c) 37º

d) 38º 30'

e) 40º

75) (ITA) Numa circunferência de centro *O*, os pontos *A*, *B* e *C* são vértices de um triângulo eqüilátero. Seja *D* um quarto ponto da circunferência, não coincidente com os demais. Sobre a medida x do ângulo $A\hat{D}C$ podemos afirmar que:

a) $0^\circ < x < 30^\circ$ ou $60^\circ < x < 120^\circ$

b) $x = 60^\circ$ ou $x = 120^\circ$

c) $x = 45^\circ$ ou $x = 150^\circ$

d) $x = 240^\circ$ para qualquer posição de *D* na circunferência.

e) $x = 30^\circ$ para qualquer posição de *D* na circunferência.

76) (ITA) Na figura abaixo *O* é o centro de uma circunferência. Sabendo-se que a reta que passa por *E* e *F* é tangente a esta circunferência e que a medida dos ângulos *1*, *2* e *3* é dada, respectivamente, por *49º*, *18º*, *34º*, determinar a medida dos ângulos

4, 5, 6 e *7*. Nas alternativas abaixo considere os valores dados iguais às medidas de *4, 5, 6* e *7*, respectivamente.

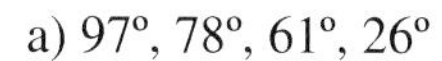
a) 97º, 78º, 61º, 26º

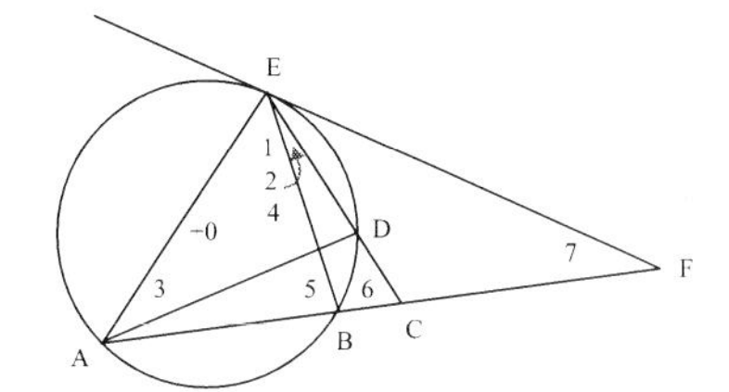

b) 102º, 79º, 58º, 23º

c) 92º, 79º, 61º, 30º

d) 97º, 79º, 61º, 27º

e) 97º, 80º, 62º, 29º

77) (CESGRANRIO) Em um círculo de raio *5* está inscrito um quadrilátero *ABCD*. Sobre a soma dos ângulos opostos , podemos afirmar que vale:

a) 5 x 180º

b) 5 x 180º

c) 5 x 180º

d) 180º

e) 90º

78) (U.C.SALVADOR) Na figura abaixo, o triângulo *ABC* é isósceles e $\overline{BD}$ é a bissetriz do ângulo de vértice *B*. A medida θ, do ângulo assinalado, é:

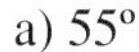
a) 55º

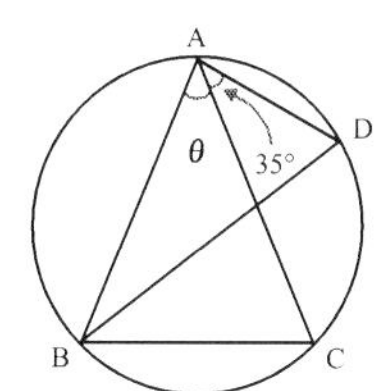

b) 50º

c) 45º

d) 40º

e) 35º

CAPÍTULO 4

TEOREMA DE TALES – SEMELHANÇA DE TRIÂNGULOS E POTÊNCIA DE PONTO – TRIÂNGULO RETÂNGULO

INTRODUÇÃO:

A parte da Geometria que estuda as relações entre as medidas de segmentos de uma figura é chamada Geometria Métrica.

A Geometria Métrica fundamenta-se na proporcionalidade entre as medidas de segmentos de reta.

– RAZÃO DE DOIS SEGMENTOS DE RETA

• Razão de um segmento de reta para outro é a razão das suas respectivas medidas na mesma unidade.

Sejam $\overline{AB}$ e $\overline{CD}$ dois segmentos comensuráveis (que se podem medir) que admitem uma unidade comum α, m vezes em $\overline{AB}$ e n vezes em $\overline{CD}$.

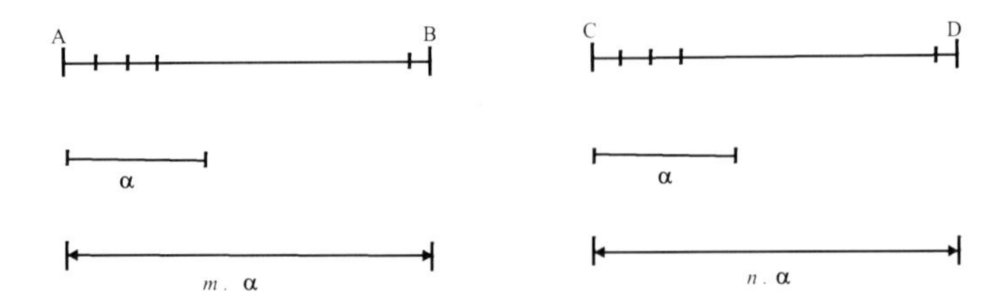

A razão de $\overline{AB}$ para $\overline{CD}$ é:

$$\frac{\overline{AB}}{\overline{CD}} = \frac{m\alpha}{n\alpha} = \frac{m}{n} \therefore \frac{\overline{AB}}{\overline{CD}} = \frac{AB}{CD}$$

Se $\overline{AB}$ e $\overline{CD}$ são incomensuráveis (que não se podem medir), não existe uma unidade α comum, entretanto é possível provar que:

$$\frac{\overline{AB}}{\overline{CD}} = \frac{AB}{CD}$$

– SEGMENTOS PROPORCIONAIS

- Dadas duas seqüências $\left(\overline{A_1B_1}, \overline{C_1D_1}, \overline{E_1F_1}, \cdots\right)$ e $\left(\overline{A_2B_2}, \overline{C_2D_2}, \overline{E_2F_2}, \cdots\right)$ de segmentos, esses segmentos são proporcionais se, e somente se, $\dfrac{A_1B_1}{A_2B_2} = \dfrac{C_1D_1}{C_2D_2} = \dfrac{E_1F_1}{E_2F_2} = \cdots$

Em particular, dois segmentos proporcionais a dois outros formam uma proporção.

Assim, se os segmentos e $\overline{AB}$ e $\overline{CD}$ são, respectivamente, proporcionais a $\overline{EF}$ e $\overline{GH}$ então $\dfrac{AB}{EF} = \dfrac{CD}{GH}$.

- Linhas Proporcionais:

Ponto que divide um segmento numa razão dada:

1 º CASO: Ponto interior – segmentos aditivos.

a) Razão igual a *1* – ponto eqüidistante dos extremos.

A M B

$$\frac{AM}{MB} = 1$$

b) Razão menor que *1* – ponto à esquerda do ponto médio.

$$\frac{AM}{MB} < 1$$

c) Razão maior que *1* – ponto à direita do ponto médio.

A M B

$$\frac{AM}{MB} > 1$$

2º CASO: Ponto exterior – segmentos subtrativos.

a) Razão menor que *1* – ponto à esquerda do segmento dado.

M A B

$$\frac{AM}{MB} < 1$$

b) Razão maior que 1 – ponto à direita do segmento dado.

A B M

$$\frac{AM}{MB} > 1$$

• DIVISÃO HARMÔNICA:

Há somente um ponto interior e um exterior que dividem o mesmo segmento na mesma razão. Esses pontos são chamados de conjugados harmônicos.

1 º CASO: A razão é menor que *1* – os pontos estarão mais próximos de ***A*** que de ***B***.

M A N B

$$\frac{AN}{NB} = \frac{AM}{MB} < 1$$

2º CASO: A razão é maior que *1* – os pontos estarão mais próximos de ***B***.

A N B M

$$\frac{AN}{NB} = \frac{AM}{MB} > 1$$

• Relação importante:

A razão entre dois segmentos aditivos é sempre igual à razão entre dois segmentos subtrativos.

Observação

$$Escala = \frac{desenho}{realidade} \qquad E = \frac{D}{R}$$

– FEIXE DE RETAS PARALELAS

DEFINIÇÕES:

• Feixe de retas paralelas é um conjunto de três ou mais retas paralelas distintas num plano.

As retas a, b e c constituem um feixe de retas paralelas.

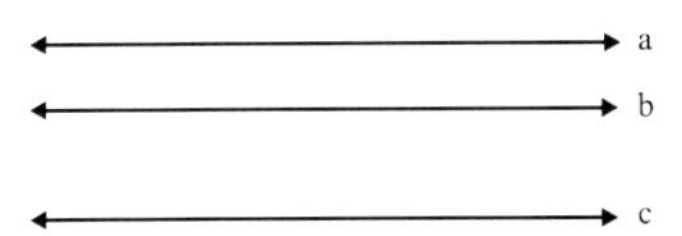

• Transversal de um feixe de retas paralelas é uma reta que intercepta todas as retas de um feixe.

A reta t é uma transversal do feixe de retas paralelas.

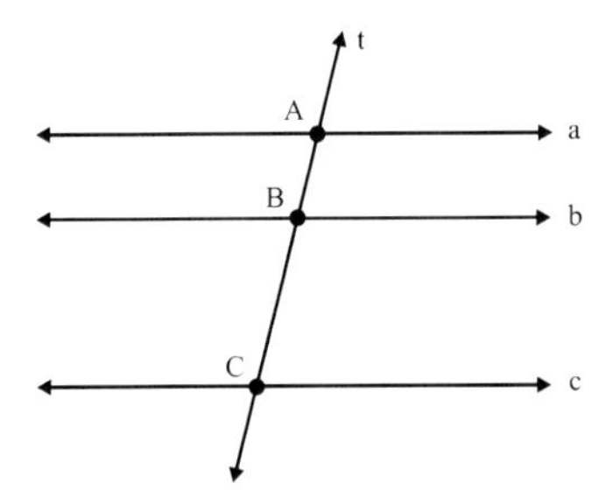

• Pontos correspondentes de duas transversais de um feixe de retas paralelas são pontos dessas transversais que estão numa mesma reta do feixe.

Os pontos A e A' na reta a, B e B' na reta b, C e C' na reta c são pontos correspondentes das transversais t e t' do feixe de paralelas a, b e c.

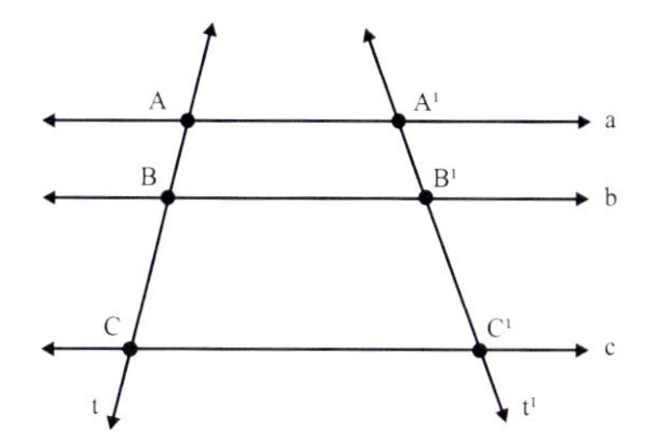

• Segmentos correspondentes em duas transversais são segmentos que têm extremidades em pontos correspondentes.

Na figura acima, são correspondentes os pares de segmentos $\overline{AB}$ e $\overline{A'B'}$, $\overline{BC}$ e $\overline{B'C'}$, $\overline{AC}$ e $\overline{A'C'}$

• TEOREMA

> Se um feixe de retas paralelas tem duas transversais, e dois segmentos de uma transversal são congruentes, então esses dois segmentos têm como correspondentes segmentos congruentes da outra.

Hipótese: Feixe de paralelas *a, b, c, d*; retas *t* e *t'* são transversais, $\overline{AB}$ e $\overline{CD}$ estão em *t*, $\overline{A'B'}$ e $\overline{C'D'}$ estão em *t'* e $AB = CD$.

Tese: $A'B' = C'D'$.

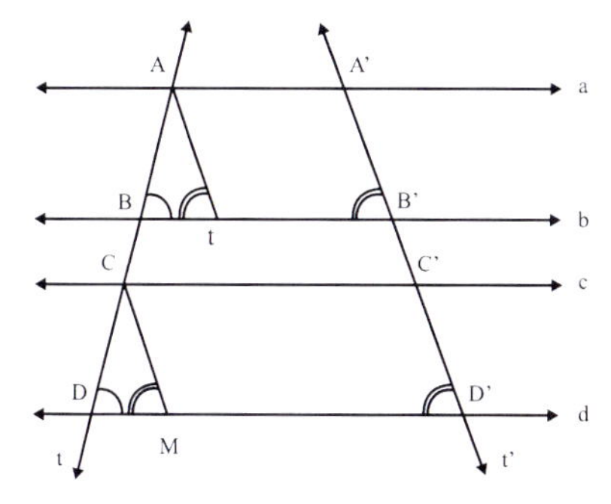

– TEOREMA LINEAR DE TALES

> Se um feixe de retas paralelas tem duas transversais, então a razão de dois segmentos quaisquer de uma transversal é igual à razão dos segmentos correspondentes da outra.

Hipótese: Feixe de retas paralelas *a,b,c,d;* as retas *t* e *t'* são transversais; $\overline{AB}$ e $\overline{CD}$ estão em *t*; $\overline{A'B'}$ e $\overline{C'D'}$ estão em *t'*.

Tese: $\dfrac{\overline{AB}}{\overline{CD}} = \dfrac{\overline{A'B'}}{\overline{C'D'}}$

– SEGMENTOS PROPORCIONAIS NUM TRIÂNGULO

• TEOREMA

> Se uma reta é paralela a um lado de um triângulo e intercepta os outros dois, então ela divide esses dois lados em segmentos proporcionais.

Hipótese: ΔABC, $\overleftrightarrow{DE} \,//\, \overline{BC}$, D está em $\overline{AB}$ e E está em $\overline{AC}$.

Tese: $\dfrac{AD}{AB} = \dfrac{AE}{AC}$

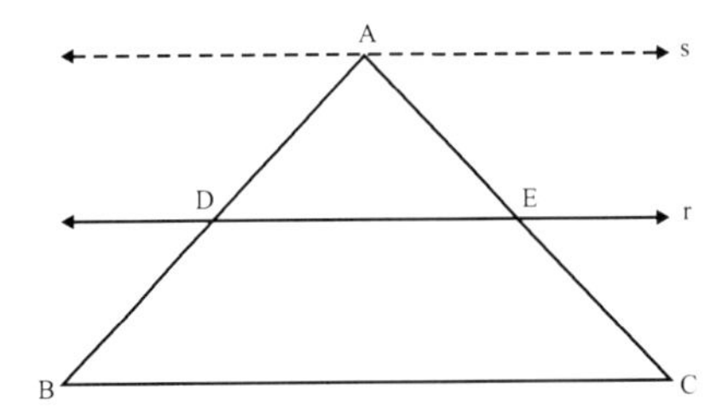

• TEOREMA RECÍPROCO

> Se uma reta divide dois lados de um triângulo em segmentos correspondentes proporcionais, então ela é paralela ao terceiro lado.

– BISSETRIZES DE UM TRIÂNGULO

• TEOREMA DA BISSETRIZ INTERNA

> Em todo triângulo, uma bissetriz interna divide o lado oposto em segmentos proporcionais aos lados adjacentes.

Hipótese: ΔABC, $\overline{AS}$ é bissetriz interna, $BC = a$, $AC = b$, $AB = c$, $BS = x$ e $CS = y$.

Tese: $\dfrac{x}{c} = \dfrac{y}{b}$.

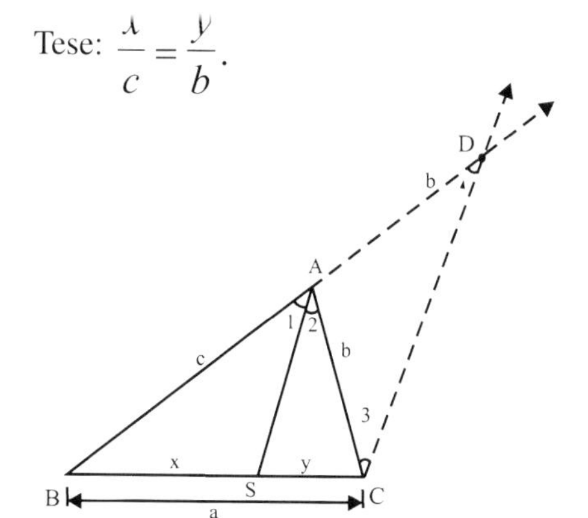

• TEOREMA DA BISSETRIZ EXTERNA

> Se a bissetriz de um ângulo externo de um triângulo intercepta a reta suporte do lado oposto, então ela divide externamente este lado em segmentos proporcionais aos lados adjacentes.

Hipótese: ΔABC, $\overline{AR}$ é bissetriz externa, $BC = a$, $AC = b$, $AB = c$, $BR = x$ e $CR = y$.

Tese: $\dfrac{x}{c} = \dfrac{y}{b}$.

– TRIÂNGULOS SEMELHANTES

Considere a correspondência entre os vértices $ABC \leftrightarrow DEF$ dos triângulos ΔABC e ΔDEF.

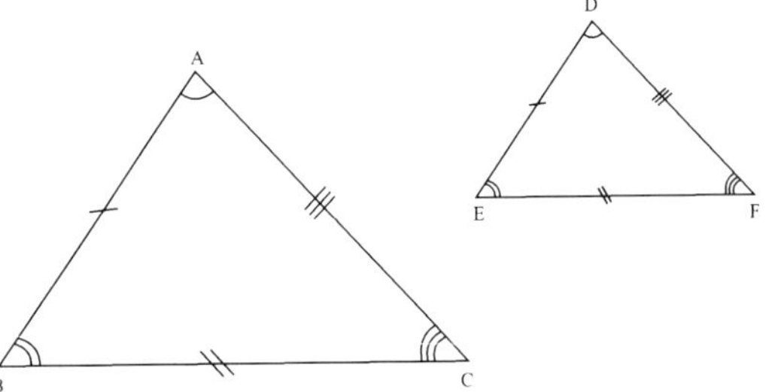

Onde:

$$\hat{A} = \hat{D},\ \hat{B} = \hat{E},\ \hat{C} = \hat{F} \text{ e } \frac{AB}{DE} = \frac{BC}{EF} = \frac{AC}{DF}$$

Nestas condições afirma-se que os triângulos ΔABC e ΔDEF são semelhantes e a correspondência $\Delta ABC \leftrightarrow \Delta DEF$ é uma correspondência de semelhança entre os dois triângulos.

Indica-se: $\Delta ABC \sim \Delta DEF$.

O símbolo ~ lê-se "é semelhante a".

• DEFINIÇÃO:

Dois triângulos são semelhantes se, e somente se, é possível estabelecer uma correspondência entre seus vértices de modo que:

i) os ângulos correspondentes são congruentes e;

ii) os lados correspondentes são proporcionais.

Sejam os triângulos ΔABC e ΔDEF.

Uma correspondência entre os vértices é $ABC \leftrightarrow DEF$

Em símbolos, indica-se:

$$\Delta ABC \sim \Delta DEF \Leftrightarrow \begin{pmatrix} \hat{A} = \hat{D}, \hat{B} = \hat{E}, \hat{C} = \hat{F} \\ \text{e} \\ \dfrac{AB}{DE} = \dfrac{BC}{EF} = \dfrac{AC}{DF} \end{pmatrix}$$

– CONSIDERAÇÕES:

1ª) Ângulos correspondentes são os que têm vértices em pontos correspondentes.

$\sphericalangle A \leftrightarrow \sphericalangle D$, $\sphericalangle B \leftrightarrow \sphericalangle E$, $\sphericalangle C \leftrightarrow \sphericalangle F$

2ª) Lados correspondentes são os que têm extremidades em vértices correspondentes.

$\overline{AB} \leftrightarrow \overline{DE}, \overline{BC} \leftrightarrow \overline{EF}, \overline{AC} \leftrightarrow \overline{DF}$

3ª) Se $\Delta ABC \sim \Delta DEF$ a correspondência $ABC \leftrightarrow DEF$, nesta ordem, é chamada correspondência de semelhança entre os dois triângulos.

4ª) A razão k de proporcionalidade dos lados correspondentes é chamada razão de semelhança dos triângulos ΔABC e ΔDEF.

Assim, $\dfrac{AB}{DE} = \dfrac{BC}{EF} = \dfrac{AC}{DF} = k$.

5ª) Os lados opostos a ângulos congruentes são proporcionais.

6ª) Os ângulos opostos a lados proporcionais são congruentes.

7ª) Dois triângulos congruentes são triângulos semelhantes de razão *1* (caso particular).

8ª) Dois triângulos semelhantes têm a mesma forma, mas não necessariamente o mesmo tamanho.

Exemplo:

9ª) Decorre da definição que a relação semelhança entre triângulos é:

a) Reflexiva

$\Delta ABC \sim \Delta ABC$

b) Simétrica

$\Delta ABC \sim \Delta DEF \Rightarrow \Delta DEF \sim \Delta ABC$

c) Transitiva

$$\left.\begin{array}{l}\Delta ABC \sim \Delta DEF \\ e \\ \Delta DEF \sim \Delta LMN\end{array}\right\} \Rightarrow \Delta ABC \sim \Delta LMN$$

Portanto a relação de semelhança entre triângulos é uma relação de equivalência.

– EXISTÊNCIA DOS TRIÂNGULOS SEMELHANTES

• TEOREMA FUNDAMENTAL

> Se uma reta é paralela a um dos lados de um triângulo e intercepta os outros dois lados em pontos distintos, então o triângulo que ela determina é semelhante ao primeiro.

Hipótese: ΔABC, $\overleftrightarrow{DE}$ paralelo a $\overline{BC}$, $D \neq E$, D está em $\overline{AB}$ e E está em $\overline{AC}$.

Tese: $\Delta ADE \sim \Delta ABC$.

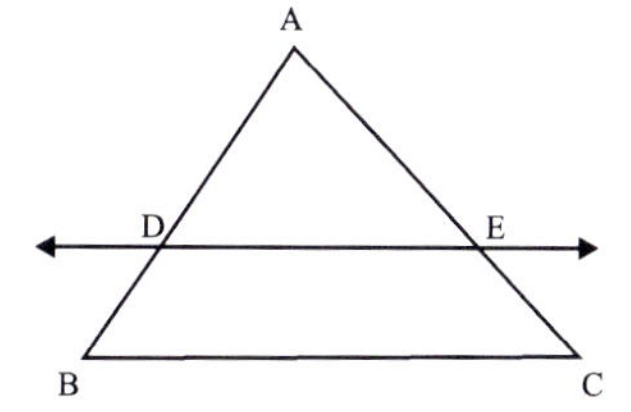

ESQUEMA PARA APLICAÇÃO:

Pelo teorema fundamental de semelhança temos, $\Delta ADE \sim \Delta ABC \Rightarrow \frac{AD}{AB} = \frac{DE}{BC} = \frac{AE}{AC}$.

– CASOS DE SEMELHANÇA:

De um modo geral, para concluir-se que dois triângulos são semelhantes, não há necessidade de verificar as congruências dos três ângulos e a proporcionalidade dos lados correspondentes. A existência da congruência dos ângulos correspondentes congruentes, por exemplo, em dois triângulos, será suficiente para concluir uma correspondência de semelhança. Os teoremas que possibilitam concluir uma correspondência de semelhança entre triângulos são chamados casos ou critérios de semelhança.

1º CASO – *AA*

O *1º* caso é a correspondência **ângulo – ângulo**.

• TEOREMA – AA

> Se dois triângulos têm congruentes dois ângulos de vértices correspondentes, então esses triângulos são semelhantes

Hipótese: $\Delta\, ABC$, $\Delta\, DEF$, $\hat{A} = \hat{D}$ e $\hat{B} = \hat{E}$.

Tese: $\Delta\, ABC \sim \Delta\, DEF$.

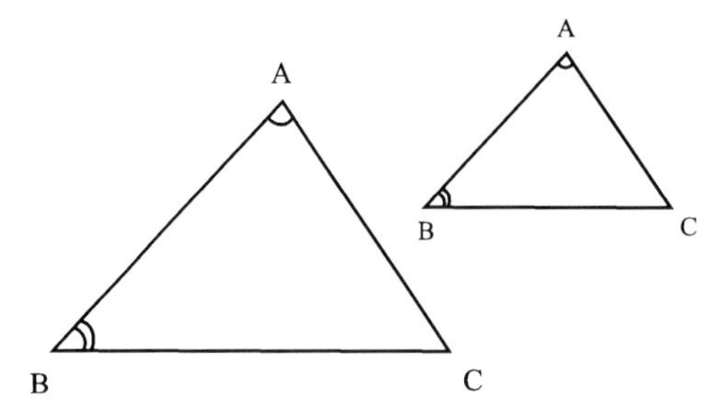

ESQUEMA PARA APLICAÇÃO:

Pelo caso AA de semelhança, $\left.\begin{matrix} \hat{A} = \hat{D} \\ \hat{B} = \hat{E} \end{matrix}\right\} \Rightarrow \Delta ABC \sim \Delta DEF \Rightarrow \dfrac{AB}{DE} = \dfrac{BC}{EF} = \dfrac{AC}{DF}$

Pela definição de triângulos semelhantes temos,

2º CASO – *LAL*

O *2º* caso é a correspondência **lado-ângulo-lado.**

• TEOREMA – *LAL*

> Se dois triângulos têm dois lados correspondentes proporcionais e os ângulos com-preendidos entre eles congruentes, então esses dois triângulos são semelhantes.

Hipótese: $\Delta\, ABC,\ \Delta\, DEF,\ \dfrac{AB}{DE} = \dfrac{AC}{DF}$ e $\hat{A} = \hat{D}$.

Tese: $\Delta\, ABC \sim \Delta\, DEF$.

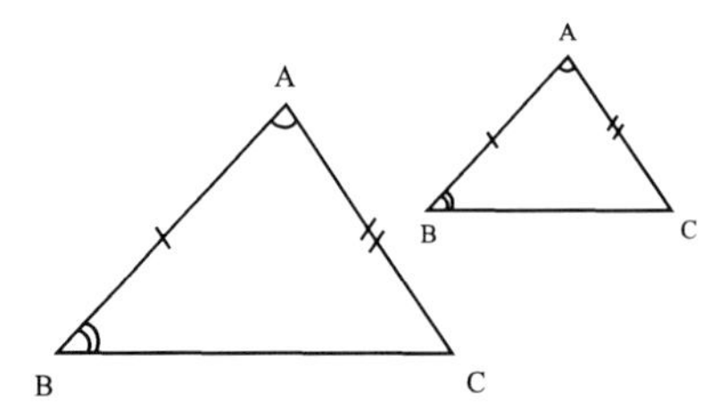

ESQUEMA PARA APLICAÇÃO:

Pelo caso LAL de semelhança, $\left.\begin{array}{l}\dfrac{AB}{DE}=\dfrac{AC}{DF}\\ \hat{A}=\hat{D}\end{array}\right\}\Rightarrow \Delta ABC\sim\Delta DEF$

Pela definição de triângulos semelhantes temos, $\Delta ABC\sim\Delta DEF\Rightarrow\begin{cases}\hat{B}=\hat{E},\hat{C}=\hat{F}\\ \text{e}\\ \dfrac{AB}{DE}=\dfrac{AC}{DF}=\dfrac{BC}{EF}\end{cases}$

– 3º CASO – LLL

O 3º caso é a correspondência **lado-lado-lado.**

• TEOREMA – LLL

> Se dois triângulos têm os três lados correspondentes proporcionais, então esses dois triângulos são semelhantes.

Hipótese: $\Delta ABC, \Delta DEF, \dfrac{AB}{DE}=\dfrac{AC}{DF}=\dfrac{BC}{EF}$.

Tese: $\Delta\, ABC\sim\Delta\, DEF$.

ESQUEMA PARA APLICAÇÃO:

Pelo caso LLL de semelhança, $\dfrac{AB}{DE}=\dfrac{AC}{DF}=\dfrac{BC}{EF}\Rightarrow\Delta ABC\sim\Delta DEF$.

Pela definição de triângulos semelhantes temos, Δ ABC ~ Δ DEF $\Rightarrow \hat{A}=\hat{D}, \hat{B}=\hat{E}$ e $\hat{C}=\hat{F}$.

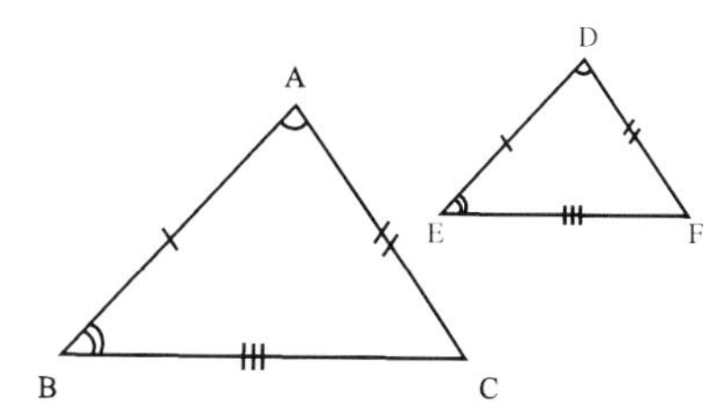

Notas:

1ª) Em dois triângulos semelhantes, a razão de dois elementos lineares correspondentes quaisquer é igual à razão de semelhança.

Sendo k a razão de semelhança, tem-se que:

- a razão dos perímetros é k.
- a razão das alturas correspondentes é k.
- a razão das medianas correspondentes é k.
- a razão das bissetrizes internas correspondentes é k.
- a razão de dois elementos lineares correspondentes é k.

2ª) Dois elementos correspondentes também são chamados elementos homólogos.

– POLÍGONOS SEMELHANTES

• DEFINIÇÃO:

Dois polígonos convexos são semelhantes se, e somente se, é possível estabelecer uma correspondência entre seus vértices de modo que:

i) os ângulos correspondentes são congruentes;

ii) os lados correspondentes são proporcionais.

Consideremos os polígonos convexos $P\ (A_1A_2A_3A_4A_5)$ e $Q\ (B_1B_2B_3B_4B_5)$ e uma correspondência de semelhança $A_1A_2A_3A_4A_5 \leftrightarrow B_1B_2B_3B_4B_5$.

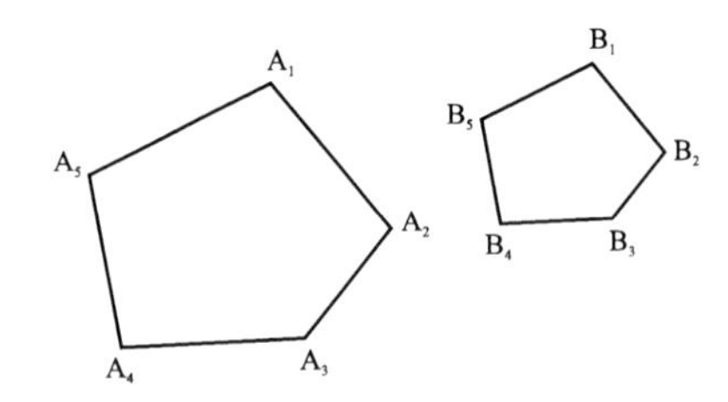

$$P \sim Q \Rightarrow \begin{pmatrix} \hat{A}_1 = \hat{B}_1, \hat{A}_2 = \hat{B}_2, \hat{A}_3 = \hat{B}_3, \hat{A}_4 = \hat{B}_4, \hat{A}_5 = \hat{B}_5 \\ \dfrac{A_1A_2}{B_1B_2} = \dfrac{A_2A_3}{B_2B_3} = \dfrac{A_3A_4}{B_3B_4} = \dfrac{A_4A_5}{B_4B_5} = \dfrac{A_5A_6}{B_5B_6} \end{pmatrix}$$

• PROPRIEDADES:

1ª) Em dois polígonos convexos semelhantes, as diagonais que unem vértices correspondentes são chamadas diagonais correspondentes e vale a seguinte propriedade: as diagonais correspondentes são proporcionais aos lados correspondentes.

Sejam os polígonos P e Q:

$P\ (A_1A_2A_3A_4A_5) \sim Q\ (B_1B_2B_3B_4B_5)$

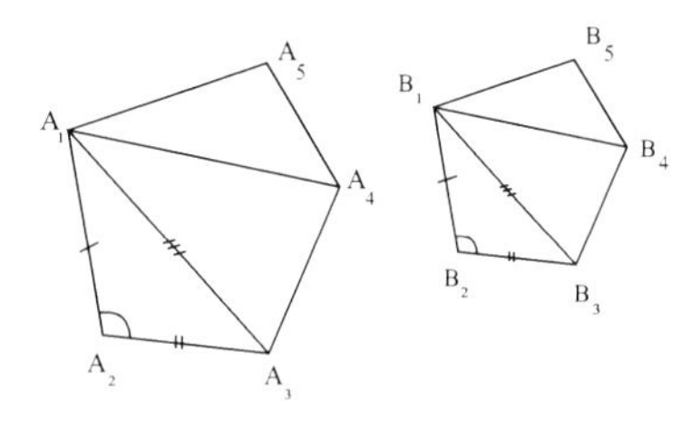

$\dfrac{A_1A_2}{B_1B_2} = \dfrac{A_1A_3}{B_1B_3}$, por exemplo.

Porque $\Delta\, A_1A_2A_3 \sim \Delta\, B_1B_2B_3$, pelo 2º caso.

2ª) Podemos decompô-los em triângulos dois a dois semelhantes, a partir de dois vértices correspondentes.

3ª) Os perímetros correspondentes são proporcionais aos lados correspondentes.

Sendo:

$a_1, a_2, ..., a_n$

$b_1, b_2, ..., b_n$

as medidas dos lados de dois polígonos convexos semelhantes de n vértices, tem-se:

$$\frac{a_1}{b_1} = \frac{a_2}{b_2} = ... \frac{a_n}{b_n} = \frac{a_1 + a_2 + ... + a_n}{b_1 + b_2 + ... + b_n}$$

– POLÍGONOS REGULARES

• TEOREMA

> Dois polígonos regulares de mesmo número de lados são semelhantes.

Hipótese: P e Q são polígonos regulares de n lados, $n \geq 3$.

Tese: $P \sim Q$.

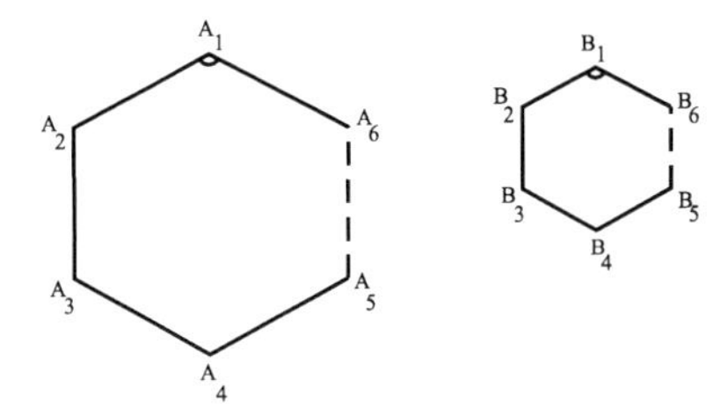

– RELAÇÕES MÉTRICAS NUM CÍRCULO

• TEOREMA

> Se duas cordas se interceptam, então o produto das medidas de dois segmentos de uma é igual ao produto das medidas de dois segmentos da outra.

Hipótese: Circunferência $\lambda(O, r)$; as cordas $\overline{AB}$ e $\overline{CD}$ interceptam-se em P.

Tese: $PA.PB = PC.PD$

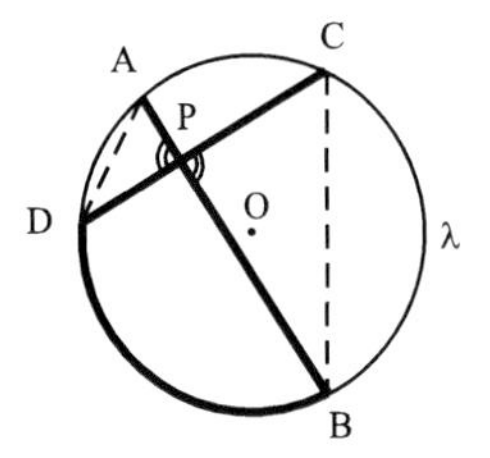

• TEOREMA

> Se duas retas secantes se interceptam num ponto externo a uma circunferência, então o produto das medidas do segmento maior pelo externo de uma é igual ao produto das medidas do segmento maior pelo externo da outra.

Hipótese: Circunferência $\lambda(O, r)$; as secantes PAB e PCD interceptam-se em P externo a λ.

Tese: $PA.PB = PC.PD$

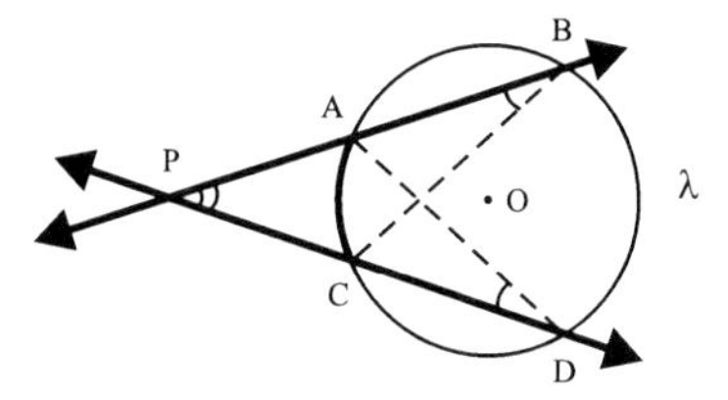

• TEOREMA

> Se de um ponto externo a uma circunferência conduzimos uma reta tangente e outra secante, então a medida do segmento tangente é média geométrica entre as medidas do segmento maior e do externo dessa secante.

Hipótese: Circunferência $\lambda(O, r)$; P é externo a λ, $\overrightarrow{PT}$ é uma tangente e PAB é uma secante a λ.

Tese: $(PT)^2 = PA.PB$.

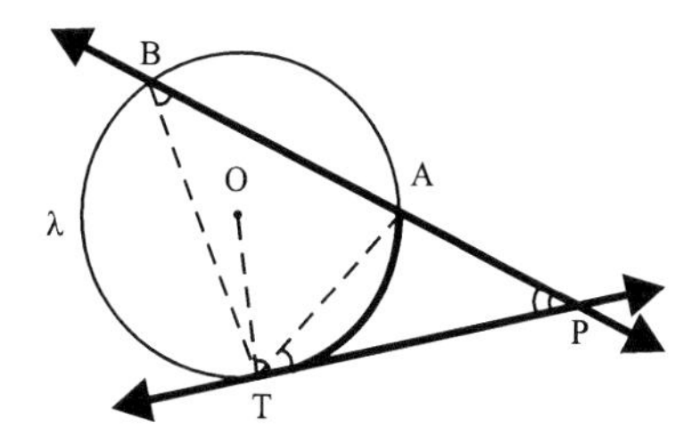

– POTÊNCIA DE UM PONTO

Sejam uma circunferência λ *(O, r)* e um ponto *P* fora de λ.

Pelo ponto *P* conduzimos uma reta secante a λ em *A* e *B* ou tangente em *T*.

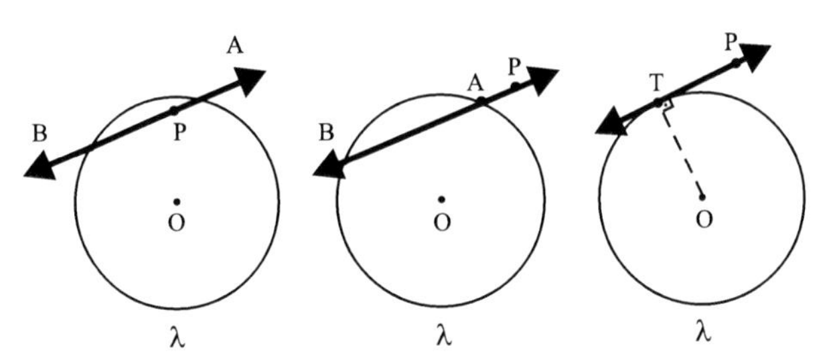

O produto *PA. PB* ou $(PT)^2$ é chamado potência do ponto *P* em relação à circunferência λ.

Os teoremas anteriores garantem que a potência de um ponto em relação a uma circunferência é constante, ou seja, não depende da escolha de uma particular reta secante passando por esse ponto.

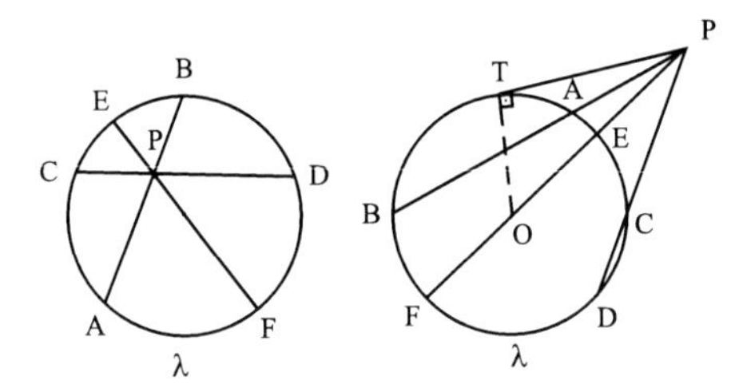

$PA.PB = PC.PD = PE.PF = ... = (PT)^2$

Em particular, se um ponto pertence a uma circunferência, a potência desse ponto em relação a essa circunferência é, por definição, igual a zero.

– PROJEÇÃO ORTOGONAL

• Num plano, considere um ponto e uma reta. Chama-se projeção ortogonal desse ponto sobre essa reta, o pé da perpendicular construída do ponto à reta.

Na figura, o ponto *P’* é a projeção ortogonal do ponto *P* sobre a reta *r*.

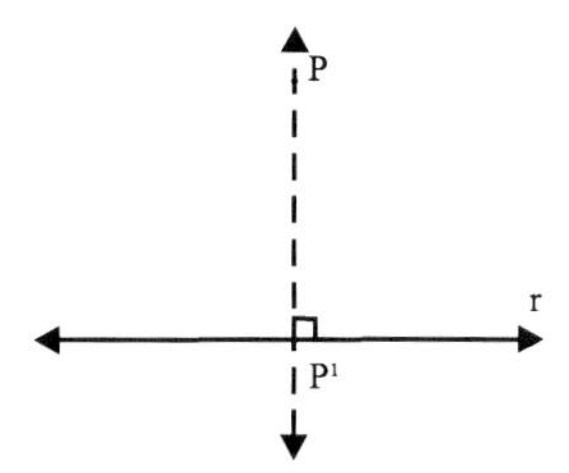

• A reta $\overleftrightarrow{PP'}$ é chamada projetante do ponto *P* sobre a reta *r*.

• Projeção ortogonal de um segmento de reta é o conjunto das projeções ortogonais de todos os pontos desse segmento.

Em cada uma das figuras abaixo, a projeção ortogonal do segmento $\overline{AB}$ sobre a reta *r* é o segmento $\overline{A'B'}$.

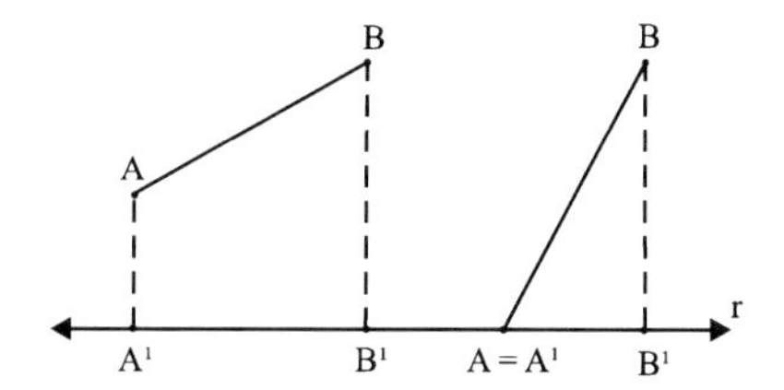

Em particular, se *A*, por exemplo, **pertence à reta *r*,** a projeção *A'* **coincide** com *A*.

• A projeção ortogonal de um segmento de reta cuja reta suporte é perpendicular à reta é um ponto.

Na figura, a projeção do segmento $\overline{AB}$ é o ponto *A'* = *B'*.

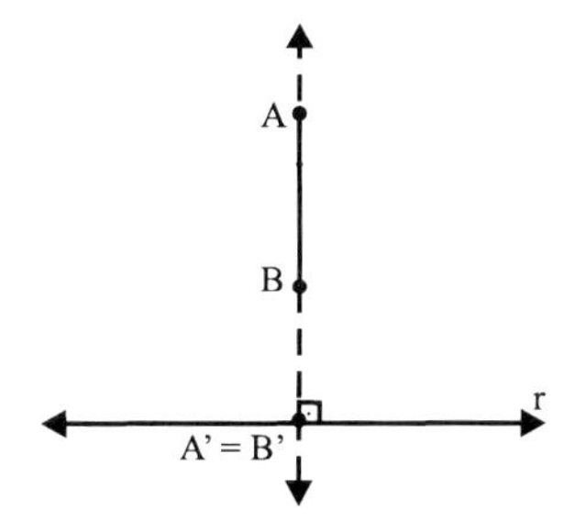

– TRIÂNGULO RETÂNGULO

Sejam um ΔABC, retângulo em A, e $\overline{AD}$ a altura relativa à hipotenusa $\overline{BC}$.

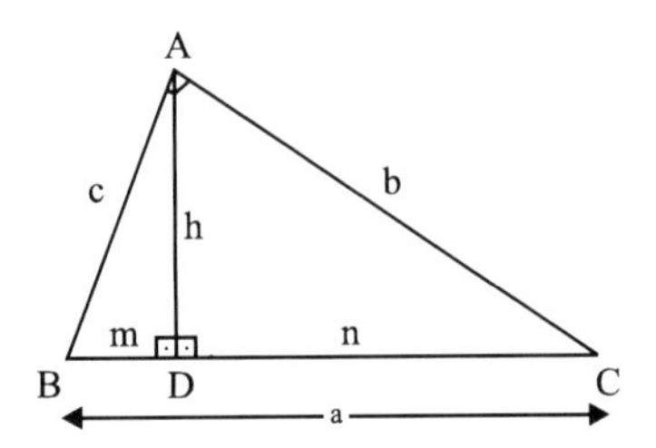

Nomenclatura:

BC = a ... medida da hipotenusa $\overline{BC}$
AC = b ... medida do cateto $\overline{AC}$
AB = c ... medida do cateto $\overline{AB}$
BD = m ... medida da projeção do cateto $\overline{AB}$ sobre $\overline{BC}$
CD = n ... medida da projeção do cateto $\overline{AC}$ sobre $\overline{BC}$
AD = h ... medida da altura relativa a $\overline{BC}$

– TRIÂNGULOS RETÂNGULOS SEMELHANTES

• TEOREMA

> Em todo triângulo retângulo, a altura relativa à hipotenusa determina dois triângulos retângulos semelhantes ao primeiro e semelhantes entre si.

Hipótese: ΔABC, $\hat{A} = 90^o$ e $\overline{AD} \perp \overline{BC}$.

Tese: i) $\Delta DBA \sim \Delta ABC$ e $\Delta DAC \sim \Delta ABC$.

ii) $\Delta DBA \sim \Delta DAC$.

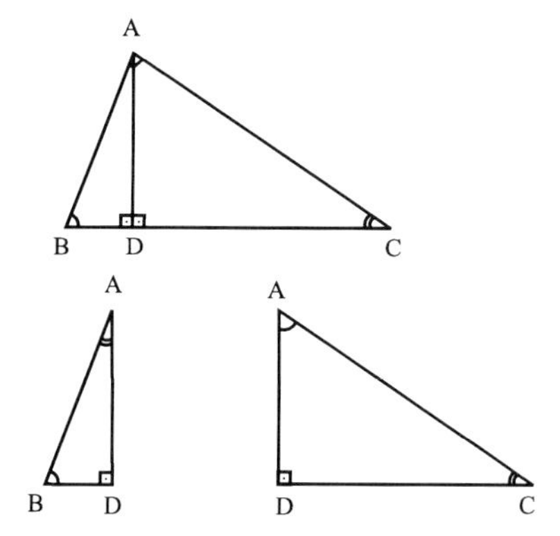

– RELAÇÕES MÉTRICAS NO TRIÂNGULO RETÂNGULO

• TEOREMA

> Em todo triângulo retângulo, a medida de cada cateto é a média geométrica das medidas da hipotenusa e da sua projeção sobre ela.

Hipótese: ΔABC, $\hat{A} = 90°$ e $\overline{AD} \perp \overline{BC}$.

Tese: i) $b^2 = a.n$

ii) $c^2 = a.m$

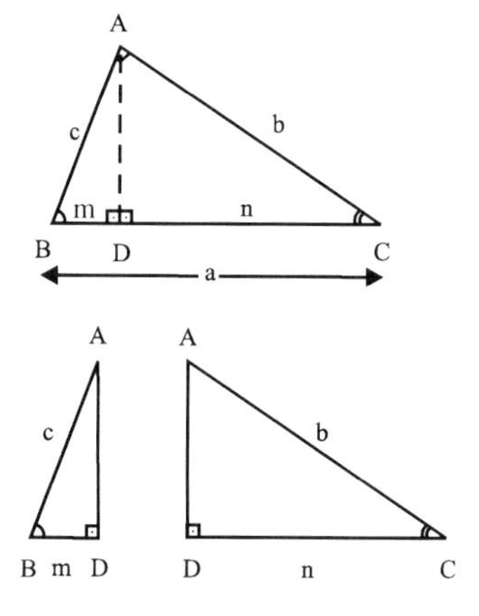

• TEOREMA

> Em todo triângulo retângulo, a medida da altura relativa à hipotenusa é a média geométrica das medidas das projeções dos catetos sobre a hipotenusa.

Hipótese: $\Delta ABC,\ \hat{A} = 90^o$ e $\overline{AD} \perp \overline{BC}$.

Tese: $h^2 = m.n$

• TEOREMA

> Em todo triângulo retângulo, o produto das medias dos catetos é igual ao produto das medidas da hipotenusa pela altura relativa a ela.

Hipótese: $\Delta ABC,\ \hat{A} = 90^o$ e $\overline{AD} \perp \overline{BC}$.

Tese: b.c = a.h

• TEOREMA

> Em todo triângulo retângulo, o inverso do quadrado da altura relativa a hipotenusa é igual a soma dos inversos dos quadrados dos catetos.

$$\frac{1}{h^2} = \frac{1}{b^2} + \frac{1}{c^2}$$

– TEOREMA DE PITÁGORAS

> Em todo triângulo retângulo, o quadrado da medida da hipotenusa é igual à soma dos quadrados das medidas dos catetos.

Hipótese: ΔABC, $\hat{A} = 90°$.

Tese: $a^2 = b^2 + c^2$.

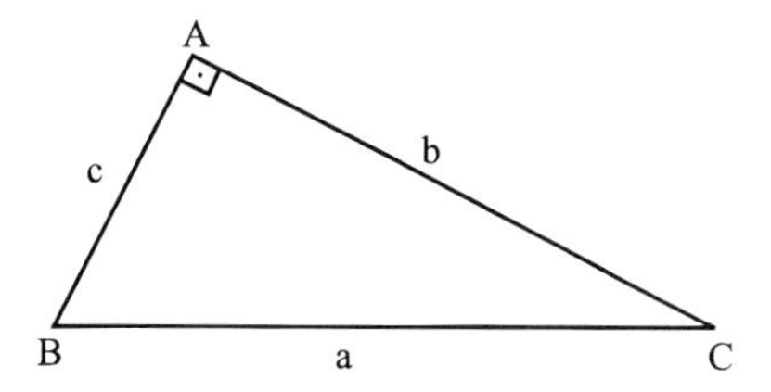

– RECÍPROCA DO TEOREMA DE PITÁGORAS

> Se as medidas dos lados de um triângulo são tais que o quadrado da maior é igual à soma dos quadrados das outras duas, então esse triângulo é retângulo.

Hipótese: ΔABC, $BC = a$, $AC = b$, $AB = c$, $a > b$ e $a > c$, $a^2 = b^2 + c^2$.

Tese: ΔABC é retângulo em A.

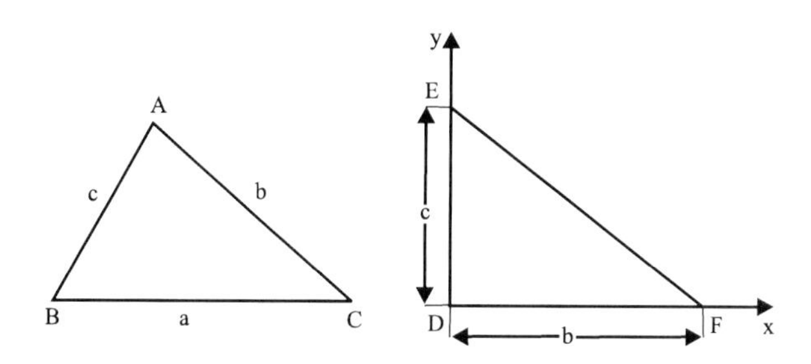

- Altura do triângulo eqüilátero

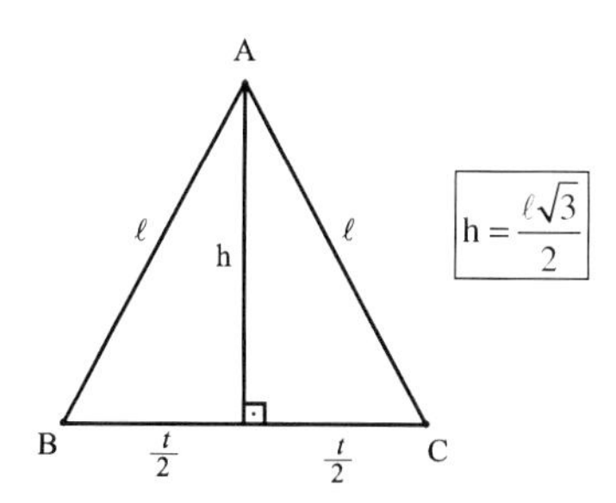

$$h = \frac{\ell\sqrt{3}}{2}$$

• TEOREMA

Em todo triângulo retângulo circunscrito a um círculo, a soma dos catetos é igual à hipotenusa somada ao diâmetro.

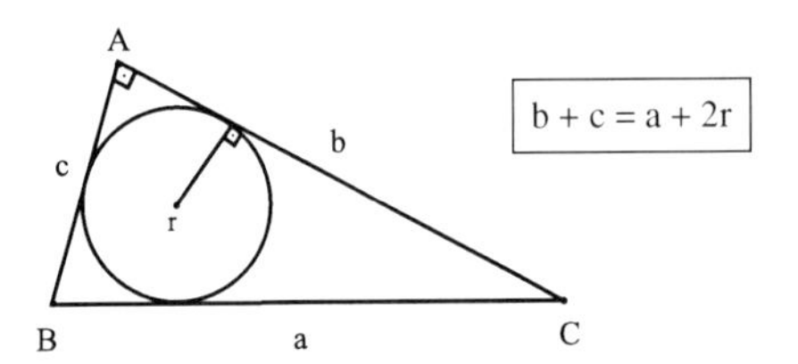

Obs.: Os triângulos retângulos cujos lados têm por medidas números inteiros e primos entre si, são chamados triângulos pitagóricos ou egípsus.

Assim, um triângulo retângulo de lados medindo, em *cm*, *5, 12* e *13*, é um triângulo pitagórico.

Ou seja:

• Triângulos Pitagóricos

Calculemos a hipotenusa ***a*** de um triângulo retângulo com um cateto $b = 2xy$ e outro $c = x^2 - y^2$.

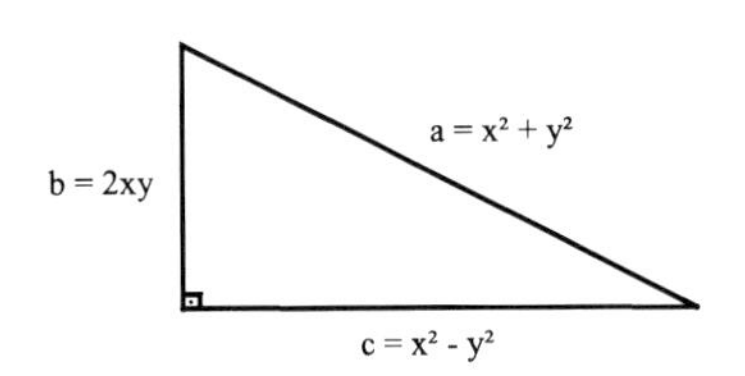

Aplicando o teorema de Pitágoras:

$(a^2) = (2xy)^2 + (x^2 - y^2)^2$

$a = x^2 + y^2$

Então, temos:
Formando x e y inteiros positivos, primos entre si, um deles sendo par e x maior que y, vem a tabela:

		CATETO	CATETO	HIPOTENUSA
x	y	x^2+y^2	$2xy$	x^2+y^2
2	1	3	4	5
3	2	5	12	13
4	1	15	8	17
5	2	21	20	29

Tomando x e y inteiros, primos entre si, um deles sendo par e x maior que y, vem a tabela:

O mais conhecido deles é o 3, 4 e 5:

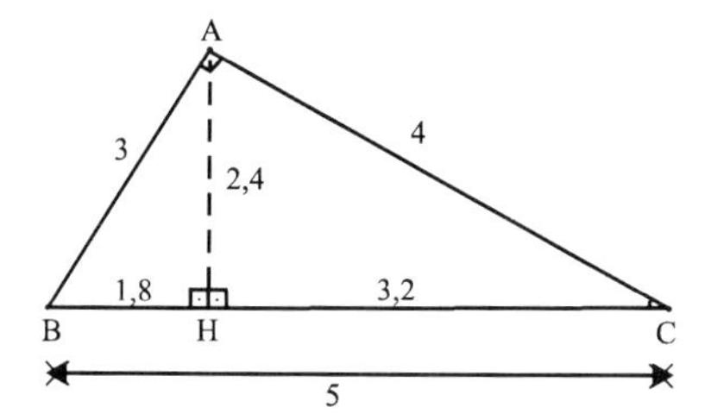

• Relações Trigonométricas no triângulo Retângulo:

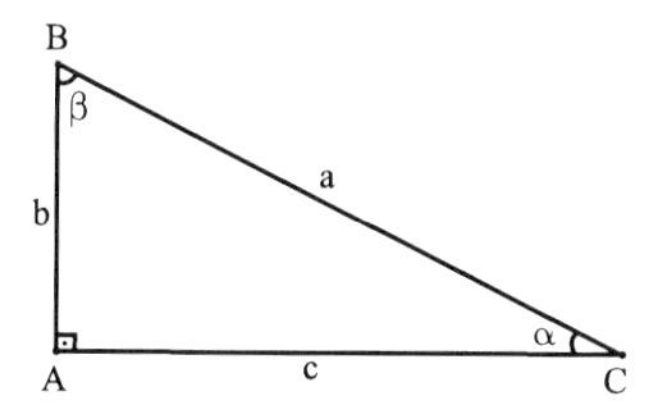

• Definições:

$$\operatorname{sen}\alpha = \frac{\text{cateto oposto}}{\text{hipotenusa}} = \frac{b}{a}$$

$$\cos\alpha = \frac{\text{cateto adjacente}}{\text{hipotenusa}} = \frac{c}{a}$$

$$\operatorname{tg}\alpha = \frac{\text{cateto oposto}}{\text{cateto adjacente}} = \frac{b}{c}$$

$$\operatorname{tg}\alpha = \frac{\operatorname{sen}\alpha}{\cos\alpha}$$

• Relação Fundamental da Trigonometria:

$$\operatorname{sen}^2\alpha + \cos^2\alpha = 1$$

• Tabela Trigonométrica (Ângulos Notáveis):

$f(\alpha)$ \ α	30°	45°	60°	90°
sen	$\frac{1}{2}$	$\frac{\sqrt{2}}{2}$	$\frac{\sqrt{3}}{2}$	1
cos	$\frac{\sqrt{3}}{2}$	$\frac{\sqrt{2}}{2}$	$\frac{1}{2}$	0
tg	$\frac{\sqrt{3}}{3}$	1	$\sqrt{3}$	∞

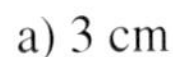

EXERCÍCIOS PROPOSTOS:

79) (CESGRANRIO) No triângulo ABC da figura, CD é a bissetriz do ângulo interno em C. Se $AD = 3cm$, $DB = 2cm$ e $AC = 4cm$, então o lado BC mede:

a) 3 cm

b) $\frac{5}{2}$ cm

c) $\frac{7}{2}$ cm

d) $\frac{8}{3}$ cm

e) 4 cm

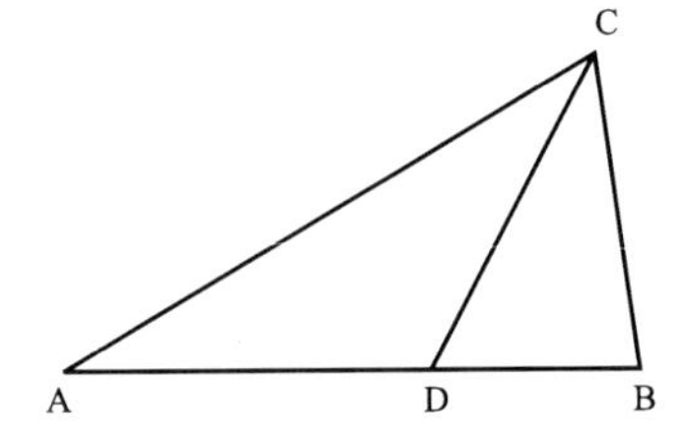

80) (PUC-SP) O segmento AB mede 10. Chama-se segmento áureo de AB o segmento AP, P em AB, de medida x, tal que $\frac{AB}{AP} = \frac{AP}{PB}$. O valor de x é:

a) $5\sqrt{5} - 5$

b) $5\sqrt{3} - 5$

c) $5\sqrt{5} + 5$

d) $5\sqrt{3} + 5$

e) 5

81) (CESGRANRIO) As retas r_1, r_2, r_3 são paralelas e os comprimentos dos segmentos de transversais são os indicados na figura. Então x é igual a:

a) $4\frac{1}{5}$

b) $\frac{15}{2}$

c) 5

d) $\frac{8}{5}$

e) 6

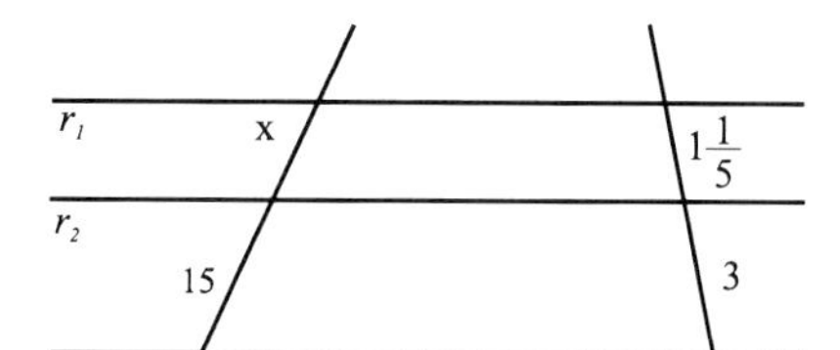

82) (U.F.MG) Na figura, os segmentos BC e DE são paralelos, $\overline{AB} = 15$ cm, $\overline{AD} = 5$ cm e $\overline{AE} = 6$ cm. A medida do segmento CE é, em metros:

a) 5

b) 6

c) 10

d) 12

e) 18

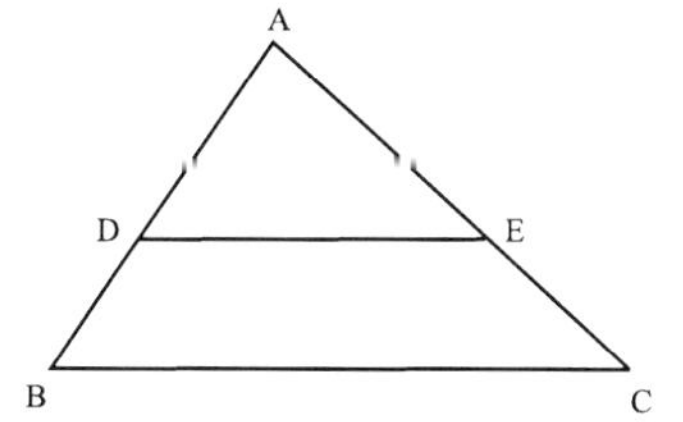

83) (FUVEST) Dados:

$M\hat{B}C = B\hat{A}C$

$\overline{AB} = 3$

$\overline{BC} = 2$

$\overline{AC} = 4$

Então $\overline{MC}$ é igual a :

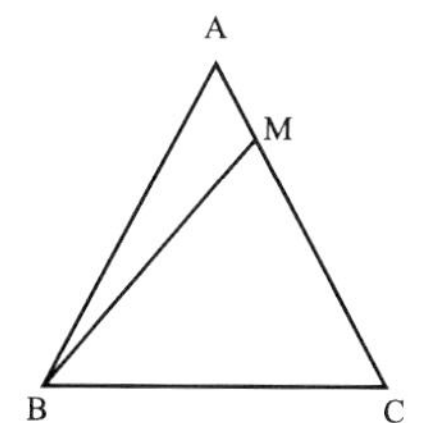

a) 3,5

b) 2

c) 1,5

d) 1

e) 0,5

84) (FUVEST) Na figura, o triângulo *ABC* é retângulo em *A*, *ADEF* é um quadrado, $\overline{AB} = 1$ e $\overline{AC} = 3$. Quanto mede o lado do quadrado?

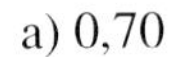
a) 0,70

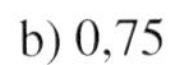
b) 0,75

c) 0,80

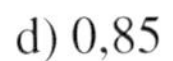
d) 0,85

e) 0,90

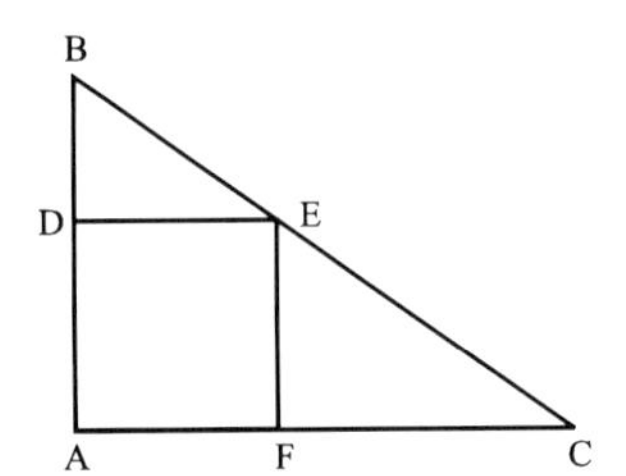

85) (CESGRANRIO) O losango *ADEF* está inscrito no triângulo *ABC*, como mostra a figura. Se $\overline{AB} = 12$ cm, $\overline{BC} = 8$ cm e $\overline{AC} = 6$ cm, o lado ℓ do losango mede:

a) 5 m

b) 3 m

c) 2 m

d) 4 m

e) 8 m

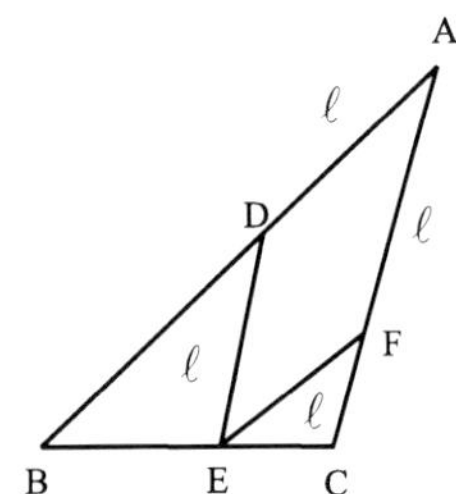

86) (FATEC) Num trapézio isósceles *ABCD* as bases são dadas, respectivamente, por $\overline{AD} = 2$ cm e $\overline{BC} = 5$cm. Em tal trapézio traça-se $\overline{MN}$ paralelo a *AD* e tal que $\overline{AM} = \frac{1}{3}\overline{AB}$. Então o comprimento do segmento $\overline{MN}$ é:

a) 3 cm

b) $\frac{1}{3}$ cm

c) $\frac{5}{2}$ cm

d) $\frac{7}{2}$ cm

e) $\frac{5}{3}$ cm

87) (ITA) Considere o triângulo *ABC*, onde $\overline{AD}$ é a mediana relativa ao lado $\overline{BC}$. Por um ponto arbitrário *M* do segmento $\overline{BD}$, tracemos o segmento $\overline{MP}$ paralelo a $\overline{AD}$, onde *P* é o ponto de interseção desta paralela com o prolongamento do lado $\overline{AC}$ (figura). Se *N* é o ponto de interseção de $\overline{AB}$ com $\overline{MP}$, podemos afirmar que:

a) $\overline{MN} + \overline{MP} = 2\overline{BM}$

b) $\overline{MN} + \overline{MP} = 2\overline{CM}$

c) $\overline{MN} + \overline{MP} = 2\overline{AB}$

d) $\overline{MN} + \overline{MP} = 2\overline{AD}$

e) $\overline{MN} + \overline{MP} = 2\overline{AC}$

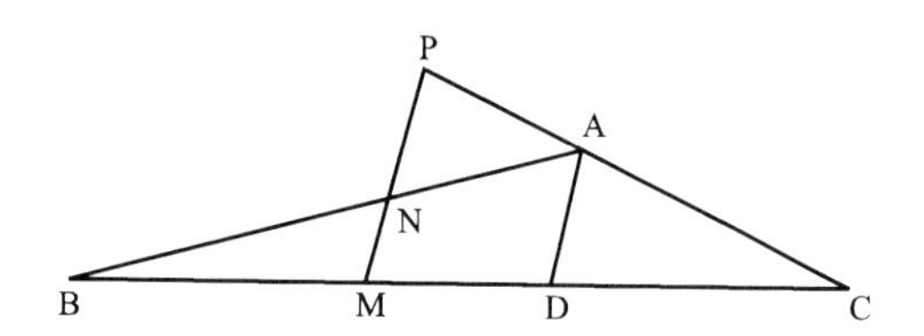

88) (U.MACK) O triângulo *ABC* da figura é eqüilátero. *AM* = *MB* = *5* e *CD* = *6*. O valor de *AE* é:

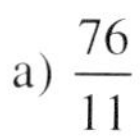
a) $\frac{76}{11}$

b) $\frac{77}{11}$

c) $\frac{78}{11}$

d) $\frac{79}{11}$

e) $\frac{80}{11}$

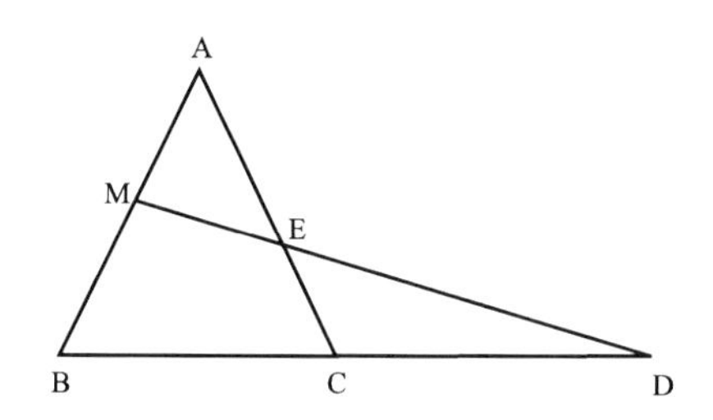

89) (PUC-SP) Na figura abaixo, as retas *AB* e *CD* são paralelas. *AB* = *136*, *CE* = *75* *e CD* = *50*. Quanto mede o segmento *AE*?

a) 136

b) 306

c) 204

d) 163

e) 122

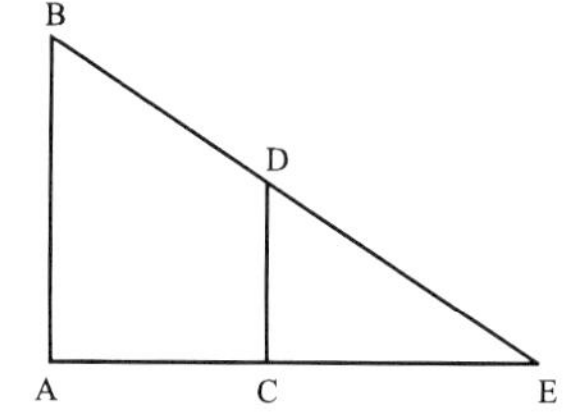

90) (PUC-SP) Os lados paralelos de um trapézio são *AB* e *CD*. O ponto comum a suas diagonais é *M*. Então necessariamente são semelhantes os triângulos:

a) AMC e BMD

b) AMB e CMD

c) ABC e ABD

d) BCD e ACD

e) BCM e ADC

91) (FUVEST) A sombra de um poste vertical, projetada pelo sol sobre um chão plano, mede *12m*. Nesse mesmo instante, a sombra de um bastão vertical de *1m* de altura mede *0,6m*. A altura do poste é:

a) 6 m

b) 7,2 m

c) 12 m

d) 20 m

e) 72 m

92) (U.C.MG) A medida, em metros do segmento *AD* da figura abaixo é de:

a) 4

b) 5

c) 6

d) 8

e) 10

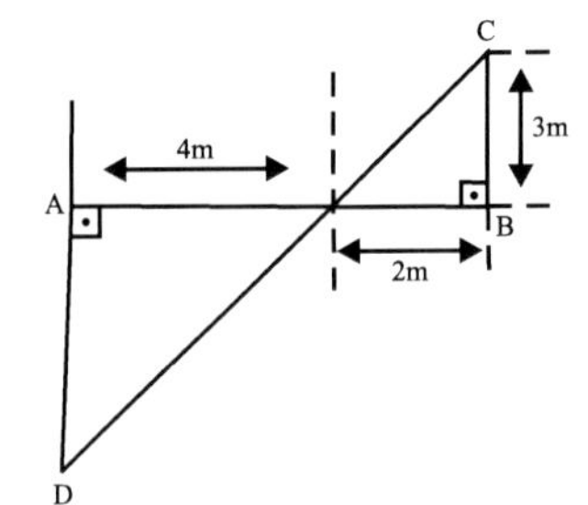

93) (U.F.RS) Num trapézio, cujos lados paralelos medem *4* e *6*, as diagonais interceptam-se de tal modo que os menores segmentos determinados em cada uma delas medem *2* e *3*. A medida da menor diagonal é:

a) 3

b) 4

c) 9/2

d) 3

e) 15/2

94) (U.F.SE) Na figura abaixo, são dados $AC = 8cm$ e $CD = 4cm$. A medida de $\overline{BD}$ é, em *cm*:

a) 9

b) 10

c) 12

d) 15

e) 16

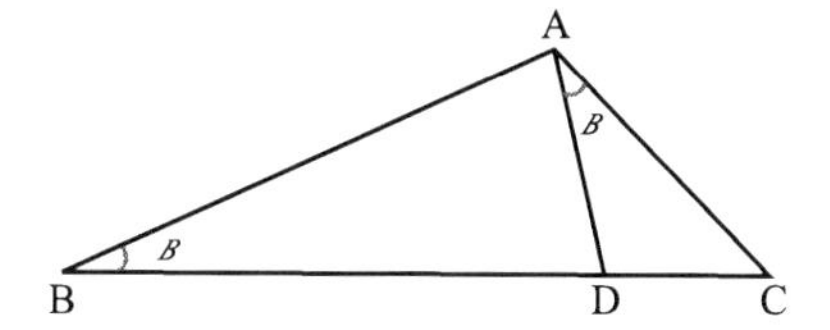

95) (U.F.PA) Na figura abaixo, $\overline{AB} = 15$, $\overline{AD} = 12$ e $\overline{CD} = 4$. Sendo $\overline{EC}$ paralela a $\overline{AB}$, qual o valor de $\overline{EC}$?

a) 1

b) 2

c) 3

d) 4

e) 5

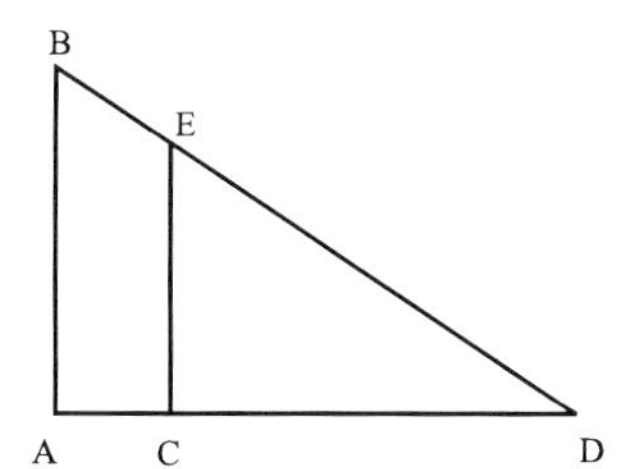

96) (FATEC) Sejam ABC e DEF triângulos retângulos, sendo A e D os vértices dos ângulos retos. Das sentenças abaixo, a *falsa* é:

a) Se $\hat{B} \cong \hat{E}$, então $\Delta ABC \sim \Delta DEF$.

b) Se $\overline{BC} \cong \overline{EF}$ e $\hat{B} \cong \hat{E}$, então $\Delta ABC \sim \Delta DEF$.

c) Se $\overline{AB} \cong \overline{DE}$ e $\hat{B} \cong \hat{F}$, então $\Delta ABC \cong \Delta DEF$.

d) Se $\dfrac{AB}{DE} = \dfrac{BC}{EF}$, então $\Delta ABC \sim \Delta DEF$.

e) Se $\overline{AB} \cong \overline{DE}$ e $\overline{AC} \cong \overline{DF}$, então $\Delta ABC \cong \Delta DEF$.

97) (U.MACK) O ponto P está no interior de uma circunferência de 13 cm de raio e dista 5 cm do centro da mesma. Pelo ponto P traça-se a corda $\overline{AB}$ de 25 cm. Os comprimentos dos segmentos que P determina sobre a corda $\overline{AB}$ são:

a) 11cm e 14 cm

b) 7 cm e 18 cm

c) 16 cm e 9 cm

d) 5cm e 20cm

e) 8cm e 17cm

98) (U.MACK) Na figura abaixo vale sempre que:

a) $OA.OB = OE.OP$

b) $OP.OQ = r^2$

c) $AP.OQ = (OA)^2$

d) $OA.BQ = (OQ)^2$

e) $OP.OE = r^2$

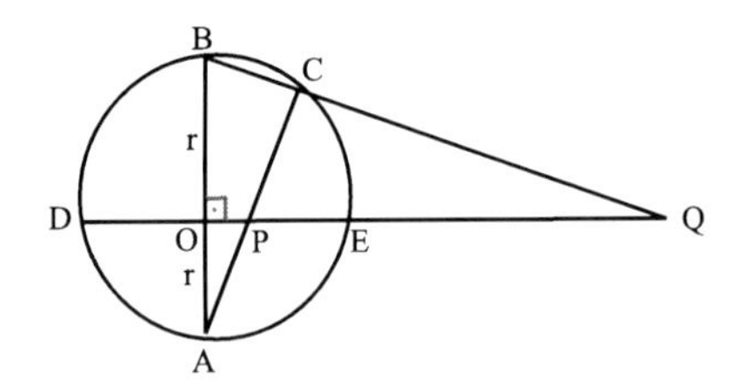

99) (U.F.MG) Num círculo, a corda $\overline{CD}$ é perpendicular ao diâmetro $\overline{AB}$ no ponto E. Se $\overline{AE}\,.\,\overline{EB} = 3$, a medida de $\overline{CD}$ é:

a) $\sqrt{3}$

b) $2\sqrt{3}$

c) $3\sqrt{3}$

d) 3

e) 6

100) (U.E.BA) Na figura abaixo, são dados $\dfrac{AE}{EC} = \dfrac{1}{3}$, $BE = 8$ cm e $ED = 6$cm. O comprimento de $\overline{AC}$, em cm, é:

a) 10

b) 12

c) 16

d) 18

e) 20

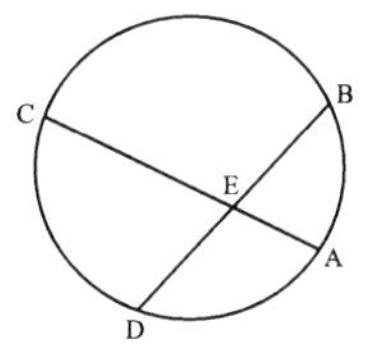

101) (U.F.MG) Dois círculos de raios 6cm e 4cm têm centro na altura relativa à base do triângulo isósceles da figura e são tangentes exteriormente. A altura do triângulo relativa à base, em metros, é:

a) 25

b) 26

c) 30

d) 32

e) 36

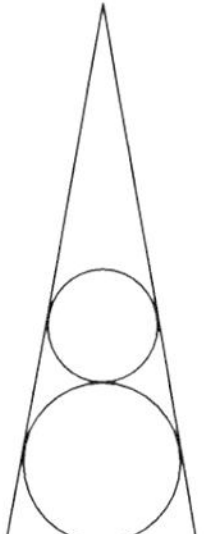

102) (U.F.MG) Na figura, o triângulo ABC é isósceles; BC é base e BE, altura relativa ao lado AC. Se $\overline{AC} = 3$ cm e $\overline{CE} = 1$ cm, e então a medida do segmento BC é, em centímetros:

a) 1

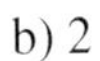
b) 2

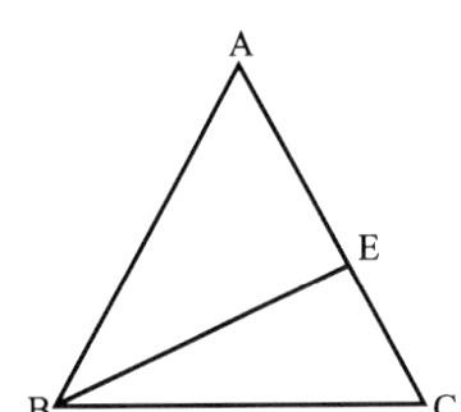

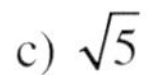
c) $\sqrt{5}$

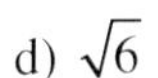
d) $\sqrt{6}$

e) 3

103) (VUNESP) Seja $ABCD$ um retângulo cujos lados têm as seguintes medidas: $\overline{AB} = \overline{CD} = 6$ cm e $\overline{AC} = \overline{BD} = 1{,}2$ cm. Se M é o ponto médio de AB, então o raio da circunferência determinada pelos pontos C, M e D mede:

a) 4,35 cm

b) 5,35 cm

c) 3,35 cm

d) 5,34 cm

e) 4,45 cm

104) (U.F.MG) Observe a figura.

O triângulo ABC é eqüilátero, $\overline{AD} \cong \overline{DE} \cong \overline{EF} \cong \overline{FB}, \overline{DG} // \overline{EH} // \overline{FI} // \overline{BC}$, $\overline{DG} + \overline{EH} + \overline{FI} = 18$.

a) 12

b) 24

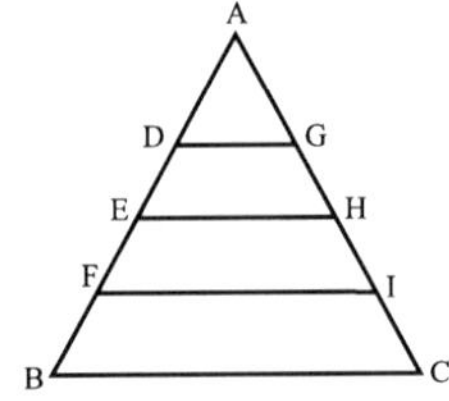

c) 36

d) 48

e) 54

105) (PUC-MG) Um prédio projeta uma sombra de 6m no mesmo instante em que uma baliza de 1m projeta uma sombra de 40cm. Se cada andar desse prédio tem *3m* de altura, então o número de andares é:

a) 6

b) 5

c) 4

d) 3

e) 2

106) (ITA) Suponhamos que p e q são os catetos de um triângulo retângulo e h a altura relativa à hipotenusa do mesmo. Nestas condições, podemos afirmar que a equação $\frac{2}{p}x^2 - \frac{2}{h}x + \frac{1}{q} = 0$ ($\mathbb{R}$ é o conjunto dos números reais):

a) não admite raízes reais.

b) admite uma raiz da forma $m\sqrt{-1}$, onde, $m \in \mathbb{R}$, $m > 0$.

c) admite sempre raízes reais.

d) admite uma raiz da forma $-m\sqrt{-1}$, onde, $m \in \mathbb{R}$, $m > 0$.

e) n.d.a.

107) (U.MACK) Num triângulo a base mede 60 cm, a altura e a mediana em relação a essa base medem, respectivamente, 12 cm e 13 cm. As medidas dos outros dois lados do triângulo são:

a) $\sqrt{761}$ cm e $\sqrt{1320}$ cm

b) $\sqrt{769}$ cm e $\sqrt{1369}$ cm

c) $\sqrt{513}$ cm e $\sqrt{819}$ cm

d) 5 cm e 7 cm

e) 14 cm e 19 cm

108) (CESGRANRIO) No retângulo $ABCD$ de lados $\overline{AB} = 4$ e $\overline{BC} = 3$, o segmento $\overline{DM}$ é perpendicular à diagonal $\overline{AC}$. O segmento $\overline{AM}$ mede:

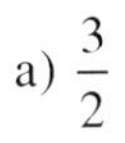

a) $\frac{3}{2}$

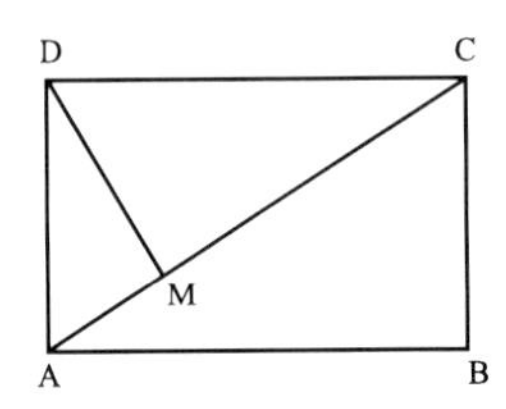

b) $\frac{12}{2}$

c) $\frac{5}{2}$

d) $\frac{9}{5}$

e) 2

109) (U.MACK) No triângulo retângulo ABC da figura, $b = 1$ e $c = 2$. Então, x vale:

a) $\sqrt{2}$

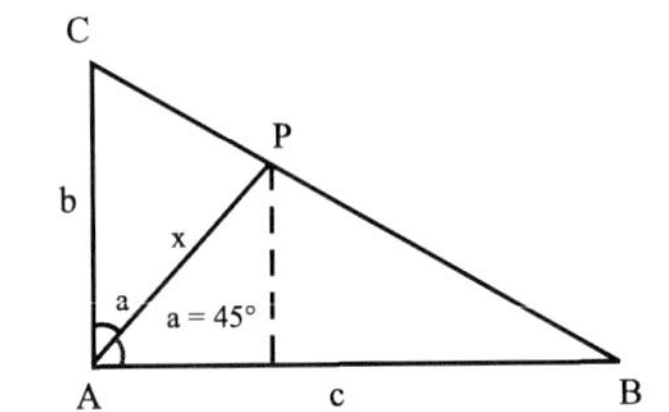

b) $\frac{3}{2}$

c) $\frac{3\sqrt{2}}{2}$

d) $\frac{2}{3}$

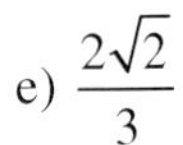

e) $\frac{2\sqrt{2}}{3}$

110) (FATEC) Se os catetos de um triângulo retângulo T medem, respectivamente, 12 cm e 5 cm, então a altura de T relativa à hipotenusa é:

a) $\frac{12}{5}$ cm

b) $\frac{5}{13}$ cm

c) $\frac{12}{13}$ cm

d) $\frac{25}{13}$ cm

e) $\frac{60}{13}$ cm

111) (FATEC) Na figura abaixo, $ABFG$ e $BCDE$ são dois quadrados com lados, respectivamente, de medida a e b. Se $\overline{AG} = \overline{CD} + 2$ e o perímetro do triângulo ACG é 12, então, simultaneamente, a e b pertencem ao intervalo:

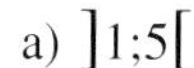

a)]1;5[

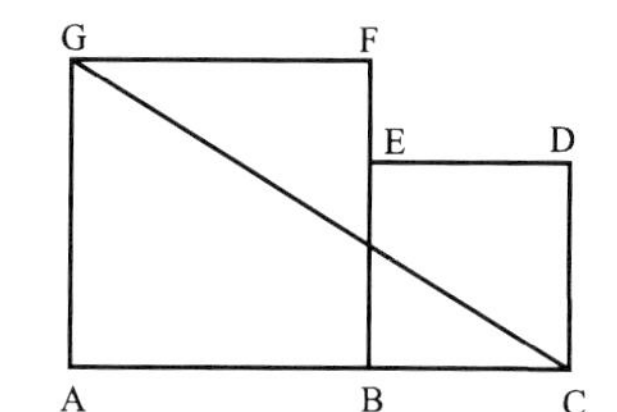

b)]0;4[

c)]2;6[

d)]3;7[

e)]4;8[

112) (FATEC) Na figura, $ABCD$ é um retângulo. $\overline{AB} = 4$, $\overline{BC} = 1$ e $\overline{EF} = \overline{FC}$ Então $\overline{BG}$ é:

a) $\dfrac{\sqrt{5}}{4}$

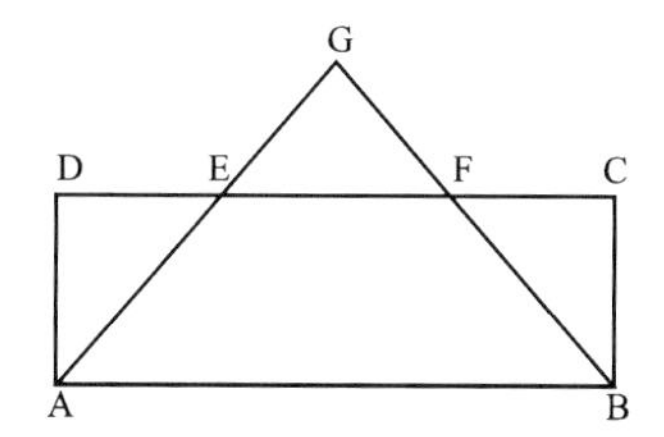

b) $\dfrac{5}{2}$

c) $\dfrac{9}{4}$

d) $\dfrac{11}{4}$

e) $\dfrac{5}{\sqrt{2}}$

113) (PUC-SP) Num triângulo retângulo cujos catetos medem $\sqrt{3}$ e $\sqrt{4}$, a hipotenusa mede:

a) $\sqrt{5}$

b) $\sqrt{7}$

c) $\sqrt{8}$

d) $\sqrt{9}$

e) $\sqrt{12}$

114) (PUC-CAMP) Os lados paralelos de um trapézio retângulo medem 6 cm e 8 cm, e a altura mede 4 cm. A distância entre o ponto de interseção das retas suporte dos lados não paralelos e o ponto médio da maior base é:

a) $5\sqrt{15}$ cm

b) $2\sqrt{19}$ cm

c) $3\sqrt{21}$ cm

d) $4\sqrt{17}$ cm

e) n.d.a

115) (U.F.UBERLÂNDIA) Num triângulo *ABC*, o ângulo $\hat{A}$ é reto. A altura h_A divide a hipotenusa *a* em dois segmentos *m* e *n* (m > n). Sabendo-se que o cateto *b* é o dobro do cateto *c*, podemos afirmar que $\frac{m}{n}$:

a) 4

b) 3

c) 2

d) 7/2

e) 5

116) (U.F.GO) O perímetro de um triângulo isósceles de 3cm de altura é 18cm. Os lados desse triângulo, em cm, são:

a) 7, 7, 4

b) 5, 5, 8

c) 6, 6, 6

d) 4, 4, 10

e) 3, 3, 12

117) (U.E.CE) Num retângulo, sua diagonal mede 25 cm. A diferença entre sua base e sua altura é igual a 5 cm. O perímetro do retângulo mede em *cm*:

a) 50

b) 60

c) 70

d) 80

118) (U.C.MG) Num triângulo retângulo de catetos 1 e $\sqrt{3}$ cm, a altura relativa à hipotenusa mede, em cm:

a) 2

b) 3

c) $\sqrt{3}$

d) $\dfrac{\sqrt{3}}{2}$

e) $\dfrac{\sqrt{2}}{2}$

119) (VUNESP) Num triângulo retângulo a medida de um cateto é a metade da medida da hipotenusa. O quociente da medida do outro cateto pela medida da hipotenusa é:

a) $3.3^{1/2}$

b) $3^{1/2}$

c) $2.3^{1/2}$

d) $3.(2.3^{1/2})^{-1}$

e) $2.3^{-1/2}$

120) (U.C.MG) A diagonal de um retângulo mede 10 cm, e os lados formam uma proporção com os números 3 e 4. O perímetro do retângulo, em *cm*, é de:

a) 14

b) 16

c) 28

d) 34

e) 40

121) (U.F.RS) Na figura, ABC é um triângulo retângulo, $\overline{AP} \perp \overline{CB}$, $\overline{CP}$ mede *1,8* e $\overline{PB}$ mede *3,2*. O perímetro de ABC é:

a) 6

b) 8

c) 9

d) 10

e) 12

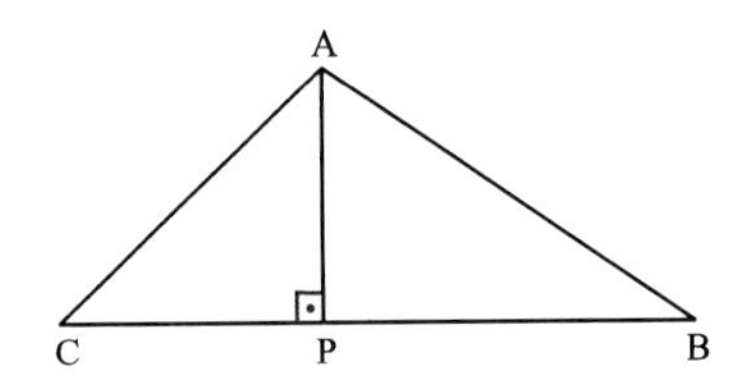

122) (PUC-SP) A soma dos quadrados dos três lados de um triângulo retângulo é igual a *32*. Quanto mede a hipotenusa do triângulo?

a) 3

b) 4

c) 5

d) 6

e) 8

123) (F.C.M.STA.CASA) Seja um triângulo ABC retângulo em A, tal que AB = 30 cm e $\overline{BC}$ = 50 cm. Se um ponto D é marcado no lado $\overline{AC}$ de modo que $BD = DC$, então o segmento DC mede:

a) 31,25cm

b) 31,5cm

c) 31,75cm

d) 32cm

e) 32,25cm

124) (U.E.LONDRINA) Em um triângulo retângulo ABC, as medidas das projeções dos catetose $\overline{AB}$ e $\overline{BC}$ sobre a hipotenusa são, respectivamente, m e n. Se a razão entre AB e BC, nesta ordem, é $\frac{1}{2}$ então $m : n$ é igual a:

a) $\frac{\sqrt{5}}{2}$

b) $\frac{\sqrt{2}}{2}$

c) $\frac{1}{2}$

d) $\frac{\sqrt{5}}{4}$

e) $\frac{1}{4}$

125) (U.F.RS) O lampião, representado na figura, está suspenso por duas cordas perpendiculares presas ao teto. Sabendo que essas cordas medem 1/2 e 6/5, a distância do lampião ao teto é:

a) 1,69

b) 1,3

c) 0,6

d) 1/2

e) 6/13

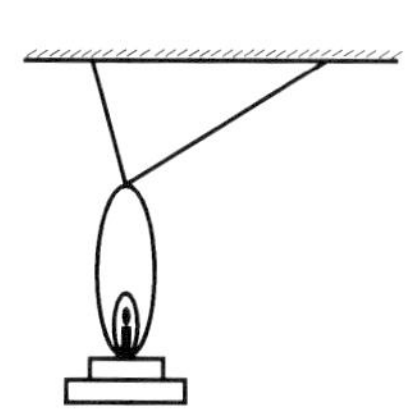

126) (U.F.SE) Se nos triângulos retângulos, representados na figura abaixo, têm-se $AB = 1$, $BC = 2$ e $AD = 3$, então CD é igual a:

a) 1

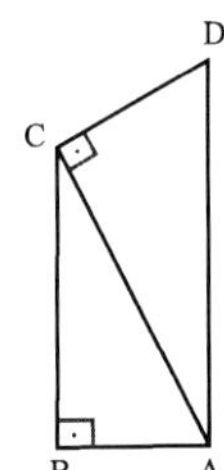

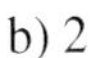
b) 2

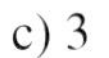
c) 3

d) 4

e) 5

127) (VUNESP) Entre os triângulos retângulos cuja soma dos catetos é uma certa constante, o de menor perímetro é:

a) Aquele cujos catetos são iguais.

b) Aquele em que um dos catetos é o dobro do outro.

c) Aquele em que um dos catetos é o triplo do outro.

d) Aquele em que um dos catetos é duas vezes e meia o outro.

e) Aquele em que um dos catetos é uma vez e meia o outro.

128) (U.F.SE) No triângulo retângulo, representado na figura abaixo, $BC = 10$ e $AD = 4$. A medida de $\overline{CD}$, em *cm*, pode ser:

a) 7

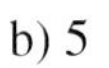
b) 5

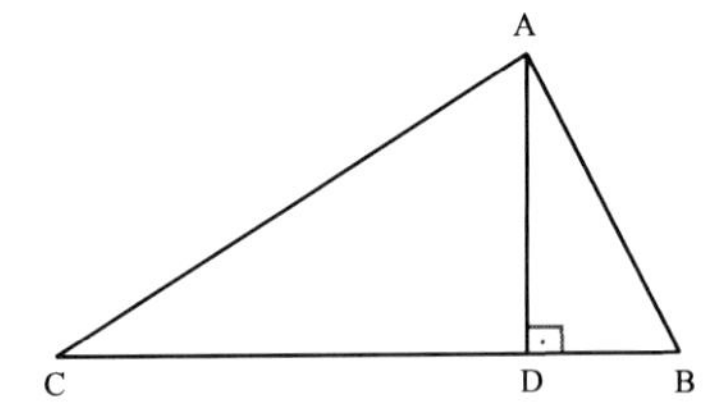

c) 4

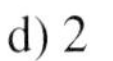
d) 2

e) 1

129) (U.F.PA) Num triângulo retângulo, um cateto é dobro do outro, e a hipotenusa mede 10 m. A soma dos catetos mede:

a) $4\sqrt{5}$ cm

b) $6\sqrt{5}$ cm

c) $8\sqrt{5}$ cm

d) $10\sqrt{5}$ cm

e) $12\sqrt{5}$ cm

130) (CESGRANRIO) Se os dois catetos de um triângulo retângulo medem, respectivamente, 3 e 4, então a altura relativa à hipotenusa mede:

a) $\frac{3\sqrt{3}}{2}$

b) $\frac{3\sqrt{2}}{2}$

c) 2,2

d) 2,3

e) 2,4

131) (UNICAP) Seja x um número real positivo tal que x, $x + 1$ e $x + 2$ sejam medidas dos lados de um triângulo retângulo. Assinale, entre as alternativas abaixo, aquela que contém o perímetro desse triângulo (na mesma unidade de comprimento que os lados).

a) 10

b) 12

c) 11

d) 13

e) 15

132) (FATEC) Na figura abaixo, *ABCD* é um retângulo. A medida do segmento $\overline{EF}$ é:

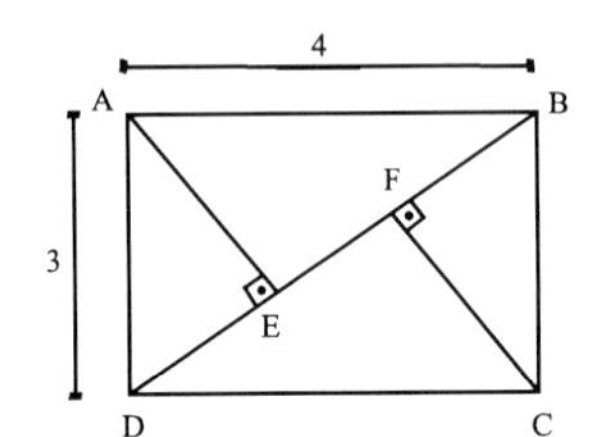

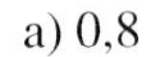
a) 0,8

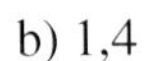
b) 1,4

c) 2,6

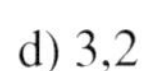
d) 3,2

e) 3,8

133) (VUNESP) Considere um quadrado de lado ℓ, diagonal *d* e perímetro *p*. A função que define a diagonal em termos do perímetro do quadrado é dada pela expressão:

a) $d(p) = \dfrac{\sqrt{2p}}{4}$

b) $d(p) = \dfrac{p}{2}$

c) $d(p) = \dfrac{p\sqrt{2}}{4}$

d) $d(p) = \dfrac{p\sqrt{2}}{2}$

e) $d(p) = \dfrac{p^2\sqrt{2}}{4}$

134) (FUVEST) Em um triângulo retângulo *OAB*, retângulo em *O*, com $OA = a$ e $OB = b$, são dados os pontos *P* em *OA* e *Q* em *OB* de tal maneira que $AP = PQ = QB = x$. Nestas condições o valor de x é:

a) $\sqrt{ab} - a - b$

b) $a + b - \sqrt{2ab}$

c) $\sqrt{a^2 + b^2}$

d) $a + b + \sqrt{2ab}$

e) $\sqrt{ab} + a + b$

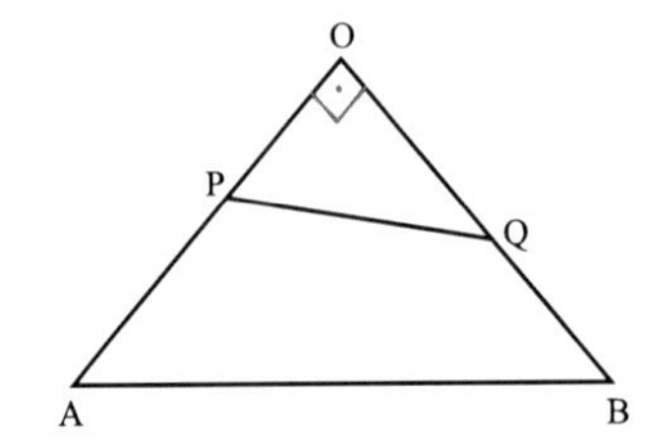

135) (CESGRANRIO) O quadrado *MNPQ* está inscrito no triângulo eqüilátero *ABC*, como se vê na figura. Se o perímetro do quadrado é *8*, então o perímetro do triângulo *ABC* é:

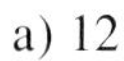

a) 12

b) $10+2\sqrt{3}$

c) $6+4\sqrt{3}$

d) $6+5\sqrt{2}$

e) 16

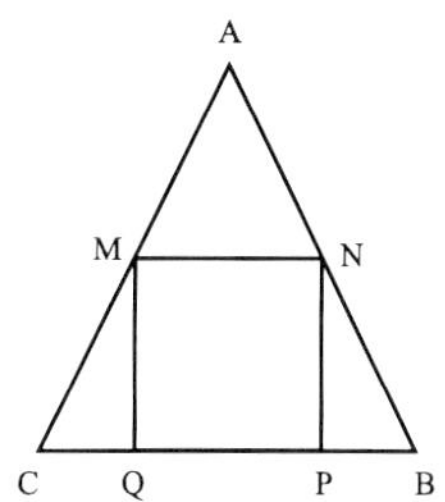

136) (CESGRANRIO) No quadrado *ABCD* da figura, tem-se $AB = 4$, $AH = CI = 1$ e $AG = 2$. Então, *HI* mede:

a) $\sqrt{15}$

b) 5

c) $\frac{16}{3}$

d) $3\sqrt{3}$

e) $2\sqrt{5}$

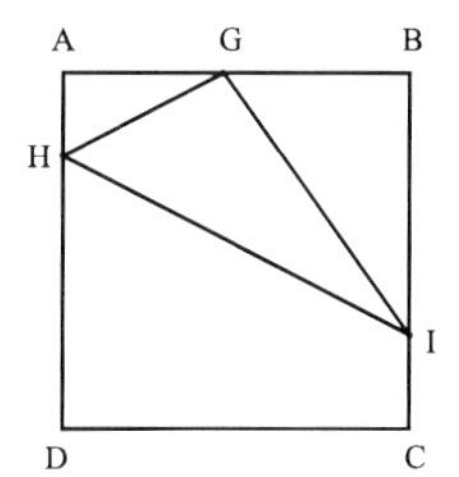

137) (U.F.MG) Se as medidas, em metros, das diagonais de um losango são *a* e *b*, então a medida do raio do círculo inscrito nesse losango é, em metros:

a) $\frac{ab}{2\sqrt{a^2+b^2}}$

b) $\frac{ab}{\sqrt{a^2+b^2}}$

c) $\frac{a^2b^2}{\sqrt{a^2+b^2}}$

d) $\frac{2ab}{\sqrt{a^2+b^2}}$

e) $\frac{a^2b^2}{a^2+b^2}$

138) (U.F.VIÇOSA) Depois de andar 5m numa escada rolante, uma pessoa percebeu que se deslocou 4m em relação à horizontal. Tendo andado 10m na mesma escada, de quantos metros terá se deslocado em relação à vertical?

a) 5

b) 8

c) 9

d) 6

e) 7

139) (COVEST) Na figura abaixo o triângulo *ABC* é eqüilátero, cada um de seus lados medindo 8 cm. Se $\overline{AD}$ é uma altura do triângulo *ABC* e *M* é o ponto médio de $\overline{AD}$, então a medida de $\overline{CM}$, em centímetros, é:

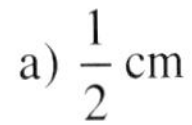

a) $\frac{1}{2}$ cm

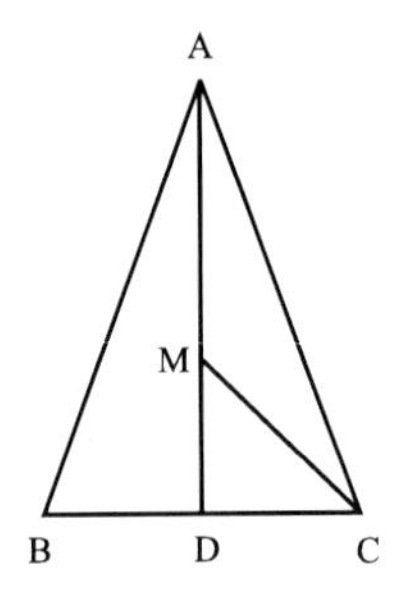

b) $\frac{\sqrt{3}}{2}$ cm

c) $\sqrt{7}$ cm

d) $2\sqrt{7}$ cm

e) $\frac{\sqrt{2}}{2}$ cm

140) (VUNESP) Uma gangorra é formada por uma haste rígida *AB*, apoiada sobre uma mureta de concreto no ponto *C*, como na figura. As dimensões são: $\overline{AC} = 1{,}2$ m, $\overline{CB} = 1{,}8$ cm, $\overline{DC} = \overline{CE} = \overline{DE} = 1$ m. Quando a extremidade *B* da haste toca o chão, a altura da extremidade *A* em relação ao chão é:

a) $\sqrt{3}$ m

b) $\frac{3}{\sqrt{3}}$ m

c) $\frac{6\sqrt{3}}{5}$ m

d) $\frac{5\sqrt{3}}{6}$ m

e) $2\sqrt{2}$ m

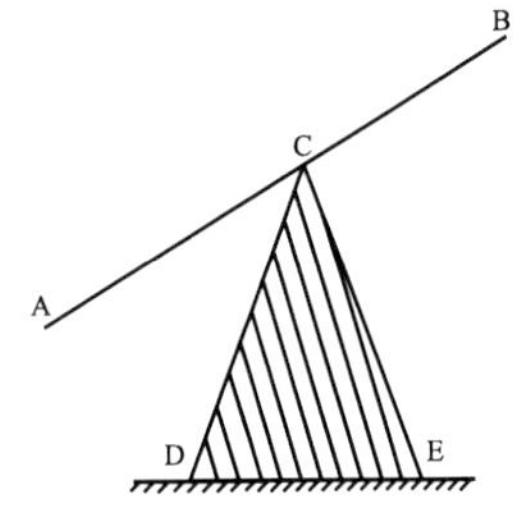

141) (CESGRANRIO) Os catetos *b* e *c* de um triângulo *ABC* medem *6* e *8*, respectivamente. A menor altura desse triângulo mede:

a) 4,0

b) 4,5

c) 4,6

d) 4,8

e) 5,0

142) (VUNESP) Na figura, o triângulo *ABD* é reto em *B*, e *AC* é a bissetriz de $B\hat{A}D$. Se $\overline{AB} = 2\,\overline{BC}$, fazendo $\overline{BC} = b$ e $\overline{CD} = d$, e então:

a) $d = b$

b) $d = \left(\frac{5}{2}\right)b$

c) $d = \left(\frac{5}{3}\right)b$

d) $d = \left(\frac{6}{5}\right)b$

e) $d = \left(\frac{5}{4}\right)b$

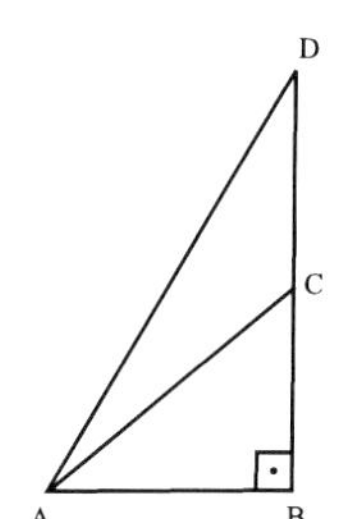

143) (CESGRANRIO) Uma folha quadrada de papel *ABCD* é dobrada de modo que o vértice *C* coincide com o ponto *M* médio de *AB*. Se o lado de *ABCD* é *1*, o comprimento *BP* é:

a) 0,300

b) 0,325

c) 0,375

d) 0,450

e) 0,500

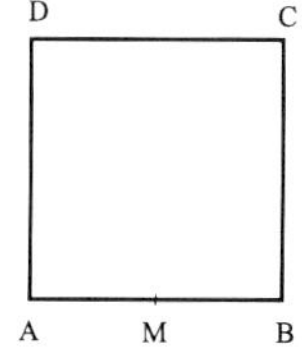

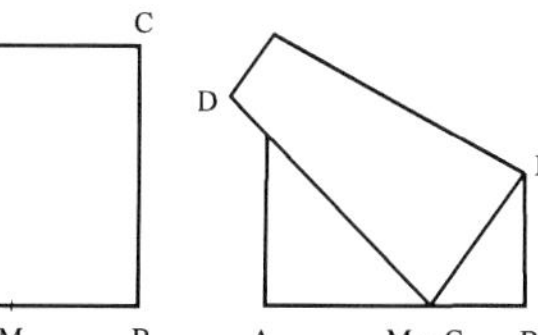

144) (U.C.SALVADOR) Na situação do mapa abaixo, deseja-se construir uma estrada que ligue a cidade *A* à estrada *BC*, com o menor comprimento possível. Essa estrada medirá, em quilômetros:

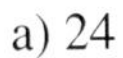
a) 24

b) 28

c) 30

d) 32

e) 40

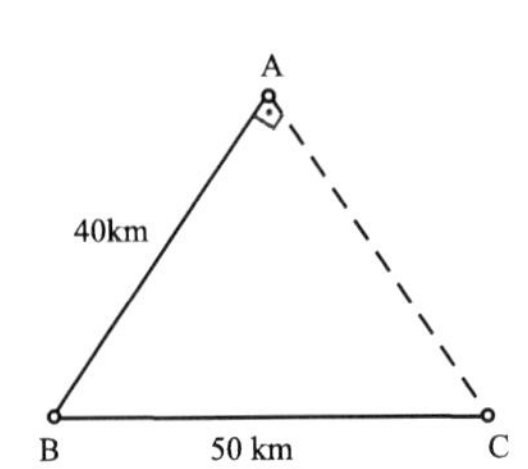

145) (VUNESP) A figura representa o perfil de uma escada cujos degraus têm todos a mesma extensão, além de mesma altura. Se $\overline{AB} = 2$ m e $B\hat{C}A$ mede *30º*, então a medida da extensão de cada degrau é:

a) $\frac{2\sqrt{3}}{3}$ m

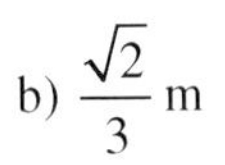
b) $\frac{\sqrt{2}}{3}$ m

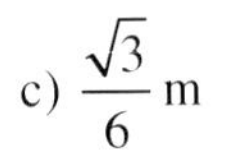
c) $\frac{\sqrt{3}}{6}$ m

d) $\frac{\sqrt{3}}{2}$ m

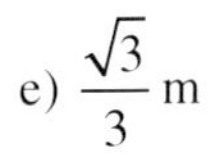
e) $\frac{\sqrt{3}}{3}$ m

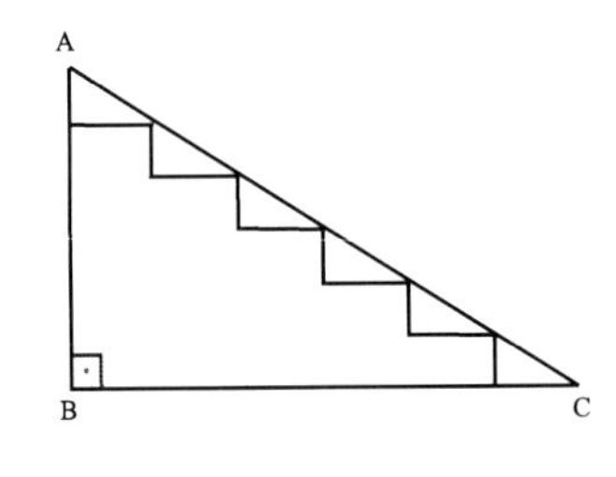

146) (PUC-MG) A razão entre as medidas dos catetos de um triângulo retângulo é $\frac{4}{3}$. Se a hipotenusa mede 30 m, então o perímetro do triângulo, em *m*, é igual a:

a) 60

b) 64

c) 70

d) 72

e) 80

147) (FUVEST) Dados: $\overline{MP} \perp s$; $\overline{MQ} \perp t$; $\overline{MQ} \perp \overline{PQ}$; $\overline{MP} = 6$

Então $\overline{PQ}$ é igual a:

a) $3\sqrt{3}$

b) 3

c) $6\sqrt{3}$

d) $4\sqrt{3}$

e) $2\sqrt{3}$

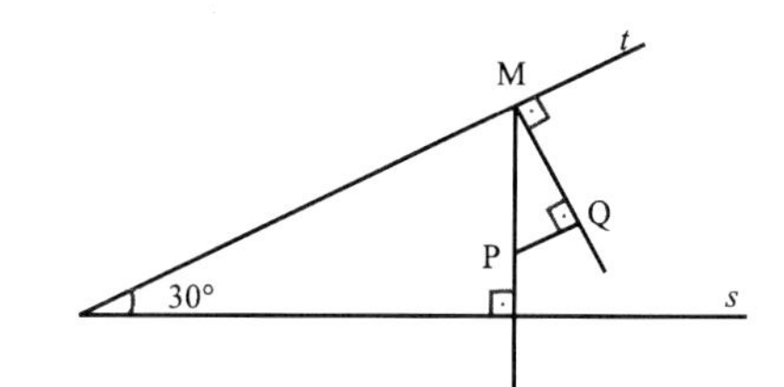

148) (CESCEM) Se um cateto e a hipotenusa de um triângulo retângulo medem a e $3a$, respectivamente, então a tangente do ângulo oposto ao menor lado é:

a) $\dfrac{\sqrt{10}}{10}$

b) $\dfrac{\sqrt{2}}{4}$

c) $\dfrac{1}{2}$

d) $\dfrac{\sqrt{2}}{2}$

e) $2\sqrt{2}$

149) (FGV) O perímetro da figura abaixo é:

a) $2\left(\sqrt{2}+\sqrt{3}\right)$

b) $\left(\sqrt{2}+\sqrt{3}\right)^2$

c) $4+\sqrt{2}+\sqrt{6}$

d) $\sqrt{3}+\sqrt{2}+2\sqrt{6}$

e) 5

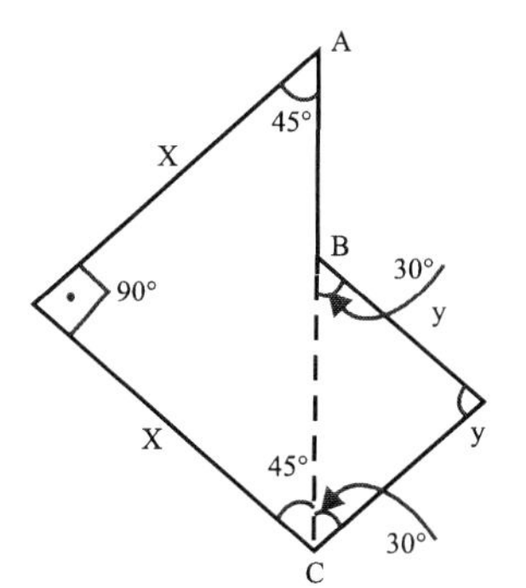

$AB = \sqrt{2}$

$BC = \sqrt{3}$

150) (CESGRANRIO) Um dos ângulos internos de um paralelogramo de lados *3* e *4* mede *120º*. A maior diagonal deste paralelogramo mede:

a) 5

b) 6

c) $\sqrt{40}$

d) $\sqrt{37}$

e) 6,5

151) (U.F.GO) No triângulo abaixo, os valores de x e y, nesta ordem são:

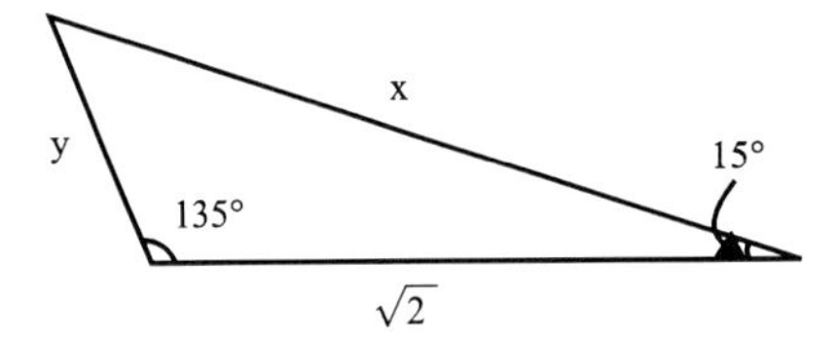

a) 2 e $\sqrt{3}$

b) $\sqrt{3}-1$ e 2

c) $\frac{2\sqrt{3}}{3}$ e $\frac{\sqrt{6}-\sqrt{2}}{3}$

d) $\frac{\sqrt{6}-\sqrt{2}}{3}$ e $\frac{2\sqrt{3}}{3}$

e) 2 e $\sqrt{3}-1$

152) (PUC-SP) Qual é o valor de x na figura abaixo?

a) $\frac{\sqrt{3}}{3}$

b) $\frac{5\sqrt{3}}{3}$

c) $\frac{10\sqrt{3}}{3}$

d) $\frac{15\sqrt{3}}{4}$

e) $\frac{20\sqrt{3}}{3}$

40
30°
60°
x

153) (CESGRANRIO) O quadrilátero convexo *MNPQ* é inscritível num círculo de diâmetro *MP*. Os lados *MN* e *MQ* têm o mesmo comprimento ℓ e o ângulo $N\hat{M}Q$ é de *120º*. O comprimento do lado *NP* é:

a) 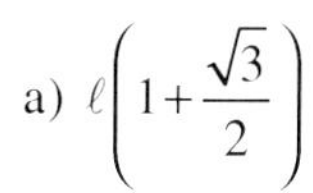 $\ell\left(1+\frac{\sqrt{3}}{2}\right)$

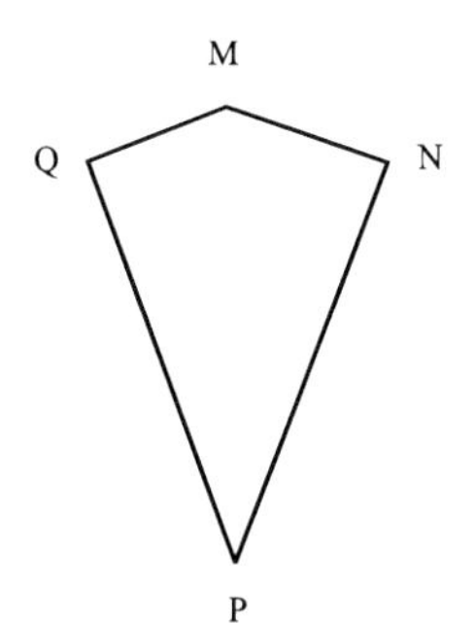

b) $\ell\left(\sqrt{3}-1\right)$

c) $\ell\left(1+\sqrt{3}\right)$

d) $\frac{\ell\sqrt{3}}{2}$

e) $\ell\sqrt{3}$

154) (U.F.MG) Um dos ângulos de um losango de *4m* de lado mede *120º*. Sua maior diagonal, em *m*, mede:

a) 4

b) 5

c) $2\sqrt{3}$

d) $3\sqrt{3}$

e) $4\sqrt{3}$

155) (VASSOURAS) Em um triângulo retângulo, o quadrado da hipotenusa é o dobro do produto dos catetos. Então um dos ângulos agudos do triângulo vale:

a) 30º

b) 60º

c) 45º

d) 15º

e) 10º

156) (CESESP) Considere o triângulo abaixo, onde *a, b* e *c* são, respectivamente, as medidas dos seguintes segmentos *CB, CA* e *AB* e *a* mede *1cm*. Assinale a alternativa *falsa*.

a) $2b > c$

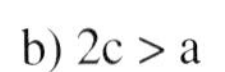
b) $2c > a$

c) $2b = a$

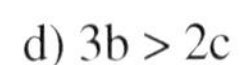
d) $3b > 2c$

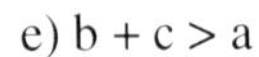
e) $b + c > a$

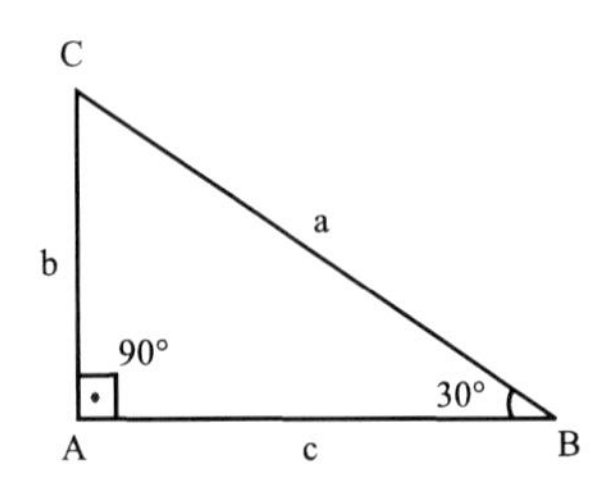

157) (FATEC) Na figura abaixo, $\overline{AC}$ e $\overline{BE}$ são paralelos e $BE = 8\sqrt{2}$.

O perímetro do triângulo *BDE* é:

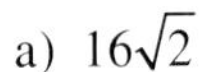
a) $16\sqrt{2}$

b) $18\sqrt{2}$

c) $24\sqrt{2}$

d) $8\left(2+\sqrt{2}\right)$

e) $2\left(5+4\sqrt{2}\right)$

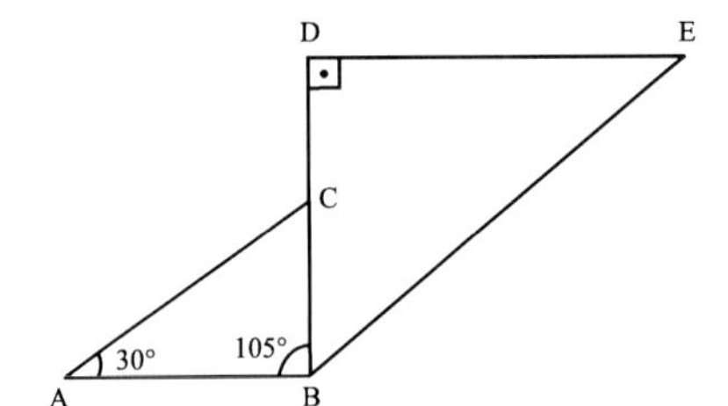

158) (FUVEST) Em um plano tem-se um quadrado de lado *a*, uma reta *r* paralela a um lado do quadrado e uma reta *t* que forma com *r* um ângulo agudo θ. Projeta-se o quadrado sobre *r* paralelamente a *t* e obtém-se um segmento de comprimento *3a*. Determine tgθ.

a) 1

b) $\frac{1}{2}$

c) $\frac{1}{3}$

d) $\frac{2}{3}$

e) $\frac{1}{6}$

159) (ITA) Num triângulo ABC, $\overline{BC} = 4$ cm o ângulo C mede 30º e a projeção do lado AB sobe BC mede 2,5 cm. O comprimento da mediana que sai do vértice A mede:

a) 1 cm

b) $\sqrt{2}$ cm

c) 0,9 cm

d) $\sqrt{3}$ cm

e) 2 cm

160) (FUVEST) Dois pontos A e B estão situados na margem de um rio e distantes 40m um do outro. Um ponto C, na outra margem do rio, está situado de tal modo que o ângulo $C\hat{A}B$ mede 75º e o ângulo $A\hat{C}B$ mede 75º. Determine a largura do rio.

a) 40m

b) 20m

c) $20\sqrt{3}$ m

d) 30m

e) 25m

161) (COVEST) A 100 metros da base, um observador avista a extremidade de uma torre sob um ângulo de 60º com a horizontal. Qual a altura desta torre ?

a) $60\sqrt{3}$ m

b) $\dfrac{100\sqrt{3}}{3}$ m

c) $100\sqrt{3}$ m

d) $\dfrac{40\sqrt{3}}{3}$ m

e) $\dfrac{100\sqrt{2}}{2}$ m

162) (U.C.SALVADOR) Um triângulo isósceles é tal que um de seus ângulos internos mede 120º e o maior dos lados mede 12 cm. O perímetro desse triângulo, em centímetros, é:

a) 36

b) 18

c) $4\left(2\sqrt{3}+3\right)$

d) $4\left(\sqrt{3}+12\right)$

e) $2\left(\sqrt{3}+6\right)$

163) (CESGRANRIO-COMCITEC) Na figura dada, as circunferências de centros P e S são ambas tangentes à reta ℓ no mesmo ponto Q e a reta que passa por P e R tangencia a circunferência menor no ponto T. Sendo os raios das circunferências respectivamente 8m e 3m, a medida do segmento $\overline{QR}$ é:

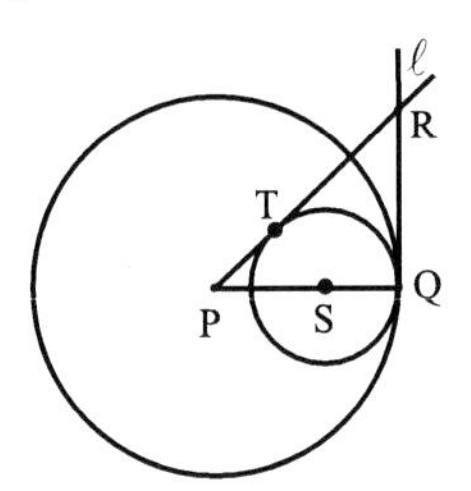

a) 4m

b) 6m

c) 8m

d) 2m

e) Diferente dos quatro valores anteriores.

164) (U.MACK.) A circunferência de raio a é a tangente às duas semicircunferências menores e à semicircunferência maior. Se $\overline{MN} = \overline{NP} = R$, então a é igual a:

a)  $R\sqrt{2/2}$

b) $R\sqrt{3/2}$

c) $R/4$

d) $R/3$

e) $R/2$

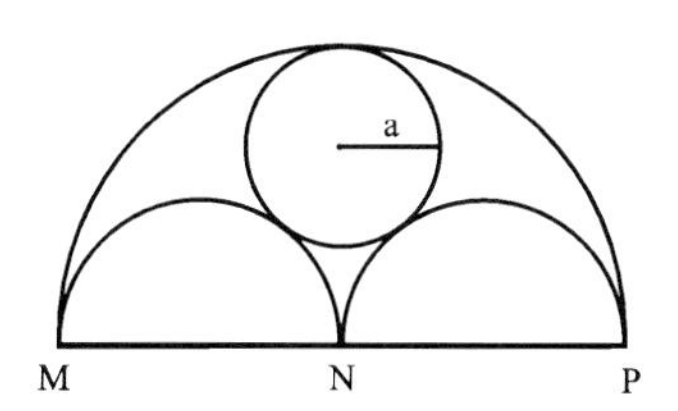

165) (CESCEA) Na figura abaixo $\overline{AT}$ é tangente à circunferência de raio r. Sabendo-se que $\overline{AT} = 2r$, então o valor de $\overline{AC}$ é:

a) $\left(\sqrt{5}+1\right)r$

b) $1+2r$

c) r^2

d) $\sqrt{5r}$

e) $\left(\sqrt{5-1}\right)r$

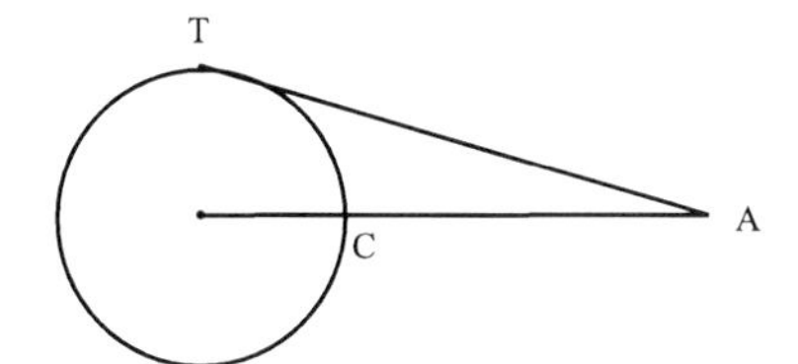

166) (U.MACK.) Na figura, o triângulo ABC é isósceles e o segmento $\overline{MN}$ é paralelo à base $\overline{BC}$. O comprimento do segmento $\overline{MN}$ é igual a:

a) $\dfrac{3}{4}$

b) $\dfrac{2}{3}$

c) $\dfrac{5}{6}$

d) $\dfrac{3}{8}$

e) $\dfrac{1}{2}$

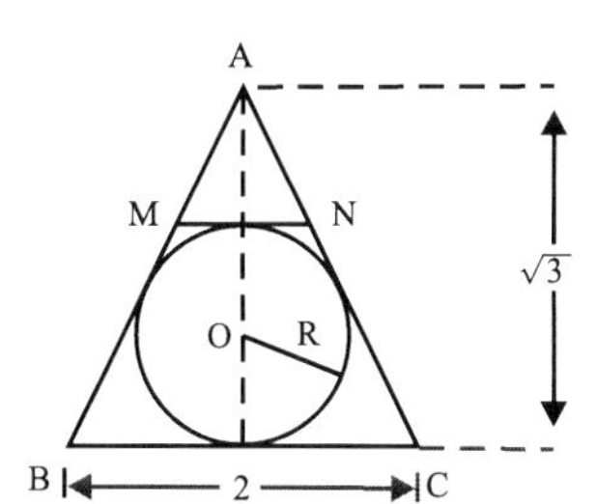

167) (F.C.M.STA.CASA) Na figura abaixo, o valor de *d* é:

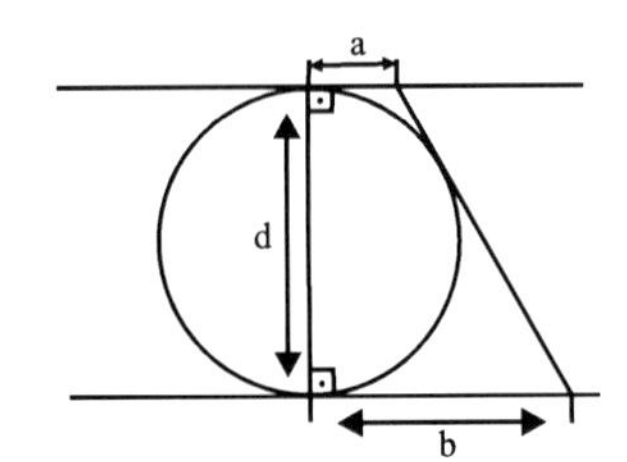

a) $\sqrt{b+a}$

b) $\sqrt{2ab}$

c) $2\sqrt{ab}$

d) $2a\sqrt{b+a}$

e) $2\sqrt{ab+2a}$

168) (FUVEST) A secção transversal de um maço de cigarros é um retângulo que acomoda exatamente os cigarros como na figura. Se o raio dos cigarros é r, as dimensões do retângulo são:

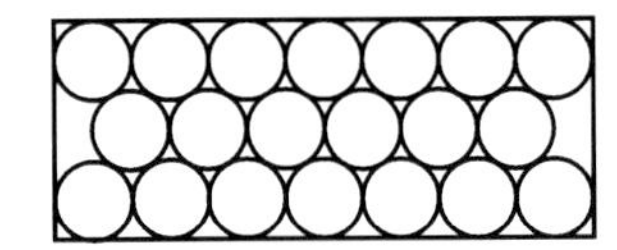

a) $14r$ e $2r\left(1+\sqrt{3}\right)$

b) $7r$ e $3r$

c) $14r$ e $6r$

d) $14r$ e $3r$

e) $\left(2+3\sqrt{3}\right)r$ e $2r\sqrt{3}$

169) (U.MACK.) Na figura, O é o centro da circunferência; $\overline{AB}=a$; $\overline{AC}=b$ e $\overline{OA}=x$ O valor de x, em função de a e b, é:

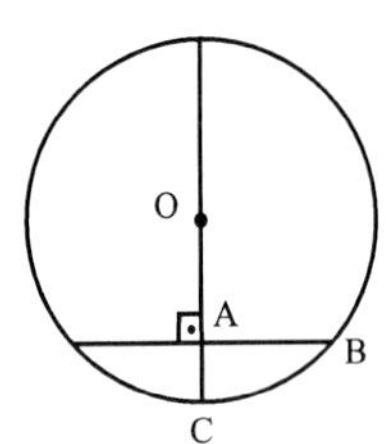

a) $\dfrac{a+b}{2}$

b) $a-b$

c) $2\sqrt{a^2-b^2}$

d) $\dfrac{a^2}{2b}-\dfrac{b}{2}$

e) imposs vel de ser calculado por falta de dados.

170) (U.MACK.) Na figura $AB = 30$; $BC = 40$; $CD = 20$; O é o centro da circunferência; $m(D\hat{E}A) = 90°$. O valor de CE é:

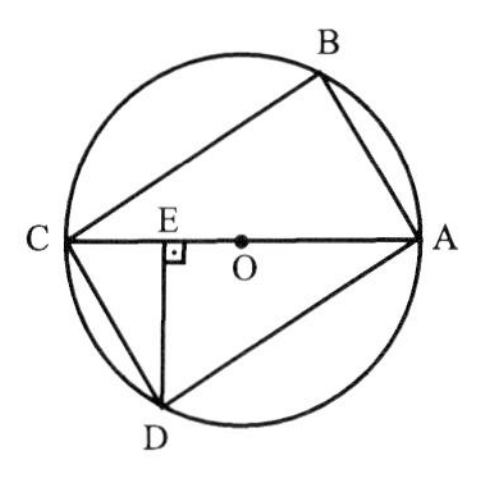

a) 12,5

b) 10

c) 8

d) 5

e) impossível de ser calculado por falta de dados.

171) (FATEC) Na figura abaixo, as circunferências C_1 e C_2 tangenciam-se em C, e a reta t tangencia C_1 e C_2, respectivamente, em A e B. Se o raio de C_1 é $8cm$ e o raio de C_2 é $2cm$, então:

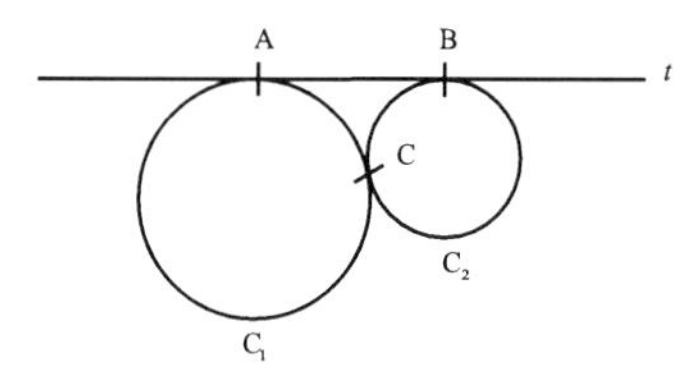

a) $\overline{AB} = 8$ cm

b) $\overline{AB} = 13$ cm

c) $\overline{AB} = 10$ cm

d) $\overline{AB} = 12$ cm

e) n.d.a

172) (FATEC) Uma circunferência de raio R circunscreve um triângulo retângulo com catetos, respectivamente, de medidas *9* e *6*. Então:

a) $R = 7,5$

b) $R = \dfrac{3\sqrt{13}}{2}$

c) $R = \sqrt{117}$

d) $R = \dfrac{3\sqrt{5}}{2}$

e) n.d.a

173) (FATEC) Em uma coroa circular (conforme figura abaixo) estão inscritas ***n*** circunferências, cada uma tangente às duas vizinhas. Se o raio da circunferência interna da coroa mede *1*, então o raio da circunferência externa da coroa mede:

a) $\dfrac{1+\text{sen}\,\pi/n}{1-\text{sen}\,\pi/n}$

b) $\dfrac{1+\cos\pi/n}{1-\text{sen}\,\pi/n}$

c) $\dfrac{1+\text{sen}\,2\pi/n}{1-\text{sen}\,2\pi/n}$

d) $\dfrac{1+\cos 2\pi/n}{1-\cos 2\pi/n}$

e) $\dfrac{1+\cos 2\pi/n}{1-\text{sen}\,2\pi/n}$

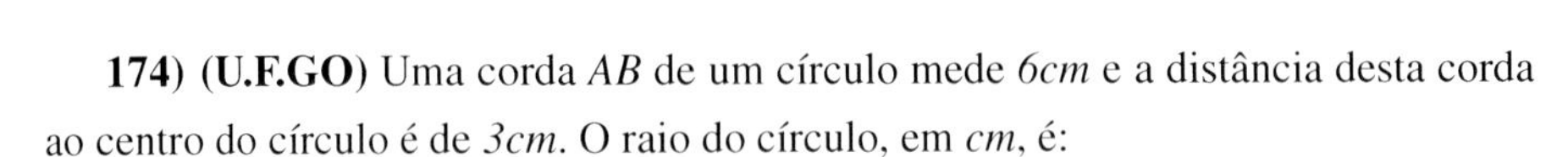

174) (U.F.GO) Uma corda *AB* de um círculo mede *6cm* e a distância desta corda ao centro do círculo é de *3cm*. O raio do círculo, em *cm*, é:

a) $5\sqrt{3}$

b) $3\sqrt{2}$

c) 8

d) $3\sqrt{5}$

e) 6

175) (F.G.V.) Sendo x o raio do círculo inscrito num setor circular de 90° e raio r, então:

a) $x = r\sqrt{2}$

b) $x = 2r\sqrt{2}$

c) $x = 2r/5$

d) $x = r/3$

e) $x = r\left(\sqrt{2} - 1\right)$

176) (U.C.MG) Na figura, o retângulo *OACE* está inscrito num setor circular de 90° e raio R. $OA = \frac{2}{3}R$. A medida do segmento AC é:

a) $\frac{R\sqrt{2}}{3}$

b) $\frac{R\sqrt{3}}{2}$

c) $\frac{R\sqrt{3}}{5}$

d) $\frac{R\sqrt{5}}{2}$

e) $\frac{R\sqrt{5}}{3}$

177) (PUC.RJ) Na figura, ABC representa um trecho reto de uma estrada que cruza o pátio circular de centro O e raio r. Se $AC = 2r = AO$, então BC é igual a:

a) o dobro de AB

b) 2/3 de AB

c) AB

d) a metade de AB

e) 1/3 de AB

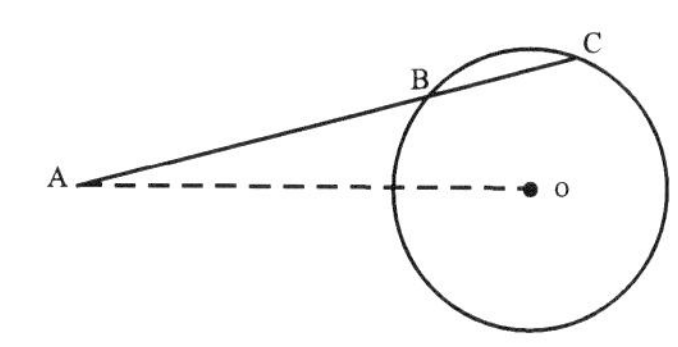

178) (U.FORTALEZA) Duas circunferências de raios R e r, com $R > r$, são tangentes externas (como mostra a figura abaixo). Então, podemos afirmar que o comprimento do segmento PQ é:

a) 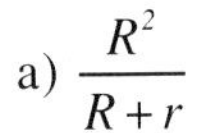 $\dfrac{R^2}{R+r}$

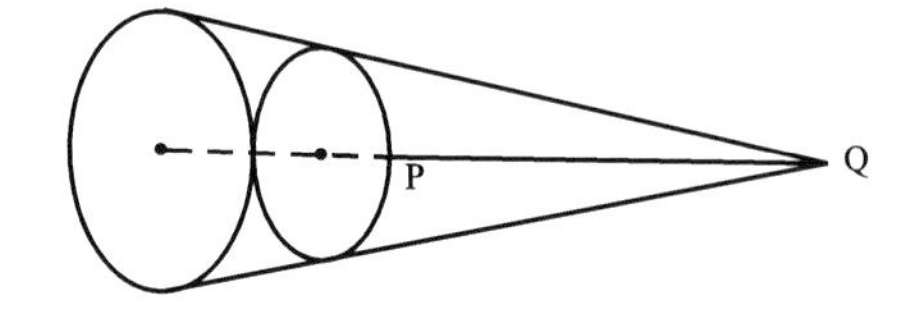

b) $(R+r)(R-r)$

c) $\dfrac{2r^2}{R-r}$

d) $\dfrac{R+r}{R-r}$

179) (U.MACK.) A circunferência da figura tem centro O e raio 6; se $PQ = 8$, então:

a) $\alpha = \text{arctg}\dfrac{\sqrt{3}}{3}$

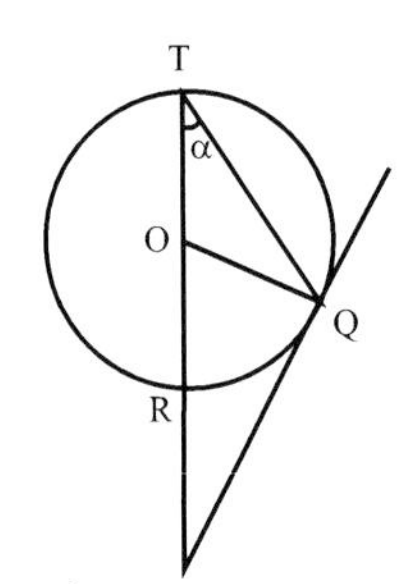

b) $\alpha = \text{arctg}1$

c) $\alpha = \text{arctg}\dfrac{1}{2}$

d) $\alpha = \text{arctg}\sqrt{3}$

e) $\alpha = \text{arctg}\dfrac{1}{4}$

180) (U.C.MG) A menor distância de um ponto a uma circunferência é $3m$, e o segmento da tangente à circunferência é $5m$. O raio da circunferência, em metros, mede:

a) $\dfrac{5}{2}$

b) $\dfrac{8}{3}$

c) $\dfrac{9}{4}$

d) $\dfrac{14}{5}$

e) $\dfrac{17}{8}$

181) (F.C.M.STA.CASA) Na figura abaixo, tem-se as circunferências λ_1, λ_2 e λ_3, tangentes entre si, tangentes a uma reta *t* e de raios r_1, r_2 e r_3, respectivamente. Se $r_1 = r_2$ e $r_3 = 5$ cm, então r_1 mede, em cm:

a) 10

b) 15

c) 20

d) 25

e) 30

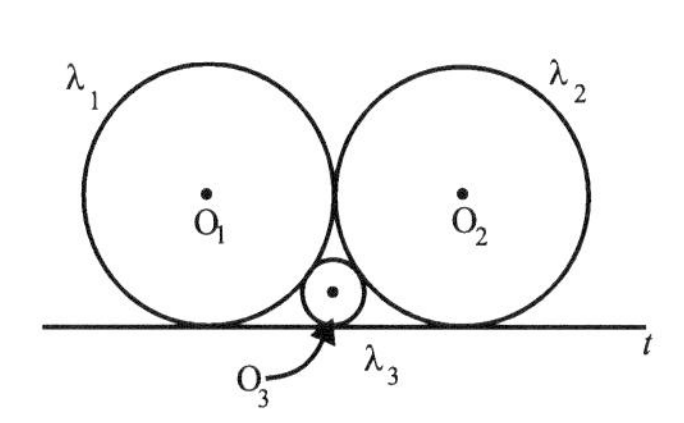

182) (U.F.ES) Inscreve-se um triângulo numa semicircunferência cujo diâmetro coincide com um dos lados do triângulo. Os outros lados do triângulo medem 5 cm e 12 cm. O raio da semicircunferência mede:

a) $\frac{13}{2}$ cm

b) 13 cm

c) $\frac{15}{2}$ cm

d) 5 cm

e) Faltam dados para determinar tal raio

183) (U.E.LONDRINA) Na figura abaixo, as semi-retas $\vec{PA}$ e $\vec{PB}$ tangenciam a circunferência de centro *O* nos pontos *A* e *B*. Se $OA = 2$ e o ângulo $A\hat{P}B$ mede 60°, então *AP* é igual a:

a) $2\sqrt{2}$

b) $2\sqrt{3}$

c) 4

d) $3\sqrt{2}$

e) 6

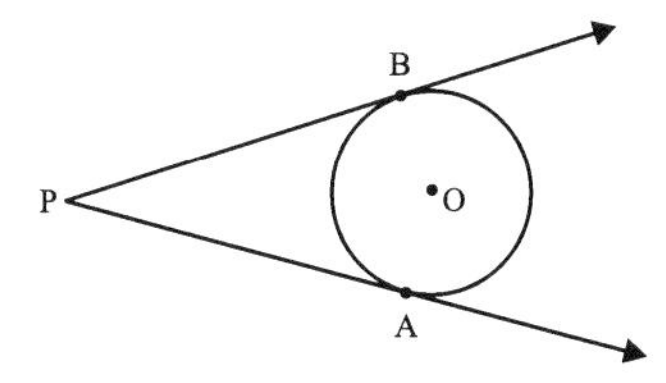

184) (CESGRANRIO) Em um círculo de centro *O* e raio *10*, traçam-se dois diâmetros perpendiculares *AB* e *EF* e a corda *AC*, como mostra a figura. Se *AC = 16*, o segmento *AD* mede:

a) 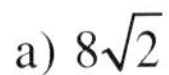 $8\sqrt{2}$

b) 12,0

c) 12,5

d) 13,0

e) $6\sqrt{3}$

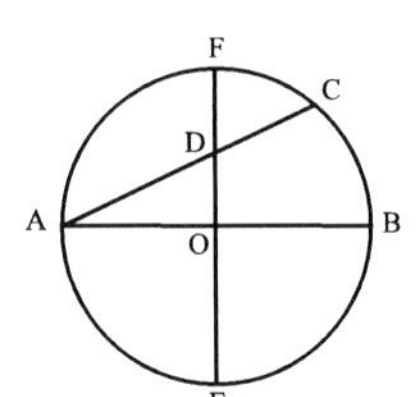

185) (ITA) Considere um triângulo isósceles inscrito em uma circunferência. Se a base e a altura deste triângulo medem *8cm*, então o raio desta circunferência mede:

a) 3cm

b) 4cm

c) 5cm

d) 6cm

e) $3\sqrt{2}$ cm

186) (PUC-SP) No círculo abaixo, *O* é o centro, AB = 2 e AC = $\sqrt{3}$.

Então α vale:

a) 75º

b) 60º

c) 45º

d) 30º

e) 15º

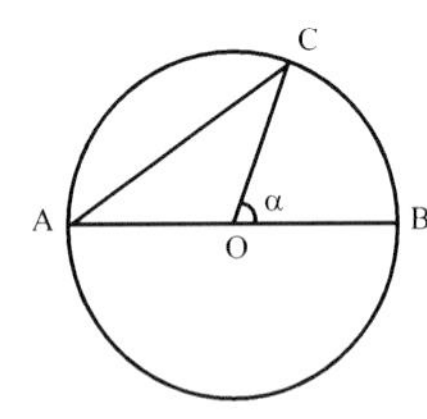

187) (CESESP) Um armazenista pretende ajustar as prateleiras reguláveis de uma estante a fim de que possa armazenar vasilhames, de forma cilíndrica com secção circular de 10 cm de diâmetro, deitadas no sentido transverso à prateleira, em três fileiras superpostas, conforme indica a figura abaixo, de modo que a distância entre as prateleiras contíguas seja mínima.

Assinale, pois, a alternativa correspondente à distância que deve existir entre duas prateleiras contíguas de maneira a atender ao requisito exigido:

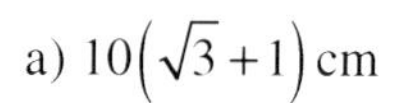
a) $10\left(\sqrt{3}+1\right)$ cm

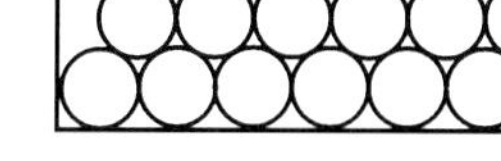

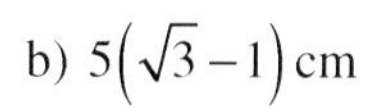
b) $5\left(\sqrt{3}-1\right)$ cm

c) 27 cm

d) 30 cm

e) $10\sqrt{3}$ cm

188) (FATEC) Se, na figura abaixo, tem-se $BC = 4cm$ e $AB = 3cm$, então o diâmetro da circunferência, em centímetros, é:

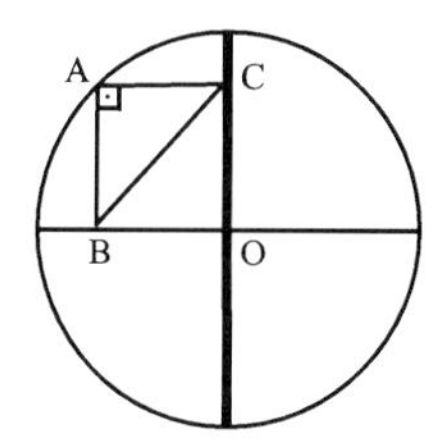

a) 5

b) 8

c) 10

d) 12

e) Impossível de ser calculado.

189) (U.F.MG) Considere um triângulo ABC inscrito em uma circunferência de centro O. Seja D o ponto da circunferência tal que o segmento CD contenha a bissetriz do ângulo $A\hat{C}B$

Se $\overline{AD} = 3$ cm, $\overline{AC} = 4$ cm e $\overline{CD} = 5$ cm, a medida do segmento CB é, em centímetros:

a) 4

b) $4\sqrt{2}$

c) $4\sqrt{3}$

d) 5

e) $5\sqrt{2}$

190) (U.F.MG) Na figura, o triângulo ABC é inscrito numa circunferência de centro O e diâmetro AB. Os pontos E e D pertencem aos lados AC e AB, respectivamente, e são tais que EO e CD são perpendiculares a AB. Se $AD = 12$ e $DB = 3$, pode-se afirmar que OE mede:

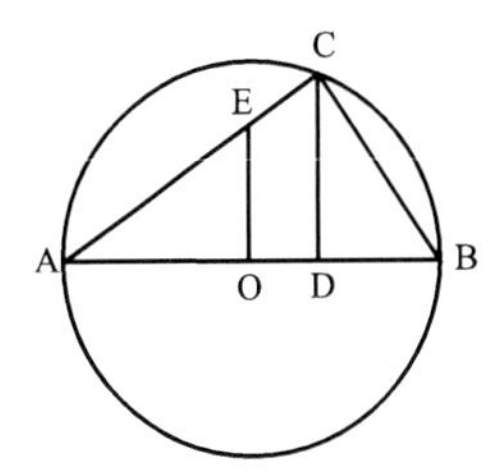

a) $\frac{4}{3}$

b) $\frac{9}{4}$

c) 3

d) $\frac{7}{2}$

e) $\frac{15}{4}$

191) (COVEST) Na figura abaixo, temos duas circunferências concêntricas, com raio medindo *4cm* e *5cm*, respectivamente. Por um ponto P da circunferência menor, traça-se a reta tangente à mesma, a qual determina pontos A e B na circunferência maior. O comprimento do segmento $\overline{AB}$ é:

a) $3\sqrt{2}$ cm

b) 6 cm

c) $3\sqrt{3}$ cm

d) 6,1 cm

e) 5,8 cm

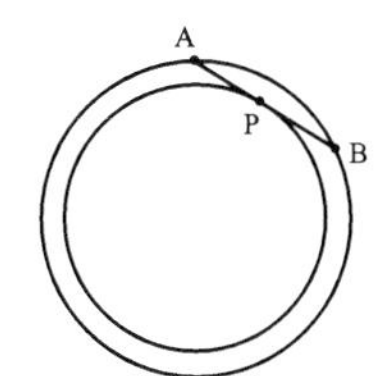

192) (VUNESP) Sejam AB um diâmetro de uma circunferência e BC um segmento de reta tangente a essa circunferência, $\overline{AB} = 3\sqrt{5}$ m e $\overline{BC} = \sqrt{5}$ m. Por C traça-se uma reta perpendicular a BC que intercepta a circunferência em D e E. Se $\overline{CD} < \overline{CE}$, então a medida de CD é:

a) $\dfrac{3\sqrt{5}}{2}$ m

b) $\dfrac{3\sqrt{5}-5}{2}$ m

c) $\dfrac{5-3\sqrt{5}}{2}$ m

d) $\dfrac{3-\sqrt{5}}{2}$ m

e) $\dfrac{5\sqrt{3}}{2}$ m

193) (U.E.CE) Na figura abaixo, *MNPQ* é um retângulo, o ponto *E* é o centro da circunferência tangente aos lados *NP, PQ* e *MQ*. Se $\overline{MN} = 4$ cm e $\overline{NP} = 8$ cm, então a distância do ponto *E* à diagonal *MP*, em cm, é:

a) 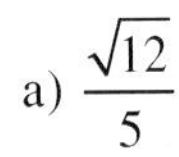 $\frac{\sqrt{12}}{5}$

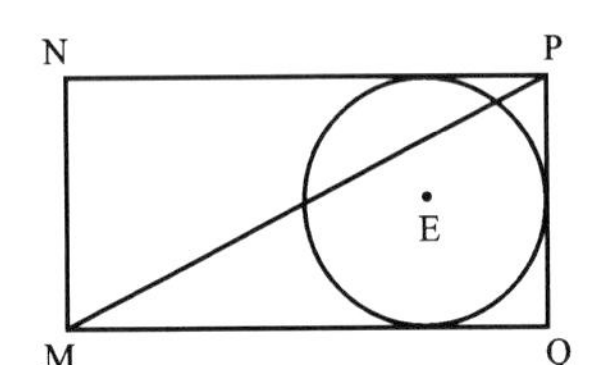

b) 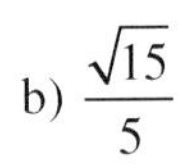 $\frac{\sqrt{15}}{5}$

c) 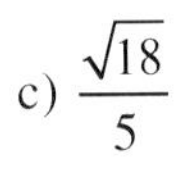 $\frac{\sqrt{18}}{5}$

d) 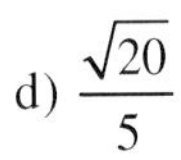 $\frac{\sqrt{20}}{5}$

194) (ITA) Num triângulo *ABC*, retângulo em $\hat{A}$, temos $\hat{B} = 60^\circ$. As bissetrizes destes ângulos se encontram num ponto *D*. Se o segmento de reta *BD* mede *1cm*, então a hipotenusa mede:

a) $\frac{1+\sqrt{3}}{2}$ cm

b) $1+\sqrt{3}$ cm

c) $2+\sqrt{3}$ cm

d) $1+2\sqrt{2}$ cm

e) n.d.a

Capítulo 5

TRIÂNGULOS QUAISQUER – POLÍGONOS REGULARES – COMPRIMENTO DA CIRCUNFERÊNCIA

– RELAÇÕES MÉTRICAS EM UM TRIÂNGULO QUALQUER

• TEOREMA

> Em um triângulo qualquer, o quadrado da medida de um lado oposto a um ângulo agudo é igual à soma dos quadrados das medidas dos outros dois lados, menos o dobro do produto da medida de um desses lados pela medida da projeção do outro lado sobre ele.

Hipótese: ABC, $BC = a$, $AC = b$, $AB = c$, $\overline{CH} \perp \overline{AB}$, $\overline{AH} = \text{proj}_{\overline{AB}}^{\overline{AC}}$ e $\hat{A} < 90°$.

Tese: $a^2 = b^2 + c^2 - 2 \cdot c \cdot m$.

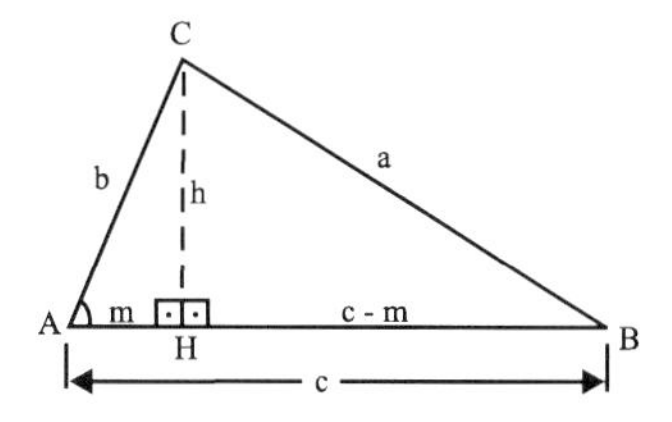

• TEOREMA

> Em um triângulo obtusângulo, o quadrado da medida do lado oposto ao ângulo obtuso é igual à soma dos quadrados das medidas dos outros dois lados, mais o dobro do produto da medida de um desses lados pela medida da projeção do outro sobre ele.

Hipótese: ΔABC, $BC = a$, $AC = b$, $AB = c$, $\overline{CH} \perp \overleftrightarrow{AB}$, $\overline{AH} = \text{proj}_{\overleftrightarrow{AB}}\overline{AC}$ e $\hat{A} > 90°$.

Tese: $a^2 = b^2 + c^2 + 2 \cdot c \cdot m$.

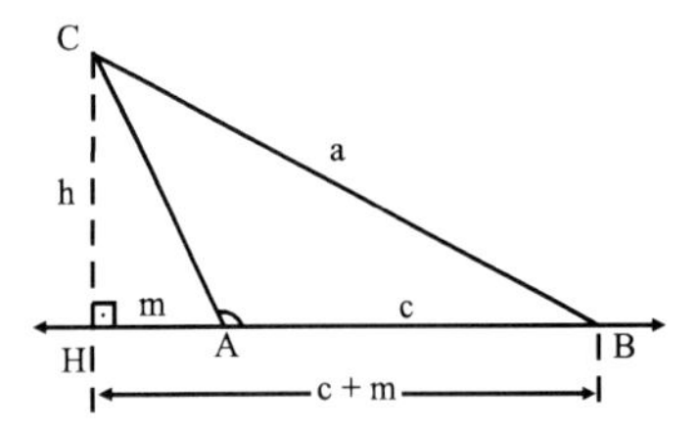

– TEOREMA (LEI) DOS CO-SENOS

> Num triângulo qualquer, o quadrado da medida de um lado é igual à soma dos quadrados das medidas dos outros dois lados menos o dobro do produto das medidas desses dois lados pelo co-seno da medida do ângulo por eles determinado.

Hipótese: ΔABC, $BC = a$, $AC = b$, $AB = c$, $A < 90°$ *ou* $A > 90°$.

Tese: $a^2 = b^2 + c^2 - 2 \,.\, b \,.\, c \,.\, \cos \hat{A}$

$b^2 = a^2 + c^2 - 2 \,.\, a \,.\, c \,.\, \cos \hat{B}$

$c^2 = a^2 + b^2 - 2 \,.\, a \,.\, b \,.\, \cos \hat{C}$

1º CASO: A < 90º

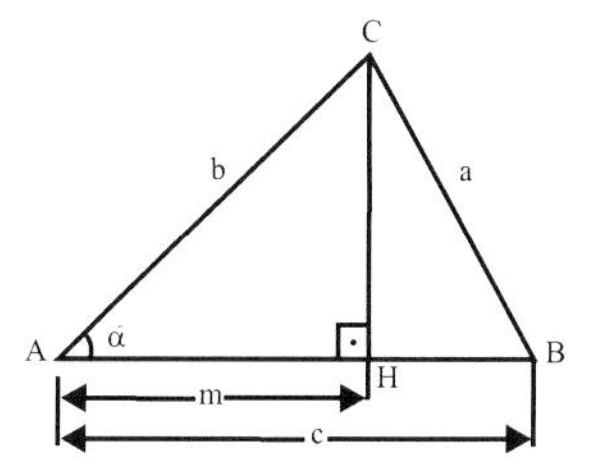

2º CASO: A > 90º

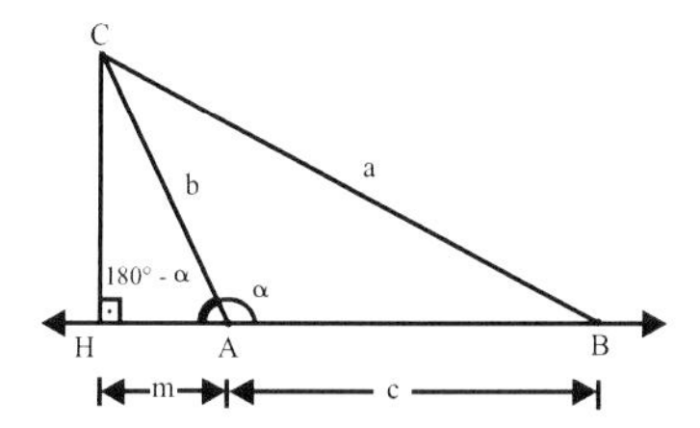

– NATUREZA DE UM TRIÂNGULO

Um triângulo, quanto aos seus ângulos, classifica-se em três naturezas:

1º) acutângulo

2º) retângulo

3º) obtusângulo

Sabe-se que, num triângulo, ao maior lado opõe-se o maior ângulo e reciprocamente. Assim, conhecendo as medidas dos três lados, podemos determinar as medidas dos três ângulos, pelo teorema dos co-senos, e, portanto, classificá-lo.

Seja o ΔABC com lados medindo *a, b* e *c*; pode-se supor sem perda de generalidade, que $a \geq b$ e $a \geq c$.

Tem-se três possibilidades quanto à natureza do ΔABC .

1ª possibilidade

ΔABC é acutângulo se, e somente se, $a^2 < b^2 + c^2$.

2ª possibilidade

ΔABC é retângulo se, e somente se, $a^2 = b^2 + c^2$.

3ª possibilidade

ΔABC é obtusângulo se, e somente se, $a^2 > b^2 + c^2$.

Em resumo: **SÍNTESE DE CLAIRAUT**

$a^2 < b^2 + c^2 \Leftrightarrow$ triângulo acutângulo
$a^2 = b^2 + c^2 \Leftrightarrow$ triângulo retângulo
$a^2 > b^2 + c^2 \Leftrightarrow$ triângulo obtusângulo

Observe que, dado um ΔABC, com lados medindo *a, b* e *c*, $a > b$ e $a > c$, o ângulo de maior medida é o vértice *A*, e conseqüentemente $\sphericalangle B$ e $\sphericalangle C$ são agudos. Para determinar a natureza do $\sphericalangle A$, deve-se comparar o quadrado da maior medida (*a*) com a soma dos quadrados das outras duas medidas (*b* e *c*).

– TEOREMA (LEI) DOS SENOS

> As medidas dos lados de um triângulo são proporcionais aos senos dos ângulos opostos; a razão dessa proporcionalidade é a medida do diâmetro da circunferência circunscrita a esse triângulo.

Hipótese: ΔABC, $BC = a$, $AC = b$, $AB = c$, $\lambda(O, R)$ é a circunferência circunscrita ao ΔABC.

Tese: $\dfrac{a}{sen\,\hat{A}} = \dfrac{b}{sen\,\hat{B}} = \dfrac{c}{sen\,\hat{C}} = 2R.$

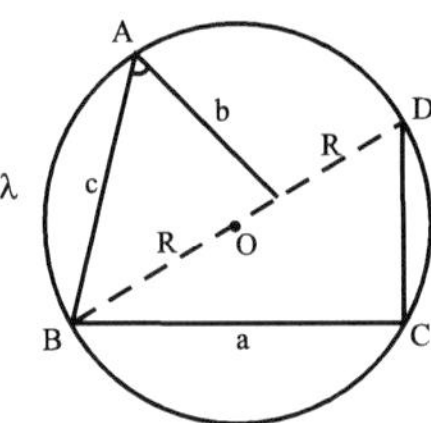

– TEOREMA DE MENELAUS

Uma reta qualquer determina, sobre os lados de um triângulo ABC, os pontos L, M e N, como mostra a figura abaixo:

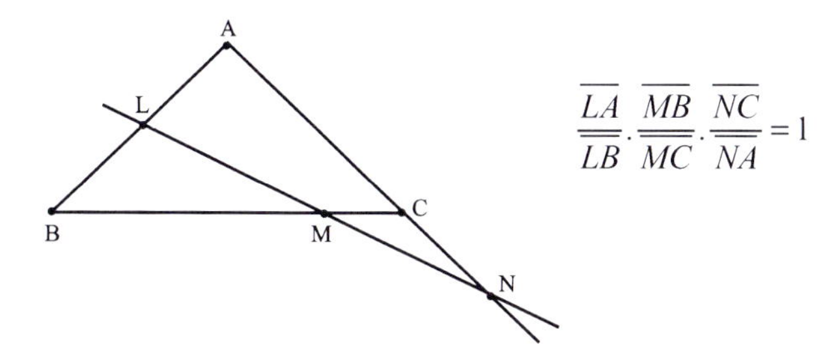

$$\frac{\overline{LA}}{\overline{LB}} \cdot \frac{\overline{MB}}{\overline{MC}} \cdot \frac{\overline{NC}}{\overline{NA}} = 1$$

• TEOREMA

Em um triângulo qualquer:

A soma dos quadrados de dois lados é igual a duas vezes o quadrado da mediana relativa ao 3º lado mais a metade do quadrado do terceiro lado.

A diferença entre os quadrados de dois lados é igual a duas vezes o 3º lado multiplicado pela projeção sobre ele da mediana que lhe corresponde.

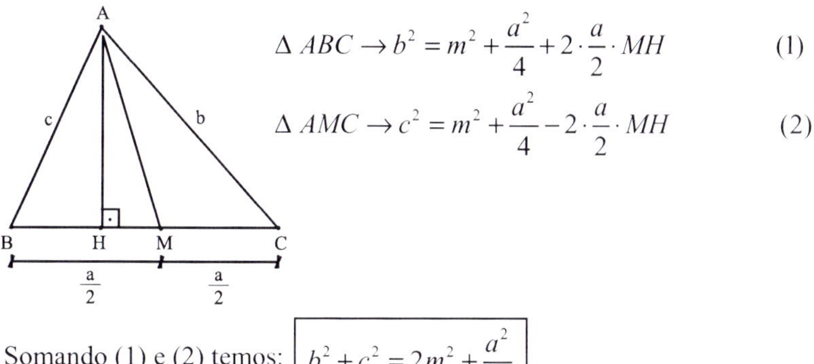

$$\Delta\, ABC \rightarrow b^2 = m^2 + \frac{a^2}{4} + 2 \cdot \frac{a}{2} \cdot MH \qquad (1)$$

$$\Delta\, AMC \rightarrow c^2 = m^2 + \frac{a^2}{4} - 2 \cdot \frac{a}{2} \cdot MH \qquad (2)$$

Somando (1) e (2) temos: $\boxed{b^2 + c^2 = 2m^2 + \frac{a^2}{2}}$

Subtraindo (2) de (1) temos: $\boxed{b^2 - c^2 = 2a \cdot MH}$

• TEOREMA DE STEWART

Seja um triângulo ABC e AD uma ceviana qualquer que divide o lado "a" em dois segmentos m e n.

É verdadeira a Relação:

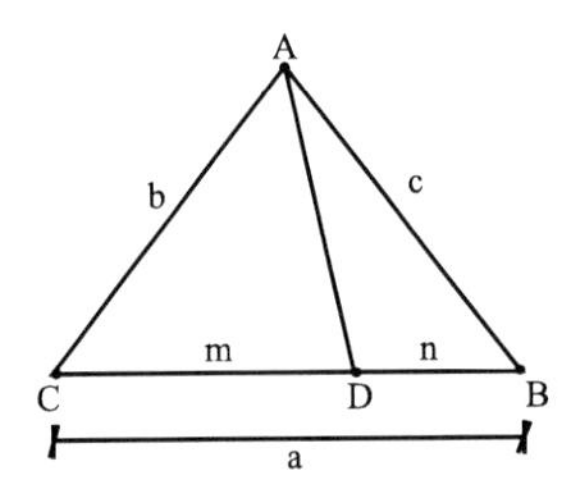

$$\frac{b^2}{am} - \frac{\overline{AD}^2}{mn} + \frac{c^2}{an} = 1$$

$$b^2 n + c^2 m = \overline{AD}^2 a + amn$$

• Cálculo das (cevianas) alturas, medianas e bissetrizes de um triângulo

I) alturas de um triângulo qualquer:

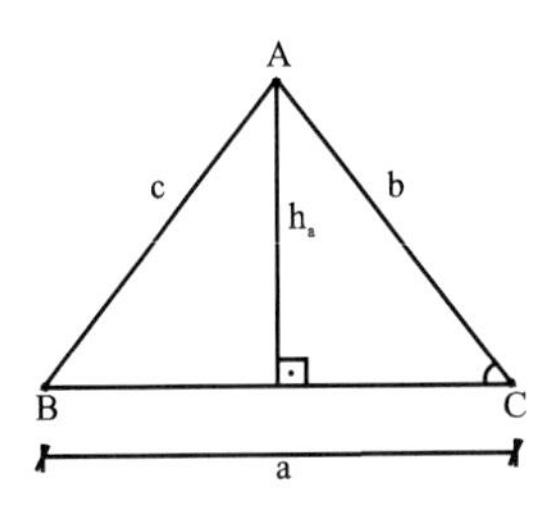

$$h_a = \frac{2}{a}\sqrt{p(p-a)(p-b)(p-c)}$$

$$h_b = \frac{2}{b}\sqrt{p(p-a)(p-b)(p-c)}$$

$$h_c = \frac{2}{c}\sqrt{p(p-a)(p-b)(p-c)}$$

Sendo "p" o semiperímetro.

II) medianas de um triângulo qualquer:

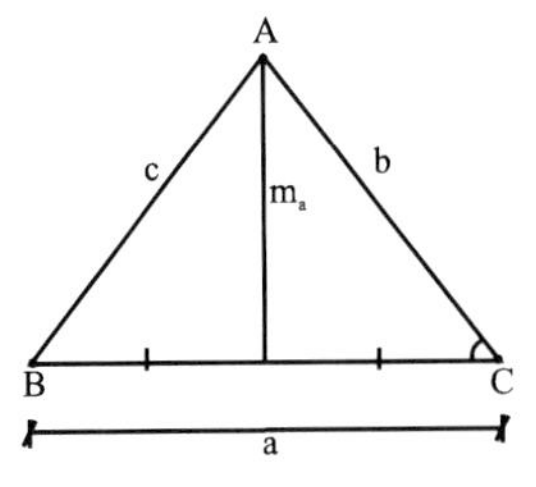

$$m_a = \frac{1}{2}\sqrt{2b^2 + 2c^2 - a^2}$$

$$m_b = \frac{1}{2}\sqrt{2a^2 + 2c^2 - b^2}$$

$$m_c = \frac{1}{2}\sqrt{2a^2 + 2b^2 - c^2}$$

III) Bissetrizes internas de um triângulo qualquer:

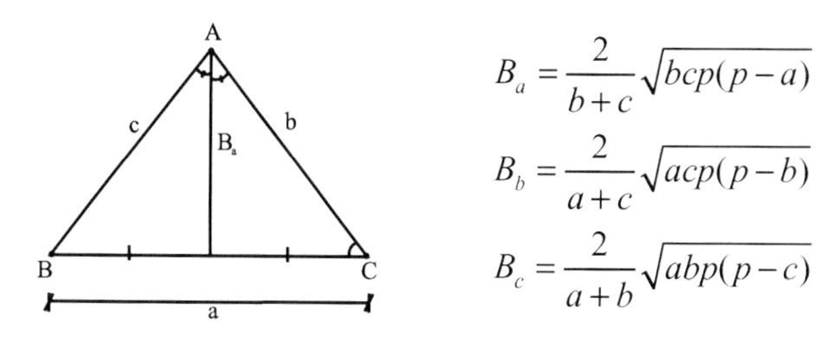

$$B_a = \frac{2}{b+c}\sqrt{bcp(p-a)}$$

$$B_b = \frac{2}{a+c}\sqrt{acp(p-b)}$$

$$B_c = \frac{2}{a+b}\sqrt{abp(p-c)}$$

IV) Bissetrizes externas de um triângulo qualquer:

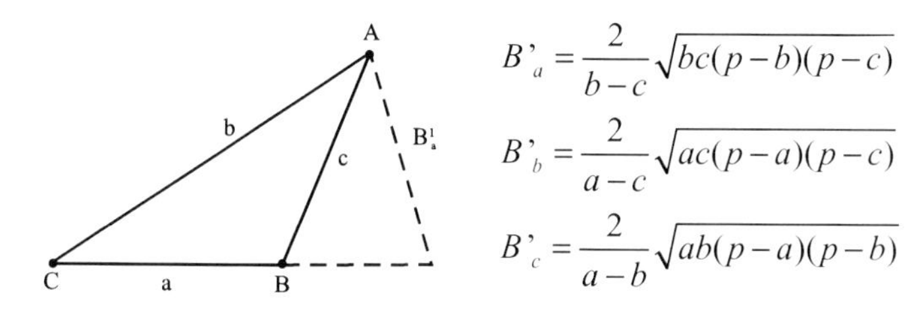

$$B'_a = \frac{2}{b-c}\sqrt{bc(p-b)(p-c)}$$

$$B'_b = \frac{2}{a-c}\sqrt{ac(p-a)(p-c)}$$

$$B'_c = \frac{2}{a-b}\sqrt{ab(p-a)(p-b)}$$

• TEOREMA DE CEVA

Consideremos em um triângulo ABC três cevianas, $\overline{AM}, \overline{BN}, \overline{CP}$. Se essas três cevianas forem concorrentes, então vale a relação abaixo:

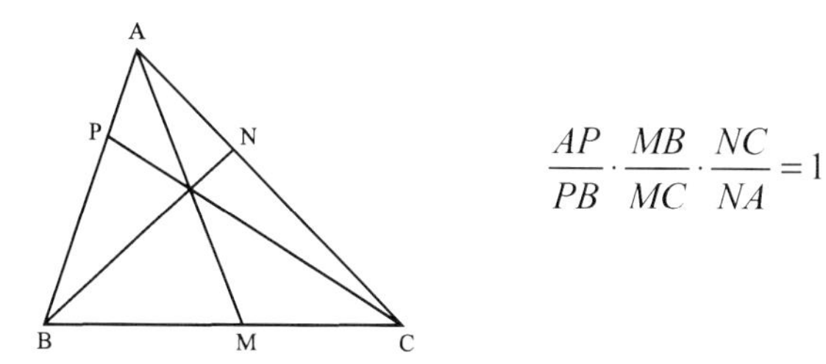

$$\frac{AP}{PB}\cdot\frac{MB}{MC}\cdot\frac{NC}{NA} = 1$$

• **Cevianas Isogonais**:

Num triângulo ABC duas cevianas internas ou externas que partem de um mesmo vértice A são chamadas isogonais quando fazem ângulos iguais com os lados AB e AC.

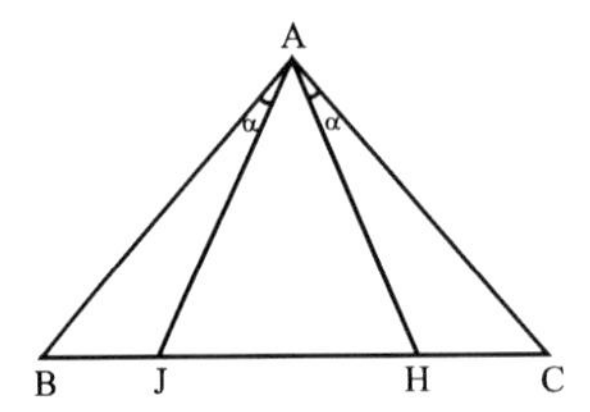

Se considerarmos o círculo circunscrito ao triângulo, a corda que contém uma das cevianas é chamada corda isogonal em relação à outra ceviana.

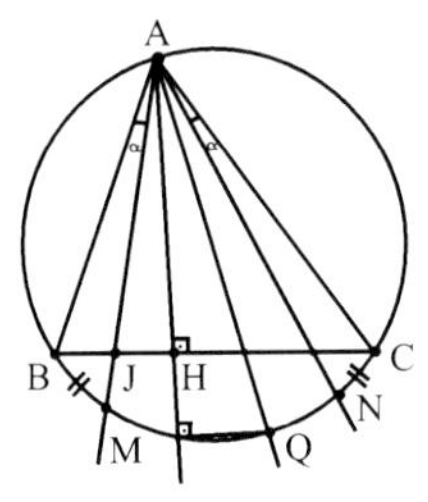

$\widehat{AN} \rightarrow$ corda isogonal de AJ como $\widehat{BM} = \widehat{CN}$ temos $MN \parallel BC$.

A corda isogonal de altura AH é o diâmetro AQ.

• TEOREMA

O produto de dois lados de um triângulo é igual ao produto de uma ceviana qualquer, que parte do vértice comum aos dois lados, pela sua corda isogonal.

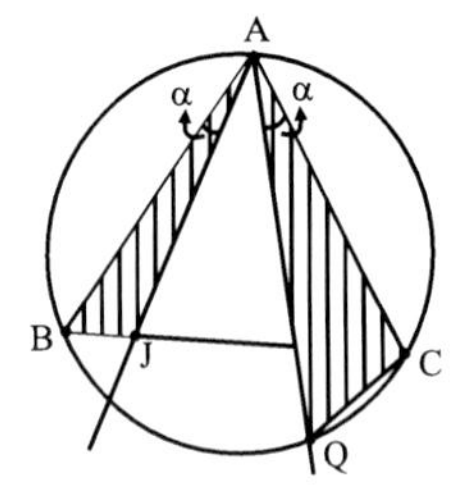

$$\Delta AJB \sim \Delta ACQ$$

$$\frac{c}{AQ} = \frac{AJ}{b} \therefore$$

$$\boxed{bc = AJ \cdot AQ}$$

Nota: Se $AJ = ha$ temos $AQ = 2R$ e $\boxed{bc = 2Rha}$

– POLÍGONOS INSCRITOS E CIRCUNSCRITOS

DEFINIÇÃO:

Um polígono convexo está inscrito numa circunferência se, e somente se, todos os seus vértices pertencem à circunferência.

Na figura, o hexágono convexo *ABCDEF* está inscrito na circunferência λ *(O, R)*.

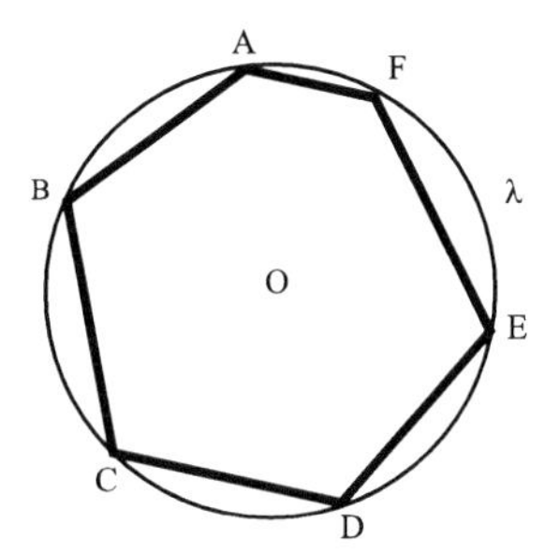

A circunferência λ diz-se circunscrita ao polígono convexo *ABCDEF*.

DEFINIÇÃO:

Um polígono convexo está circunscrito a uma circunferência se, e somente se, todos os seus lados tangenciam a circunferência.

Na figura, o pentágono convexo *ABCDE* está circunscrito à circunferência λ *(O, R)*.

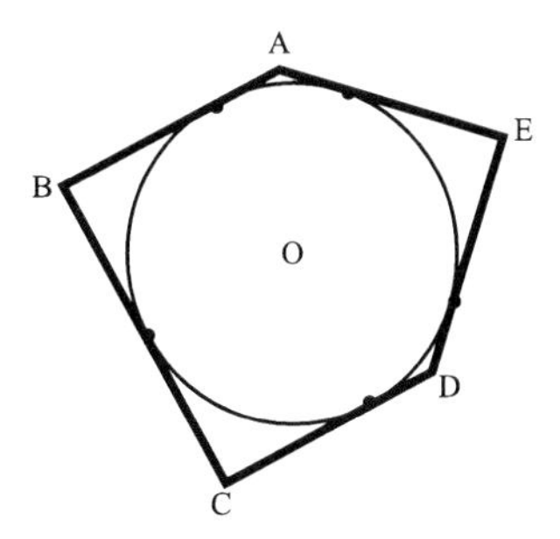

A circunferência λ diz-se inscrita no polígono *ABCDE*.

Um estudo sobre triângulo e quadrilátero convexo inscrito e circunscrito numa circunferência foi realizado em capítulos anteriores.

Pelo conceito de polígonos regulares, sabe-se que um polígono convexo é regular se, e somente se, esse polígono é eqüilátero e eqüiângulo.

A existência dos polígonos regulares é estabelecida pela propriedade enunciada a seguir.

– TEOREMA FUNDAMENTAL

> Se uma circunferência é dividida em $n(n \geq 3)$ arcos congruentes entre si, então:
>
> i) a união das cordas determinadas pelos arcos consecutivos forma um polígono regular inscrito de n lados e
>
> ii) a união dos segmentos determinados pelas tangentes construídas pelos pontos de divisão forma um polígono regular circunscrito com n lados.

Seja uma circunferência λ *(O,R)* dividida pelos pontos $A_1, A_2, ..., A_n$ em n arcos, $n \geq 3$.

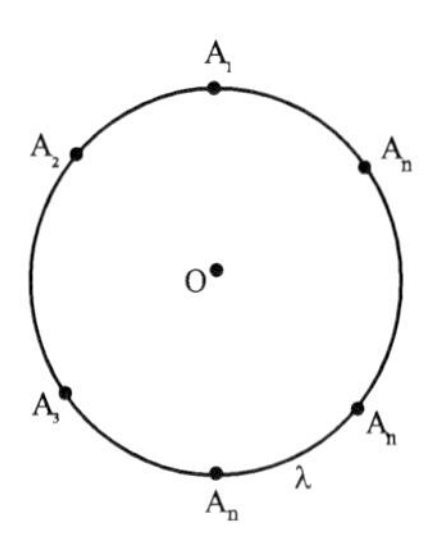

Parte - (i)

Hipótese: $\widehat{A_1A_2} = \widehat{A_2A_3} = \cdots = \widehat{A_nA_1}$.

Tese: Polígono $A_1, A_2, ..., A_n$ é regular inscrito.

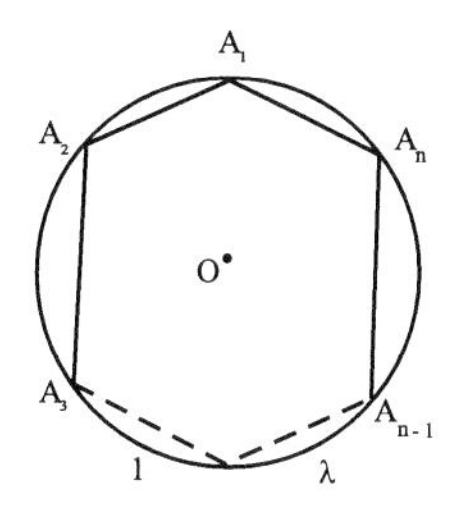

Partc - (ii)

Hipótese: $A_1A_2 = A_2A_3 = ... = A_nA_1$, $\overline{B_1B_2}, \overline{B_2B_3}, ...$ e $\overline{B_nB_1}$ são tangentes à circunferência nos pontos e respectivamente.

Tese: Polígono é regular circunscrito.

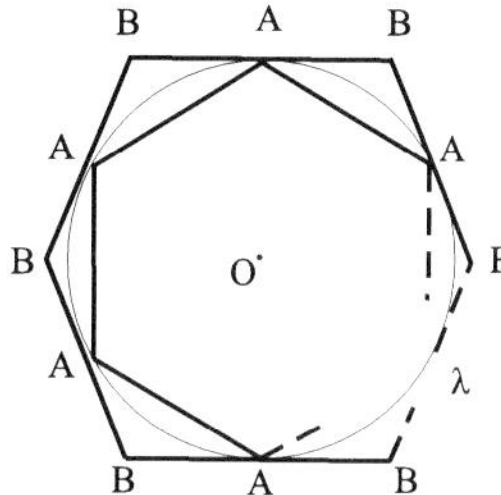

– TEOREMA RECÍPROCO

> Todo polígono regular
>
> i) é inscritível numa circunferência, e
>
> ii) é circunscritível a uma circunferência.

Parte -(i)

Hipótese: Polígono $A_1, A_2, ..., A_n$ é regular.

Tese: $A_1, A_2, ..., A_n$ é inscritível numa circunferência.

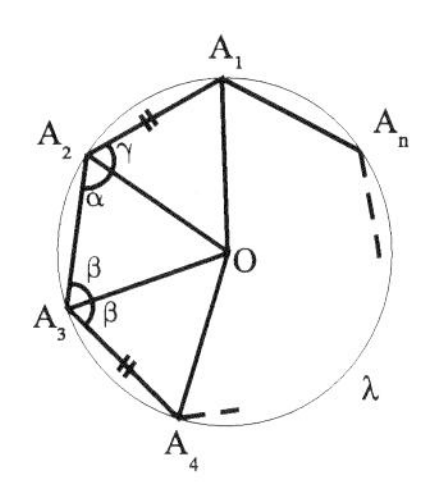

Parte - (ii)

Hipótese: Polígono $A_1, A_2, \ldots, A_n$ é regular.

Tese: $A_1, A_2, \ldots, A_n$ é circunscritível a uma circunferência.

– ELEMENTOS DE UM POLÍGONO REGULAR

Seja $A_1, A_2, \ldots, A_n$ um polígono regular inscrito em $\lambda_1\ (O,R)$ e circunscrito a $\lambda_2\ (O,r)$.

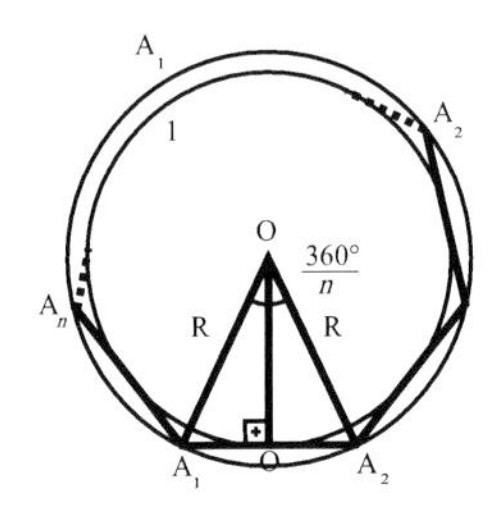

DEFINIÇÕES:

• **Centro** de um polígono regular é o centro comum às circunferências inscrita e circunscrita.

Na figura acima, O é o centro do polígono regular $A_1, A_2, \ldots, A_n$.

• **Apótema** é o segmento com extremidades no centro do polígono regular e no ponto médio de um lado.

Na figura acima, $\overline{OM}$ é um apótema do polígono regular $A_1, A_2, \ldots, A_n$.

A medida de um apótema é a medida de um raio da circunferência inscrita no polígono regular.

$OM = r$.

• **Ângulo cêntrico** de um polígono regular é o ângulo com vértice no centro do polígono e os lados contendo dois vértices consecutivos desse polígono.

Na figura, $\sphericalangle A_1OA_2$ é um ângulo cêntrico.

A medida de um ângulo cêntrico de um polígono regular com $n(n \geq 3)$ lados é $\frac{360^\circ}{n}$, ou seja, é a medida de um ângulo externo dese polígono.

– RELAÇÕES MÉTRICAS

Para um polígono regular de *n* lados, convencione que:

ℓ_n... medida de um lado.

a_n... medida de um apótema.

Calcular a seguir ℓ_n e a_n em função de *R*, raio da circunferência circunscrita, e descrever um método de construção do polígono.

– QUADRADO

i) Construção:

Para se inscrever um quadrado numa circunferência de centro O e raio *R*, constroem-se dois diâmetros perpendiculares $\overline{AC}$ e $\overline{BD}$. A circunferência fica dividida em quatro arcos congruentes, por corresponderem a ângulos centrais de medidas iguais a *90º*. Portanto, o polígono *ABCD* é um quadrado.

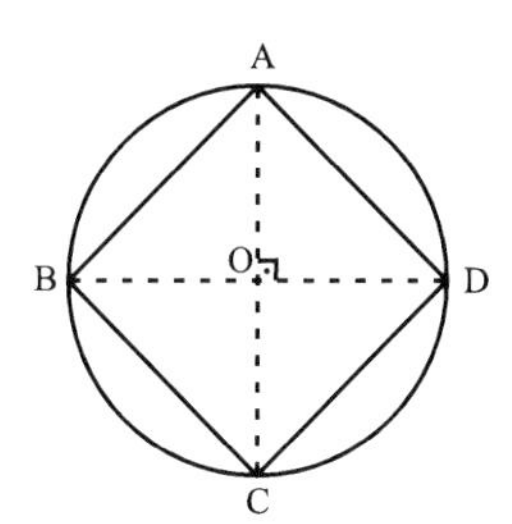

ii) Cálculo de ℓ_4 em função de *R*:

Aplicando-se o teorema de Pitágoras no ΔAOB retângulo e isósceles, tem-se:

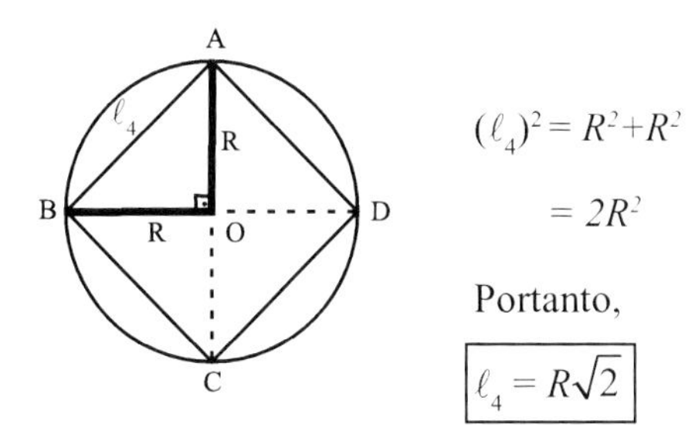

$$(\ell_4)^2 = R^2 + R^2$$

$$= 2R^2$$

Portanto,

$$\boxed{\ell_4 = R\sqrt{2}}$$

iii) Cálculo de a_4 em função de R:

O apótema $\overline{OM}$, sendo altura do triângulo retângulo isósceles AOB relativa à hipotenusa $\overline{AB}$, também é mediana, e assim:

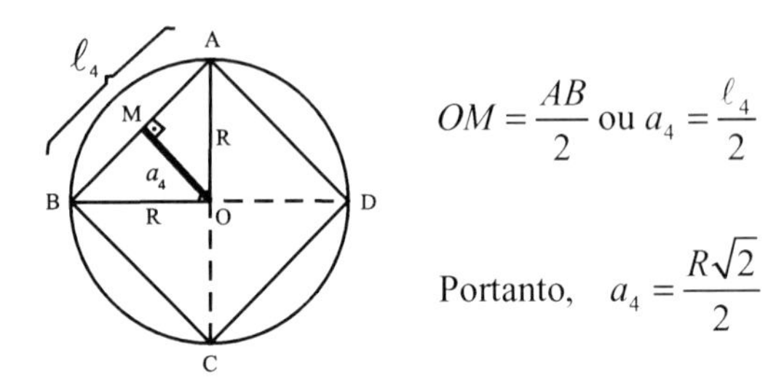

$$OM = \frac{AB}{2} \text{ ou } a_4 = \frac{\ell_4}{2}$$

Portanto, $a_4 = \dfrac{R\sqrt{2}}{2}$

– HEXÁGONO

i) Construção:

Para se inscrever um hexágono regular numa circunferência de centro O e raio R, é suficiente marcar consecutivamente, a partir de um ponto A da circunferência, com a abertura do compasso igual ao raio R, os arcos $\overset{\frown}{AB}, \overset{\frown}{BC}, \cdots \overset{\frown}{EF}$, construindo as correspondentes cordas.

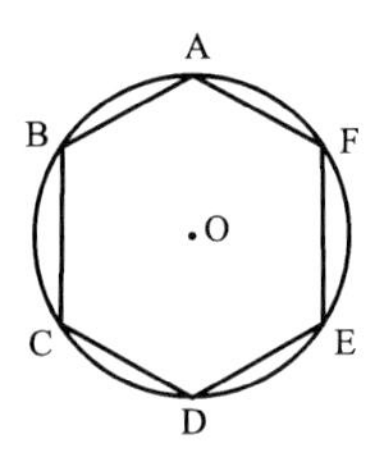

ii) Cálculo de ℓ_6 em função de R:

Seja $\overline{AB}$ um lado de um hexágono regular inscrito numa circunferência de centro O e raio R.

Construindo-se os segmentos $\overline{AO}$ e $\overline{BO}$, obtém-se:

$$A\hat{O}B = \frac{360^\circ}{6} = 60^\circ$$

O ΔAOB é isósceles, portanto:

$$O\hat{A}B = O\hat{B}A = \frac{180^\circ - 60^\circ}{2} = 60^\circ$$

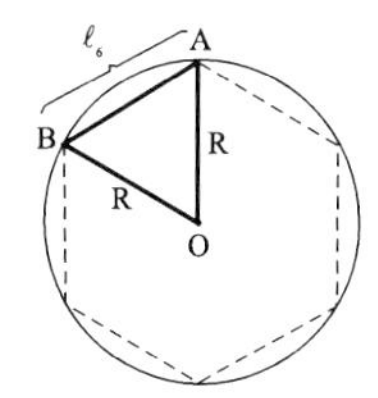

Logo o ΔAOB é eqüilátero, e:

$AB = OA = OB = R.$

Portanto, a medida de um lado de um hexágono regular inscrito é igual à do raio.

$$\boxed{\ell_6 = R}$$

iii) Cálculo de a_6 em função de R:

Aplicando-se o teorema de Pitágoras no ΔOMA retângulo em M, tem-se:

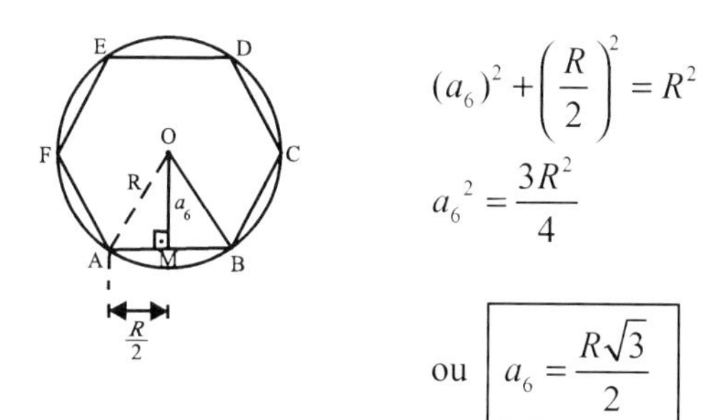

$$(a_6)^2 + \left(\frac{R}{2}\right)^2 = R^2$$

$$a_6^2 = \frac{3R^2}{4}$$

ou $$\boxed{a_6 = \frac{R\sqrt{3}}{2}}$$

– TRIÂNGULO EQÜILÁTERO

i) Construção:

Para se inscrever um triângulo eqüilátero numa circunferência de centro O e raio R, procede-se do seguinte modo:

1º – Divide-se a circunferência em seis arcos congruentes entre si, a partir de um ponto A qualquer, obtendo-se os pontos *B, C, D, E* e *F*;

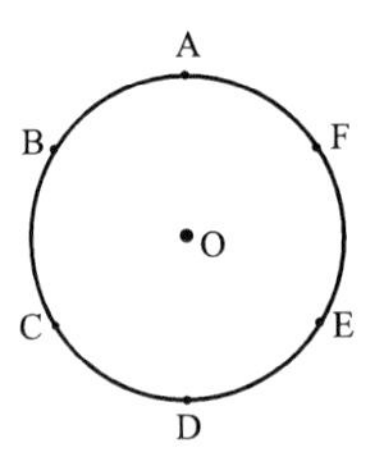

2º – Unem-se esses pontos alternadamente: *A* com *C, C* com *E* e *E* com *A*, obtendo-se o Δ *ACE*, que é eqüilátero, porque:

$$\overset{\frown}{ABC} = \overset{\frown}{CDE} = \overset{\frown}{EFA} = 120^{\circ}$$

ii) Cálculo de ℓ_3 em função de *R*:

Aplicando-se no ΔABC o teorema (lei) dos senos, tem-se:

$$\frac{BC}{sen\,60^{\circ}} = 2R$$

$$BC = 2R \cdot sen\,60^{\circ}$$

$$= 2R.\frac{\sqrt{3}}{2}$$

$$= R\sqrt{3}$$

$$ou\ \ \ell_3 = \boxed{R\sqrt{3}}$$

iii) Cálculo de a_3 em função de *R:*

No ΔABC eqüilátero, o quadrilátero convexo *BDCO* é um losango e, portanto:

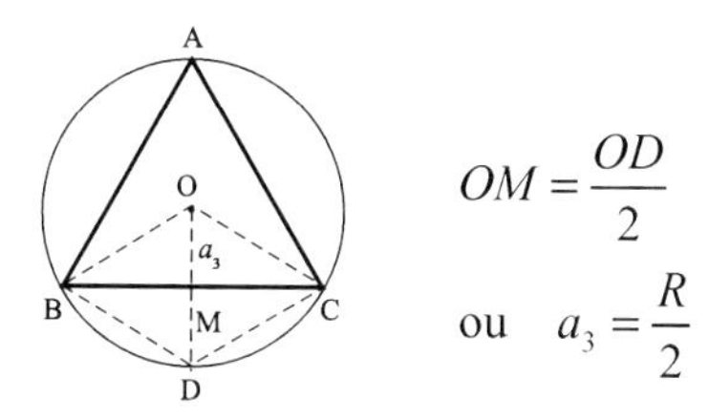

$$OM = \frac{OD}{2}$$

$$\text{ou} \quad a_3 = \frac{R}{2}$$

COMPRIMENTO DE UMA CIRCUNFERÊNCIA

– RETIFICAÇÃO DE UM ARCO

Considere um arco $\widehat{AB}$ de uma circunferência. Pode-se medi-lo tomando como unidade um outro arco de mesmo raio.

Na figura abaixo, o arco $\widehat{AB}$ da circunferência de centro O mede $4u$.

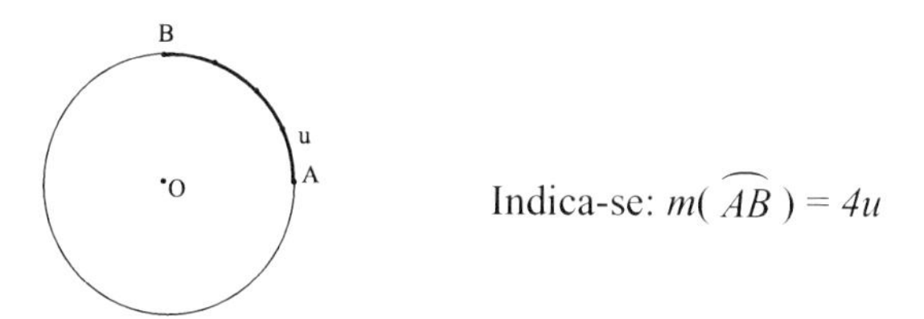

Indica-se: $m(\widehat{AB}) = 4u$

Entretanto a comparação entre um arco de circunferência e um segmento de reta não pode ser realizada diretamente, uma vez que um segmento de reta, por menor que seja, não se superpõe a um arco de circunferência, e então não se pode dizer quantos segmentos esse arco contém. O que se pode fazer de modo experimental é superpor, por exemplo, um fio de arame fino a um arco $\widehat{AB}$ de modo que cada uma das extremidades do arco coincida com as respectivas extremidades desse fio de arame. Esticando esse fio de modo a torná-lo bem próximo de um segmento de reta, pode-se medi-lo, sendo a medida assim obtida chamada comprimento do arco, conforme figura.

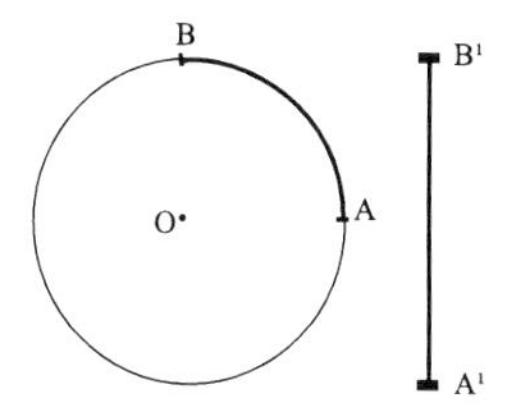

O segmento $\overline{A'B'}$ é chamado segmento retificante do arco $\widehat{AB}$.

Retificar uma curva é obter um segmento de reta de comprimento igual ao da curva.

2 – SEGMENTO RETIFICANTE DE UMA CIRCUNFERÊNCIA

Retificar uma circunferência é determinar um segmento de reta chamado segmento retificante da circunferência ou perímetro do círculo definido pela circunferência.

A medida do segmento retificante de uma circunferência ou do perímetro de um círculo é chamada comprimento da circunferência.

Na figura abaixo $\overline{P_1P_2}$, é o segmento retificante da circunferência de centro O e raio R.

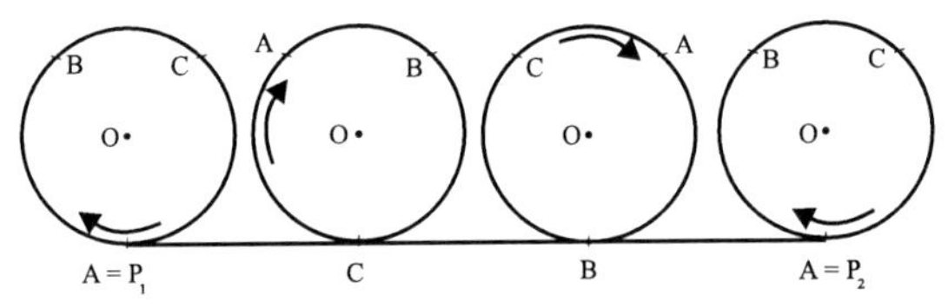

3 – RAZÃO DO COMPRIMENTO DE UMA CIRCUNFERÊNCIA PARA SEU DIÂMETRO

• TEOREMA

> A razão dos comprimentos de duas circunferências é a razão das medidas dos respectivos raios.

Hipótese: C e C' são os comprimentos das circunferências de raios R e R' respectivamente.

Tese: $\dfrac{C}{C'} = \dfrac{R}{R'}$

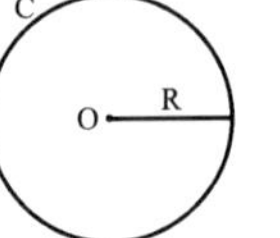

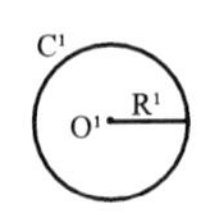

• CONSEQÜÊNCIA:

> A razão do comprimento de uma circunferência para a medida de seu diâmetro é constante.

De fato, pelo teorema anterior, tem-se:

$\frac{C}{C'} = \frac{R}{R'}$, ou seja, $\frac{C}{R} = \frac{C'}{R'}$ e daí resulta: $\frac{C}{2R} = \frac{C'}{2R'}$.

A razão constante do comprimento de uma circunferência para a medida de seu diâmetro se representa pela letra minúscula grega π (pi, inicial da palavra "perímetro").

– COMPRIMENTO DE UMA CIRCUNFERÊNCIA

• TEOREMA

> O comprimento de uma circunferência é o produto da medida de seu diâmetro pela constante π.

Hipótese: C é o comprimento de uma circunferência de raio R, π é a razão constante.

Tese: $C = 2\pi R$.

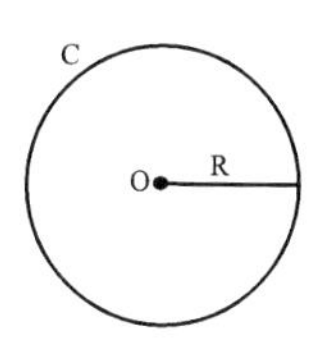

Com efeito, sendo C o comprimento de uma circunferência de raio R, pela conseqüência do teorema anterior, tem-se:

$\frac{C}{2R} = \pi$ ou $\boxed{C = 2\pi R.}$

• COMENTÁRIO

O número π que relaciona o comprimento de uma circunferência e a medida de seu diâmetro é **irracional**, pois não é possível exprimi-lo tanto como um número decimal finito tanto como um decimal periódico, ou seja, sua forma decimal é **infinita e não periódica**.

Um valor aproximado de π, calculado com seus dez primeiros algarismos decimais, é: ***3,1415926535***.

Para efeito de cálculos, adotar o valor *3,14*, aproximado por falta a menos de *0,01*.

– CÁLCULO DO NÚMERO π

• MÉTODO DE ARQUIMEDES OU DOS PERÍMETROS

Para o cálculo de valores aproximados de π, considere uma circunferência de raio R e polígonos regulares, de n lados cada um, inscritos e circunscritos a essa circunferência.

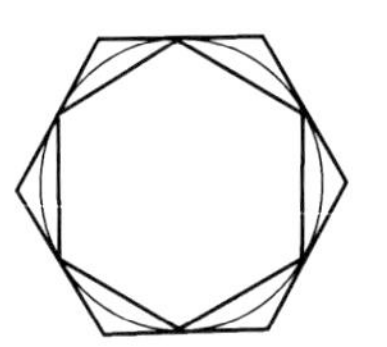

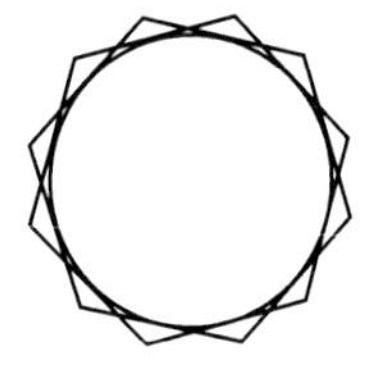

Indicando por:

C o comprimento da circunferência, p_i o perímetro dos polígonos inscritos e P_c o perímetro dos polígonos circunscritos, pode-se escrever:

$$p_i < C < P_c$$

Multiplicando-se cada membro da relação acima por $\frac{1}{2R}$, tem-se:

$$\frac{p_i}{2R} < \frac{C}{2R} < \frac{P_c}{2R} \quad \text{ou} \quad \frac{p_i}{2R} < \pi < \frac{P_c}{2R}$$

As razões $\frac{p_i}{2R}$ e $\frac{P_c}{2R}$ dão os valores de por falta e por excesso respectivamente.

Arquimedes foi provavelmente o primeiro a fazer esses cálculos: inicialmente usou um hexágono regular inscrito e outro circunscrito a uma circunferência, duplicando sucessivamente o número de lados do hexágono regular, ele chegou até um polígono regular de 96 lados.

Arquimedes achou que π está compreendido entre:

$$3+\frac{10}{71} \text{ e } 3+\frac{10}{70}$$

$$\text{ou } \frac{223}{71}<\pi<\frac{22}{7}$$

$$\text{ou } \boxed{3,14}0845<\pi<\boxed{3,14}2857$$

Repare que $\frac{22}{7}$ dá um valor exato até centésimos.

Aplicando-se a fórmula de duplicação do número de lados de um polígono regular pode-se calcular os valores de p_i e P_c, e em seguida os valores $\frac{p_i}{2R}$ *e* $\frac{P_c}{2R}$

A tabela abaixo exibe esses resultados.

n	$p_i/2R$	$P_c/2R$
6	3,00000	3,46411
12	3,10582	3,21540
24	3,13262	3,15967
48	3,13935	3,14609
96	3,14103	3,14272
192	3,14145	3,14188
384	3,14156	3,14167

π

Aumentando-se o número de lados dos polígonos regulares inscritos e circunscritos à circunferência obtém-se π com maior precisão.

– COMPRIMENTO DE UM ARCO DE CIRCUNFERÊNCIA

Um arco $\overset{\frown}{AB}$ de uma circunferência de raio R mede, em graus, α. Determinar a medida ℓ do arco $\overset{\frown}{AB}$ em unidades de comprimento, em função de R e α.

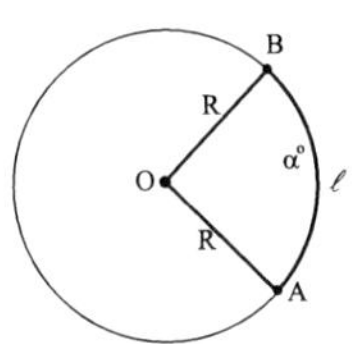

Como a mesma grandeza arco é medida usando duas unidades diferentes, resulta que as medidas obtidas são proporcionais. Assim, temos a regra de três simples e diretamente proporcional.

Comprimento		Grau
$2\pi R$	———	360
ℓ	———	α

ou seja, $\dfrac{2\pi R}{\ell} = \dfrac{360}{\alpha}$

Donde se conclui que $\boxed{\ell = \dfrac{\pi R \alpha}{180}}$

– RADIANO

Sejam uma circunferência de raio R e um arco $\overset{\frown}{AB}$ dessa circunferência, de comprimento R.

Adotando R como unidade de medida de comprimento dessa circunferência, definimos:

Um radiano é a medida de um arco de circunferência com comprimento igual à medida do raio dessa circunferência.

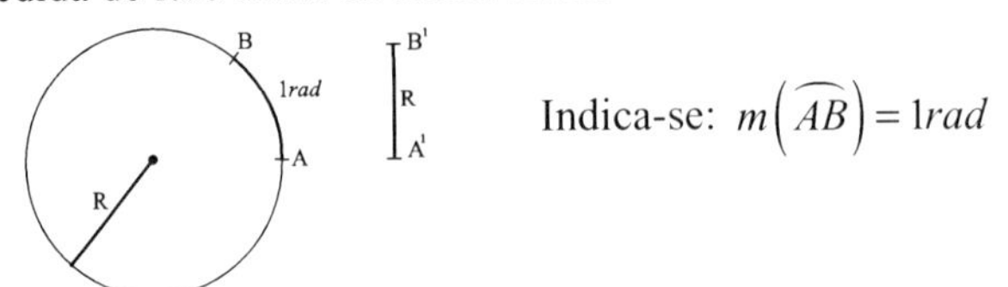

Indica-se: $m\left(\overset{\frown}{AB}\right) = 1 rad$

O segmento retificante $\overline{A'B'}$ do arco $\overset{\frown}{AB}$ mede R. Assim, a medida da circunferência de raio R, em radianos, é 2π. Pois:

Comprimento	Radiano
R ———————————	1
2πR ———————————	x

donde $\dfrac{R}{2\pi R} = \dfrac{1}{x}$ ou $x = 2\pi$

Portanto, uma circunferência mede, em radianos, 2π.

Por fim, a expressão do comprimento ℓ de um arco de circunferência de raio R que, em radianos, mede α é:

$\ell = \alpha .\, R$, pois:

Comprimento	Radiano
2πR ———————————	2π
ℓ ———————————	α

donde $\dfrac{2\pi R}{\ell} = \dfrac{2\pi}{\alpha}$ ou $\dfrac{R}{\ell} = \dfrac{1}{\alpha}$

Donde se conclui que $\boxed{\ell = \alpha \,.\, R}$

Nota:

1 rad corresponde a aproximadamente *57º 17' 45"*, adotando-se $\pi = 3{,}1415927$

APÊNDICE

SEGMENTO ÁUREO

• Seja um segmento de reta $\overline{AB}$ e um ponto C de $\overline{AB}$, tal que: $(AC)^2 = AB.BC$ *(1)*

O segmento $\overline{AC}$, cuja medida satisfaz a relação (*1*) é, por definição, o segmento áureo de $\overline{AB}$.

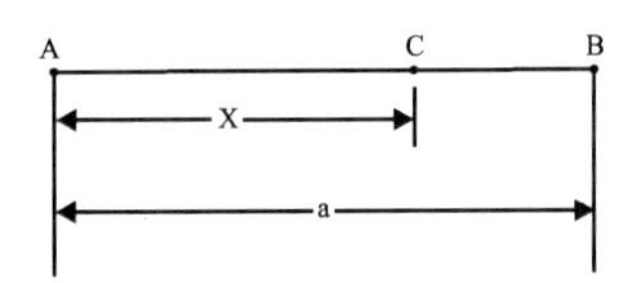

Fazendo-se $AB = a$ e $AC = x$, e substituindo-se na relação (*1*), tem-se:

$x^2 = a(a-x)$

ou

$x^2 + ax - a^2 = 0$

Resolvendo-se esta equação, na incógnita x, vem:

$x = \frac{a}{2}\left(\sqrt{5}-1\right)$ *ou* $x = -\frac{a}{2}\left(\sqrt{5}+1\right)$, valor este que não convém por ser negativo.

Logo, $x = \frac{a}{2}\left(\sqrt{5}-1\right)$.

Nota:

A razão $\frac{x}{a} = \frac{\sqrt{5}-1}{2}$ é chamada razão áurea.

$\frac{x}{a} \simeq 0,62$

• **Construção de um segmento áureo**

Dado $AB = a$, obter o segmento áureo de $\overline{AB}$.

A B

CONSTRUÇÃO:

1º – Traça-se uma circunferência de centro A e raio a.

2º – Traçam-se o diâmetro $\overline{BD}$ e o raio $\overline{AE}$ perpendiculares.

3º – Toma-se o ponto M médio de $\overline{AD}$.

4º – Transporta-se $\overline{ME}$ sobre o diâmetro $\overline{BD}$, obtendo-se o ponto C.

5º – O segmento $\overline{AC}$ é o segmento pedido.

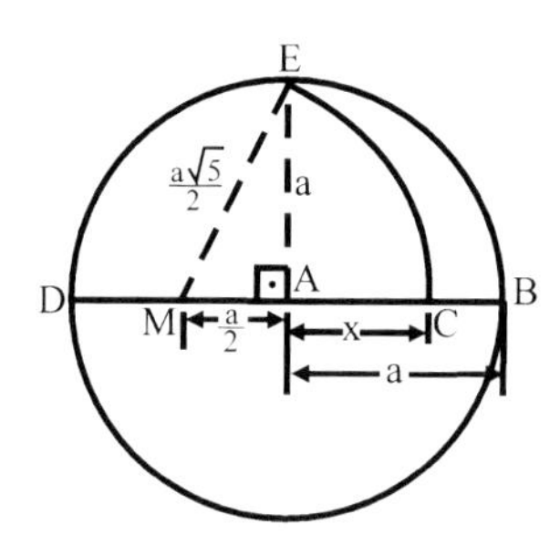

Prova:

No ΔEAM retângulo em A, tem-se:

$$ME = MC = \sqrt{a^2 + \left(\frac{a}{2}\right)^2} = \sqrt{\frac{5a^2}{4}} = \frac{a\sqrt{5}}{2}$$

Portanto:

$$\begin{aligned} AC &= MC - MA \\ &= \frac{a\sqrt{5}}{2} - \frac{a}{2} \\ &= \frac{a}{2}\left(\sqrt{5} - 1\right) \end{aligned}$$

– DECÁGONO REGULAR

i) Cálculo de ℓ_{10} em função de R:

Seja $\overline{AB}$ o lado de um decágono regular inscrito numa circunferência de raio R.

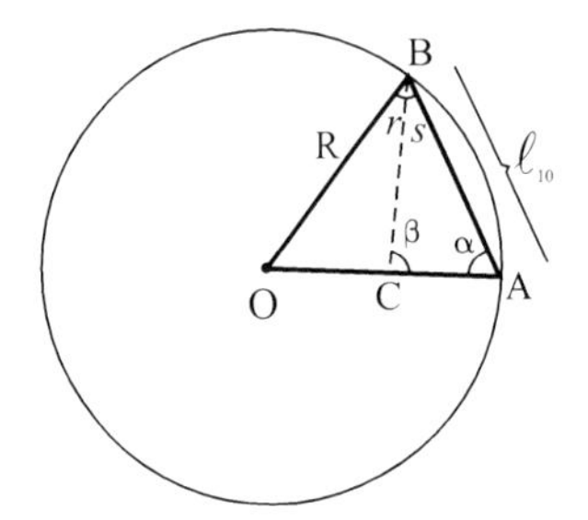

O ângulo central AOB mede:

$$A\hat{O}B = \frac{360^\circ}{10} = 36^\circ$$

No Δ AOB isósceles, $\sphericalangle A$ e $\sphericalangle B$, de medidas α e $r + s$, valem:

$$\frac{180^\circ - 36^\circ}{2} = \frac{144^\circ}{2} = 72^\circ \quad (1)$$

Construindo-se a bissetriz $\overrightarrow{BC}$ do $\sphericalangle B$, tem-se: r = s = $\frac{72^\circ}{2} = 36^\circ$

Logo o ΔBOC é isósceles e $OC = BC$.

No ΔABC, o $\sphericalangle C$ de medida β vale:

180º – 36º – 72º = 72º (2)

De (*1*) e (*2*), tem-se que α = β e o ΔABC é isósceles.

Portanto, $AB = BC = OC = \ell_{10}$ (3)

Aplicando-se o teorema da bissetriz interna no ΔAOB, tem-se:

$$\frac{OC}{OB} = \frac{AC}{AB} \quad (4)$$

Substituindo-se (*3*) em (*4*), vem:

$$\frac{\ell_{10}}{R} = \frac{R - \ell_{10}}{\ell_{10}}$$

ou

$$\left(\ell_{10}\right)^2 = R\left(R - \ell_{10}\right)$$

Donde se conclui que o lado de um decágono regular é **segmento áureo** do raio.

Conclusão:

$$\ell_{10} = \frac{R}{2}\left(\sqrt{5}-1\right)$$

ii) Construção:

A construção do ℓ_{10} baseia-se na construção do segmento áureo de um segmento dado.

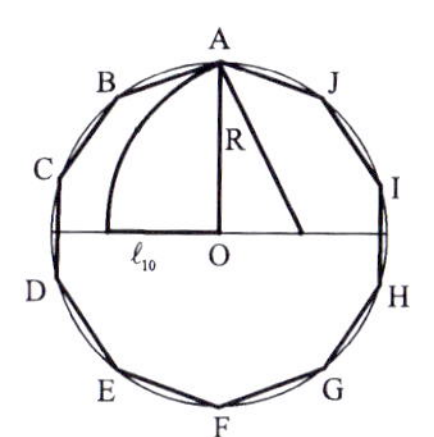

iii) Cálculo de a_{10} em função de *R*:

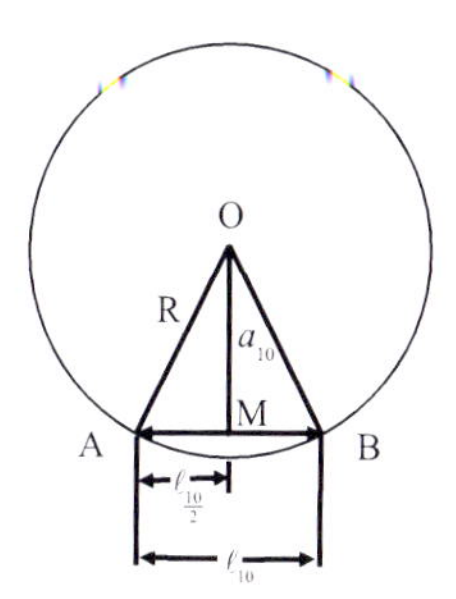

No ΔAMO, retângulo em M, tem-se:

$(OM)^2 = (OA)^2 - (AM)^2$ (1)

Substituindo-se em (*1*): OM = a_{10}, $AO = R$ e $AM = \frac{1}{2}\cdot\ell_{10} = \frac{R}{4}\left(\sqrt{5}-1\right)$, vem:

$$\left(a_{10}\right)^2 = R^2 - \left[\frac{R}{4}\left(\sqrt{5}-1\right)\right]^2$$

$$= R^2 - \frac{R^2}{16}\left(6-2\sqrt{5}\right)$$

$$= \frac{1}{16}\left[R^2\left(10+2\sqrt{5}\right)\right]$$

$$a_{10} = \frac{R}{4}\sqrt{10+2\sqrt{5}}$$

– PENTÁGONO REGULAR

i) Cálculo de ℓ_5 em função de *R*:

Seja $\overline{AB}$ o lado do decágono regular inscrito na circunferência de raio R.

Na semi-reta oposta a $\overrightarrow{BA}$, seja um ponto C tal que $AC = AO = R$. Construir $\overline{OC}$.

O segmento $\overline{OC}$ é um lado do pentágono regular inscrito na circunferência de raio $AO = AC = R$; porque o $\measuredangle CAO$ mede 72º.

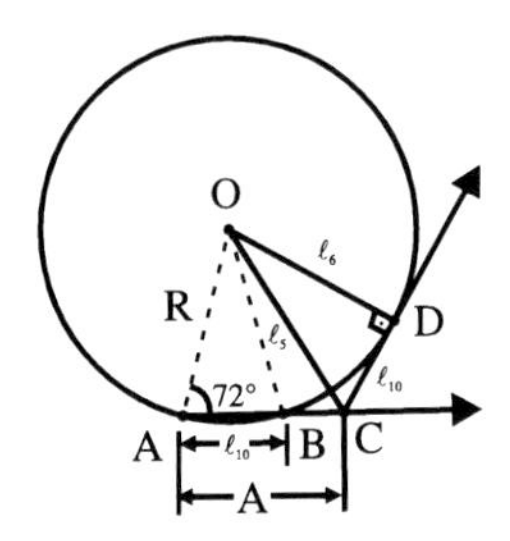

Pelo ponto C, trace $\overrightarrow{CD}$ tangente à circunferência. Aplicando-se a propriedade da potência de ponto, tem-se:

$(CD)^2 = AC \cdot CB$ (1)

Sendo $\overline{AB}$ segmento áureo do raio $\overline{AC}$, tem-se:

$(AB)^2 = AC \cdot CB$ (2)

Das relações (*1*) e (*2*), vem:

$(CD)^2 = (AB)^2 \therefore CD = AB$, onde $CD = \ell_{10}$.

Portanto o ΔCDO, retângulo em D, tem por hipotenusa um lado do pentágono regular e por catetos os lados do hexágono regular e do decágono regular.

Cálculo do ℓ_5:

Aplicando-se o teorema de Pitágoras no ΔCDO, tem-se:

$$(OC)^2 = (OD)^2 + (CD)^2$$
$$(\ell_5)^2 = (\ell_6)^2 + (\ell_{10})^2$$

$$= R^2 + \left[\frac{R}{2}(\sqrt{5}-1)\right]^2$$
$$= \frac{1}{4}\left[R^2\left(10-2\sqrt{5}\right)\right]$$

$$\boxed{\ell_5 = \frac{R}{2}\sqrt{10-2\sqrt{5}}}$$

ii) Construção:

1º – Constrói-se o ℓ_{10}.

2º – Constrói-se um triângulo retângulo de catetos R e ℓ_{10}.

3º – A hipotenusa desse triângulo é o ℓ_5, conforme demonstração do item *i*.

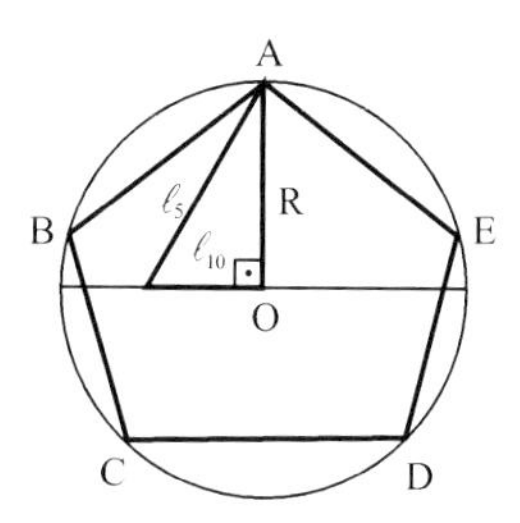

iii) Cálculo de a_5 em função de *R*:

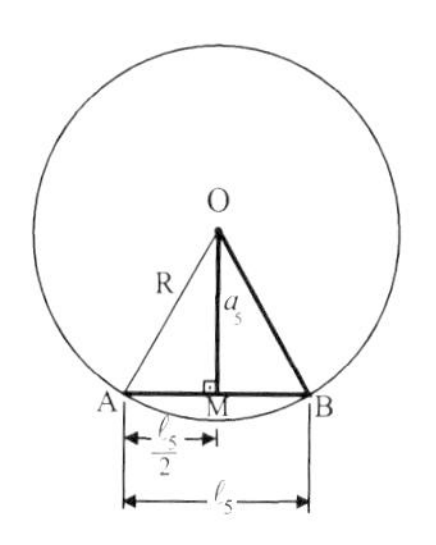

No ΔAMO, retângulo em M, tem-se:

$(OM)^2 = (AO)^2 - (AM)^2$ (1)

Substituindo-se em (*1*): $OM = a_5$, $AO = R$ e $AM = \frac{1}{2}.\ell_5 = \frac{R}{4}\sqrt{10-2\sqrt{5}}$ vem:

$$(a_5)^2 = R^2 - \left(\frac{R}{4}\sqrt{10-2\sqrt{5}}\right)^2$$

$$\boxed{a_5 = \frac{R}{4}\left(\sqrt{5}+1\right)}$$

$$= R^2 - \frac{R^2}{16}\left(10-2\sqrt{5}\right)$$

$$= \frac{1}{16}\left[R^2\left(\sqrt{5}+1\right)\right]$$

– EXPRESSÃO GERAL DO APÓTEMA

Vamos estabeleçer uma expressão que permita calcular a medida do apótema de um polígono regular em função da medida de um lado e do raio da circunferência circunscrita:

Sejam $\overline{AB}$ um lado de medida ℓ_n de um polígono regular de *n* lados, $\overline{OM}$ o apótema de medida a_n e *R* o raio da circunferência circunscrita.

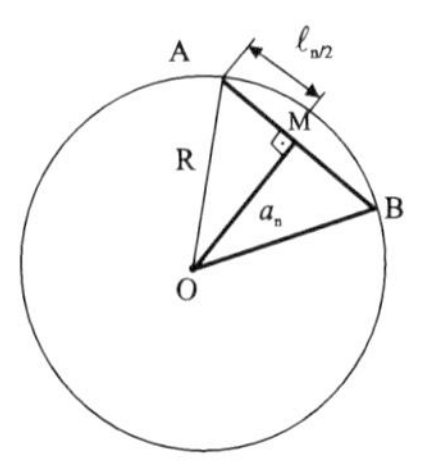

No ΔAMO, retângulo em *M*, tem-se:

$$(a_n)^2 = R^2 - \left(\frac{\ell_n}{2}\right)^2$$

$$= \frac{4R^2 - (\ell_n)^2}{4}$$

$$\boxed{a_n = \frac{1}{2}\sqrt{4R^2 - (\ell_n)^2}}$$

– POLÍGONO REGULAR DE 2n LADOS

Dado um polígono regular de *2n* lados e a medida ℓ_n de um polígono de *n* lados, vamos calcular ℓ_{2n} em função de ℓ_n:

Seja $\overline{AB}$ o lado de medida ℓ_n do polígono de *n* lados. Trace o diâmetro $\overline{CD}$ perpendicular à corda $\overline{AB}$ em *M*. O ponto *C* divide o arco *AB* em dois arcos congruentes. Logo, a cada lado do polígono dado, corresponderão dois lados e, portanto $\overline{AC}$ será um lado do polígono de *2n* lados, cuja medida será indicada por ℓ_{2n}.

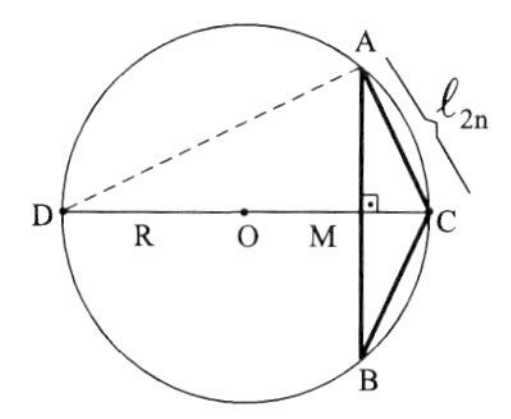

Aplicando-se uma das relações métricas no ΔCAD, retângulo em A, tem-se:

$(AC)^2 = CD \cdot CM$ (1)

Mas, $CM = R - OM$, $CD = 2R$, $AC = \ell_{2n}$ e $OM = \frac{1}{2}\sqrt{4R^2 - (\ell_n)^2}$, como apótema do polígono regular de n lados.

Substituindo-se esses valores em (*1*), vem:

$$(\ell_{2n})^2 = 2R \cdot \left[R - \frac{1}{2}\sqrt{4R^2 - (\ell_n)^2} \right]$$
$$= 2R^2 - R\sqrt{4R^2 - (\ell_n)^2}$$
$$= R\left(2R - \sqrt{4R^2 - (\ell_n)^2}\right)$$

Donde, $\ell_{2n} = \sqrt{R\left(2R - \sqrt{4R^2 - (\ell_n)^2}\right)}$

Cálculo dos Lados e Apótemas dos Principais Polígonos Regulares, em função do Raio do Círculo Circunscrito (o polígono está inscrito):

	LADO	APÓTEMA
1) Triângulo Equilátero	$\ell_3 = R\sqrt{3}$	$a_3 = \frac{R}{2}$
2) Quadrado	$\ell_4 = R\sqrt{2}$	$a_4 = \frac{R\sqrt{2}}{2}$
3) Pentágono	$\ell_5 = \frac{R\sqrt{10 - 2\sqrt{5}}}{4}$	$a_5 = \frac{R\left(\sqrt{5} + 1\right)}{2}$

4) Hexágono	$\ell_6 = R$	$a_6 = \dfrac{R\sqrt{3}}{2}$
5) Octógono	$\ell_8 = R\sqrt{2-\sqrt{2}}$	$a_8 = \dfrac{R\sqrt{2+\sqrt{2}}}{2}$
6) Decágono	$\ell_{10} = \dfrac{R\left(\sqrt{5}-1\right)}{2}$	$a_{10} = \dfrac{R\sqrt{10+2\sqrt{5}}}{4}$
7) Dodecágono	$\ell_{12} = R\sqrt{2-\sqrt{3}}$	$a_{12} = \dfrac{R\sqrt{2+\sqrt{3}}}{2}$

OBS.: $\sqrt{2} \cong 1,414$ $\quad \sqrt{3} \cong 1,732$ $\quad \sqrt{5} \cong 2,236$ $\quad \sqrt{6} \cong 2,44$

Cálculo dos Lados e Apótemas dos Polígonos Regulares em função do Raio do Círculo Inscrito (o polígono está Circunscrito):

	LADO	APÓTEMA
1) Triângulo Equilátero	$\ell_3 = 2R\sqrt{3}$	$a_3 = R$
2) Quadrado	$\ell_4 = 2R$	$a_4 = R$
3) Hexágono	$\ell_6 = \dfrac{2R\sqrt{3}}{3}$	$a_6 = R$

Razão Fundamental

A razão entre dois lados é igual a razão entre dois apótemas

$$\boxed{\frac{\ell_n}{L_n} = \frac{a_n}{R}}$$

• **Posições Relativas de dois Círculos:**

Notação: d = distância entre os raios. R = raio da maior circunferência. r = raio da menor circunferência.

1) Círculos Exteriores:

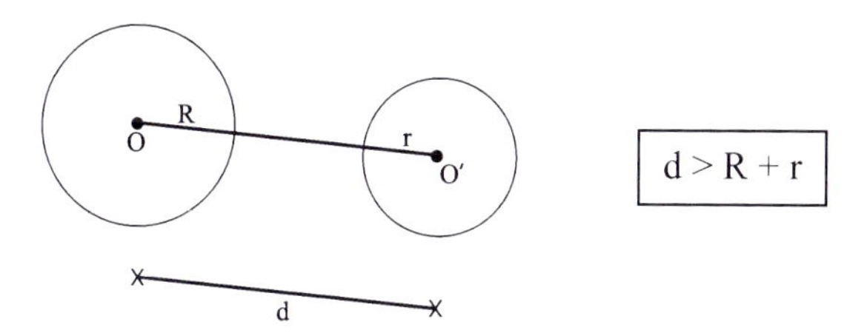

2) Círculos Tangentes Exteriormente:

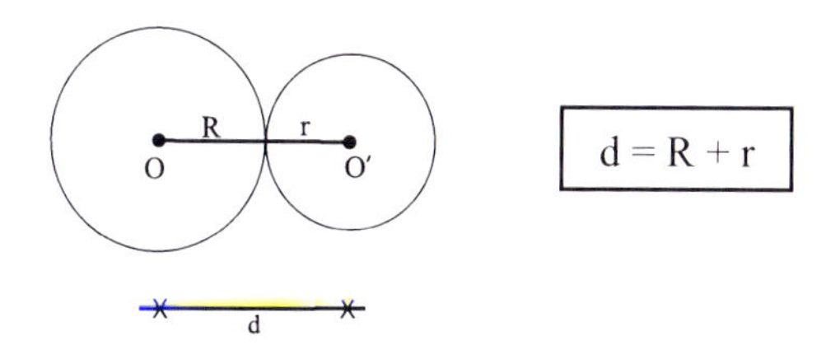

3) Círculos Secantes:

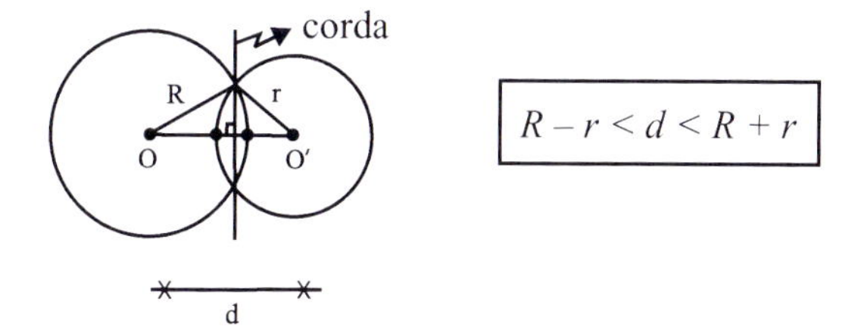

OBS.: A corda comum é perpendicular à distância entre os centros e fica dividida em partes iguais.

4) Círculos Tangentes Interiormente:

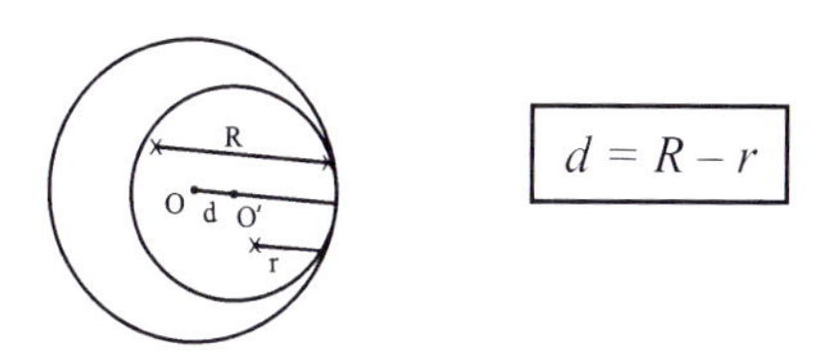

5) Círculos Interiores:

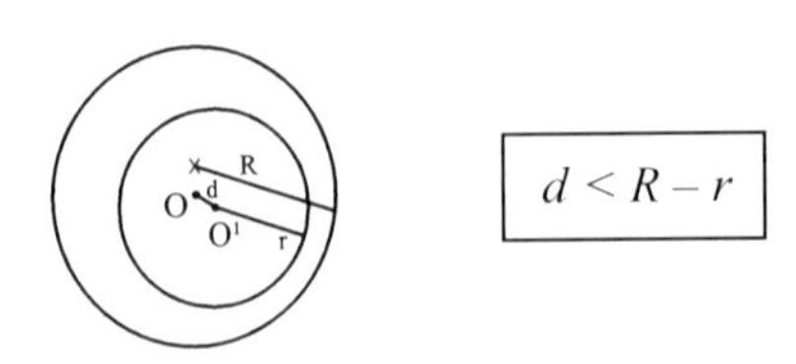

6) Círculos Concêntricos:

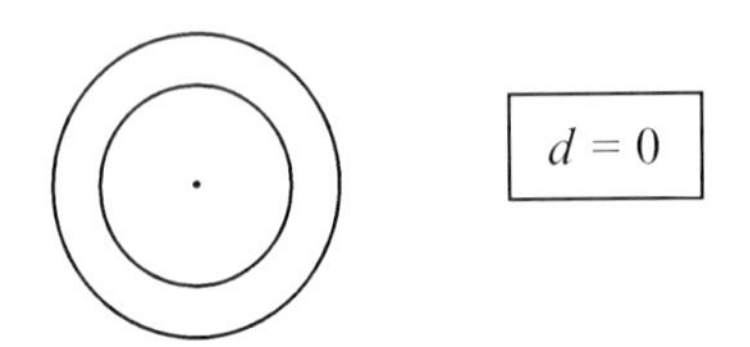

☑ EXERCÍCIOS PROPOSTOS:

195) (EPUSP) Os lados de um triângulo estão na razão *6 : 8 : 9*. Então:

a) O triângulo é obtusângulo.

b) O triângulo é acutângulo.

c) Os ângulos estão na razão *6 : 8 : 9*.

d) O ângulo oposto ao lado maior é o dobro do ângulo oposto ao lado menor.

e) Nenhuma das respostas anteriores.

196) (IISCUSP) Dado o triângulo *ABC* tal que $\overline{AC} = 2, \overline{BC} = \sqrt{3}, \hat{C} = \frac{\pi}{6}$, temos:

a) $\overline{AB} = 3$

b) $\overline{AB} = \sqrt{3}$

c) $\overline{AB} = 2$

d) $\overline{AB} = \sqrt{2}$

e) Nada disso

197) (PUC-SP) a, b e c são as medidas dos lados de um triângulo ABC. Então se:

a) $a^2 < b^2 + c^2$, o triângulo ABC é retângulo.

b) $a^2 = b^2 + c^2$, o lado a mede a soma das medidas de b e c.

c) $a^2 > b^2 + c^2$, o ângulo oposto ao lado que mede a é obtuso.

d) $b^2 = a^2 + c^2$, a é hipotenusa e b e c são catetos.

e) Nenhuma das anteriores é correta.

198) (FEI) Assinale a alternativa *falsa* quanto ao tipo do triângulo, dados os lados a, b e c.

a) Se $a = 13$, $b = 5$, $c = 12$, o triângulo é retângulo.

b) Se $a = 18$, $b = 5$, $c = 12$, é um triângulo.

c) Se $a = 5$, $b = 5$, $c = 5$, o triângulo é eqüilátero.

d) Se $a = 5$, $b = 7$, $c = 7$, o triângulo é isósceles.

e) Se $a = 1$, $b = 2$, $c = 3$, não é triângulo.

199) (FUVEST) ABC é eqüilátero de lado 4; $\overline{AM} = \overline{MC} = 2$, $\overline{AP} = 3$ e $\overline{PB} = 1$. O perímetro do triângulo APM é:

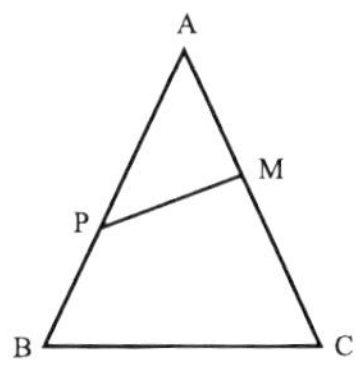

a) $5+\sqrt{7}$

b) $5+\sqrt{10}$

c) $5+\sqrt{19}$

d) $5+\sqrt{13-6\sqrt{3}}$

e) $5+\sqrt{13+6\sqrt{3}}$

200) (U.F.BA) Na figura abaixo, $AB = 3cm$, $BC = 4cm$ e $\hat{B} = 60^o$. AD é aproximadamente igual a:

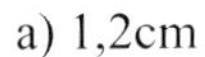
a) 1,2cm

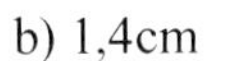
b) 1,4cm

c) 1,54cm

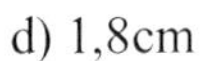
d) 1,8cm

e) 2,04cm

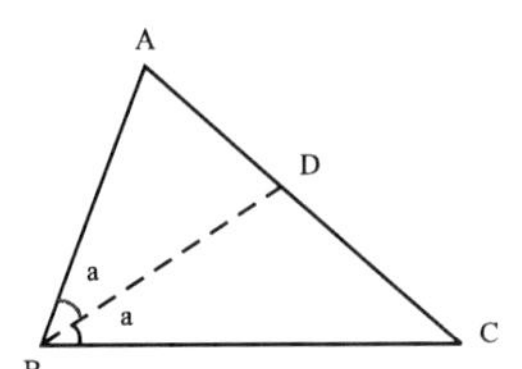

201) (CESESP) "Com três segmentos de comprimentos iguais a *10cm, 12cm e 23cm...*

a) é possível formar apenas um triângulo retângulo."

b) é possível formar apenas um triângulo obtusângulo."

c) é possível formar apenas um triângulo acutângulo."

d) não é possível formar um triângulo."

e) é possível formar qualquer um dos triângulos: retângulo, acutângulo ou obtusângulo."

202) (PUC-SP) A diagonal de um paralelogramo divide um dos ângulos internos em dois outros, um de 60° e outro de 45°. A razão entre os lados menor e maior do paralelogramo é:

a) $\frac{\sqrt{3}}{6}$

b) $\frac{\sqrt{2}}{2}$

c) $\frac{2\sqrt{3}}{9}$

d) $\frac{\sqrt{6}}{3}$

e) $\frac{\sqrt{3}}{3}$

203) (ITA) Num losango *ABCD* a soma das medidas dos ângulos obtusos é o triplo da soma das medidas dos ângulos agudos. Se a sua diagonal menor mede *dcm*, então sua aresta medirá:

a) $\dfrac{d}{\sqrt{2+\sqrt{2}}}$

b) $\dfrac{d}{\sqrt{2-\sqrt{2}}}$

c) $\dfrac{d}{\sqrt{2+\sqrt{3}}}$

d) $\dfrac{d}{\sqrt{3-\sqrt{3}}}$

e) $\dfrac{d}{\sqrt{3-\sqrt{2}}}$

204) (CESGRANRIO) Se *4cm, 5cm e 6cm* são as medidas dos lados de um triângulo, então o co-seno do seu menor ângulo vale:

a) $\dfrac{5}{6}$

b) $\dfrac{4}{5}$

c) $\dfrac{3}{4}$

d) $\dfrac{2}{3}$

e) $\dfrac{1}{2}$

205) (FUVEST) Um triângulo *T* tem lados iguais a *4, 5 e 6*. O co-seno do maior ângulo de *T* é:

a) $\frac{5}{6}$

b) $\frac{4}{5}$

c) $\frac{3}{4}$

d) $\frac{2}{3}$

e) $\frac{1}{8}$

206) (FESP) Na figura abaixo, *ABC* e *BDE* são triângulos eqüiláteros de lados $2a$ e a, respectivamente. Podemos afirmar, então, que o segmento $\overline{CD}$ mede:

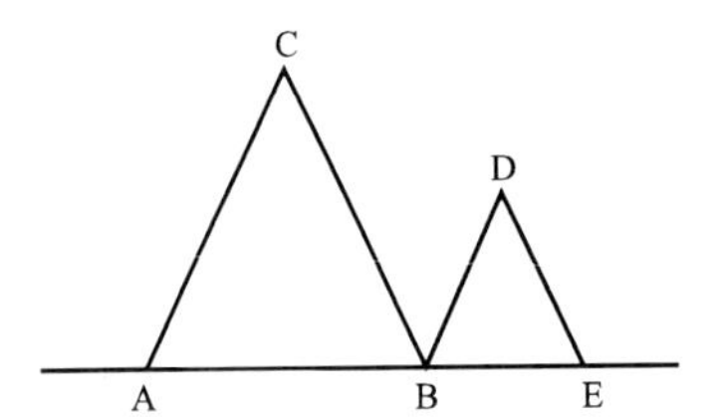

a) $a\sqrt{2}$

b) $a\sqrt{6}$

c) $2a$

d) $2a\sqrt{5}$

e) $a\sqrt{3}$

207) (U.F.MG) Observe a figura.

O triângulo ABC está inscrito num semicírculo de diâmetro AB e centro O. As medidas do ângulo COA e do lado AC são respectivamente, 120º e $4\sqrt{3}\ cm$. A medida do raio do círculo, em cm, é:

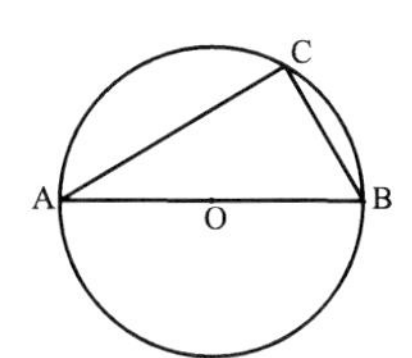

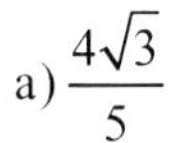
a) $\dfrac{4\sqrt{3}}{5}$

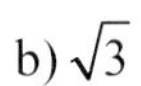
b) $\sqrt{3}$

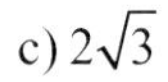
c) $2\sqrt{3}$

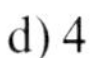
d) 4

e) 9

208) (U.F.CE) Os lados AC e CD dos triângulos eqüiláteros ABC e CED medem respectivamente $6m$ e $3m$. Os segmentos AC e CD estão numa reta r, são consecutivos e AD mede $9m$. Se os vértices B e E estão no mesmo semiplano determinado por r, então o perímetro, em metros, do quadrilátero $ABED$ é igual a:

a) $3\left(6+\sqrt{3}\right)$

b) $3\left(6+\dfrac{\sqrt{5}}{3}\right)$

c) $3\left(7+\dfrac{\sqrt{2}}{2}\right)$

d) $3\left(8-\dfrac{\sqrt{2}}{4}\right)$

e) $3\left(7+\dfrac{\sqrt{3}}{2}\right)$

209) (ITA) O número de diagonais de um polígono regular de *2n* lados, que não passam pelo centro da circunferência circunscrita a este polígono, é dado por:

a) $2n(n-2)$

b) $2n(n-1)$

c) $2n(n-3)$

d) $\dfrac{n(n-5)}{2}$

e) n.d.a.

210) (FATEC) Os pontos *A, B* e *C* pertencem a uma circunferência σ; *AB* e *AC* são, respectivamente, os lados do quadrado e do triângulo eqüilátero inscrito em σ. Se, ainda, o triângulo *ABC* tem área mínima, então:

a) o ângulo interno $\hat{A}$ mede 15º.

b) o arco *BC* divide σ em *8* arcos congruentes.

c) a razão entre $\overline{AB}$ e $\overline{AC}$ é, nesta ordem, $\dfrac{\sqrt{3}}{2}$.

d) a razão entre o raio *R* de σ e $\overline{BC}$ é, nesta ordem, $\dfrac{\sqrt{5}}{5}$.

211) (PUC-SP) O matemático *K. F. Gauss (1777-1855)* demonstrou que um polígono regular com *p* lados, onde *p* é primo, só pode ser construído com régua e compasso se *p* é da forma $2^{2n} - 1$, com *n* natural.

Qual dos polígonos abaixo não pode ser construído com régua e compasso?

a) pentágono

b) hexágono

c) heptágono

d) octógono

e) heptadecágono

212) (PUC-SP) Qual é a medida do lado de um polígono regular de *12* lados, inscrito num círculo de raio unitário?

a) $2+\sqrt{3}$

b) $\sqrt{2-\sqrt{3}}$

c) $\sqrt{3}-1$

d) $\frac{1}{2}+\frac{\sqrt{3}}{2}$

e) $\frac{\sqrt{3}}{2}-\frac{1}{2}$

213) (PUC-SP) A figura mostra um hexágono regular de lado a. A diagonal AB mede:

a) $2a$

b) $a\sqrt{2}$

c) $\frac{a\sqrt{3}}{2}$

d) $a\sqrt{3}$

e) $\frac{2a\sqrt{2}}{3}$

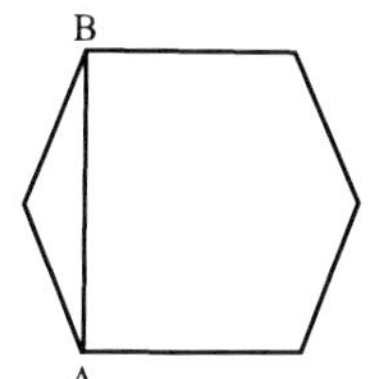

214) (ITA) A soma das medidas dos ângulos internos de um polígono regular é 2160°. Então o número de diagonais deste polígono, que não passam pelo centro da circunferência que o circunscreve, é:

a) 50

b) 60

c) 70

d) 80

e) 90

215) (ITA) Considere uma circunferência de centro em *O* e diâmetro *AB*. Tome um segmento *BC* tangente à circunferência, de modo que o ângulo $B\hat{C}A$ meça *30º*. Seja *D* o ponto de encontro da circunferência com o segmento *AC* e *DE* o segmento paralelo a *AB*, com extremidades sobre a circunferência. A medida, do segmento *DE* será igual:

a) à metade da medida de AB.

b) um terço da medida de AB.

c) à metade da medida de DC.

d) dois terços da medida de AB.

e) à metade da medida de AE.

216) (FATEC) A circunferência C_1, de raio R_1 e perímetro $p_1 = 10^3$, é concêntrica à circunferência C_2, de raio R_2 e perímetro $p_2 = 1+10^3$. Se $\Delta = R_2 - R_1$, então:

a) $\Delta = 2 . 10^2$

b) $2 . 10^{-2} \leq \Delta \leq 15 . 10^{-2}$

c) $\Delta < 2 . 10^{-2}$

d) $\Delta > 15 . 10^{-2}$

e) $5 . 10^{-2} \leq \Delta \leq 10^{-1}$

217) (CESGRANRIO) Um ciclista de uma prova de resistência deve percorrer *500km* sobre uma pista circular de raio *200m*. O número aproximado de voltas que ele deve dar é:

a) 100

b) 200

c) 300

d) 400

e) 500

218) (V.UNIF.RS) A razão ente os comprimentos das circunferências circunscrita e inscrita a um quadrado é:

a) $\frac{1}{2}$

b) $\sqrt{2}$

c) $\sqrt{3}$

d) $2\sqrt{2}$

e) 2

219) (ITA) Consideremos um triângulo retângulo que simultaneamente está circunscrito à circunferência C_1 e inscrito à circunferência C_2. Sabendo-se que a soma dos comprimentos dos catetos do triângulo é *kcm*, qual será a soma dos comprimentos destas duas circunferências?

a) (2πk) / 3 cm

b) (4πk) / 3 cm

c) 4πk cm

d) 2πk cm

e) πk cm

220) (PUC-SP) Na figura abaixo, $\alpha = 1{,}5$ radiano, $AC = 1{,}5$ e o comprimento do arco AB é 3. Qual é a medida do arco CD?

a) 2,33

b) 4,50

c) 5,25

d) 6,50

e) 7,25

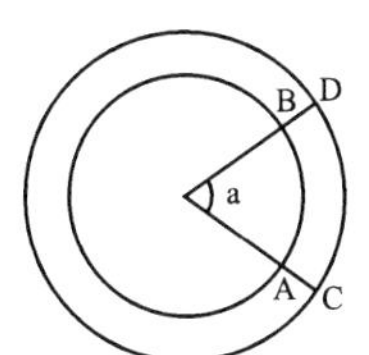

221) (U.F.PE) Assinale a alternativa que completa corretamente a sentença. "No círculo, a razão do comprimento da sua circunferência para o seu diâmetro...

a) dobra caso o círculo tenha seu raio reduzido à metade."

b) vale exatamente 22/7."

c) vale exatamente 3."

d) vale exatamente 355/113."

e) não é igual ao quociente de dois inteiros."

222) (U.F.RS) Na figura, $\overset{\frown}{AB}$ é um arco da circunferência de centro O, com raio igual à medida da corda $\overline{AP}$. A, O e B são colineares. A razão entre o comprimento de $\overset{\frown}{AB}$ e o da poligonal $APOB$ é x. Então:

a) $1 < x \leq \frac{3}{2}$

b) $\frac{1}{2} \leq x < 1$

c) $x \leq \frac{1}{2}$

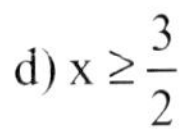

d) $x \geq \frac{3}{2}$

e) $x = 1$

223) (U.C.MG) Aumentando o comprimento de uma circunferência de $4cm$, o seu raio, em centímetros, aumentará:

a) 2π

b) $\frac{\pi}{4}$

c) $\frac{2}{\pi}$

d) $\frac{1}{2\pi}$

e) $\frac{4}{\pi}$

224) (U.C.PR) Quando o comprimento de uma circunferência aumenta de *10m* para *15m*, o raio aumenta:

a) $\frac{5}{2\pi}$ m

b) 2,5 m

c) 5 m

d) $\frac{\pi}{5}$ m

e) 5π m

225) (CESGRANRIO) Os centros das três polias de um mecanismo estão sobre os vértices de um triângulo eqüilátero de lado ℓ. O diâmetro de cada polia é muito próximo de ℓ, como sugere a figura. O comprimento da correia MNPQRSM que movimenta as polias é, aproximadamente:

a) $(\pi+3)\ell$

b) $(2\pi+3)\ell$

c) $(\pi+6)\ell$

d) $\frac{(\pi+6)\ell}{2}$

e) $6\pi\ell$

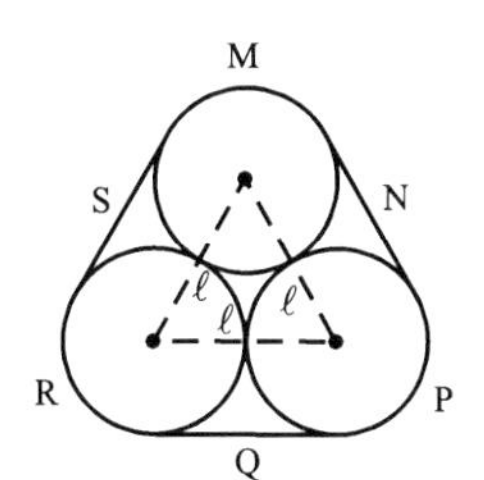

226) (U.MACK.) A, B, C, D, E e F são vértices de um hexágono regular inscrito na circunferência de raio 5. Então, a soma dos comprimentos de todos os arcos da figura é:

a) 30

b) 30π

c) 15

d) 15π

e) 6π

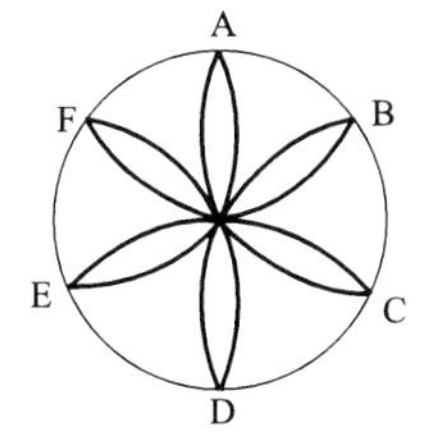

227) (FATEC) O pneu de um veículo, com 800 mm de diâmetro, ao dar uma volta completa percorre, aproximadamente, uma distância de:

a) 25,00 m

b) 5,00 m

c) 2,50 m

d) 0,50 m

e) 0,25 m

228) (FATEC) Um hexágono regular, de lado 3 cm, está inscrito numa circunferência. Nessa circunferência, um arco de medida 100º tem comprimento:

a) $\frac{3}{5}\pi$ cm

b) $\frac{5}{6}\pi$ cm

c) π cm

d) $\frac{5}{3}\pi$ cm

e) $\frac{10}{3}\pi$ cm

229) (COVEST) Um octógono regular está inscrito numa circunferência de modo que o comprimento de arco entre dois vértices consecutivos é de 0,5 m. Assinale o valor aproximado do diâmetro da circunferência em questão:

a) 140,32 cm

b) 133,33 cm

c) 127,38 cm

d) 120,25 cm

e) 160,21 cm

CAPÍTULO 6

EQUIVALÊNCIA PLANA – ÁREAS DE SUPERFÍCIE PLANAS

REGIÃO POLIGONAL

• Do capítulo 3, sabe-se que região ou superfície poligonal é a união do polígono e seu interior.

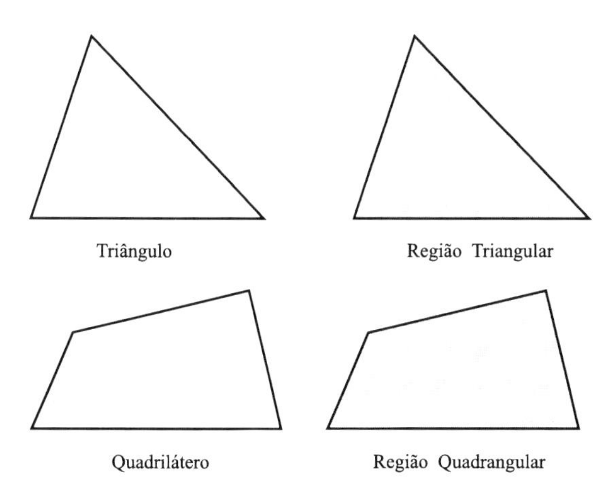

• Uma região poligonal pode ser considerada como a união de duas ou mais regiões poligonais cujas intersecções são somente lados e vértices.

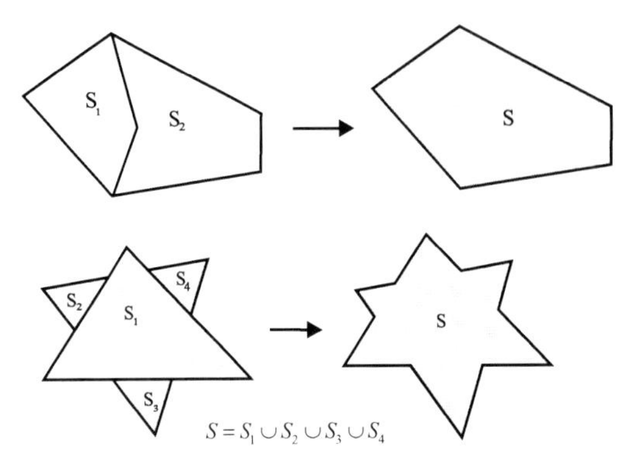

• As regiões poligonais podem não se interceptar totalmente.

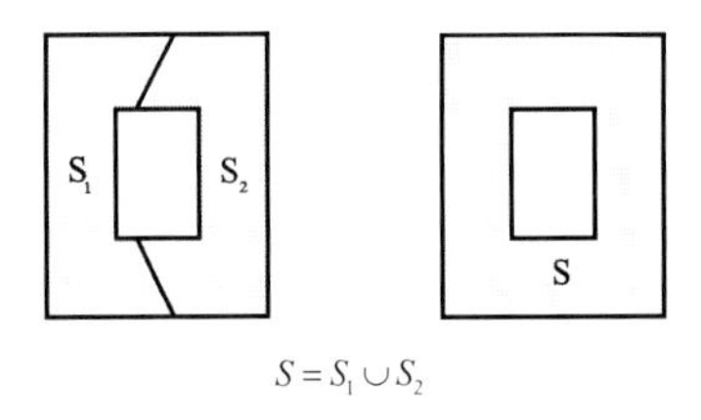

• As regiões poligonais são também chamadas de regiões ou superfícies limitadas.

NOÇÃO DE ÁREA

• As figuras abaixo representam uma placa retangular e uma moldura limitada por dois retângulos.

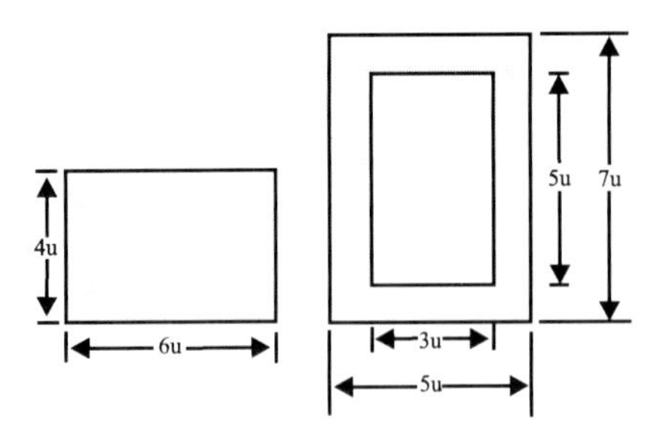

Qual das duas figuras é maior: a chapa ou a moldura?

Uma outra maneira de se formular a mesma pergunta é: qual das duas regiões tem área maior?

A chapa retangular é maior, porque ela cobre uma região correspondente a uma área de *24* unidades quadradas sobre esta página, enquanto a moldura cobre uma região correspondente a uma área de *20* unidades quadradas.

É importante perceber que, quando você usa a palavra **área**, em Geometria, você se refere a um número que mede uma região ou uma superfície. A chapa é um exemplo de região retangular correspondente a uma área *24 u.a.* e a moldura é uma região limitada por dois retângulos de área *20 u.a.*, para uma mesma unidade de área.

Veja como você pode calcular a área de cada uma dessas regiões. Inicialmente, adote como unidade de área uma região quadrada de lado *1u*.

u U U: unidade de área
u

A seguir decomponha a chapa retangular em quadrados unitários.

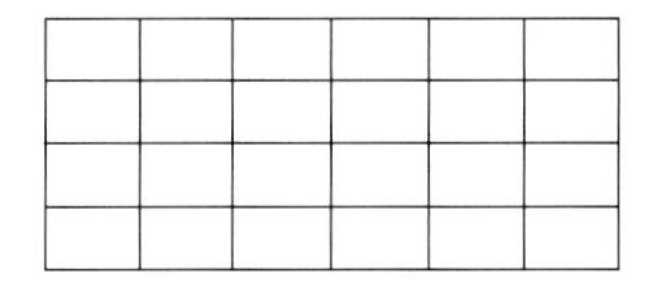

O número de quadrados em que a chapa fica decomposta é: 6 X 4 = 24

Diz-se que a área da chapa é 24 · U.

Agora decomponha a moldura em quadrados unitários.

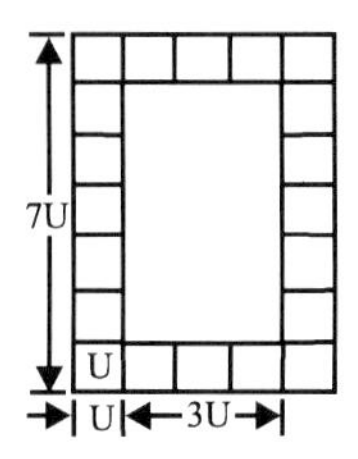

O número de quadrados em que a moldura fica decomposta é:

$7 \times 1 + 3 \times 1 + 7 \times 1 + 3 \times 1$

$= 7 + 3 + 7 + 3$

$= 20$

Diz-se que a área da moldura é $20 \cdot U$.

Repare que a área de uma região depende da unidade de medida usada.

Do exposto, pode-se supor que **toda** região poligonal tem uma **área** e que, para uma dada unidade de medida ela está determinada univocamente.

Para prosseguir o estudo de áreas, serão estabelecidos inicialmente quatro postulados.

– POSTULADO DA ÁREA

A toda região poligonal está associado um único número real positivo que representa sua área numa determinada unidade.

Seja A a área de uma região poligonal R.

Indica-se: $A\ (R) = A$, onde $A\ (R)$ representa a área da região poligonal R.

– POSTULADO DA ADIÇÃO

(Composição de figuras)

Se uma região poligonal é a união de duas ou mais regiões poligonais, sem ponto interior comum, então sua área é a soma das áreas dessas outras.

Sejam R_1 e R_2 duas regiões que não têm ponto interno em comum.

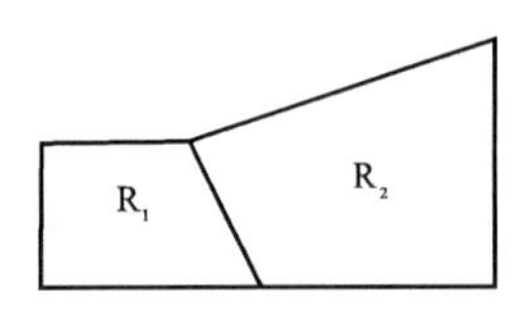

$A(R) = A(R_1) + A(R_2)$

– POSTULADO DA CONGRUÊNCIA

> Regiões triangulares limitadas por triângulos congruentes têm áreas iguais.

Sejam duas regiões triangulares limitadas pelos triângulos congruentes T_1 e T_2.

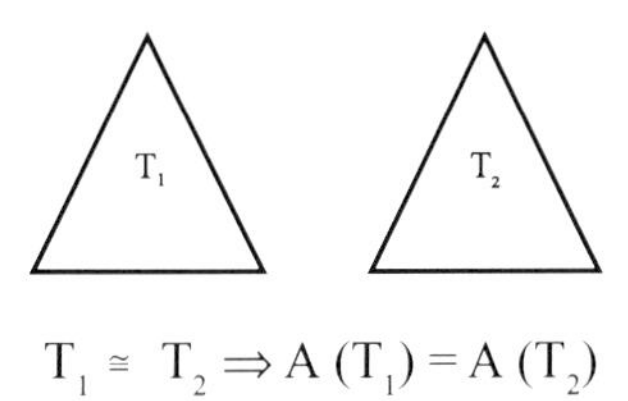

$T_1 \cong T_2 \Rightarrow A\ (T_1) = A\ (T_2)$

– POSTULADO DA REGIÃO QUADRADA

(Unidade de área)

> Se uma região quadrada é limitada por um quadrado de lado a, então sua área é a^2.

Seja uma região quadrada limitada pelo quadrado Q de lado a.

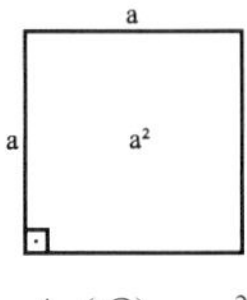

$A\ (Q) = a^2$

Assim, a área da região quadrada de lado $\sqrt{3}$ cm é 3 cm^2.

Observe que a área é 3 cm^2 e que é cm^2 a unidade de medida da superfície.

– REGIÕES POLIGONAIS EQUIVALENTES

Duas regiões poligonais são equivalentes se, e somente se, elas têm a mesma área.

Assim, considerando as regiões dos triângulos retângulos congruentes T_1 e T_2, pelo postulado da congruência, temos $A\ (T_1) = A\ (T_2)$.

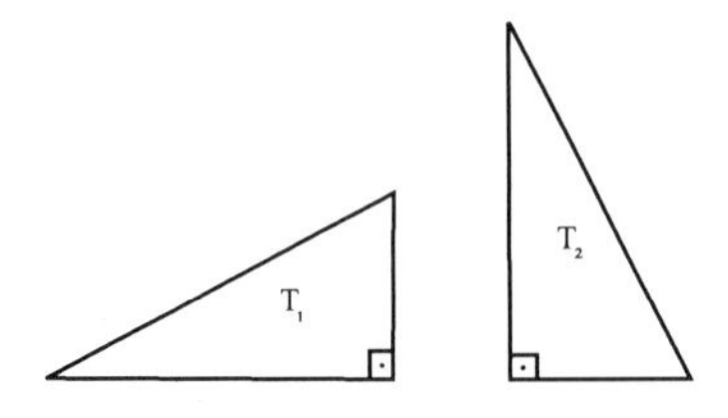

Pelo postulado da adição, pode-se compor com elas duas regiões equivalentes, uma retangular *R* e uma triangular *T*:

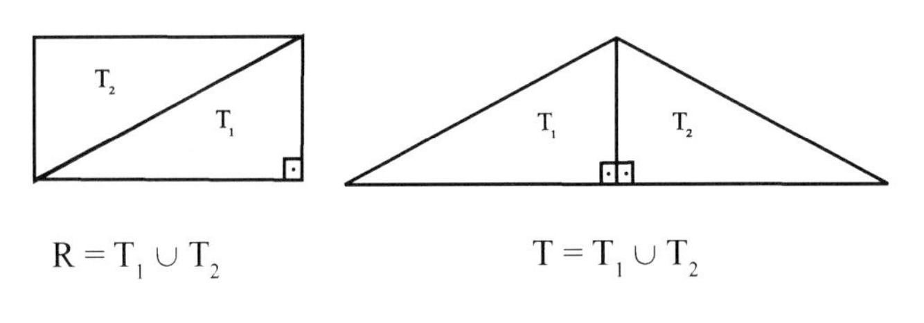

$R = T_1 \cup T_2$ $\qquad$ $T = T_1 \cup T_2$

$$\left.\begin{array}{l} A(R) = A(T_1) + A(T_2) \\ A(T) = A(T_1) + A(T_2) \end{array}\right\} \Rightarrow A(R) = A(T)$$

Indicamos: $R \approx T$

Observações:

1ª) Se duas regiões poligonais são **equivalentes**, então elas **não são necessariamente congruentes.**

No entanto, se duas regiões poligonais têm como contorno polígonos congruentes, então elas são equivalentes.

2ª) Daqui para frente será omitida a expressão **região poligonal**, fazendo referência apenas ao polígono ou ao **contorno da figura** cuja **área** deseja-se calcular. Assim, ao se calcular a **área de um quadrado** com lado medindo $\sqrt{3}$ cm, fica subentendido que deseja calcular a **área da região que ele limita**.

3ª) Da mesma maneira, toda referência à base e à altura de uma figura, será em relação às medidas da base e da altura.

4ª) Num retângulo, dois lados adjacentes constituem, indiferentemente, a base e a altura e são chamados dimensões do retângulo.

– ÁREA DE UM RETÂNGULO

• TEOREMA

> A área de um retângulo é o produto de sua base pela sua altura.

Hipótese: Retângulo de dimensões *b* e *h*.

Tese: A = b · h.

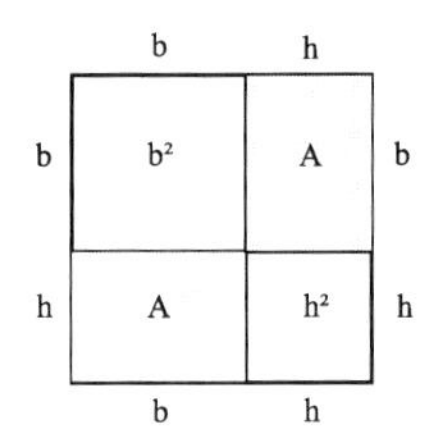

Demonstração:

1º Com as medidas *b* e *h*, construir um quadrado de lado *b* + *h*.

2º A seguir, decompor esse quadrado em retângulos e quadrados, como mostra a figura acima.

3º Pelo postulado de adição, temos:

$b^2 + A + A + h^2 = (b+h)^2$

$b^2 + 2 \cdot A + h^2 = b^2 + 2b \cdot h + h^2$

$2A = 2b \cdot h$

$A = b \cdot h$ c.q.d.

– ÁREA DE UM PARALELOGRAMO

• TEOREMA

> A área de um paralelogramo é o produto de uma base, ou seja, um lado, pela altura relativa.

Hipótese: Paralelogramo $ABCD$ de base b e altura relativa h.

Tese: A = b · h.

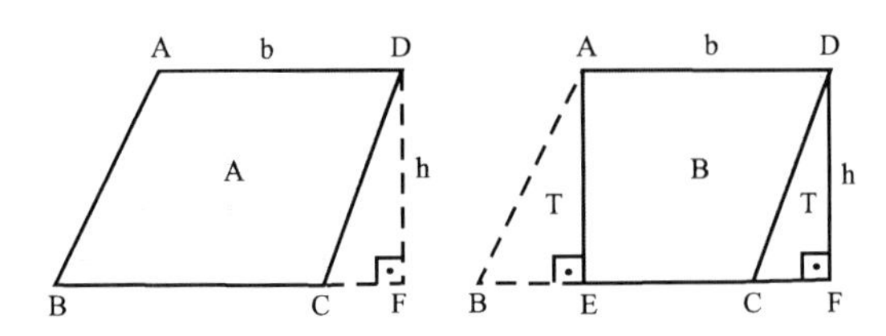

Demonstração:

1º Pelo postulado da congruência, os ΔABE e ΔDCF têm a mesma área T.

2º Pelo postulado da adição, o paralelogramo $ABCD$ de área A e o retângulo $AEFD$ de área R são equivalentes, pois:

$A = T + B$ e $R = B + T$, donde, $A = R$.

3º Portanto, como $R = b \cdot h$, resulta $A = b \cdot h$

c.q.d.

– ÁREA DE UM TRIÂNGULO

• TEOREMA

> A área de um triângulo é a metade do produto de uma base pela altura relativa.

Hipótese: $\Delta\ ABC$ de base b e altura relativa h.

Tese: $A = \frac{1}{2} \cdot b \cdot h$

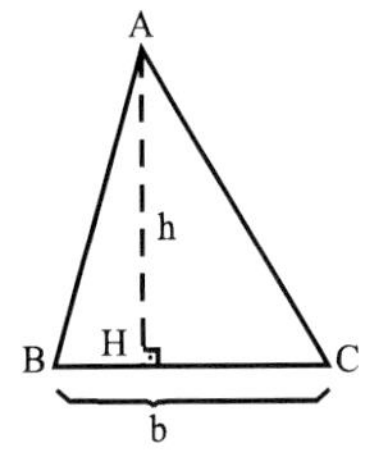

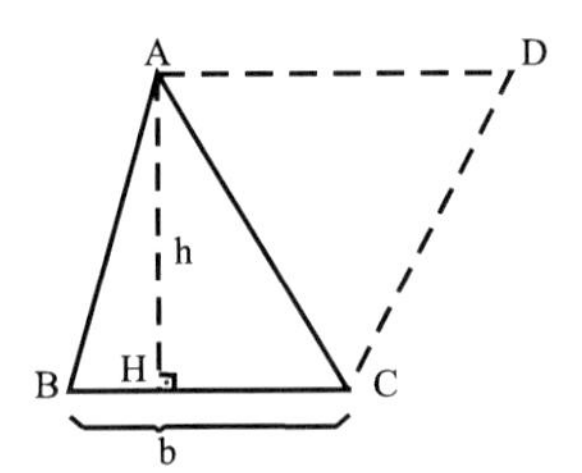

– ÁREA DE UM TRAPÉZIO

• TEOREMA

> A área de um trapézio é o produto da semi-soma das bases (base média) pela altura.

Hipótese: Trapézio $ABCD$, de bases B e b e altura h.

Tese: $A = \dfrac{B+b}{2} \cdot h.$

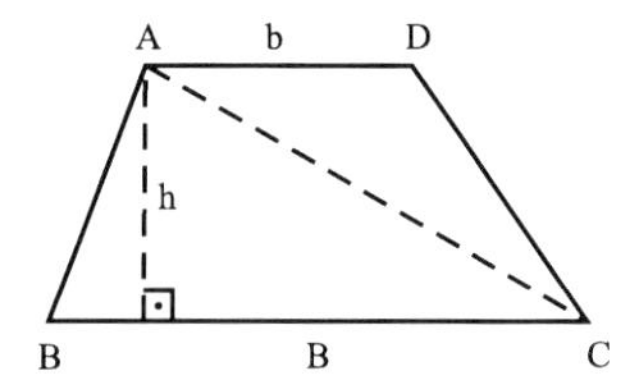

– ÁREA DE UM LOSANGO

• TEOREMA

> A área de um losango é o semiproduto das diagonais.

Hipótese: Losango $ABCD$ de diagonais D e d.

Tese: $A = \dfrac{D \cdot d}{2}.$

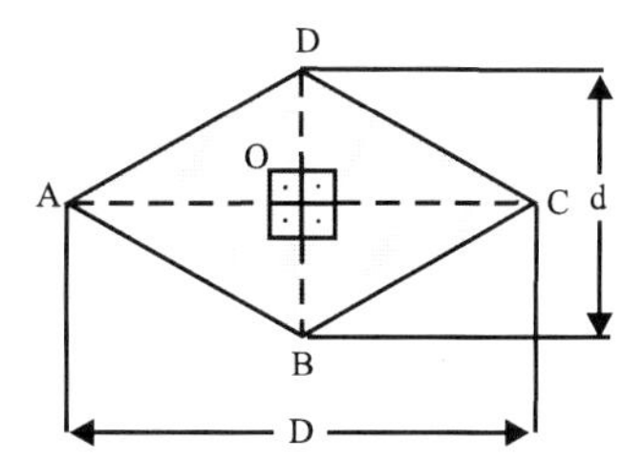

– ÁREA DE UM POLÍGONO REGULAR

• TEOREMA

> A área de um polígono regular é o produto do semiperímetro pelo apótema.

Hipótese: Polígono regular de perímetro $2p$ e apótema a.

Tese: $A = p \cdot a$.

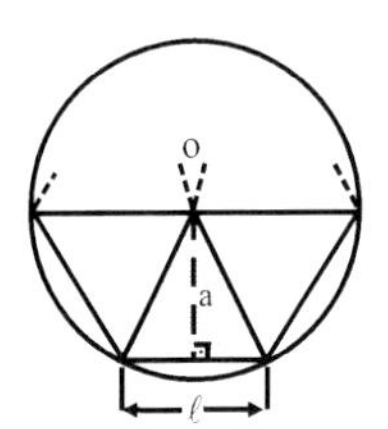

EXPRESSÕES DA ÁREA DE UM TRIÂNGULO

– ÁREA DE UM TRIÂNGULO EM FUNÇÃO DAS MEDIDAS DOS LADOS

• TEOREMA DE HERON

> A área de um triângulo com lados de medidas a, b e c e semiperímetro p é: $\sqrt{p(p-a)(p-b)(p-c)}$

Hipótese: ΔABC com lados de medidas a, b e c, semiperímetro p e área A.

Tese: $A = \sqrt{p(p-a)(p-b)(p-c)}$

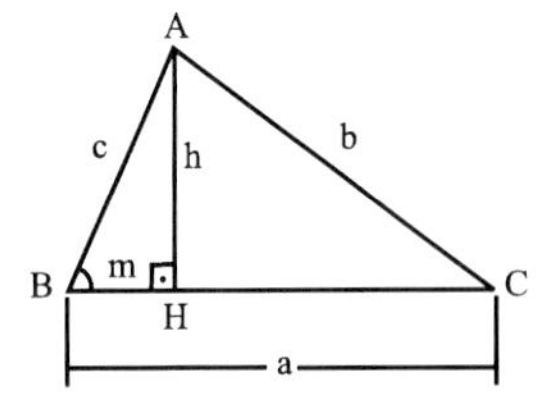

$$A = \sqrt{p(p-a)(p-b)(p-c)}$$

Notas:

1ª) Na demonstração, a altura $\overline{AH}$ é considerada interna ao ΔABC. Considerando-se $\overline{AH}$ externa ao ΔABC, caso $\hat{B} > 90°$ a demonstração é análoga.

2ª) Pela ralação acima, pode-se calcular a medida h_a da altura relativa ao lado BC, $h_a = \frac{2}{a} \cdot \sqrt{p(p-a)(p-b)(p-c)}$.

De modo análogo, $h_b = \frac{2}{b} \cdot \sqrt{p(p-a)(p-b)(p-c)}$ e

$h_c = \frac{2}{c} \cdot \sqrt{p(p-a)(p-b)(p-c)}$.

– ÁREA DE UM TRIÂNGULO EM FUNÇÃO DO SEMIPERÍMETRO E DO RAIO DA CIRCUNFERÊNCIA INSCRITA

Dados: ΔABC com semiperímetro, p e raio r da circunferência inscrita.

Provar: $A = p \cdot r$.

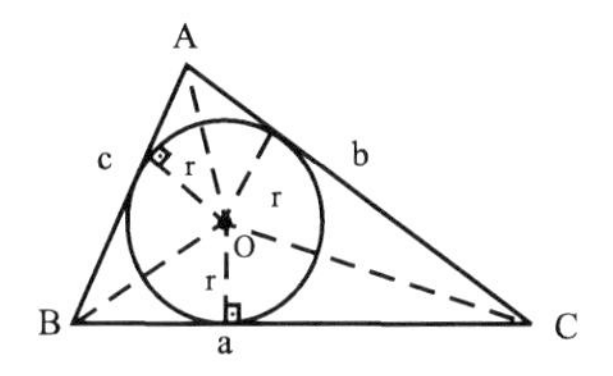

– ÁREA DE UM TRIÂNGULO EM FUNÇÃO DA MEDIDA DE DOIS LADOS E DA MEDIDA DO ÂNGULO COMPREENDIDO ENTRE ELES

Dados: ΔABC com lados de medidas b e c e ângulo compreendido de medida Â.

Provar: $A = \frac{1}{2} \cdot b \cdot c \cdot sen\ \hat{A}$.

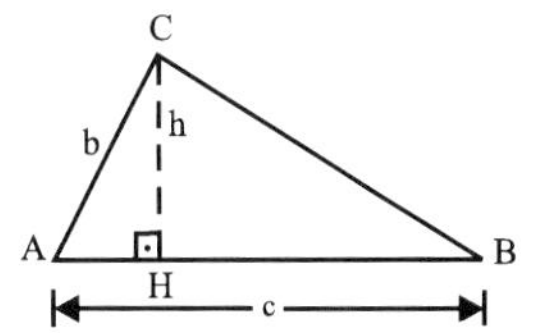

$$A = \frac{1}{2} \cdot b \cdot c \cdot sen\ \hat{A}.$$

– ÁREA DE UM TRIÂNGULO EM FUNÇÃO DAS MEDIDAS *a, b* e *c* DOS LADOS E DO RAIO *R* DA CIRCUNFERÊNCIA CIRCUNSCRITA

Dados: ΔABC, com lados de medidas a, b e c, e o raio R da circunferência circunscrita.

Provar: $A = \dfrac{a \cdot b \cdot c}{4R}$.

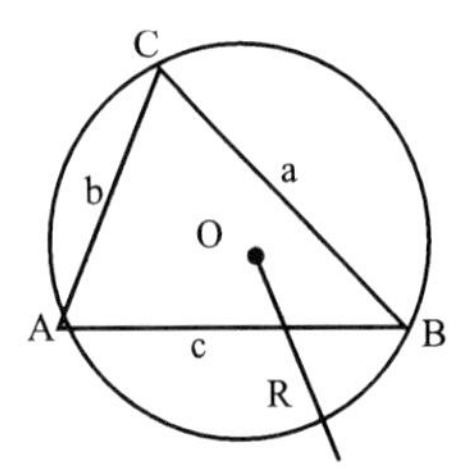

$$\boxed{A = \frac{a \cdot b \cdot c}{4R}}$$

Área do Triângulo em Função do Raio de Qualquer das Circunferências Ex-inscritas

(Por exemplo: ex-inscrita tangente ao lado *a*, de raio r_a)

$$\left.\begin{array}{l} S_{ABOC} = \overset{S}{S_{ABC}} + \overset{\frac{1}{2}ar_a}{S_{OBC}} \\ S_{ABOC} = \underset{\frac{1}{2}br_a}{S_{OAC}} + \underset{\frac{1}{2}cr_a}{S_{OAB}} \end{array}\right\}$$

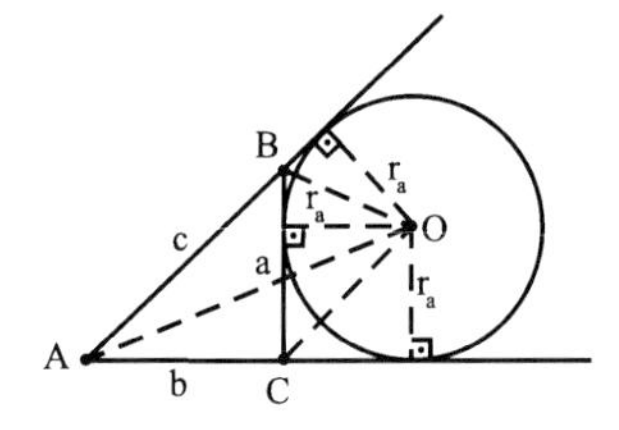

$$S + \frac{1}{2}a \cdot r_a = \frac{1}{2}b \cdot r_a + \frac{1}{2}c \cdot r_a \rightarrow S = \frac{1}{2}(-a+b+c)r_a = \frac{1}{2}2(p-a)r_a \rightarrow$$
$$\rightarrow S = (p-a)r_a$$

Analogamente temos:

$$\boxed{S = (p-b)r_b} \qquad \boxed{S = (p-c)r_c}$$

Área do Quadrilátero Circunscritível

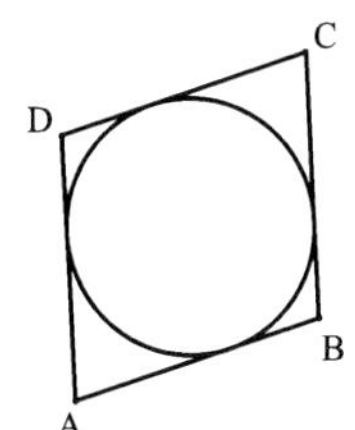

$$S = p.R$$

$$\text{onde}: \begin{cases} p \rightarrow \text{semiperímetro} \\ R \rightarrow \text{raio} \end{cases}$$

Área do Quadrilátero Inscritível

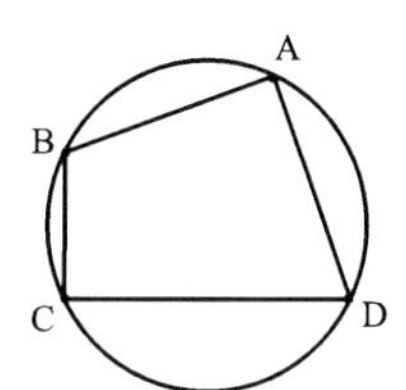

$$S = \sqrt{(p-a)(p-b)(p-c)(p-d)}$$

$$\text{onde}: \begin{cases} p \rightarrow \text{semiperímetro} \\ a, b, c, d \rightarrow \text{medidas dos lados do quadrilátero} \end{cases}$$

ÁREA DE UM CÍRCULO E DE SUAS PARTES

– ÁREA DE UM CÍRCULO

Considere a circunferência λ de centro O e raio R.

Inscreva em λ polígonos regulares, onde o número de lados cresce sucessivamente, por exemplo, por duplicação.

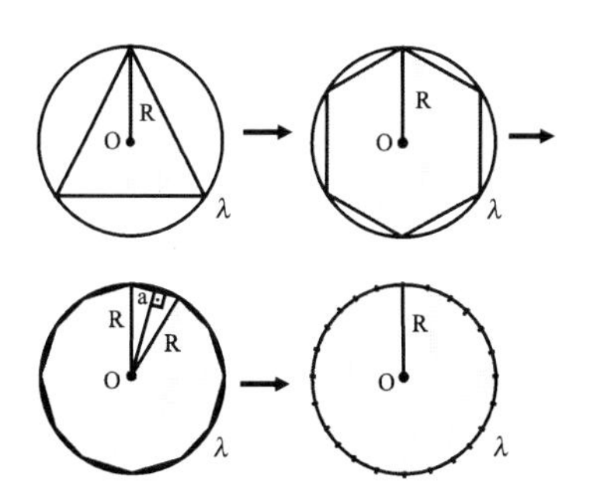

É sabido que a área de um polígono regular (P) é o produto do seu semiperímetro p pelo apótema a.

$A_p = p \cdot a$

Com o aumento do número de lados do polígono regular inscrito, seu perímetro aproxima-se cada vez mais do perímetro do círculo (comprimento de λ), bem como seu respectivo apótema aproxima-se do raio de λ, e em conseqüência a área do polígono vem a ser uma aproximação cada vez melhor da área do círculo limitado por λ.

Do exposto, afirma-se que:

A área de um círculo é o produto do seu semiperímetro pelo raio.

Assim, para o círculo de raio R, limitado pela circunferência λ, tem-se:

$A = \pi R \cdot R$, donde:

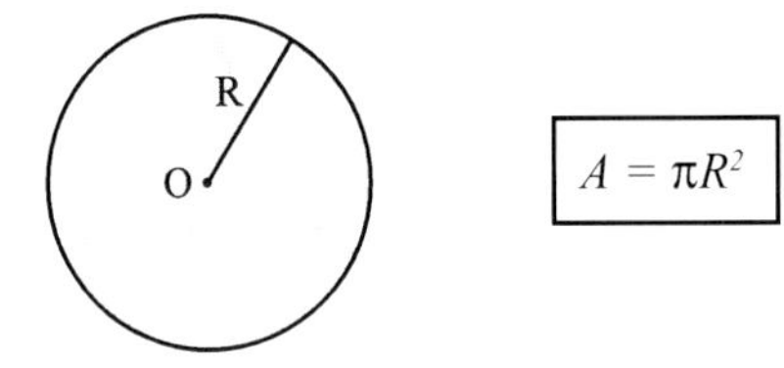

$$A = \pi R^2$$

<u>**Nota:**</u>

Embora a expressão do cálculo da área de um círculo tenha sido obtida através de um **método intuitivo** é possível provar a validade daquela expressão através do **Cálculo Integral.**

– SETOR CIRCULAR

• DEFINIÇÃO:

Setor circular é uma parte do círculo **limitada por um arco de circunferência e dois raios** com extremidades nas do arco.

Cada uma das figuras mostra um **setor circular**.

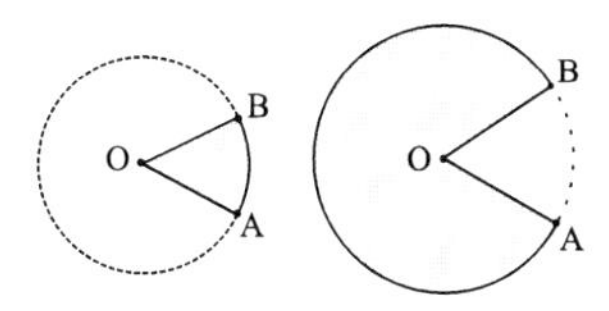

Em cada um dos setores circulares, o arco $\overset{\frown}{AB}$ é o arco correspondente e $\overline{OA}$ é um raio.

No setor circular de arco menor $\overset{\frown}{AB}$, o $\measuredangle AOB$ é um ângulo central.

O setor circular de arco maior $\overset{\frown}{AB}$ é o setor complementar do setor circular de arco menor $\overset{\frown}{AB}$ em relação ao círculo.

Em particular, um semicírculo é um setor circular cujo arco mede, em graus, 180.

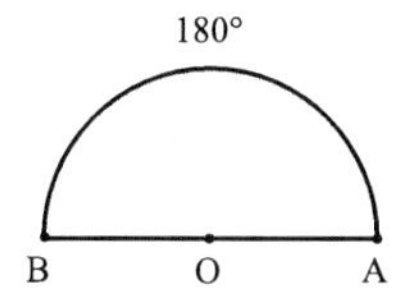

• ÁREA DE UM SETOR CIRCULAR

A área de um setor circular de raio R é proporcional à medida do arco correspondente.

1º caso: $\overset{\frown}{AB}$ medido em graus.

Tem-se:

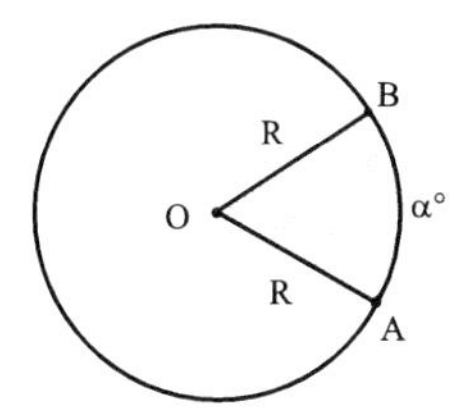

Setor		Arco
$\dfrac{\pi R^2}{2}$	———	180°
A	———	α°

ou $\dfrac{\frac{\pi R^2}{2}}{A} = \dfrac{180^\circ}{\alpha^\circ}$ donde se conclui que $\boxed{A = \dfrac{\alpha^\circ \pi R^2}{360^\circ}}$

2º caso: $\overset{\frown}{AB}$ medido em radianos

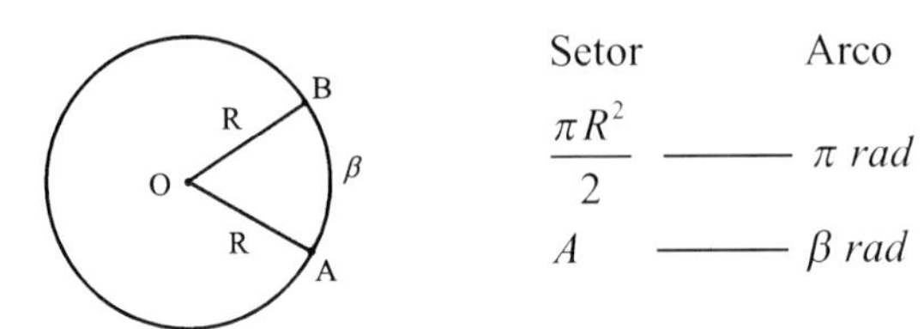

ou $\dfrac{\frac{\pi R^2}{2}}{A} = \dfrac{\pi}{\beta}$ donde se conclui que $\boxed{A = \dfrac{\beta \cdot R^2}{2}}$

3º caso: $\overset{\frown}{AB}$ medido em comprimento

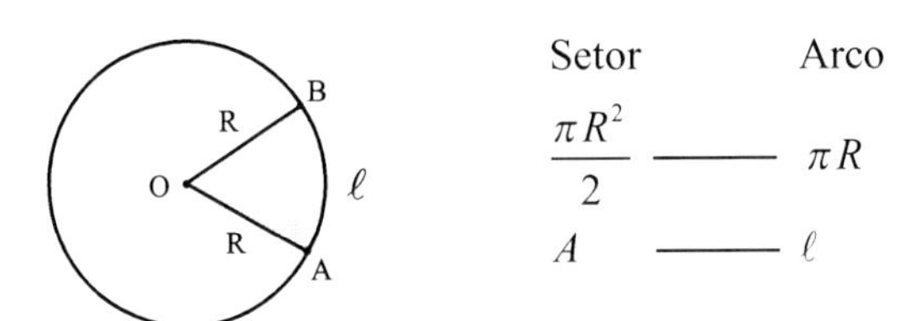

ou $\dfrac{\frac{\pi R^2}{2}}{A} = \dfrac{\pi R}{\ell}$ donde se conclui que $\boxed{A = \dfrac{\ell R}{2}}$

Repare que, se o arco $\overset{\frown}{AB}$ mede β em radianos e ℓ em comprimento, então: $\beta = \dfrac{\ell}{R}$

Pelo 2º caso: $A = \dfrac{\beta R^2}{2} = \dfrac{\frac{\ell}{R} \cdot R^2}{2} = \dfrac{\ell R}{2}$

– SEGMENTO CIRCULAR

• DEFINIÇÃO

Segmento circular é uma parte do **círculo limitada por um arco de circunferência** e **uma corda** com extremidades nas do arco.

Cada uma das figuras mostra um **segmento circular.**

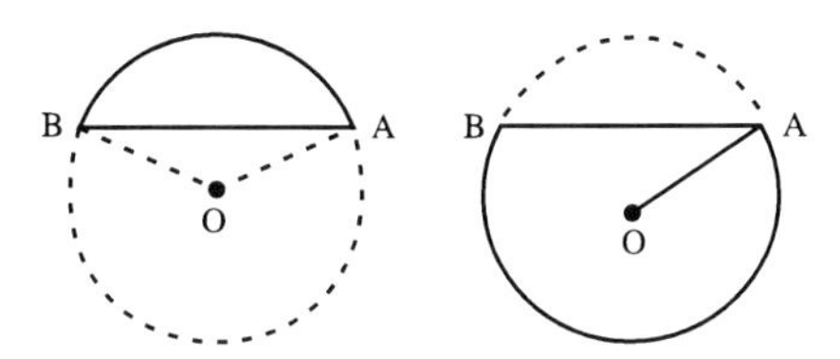

Em cada um dos segmentos circulares, o arco $\overset{\frown}{AB}$ é o arco correspondente e $\overline{OA}$ é um raio.

No segmento circular de arco menor $\overset{\frown}{AB}$, o $\measuredangle AOB$ é um ângulo central.

O segmento circular de arco maior $\overset{\frown}{AB}$ é o segmento complementar do segmento circular menor em relação ao círculo.

Em particular, um semicírculo é um segmento circular.

• ÁREA DE UM SEGMENTO CIRCULAR

1º caso

Dados: $m(\overset{\frown}{AB}) = \alpha, 0 < \alpha < \pi$, e raio R.

Obter: Área A do segmento circular.

Resolução

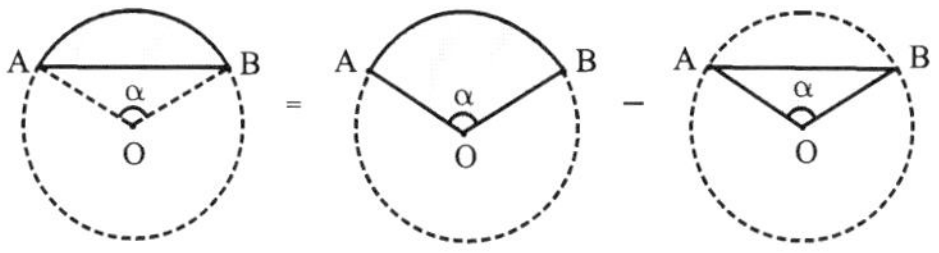

$$A = A_{setor} - A_{triângulo}$$

$$= \frac{\alpha R^2}{2} - \frac{1}{2} R \cdot sen\,\alpha$$

$$= \frac{R^2}{2}(\alpha - sen\,\alpha)$$

2º caso

Dados: $m(\widehat{AB}) = \alpha, \pi < \alpha < 2\pi$, e raio R.

Obter: Área A do segmento circular.

Resolução

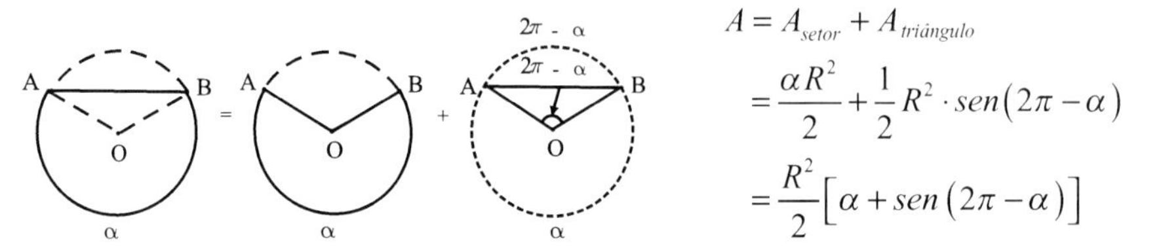

$$A = A_{setor} + A_{triângulo}$$

$$= \frac{\alpha R^2}{2} + \frac{1}{2} R^2 \cdot sen(2\pi - \alpha)$$

$$= \frac{R^2}{2}\left[\alpha + sen(2\pi - \alpha)\right]$$

– COROA CIRCULAR

DEFINIÇÃO:

Dadas duas circunferências concêntricas de raios r e R, com $r < R$, chama-se coroa circular ao conjunto dos pontos pertencentes ao círculo de raio R e não internos ao círculo de raio r.

A figura mostra uma coroa circular de centro O, raio externo R e raio interno r.

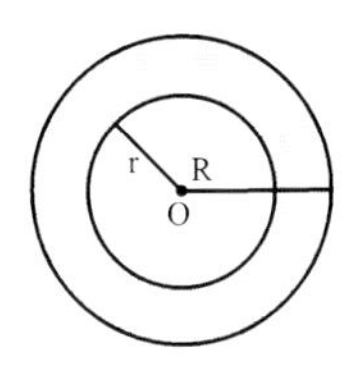

• ÁREA DE UMA COROA CIRCULAR

Dados: Círculos concêntricos de centro O e raios R e r, $R > r$.

Obter: Área A da coroa circular.

Resolução

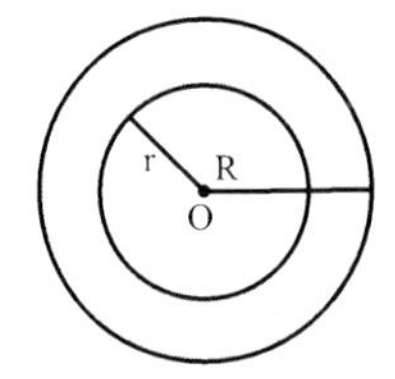

logo temos $A = \pi R^2 - \pi r^2$

donde se conclui que $A = \pi (R^2 - r^2)$

• ÁREA DE UM TRAPÉZIO CIRCULAR

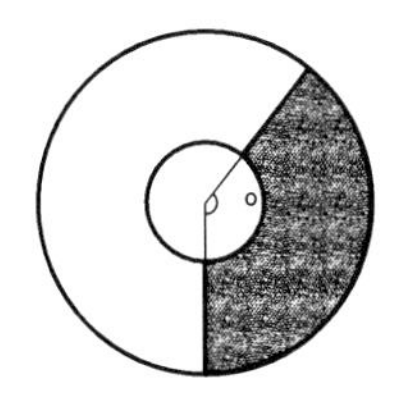

$$S = \frac{\alpha^\circ \pi (R^2 - r^2)}{360^\circ}$$

Onde S é a área do trapézio circular

• ÁREA DO QUADRILÁTERO CONVEXO

A área do quadrilátero convexo é o semiproduto das medidas das suas diagonais pelo seno do ângulo que elas formam.

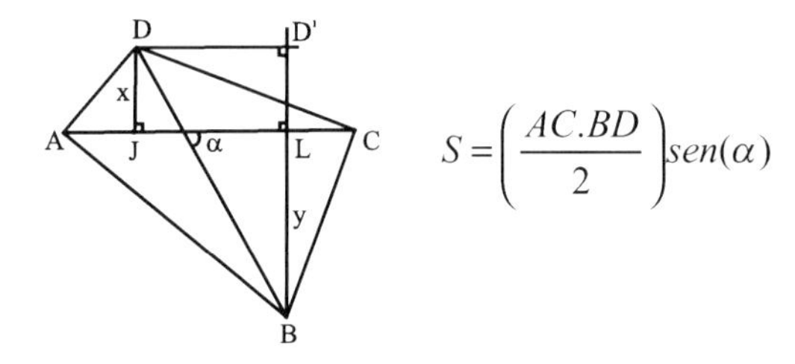

$$S = \left(\frac{AC.BD}{2}\right) sen(\alpha)$$

Onde S é a área do quadrilátero

• ÁREA DO QUADRILÁTERO INSCRITÍVEL E CIRCUNSCRITÍVEL

A área do quadrilátero inscritível e circunscritível é a raiz quadrada do produto da medida dos seus lados.

S é a área do quadrilátero e AB, BC, CD e DA são as medidas dos seus lados.

$$S = \sqrt{AB.BC.CD.DA}$$

– RAZÃO DAS ÁREAS DE DOIS TRIÂNGULOS SEMELHANTES

• TEOREMA

> A razão das áreas de dois triângulos semelhantes é igual ao quadrado da razão de semelhança.

Hipótese: $\Delta ABC \sim \Delta DEF, \dfrac{BC}{EF} = k.$

Tese: $\dfrac{A(\Delta ABC)}{A(\Delta DEF)} = k^2.$

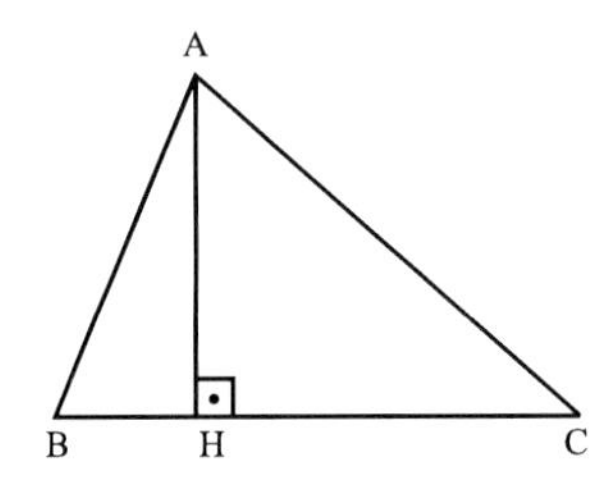

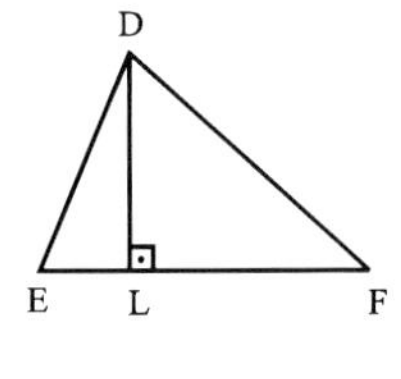

– RAZÃO DAS ÁREAS DE DOIS POLÍGONOS CONVEXOS SEMELHANTES

• TEOREMA

> A razão das áreas de dois polígonos convexos semelhantes é igual ao quadrado da razão de semelhança.

Hipótese: $P(A_1A_2 \cdots A_n) \sim Q(B_1B_2 \cdots B_n)$ e $\dfrac{A_1A_2}{B_1B_2} = k$

Tese: $\dfrac{A(P)}{A(Q)} = k^2$

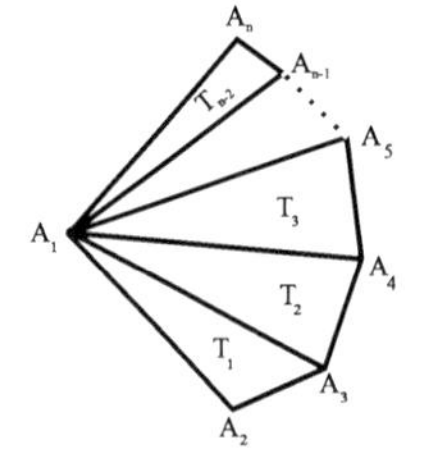

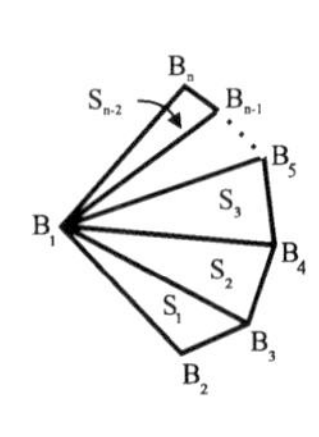

☑ EXERCÍCIOS PROPOSTOS:

230) (CONSART) O ponto P pertence à base BC de um triângulo escaleno ABC. As áreas dos triângulos ABP e APC são 40 cm^2 e 10cm^2 respectivamente. A razão BP/PC

a) é 4.

b) é 2.

c) é 8.

d) é AB / AC

e) só pode ser calculada se conhecida a altura relativa ao lado BC.

231) (ITA) Os lados de dois octógonos regulares têm, respectivamente, 5cm e 2cm. O comprimento do lado de um terceiro octógono regular, de área igual à soma das áreas dos outros dois, é:

a) 17cm

b) 15cm

c) 14cm

d) 13cm

e) n.d.a.

232) (COMBITEC-COMBIMED) Dois quadrados interceptam-se conforme a figura, sendo que o quadrado maior, de área A, tem um de seus vértices no centro do outro quadrado, de área a. A área da superfície tracejada é:

a) $\frac{1}{2}(A+a)$

b) $\frac{\sqrt{3}}{4}a$

c) $\frac{A\sqrt{3}+a}{4}$

d) $\frac{1}{4}a$

e) $\sqrt{Aa}$

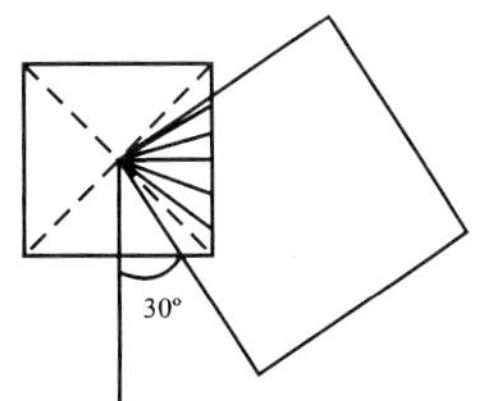

233) (U.MACK.) São dados dois lados b e c de um triângulo e a sua área $S = \frac{2}{5}bc$. O terceiro lado pode ser expresso por:

a) $\sqrt{b^2 + c^2 - \frac{6}{5}bc}$

b) $\sqrt{b^2 + c^2 - \frac{3}{4}bc}$

c) $\sqrt{b^2 + c^2 + bc}$

d) $\sqrt{b^2 + c^2 + 3bc}$

e) $\sqrt{b^2 + c^2 - \frac{1}{7}bc}$

234) (CESGRANRIO) Cinco quadrados de lado ℓ formam a cruz da figura. A área do quadrilátero convexo de vértices A, B, C *e* D é:

a) $2\sqrt{5}\ell^2$

b) 4ℓ

c) $4\sqrt{3}\ell^2$

d) $5\ell^2$

e) $6\ell^2$

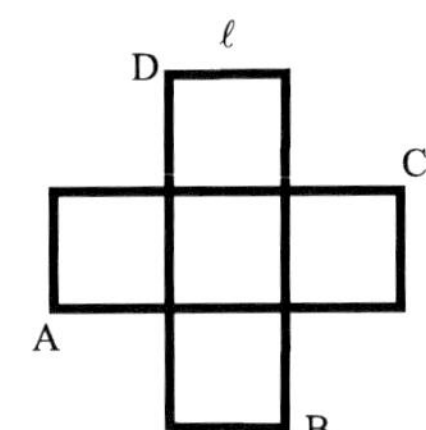

235) (CESCEM) O quadrilátero ABCD é um retângulo e os pontos E, F e G dividem a base $\overline{AB}$ em quatro partes iguais. A razão entre a área do triângulo CEF e a área do retângulo é:

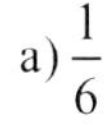
a) $\frac{1}{6}$

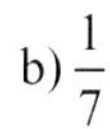
b) $\frac{1}{7}$

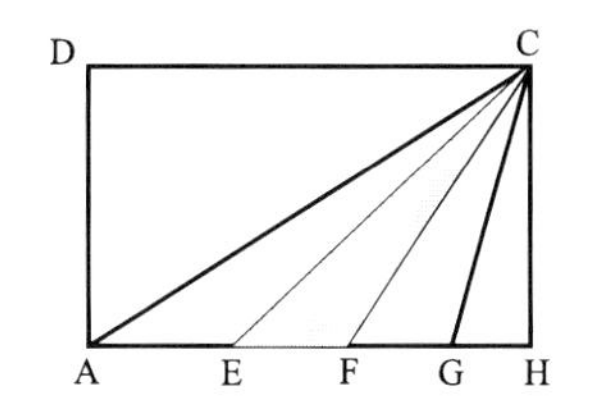

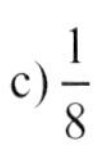
c) $\frac{1}{8}$

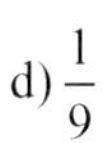
d) $\frac{1}{9}$

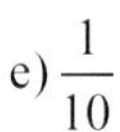
e) $\frac{1}{10}$

236) (F.C.M.STA.CASA) Uma estrada de 8km de comprimento e 8m de largura deverá ser asfaltada. O custo total da obra, em milhões de cruzados, sendo Cz$ 200,00 o preço do metro quadrado asfaltado, é:

a) 64

b) 50

c) 25,6

d) 12,8

e) 0,0128

237) (FATEC) Seja ABC um triângulo de área A. Se P é um ponto que está sobre o lado AC, a 1/3 de A para C, e Q é um ponto que está sobre o lado CB, a 1/3 de C para B, então a área do triângulo PQB é:

a) $\frac{1}{9}$ de A

b) $\frac{2}{9}$ de A

c) $\frac{1}{3}$ de A

d) $\frac{4}{9}$ de A

e) $\frac{5}{9}$ de A

238) (OSEC) Dado um triângulo ABC de base 8 e altura 6, o retângulo de área máxima, tendo a base contida no triângulo e os outros dois vértices pertencendo aos outros dois lados do triângulo tem área:

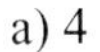
a) 4

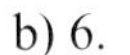
b) 6.

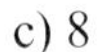
c) 8

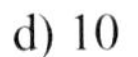
d) 10

e) 12

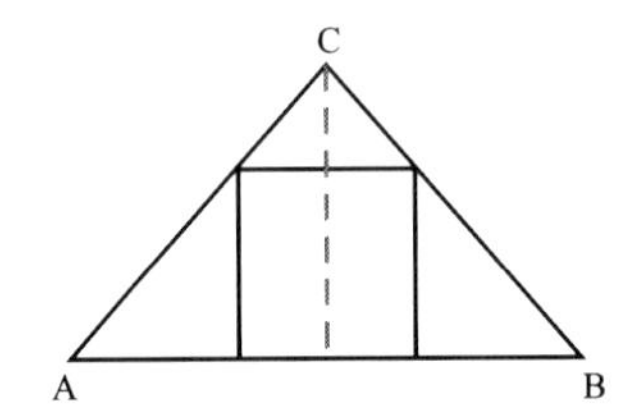

239) (CESGRANRIO) A área da sala representada na figura é:

a) 15 m²

b) 17 m²

c) 19 m²

d) 20 m²

e) 21 m²

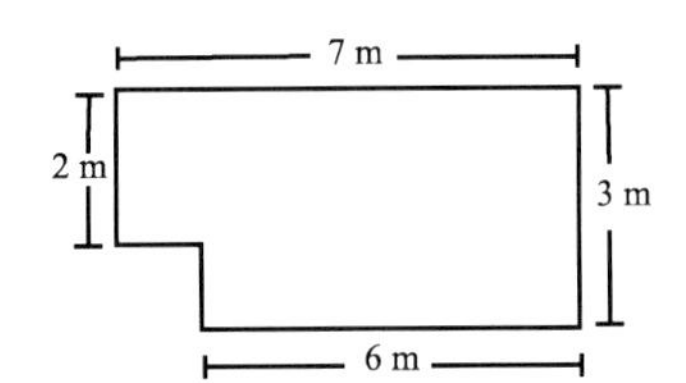

240) (U.MACK.) Na figura, S_1 é a área do quadrilátero MNAB e S_2 é a área do triângulo ABC. Se $S_1 = 51\%S_2$; x é igual a:

a) 8

b) 8,4

c) 8,6

d) 8,8

e) 9

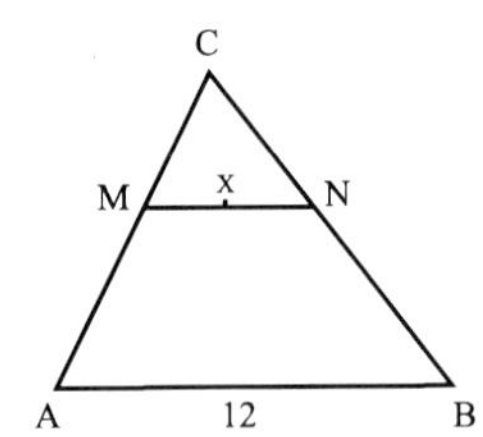

Obs: $\overline{MN} \mathbin{//} \overline{AB}$.

241) (PUC-SP) A área do quadrado sombreado é:

a) 36

b) 40

c) 48

d) 50

e) 60

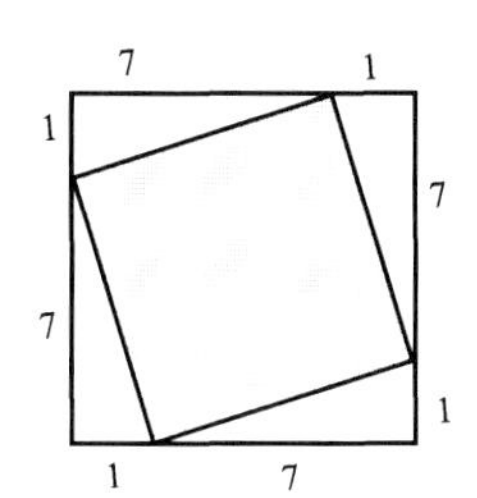

242) (U.F.PR) Qual o valor da área da figura?

a) 95

b) 144

c) 169

d) 119

e) 109

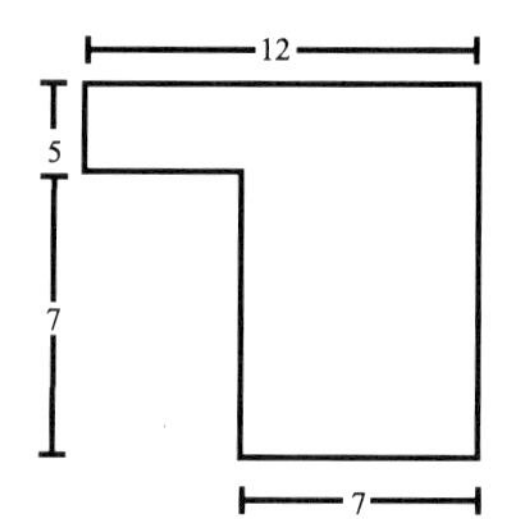

243) (U.MACK.) No retângulo de dimensões a e b, são consideradas as áreas das regiões (I), (II) *e* (III). Então:

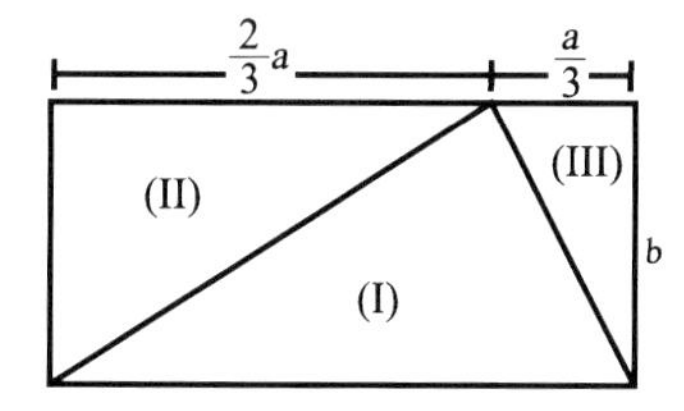

a) área (I) = a . b

b) área (II) + área (III) = área (I)

c) área (II) + área (III) > área (I)

d) área (II) + área (III) = a . b

e) n.d.a.

244) (CESGRANRIO) A base de um retângulo de área S é aumentada de 20% e sua altura é diminuída de 20%. A área do novo retângulo formado é:

a) 1,04 S

b) 1,02 S

c) S

d) 0,98 S

e) 0,96 S

245) (U.F.GO) No paralelogramo ABCD abaixo, tem-se que BE $\perp$ AD; $\overline{BE} = 5$ cm, $\overline{BC} = 12$ cm e $\overline{AE} = 4$ cm. Então a área do triângulo EDC, em cm^2, é:

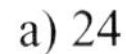

a) 24

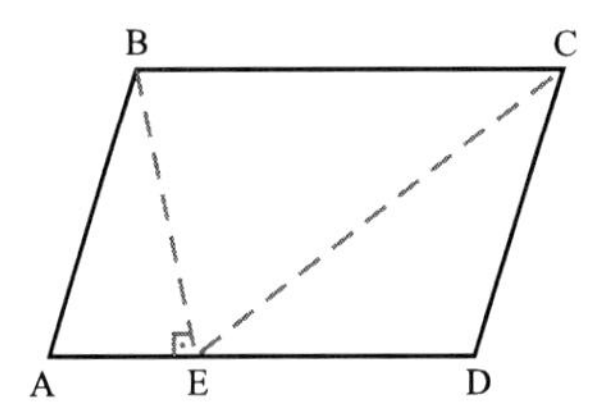

b) 10

c) 30

d) 20

e) 48

246) (U.MACK.) A altura do trapézio é 4; *então,* a diferença entre as áreas dos triângulos assinalados é:

a) 1

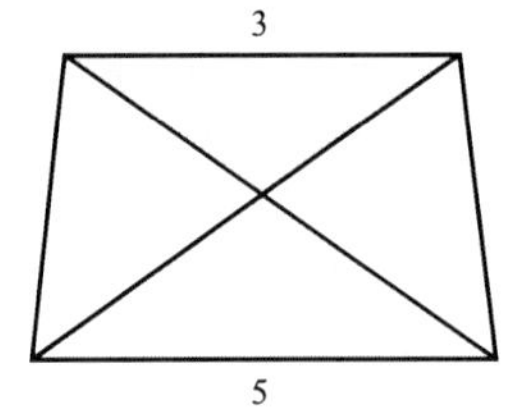

b) 2

c) 3

d) 4

e) 5

247) (PUC-CAMP) Num losango, a soma dos ângulos obtusos é o dobro da dos agudos. Se a diagonal menor do losango mede 12 cm, então:

a) o losango poderá ser inscrito num círculo de raio igual a 6cm.

b) o perímetro do losango medirá 24 cm.

c) o número que exprime a sua área é igual ao número de diagonais.

d) a área do losango é equivalente à área de um retângulo de dimensões 6 cm e $12\sqrt{3}$ cm.

e) n.d.a.

248) (U.C.MG) As dimensões de um terreno retangular estão na razão $\frac{5}{8}$. Se a área do terreno é de $1000m^2$, então sua menor dimensão em metros é de:

a) 15

b) 20

c) 25

d) 30

e) 35

249) (PUC-SP) Se S é a área de um triângulo ABC e se M, N e P são os pontos médios dos lados do triângulo ABC, então a área do triângulo MNP é:

a) $\frac{S}{5}$

b) $\frac{S}{4}$

c) $\frac{S}{3}$

d) $\frac{S}{2}$

e) S

250) (PUC-RJ) 30% da área de um painel de 200 X 240 centímetros é ocupada por ilustrações e 12% das ilustrações são em vermelho. Então a área ocupada pelas ilustrações em vermelho é igual a:

a) 1728 cm^2

b) 17,28 cm^2

c) 172,8 cm^2

d) 1,728 cm^2

e) 17280 cm^2

251) (F.C.M.STA.CASA) Na figura abaixo são dados:

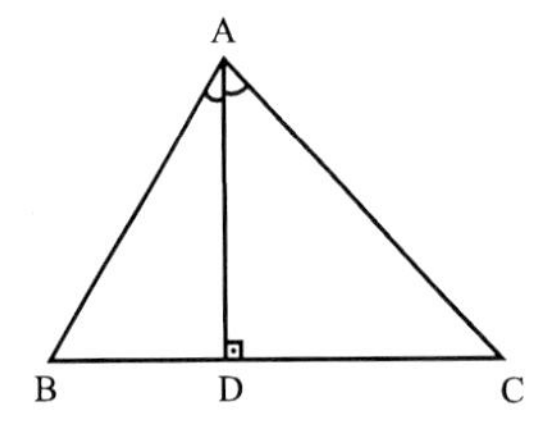

$\sphericalangle(B\hat{A}D) = 30°$, $\sphericalangle(C\hat{A}D) = 45°$ e $AD = \sqrt{3}$ cm.

A área do triângulo ABC, em cm^2, *é:*

a) $3+\sqrt{3}$

b) $3-\sqrt{3}$

c) $3\sqrt{3}$

d) $\dfrac{3+\sqrt{3}}{2}$

e) $\dfrac{3-\sqrt{3}}{2}$

252) (U.MACK.) No triângulo retângulo ABC da figura, sabe-se que: BC = 2K

$\overline{AM}$ é mediana

$\overline{MB} \parallel \overline{AN}$

$\overline{BN} \parallel \overline{AM}$

Então, a área do losango AMBN é:

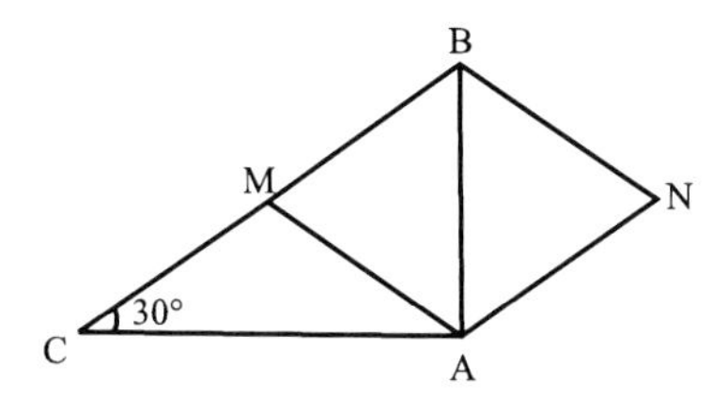

a) $K^2\sqrt{3}$

b) $4K^2\sqrt{3}$

c) $\dfrac{K^2}{2}$

d) $\dfrac{K^2\sqrt{3}}{4}$

e) $\dfrac{K^2\sqrt{3}}{2}$

253) (CESESP) No sertão de Pernambuco, os agricultores calculam as áreas de suas terras, qualquer que seja a forma geométrica que elas tenham, dividindo em quadriláteros e triângulos e efetuando o cálculo da seguinte maneira:

para os quadriláteros: $s = \dfrac{a+c}{2} \text{x} \dfrac{b+d}{2}$ onde a, c, b *e* d são as medidas dos lados opostos;

para os triângulos: $s = \dfrac{x+y}{2} \text{x} \dfrac{z}{2}$ onde x, y *e* z são as medidas dos lados.

Obviamente essa não é a maneira correta de encontrar as referidas áreas. Se uma propriedade tem a forma de um triângulo eqüilátero de lado ℓ, assinale, dentre as alternativas abaixo, a que completa corretamente a sentença.

"Se S é a área da referida propriedade calculada corretamente e S' a área calculada segundo o procedimento dos agricultores, teremos....

a) S < S' "

b) S > S' "

c) S = S' "

d) S' > 2S "

e) S < S'/5 "

254) (CESESP) Nas mesmas considerações da questão anterior, se a propriedade tem a forma de um trapézio isósceles de altura h onde a base maior é o triplo da base menor, assinale a alternativa correta:

a) S > S'

b) S < S'

c) S = S'

d) S = 2S'

e) S' < S/5

255) (PUC-SP) A linha que divide o retângulo PQRS na razão de 1 para 2 é a linha:

a) (a)

b) (b)

c) (c)

d) (d)

e) (e)

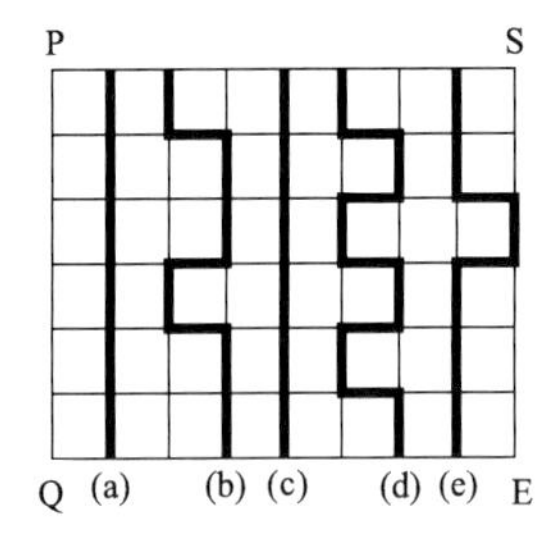

256) (U.F.GO) Para cobrir o piso de um banheiro de 1,00m de largura por 2,00m de comprimento com cerâmicas quadradas, medindo 20cm de lado, o número necessário de cerâmicas é:

a) 15

b) 30

c) 50

d) 75

e) 500

257) (PUC-SP) Qual dos segmentos desenhados na cruz representa o lado de um quadrado de área igual á área da cruz?

a) 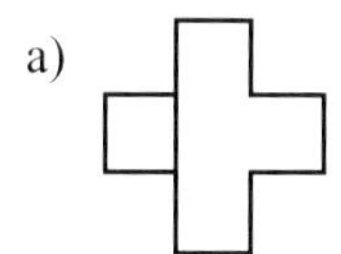

b) 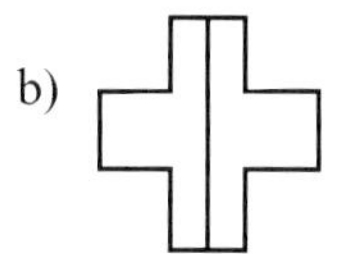

c) 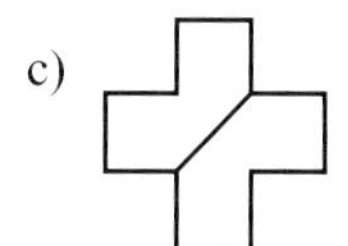

d) 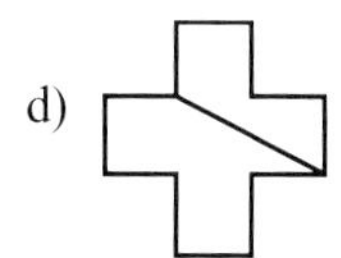

e) 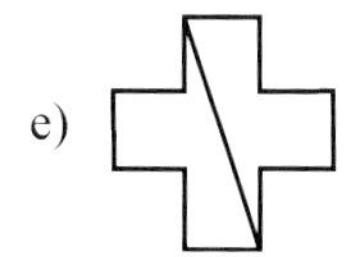

258) (U.F.RS) Com quatro palitos de mesmo comprimento, forma-se um quadrado com acm^2 de área e pcm de perímetro. Se a + p = 21, o comprimento de cada palito, em centímetros, é:

a) 1

b) 2

c) 3

d) 4

e) 5

259) (U.F.RN) A área de um terreno retangular é de 281,25m^2. Se o lado maior do terreno excede de 25 % o lado menor, então o perímetro do terreno é igual, em m, a:

a) 67,5

b) 71,5

c) 75,5

d) 79,5

e) 83,5

260) (FUVEST) Num triângulo retângulo T os catetos medem 10m e 20m. A altura relativa à hipotenusa divide T em dois triângulos, cujas áreas, em m^2, são:

a) 10 e 90

b) 20 e 80

c) 25 e 75

d) 36 e 64

e) 50 e 60

261) (U.F.PE) Seja R um retângulo de área S cujos lados medem a e b. Assinale a alternativa que indica a equação que relaciona corretamente S, a e b.

a) $(a+b)X^2 - a^2X + S = 0$

b) $X^2 - (a+b)X - S = 0$

c) $X^2 + (a+b)X + S = 0$

d) $X^2 - (a+b)X + S = 0$

e) $X^2 - a + bX - S = 0$

262) (U.F.SE) Seja o retângulo PQRS inscrito no quadrado ABCD, conforme mostra a figura abaixo. Se $PS = 2 \cdot PQ$ e $AD = 6$ cm, a área do retângulo PQRS é em cm²:

a) 8

b) 12

c) 16

d) 20

e) 24

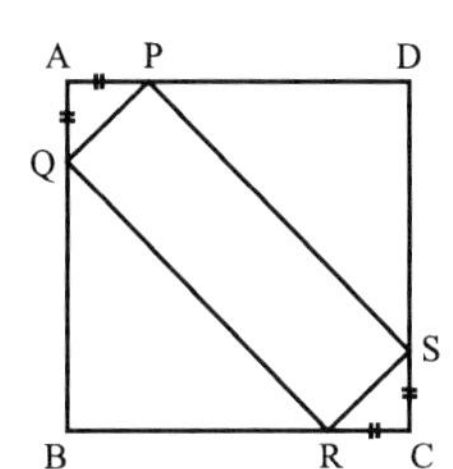

263) (FUVEST) Um dos catetos de um triângulo retângulo mede 2 e a hipotenusa mede 6. A área do triângulo é:

a) $2\sqrt{2}$

b) 6

c) $4\sqrt{2}$

d) 3

e) $\sqrt{6}$

264) (CESGRANRIO) Os triângulos 1 e 2 da figura são retângulos isósceles. Então a razão da área de 1 e 2 é:

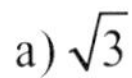

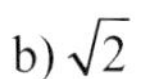

c) 2

e) $\frac{3}{2}$

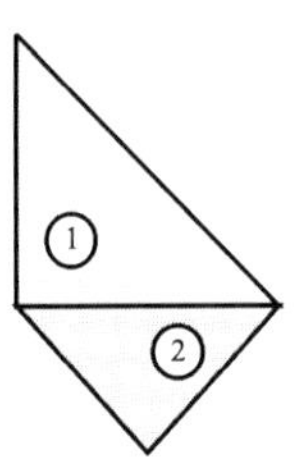

265) (CESGRANRIO) Sejam M, N, P e Q os pontos médios dos lados do quadrado ABCD, como se vê nas figuras, e A_1, A_2, A_3, e A_4 as áreas de suas partes sombreadas. Escritas essas áreas em ordem crescente, temos:

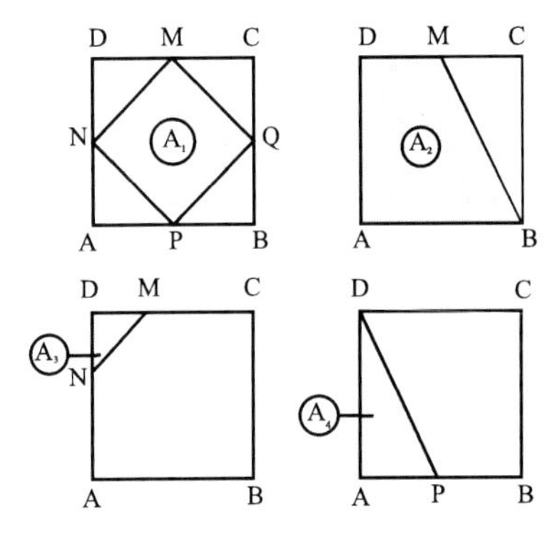

a) $A_1 < A_3 < A_2 < A_4$

b) $A_2 < A_1 < A_3 < A_4$

c) $A_1 < A_2 < A_3 < A_4$

d) $A_3 < A_4 < A_1 < A_2$

e) $A_4 < A_3 < A_2 < A_1$

266) (VUNESP) Se o comprimento de um retângulo aumenta em 10% e a área permanece constante, a largura do retângulo diminui:

a) 9%

b) 11%

c) $\frac{100}{11}\%$

d) $\frac{100}{9}\%$

e) 10%

267) (CESESP) Considere a figura abaixo, onde G é o baricentro do triângulo ABC.

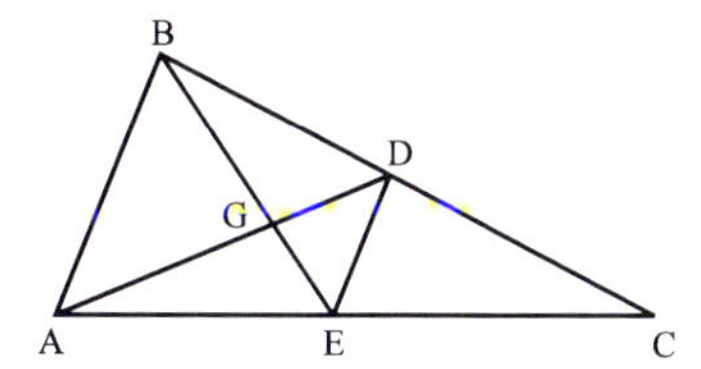

Assinale a única alternativa que corresponde à razão entre as áreas dos triângulos ABG e EGD.

a) 1

b) 2

c) 3

d) 4

e) 12

268) (CESESP) Considere a seguinte figura:

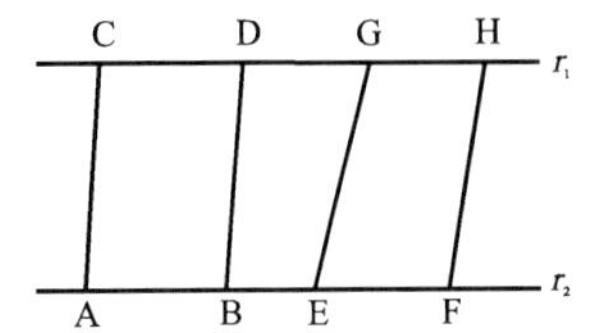

onde os paralelogramos ABCD e EFHG têm as medidas dos lados AB e EF iguais. Sejam S_1 e S_2 as áreas destes paralelogramos, respectivamente.

Assinale a alternativa correta, qualquer que seja a distância entre as retas r_1 e r_2.

a) $S_1 > S_2$

b) $S_1 < S_2$

c) $S_1 = S_2$

d) $S_1 = 1/S_2$

e) $S_1 + S_2 = 1$

269) (CESGRANRIO) Se as duas diagonais de um losango medem, respectivamente, 6cm e 8cm, então a área do losango é:

a) 18 cm^2

b) 24 cm^2

c) 30 cm^2

d) 36 cm^2

e) 48 cm^2

270) (U.F.PE-U.F.R.PE) A planta de um projeto agrícola, na escala de 1:10 000, tem a forma e as dimensões especificadas na figura abaixo. Indique a área do projeto em hectares, dentre as alternativas abaixo:

a) 120 ha

b) 250 ha

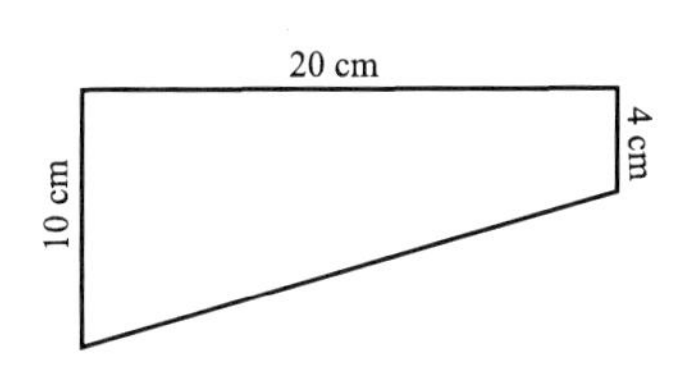

c) 140 ha

d) 800 ha

e) 630 ha

271) (FUVEST) Aumentamos a altura de um triângulo em 10% e diminuímos a sua base em 10%. Então a área do triângulo:

a) aumenta 1%.

b) aumenta 0,5%.

c) decresce 0,5%

d) decresce 1%.

e) não se altera.

272) (CESGRANRIO) João possuía um terreno retangular ABCD, de $1800m^2$, do qual cedeu *a* faixa ADEF com 10m de largura, em troca de outra, CEGH, com 30m de largura, conforme está indicado na figura, e de modo que ABCD e BHGF tivessem a mesma área. O perímetro do terreno ABCD media:

a) 210 m

b) 204 m

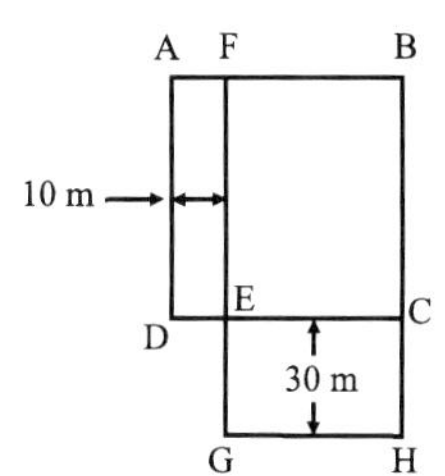

c) 190 m

d) 186 m

e) 180 m

273) (CESGRANRIO) Um cateto de um triângulo retângulo é duas vezes e meia o outro cateto. Se a área do triângulo vale 20, o menor cateto vale:

a) 2

b) 4

c) 5

d) $2\sqrt{2}$

e) $2\sqrt{3}$

274) (FGV) Num triângulo isósceles, os lados de mesma medida medem 2 e o ângulo formado por eles mede 120°. A área desse triângulo é:

a) 2

b) 1

c) 1/2

d) 1/4

e) n.d.a.

275) (FATEC) A diagonal de um quadrado é $k\sqrt{2}$. O perímetro de um outro quadrado, com $\frac{1}{4}$ da área do primeiro, é:

a) 2k

b) k

c) $\frac{k}{2}$

d) $\frac{k}{4}$

e) 4k

276) (FATEC) A área do triângulo cujos lados medem 3cm, 5cm *e* 6cm *é:*

a) $\dfrac{2\sqrt{70}}{9}$ cm^2

b) 4,5 cm^2

c) $\sqrt{26}$ cm^2

d) 6,5 cm^2

e) $\sqrt{56}$ cm^2

277) (FUVEST) Aumentando-se os lados a e b de um retângulo de 15% e 20% respectivamente, a área do retângulo é aumentada em:

a) 35%

b) 30%

c) 3,5%

d) 3,8%

e) 38%

278) (FATEC) Sejam A, B e C vértices de um triângulo. Se AB = 4cm e BC = 5cm, então a medida máxima do lado $\overline{AC}$ para que a área deste triângulo não seja inferior a 6 cm^2 é:

a) $\sqrt{73}$ cm

b) 8 cm

c) $\sqrt{41}$ cm

d) 6 cm

e) 5 cm

279) (FATEC) Na figura abaixo tem-se o triângulo ABC. *A* altura h, relativa ao lado $\overline{AB}$ forma ângulos de medidas α e β com os lados adjacentes. Se $h = \sqrt{\sqrt{3} - 1}$, $\alpha = 60^o$ e $\beta = 45^o$ então a área do triângulo é:

a) $1\ cm^2$

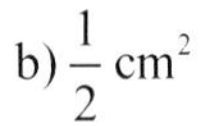

b) $\frac{1}{2}\ cm^2$

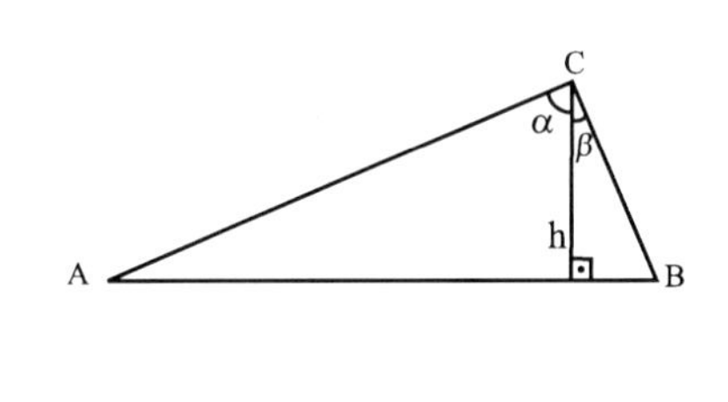

c) $\frac{\left(\sqrt{2}+1\right)\sqrt{\sqrt{3}-1}}{4}\ cm^2$

d) $\frac{\left(\sqrt{2}+\sqrt{3}\right)\sqrt{\sqrt{3}-1}}{4}\ cm^2$

e) $\frac{\left(1+\sqrt{3}\right)\sqrt{\sqrt{3}-1}}{2}\ cm^2$

280) (VUNESP) João e Tomás partiram um bolo retangular. João comeu a metade da terça parte e Tomás comeu a terça parte da metade. Quem comeu mais?

a) João, porque a metade é maior que a terça parte.

b) Tomás.

c) Não se pode decidir porque não se conhece o tamanho do bolo.

d) Os dois comeram a mesma quantidade de bolo.

e) Não se pode decidir porque o bolo não é redondo.

281) (FUVEST) Os lados de um retângulo de área $12cm^2$ estão na razão 1:3. Qual o perímetro do retângulo?

a) 8 m

b) 12 m

c) 16 m

d) 20 m

e) 24 m

282) (FUVEST) A área de um triângulo de lados a, b e c é dada pela fórmula $S = \sqrt{p(p-a)(p-b)(p-c)}$ onde p é o semiperímetro (2p = a + b + c). Qual a área de um triângulo de lados 5,6 e 7?

a) 15

b) 21

c) $7\sqrt{5}$

d) $\sqrt{210}$

e) $6\sqrt{6}$

283) (FUVEST) Os pontos A, B e C são vértices consecutivos de um hexágono regular de área igual a 6. Qual a área do triângulo ABC?

a) 1

b) 2

c) 3

d) $\sqrt{2}$

e) $\sqrt{3}$

284) (CESGRANRIO) Na figura, ABC é um triângulo isósceles e ACED é um quadrado. Se AB mede 4, a área de ACED é de:

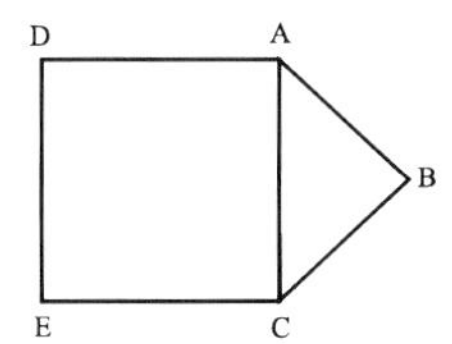

a) $10\sqrt{3}$

b) 16

c) $20\sqrt{2}$

d) 32

e) 36

285) (ITA) Se num quadrilátero convexo de área S, o ângulo entre as diagonais mede $\pi/6$ radianos, então o produto do comprimento destas diagonais é igual a:

a) S

b) 2S

c) 3S

d) 4S

e) 5S

286) (COVEST) Na figura abaixo o quadrado ABCD tem área igual a 100 cm². Sabe-se que AE = AF e que as medidas de $\overline{AE}$ e $\overline{EB}$ estão na razão de 1 para 4. A área da região sombreada é, em

a) 63 cm²

b) 59 cm²

c) 64 cm²

d) 70 cm²

e) 58 cm²

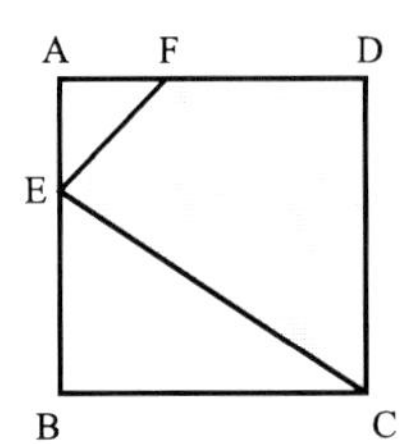

287) (COVEST) Na figura abaixo, o quadro ABCD tem área total de 40 cm². Sabendo-se que E e F são os pontos médios dos lados AB e CD, respectivamente, forma-se então o quadrilátero hachurado FGEH, que tem área igual a:

a) 30 cm²

b) 25 cm²

c) 11 cm²

d) 10 cm²

e) $10\sqrt{2}$ cm²

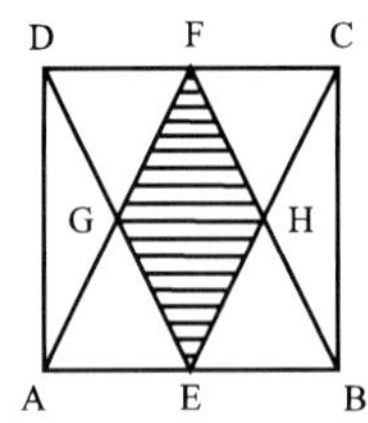

288) (U.F.MG) Considere $NQ = MP = \dfrac{MN}{3}$ sendo MN a base do retângulo KNML. Se a soma das áreas dos triângulos NQL e PLM é 16, a área do retângulo KNML é:

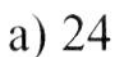
a) 24

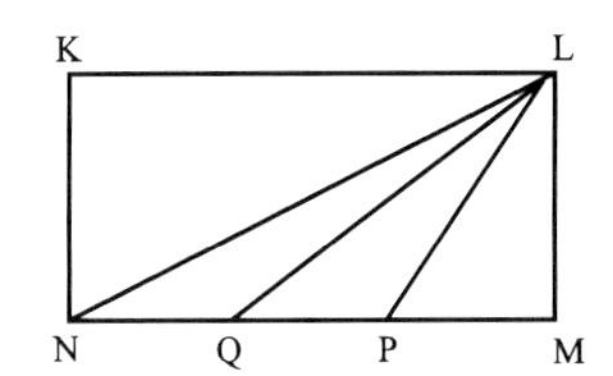

b) 32

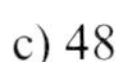
c) 48

d) 72

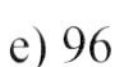
e) 96

289) (U.F.MG) A base de um triângulo e a altura relativa a essa base medem, respectivamente, b e h. Um retângulo de altura x é inscrito no triângulo, sendo que sua base está contida *na* base desse triângulo. A área do retângulo, em função de b, x e h, é:

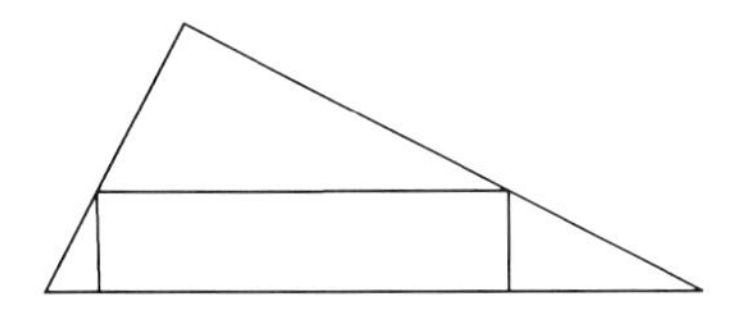

a) $\dfrac{hx(b-x)}{b}$

b) $\dfrac{bx(h-x)}{h}$

c) $\dfrac{bx(h-2x)}{h}$

d) $\dfrac{bx(h+x)}{h}$

e) $\dfrac{1}{4}$

290) (U.F.MG) Considere um trapézio isósceles ABCD, em que AB = BC = CD = 4cm. Se AD = 8 cm, pode-se afirmar que a área do trapézio, em cm^2, é:

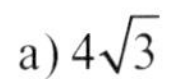

a) $4\sqrt{3}$

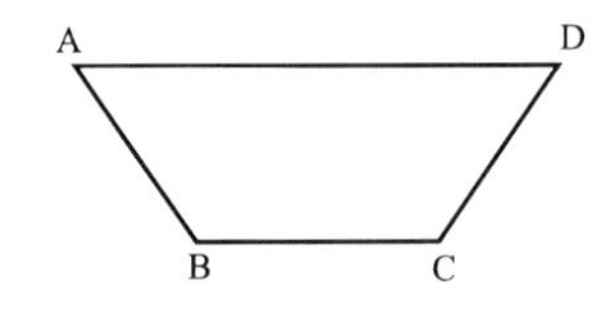

b) $6\sqrt{3}$

c) $8\sqrt{3}$

d) $12\sqrt{3}$

e) $24\sqrt{3}$

291) (U.F.MG) Uma casa tem dez janelas, cada uma com quatro vidros retangulares e iguais, de 0,45m de comprimento e 0,40m de largura.

Cada vidro custa Ncz$ 0,25 o dm^2 e a mão-de-obra para colocá-lo, Ncz$ 4,00 por janela.

A importância a ser gasta para colocar os vidros nessas janelas é:

a) Ncz$ 44,50

b) Ncz$ 220,00

c) Ncz$ 225,00

d) Ncz$ 445,00

e) Ncz$ 450,00

292) (U.E.CE) Em um trapézio a soma das bases é 24cm, a altura é igual à metade da base maior e a base menor é igual à altura. A área desse trapézio, em cm^2, é:

a) 60

b) 72

c) 84

d) 96

293) (FUVEST) O retângulo ABCD representa um terreno retangular cuja largura é 3/5 do comprimento. A parte hachurada representa um jardim retangular cuja largura é também 3/5 do comprimento. Qual a razão entre a área do jardim e a área total do terreno?

a) 30%

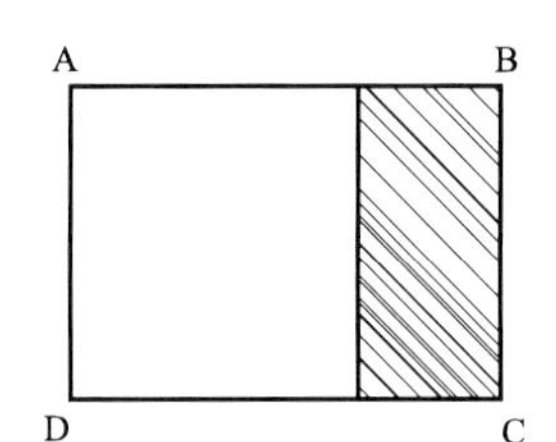

b) 36%

c) 40%

d) 45%

e) 50%

294) (CESGRANRIO) Seja D o ponto médio do lado AB do triângulo ABC. Sejam E e F os pontos médios dos segmentos DB e BC, respectivamente, conforme se vê na figura. Se a área do triângulo ABC vale 96, então a área do triângulo AEF vale:

a) 42

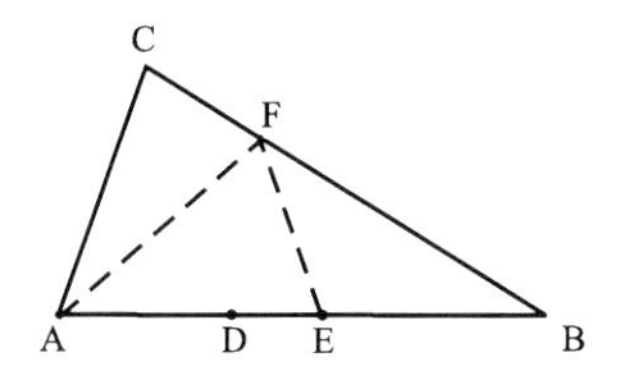

b) 36

c) 32

d) 30

e) 28

295) (COVEST) Se todos os lados de um heptágono regular forem aumentados em 50%, em quanto aumenta a sua área?

a) 50%

b) 75%

c) 100%

d) 125%

e) 150%

296) (COVEST-U.F.R.PE) A área do trapézio da figura é:

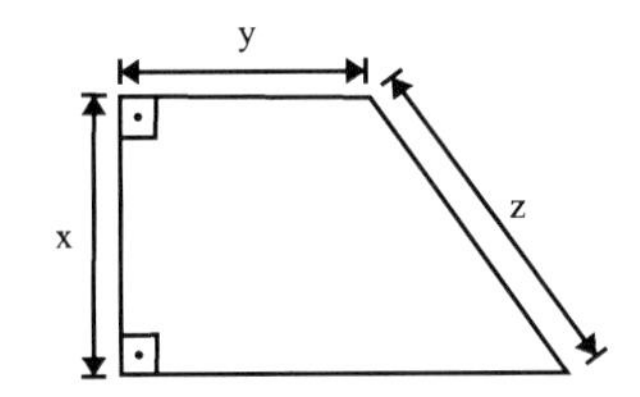

a) $x\left(y+\frac{1}{2}\sqrt{z^2-x^2}\right)$

b) $x\left(y-\frac{1}{2}\sqrt{z^2-x^2}\right)$

c) $\frac{1}{2}(z+x)y$

d) $\frac{1}{2}(x+y)z$

e) $xy+\frac{1}{2}xz$

297) (U.F.MG) Ao reformar-se o assoalho de uma sala, suas 49 tábuas corridas foram substituídas por tacos. As tábuas medem 3m de comprimento por 15cm de largura e os tacos, 20cm por 7,5cm. O número de tacos necessários para essa substituição foi:

a) 1 029

b) 1 050

c) 1 470

d) 1 500

e) 1 874

298) (PUC-MG) Um triângulo tem base 0,7m e altura 15m. Um segundo triângulo tem base 1,2dm e altura 0,5m. A razão entre a área do primeiro e do segundo triângulo é:

a) $\frac{4}{7}$

b) $\frac{6}{5}$

c) $\frac{5}{6}$

d) $\frac{7}{4}$

e) $\frac{6}{7}$

299) (U.F.MG) Aumentando-se o comprimento e a largura de um retângulo R em 3cm e 2cm, respectivamente, sua área aumenta em $54cm^2$.

Diminuindo-se o comprimento e a largura de R em 2cm e 3cm, respectivamente, a área diminui em 46 cm^2. Pode-se afirmar que o perímetro de R, em cm, é:

a) 20

b) 30

c) 40

d) 50

e) 60

300) (PUC-MG) O número pelo qual se devem multiplicar as dimensões de um retângulo, para que sua área seja aumentada 25%, é:

a) $\sqrt{5}$

b) $0,2\sqrt{5}$

c) $0,3\sqrt{5}$

d) $0,4\sqrt{5}$

e) $0,5\sqrt{5}$

301) (U.F.MG) Precisa-se colar uma gravura retangular, cujas dimensões são 34cm e 14cm, em um pedaço de cartolina. As margens superior, inferior e laterais da cartolina devem ter uma largura constante. A área total da cartolina é de 800 cm^2.

A medida da largura da margem, em cm, é um divisor de:

a) 7

b) 11

c) 15

d) 20

e) 32

302) (U.F.MG) A hipotenusa e a área de um triângulo retângulo medem, respectivamente, $4\sqrt{5}$ cm e 16 cm². A diferença das medidas dos catetos, em cm, é:

a) 4

b) $3\sqrt{5}$

c) 3

d) $2\sqrt{5}$

e) 2

303) (U.F.MG) Observe a figura.

Nessa figura, os pontos M, N, P, Q são pontos médios dos lados do quadrado ABCD, cuja *área mede* 16 cm².

A área do quadrado RSTV, em cm², mede:

a) 4

b) 8

c) 10

d) $\frac{16}{3}$

e) $\frac{16}{5}$

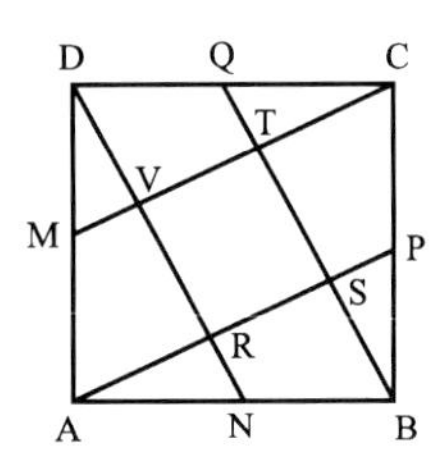

304) (U.F.MG) A diferença entre as medidas das bases maior e menor de um trapézio é igual à medida da sua altura. Se a base menor e a área medem, respectivamente, 2cm e 6cm, pode-se afirmar que a altura, em cm, é:

a) um múltiplo de 3.

b) um múltiplo de 4.

c) um múltiplo de 7.

d) um múltiplo de 10.

e) um número primo.

305) (U.F.MG) Observe a figura.

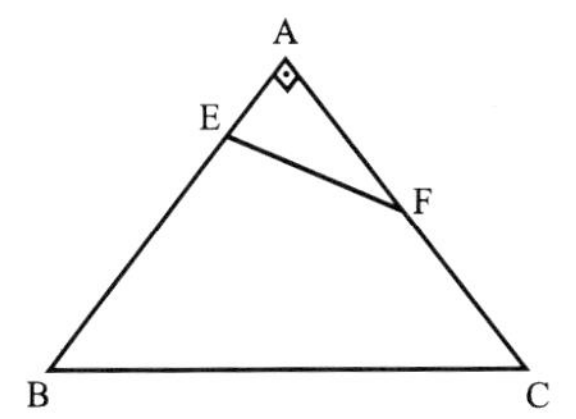

BC é a hipotenusa do triângulo retângulo ABC, AE = $\frac{1}{4}$ AB, FC = $\frac{1}{4}$ AC e a área do quadrilátero BCFE é igual a 30 cm^2.

A área do triângulo AEF é igual a:

a) 10

b) 20

c) $\frac{60}{13}$

d) $\frac{80}{13}$

e) $\frac{90}{13}$

306) (PUC-MG) Os lados de um triângulo retângulo têm medidas 2 (a +1), 3a + 2 e 4a + 2, a > 0. A área desse triângulo, em unidades de área, é:

a) 30

b) 24

c) 18

d) 16

e) 12

307) (PUC-MG) A área de um polígono regular, de apótema *a* e de n lados, inscrito numa circunferência de raio r, em unidades de área, é:

a) $\frac{1}{2}na\sqrt{r^2 - a^2}$

b) $\frac{1}{4}na\sqrt{r^2 - a^2}$

c) $na\sqrt{r^2 - a^2}$

d) $2na\sqrt{r^2 - a^2}$

e) $4na\sqrt{r^2 - a^2}$

308) (FUVEST) O retângulo abaixo de dimensões a e b está decomposto em quadrados. Qual o valor da razão a/b?

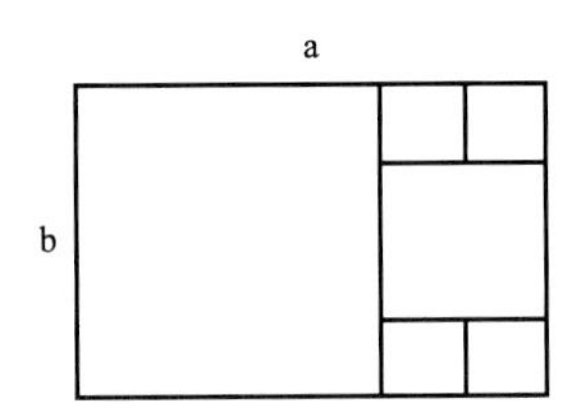

a) 5/3

b) 2/3

c) 2

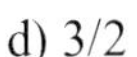

d) 3/2

e) 1/2

309) (ITA) A razão entre as áreas de um triângulo eqüilátero inscrito numa circunferência e de um hexágono regular, cujo apótema mede 10cm, circunscrito a esta mesma circunferência é:

a) $\frac{1}{2}$

b) 1

c) $\frac{1}{3}$

d) $\frac{3}{8}$

e) n.d.a

310) (CICE) Na figura abaixo, r é o raio do círculo maior e t é o comprimento da tangente AB comum aos dois círculos menores. Então a área assinalada, compreendida entre o círculo maior e os dois menores, é igual a:

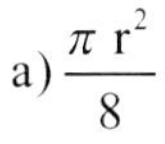

a) $\dfrac{\pi\ r^2}{8}$

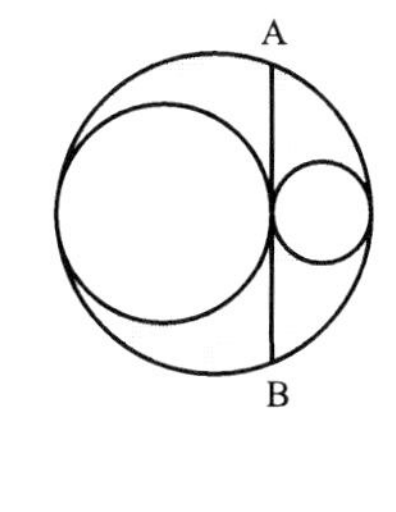

b) $\dfrac{\pi\ rt}{8}$

c) $\dfrac{\pi\ t^2}{8}$

d) $\dfrac{\pi(t-r)^2}{8}$

e) nada disso

311) (U.MACK.) A diagonal $\overline{AD}$ do quadrado ABCD mede $\sqrt{2}$ cm. Se o diâmetro de cada uma das semicircunferências na figura abaixo é igual à metade do lado do quadrado, a área *da região assinalada é:*

a) 1

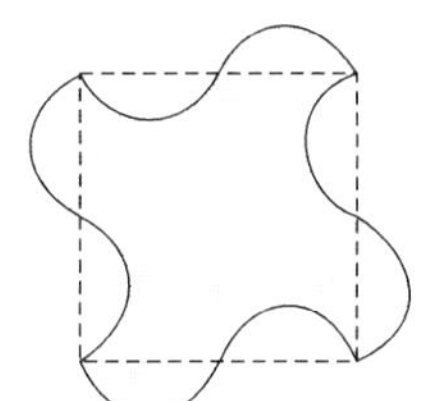

b) $\dfrac{1}{\pi}$

c) $\dfrac{\pi}{8}$

d) 2

e) π

312) (CONSART) Cada um dos lados do retângulo DEFG é paralelo a algum dos catetos do triângulo retângulo ABC e tangente a alguma das semicircunferências tracejadas *do* desenho. Sabendo-se que AC = 6cm e AB = 8cm, a área do retângulo é:

a) 136 cm²

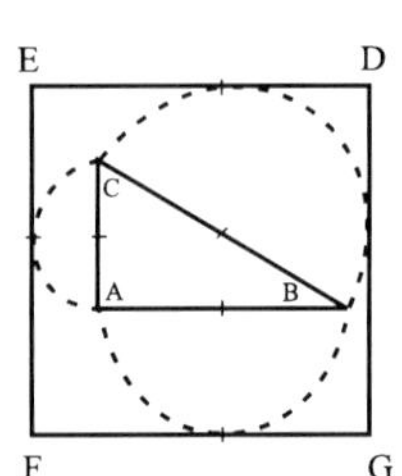

b) 140 cm²

c) 164 cm²

d) 144 cm²

e) 200 cm²

313) (CESCEM) Na figura abaixo, temos a representação de um retângulo inscrito em um setor de 90º cujo raio mede 6cm. Medindo o lado OA do retângulo $\frac{2}{3}$ do raio, a área do retângulo é:

a) $4\sqrt{5}m^2$

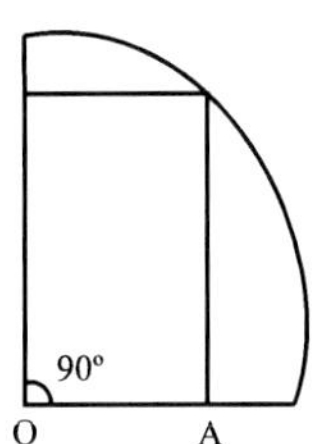

b) $8\sqrt{5}m^2$

c) $8\sqrt{13}m^2$

d) $16m^2$

e) $24m^2$

314) (CONSART) O ponto O é o centro do círculo ABCD e extremidade das semicircunferências OA e OB da figura. A reta que contém O e divide a região tracejada em duas partes de mesma área faz com OA um ângulo de:

a) 36º

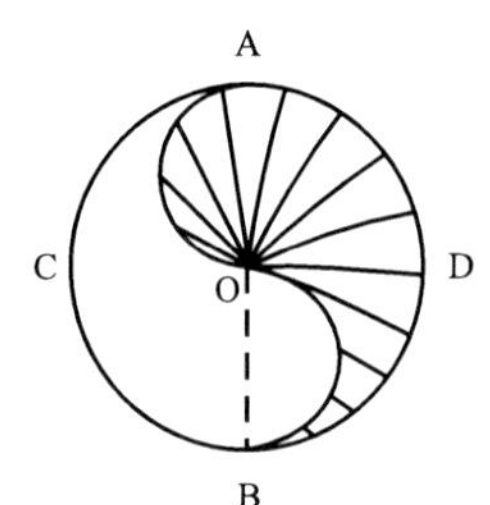

b) 45º

c) 52º 30’

d) 60º

e) 75º

315) (U.MACK.) A área do trapézio da figura é 12. A área da parte sombreada é:

a) π

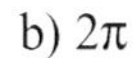
b) 2π

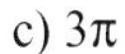
c) 3π

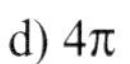
d) 4π

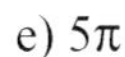
e) 5π

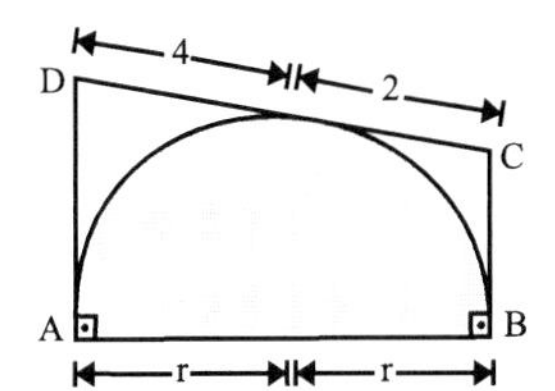

316) (U.MACK.) Os lados de um triângulo são a = 13, b = 14 e c = 15. Os lados a e b são tangentes a uma circunferência cujo centro está sobre o lado c. O raio dessa circunferência é:

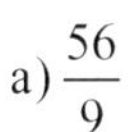
a) $\frac{56}{9}$

b) $\frac{47}{3}$

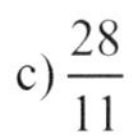
c) $\frac{28}{11}$

d) 7

e) 19

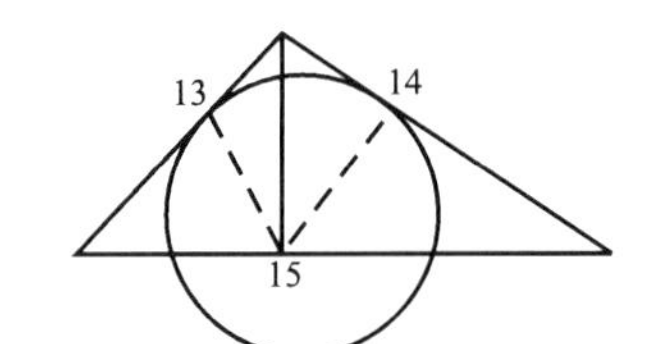

317) (CESCEM) Sendo A a área de um quadrado inscrito em uma circunferência, a área de *um* quadrado circunscrito à mesma circunferência é:

a) 4A

b) 2A

c) $\frac{4}{3}$A

d) $\sqrt{2}$A

e) 1,5A

318) (U.MACK.) A área da parte sombreada vale: (A figura contém semicircunferências de raio a e centro nos vértices do quadrado menor.)

a) $a^2(4 - \pi)$

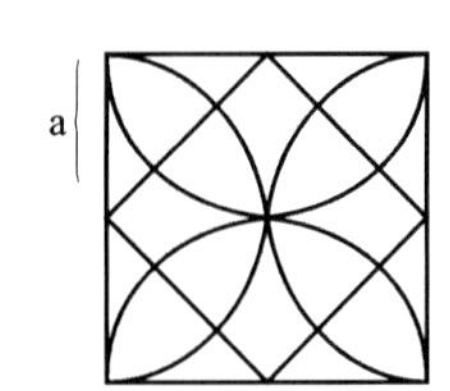

b) $a^2(\pi - 2)$

c) $2a^2$

d) πa^2

e) não sei

319) (U.MACK.) Se a soma das áreas dos três círculos de mesmo raio é 3π, a área do triângulo eqüilátero ABC é:

a) $7\sqrt{3} + 12$

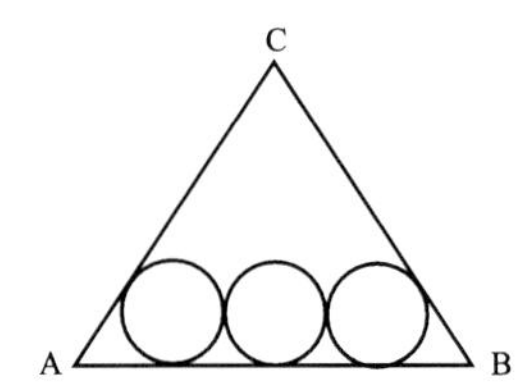

b) $7 + 4\sqrt{3}$

c) $19\sqrt{3}$

d) $11\sqrt{3}$

e) não sei

320) (CESCEM) A figura abaixo representa um hexágono regular, inscrito num círculo de centro O e raio $8\sqrt{2}$ A área da região assinalada na figura é:

a) $48\pi - 32\sqrt{3}$

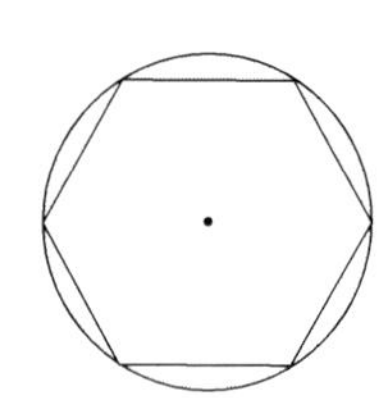

b) $64\pi - 192\sqrt{3}$

c) $96\pi - 32\sqrt{3}$

d) $128\pi - 192\sqrt{3}$

e) $136\pi - 32\sqrt{3}$

321) (U.MACK.) Quatro círculos de raio unitário, cujos centros são vértices de um quadrado, são tangentes exteriormente dois a dois. A área da parte sombreada é:

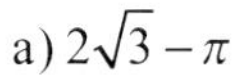

a) $2\sqrt{3}-\pi$

b) $3\sqrt{2}-\pi$

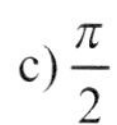

c) $\dfrac{\pi}{2}$

d) $4-\pi$

e) $5-\pi$

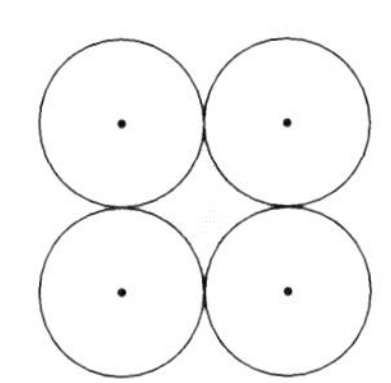

322) (FUVEST) Na figura abaixo ABC é um triângulo eqüilátero de lado igual a $2 \cdot \widehat{MN}, \widehat{NP}$ e $\widehat{PM}$ são arcos de circunferências com centros nos vértices A, B e C, respectivamente, e de raios todos iguais a 1. A área da região sombreada é:

a) $\sqrt{3}-\dfrac{3\pi}{4}$

b) $\sqrt{3}-\dfrac{\pi}{2}$

c) $2\sqrt{3}-\dfrac{\pi}{2}$

d) $4\sqrt{3}-2\pi$

e) $8\sqrt{3}-3\pi$

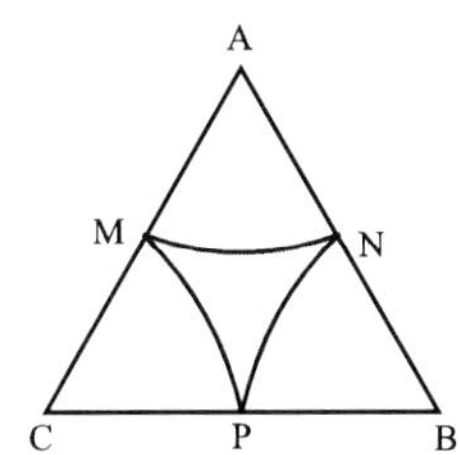

323) (CESGRANRIO) A região sombreada R da figura é limitada por arcos de circunferência centrados nos vértices do quadrado de lado 2ℓ. A área de R é:

a) $\dfrac{\pi\ \ell^2}{2}$

b) $\left(\pi-2\sqrt{2}\right)\ell^2$

c) $\left(\pi-\dfrac{4}{3}\right)\ell^2$

d) $(4-\pi)\ell^2$

e) $\sqrt{2}\ell^2$

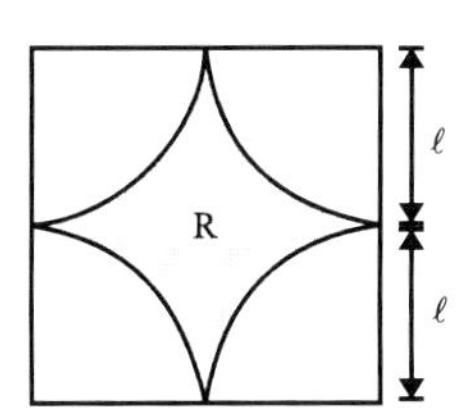

324) (U.F.GO) A área máxima da região limitada por um triângulo retângulo inscrito em um círculo de raio R é:

a) $2R^2$

b) πR^2

c) R^2

d) $\dfrac{R^2}{2}$

e) $2\pi R^2$

325) (V.UNIF.RS) Na figura $\overline{OA} = \overline{OB} = \overline{OE} = \overline{OF} = \overline{OG}$, $ABCD$ é um quadrado de área 80, C e D pertencem ao diâmetro EF e o ângulo φ (∢FEG) mede π/6rad.

A área do triângulo EFG é:

a) $40\sqrt{3}$

b) $50\sqrt{3}$

c) $80\sqrt{3}$

d) 80

e) 100

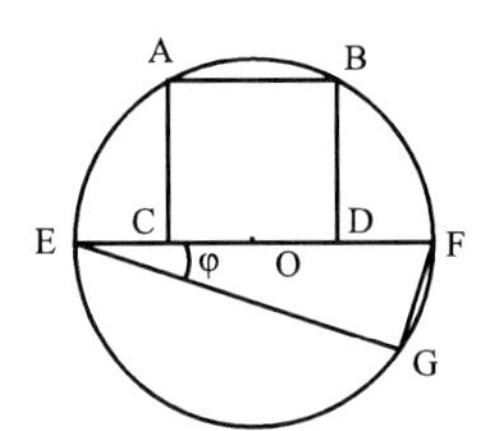

326) (V.UNIF.RS) Na figura, $\overset{\frown}{AB}$ é um arco de uma circunferência de raio 1. A área do trapézio retângulo BCDE é:

a) $\dfrac{\sqrt{3}}{24}$

b) $\dfrac{\sqrt{3}}{18}$

c) $\dfrac{\sqrt{3}}{12}$

d) $\dfrac{\sqrt{3}}{6}$

e) $\dfrac{\sqrt{3}}{4}$

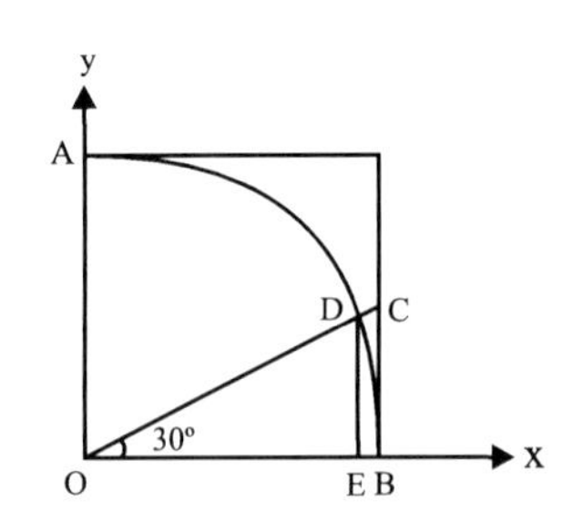

327) (U.MACK.) Na figura, a área do quadrado de centro O é:

a) 10

b) 16

c) 25

d) 100

e) 2 500

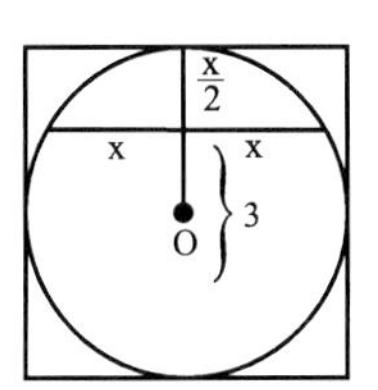

328) (CESGRANRIO) Um círculo de área C e um triângulo eqüilátero de área T têm o mesmo perímetro. A razão $\frac{C}{T}$ vale:

a) 1

b) $\frac{9}{\pi}$

c) $\frac{3\sqrt{3}}{\pi}$

d) $\frac{8}{\pi}$

e) $\frac{\pi\sqrt{3}}{2}$

329) (F.C.M.STA.CASA) Na figura abaixo, considere o segmento a = 2m. A área da superfície sombreada é igual a:

a) $2\pi m^2$

b) $4m^2$

c) $2m^2$

d) πm^2

e) n.d.a.

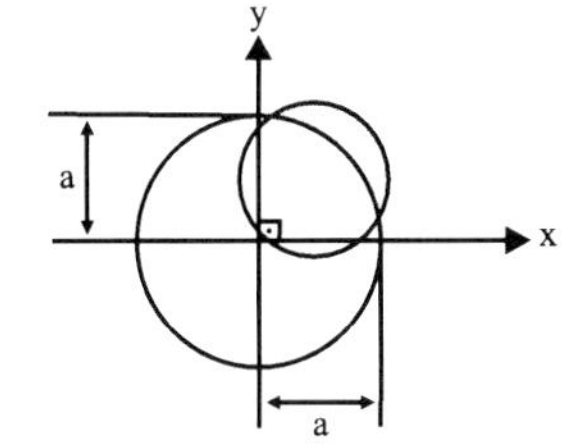

330) (PUC-SP) Os diâmetros das pizzas grande e média são 40cm e 36cm, respectivamente. Qual deve ser o preço da média se a grande custa Cz$ 200,00 e os preços são proporcionais às áreas das pizzas?

a) Cz$ 155,00

b) Cz$ 162,00

c) Cz$ 174,00

d) Cz$ 185,00

e) Cz$ 190,00

331) (U.F.MG) A área de uma coroa circular de raios r e R, sendo $r < R$, é:

a) $\pi(R - r)^2$

b) $\pi(R + r)^2$

c) $\pi(R^2 + r^2)$

d) $\pi(R - r)(R + r)$

e) $2\pi(R - r)$

332) (F.C.M.STA.CASA) Na figura abaixo, temos o triângulo retângulo cujos lados medem 5cm, 12cm e 13cm e a circunferência inscrita nesse triângulo. A área da região sombreada é, em cm^2:

a) $30(1 - \pi)$

b) $5(6 - 1{,}25\pi)$

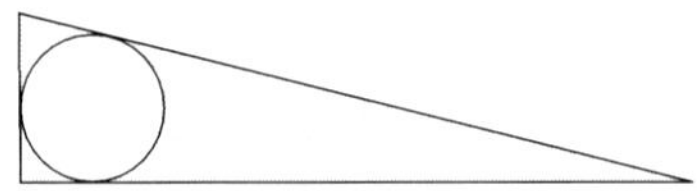

c) $3(10 - 3\pi)$

d) $2(15 - 8\pi)$

e) $2(15 - 2\pi)$

333) (U.F.UBERLÂNDIA) Na figura abaixo, AB é o diâmetro de um círculo de raio 7,5cm. Se AC = 10cm, a área do triângulo ABC vale:

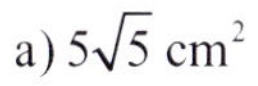
a) $5\sqrt{5}\ cm^2$

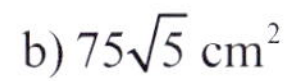
b) $75\sqrt{5}\ cm^2$

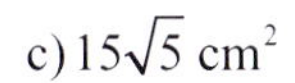
c) $15\sqrt{5}\ cm^2$

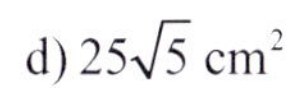
d) $25\sqrt{5}\ cm^2$

e) $35\sqrt{5}\ cm^2$

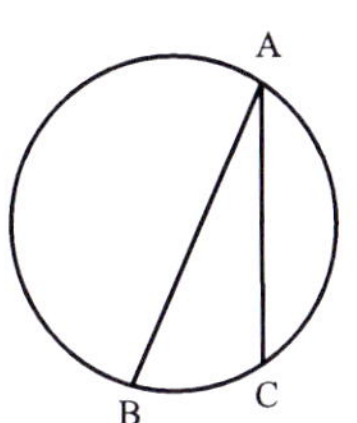

334) (PUC-RJ) Dados dois discos concêntricos, de raios 1 e $\frac{1}{2}$ a área da coroa circular compreendida entre eles é:

a) 50% da área do disco menor.

b) 75% da área do disco maior.

c) igual à área do disco menor.

d) o dobro da área do disco menor.

e) a metade da área do disco menor.

335) (U.F.RS) A região representada na figura é limitada por 4 semicircunferências de raio R. A área da região é:

a) $4R^2(\pi + 1)$

b) $2R^2(\pi + 2)$

c) $R^2(2\pi + 1)$

d) $4\pi R^2$

e) $2\pi R^2$

336) (U.FORTALEZA) Considere um triângulo ABC e a circunferência nele inscrita, como na figura abaixo. Se o raio do círculo é 6cm e o perímetro do triângulo é Pcm, então a área do triângulo, em cm^2, é:

a) P

b) 2P

c) 3P

d) 4P

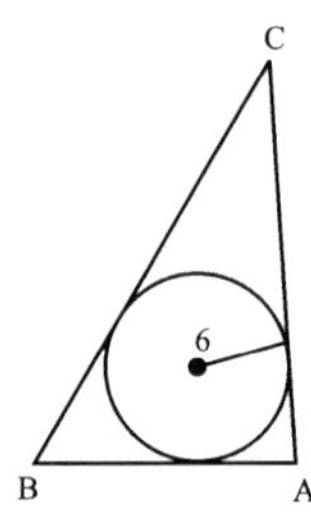

337) (F.C.M.STA.CASA) Na figura abaixo, tem-se uma circunferência de centro C, cujo raio mede 8cm. O triângulo ABC é eqüilátero e os pontos A e B estão na circunferência. A área sombreada, em cm² é:

a) $\frac{16\left(2\pi - 3\sqrt{3}\right)}{3}$

b) 64π

c) $32(\pi - 1)$

d) $96\sqrt{3}$

e) $16\left(4\pi - \sqrt{3}\right)$

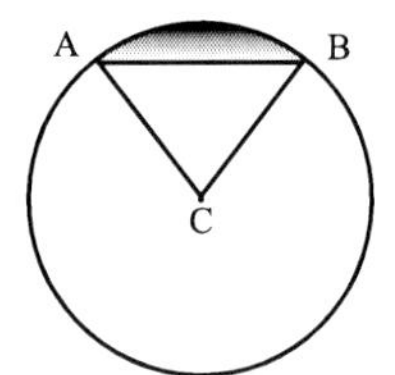

338) (CESGRANRIO) O triângulo ABC está inscrito no semicírculo de centro O e diâmetro AB = 2. Se o ângulo CÂB = 30º, a área sombreada é:

a) $\frac{\pi}{3}$

b) $\frac{\pi\sqrt{3}}{2}$

c) $\frac{\pi - \sqrt{3}}{2}$

d) $\pi - 2$

e) $\pi - \frac{\sqrt{3}}{3}$

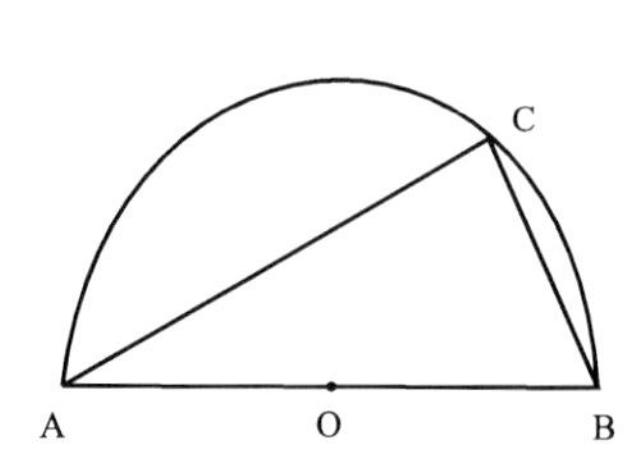

339) (U.E.CE) Seja MNP um triângulo de área igual a 24 cm². Se $\overline{NP} = 8$cm, então a área, em cm², do círculo centrado em M e tangente ao lado NP em Q é:

a) 16π

b) 18π

c) 32π

d) 36π

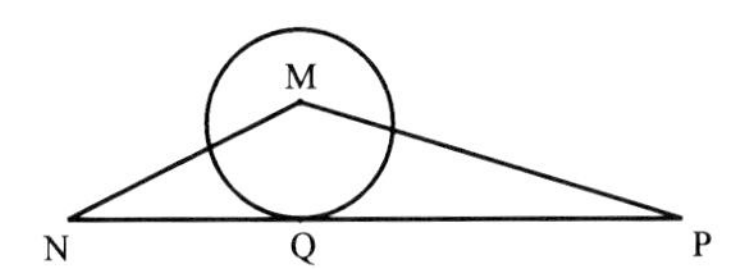

340) (U.F.ES) A figura sombreada abaixo é limitada por semicircunferências e inscrita num quadrado de lado $\ell = 2$ m. Sua área vale:

a) $2\ m^2$

b) $(4 - \pi)\ m^2$

c) $\left(2 - \frac{\pi}{2}\right) m^2$

d) $(2\pi - 4)\ m^2$

e) $(\pi - 2)\ m^2$

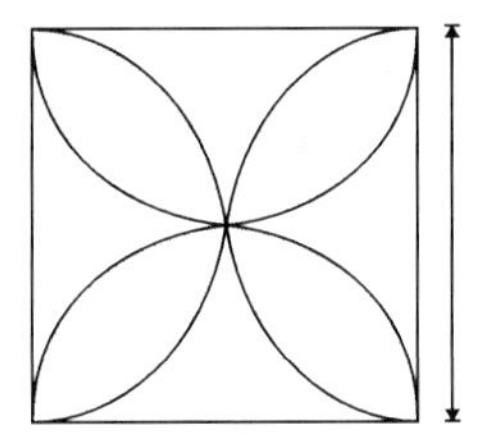

341) (U.F.RS) A área da coroa limitada pelas circunferências inscrita e circunscrita a um quadrado de lado 3 é:

a) $\frac{3\sqrt{2}}{2}$

b) $\frac{3}{2}$

c) 2π

d) $\frac{9\pi}{4}$

e) $\frac{9\pi}{2}$

342) (U.F.RN) Se a área de um círculo é igual a 4π cm² então a área do quadrado circunscrito vale:

a) 8 cm²

b) 10 cm²

c) 12 cm²

d) 14 cm²

e) 16 cm²

343) (U.E.LONDRINA) Os lados do retângulo representado na figura abaixo medem 6 cm e 8 cm. A área do círculo limitado pela circunferência que o circunscreve, em cm² é:

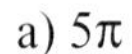

a) 5π

b) 10π

c) 25π

d) 50π

e) 100π

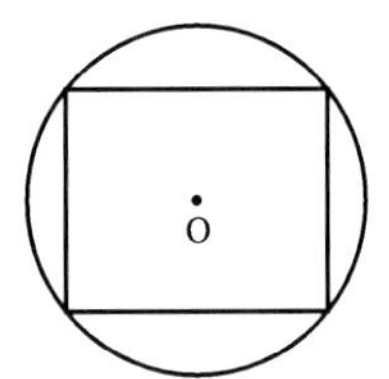

344) (CESGRANRIO) AB é o diâmetro do círculo de centro O no qual o triângulo ABC está inscrito. A razão $\frac{s}{S}$ entre as áreas s do triângulo ACO e S do triângulo COB é:

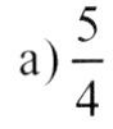

a) $\frac{5}{4}$

b) $\frac{4}{3}$

c) $\frac{3}{4}$

d) 1

e) $\frac{\sqrt{3}}{2}$

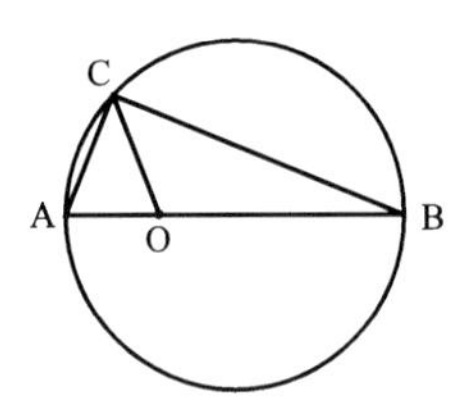

345) (U.F.RS) O segmento AB é uma corda do círculo de centro O e diâmetro 12, *com o* ângulo AOB medindo 150º. A área do triângulo AOB é:

a) 9

b) $9\sqrt{2}$

c) $9\sqrt{3}$

d) 18

e) 6

346) (U.E.BA) Na figura abaixo, temos que o arco $\widehat{AGB}$ é uma semicircunferência de raio 3cm; $BC = \frac{1}{3}BD$ e $\overline{AB} // \overline{DE} // \overline{FC}$. A área da região sombreada, em cm² é:

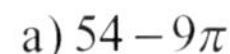
a) $54 - 9\pi$

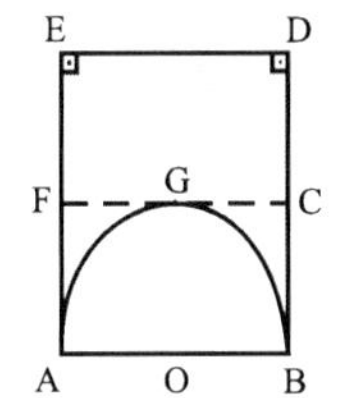

b) $27 - 9\pi$

c) $\frac{54 - 9\pi}{2}$

d) 36

e) $\frac{108 - 9\pi}{2}$

347) (U.F.RS) Na figura, o triângulo ABC é eqüilátero, e ADC é um semicírculo. O perímetro da região sombreada é 4 + π. A área do retângulo circunscrito é:

a) $2\left(\sqrt{3} + 5\right)$

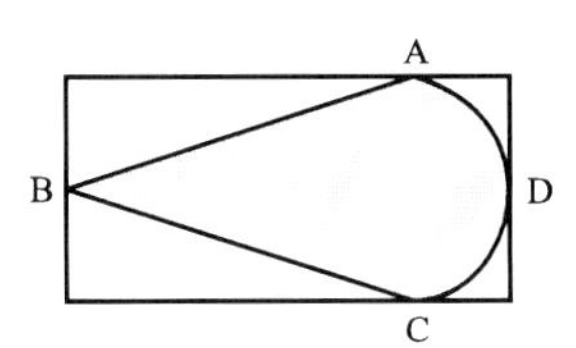

b) $2\left(\sqrt{3} + 1\right)$

c) $\left(\sqrt{3} + 1\right)$

d) 4

e) 3

348) (U.E.BA) Seja o hexágono regular inscrito na circunferência de centro O e raio 6 cm, conforme a figura abaixo. A área da região sombreada, em cm^2, é:

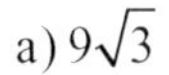
a) $9\sqrt{3}$

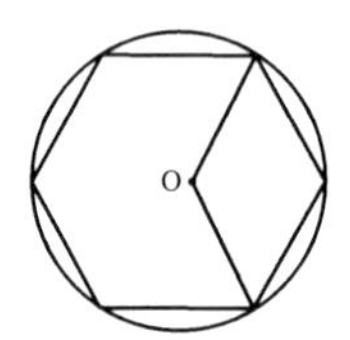

b) $12\sqrt{3}$

c) $15\sqrt{3}$

d) $18\sqrt{3}$

e) $20\sqrt{3}$

349) (CESGRANRIO) Considere os círculos tangentes da figura, cujas tangentes comuns exteriores formam um ângulo de 60º. A razão entre as áreas do menor e do maior círculo é:

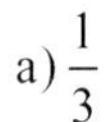
a) $\frac{1}{3}$

b) $\frac{1}{4}$

c) $\frac{1}{6}$

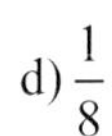
d) $\frac{1}{8}$

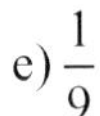
e) $\frac{1}{9}$

350) (U.F.RN) Considere 3 circunferências, tangentes duas a duas e de raios unitários. Se M, N e O são os seus centros, então a área do triângulo MNO vale:

a) 2

b) 3

c) $\sqrt{2}$

d) $\sqrt{3}$

e) $2\sqrt{3}$

351) (U.F.PA) A área de um círculo é 5π cm². Sua circunferência mede:

a) 10π cm

b) 5π cm

c) $\frac{5}{2}$ cm

d) $\sqrt{5}\pi$ cm

e) $2\sqrt{5}\pi$ cm

352) (CESGRANRIO) As circunferências da figura, de centros M, N e P, são mutuamente tangentes. A maior tem raio 2 e as outras duas têm raio 1. Então a área do triângulo MNP é:

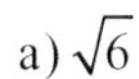
a) $\sqrt{6}$

b) $\frac{5}{2}$

c) 3

d) $2\sqrt{3}$

e) $2\sqrt{2}$

353) (UNICAP) O círculo cujo raio mede o mesmo que o lado do quadrado de perímetro $12\sqrt{2}$ cm tem área igual a:

a) 18π cm²

b) 36π cm²

c) 24π cm²

d) 12π cm²

e) 6π cm²

354) (FUVEST) Um comício político lotou uma praça semicircular de 130m de raio. Admitindo uma ocupação média de 4 pessoas por m^2, qual a melhor estimativa do número de pessoas presentes?

a) Dez mil.

b) Cem mil.

c) Meio milhão.

d) Um milhão.

e) Muito mais do que um milhão.

355) (UNICAP) A área do hexágono regular inscrito em uma circunferência de raio R é, em unidade de área:

a) $R^2\sqrt{3}$

b) $\frac{R^2\sqrt{3}}{2}$

c) $\frac{\pi R^2\sqrt{3}}{2}$

d) $\frac{\pi R^2}{\sqrt{3}}$

e) $\frac{3R^2\sqrt{3}}{2}$

356) (CESGRANRIO) De uma placa circular de raio 3, recorta-se um triângulo retângulo de maior área possível. A área do restante da placa vale:

a) $9\pi - 9$

b) $6\pi - 9$

c) $9\pi - 10$

d) $9\pi - 12$

e) $6\pi - 6$

357) (ITA) Considere as circunferências inscrita e circunscrita a um triângulo eqüilátero de lado ℓ. A área da coroa circular formada por estas circunferências é dada por:

a) $\frac{\pi}{4}\ell^2$

b) $\frac{\sqrt{6}}{2}\pi\ell^2$

c) $\frac{\sqrt{3}}{3}\pi\ell^2$

d) $\sqrt{3}\pi\ell^2$

e) $\frac{\pi}{2}\ell^2$

358) (FATEC) Dado um círculo de raio R, medindo em cm, para que a área desse círculo *tenha* um acréscimo de $8\pi R^2 cm^2$, o raio deve aumentar:

a) Rcm

b) 2Rcm

c) 3Rcm

d) 4Rcm

e) 5Rcm

359) (COVEST) Se o comprimento do raio de um círculo é aumentado em 30% de seu valor, então a sua área aumenta em:

a) 60%

b) 69%

c) 80%

d) 35%

e) 43%

360) (COVEST) Na figura abaixo, o raio da semicircunferência mede 4cm; o polígono é um hexágono regular, e o ângulo $A\hat{O}B$ é reto. Assinale na coluna I as alternativas corretas, *para* a medida da área da região sombreada, e na coluna II as alternativas incorretas:

I II

a) – a) $\left(\sqrt{3}-2\pi\right)$ cm^2

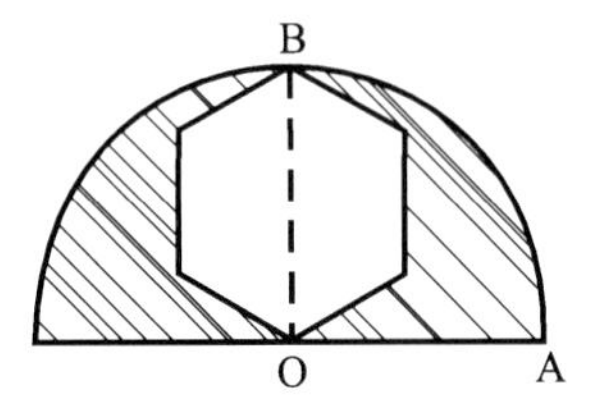

b) – b) $\pi\sqrt{3}$ cm^2

c) – c) $\left(\pi-\sqrt{3}\right)$ cm^2

d) – d) $2\left(4\pi-3\sqrt{3}\right)$ cm^2

e) – e) $\left(6\pi-2\sqrt{3}\right)$ cm^2

361) (ITA) Se o perímetro de um triângulo inscrito num círculo medir 20xcm e a soma dos senos de seus ângulos internos for igual a x, então a área do círculo, em cm^2, será igual a:

a) 50π

b) 75π

c) 100π

d) 125π

e) 150π

362) (U.F.MG) Na figura, o hexágono regular ABCDEF está inscrito no círculo de centro O. Se AB = 4cm, a área do quadrilátero ABOF é:

a) $8\sqrt{2}$ cm^2

b) $8\sqrt{3}$ cm^2

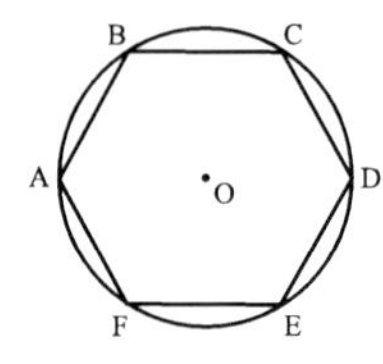

c) 16 cm^2

d) $16\sqrt{2}$ cm^2

e) $16\sqrt{3}$ cm^2

363) (U.F.MG) Na figura, AB é o diâmetro do círculo de centro O e C é um ponto da circunferência tal que o ângulo $A\hat{B}C$ mede 30º.

Se AB = 6cm, a área da região limitada pelas cordas BC e AB e pelo arco menor AC, em cm², é:

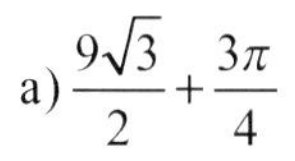
a) $\frac{9\sqrt{3}}{2}+\frac{3\pi}{4}$

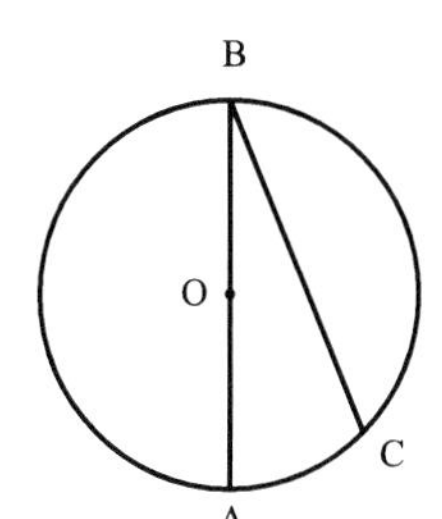

b) $9\sqrt{3}$

c) $\frac{9\sqrt{3}}{4}+\frac{3\pi}{2}$

d) $\frac{9\sqrt{3}}{4}+6\pi$

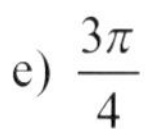
e) $\frac{3\pi}{4}$

364) (U.F.VIÇOSA) Na figura abaixo, a circunferência de centro P e raio 2 é tangente a três lados do retângulo ABCD de área igual a 32. A distância do ponto P à diagonal AC vale:

a) $\frac{2\sqrt{5}}{5}$

b) $\frac{\sqrt{5}}{2}$

c) $\frac{\sqrt{5}}{5}$

d) $2\sqrt{5}$

e) $\frac{3\sqrt{5}}{5}$

365) (CESGRANRIO) O triângulo ABC está inscrito no círculo cujo diâmetro AB mede 1 e cujos ângulos satisfazem a condição $\hat{B} = 2\hat{A}$ conforme se vê na figura. A área desse triângulo ABC vale:

a) 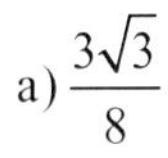 $\frac{3\sqrt{3}}{8}$

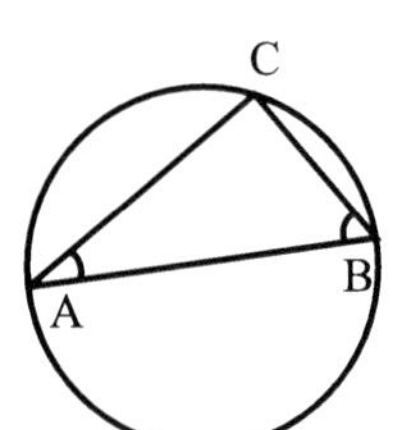

b) 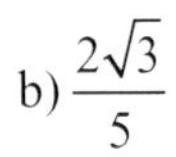 $\frac{2\sqrt{3}}{5}$

c)  $\frac{\sqrt{3}}{5}$

d) 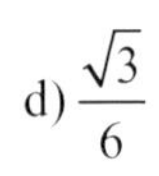 $\frac{\sqrt{3}}{6}$

e) $\frac{\sqrt{3}}{8}$

366) (U.C.SALVADOR) Na figura abaixo, ABCD é um losango e A é o centro da circunferência de raio 4 cm. A área desse losango, em centímetros quadrados, é:

a) $4\sqrt{3}$

b) 8

c) 12

d) $8\sqrt{3}$

e) $12\sqrt{3}$

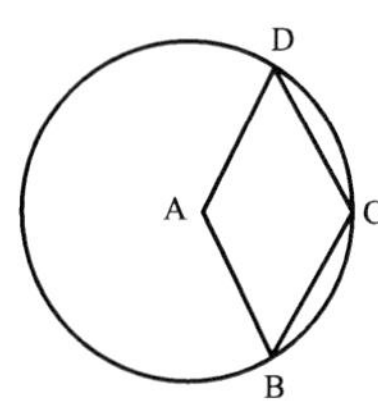

367) (FESP) Um triângulo eqüilátero ABC está inscrito numa circunferência de raio igual a 6cm. O triângulo é interceptado por um diâmetro de circunferência, formando um trapézio, conforme a figura abaixo. Podemos afirmar então que a razão entre a área do triângulo ABC é a do trapézio é igual a:

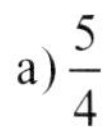
a) $\frac{5}{4}$

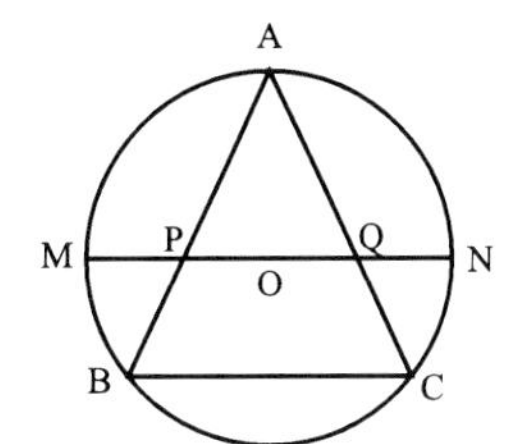

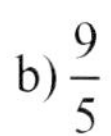
b) $\frac{9}{5}$

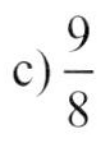
c) $\frac{9}{8}$

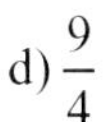
d) $\frac{9}{4}$

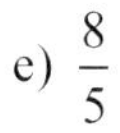
e) $\frac{8}{5}$

368) (U.C.SALVADOR) Na figura abaixo temos dois círculos concêntricos, com raios 5cm e 3cm. A área da região sombreada, em centímetros quadrados, é:

a) 9π

b) 12π

c) 16π

d) 20π

e) 25π

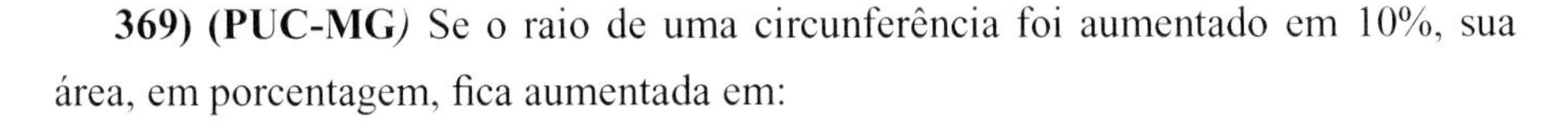
369) (PUC-MG) Se o raio de uma circunferência foi aumentado em 10%, sua área, em porcentagem, fica aumentada em:

a) 10

b) 11

c) 20

d) 21

e) 100

370) (PUC-MG) A hipotenusa de um triângulo retângulo de catetos r_1 e $r_2 > r_1$ mede 15m. A diferença entre as áreas das circunferências de raios r_1 e r_2 é 63π m^2. Em m^2, a área da circunferência de raio $r = r_1 + r_2$ é:

a) 225π

b) 226π

c) 441π

d) 675π

e) 676π

371) (PUC-MG) A diferença entre as áreas de um quadrado e de um círculo nele inscrito é $4(4 - \pi)$m^2. A área do quadrado, em m^2, é:

a) 16

b) 14

c) 12

d) 8

e) 4

372) (PUC-MG) A área de um setor circular de 2n graus, $0 < n < 180$, $\frac{n\pi}{10}$ unidades de área. O raio do setor circular é igual a:

a) $5\sqrt{2}$

b) $4\sqrt{3}$

c) $4\sqrt{2}$

d) $3\sqrt{2}$

e) $2\sqrt{3}$

373) (PUC-MG) Um trapézio isósceles tem base maior igual a 6cm *e a altura igual a* 2m. Uma circunferência tem raio igual à base menor do trapézio. Se a área do trapézio é igual a 62,5 $(\pi)^{-1}$% da área da circunferência, em m, seu perímetro é:

a) $6+\sqrt{6}$

b) $6+\sqrt{5}$

c) $5+\sqrt{5}$

d) $2\left(6+\sqrt{6}\right)$

e) $2\left(5+\sqrt{5}\right)$

Capítulo 7

DIEDROS – TRIEDROS – POLIEDROS CONVEXOS

– DIEDROS

Definição:

Chamamos de diedro ao conjunto de pontos do espaço determinado pela intersecção de dois semi-espaços determinados por planos secantes.

$$\boxed{di(a) = I \cap I'}$$

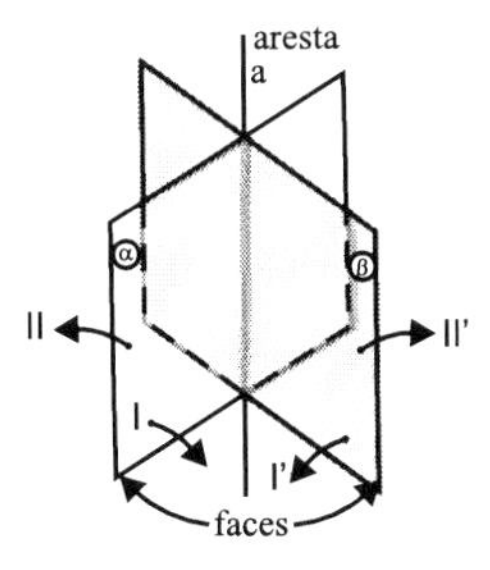

Na figura, os semiplanos α e β são as **FACES** e *a* é aresta do diedro.

Observe que o diedro é sólido e é uma região convexa.

Diedros contíguos

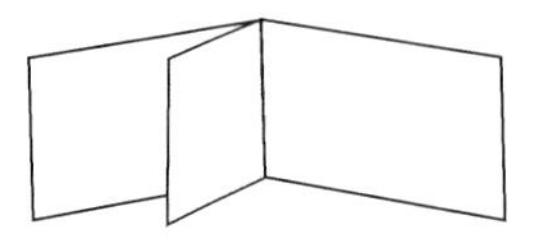

Têm uma face comum e as outras em semi-espaços opostos definidos pela face comum.

Soma de diedros contíguos

É o diedro que se obtém suprimindo-se a face comum.

Secção Reta de um Diedro

Se por um ponto M da aresta a de um diedro (di[a]), construirmos um plano π perpendicular à aresta a, determinamos no plano π uma região angular, intersecção de π com $di(a)$. O plano interceptará as faces do diedro nas semi-retas $\vec{Mb}$ e $\vec{Mc}$.

> **Definição:**
>
> A região angular definida pelo ângulo plano b $\hat{M}$ c será chamada secção normal ou reta do diedo.

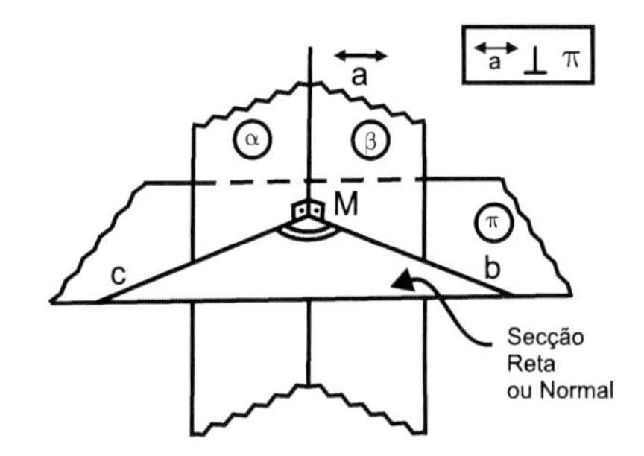

Observações:

a) $\overleftrightarrow{a} \perp \overleftrightarrow{b}$ e $\overleftrightarrow{a} \perp \overleftrightarrow{c}$ (planos perpendiculares)

b) Se o plano não for perpendicular à aresta $\overleftrightarrow{a}$ teremos simplesmente uma secção ou secção inclinada.

c) Podemos provar que:

c_1) Secções paralelas do mesmo diedro são congruentes.

c_2) Secções retas do mesmo diedro são congruentes.

Congruência de Diedros

Um *di(a)* é congruente a um *di(b)* se, e somente se, há uma secção reta do *di(a)* congruente com uma secção reta do *di(b)*.

di(a) ≅ di (b)

Observação:

A relação *di(a)* é congruente a *di(b)* é relação de equivalência, pois valem as propriedades: reflexiva, simétrica e transitiva.

Definição:

– Dois diedros são opostos pela aresta, quando as secções normais são opostas pelo vértice.

– Um semiplano é bissetor de um diedro quando divide o diedro em dois outros congruentes.

(o semiplano é perpendicular ao plano de secção normal e intercepta este na bissetriz do ângulo da secção reta).

– Um diedro é reto se a sua secção normal determinar um ângulo reto.

– Um diedro é agudo (obtuso) se a sua secção normal determina ângulo agudo (obtuso).

Medida dos Diedros

Podemos associar a cada diedro, um número real positivo que é a medida do ângulo da sua secção reta. Esse número será a medida do diedro.

Secções Igualmente Inclinadas

Abreviaremos *i.i.*, quando nos referirmos a secções igualmente inclinadas.

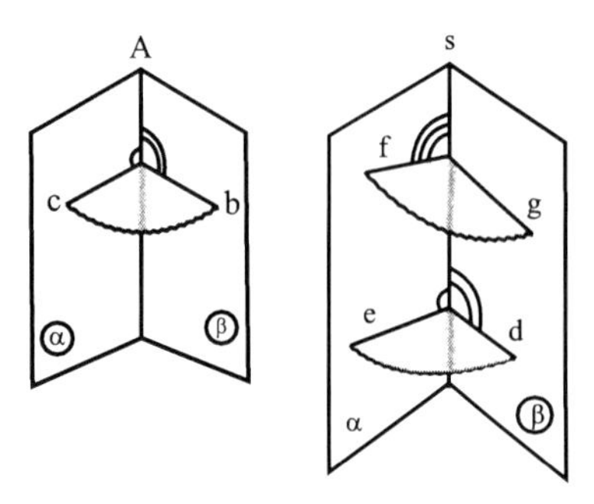

Na figura: $\widehat{cb}$ é i.i. $\widehat{ed}$ e não é i.i. com $\widehat{fg}$

Duas secções são ditas i.i. quando seus lados formam ângulos respectivamente congruentes com a aresta do diedro.

– TRIEDROS

Definição:

– Três semi-retas não coplanares ($\vec{Va}; \vec{Vb}; \vec{Vc}$) de mesma origem *V*, determinam três regiões angulares (convexas) $\widehat{ab}$, $\widehat{bc}$ e $\widehat{ac}$, as quais, em conjunto, formam uma superfície denominada superfície de triedro (ou superfície piramidal indefinida de *3* faces).

– Os planos dessas três regiões angulares determinam 3 diedros (convexos) *di(a)*, *di(b)* e *di(c)*.

– Chama-se **TRIEDRO** o lugar dos pontos do espaço comuns aos três diedros determinados por uma superfície de triedro. Onde *V* é o vértice do triedro; *a, b, c* são as arestas; $\widehat{ab}$, $\widehat{ac}$ e $\widehat{bc}$ são as faces; e *di(a), di(b)* e *di(c)* são os diedros do triedro.

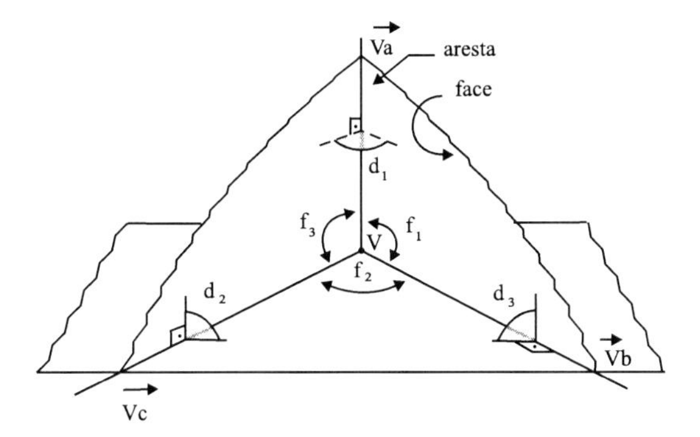

Na figura, os elementos f_1, f_2, f_3 são os ângulos das faces *di(a), di(b)* e *di(c)* são os diedros e V é o vértice.

Triedros Polares

Chama-se triedro polar ou suplementar de um triedro V_{abc} a um outro triedro $V_{a'b'c'}$ de modo que:

$$\begin{cases} a' \perp \text{ plano } bc \\ b' \perp \text{ plano } ac \\ c' \perp \text{ plano } ab \\ \left.\begin{array}{l} \hat{a}a' \\ \hat{b}b' \\ \hat{c}c' \end{array}\right\} agudos \end{cases}$$

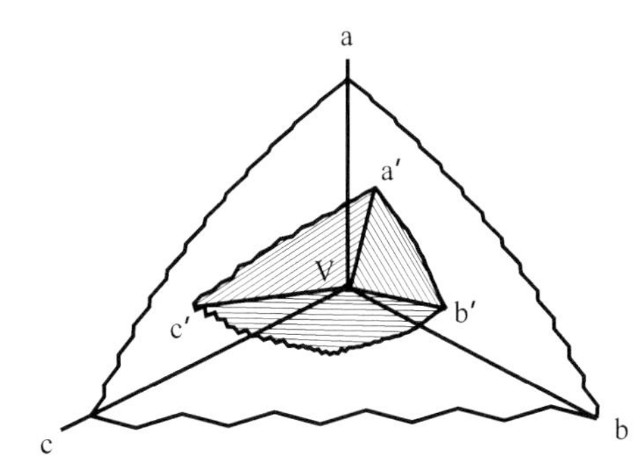

(triedro) *V a'b'c'* polar de (triedro) *V abc*

• TEOREMA

Se o triedro (V_{abc}) é polar do triedro $(V_{a'b'c'})$, então $(V_{a'b'c'})$ é polar de (V_{abc}).

Teorema Fundamental:

Se dois triedros são polares, as faces de um são suplementares das respectivas secções normais dos diedros do outro e vice-versa.

Demonstração baseada no Lema:

Pelo ponto V da aresta de um diedro de faces (β, γ), levantamos uma semi-reta perpendicular a cada face β e γ, no semi-espaço que contém a outra face, obtemos assim um ângulo igual ao suplemento da secção normal do diedro.

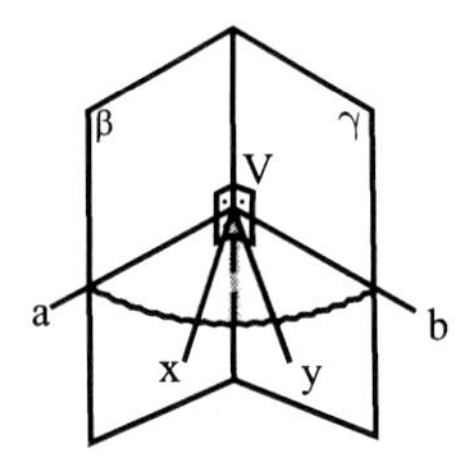

$a\hat{V}b$ é secção reta do diedro de faces β e γ, $\vec{V}x \perp \gamma$ e $\vec{V}y \perp \beta$ então $x\hat{V}y$ é suplemento do ângulo $a\hat{V}b$.

Congruência de Triedros

Definição:

Dois triedros são côngruos se tem os elementos correspondentes ordenadamente côngruos. (3 faces e 3 diedros).

Teorema:

Se dois triedros são côngruos, seus polares são côngruos

- **Critérios de Congruência**

1º Critério: Teorema – ***(F F F)***

Dois triedros são côngruos se possuírem as 3 faces respectivamente côngruas.

Nota: Cada face *F* é um ângulo.

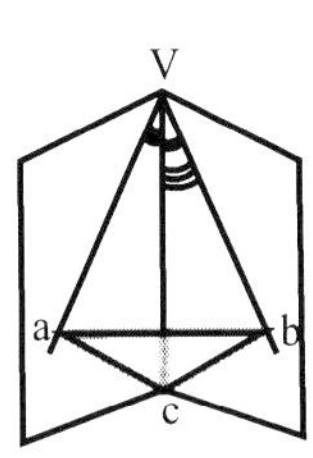

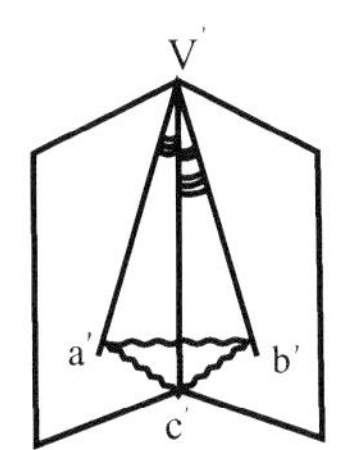

Pela definição de secções igualmente inclinadas temos: di(c) $\cong$ dic(c') secções i.i. (côngruas).

Analogamente para os outros.

2º Critério: Teorema – (*F D F*)

Dois triedros são côngruos quando têm um diedro côngruo compreendido entre faces côngruas.

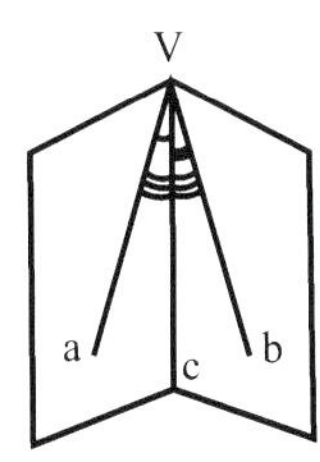

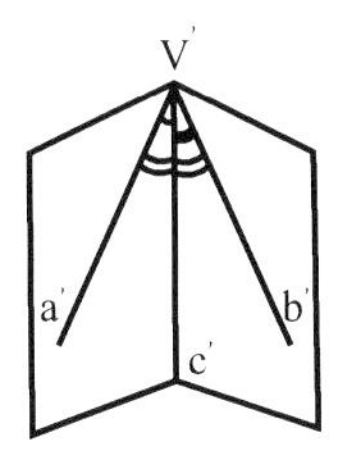

Sendo $\widehat{ab}$ e $\widehat{a'b'}$ secções i.i. de diedros côngruos são côngruas recaindo-se no caso anterior.

3º Critério: Teorema – (*D D D*)

Pelo teorema fundamental de triedros, os polares são *F F F* e são côngruos. Pelo Teorema referente a congruência de triedros , se os polares são côngruos, os triedros são côngruos.

4º Critério: Teorema – (*D F D*)

Aplique o mesmo raciocínio que o anterior caindo no caso *F D F.*

Desigualdade nos triedros

i) Teorema:

Em todo triedro, qualquer face é menor que a soma das outras duas e maior que o módulo da diferença destas duas.

$$|f_1 - f_2| < f_3 < f_1 + f_2$$

ii) Teorema:

A soma das faces de qualquer triedro é menor que quatro ângulos retos.

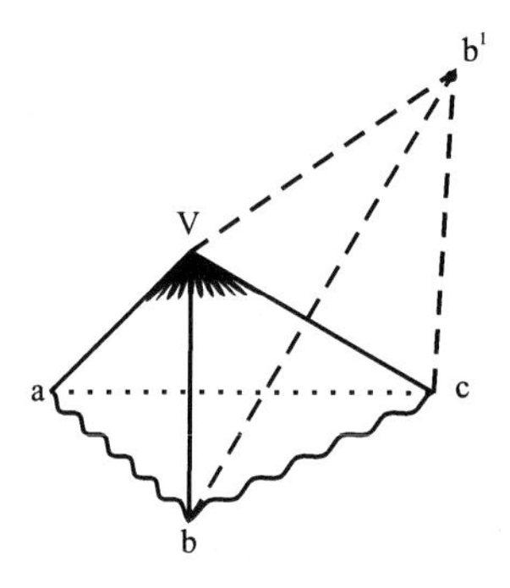

iii) Teorema:

A soma dos diedros de um triedro qualquer está compreendida entre 2 ângulos retos e 6 ângulos retos.

iv) Teorema:

Em um triedro cada diedro aumentado de 2 ângulos retos é maior do que a soma dos outros dois.

ÂNGULO POLIÉDRICO

Consideremos n ≥ 3 semi-retas $\overrightarrow{Va}; \overrightarrow{Vb}; \overrightarrow{Vc}$ ..... três a três não coplanares, tais que o plano de duas deixa as demais num único semi-espaço.

Definição:

Ângulo poliédrico convexo é o conjunto de pontos de intersecção dos semi-espaços acima definidos (sólido).

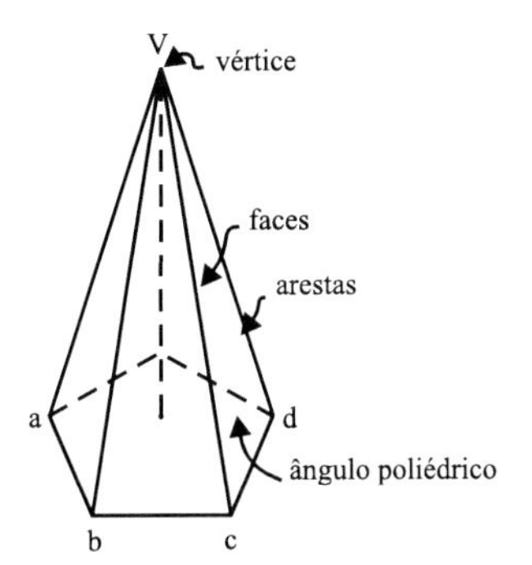

Definição:

– Será um triedro quando possuir três faces.

– Será regular quando tiver faces congruente e diedros côngruos.

– Dois ângulos poliédricos são congruentes quando os diedros de um são ordenadamente congruentes aos diedros do outro e as faces de um são congruentes às faces do outro.

Nota:

Superfície de um ângulo poliédrico é a união de todas as faces.

Propriedades:

1º Generalização do Teorema i

Num ângulo poliédrico convexo qualquer face é menor que a soma das restantes:

2º Generalização do Teorema ii

A soma das faces de um ângulo poliédrico é menor que 4 ângulos retos.

3º Teorema v

Secções paralelas de um ângulo poliédrico são:

• polígonos semelhantes.

• a razão de semelhança (k) é igual a razão das distâncias dos vértices aos respectivos planos secantes.

• a razão das áreas é igual a k^2.

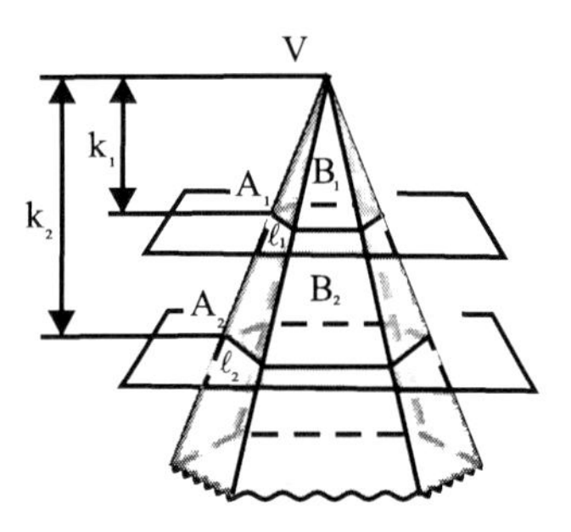

PRISMA ILIMITADO

Consideremos n ≥ 3 retas paralelas *a, b, c...* três a três não coplanares, tal que o plano contendo duas consecutivas deixe as demais num mesmo semi-espaço então:

Prisma Ilimitado Convexo é: Conjunto de pontos comuns aos semi-espaços citados acima (sólido).

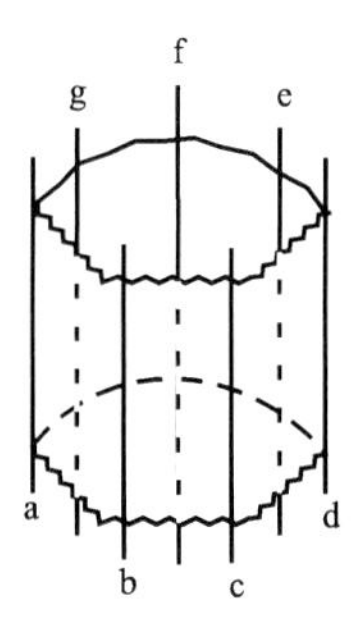

Elementos:

n arestas

n faces (faixas)

n diedros internos

• **Teorema:**

Secções paralelas de um prisma ilimitado são polígonos côngruos.

• **Teorema:**

A soma dos diedros internos de um prisma ilimitado convexo é igual a (n – 2) 2 retos.

• **Teorema:**

A soma dos diedros externos de um prisma é igual a 4 retos.

POLIEDROS

Superfície Poliédrica

Consideremos n ($n \in \mathbb{N}^*$) polígonos convexos tais que:

• Dois quaisquer deles nunca são coplanares.

• O plano contendo um deles deixa os demais no mesmo semi-espaço.

• Cada lado de polígono está no máximo em dois polígonos.

• Deverá existir sempre uma linha poligonal formada por lados destes polígonos que contenha dois lados quaisquer.

A união destes polígonos forma uma figura denominada Superfície Poliédrica Convexa. Os polígonos serão denominados faces e os seus lados arestas da superfície poliédrica convexa.

Quando a superfície possui arestas livres que formam um só "contorno" fechado, a superfície diz-se aberta. Quando não possui lados livres, diz-se fechada.

Quando a superfície é fechada ou então aberta com um só contorno, diz-se simplesmente conexa ou de conexão "*1*".; quando há "*n*" contornos, é de conexão "*n*".

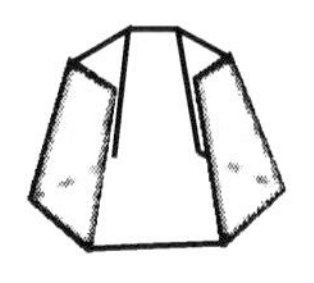

aberta com um só contorno (simplesmente conexa)

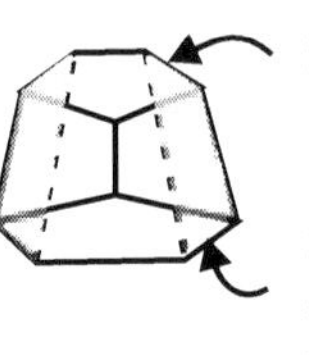

aberta com dois contornos (é de conexão "2")

Elementos:

– vértice – arestas

– faces – ângulos de face

– diedros – triedros

– ângulos poliédricos

Poliedro Convexo

É o conjunto formado pela intersecção dos diedros da superfície poliédrica.

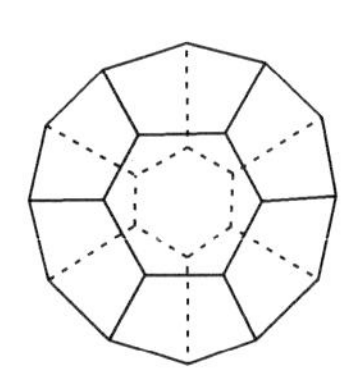

Definição:

Dois poliedros são côngruos quando têm, ordenadamente, côngruos os ângulos poliédricos, as faces e conseqüentemente os ângulos, das faces arestas e diedros.

d) Teorema de Euler

d1) Lema de Euler

Consideremos uma superfície poliédrica convexa aberta com V_a vértices, A_a arestas e F_a faces, então:

$$V_a - A_a + F_a = 1$$

Demonstração:

Por indução finita quanto ao número de faces F_a

1ª PARTE

$F_a = 1$. Neste caso a superfície poliédrica se reduz a um único polígono com n lados e n vértices então:

$$\left.\begin{array}{l} V_a = n \\ A_a = n \\ F_a = 1 \end{array}\right\} \Rightarrow V_a - A_a + F_a = n - n + 1 = 1$$

O que garante a validade para $F_a = 1$

2ª PARTE

Admitamos válida para uma superfície aberta com faces $F'_a = n - 1$ faces V'_a vértices e A'_a arestas e provemos a validade para uma superfície aberta com $F_a = n$ faces, V_a vértices e A_a arestas.

Vamos acrescentar na superfície de $(n - 1)$ faces uma face com p lados para ficarmos com uma superfície aberta de n faces e suponhamos que q arestas coincidem com as já existentes e conseqüentemente $q + 1$ vértices, então temos:

$$\left.\begin{array}{l} F_a = F'_a + 1 \\ V_a = V'_a + p - (q+1) \\ A_a = A'_a + p - q \\ V'_a - A'_a + F'_a = 1 \end{array}\right\} \Rightarrow V_a - A_a + F_a =$$

$$= (V'_a + p - (q+1) - (A'_a + p - q) + (F'a + 1) =$$
$$= V'_a - A'_a + F'_a = 1$$

O que prova a validade para a superfície aberta com $F_a = n$ faces, portanto, pelo princípio da indução finita . Temos $V_a - A_a + F_a = 1$.

• Teorema de EULER

Numa superfície poliédrica convexa fechada com V vértice, A arestas e F faces temos:

$$V - A + F = 2$$

Demonstração:

Se retirarmos uma face ficaremos com uma superfície poliédrica convexa aberta com $(F - 1)$ faces, V vértices e A arestas então, pelo lema anterior, temos:

$V - A + (F - 1) = 1$

$\therefore V - A + F = 2$

Observemos através do exemplo abaixo que nem todo poliedro que satisfaz a relação $V - A + F = 2$ é convexo.

Exemplo:

$V = 12$

$A = 18$

$F = 8$

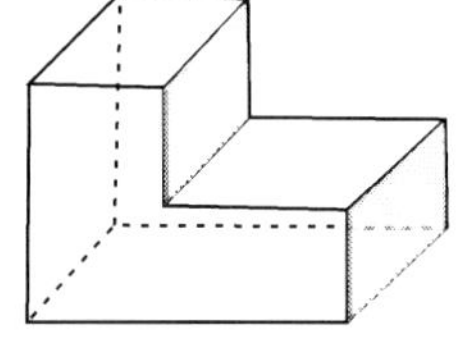

$\boldsymbol{V - A + F = 12 - 18 + 8 = 2}$

Nota:

Todo poliedro que satisfaz essa relação é Euleriano. Se o poliedro é convexo é Euleriano, mas nem todo poliedro Euleriano é convexo.

– Poliedros de Platão

Definição:

São os poliedros Eulerianos nos quais:

- Todas as faces têm o mesmo número de arestas.
- Todos os ângulos poliédricos têm o mesmo número de arestas.

• Teorema

Os poliedros de Platão são somente 5!

Seja um poliedro euleriano possuindo F faces com "p lados" em cada face e "q arestas" em cada vértice.

Como 2 lados formam uma única aresta, e cada aresta "parte" de dois vértices teremos para o número de arestas (A):

$$\left.\begin{array}{ll} \text{I.} & A = \dfrac{F.p}{2} \\ \text{II} & A = \dfrac{V.q}{2} \end{array}\right\} \Rightarrow F.p = V.q \Rightarrow V = \frac{F.p}{q}$$

Na relação de Euler temos:

$$V - A + F = 2 \Rightarrow \frac{F.p}{q} - \frac{F.p}{2} + F = 2 \Rightarrow$$

$$\Rightarrow 2F.p - qFp + 2qF = 4q \Rightarrow$$

$$\Rightarrow F(2p - qp + 2q) = 4q \Rightarrow F = \frac{4q}{2p - qp + 2q}$$

Somando e subtraindo 4 ao denominador teremos:

$$F = \frac{4q}{4 - pq + 2p + 2q - 4} = \frac{4q}{4 - (pq - 2p - 2q + 4)} =$$

$$III \quad = \frac{4q}{4 - (p-2)(q-2)} \Rightarrow \quad \frac{4q}{4 - (p-2)(q-2)}$$

$$\Leftrightarrow F.\left[4 - (p-2)(q-2)\right] = 4q \Leftrightarrow (p-2)(q-2) = 4 - \frac{4q}{F} \Leftrightarrow$$

$$\left.\begin{array}{l} \Leftrightarrow (p-2).(q-2) = 4\left(1 - \dfrac{q}{F}\right) \\ \text{como } \dfrac{q}{F} > 0 \Leftrightarrow 1 - \dfrac{q}{F} < 1 \end{array}\right\} \Rightarrow (p-2).(q-2) < 4$$

Sendo p e q números naturais ou iguais a 3 (pois são respectivamente número de lados de um polígono e número de arestas no vértice) devemos ter $(p - 2) \geq 1$ e $(q - 2) \geq 1$ e conseqüentemente $(p - 2)(q - 2) \geq 1$ então $1 \leq (p - 2)(q - 2) < 4$ e $(p - 2) \in \mathbb{N}^*$ e $(q - 2) \in \mathbb{N}^*$.

Considerando os casos possíveis e substituindo os valores de p e q obtidos respectivamente em (*III*), (*I*) e (*II*) podemos construir a seguinte tabela:

p –2	q – 2	p	q	F	A	V	Poliedro
1	1	3	3	4	6	4	Tetraedro
2	1	4	3	6	12	8	Hexaedro
1	2	3	4	8	12	6	Octaedro
3	1	5	3	12	30	20	Dodecaedro
1	3	3	5	20	30	12	Icosaedro

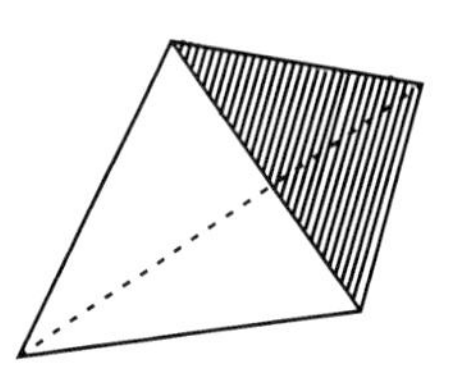

Tetraedro
Faces: triangulares

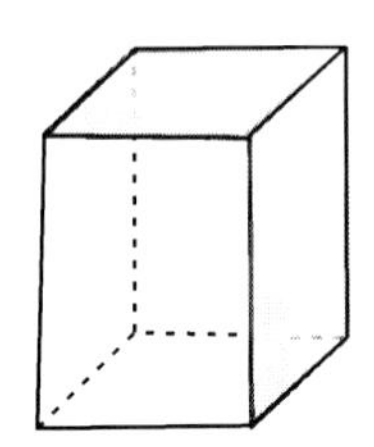

Hexaedro
Faces: quadrangulares

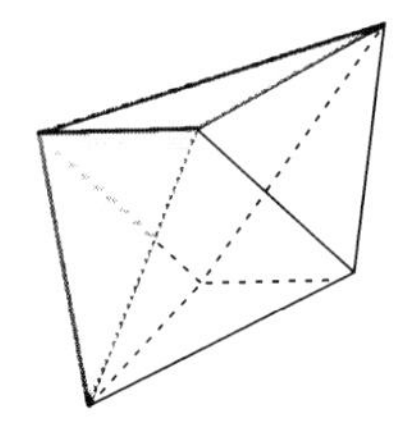

Octaedro
Faces: triangulares

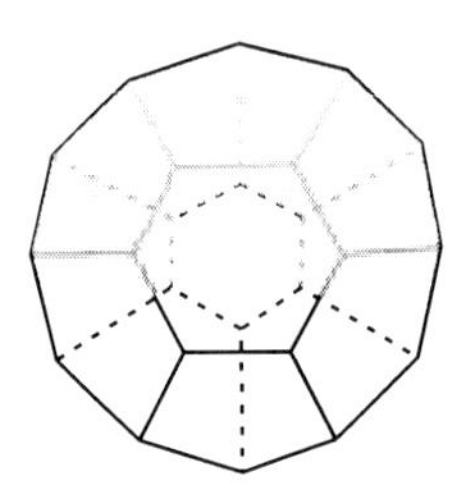

Dodecaedro
Faces: pentagonais

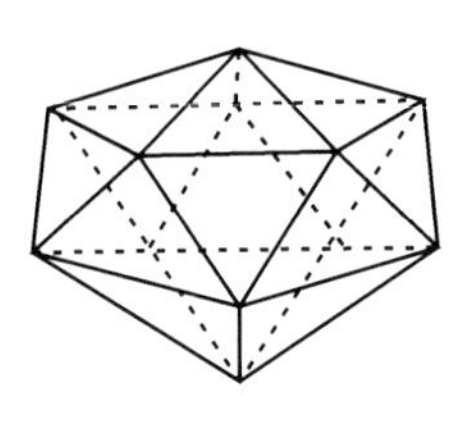

Ocosaedro
Faces: triangulares

Observação:

Pelo fato de A ser igual para o hexaedro e para o octaedro, e V trocar com F e p com q eles se chamam duais. Analogamente para o dodecaedro e icosaedro. O tetraedro é dual de si próprio.

Como os p são todos 3 exceto no hexaedro e no dodecaedro é fácil memorizar.

Tendo p e $A = \frac{F.p}{2}$, calculamos A. (F é o número de Faces).

Determinamos V pela fórmula de Euler.

Com V lembrando que $A = \frac{q.V}{2}$ sai q, ou pelo dual.

É conveniente lembrar que para os poliedros de **PLATÃO** são válidas as seguintes relações:

I. $A = \frac{F.p}{2}$

II. $A = \frac{V.q}{2}$

III. $V - A + F = 2$

Onde V é o número de vértices, A o número de arestas, F o número de faces, p o número de lados em cada face e q o número de arestas em cada vértice.

- **Teorema**

A soma dos ângulos de todas as faces de um poliedro Euleriano é igual a (V – 2). 4 retos.

POLIEDROS REGULARES

Definição:

Um poliedro é regular quando as suas faces são polígonos côngruos e regulares, e os seus ângulospoliédricos são côngruos.

- **Teorema**

Existem somente 5 poliedros regulares (os de Platão).

De fato, se as faces são congruentes todas tem p lados.

Se os ângulos poliédricos são côngruos todos tem q arestas, então ele é de Platão.

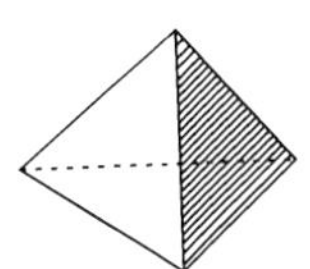

Tetraedro Regular
Faces: Triângulos Equiláteros

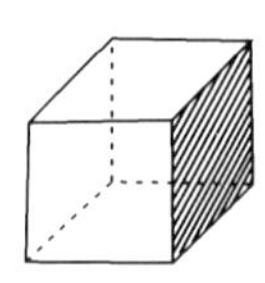

Hexaedro Regular
Faces: Quadrados

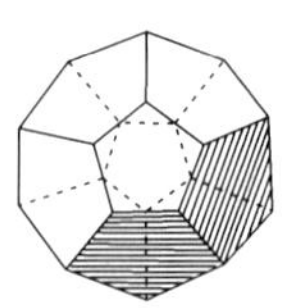

Dodecaedro Regular
Faces: Pentágonos Regulares

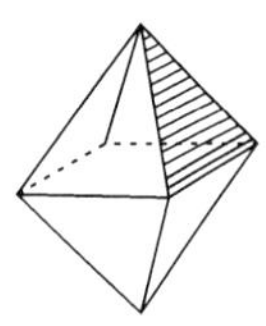

Octaedro Regular
Faces: Triângulos Equiláteros

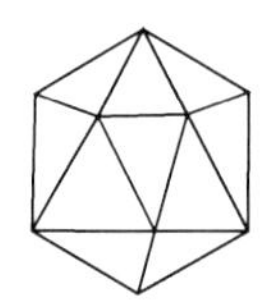

Icosaedro Regular
Faces: Triângulos Equiláteros

☑ EXERCÍCIOS PROPOSTOS:

374) (PUC-SP) A soma dos diedros de um triedro está compreendida entre:

a) 3 retos e 6 retos.

b) 1 reto e 2 retos.

c) 2 retos e 6 retos.

d) 2 retos e 5 retos

e) 3 retos e 5 retos.

375) (PUC-SP) Qual é o poliedro regular que tem *12* vértices e *30* arestas?

a) hexaedro

b) octaedro

c) dodecaedro

d) icosaedro

e) tridecaedro

376) (F.C.M.STA.CASA) Considere as proposições:

I – Dois ângulos não situados em um mesmo plano e de lados paralelos:

1º têm sempre medidas iguais;

2º determinam planos paralelos.

II – Se uma reta é paralela a um plano, todo plano conduzido pela reta e cortando o primeiro plano dá uma interseção paralela à reta dada.

III – De um ponto tomado no interior de um ângulo diedro, duas perpendiculares às faces formam um ângulo suplementar desse diedro.

Então assinale:

a) se somente as proposições I e II estiverem corretas.

b) se somente as proposições I e III estiverem corretas

c) se somente as proposições II e III estiverem corretas.

d) se todas as proposições estiverem corretas.

e) se nenhuma proposição estiver correta.

377) (U.MACK.) Um poliedro convexo tem *15* faces. De dois de seus vértices partem *5* arestas, de quatro outros partem *4* arestas e dos restantes partem *3* arestas. O número de arestas do poliedro é:

a) 75

b) 53

c) 31

d) 45

e) 25

378) (PUC-SP) São dados três planos, dois a dois perpendiculares. Deseja-se construir uma esfera, de raio dado *R*, tangente aos três planos. Quantas soluções tem o problema?

a) uma

b) três

c) quatro

d) oito

e) depende de R

379) (CESGRANRIO) Um poliedro convexo é formado por *89* faces triangulares e *12* pentagonais. O número de vértices do poliedro é:

a) 80

b) 60

c) 50

d) 48

e) 36

380) (CESESP) De um navio no ponto *M* (ver figura abaixo), pretende-se medir a altura *NP* de uma ilha. O ângulo *NMP* mede exatamente *30º*. Deslocando-se *1km* numa direção *MQ*, perpendicular a *MP*, a nova vista do topo da ilha forma *60º* com *QM*. Qual a medida, em quilômetros, mais aproximada da altura *NP*?

a) 1

b) $\sqrt{3}$

c) $\sqrt{3/2}$

d) $\sqrt{3/3}$

e) $\sqrt{2}$

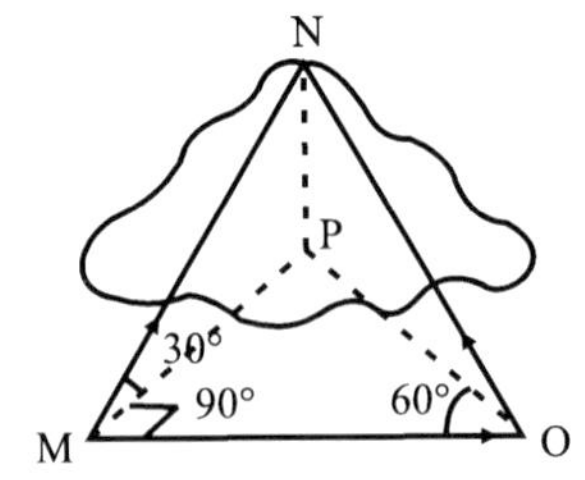

381) (ESCOLA NAVAL) Um poliedro convexo é formado por *10* faces triangulares e *10* faces pentagonais. O número de diagonais desse poliedro é:

a) 60

b) 81

c) 100

d) 121

e) 141

382) (CESGRANRIO) Se um poliedro regular tem exatamente três diagonais, então o seu número de arestas é:

a) 12

b) 10

c) 8

d) 6

e) 4

CAPÍTULO 8

PRISMA

DEFINIÇÕES:

Prisma

Sejam α e β dois planos paralelos e distintos, *R* uma região poligonal convexa, contida em α, e δ uma reta incidente em α e β.

Para cada ponto *P* em *R*, consideremos o segmento $\overline{PP'} // \delta$, com $P' \in \beta$. A união de todos os segmentos $\overline{PP'}$ é chamada de prisma.

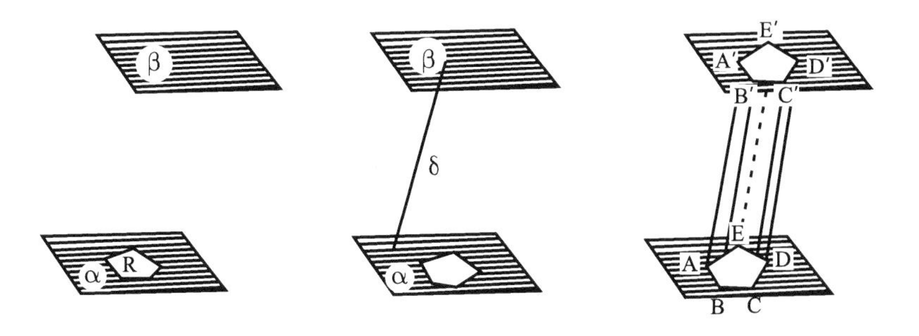

Bases do Prisma

A região poligonal *R* é denominada base do prisma, e a região poligonal determinada em β é a outra base do prisma.

Altura do prisma

É a distância entre os planos α e β. (α e β são planos das bases).

Prisma Reto

Se a direção δ formar ângulo reto com o plano da base, o prisma é denominado Prisma Reto.

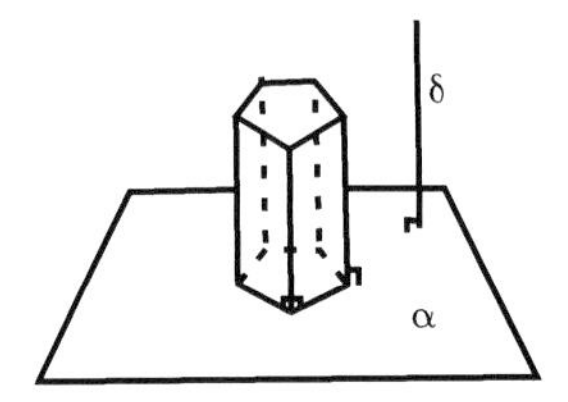

Arestas do Prisma

Na figura da definição, $\overline{AA'}, \overline{BB'}, \overline{CC'}, \ldots$ são arestas laterais. $\overline{AB}, \overline{A'B'}, \overline{BC}, \overline{B'C'}, \ldots$ são arestas das bases.

Observação:

No prisma reto, as arestas laterais têm a mesma medida da altura do prisma.

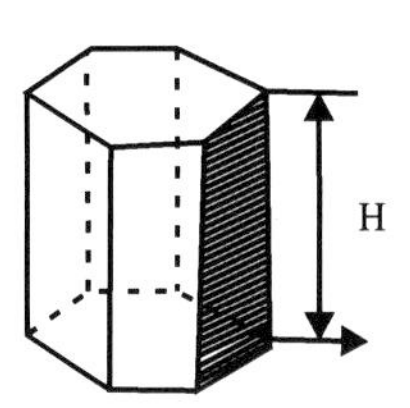

– CONSEQÜÊNCIAS DA DEFINIÇÃO:

Secções por Planos Paralelos

As secções feitas num prisma por planos paralelos, que interceptam todas as arestas laterais, são polígonos congruentes.

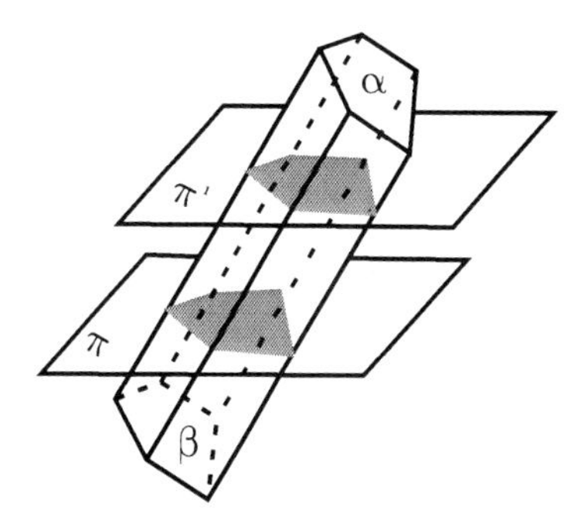

As Bases

Num prisma as bases são regiões poligonais congruentes.

Secção Reta

Secção feita por plano perpendicular às arestas laterais.

a) Todas as secções retas de um mesmo prisma são congruentes.

b) Num prisma **RETO**, a secção reta é congruente às bases.

Observação:

O Prisma é um poliedro, no qual duas faces são polígonos congruentes, situam-se em planos paralelos e todas as outras faces são paralelogramos.

– CLASSIFICAÇÃO:

Um prisma será **RETO** ou **OBLÍQUO** conforme as arestas laterais forem perpendiculares ou oblíquas, respectivamente, aos planos das bases.

No prisma reto, as faces laterais são retângulos.

Um prisma será triangular, quadrangular, pentagonal..., se as bases forem respectivamente triângulos, quadriláteros, pentágonos...

Um **PRISMA** será **REGULAR**, quando for **RETO** e o polígono da base for **REGULAR**.

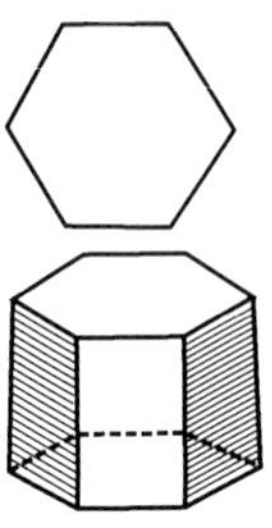

– ÁREAS:

Área de Uma Face Lateral (f_L)

É a área de um dos paralelogramos que constitui uma determinada face lateral.

Se o polígono da base for eqüilátero, todas as faces laterais terão mesma área.

Área Lateral (A_L)

Em prismas, cuja base é um polígono não paralelogramo, é hábito separar as duas ases congruentes das demais faces laterais. Assim somando as áreas de todas as faces terais, determinamos a área lateral do prisma.

No prisma em que as faces laterais são paralelogramos congruentes:

$A_\ell = n \cdot f_\ell$

nde n = número de lados do polígono da base.

eorema

a lateral, de um prisma qualquer tem por medida o produto do perímetro da ta pela aresta lateral.

$_S \cdot a_\ell$

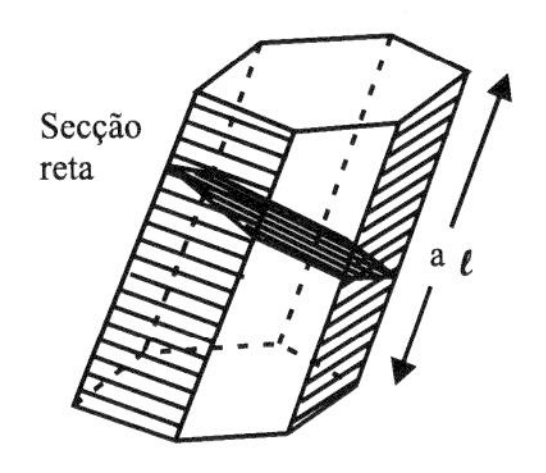

$2p_S$ é o perímetro da secção reta.

a_ℓ é a medida de aresta lateral.

Demonstração:

Cada face lateral é um paralelogramo, cuja área pode ser determinada pela aresta lateral do prisma vezes a altura do paralelogramo relativa a essa aresta.

As alturas de todos os paralelogramos das faces laterais podem determinar o perímetro de uma secção reta. Assim, a área lateral será o produto do perímetro da secção reta $2p_S$ pela medida da aresta lateral (a_ℓ).

Observação:

No caso do prisma reto, as secções retas são congruentes com as bases. O perímetro da secção reta é igual ao perímetro da base; portanto, a área lateral será:

$A_\ell = 2p_{base} \times a_\ell$

$2p_{base}$ = perímetro da base.

a_ℓ = aresta lateral

Área da base (A_b)

É a área de uma das regiões poligonais da base.

Área total (A_T)

$A_T = A_\ell + 2A_b$

É a soma das áreas de todas as faces do prisma.

PARALELEPÍPEDO

Definição:

Denomina-se paralelepípedo o prisma cujas bases são paralelogramos.

Concluímos da definição que todas as suas faces são paralelogramos.

Paralelepípedo Reto

É o prisma reto cuja a base é um paralelogramo.

Exemplo:

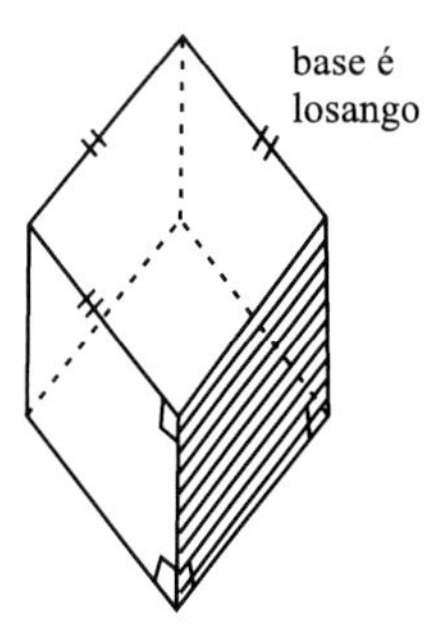

Paralelepípedo Reto Retângulo

É o prisma reto cuja base é um retângulo.

Exemplo:

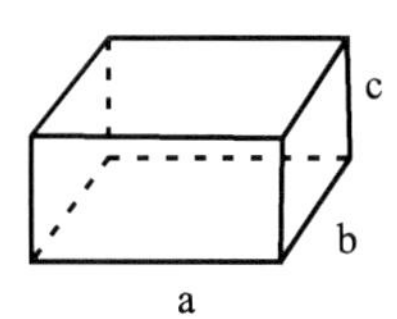

Neste sólido, todas as faces são retângulos.

As três arestas, que partem de um mesmo vértice, têm suas medidas como sendo as dimensões do sólido (a, b, c).

Quando as três dimensões são iguais, o paralelepípedo é denominado **CUBO** ou (Hexaedro Regular).

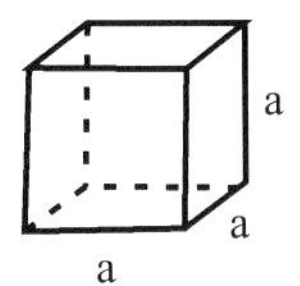

Observação:

O paralelepípedo oblíquo, no qual as faces são losangos iguais, é denominado **ROMBOEDRO**.

Propriedades dos Paralelepípedos

i) As faces opostas são congruentes e contidas em planos paralelos;

ii) Toda secção plana que intercepta *4* arestas paralelas é um paralelogramo;

iii) As diagonais do paralelepípedo se interceptam nos pontos médios;

Planificação do Paralelepípedo Reto Retângulo

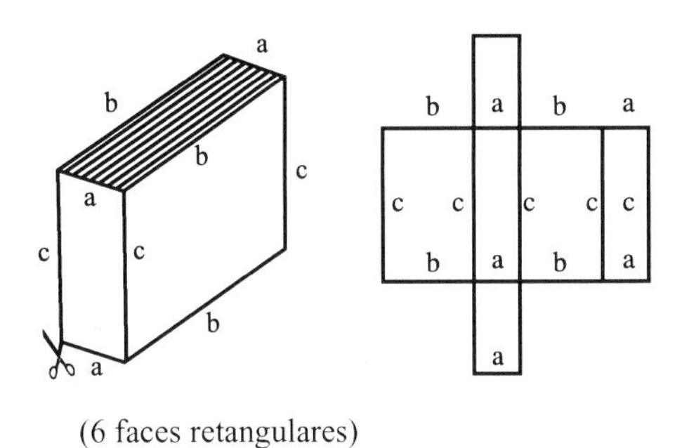

(6 faces retangulares)

Diagonais de um Paralelepípedo Reto Retângulo

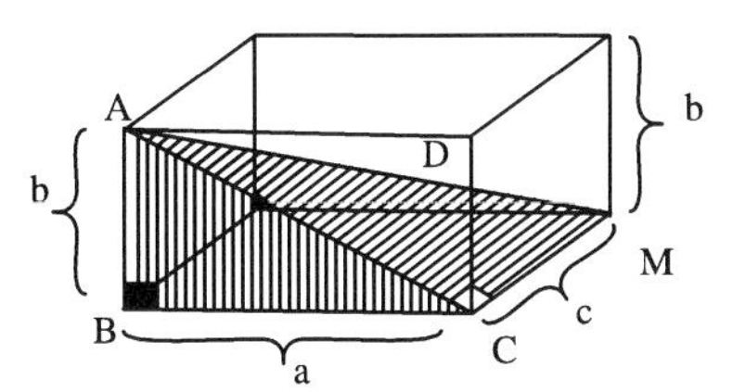

1) Na figura:

$\Delta\, ABC$ é retângulo $\Rightarrow AC^2 = AB^2 + BC^2$

$$\left.\begin{array}{l} AB = b \\ BC = a \\ AC = d \end{array}\right\} \Rightarrow d^2 = a^2 + b^2$$

(d é diagonal de uma face)

$\Delta\, ACM$ é retângulo $\Rightarrow AM^2 = AC^2 + CM^2$

$$\left.\begin{array}{l} AC = d \\ CM = c \\ AM = D \end{array}\right\} \Rightarrow D^2 = a^2 + b^2 + c^2$$

(D é a diagonal do paralelepípedo)

Se $a = b = c$, o paralelepípedo é denominado **CUBO**.

Neste caso, temos:

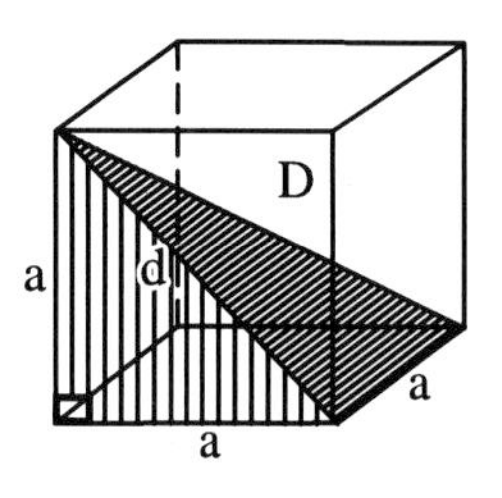

$d = a\sqrt{2}$

$D = a\sqrt{3}$

Área total (A_T) do paralelepípedo reto retângulo

Sendo *a, b* e *c* as dimensões de um paralelepípedo retângulo, as áreas de cada **PAR** de faces opostas congruentes serão: *ab, bc* e *ac*.

Assim: $A_T = 2(ab + ac + bc)$

No caso do Cubo: $(a = b = c)$

Área total do Cubo: $A_T = 6a^2$

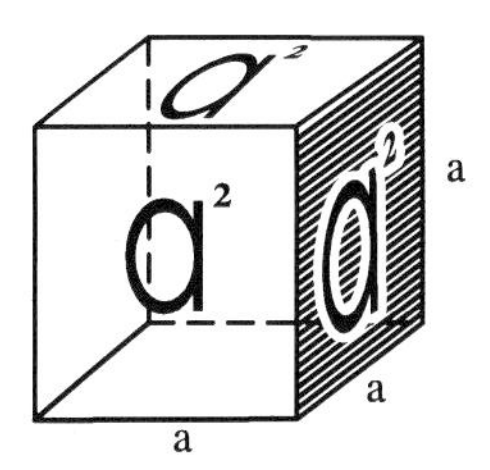

- VOLUMES:

Sólidos equivalentes

Dois sólidos são equivalentes, quando podem ser decompostos numa soma de sólidos congruentes.

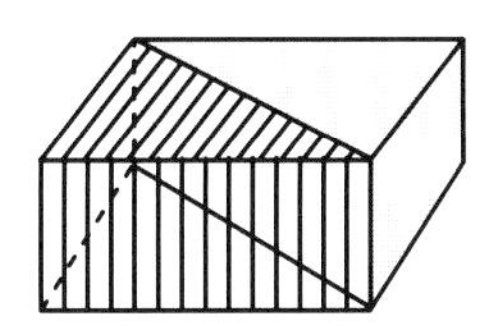

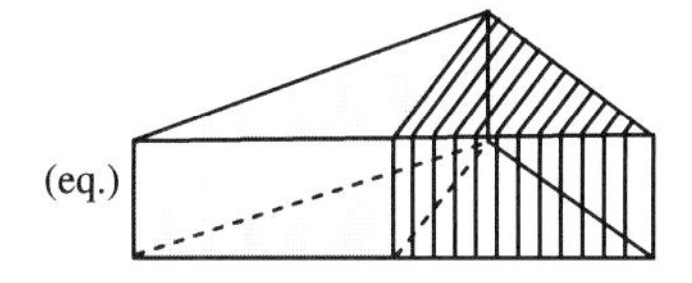

Volume de um paralelepípedo reto retângulo

Estabelecemos o volume de um paralelepípedo reto retângulo dado, como sendo a razão, entre o paralelepípedo reto retângulo dado e o paralelepípedo reto retângulo de arestas unitárias.

Demonstra-se que a razão entre dois paralelepípedos retos retângulos é o produto da razão entre as bases pela razão entre as alturas.

Conseqüentemente, conceituaremos o volume de um paralelepípedo reto retângulo como o produto da base pela altura.

Observação:

A razão entre a base do paralelepípedo dado e a base do paralelepípedo unitário é por definição a área da base.

$$V = \frac{a \; b \; c}{1 \; 1 \; 1} = \frac{ab}{1} \times \frac{c}{1} = (ab)c$$

Princípio de Cavaliere (postulado)

Dados dois sólidos e um plano, se todo plano paralelo ao plano dado que interceptar os sólidos determinar, nestes sólidos, secções de áreas iguais, então os sólidos têm volumes iguais.

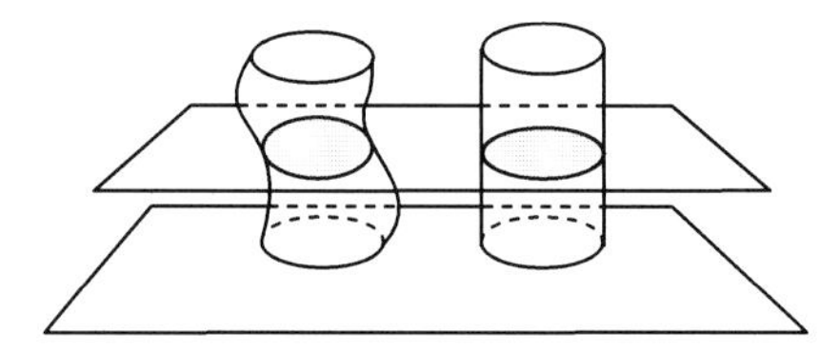

Conseqüência

Sólidos equivalentes têm o mesmo volume.

Volume de um Prisma

Todo prisma é equivalente a um paralelepípedo reto retângulo de mesma área de base e mesma altura. Assim, o volume de um prisma é dado pelo produto da área da base pela altura.

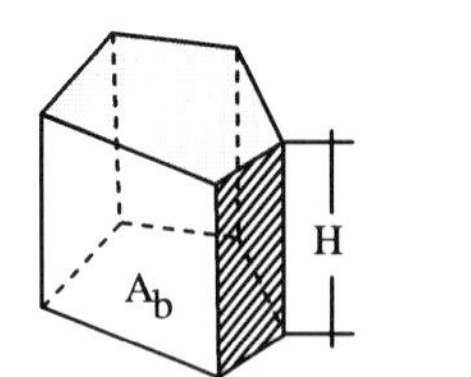

V = Ab . h

Caso particular:

O Volume do Cubo: , $V = a^3$ onde a é a medida da aresta do cubo.

Observação:

Pode-se demonstrar que o volume do prisma também é obtido por: Produto da área da secção reta pela aresta lateral.

$V = A_{SR} \,.\, a\ell$

TRONCO DE PRISMA

Quando seccionamos um prisma por um plano não paralelo às bases, determinamos um sólido chamado Tronco de Prisma.

Para o cálculo da área total do Tronco, determinamos a área de cada face e adicionamos todas elas.

Para o cálculo do Volume, multiplicamos a média aritmética das medidas das arestas pela área da secção reta do prisma originário do Tronco.

☑ EXERCÍCIOS PROPOSTOS:

383) (PUC-SP) Quantas diagonais possui um prisma pentagonal?

a) 5

b) 10

c) 15

d) 18

e) 24

384) (U.C.MG) O volume, em litros, de um cubo de *5cm* de aresta é de:

a) 0,0125

b) 0,1250

c) 1,2500

d) 12,500

e) 125,00

385) (U.F.RS) Uma caixa tem *1m* de comprimento, *2m* de largura e *3m* de altura. Uma segunda caixa de mesmo volume tem comprimento x metros maior do que o da anterior, largura x metros maior do que a da anterior e altura x metros menor do que a da anterior. O valor de x é:

a) $\sqrt{2}$

b) $\sqrt{3}$

c) $\sqrt{5}$

d) $\sqrt{6}$

e) $\sqrt{7}$

386) (U.F.ES) Uma formiga mora na superfície de um cubo de aresta a. O menor caminho que ela deve seguir para ir de um vértice ao vértice oposto tem comprimento:

a) $a\sqrt{2}$

b) $a\sqrt{3}$

c) $3a$

d) $\left(1+\sqrt{2}\right)a$

e) $a\sqrt{5}$

387) (CESGRANRIO) O ângulo $A\hat{F}H$ formado pelas diagonais AF e FH de faces de um cubo vale:

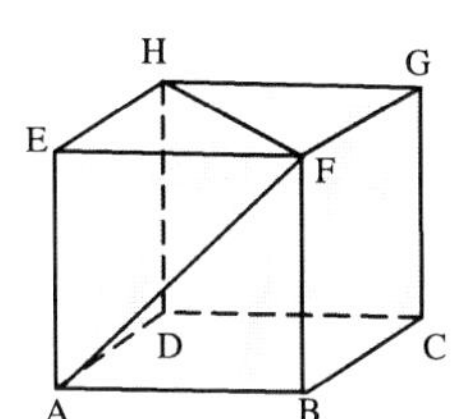

a) 30°

b) 45°

c) 60°

d) 90°

e) 108°

388) (U.F.UBERLÂNDIA) Dá-se um prisma reto com 20m de altura, sendo a base um paralelogramo cujas dimensões são 8m e $10\sqrt{2}$ m. Qual é o volume desse prisma, sabendo-se que um dos ângulos da base mede 135°?

a) 1800 m^3

b) 1600 m^3

c) 1500 m^3

d) 1650 m^3

e) 1750 m^3

389) (F.C.M.STA.CASA) Dispondo-se de uma folha de cartolina, medindo 50 cm de comprimento por 30 cm de largura, pode-se construir uma caixa aberta, cortando-se um quadrado de 8 cm de lado em cada canto da folha. O volume dessa caixa, em cm^2, será:

a) 1.244

b) 1.828

c) 2.324

d) 3.808

e) 12.000

390) (U.F.RS) Se *A, B C* e *D* são os centros das faces laterais de um cubo de volume *8*, então a área do polígono cujos vértices são *A, B, C* e *D* é:

a) 2

b) $\sqrt{2}$

c) 4

d) $2\sqrt{2}$

e) $8\sqrt{2}$

391) (U.F.GO) A aresta, a diagonal e o volume de um cubo estão, nesta ordem, em progressão geométrica. A área total deste cubo é:

a) $6\sqrt{3}$

b) $6\left(2\sqrt{3}-1\right)$

c) 3

d) 12

e) 18

392) (U.F.PELOTAS) As dimensões de um paralelepípedo retângulo são inversamente proporcionais aos números 12, 6 e 4. Se sua área total é 88 cm^2, o seu volume, em cm^3, é:

a) 288

b) 144

c) 128

d) 64

e) 48

393) (U.E.BA) As arestas de um paralelepípedo retângulo medem 3 cm, 4 cm e 5 cm. A medida da diagonal desse paralelepípedo, em cm, é:

a) $5\sqrt{2}$

b) $8\sqrt{2}$

c) $10\sqrt{2}$

d) $12\sqrt{2}$

e) $15\sqrt{2}$

394) (U.F.PA) Qual a área total de um paralelepípedo reto cujas dimensões são 2, 3 e 4cm?

a) 24 cm^2

b) 26 cm^2

c) 30 cm^2

d) 40 cm^2

e) 52 cm^2

395) (U.F.RN) Considere um paralelepípedo com 12m de comprimento, 4m de largura e 3m de altura. Se o seu volume for aumentado de $624\,m^3$, então sua altura aumentará de:

a) 7 m

b) 9 m

c) 11 m

d) 13 m

e) 12 m

396) (U.C.MG) A medida do co-seno do ângulo formado por uma diagonal de um cubo e cada uma das arestas concorrentes em um mesmo vértice é igual a:

a) $\frac{1}{\sqrt{2}}$

b) $\frac{1}{\sqrt{3}}$

c) $\frac{\sqrt{2}}{3}$

d) $\frac{\sqrt{3}}{2}$

e) $\frac{3}{\sqrt{2}}$

397) (CESGRANRIO) Na figura, cada aresta do cubo mede 3 cm. Prolongando-se uma delas de 5 cm, obtemos o ponto M. A distância, em centímetros, de M ao vértice A é:

a) $2\sqrt{21}$

b) $\sqrt{82}$

c) $8\sqrt{3}$

d) $8\sqrt{2}$

e) 9

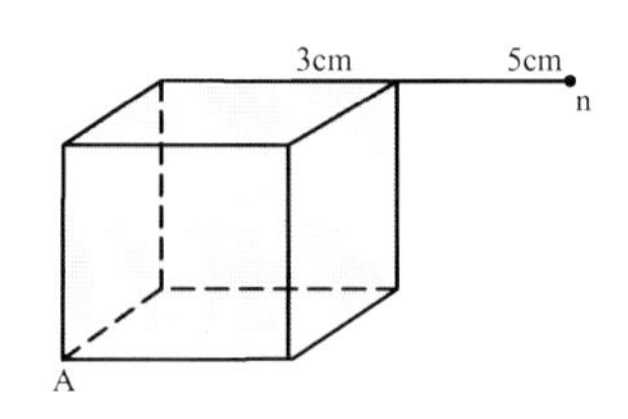

398) (CESGRANRIO) Numa cozinha de 3m de comprimento, 2m de largura e de 2,80m de altura, as portas e janelas ocupam uma área de $4m^2$. Para azulejar as quatro paredes, o pedreiro aconselha a compra de 10% a mais da metragem a ladrilhar. A metragem de ladrilhos a comprar é:

a) 24,40 m^2

b) 24,80 m^2

c) 25,50 m^2

d) 26,40 m^2

e) 26,80 m^2

399) (VUNESP) As faces de um paralelepípedo retangular têm por área $6cm^2$, $9cm^2$ e $24\ cm^2$. O volume deste paralelepípedo é:

a) $1296\ cm^3$

b) $48\ cm^3$

c) $39\ cm^3$

d) $36\ cm^3$

e) $6\sqrt{6}\ cm^3$

400) (U.F.BA) Um prisma hexagonal regular tem para altura a diagonal de um cubo de aresta *a*. Se o volume do cubo é igual ao do prisma, a aresta da base do prisma mede:

a) $a\sqrt{3}$

b) $a\sqrt{2}$

c) $\frac{a\sqrt{3}}{3}$

d) $\frac{a\sqrt{2}}{3}$

e) $\frac{a\sqrt{3}}{2}$

401) (PUC-SP) Se a área da base de um prisma diminui de 10% e a altura aumenta de 20%, o seu volume:

a) aumenta de 8%.

b) aumenta de 15%.

c) aumenta de 108%.

d) diminui de 8%.

e) não se altera.

402) (CESESP) Assinale a única alternativa cuja expressão algébrica correspondente é o volume do sólido da figura abaixo.

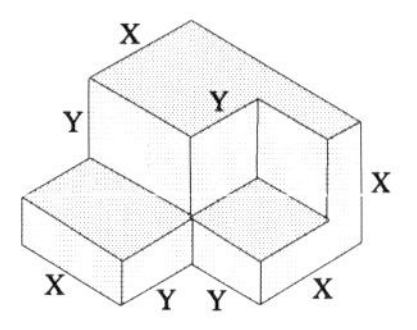

a) $(x + y)(x - y)x$

b) $x^3 + 2x^2y + xy^2$

c) $x^2 - xy + y^2$

d) $x^4 + x^3y + xy^3$

e) $x^3 + 2x^2 - xy^2 - y^3$

403) (FATEC) Na figura abaixo, tem-se um prisma reto cuja diagonal principal mede$3a\sqrt{2}$. A área total desse prisma é:

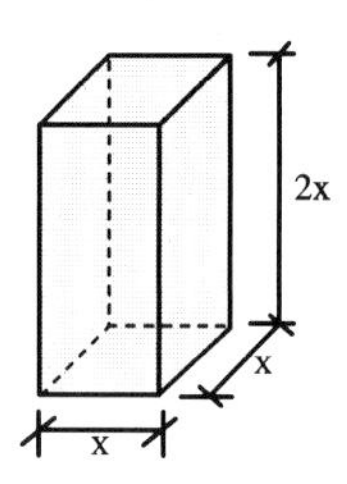

a) $30a^2$

b) $24a^2$

c) $18a^2$

d) $12a^2$

e) $6a^2$

404) (CESGRANRIO) Seja ABCDA'B'C'D' um prisma oblíquo de bases quadradas, mostrado em perspectiva na figura I. Na figura II o prisma é visto de cima sobre a base ABCD.

O lado da base mede *a* e cada aresta lateral faz ângulo de 45º com os planos das bases.

Então o perímetro da secção reta do prisma é:

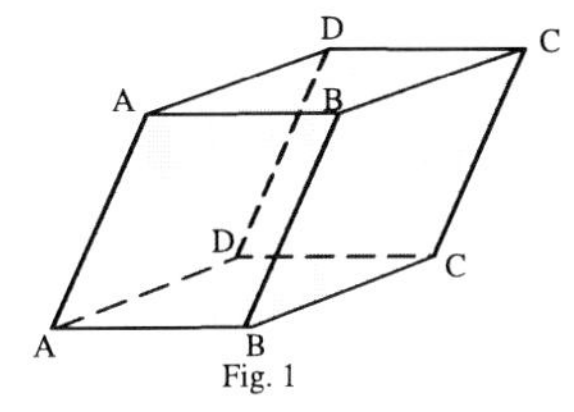

Fig. 1

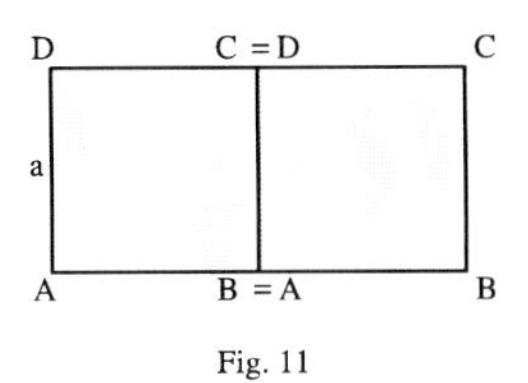

Fig. 11

a) $a(2+\sqrt{2})$

b) $2a(1+\sqrt{2})$

c) $2a\sqrt{2}$

d) 3a

e) 4a

405) (FUVEST) Qual é a distância entre os centros de duas faces adjacentes de um cubo de aresta *4*?

a) 2

b) $2\sqrt{2}$

c) 4

d) $4\sqrt{2}$

e) 8

406) (CESGRANRIO) Considere a pirâmide *AEGH* inscrita no cubo *ABCDEFGH* de aresta *a*, como se vê na figura. Então a distância de *H* ao plano *AEG* vale:

a) $\dfrac{a\sqrt{3}}{2}$

b) $\dfrac{2a}{3}$

c) $\dfrac{a\sqrt{2}}{2}$

d) $\dfrac{a\sqrt{3}}{3}$

e) $\dfrac{a}{2}$

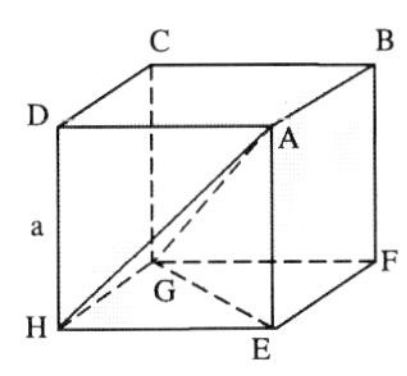

407) (CESGRANRIO) Um tanque cúbico, com face inferior horizontal, tem de volume $1m^3$ e contém água até sua metade. Após mergulhar uma pedra de granito, o nível d'água subiu *8cm*. O volume dessa pedra é:

a) 80 cm^3

b) 800 cm^3

c) 8.000 cm^3

d) 80.000 cm^3

e) 800.000 cm^3

408) (VUNESP) O volume de ar contido em um galpão com a forma e dimensões dadas pela figura abaixo é:

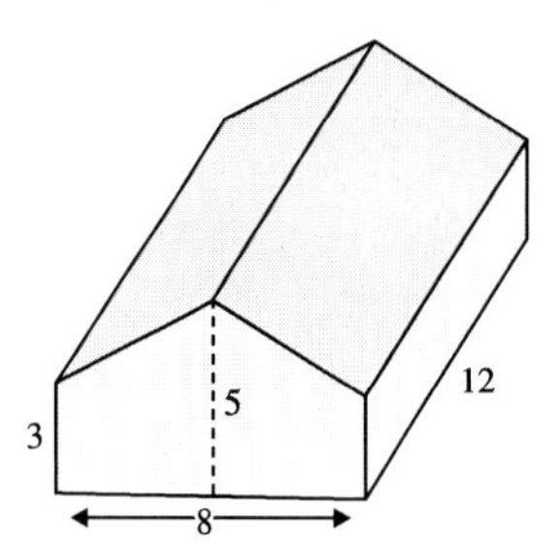

a) 288

b) 384

c) 480

d) 360

e) 768

409) (VUNESP) Quantos cubos *A* precisa-se empilhar para formar o paralelepípedo *B*?

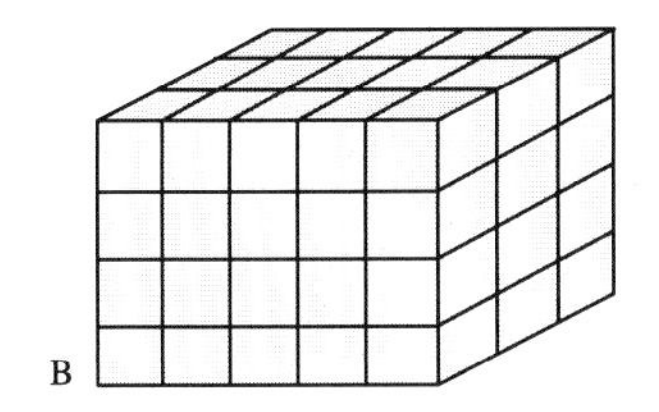

a) 60

b) 47

c) 94

d) 39

e) 48

410) (U.F.MG) A capacidade de um reservatório em forma de um paralelepípedo retângulo, cujas dimensões são 50 cm, 2 m e 3 m, é, em litros:

a) 3

b) 30

c) 300

d) 3.000

e) 30.000

411) (COVEST) Uma caixa de embalagem de certo produto tem a forma de um prisma reto com 50 cm de comprimento, 40 cm de largura, 30 cm de altura, e seu volume total é 7% maior do que o volume útil. Indique o valor mais próximo do volume útil.

a) 0,055 m^3

b) 0,052 m^3

c) 0,056 m^3

d) 0,054 m^3

e) 0,057 m^3

412) (U.F.R.PE) Uma armação de arame na forma de um prisma reto de base retangular está apoiada no assoalho horizontal. Uma lâmpada situada acima do objeto projeta sua sombra no assoalho. Independentemente da posição da lâmpada, sempre acima do objeto, que afirmações são verdadeiras e que afirmações são falsas?

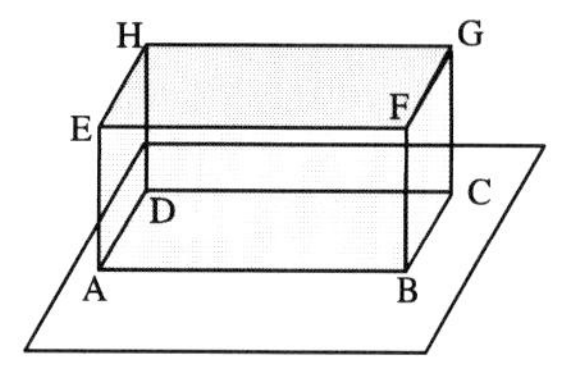

a) A sombra do retângulo EFGH é um retângulo.

b) A sombra do retângulo BCGF é um retângulo.

c) A sombra do retângulo EFGH pode coincidir com ABCD.

d) A sombra do retângulo ABFE é um trapézio.

e) Os comprimentos das arestas $\overline{EF}$ e $\overline{FH}$ são proporcionais aos comprimentos de suas sombras.

413) (U.F.VIÇOSA) A figura abaixo é um paralelepípedo de base quadrada e de vértices A, B, C, D, E, F, G, e H. Sabe-se que um plano intercepta o paralelepípedo, como na figura. Dessa interseção resulta o quadrilátero MNOP, cujos lados ON e OP formam ângulos de base 30º com a face ABCD. Se a área da base do paralelepípedo vale 3, então o perímetro de MNOP vale:

a) 8

b) 4

c) 6

d) 10

e) 12

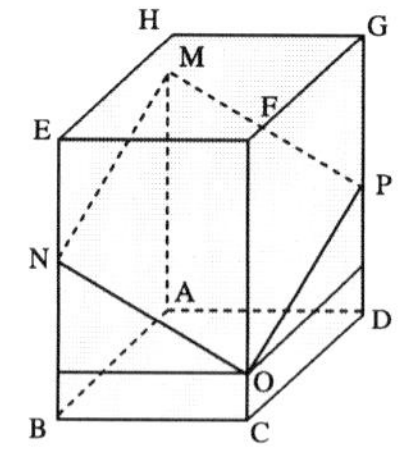

414) (ITA) Considere um prisma triangular regular cuja aresta da base mede xcm. Sua altura é igual ao menor lado de um triângulo ABC inscritível num círculo de raio xcm. Sabendo-se que o triângulo ABC é semelhante ao triângulo de lados 3 cm, 4 cm e 5 cm, o volume do prisma em é:

a) $\frac{\sqrt{2}}{3}x^3$

b) $\frac{2\sqrt{2}}{5}x^3$

c) $\frac{3\sqrt{3}}{10}x^3$

d) $\frac{\sqrt{3}}{10}x^3$

e) n.d.a

415) (CESGRANRIO) Se a diagonal de uma face de um cubo mede $5\sqrt{2}$, então o volume desse cubo é:

a) $600\sqrt{3}$

b) 625

c) 225

d) 125

e) $100\sqrt{3}$

416) (U.C.SALVADOR) No prisma reto de base triangular, da figura, todas as arestas medem 2m. O volume desse prisma, em metros cúbicos, é:

a) $2\sqrt{2}$

b) $2\sqrt{3}$

c) 4

d) $4\sqrt{2}$

e) $4\sqrt{3}$

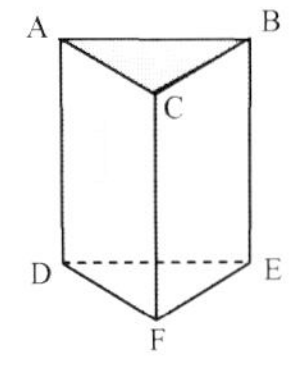

417) (U.F.CE) Os cinco cubos idênticos e justapostos formam uma cruz, como mostra a figura. Se a área total da cruz é 198 cm², então o volume, em cm³, de cada cubo é igual a:

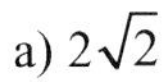
a) $2\sqrt{2}$

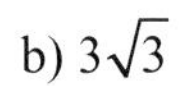
b) $3\sqrt{3}$

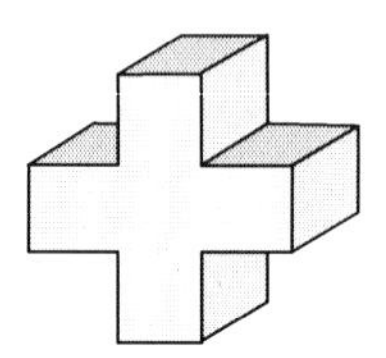

c) 8

d) 27

e) 64

418) (FUVEST-FGV) Na figura abaixo I e J são os centros das faces BCGF e EFGH do cubo ABCDEFGH de aresta a.

Os comprimentos dos segmentos $\overline{AI}$ e $\overline{IJ}$ são respectivamente:

a) $\frac{a\sqrt{6}}{2}, a\sqrt{2}$

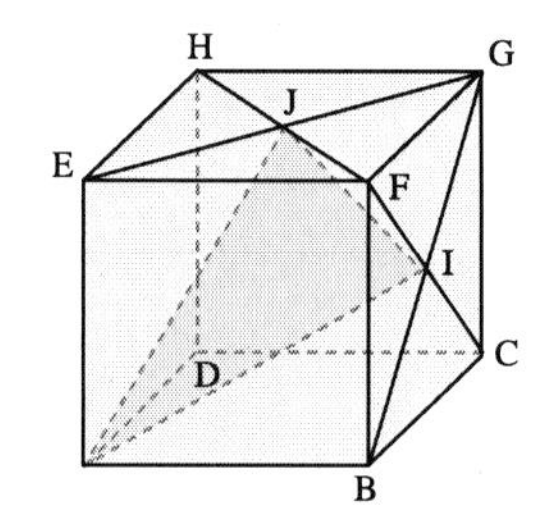

b) $\frac{a\sqrt{6}}{2}, \frac{a\sqrt{2}}{2}$

c) $a\sqrt{6}, \frac{a\sqrt{2}}{2}$

d) $a\sqrt{6}, a\sqrt{2}$

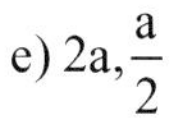
e) $2a, \frac{a}{2}$

419) (U.F.CE) As dimensões da base de um paralelepípedo retângulo P são 3 m e 5 m, respectivamente, e seu volume é 60 m³. O comprimento, em metros, do maior segmento de reta que une dois pontos de P é igual a:

a) $2\sqrt{5}$

b) $3\sqrt{5}$

c) $4\sqrt{5}$

d) $5\sqrt{2}$

e) $6\sqrt{2}$

420) (U.F.MG) Um depósito em forma de paralelepípedo retângulo tem as seguintes dimensões internas: 14 m, 22 m e 6 m. Pretende-se encher totalmente esse depósito com caixas cúbicas de mesmo volume e de dimensões inteiras.

O número mínimo de caixas desse tipo que enchem totalmente o depósito é:

a) 231

b) 308

c) 616

d) 1 078

e) 1 848

CAPÍTULO 9

PIRÂMIDES

– PIRÂMIDE

DEFINIÇÃO:

Seja um ponto V não pertencente a um plano α e K uma região poligonal de α. A união de todos os segmentos $\overline{VP}$ com $P \in K$ é denominada pirâmide.

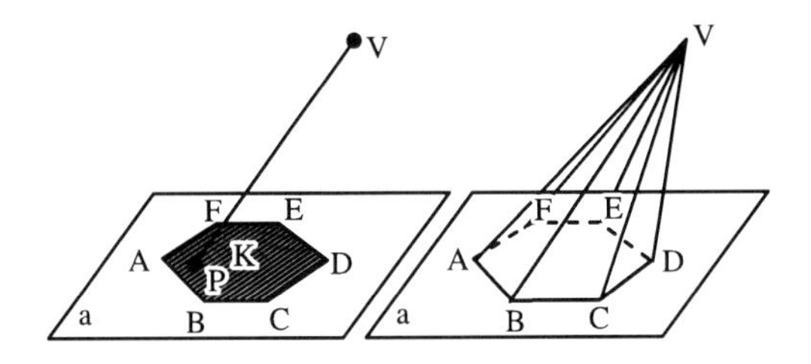

Elementos:

Na figura, denominamos:

i) aresta lateral: $\left(\overline{VA}, \overline{VB}, ...\right)$

ii) face lateral: $(\Delta VAB, \Delta VBC ...)$

iii) aresta da base: $\left(\overline{AB}, \overline{BC}, ...\right)$

iv) Polígono da base, ou BASE: $(ABC...)$

v) α é o plano da base

vi) altura: *H*

É distância do vértice ao plano da base.

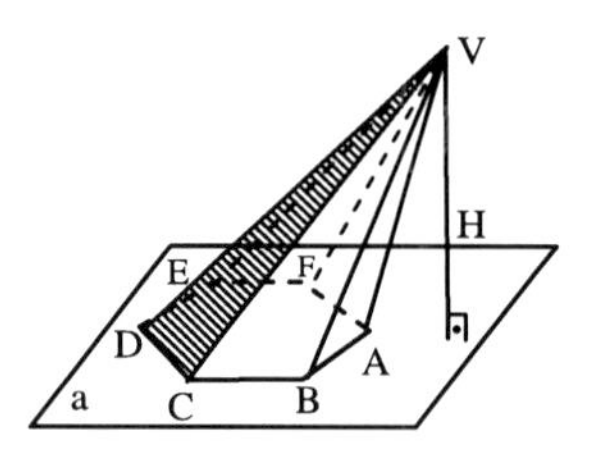

Pirâmide Reta

A pirâmide é Reta quando a projeção ortogonal do vértice cai no centro do polígono da base.

Pirâmide Regular

Uma pirâmide é Regular quando for **RETA** com polígono da base Regular.

Pirâmide Regular ↔ Reta + Base Regular

Exemplos:

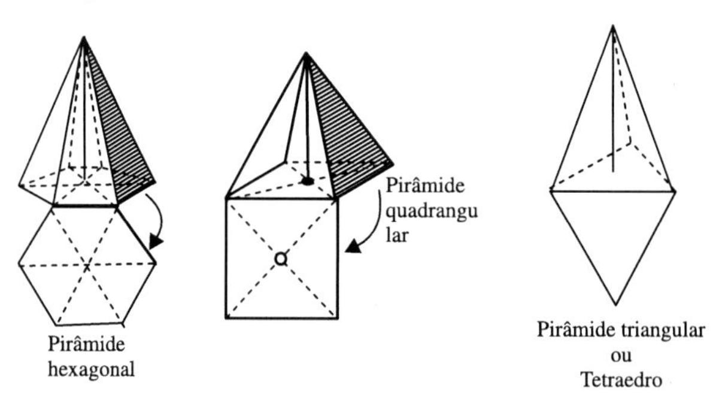

Uma pirâmide é denominada triangular, quadrangular etc., de acordo com o polígono da base.

A pirâmide de base triangular, tendo as faces laterais também triangulares, possui, no total, *4* faces e é denominada Tetraedro.

Quando todas as faces do tetraedro forem triângulos eqüiláteros, o tetraedro será regular (suas arestas são congruentes e as faces também).

Relações Métricas na Pirâmide Regular

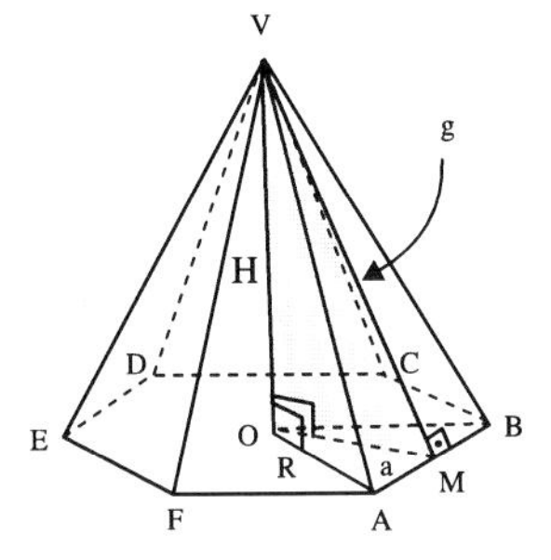

a) ABCD.., polígono da base, é regular e, portanto, inscritível numa circunferência de raio $\overline{OA}$, (OA = R será denominado raio da base).

b) OM = a (apótema da base).

c) VM = g (apótema da pirâmide ou lateral) (altura de uma face lateral).

d) Δ AVB isósceles: face lateral.

e) $\Delta\ VOM$ é retângulo: $g^2 = a^2 + H^2$

f) Área de uma face lateral: $A_{f_\ell} = \dfrac{\overline{AB} \cdot g}{2}$

g) $\left(\overline{VA}\right)^2 = \left(\overline{OA}\right)^2 + (H)^2$

Secção Paralela à Base de uma Pirâmide

Quando se interceptam todas as arestas laterais por um plano paralelo à base não contendo esta e nem o vértice, obtém-se uma secção poligonal, tal que:

i) as arestas laterais e a altura ficam divididas na mesma razão:

$$\frac{VA'}{VA} = \frac{VB'}{VB} = \cdots = \frac{h}{H};$$

ii) a secção obtida e a base são polígonos semelhantes;

iii) as áreas desses polígonos estão entre si como os quadrados de suas distâncias ao vértice:

$$\frac{\text{Área } A'B'C'\cdots}{\text{Área } ABC\cdots} = \frac{h^2}{H^2};$$

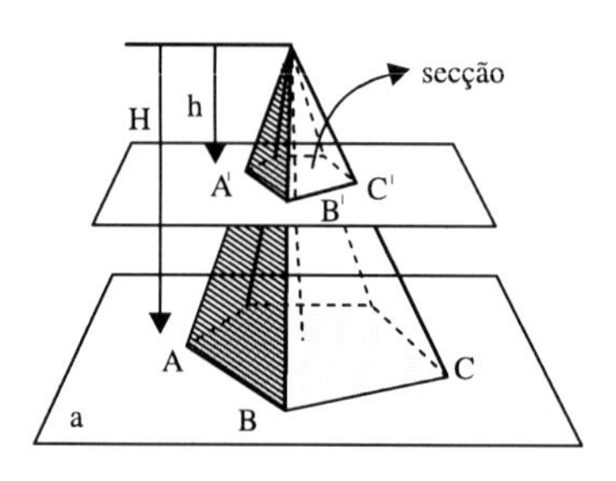

– ÁREA LATERAL E ÁREA TOTAL DA PIRÂMIDE

a) Seja *P* uma pirâmide de *n* faces laterais, A_ℓ será área lateral da pirâmide, quando for igual à soma das áreas das faces laterais.

$$A_\ell = A_1 + A_2 + \ldots + A_n$$

A área total A_T será dada pela soma da área lateral com a área da base.

$$A_T = A_\ell + A_b$$

b) No caso de pirâmide regular:

Seja ℓ = aresta da base

g = apótema da pirâmide

n = número de faces laterais ou arestas da base, então $A_{face} \dfrac{\ell.g}{2}$ ou $A_\ell \dfrac{n.\ell.g}{2}$ mas $\dfrac{n\ell}{2}$ = p (semiperímetro da base)

Então temos $A_\ell = p.g$, ou seja:

A área lateral da pirâmide regular é o produto do semiperímetro da base pelo apótema da pirâmide.

Pelo fato de o polígono da base ser regular, a área da sua base (A_b) pode ser obtida por $A_b = p.a$, onde *a* é o apótema do polígono da base e *p* o semiperímetro do mesmo.

Assim:

$$\left.\begin{array}{l} A_T = A_\ell + A_b \\ A_\ell = p.g \\ A_b = p.a \end{array}\right\} \Rightarrow A_t = p(g+a)$$

– VOLUME DA PIRÂMIDE

• Teorema

> Todo prisma triangular pode ser decomposto em três tetraedros equivalentes.

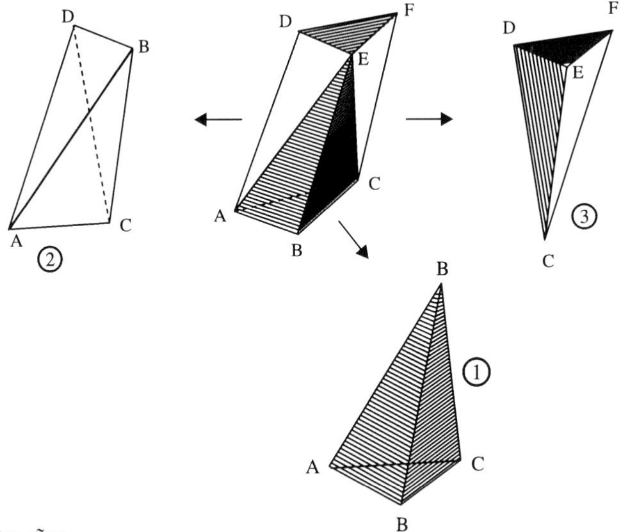

Demonstração:

Considerando-se a decomposição do prisma *P* nas figuras acima, temos:

i) A pirâmide *1* é equivalente à pirâmide *3*, pois:

$\Delta ABC \cong \Delta DEF$ (base do prisma) e têm a mesma altura (distância entre planos paralelos).

ii) $\Delta DFC \cong \Delta ADC$ (um paralelogramo se decompõe pela sua diagonal em dois triângulos congruentes) e têm a mesma altura (distância do ponto *E* ao plano *DFCA*).

iii) Pela propriedade transitiva de equivalência, temos: [Pirâmide *1*] é equivalente à [Pirâmide *2*] é equivalente à [Pirâmide *3*]

Portanto, o volume da pirâmide é igual a um terço do volume do Prisma.

$$V_{pi} = \frac{1}{3} A_b.h$$

Observação:

• Toda pirâmide tem por volume $\frac{1}{3}$ do volume de um prisma de mesma base e mesma altura.

• Pirâmides distintas de mesma base e vértices pertencentes a um plano paralelo à base têm mesmo volume.

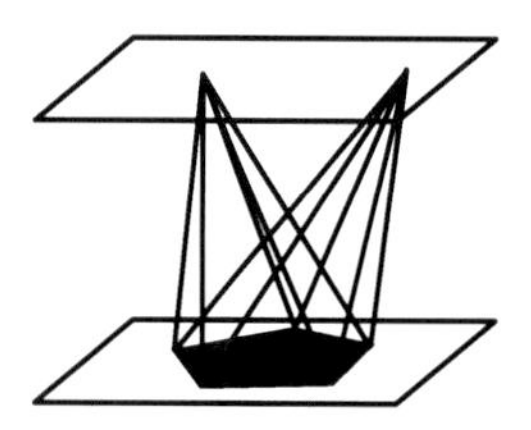

– TETRAEDRO REGULAR

Caso particular de uma pirâmide triangular regular, onde todas as faces são triângulos eqüiláteros.

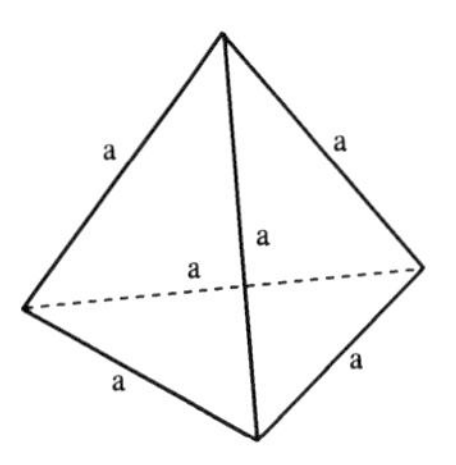

Altura do Tetraedro Regular

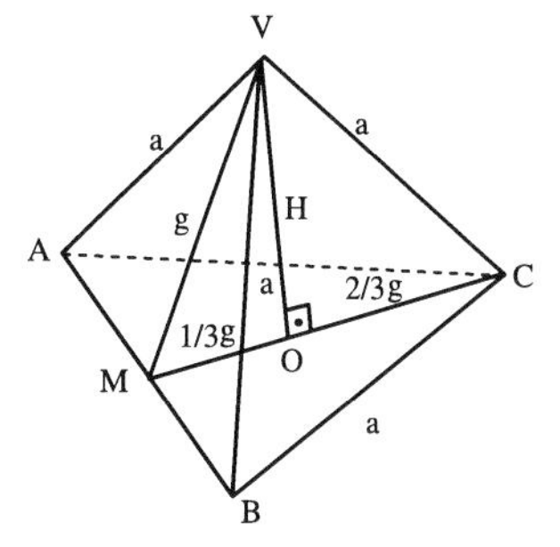

Na figura, o apótema lateral "*g*" é altura de um triângulo eqüilátero de lado *a*:

$$g = \frac{a\sqrt{3}}{2}$$

O ponto *O*, sendo centro de um triângulo eqüilátero, é o baricentro do mesmo, então:

$$\overline{MO} = \frac{1}{3}g$$

$$\overline{OC} = \frac{2}{3}g$$

Assim :

$$g^2 = H^2 + \left(\frac{1}{3}g\right)^2 \Leftrightarrow$$

$$\Leftrightarrow g^2 - \frac{1}{9}g^2 = H^2 \Leftrightarrow$$

$$\Leftrightarrow H^2 = \frac{8}{9}g^2$$

Substituindo $g = \frac{a\sqrt{3}}{2}$, vem:

Área total do tetraedro Regular

É a soma das áreas das quatro faces; triângulos eqüiláteros de arestas *a*.

Assim:

$$A_T = 4.\frac{a^2\sqrt{3}}{4} \quad \text{ou} \quad A_T = a^2\sqrt{3}$$

Volume do Tetraedro Regular

$$\left.\begin{aligned} V &= \frac{1}{3} A_b . H \\ A_b &= \frac{a^2\sqrt{3}}{4} \\ H &= \frac{a\sqrt{6}}{3} \end{aligned}\right\} V = \frac{a^3\sqrt{2}}{12}$$

– TRONCO DE PIRÂMIDE REGULAR (BASES PARALELAS)

Bases polígonos regulares → projeção de um centro coincide com o outro centro.

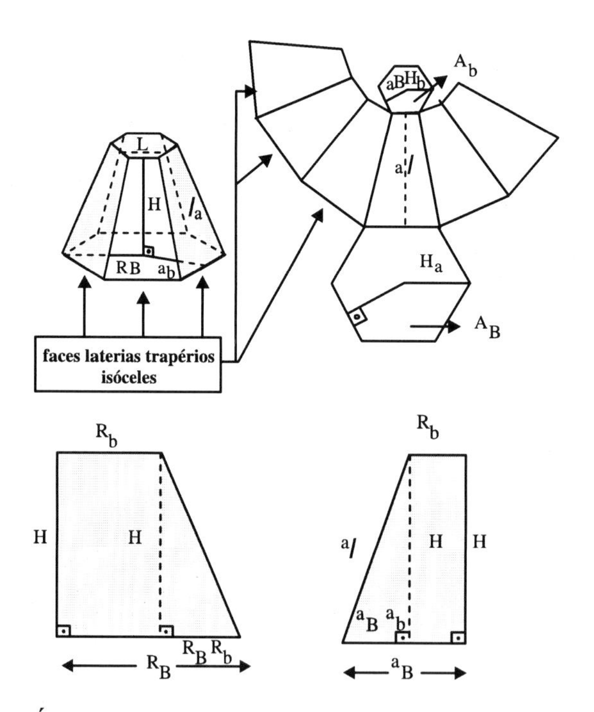

Áreas

$A_\ell = (p_B + p_b) . a\ell$ (área lateral)

(p_b e p_B são semiperímetros das bases e $a\ell$ é apótema lateral).

$A_T = A_\ell + A_B + A_b$ (área total)

Volume do Tronco

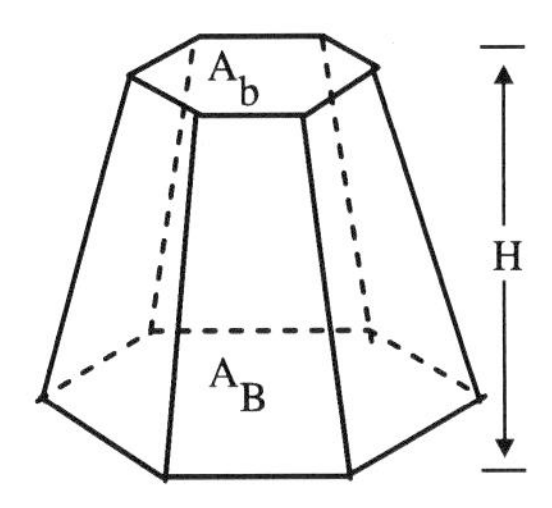

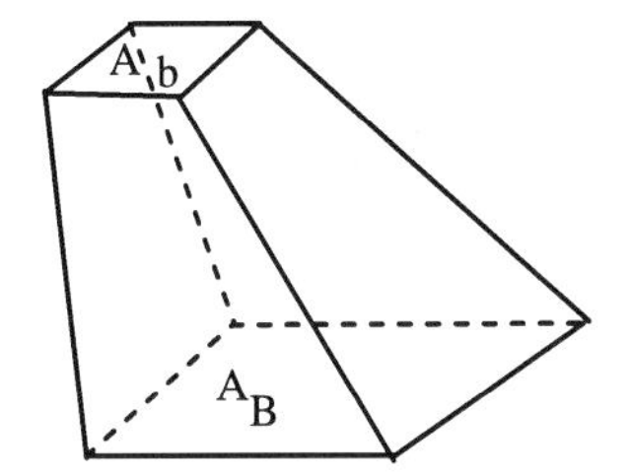

$$V = \frac{H}{3}\left(A_B + A_b + \sqrt{A_B.A_b}\right)$$

Onde:

A_B área da base maior

A_b área da base menor

H = altura

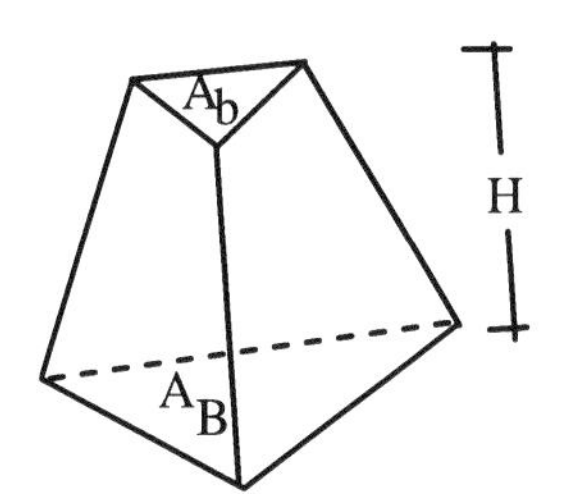

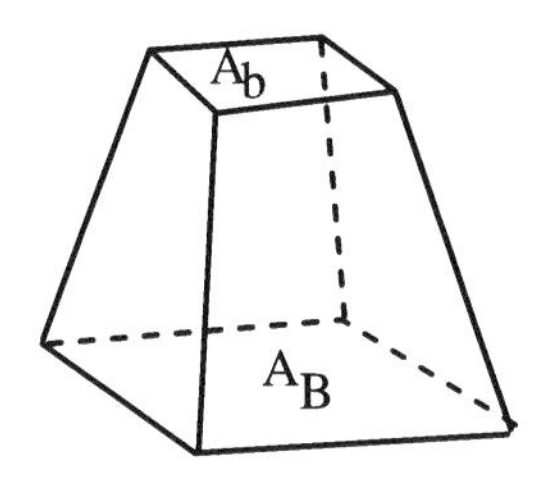

☑ EXERCÍCIOS PROPOSTOS:

421) (PUC-RS) Se "ℓ" é a medida da aresta de um tetraedro regular, então sua altura mede:

a) $\frac{\ell\sqrt{2}}{3}$

b) $\frac{\ell\sqrt{3}}{2}$

c) $\frac{\ell\sqrt{3}}{4}$

d) $\frac{\ell\sqrt{6}}{3}$

e) $\frac{\ell\sqrt{6}}{9}$

422) (U.F.PR) Calculando a distância de um ponto do espaço ao plano de um triângulo eqüilátero de *6* unidades de comprimento de lado, sabendo que o ponto eqüidista *4* unidades dos vértices do triângulo, obtêm-se:

a) 6 unidades.

b) 5 unidades.

c) 4 unidades.

d) 3 unidades.

e) 2 unidades.

423) (CESGRANRIO) Para fazer o telhado de uma casa de cartolina, um quadrado de centro O e de lado 2ℓ é recortado, como mostra a figura I. Os lados $AB = CD = EF = GH$ medem $\ell\sqrt{3}$. Montado o telhado (figura II), sua altura h é:

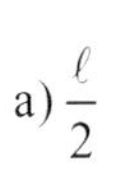

a) $\dfrac{\ell}{2}$

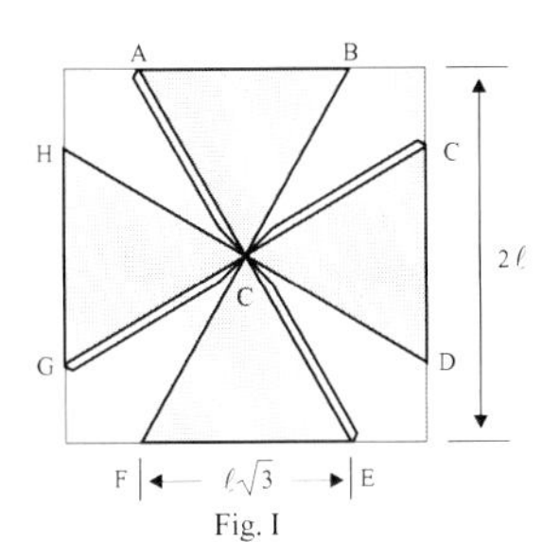

Fig. I

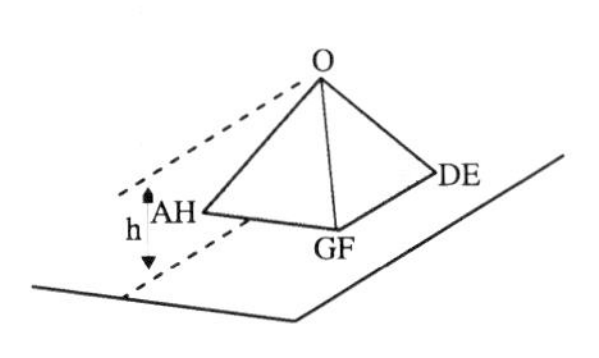

Fig. II

b) $\dfrac{2\ell}{5}$

c) $\dfrac{3\ell}{10}$

d) $\left(2-\sqrt{3}\right)\ell$

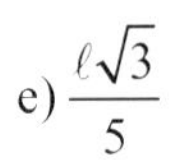

e) $\dfrac{\ell\sqrt{3}}{5}$

424) (F.C.M.STA.CASA) Sejam dados um tetraedro regular e um ponto interno qualquer. Sejam x, y, z e t as distâncias desse ponto às quatro faces do tetraedro. Podemos então afirmar que:

a) seu volume $V = \dfrac{1}{3} S\,(x + y - z + t)^2$ (com S: área de uma face).

b) sua altura $h = x + y + z + t$.

c) sua área total $A = h^2\,(x + y - t + z)$.

d) a área de uma face $S = \dfrac{1}{3}(x + y)(z - t) + x$

e) n.d.a.

425) (PUC-SP) Os triângulos eqüiláteros *ABC* e *DEF* possuem lados iguais a *2* e estão em planos paralelos, cuja distância é *2*. As retas *AD, BE* e *CF* são paralelas entre si. O volume do tetraedro *ACDE* é:

a) $\frac{2\sqrt{3}}{3}$

b) $\frac{\sqrt{2}}{6}$

c) $\frac{6}{\sqrt{3}}$

d) $\frac{3\sqrt{2}}{2}$

e) $\frac{\sqrt{3}}{8}$

426) (CESGRANRIO) Considere uma pirâmide hexagonal regular de altura *h* e lado da base ℓ, como mostrada na figura. Traça-se o segmento *GD* ligando o vértice

a) $\frac{h\sqrt{3}}{3\ell}$

b) $\frac{h}{2\ell}$

c) $\frac{h\sqrt{2}}{\ell}$

d) $\frac{h\sqrt{3}}{2\ell}$

e) $\frac{h\sqrt{3}}{\ell}$

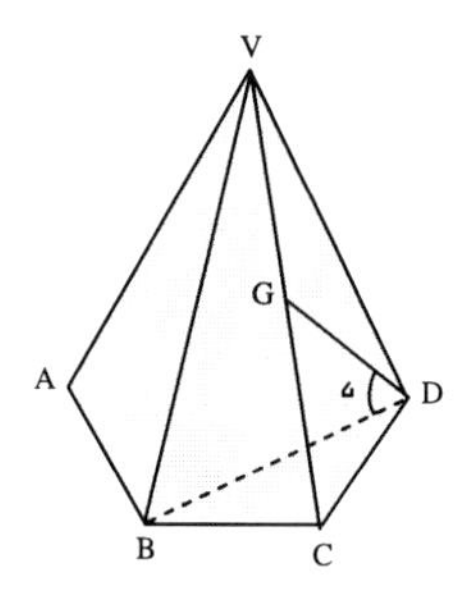

D ao ponto *G* que divide a aresta *VC* ao meio. Se α é o ângulo agudo formado por *GD* e sua projeção na base da pirâmide, então tg α é:

427) (F.C.M.STA.CASA) No tetraedro representado na figura abaixo, têm-se $\overline{AD} \perp \overline{BD}; \overline{AD} \perp \overline{DC}; \sphericalangle\left(BAD\right)\sphericalangle\left(CAD\right)$. Então, pode-se concluir que:

a) BD = DC

b) AD = DC

c) AB < BC

d) AC < BD

e) AD < DB

428) (U.F.RS) Uma barraca piramidal é sustentada por *6* hastes metálicas de *4m* de comprimento, cujas extremidades são o vértice da pirâmide e os *6* vértices da base respectivamente. A base é um polígono horizontal, inscritível, cujos lados têm todos o mesmo comprimento, *2,4m*. A altura da barraca, em metros, é:

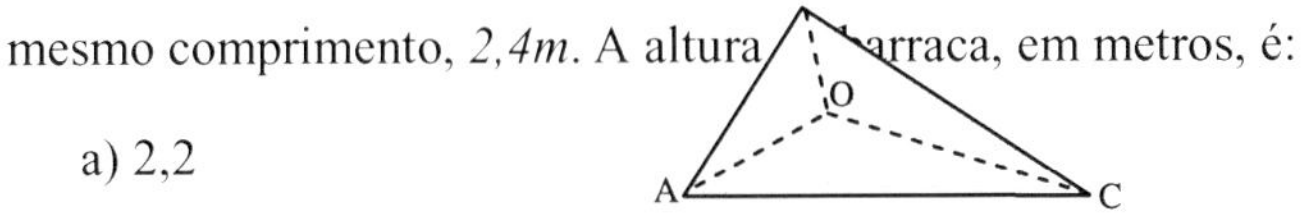

a) 2,2

b) 2,5

c) 2,7

d) 3,0

e) 3,2

429) (U.F.ES) Considere um cubo de aresta igual a *1cm*. Sejam *ABCD* e *A'B'C'D'* duas faces opostas desse cubo. Podemos obter uma pirâmide tomando o quadrado *ABCD* como base e *A'* como vértice. A área lateral dessa pirâmide mede:

a) $\left(1+\sqrt{2}\right)\text{cm}^2$

b) $2\left(1+\sqrt{2}\right)\text{cm}^2$

c) $\left(3+\sqrt{2}\right)\text{cm}^2$

d) $2\left(2+\sqrt{2}\right)\text{cm}^2$

e) $\left(2+\sqrt{2}\right)\text{cm}^2$

430) (ITA) Consideremos uma pirâmide regular cuja base quadrada tem área que mede 64 cm^2 Numa seção paralela à base que dista 30 mm desta, inscreve-se um círculo. Se a área deste círculo mede $4\pi cm^2$ então a altura desta pirâmide mede:

a) 1cm

b) 2cm

c) 4cm

d) 6cm

e) 60cm

431) (U.F.PA) O volume de uma pirâmide regular quadrangular cujas faces laterais são triângulos eqüiláteros de lado *4cm* vale:

a) $\frac{16\sqrt{2}}{3}$

b) $\frac{32\sqrt{2}}{3}$

c) $16\sqrt{2}$

d) $\frac{20\sqrt{2}}{3}$

e) $32\sqrt{2}$

432) (U.F.SE) A base de uma pirâmide regular é um triângulo eqüilátero cujo lado mede *8 cm*. Se a altura dessa pirâmide mede $5\sqrt{3}$ *cm*, o seu volume, em cm^3 é:

a) $18\sqrt{3}$

b) 36

c) $36\sqrt{3}$

d) 72

e) 80

433) (CESGRANRIO) Em um tetraedro $OABC$, os ângulos entre as arestas que concorrem em O são todos iguais a 90°. Se $OA = 3$, $OB = 5$ e $OC = 12$, o comprimento da maior aresta do tetraedro é:

a) 20

b) 15

c) 13

d) $\frac{25}{2}$

e) 12

434) (CESGRANRIO) A figura mostra a vista de cima de uma pirâmide $VABCD$ de base retangular $ABCD$. A projeção ortogonal do vértice V, sobre o plano da base, divide a aresta CD ao meio. Se $AB = 10$, $BC = 5$ e a altura da pirâmide é 5, então o comprimento da aresta VB é:

a) $\frac{20}{3}$

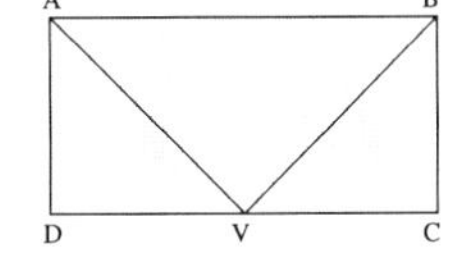

b) $\frac{15}{2}$

c) $\frac{5\sqrt{2}}{2}$

d) $5\sqrt{2}$

e) $5\sqrt{3}$

435) (CESGRANRIO) Em um cubo de aresta $\sqrt[3]{6}$ considera-se o tetraedro $VABC$, como indicado na figura. O volume do tetraedro é:

a) 2

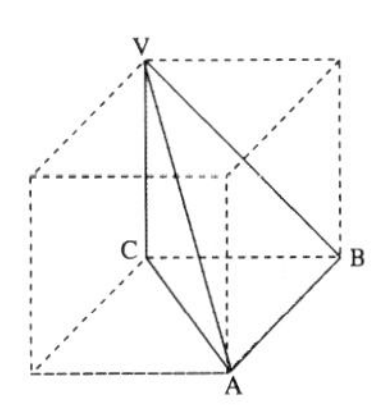

b) $\sqrt{2}$

c) $\sqrt[3]{3}$

d) $\frac{\sqrt{6}}{3}$

e) 1

436) (VUNESP) Seja V o volume do cubo de aresta a e W o volume do tetraedro regular de aresta a. Então $V = kW$, onde:

a) $5 < k < 6$

b) $6 < k < 7$

c) $7 < k < 8$

d) $8 < k < 9$

e) $9 < k < 10$

437) (U.F.PA) O perímetro da base de uma pirâmide hexagonal regular é *24m*; e a altura *6m*. O volume dessa pirâmide mede:

a) $12\sqrt{3}\ m^3$

b) $26\sqrt{3}\ m^3$

c) $39\sqrt{3}\ m^3$

d) $48\sqrt{3}\ m^3$

e) $60\sqrt{3}\ m^3$

438) (U.F.PA) Uma pirâmide quadrangular regular tem todas as arestas iguais. Se a diagonal da base mede *3cm*, então o volume mede, em unidades cúbicas:

a) $\frac{27}{8}$

b) $\frac{9}{4}$

c) $\frac{27\sqrt{3}}{2}$

d) $\frac{9\sqrt{3}}{2}$

e) $\frac{3\sqrt{3}}{2}$

439) (CESESP) Assinale, dentre as alternativas abaixo, a única que completa corretamente a sentença. "Unindo-se, dois a dois, os pontos médios das arestas contíguas de um tetraedro regular obtém-se....

a) ainda um tetraedro regular."

b) um hexaedro regular."

c) um octaedro regular."

d) um icosaedro regular."

e) um dodecaedro regular."

440) (VUNESP) Em cada um dos vértices de um cubo de madeira se recorta uma pirâmide *AMNP*, onde *M, N* e *P* são os pontos médios das arestas, como se mostra na figura. Se *V* é o volume do cubo, o volume do poliedro que resta ao retirar as *8* pirâmides é igual a:

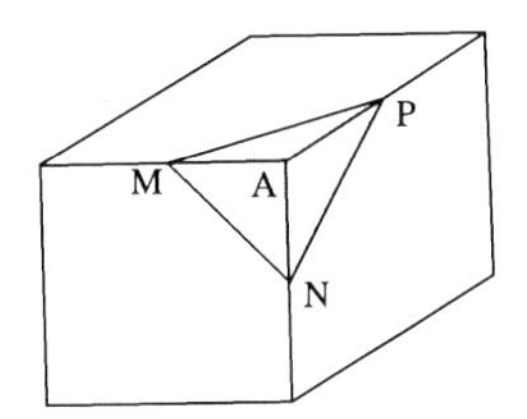

a) $\frac{1}{2}$V

b) $\frac{3}{4}$V

c) $\frac{2}{3}$V

d) $\frac{5}{6}$V

e) $\frac{3}{8}$V

441) (CESESP) Considere um octaedro regular, cuja aresta mede *6cm* e um de seus vértices *V* repousa sobre um plano *P* perpendicular ao eixo que contém *V* (ver figura). Prolongando-se as quatro arestas que partem do outro vértice *V'*, que está na perpendicular a *P* em *V*, até interceptar o plano *P*, forma-se uma pirâmide regular de base quadrangular.

Assinale, então, dentre as alternativas abaixo, a única que corresponde à área total dessa pirâmide assim construída:

a) $9\sqrt{3}\ \text{cm}^2$

b) $36\sqrt{3}\ \text{cm}^2$

c) $144\left(\sqrt{3}+1\right)\text{cm}^2$

d) $144\sqrt{3}\ \text{cm}^2$

e) $108\sqrt{3}\ \text{cm}^2$

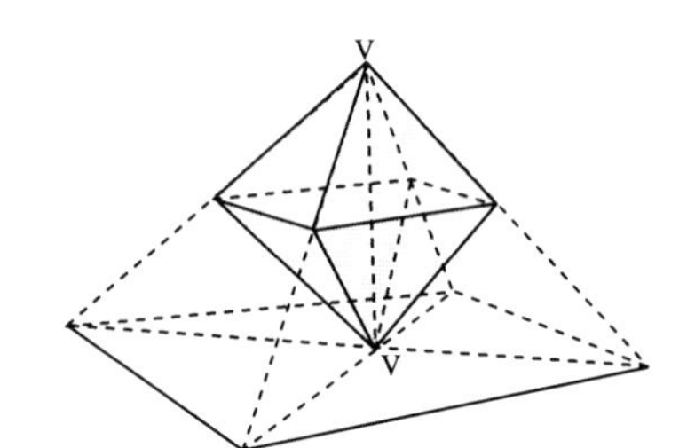

442) (CESESP) Três buracos *X, Y* e *Z*, abertos em um terreno plano, têm suas bocas em forma de quadrado, na disposição da figura. A área do quadrado *Z* é o dobro da área do quadrado *Y*. Os buracos *Y* e *Z* têm forma de prisma e *X* tem forma de pirâmide. A profundidade é a mesma para os três buracos. (Ver figura.).

Assinale a alternativa que define a relação verdadeira entre os volumes de *X, Y* e *Z*.

a) $V_x = V_y + V_z$

b) $V_y = V_x + V_z$

c) $V_x = V_z$

d) $V_x + V_y = V_z$

e) $V_y = V_z$

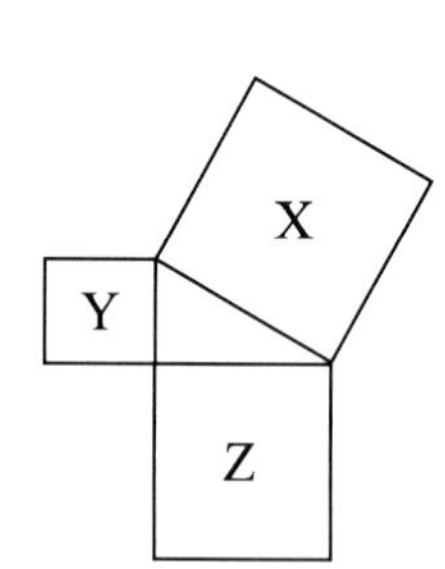

443) (U.F.MG) Sabe-se que, no tetraedro da figura, *AB = 4m, BD = 5m, AD = 3m* e DÂC = 60º. Se *CD* é perpendicular ao plano de *ABD*, então o volume do tetraedro, em m³, é:

a) $6\sqrt{3}$

b) $3\sqrt{3}$

c) $2\sqrt{3}$

d) $18\sqrt{3}$

e) $4\sqrt{3}$

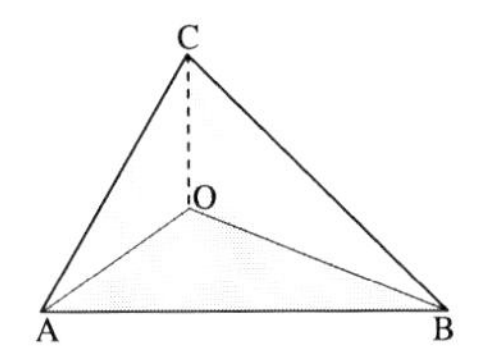

444) (CESGRANRIO) Seja *VABC* um tetraedro regular. O co-seno do ângulo α que a aresta *VA* faz com o plano *ABC* é:

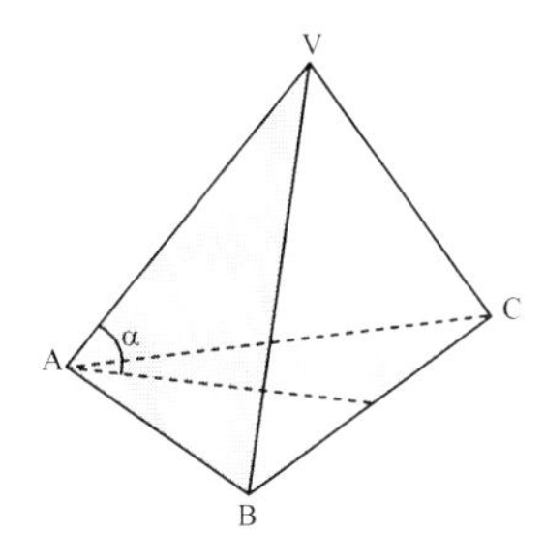

a) $\frac{\sqrt{3}}{3}$

b) $\frac{\sqrt{3}}{2}$

c) $\frac{\sqrt{2}}{2}$

d) $\frac{1}{2}$

e) $\frac{\sqrt{2}}{3}$

445) (ESCOLA NAVAL) Numa pirâmide triangular $V - ABC$, a base ABC é um triângulo eqüilátero e as arestas VA, VB, VC formam um triedro tri-retângulo. A tangente do ângulo diedro formado por uma face lateral com a base é igual a:

a) $\frac{\sqrt{3}}{3}$

b) $\frac{\sqrt{3}}{2}$

c) 1

d) $\sqrt{2}$

e) $\sqrt{3}$

446) (FUVEST) Qual a altura de uma pirâmide quadrangular que tem as oito arestas iguais a $\sqrt{2}$?

a) $\sqrt{1}$

b) $\sqrt{1,5}$

c) $\sqrt{2}$

d) $\sqrt{2,5}$

e) $\sqrt{3}$

447) (CESGRANRIO) Numa pirâmide *VABCDEF* regular hexagonal, uma aresta lateral é o dobro de uma aresta da base (veja figura). O ângulo $A\hat{V}D$, formado por duas arestas laterais opostas, mede:

a) 30º

b) 45º

c) 60º

d) 75º

e) 90º

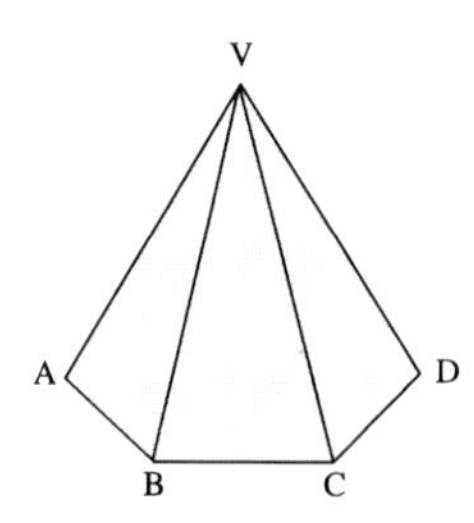

448) (ITA) Considere uma pirâmide qualquer de altura h e de base B. Traçando-se um plano paralelo à base B, cuja distância ao vértice da pirâmide é $\frac{\sqrt{5}}{\sqrt{7}}h$ cm , obtém-se uma secção plana de área $\sqrt{7}$ cm^2. Então a área da base B da pirâmide vale:

a) $\sqrt{35}$ cm^2

b) $\frac{2\sqrt{5}}{3}$ cm^2

c) $\frac{7\sqrt{7}}{5}$ cm^2

d) $\frac{7\sqrt{7}}{\sqrt{5}}$ cm^2

e) $\frac{7}{\sqrt{5}}$ cm^2

449) (ITA) As arestas laterais de uma pirâmide regular de *12* faces laterais têm comprimento ℓ. O raio do círculo circunscrito ao polígono da base desta pirâmide mede $\frac{\sqrt{2}}{2}\ell$. Então o volume desta pirâmide vale:

a) $3\sqrt{2}\ \ell^3$

b) $2\ \ell^3$

c) $\frac{\sqrt{3}}{2}\ell^3$

d) $\sqrt{2}\ \ell^3$

e) $\frac{\sqrt{2}}{4}\ell^3$

450) (U.F.MG) Na figura, as pirâmides *OABCD* e *O'ABCD* são regulares e têm todas as arestas congruentes. Se o segmento *OO'* mede *12cm*, então a área da superfície da figura é, em cm²:

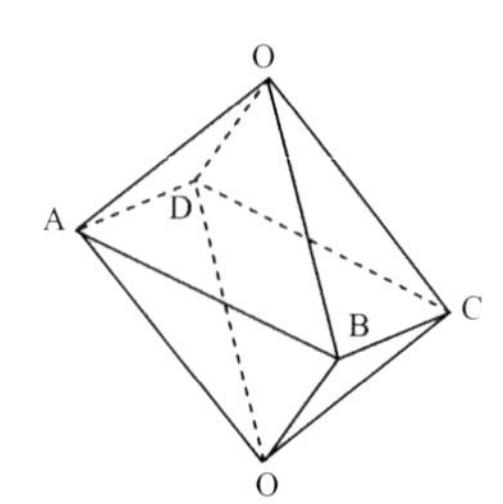

a) $24\sqrt{3}$

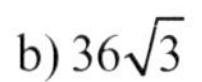
b) $36\sqrt{3}$

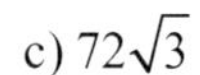
c) $72\sqrt{3}$

d) $108\sqrt{3}$

e) $144\sqrt{3}$

451) (ITA) Seja *V* o vértice de uma pirâmide com base triangular *ABC*. O segmento *AV*, de comprimento unitário, é perpendicular à base. Os ângulos das faces laterais, no vértice *V*, são todos de *45* graus. Deste modo, o volume da pirâmide será igual a:

a) $\frac{1}{6}\sqrt{2\sqrt{2}-2}$

b) $\frac{1}{6}\sqrt{2-\sqrt{2}}$

c) $\frac{1}{3}\sqrt{2-\sqrt{2}}$

d) $\frac{1}{6}\sqrt{2\sqrt{2}-1}$

e) n.d.a.

452) (ITA) As arestas da base de uma pirâmide triangular regular medem ℓ cm e as faces laterais são triângulos retângulos. O volume desta pirâmide é:

a) $\frac{\sqrt{3}}{6}\ell^3\text{cm}^3$

b) $\frac{\sqrt{3}}{12}\ell^3\text{cm}^3$

c) $\frac{\sqrt{3}}{24}\ell^3\text{cm}^3$

d) $\frac{\sqrt{2}}{12}\ell^3\text{cm}^3$

e) n.d.a.

453) (U.E.CE) O perímetro da base de uma pirâmide hexagonal regular é *6cm* e sua altura *8cm*. O volume dessa pirâmide, em cm^3, é:

a) $4\sqrt{3}$

b) $5\sqrt{3}$

c) $6\sqrt{3}$

d) $7\sqrt{3}$

454) (U.E.RJ) *ABCD* é um tetraedro no qual *ABC* é um triângulo eqüilátero de lado *a* e a aresta *AD* é perpendicular ao plano *ABC*. Sabendo-se que o ângulo diedro das faces *ABC* e *DBC* é 45°, o volume do tetraedro é:

a) $\dfrac{a^3\sqrt{3}}{12}$

b) $\dfrac{a^3}{8}$

c) $\dfrac{a^3}{6}$

d) $\dfrac{a^3}{4}$

e) $\dfrac{a^3}{2}$

CAPÍTULO 10

CILINDROS

– CILINDROS DE BASES CIRCULARES

Definição:

Sejam α e β planos paralelos e distintos.

Consideremos uma reta Δ interceptando os planos α e β.

Seja R uma região circular contida em que não tem ponto em comum com Δ.

Ao conjunto de todos os segmentos $\overline{QQ'} // \Delta$ com $Q \in R$ e $Q' \in \beta$ denominamos cilindro.

Elementos

H = altura do cilindro (distância entre α e β)

R = base do cilindro

$\overline{AA'}$ é geratriz

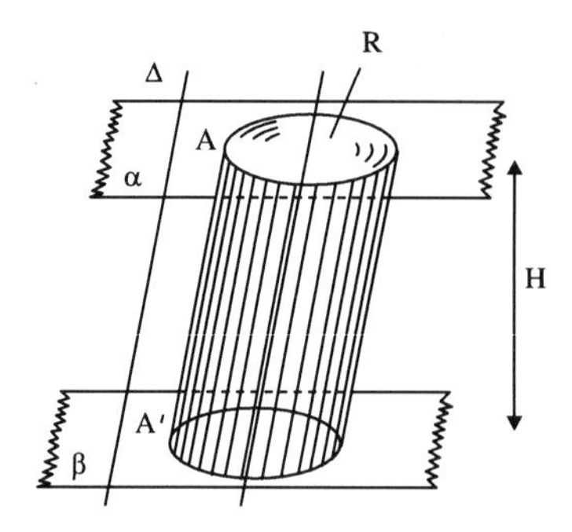

Cilindro Reto

Se Δ for perpendicular ao plano α, o cilindro é denominado cilindro reto.

Neste caso, a altura tem a mesma medida da geratriz.

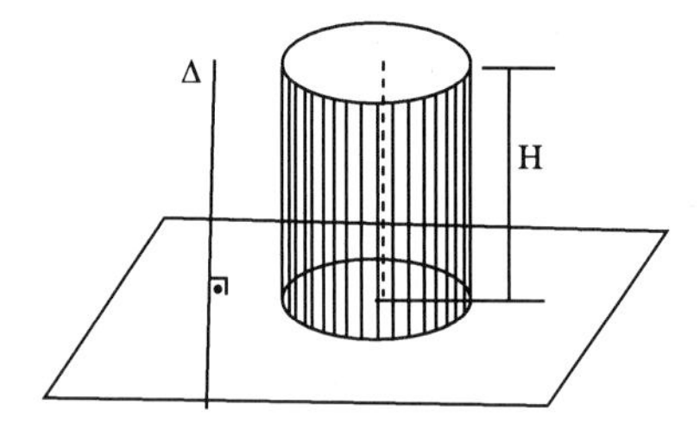

Cilindro de Revolução

O cilindro reto de base circular é denominado cilindro de revolução.

O cilindro de revolução é o sólido gerado por uma região retangular numa rotação completa em torno de um de seus lados.

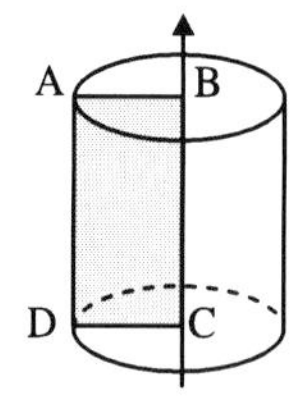

Na figura:

$\overleftrightarrow{BC}$ eixo do cilindro

$\overline{AD}$ gera a superfície lateral (geratriz)

$\overline{DC} = \overline{AB}$ = raio da base

Secção Meridiana de um Cilindro Reto

É a secção feita no cilindro por um plano que contém o seu eixo ($\overleftrightarrow{BC}$ na figura anterior).

S_M = secção meridiana

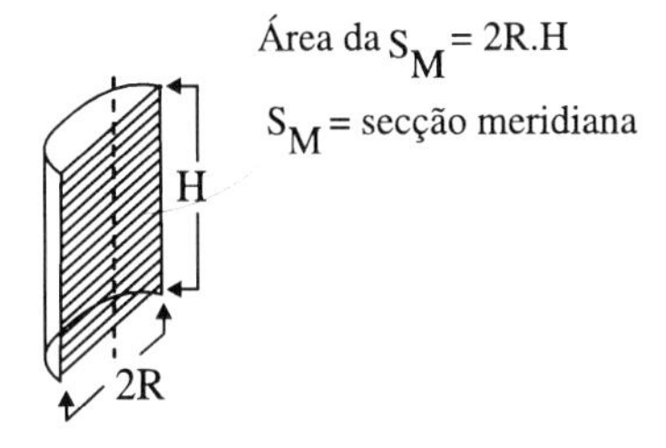

Observação:

Se H = 2R ⇒ *A* secção meridiana é um Quadrado e o cilindro denomina-se CILINDRO EQUILÁTERO.

– Área Lateral de um Cilindro

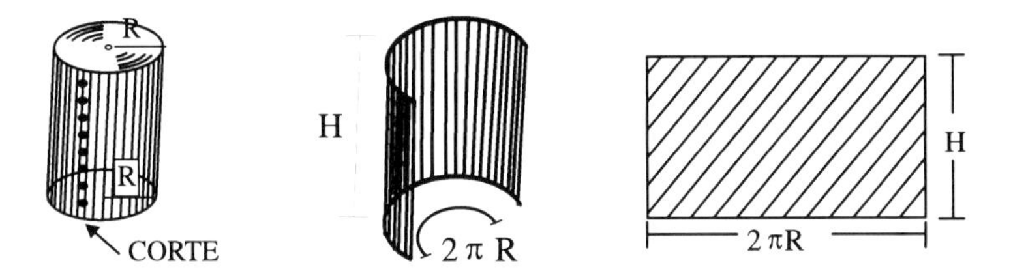

Imaginemos um cilindro de cartolina.

Cortando-se conforme mostra a linha pontilhada, desenvolvemos a superfície lateral até chegar no retângulo.

As dimensões do retângulo são:

$$\begin{cases} \text{base} = 2\pi R \text{ (comprimento da cincurferência da base)} \\ \text{altura} = H \text{ (altura da cilindro)} \end{cases}$$

A área lateral é determinada por:

$A_{\ell} = 2\pi R \cdot H$

Área da Base

É a área do círculo de raio *R*.

$A_b = \pi R^2$

Área Total

É a soma das áreas das bases com a área lateral.

$A_T = A_{\ell} + 2A_b$

– Volume do Cilindro

Pelo postulado de Cavaliere, o cilindro é equivalente a um prisma de mesma área da base e mesma altura.

$V = A_b \cdot h$

Cilindro Eqüilátero

Sendo a secção meridiana um quadrado, temos:

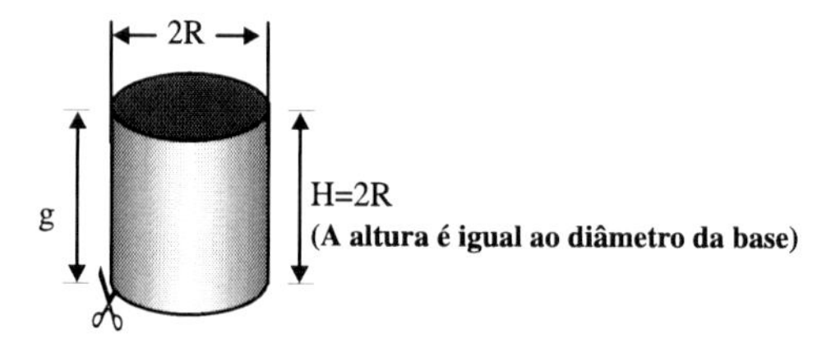

- Planificação:

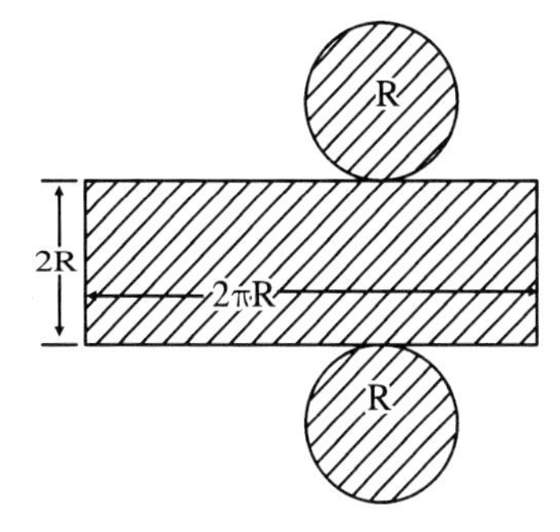

$A_b = \pi R^2$

$A_\ell = 2\pi R \cdot 2R = 4\pi R^2$

$A_T = 2\pi R^2 + 4\pi R^2 = 6\pi R^2$

- Área da secção meridiana:

$A_{sm} = (2R)^2 = 4R^2$

- Volume:

$$\left.\begin{array}{l} V = A_b \cdot H \\ A_b = \pi R^2 \\ H = 2R \end{array}\right\} \Rightarrow V = 2\pi R^3$$

– TRONCO DE CILINDRO RETO

Definição:

Chama-se tronco de cilindro o sólido limitado por uma superfície lateral cilíndrica e duas bases formadas por secções não paralelas em planos que interceptam todas as geratrizes.

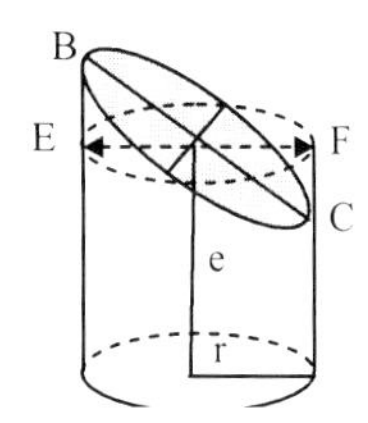

A área lateral de um tronco de cilindro é o produto do comprimento da circunferência da secção reta pela medida do segmento do eixo.

$$S = 2\pi \cdot r \cdot e$$

O volume é dado pelo produto da área da secção reta pela medida do segmento do eixo.

$$V = \pi r^2 \cdot e$$

☑ EXERCÍCIOS PROPOSTOS:

455) (ITA) Dado um cilindro de revolução de raio r e altura h, sabe-se que a média harmônica entre o raio r e a altura é 4 e que sua área total é 2π *u.a.* O raio r deve satisfazer a relação:

a) $r^3 - r + 2 = 0$

b) $r^3 - 4r^2 + 5r - 2 = 0$

c) $r^3 - r^2 - r + 1 = 0$

d) $r^3 - 3r - 2 = 0$

e) nenhuma das respostas anteriores

456) (CESCEM) O líquido contido em uma lata cilíndrica deve ser distribuído em potes também cilíndricos, cuja altura é $\frac{1}{4}$ da altura da lata, cujo diâmetro da base é $\frac{1}{3}$ do diâmetro da base da lata. O número de potes necessários é:

a) 6

b) 12

c) 18

d) 24

e) 36

457) (ITA) Se S é a área total de um cilindro reto de altura h, e se m é a razão direta entre a área lateral e a soma das áreas das bases, então o valor de h é dado por:

a) $h = \sqrt[m]{\dfrac{S}{2\pi(m+1)}}$

b) $h = \sqrt[m]{\dfrac{S}{4\pi(m+2)}}$

c) $h = \sqrt[m]{\dfrac{S}{2\pi(m+2)}}$

d) $h = \sqrt[m]{\dfrac{S}{4\pi(m+1)}}$

e) nenhuma das altenativas anteriores

458) (PUC-SP) Quantos litros comporta, aproximadamente, uma caixa d'água cilíndrica com *2* metros de diâmetro e *70cm* de altura?

a) 1.250

b) 2.200

c) 2.450

d) 3.140

e) 3.700

459) (PUC-RS) Dois cilindros, um de altura *4* e outro de altura *6*, têm para perímetro de suas bases *6* e *4*, respectivamente. Se V_1 é o volume do primeiro e V_2 o volume do segundo, então:

a) $V_1 = V_2$

b) $V_1 = 2V_2$

c) $V_1 = 3V_2$

d) $2V_1 = 3V_2$

e) $2V_1 = V_2$

460) (U.F.GO) Para encher um reservatório de água que tem a forma de um cilindro circular reto, são necessárias *5* horas. Se o raio da base é *3m* e a altura *10m*, o reservatório recebe água à razão de:

a) 18π m^3 por hora.

b) 30π m^3 por hora.

c) 6π m^3 por hora.

d) 20π m^3 por hora.

e) 10π m^3 por hora.

461) (F.C.M.STA.CASA) Um cilindro com eixo horizontal de *15m* de comprimento e diâmetro interno de *8 m* contém álcool. A superfície livre do álcool determina um retângulo de área $90\ m^2$. Qual o desnível entre essa superfície e a geratriz de apoio do cilindro?

a) 6 m

b) $\sqrt{7}$ m

c) $\left(4-\sqrt{7}\right)$m

d) $\left(4+\sqrt{7}\right)$m

e) $\left(4-\sqrt{7}\right)$m ou $\left(4+\sqrt{7}\right)$m

462) (PUC-SP) Quantos mililitros de tinta podem ser acondicionados no reservatório cilíndrico de uma caneta esferográfica, sabendo que seu diâmetro é *2mm* e seu comprimento é *12cm*?

a) 0,3768

b) 3,768

c) 0,03768

d) 37,68

e) 0,003768

463) (U.F.BA) $L + 2$ é o volume de um cilindro cuja área lateral é L. O raio do cilindro é igual a:

a) $2(L+1)$

b) $\frac{2(L+2)}{L}$

c) $\frac{L+2}{2}$

d) $\frac{L}{2}$

e) 4

464) (U.C.PR) Temos dois vasilhames, geometricamente semelhantes. O primeiro é uma garrafa das de vinho, cuja altura é *27cm*. O segundo é uma miniatura do primeiro, usado como propaganda do produto, e cuja altura é *9cm*. Quantas vezes seria preciso esvaziar o conteúdo da miniatura na garrafa comum, para enchê-la completamente?

a) 3 vezes

b) 9 vezes

c) 18 vezes

d) 27 vezes

e) 36 vezes

465) (CESGRANRIO) Um tonel cilíndrico, sem tampa e cheio de água, tem *10dm* de altura e *5dm* de raio da base. Inclinando-se o tonel de 45°, o volume da água derramada é, aproximadamente:

a) 145 dm^3

b) 155 dm^3

c) 263 dm^3

d) 353 dm^3

e) 392 dm^3

466) (U.F.RN) Se um cilindro reto tem área lateral e volume, respectivamente, iguais a $2\pi m^2$ e πm^3 então sua altura vale:

a) 1 m

b) 2 m

c) 3 m

d) 4 m

e) 5 m

467) (U.F.RN) Um pedaço de cano, de *30cm* de comprimento e *10cm* de diâmetro interno encontra-se na posição vertical e possui a parte inferior vedada. Colocando-se dois litros de água em seu interior, a água:

a) transborda

b) ultrapassa o meio do cano.

c) não chega ao meio do cano.

d) enche o cano até a borda.

e) atinge exatamente o meio do cano.

468) (U.F.PA) Dois cilindros eqüiláteros *A* e *B* têm os raios da base iguais a r_1 e r_2, respectivamente. A razão entre os raios $\frac{r_1}{r_2}$ é igual a $\frac{1}{2}$. Então, a razão entre os volumes de *A* e *B* é:

a) $\frac{1}{16}$

b) $\frac{1}{2}$

c) $\frac{1}{8}$

d) $\frac{1}{4}$

e) $\frac{1}{12}$

469) (U.F.PA) Um cilindro circular reto tem o raio igual a *2 cm* e altura *3 cm*. Sua superfície lateral mede:

a) 6π cm²

b) 9π cm²

c) 12π cm²

d) 15π cm²

e) 16π cm²

470) (U.F.PA) A área lateral de um cilindro de revolução é metade da área da base. Se o perímetro de sua seção meridiana é *18 m*, o volume vale:

a) $8\pi\ m^3$

b) $10\pi\ m^3$

c) $12\pi\ m^3$

d) $16\pi\ m^3$

e) $20\pi\ m^3$

471) (U.MACK.) A altura de um cilindro é *20*. Aumentando-se o raio desse cilindro de *5*, a área lateral do novo cilindro fica igual a área total do primeiro. O raio do primeiro cilindro é igual a:

a) 10

b) 8

c) 12

d) 5

e) 6

472) (CESESP) Cid possui um aquário em acrílico, de forma cúbica, cuja aresta mede *20cm* e, desejando modificar-lhe a forma para a de um cilindro reto de mesma altura que o cubo, descolou as partes soldadas e desfez as dobras, observando então que o mesmo, quando planificado, apresentava-se como uma peça inteiriça conforme a figura abaixo.

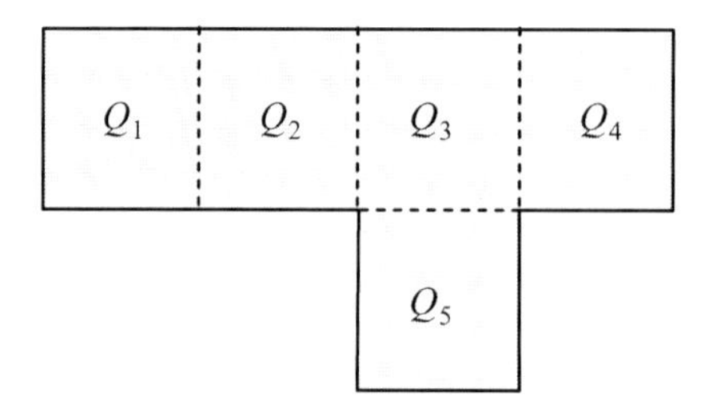

Para obter a nova forma, pretende recortar o quadrado Q_5 um círculo de área máxima, que servirá de base ao aquário. O comprimento do retângulo formado pelos quadrados Q_1, Q_2, Q_3 e Q_4 deverá ser encurtado para formar a superfície lateral do cilindro.

Tomando $\pi = 3{,}14$, assinale a alternativa correspondente ao percentual de redução do volume do novo aquário em relação ao original:

a) 78,2%

b) 21,5%

c) 7,85%

d) 2,15%

e) $\sqrt{20}$%

473) (FUVEST) Um recipiente cilíndrico cujo raio da base é *6cm* contém água até uma certa altura. Uma esfera de aço é colocada no interior do recipiente ficando totalmente submersa. Se a altura da água subiu *1cm*, então o raio da esfera é:

a) 1cm

b) 2cm

c) 3cm

d) 4cm

e) 5cm

474) (U.F.MG) As áreas das superfícies laterais de dois cilindros retos V_1 e V_2, de bases circulares, são iguais. Se as alturas e os raios das bases dos dois cilindros são, respectivamente, H_1, R_1, H_2, R_2, pode-se afirmar que a razão entre os volumes de V_1 e V_2, nessa ordem, é:

a) $\frac{H_1}{H_2}$

b) $\frac{R_1}{R_2}$

c) $\frac{H_1^2}{H_2^2}$

d) $\frac{R_1H_1}{R_2H_2}$

e) $\frac{R_1^2}{R_2^2}$

475) (U.F.MG) Num cilindro reto, cuja altura é igual ao diâmetro da base, a área de uma seção perpendicular às bases, contendo os centros dessas, é $64\ m^2$.

Então, a área lateral desse cilindro, em m^2, é:

a) 8π

b) 16π

c) 32π

d) 64π

e) 128π

476) (FATEC) Seja V o volume de um cilindro reto. Se a área da seção transversal reta deste cilindro diminui de *20%* e a altura aumenta de *50%,* então o volume do novo cilindro é:

a) 0,20 V

b) 0,50 V

c) 0,80 V

d) V

e) 1,20 V

477) (FUVEST) A uma caixa d'água de forma cúbica com *1* metro de lado está acoplado um cano cilíndrico com *4 cm* de diâmetro e *50 m* de comprimento. Num certo instante, a caixa está cheia de água e o cano vazio. Solta-se a água pelo cano até que fique cheio. Qual o valor aproximado da altura da água na caixa no instante em que o cano ficou cheio?

a) 90 cm

b) 92 cm

c) 94 cm

d) 96 cm

e) 98 cm

478) (U.C.SALVADOR) Você tem um copo, com a forma de um cilindro circular reto e, para colocar água nele, você dispõe de um recipiente com a forma de um cone reto. Se o raio da base e a altura do copo são, respectivamente, o dobro do raio da base e o dobro da altura do recipiente, quantas vezes você precisará encher totalmente o recipiente e derramar a água no copo para enchê-lo completamente?

a) 4

b) 8

c) 12

d) 16

e) 24

479) (U.F.MG) Dois cilindros têm áreas laterais iguais. O raio do primeiro é igual a um terço do raio do segundo. O volume do primeiro é V_1.

O volume do segundo cilindro, em função de V_1, é igual a:

a) $\frac{1}{3}V_1$

b) V_1

c) $\frac{3}{2}V_1$

d) $2V_1$

e) $3V_1$

480) (U.C.SALVADOR) Um recipiente tem a forma de um cilindro reto cujo raio da base mede *20cm*. Se, ao colocar-se uma pedra nesse tanque, o nível da água subir *0,8mm*, o volume dessa pedra será de, aproximadamente:

a) 101,5 cm^3

b) 100,5 cm^3

c) 97,5 cm^3

d) 95,8 cm^3

e) 94,6 cm^3

CAPÍTULO 11

CONES

CONE CIRCULAR

Definição:

Seja um plano α, um ponto $V \notin \alpha$ e um círculo contido em α. Ao conjunto de todos os segmentos $\overline{VP}$ com P pertencente ao círculo considerado denominaremos Cone Circular.

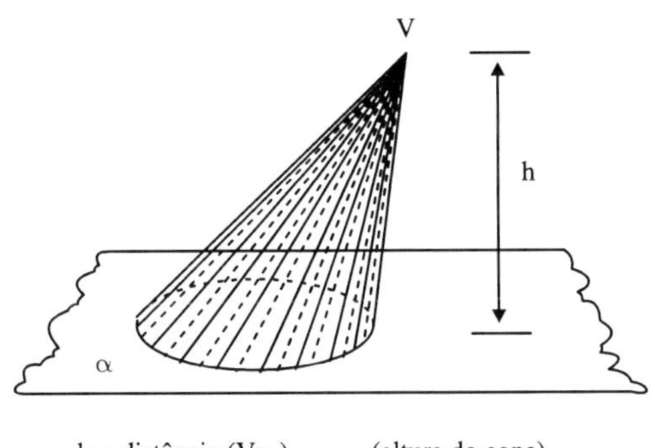

h = distância (V;α)   (altura do cone)

– Cone Reto

O cone é reto quando a projeção ortogonal do vértice sobre o plano da base é o centro da base. Um cone circular reto pode ser gerado pela rotação completa de uma região de triângulo retângulo em torno de um de seus catetos (cone de revolução).

Na figura, teremos:

$\overline{VO} = H =$ altura do cone

$\overline{OB} = R =$ raio de base

$\overline{VB} = g =$ geratriz

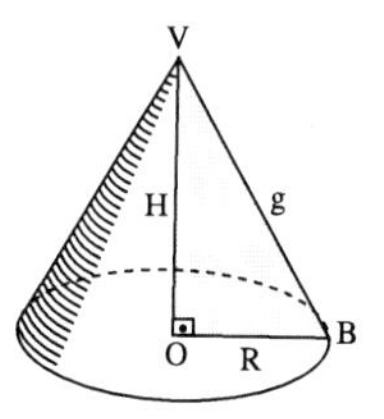

$g^2 = H^2 + R^2$

– Secção Meridiana

A secção feita num cone de revolução por um plano que passa pelo eixo (VO) de rotação determina uma secção chamada secção meridiana.

$A_b = \pi R^2$

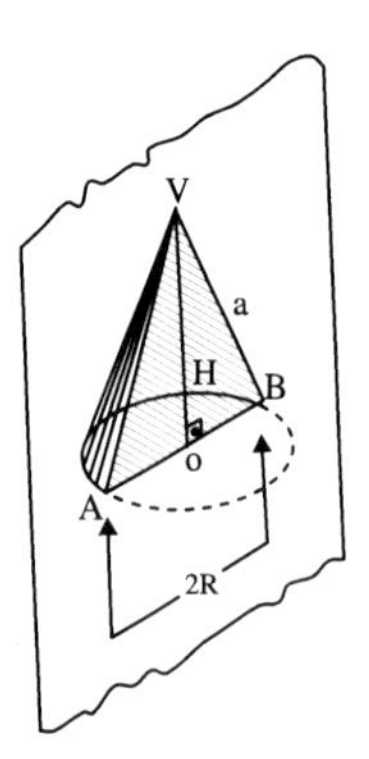

Área da secção meridiana

$$A_{S_m} = \frac{\overline{AB} \cdot H}{2} \Rightarrow A_{S_m} = \frac{2R \cdot H}{2}$$

$$\therefore A_{S_m} = R \cdot H$$

Quando a secção meridiana for um triângulo eqüilátero, o cone será dito **CONE EQÜILÁTERO** ($g = 2R$).

Desenvolvimento da Superfície Lateral e Total do Cone

O desenvolvimento da superfície lateral de um cone de revolução sobre um plano é um setor circular limitado por um arco de círculo, cujo raio é a geratriz "g" e o comprimento é o perímetro da base: $2\pi R$.

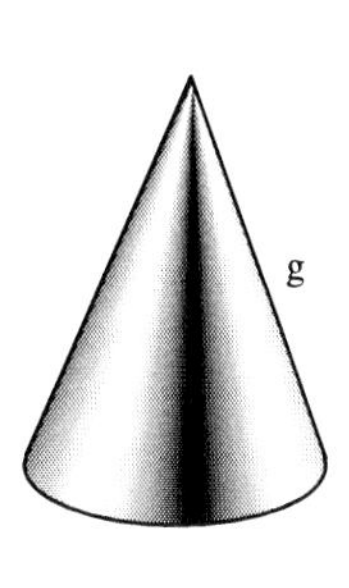

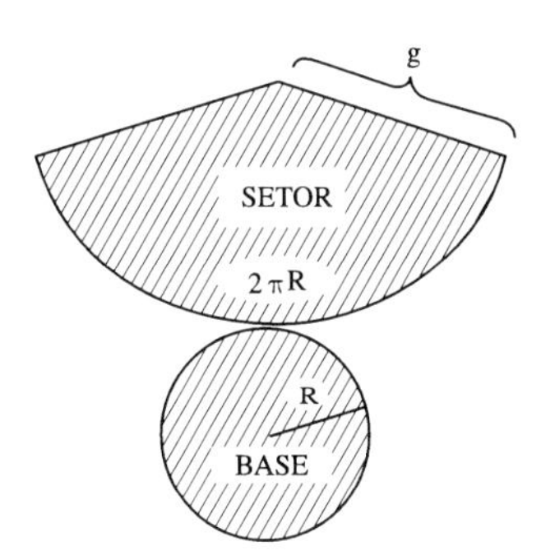

a) Área lateral do Cone: "A_ℓ"

Área do setor: $A_\ell = \dfrac{\text{Comp. do arco x Raio}}{2}$

$A_\ell = \pi R g$

b) Área da base: "A_b"

A_b = Área do círculo de raio R

$A_b = \pi R^2$

c) Área Total: "A_T"

$A_T = A_\ell + A_b$ ou

$A_T = \pi Rg + \pi R^2 \Leftrightarrow$

$\Leftrightarrow A_T = \pi R\,(g + R)$

– Volume do Cone

Todo cone é equivalente a uma pirâmide de base equivalente a mesma altura. (Postulado de Cavalieri).

$$V = \frac{1}{3} A_b \cdot H$$

Sendo, $A_b = \pi R^2$, temos, $V = \dfrac{1}{3}\pi R^2 H$

– Tronco de Cone

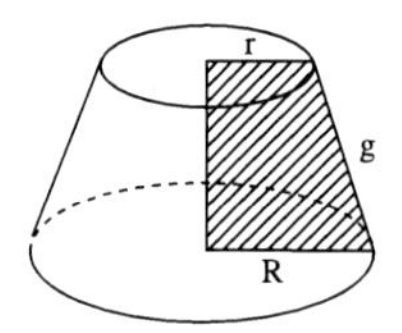

O tronco de cone de revolução de bases paralelas pode ser considerado como o limite de um tronco de pirâmide regular inscrito, cujo número de faces cresce indefinidamente. A área lateral A_ℓ, os perímetros *P* e *P'* das bases e o apótema "*g*" do tronco de pirâmide de "n" faces terão como limites, respectivamente, a área lateral A_ℓ, os perímetros $2\pi R$ e $2\pi r$ das bases e a geratriz "g" do tronco de cone.

Na fórmula $A_\ell = \dfrac{1}{2}(P + P') \cdot a$, para o tronco de pirâmide, teremos:

$$\lim_{n \to \infty} A_\ell = \frac{1}{2}\left(\lim_{n \to \infty} P + \lim_{n \to \infty} P'\right) . \lim_{n \to \infty} a$$

Para o tronco de cone ou:

$$A_\ell = \frac{1}{2}(2\pi R + 2\pi r) \cdot g \qquad \Rightarrow A_\ell = \pi\,(R + r)\,.\,g$$

b) Área total: "A_T"

$$A_T = A_\ell + A_B + A_b$$

c) Volume

$$V = \frac{H}{3}\left(A_B + A_b + \sqrt{A_B \cdot A_b}\right)$$

– Cone Equilátero

Sendo a secção meridiana triângulo eqüilátero, temos:

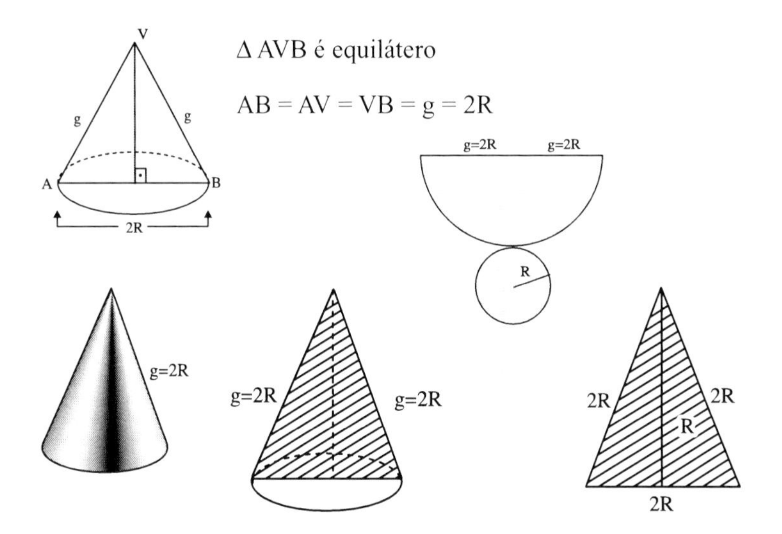

$$A_{S_m} = \frac{2RH}{2} = RH$$

Sendo $H = \frac{2R\sqrt{3}}{2} = R\sqrt{3}$, vem:

$$A_{S_m} = R^2\sqrt{3}$$

Área lateral:

$$A_\ell = \pi Rg = \pi R2R \Rightarrow A_\ell = 2\,\pi R^2$$

Área total:

$A_t = A_\ell + A_B = 2\pi R^2 + \pi R^2 \Rightarrow At = 3\pi R^2$

☑ EXERCÍCIOS PROPOSTOS:

481) (U.F.PR) A geratriz de um cone mede *13 cm* e o diâmetro da sua base *10 cm*. O volume do cone é:

a) 100π cm³

b) 200π cm³

c) 400π cm³

d) $\dfrac{325\pi}{3}$ cm³

e) $\dfrac{1300\pi}{3}$ cm³

482) (U.MACK.) Um cone e um prisma quadrangular regular retos têm bases de mesma área. O prisma tem altura *12* e volume igual ao dobro do volume do cone. Então, a altura do cone vale:

a) 18

b) $\dfrac{16}{3}\pi$

c) 36

d) 24

e) 8π

483) (F.C.M.STA.CASA) Se o raio da base, a altura e a geratriz de um cone circular reto constituem, nessa ordem, uma *P.A.* de razão igual a *1*, o volume desse cone é, em unidades de volume:

a) $\frac{2\pi}{3}$

b) $\left(\sqrt{3+1}\right)\pi$

c) 12π

d) 16π

e) $\frac{80\pi}{3}$

484) (U.F.MG) Um cone circular reto tem raio da base igual a *3* e a altura igual a *6*. A razão entre o volume e a área da base é:

a) $\sqrt{2}$

b) 1,5

c) 2

d) 4

e) 6

485) (U.C.MG) O volume, em cm^3, da figura formada por um cone e um cilindro circulares retos, é:

a) π

b) 2π

c) 3π

d) 4π

e) 5π

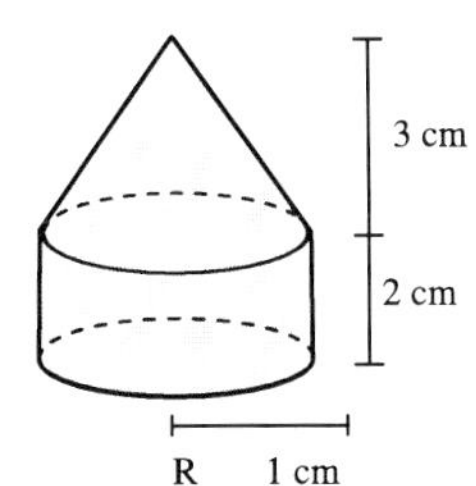

486) (U.C.MG) O raio da base de um cone de revolução é *10cm*, e a altura *30cm*. Se o raio aumentar *1cm* e a altura diminuir *3cm*, a razão entre o segundo volume e o primeiro é de:

a) 0,333

b) 1,089

c) 1,321

d) 2,021

e) 3,000

487) (ITA) Qual o volume de um cone circular reto, se a área de sua superfície lateral é de $24\pi\ cm^2$ e o raio de sua base mede *4cm*?

a) $\frac{16}{3}\sqrt{20}\pi$ cm^3

b) $\frac{\sqrt{24}}{4}\pi$ cm^3

c) $\frac{\sqrt{24}}{3}\pi$ cm^3

d) $\frac{8}{3}\sqrt{24}\pi$ cm^3

e) $\frac{1}{3}\sqrt{20}\pi$ cm^3

488) (U.F.PA) Num cone reto, a altura mede *3m* e o diâmetro da base é *8m*. Então, a área total vale:

a) 52π

b) 36π

c) 20π

d) 16π

e) 12π

489) (U.E.LONDRINA) A altura de um cone circular reto é *12cm* e seu volume é 64π cm^3. A geratriz desse cone mede, em *cm*:

a) $2\sqrt{10}$

b) $4\sqrt{10}$

c) $6\sqrt{10}$

d) $8\sqrt{10}$

e) $10\sqrt{10}$

490) (U.E.BA) Um cone circular reto tem altura *3,75cm* e raio da base *5cm*. Esse cone é cortado por um plano paralelo a sua base, distando dela *0,75cm*. A área total do cone obtido com essa secção, em *cm*^{2} é:

a) 16π

b) 20π

c) 28π

d) 36π

e) 40π

491) (CESGRANRIO) Um recipiente cônico, com altura *2* e raio da base 1, contém água até a metade de sua altura (Fig. *I*). Inverte-se a posição do recipiente, como mostra a Fig. *II*. A distância do nível da água ao vértice, na situação da Fig. *II*, é:

a) $\frac{3}{2}$

b) $\frac{4}{3}$

c) $\sqrt{3}$

d) $\sqrt[3]{7}$

e) $\sqrt[3]{6}$

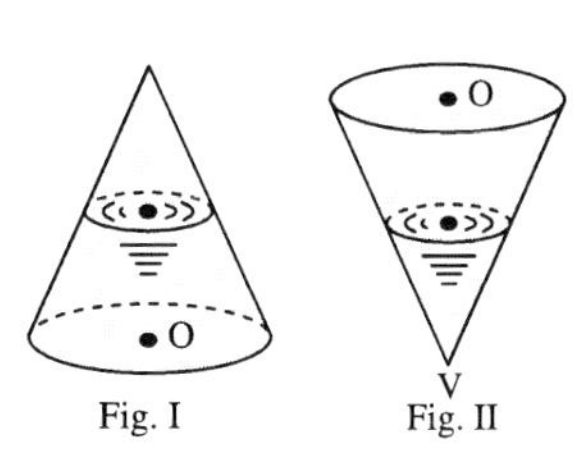

492) (CESESP) Considere as proposições:

I – A curva resultante da interseção de um cone reto com um plano não paralelo à sua base é sempre uma elipse.

II – A curva resultante da interseção de um cone reto com um plano é necessariamente uma hipérbole, ou uma elipse, ou uma parábola.

III – A interseção, não vazia, de um cone com um plano é dada por uma equação do 2° grau que não define um par de retas.

Assinale, então, a única alternativa correta:

a) Apenas as proposições I e II são verdadeiras.

b) Apenas a proposição II é falsa.

c) As proposições I, II e III são verdadeiras.

d) As proposições I, II e III são falsas.

e) Apenas a proposição I é verdadeira.

493) (U.F.PA) Um cone eqüilátero tem área de base 4π cm^2. Qual sua área lateral?

a) 2π cm

b) 4π cm

c) 8π cm

d) 16π cm

e) 32π cm

494) (FUVEST) Um copo tem a forma de um cone com altura *8cm* e raio de base *3cm*. Queremos enchê-lo com quantidades iguais de suco e de água. Para que isso seja possível a altura x atingida pelo primeiro líquido colocado deve ser:

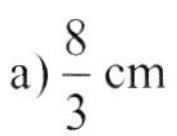
a) $\frac{8}{3}$ cm

b) 6 cm

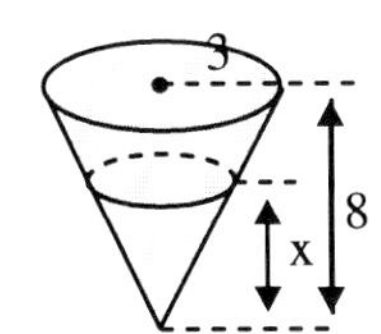

c) 4 cm

d) $4\sqrt{3}$ cm

e) $4\sqrt[3]{4}$ cm

495) (FATEC) A fim de que não haja desperdício de ração e seus animais estejam sempre bem nutridos, um fazendeiro construiu um recipiente com uma pequena abertura na parte inferior, que permite a reposição automática da alimentação, conforme mostra a figura abaixo. A capacidade total de armazenagem do recipiente, em metros cúbicos, é:

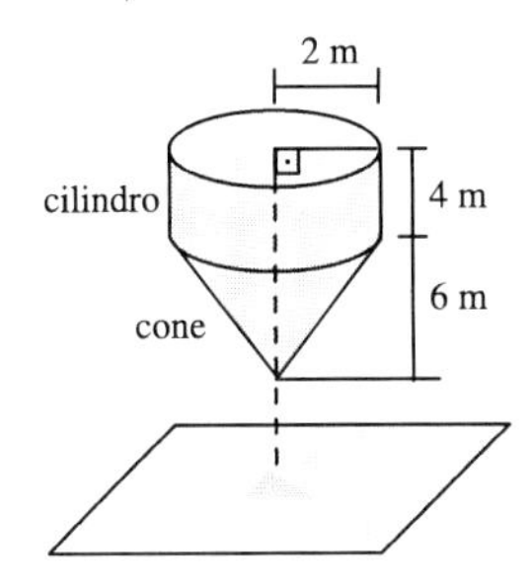

a) $8\pi + \frac{40}{3}\pi$

b) 24π

c) 28π

d) 48π

e) impossível de ser determinada, pois faltam informações.

496) (COVEST-U.F.PE-U.F.R.PE) Considere uma taça de vinho de forma cônica, conforme a figura.

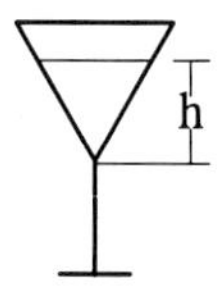

Assinale as proposições verdadeiras e as proposições falsas nos itens abaixo:

a) O volume de vinho na taça aumenta quando a altura *h* aumenta.

b) O volume do vinho na taça é diretamente proporcional à altura *h*.

c) O volume do vinho é inversamente proporcional à altura *h*.

d) Sabendo-se as alturas h_1, h_2 e o volume V_1 correspondente a h_1, o volume V_2 correspondente a h_2 pode ser calculado através de uma regra de três direta.

e) O volume do vinho não é diretamente proporcional, nem inversamente proporcional à altura h.

497) (ITA) A geratriz de um cone circular reto forma com o eixo deste cone um ângulo de $45°$. Sabendo-se que o perímetro de sua secção meridiana mede $2cm$, podemos afirmar que a área total deste cone vale:

a) $\frac{\pi}{3}\left(2\sqrt{2}-2\right)\text{cm}^2$

b) $\pi\left(\sqrt{2}-1\right)\text{cm}^2$

c) $\pi\left(\sqrt{3}-1\right)\text{cm}^2$

d) $\frac{\pi}{2}\left(\sqrt{2}-1\right)\text{cm}^2$

e) $\pi\left(\sqrt{5}-1\right)\text{cm}^2$

498) (FATEC) Suponham-se dois cones retos, de modo que a altura do primeiro é quatro vezes a altura do segundo e o raio da base do primeiro é a metade do raio da base do segundo. Se V_1 e V_2 são, respectivamente, os volumes do primeiro e do segundo cone:

a) $V_1 = V_2$

b) $V_1 = 2V_2$

c) $2V_1 = 3V_2$

d) $3V_1 = 2V_2$

e) $2V_1 = V_2$

499) (U.F.MG) Um tanque de água tem a forma de um cone circular reto, com seu vértice apontando para baixo. O raio do topo é igual a *9m* e a altura do tanque é de *27m.*

Pode-se afirmar que o volume *V* da água no tanque, como função da altura *h* da água, é:

a) $V = \frac{\pi h^3}{27}$

b) $V = \frac{\pi h^3}{9}$

c) $V = \frac{\pi h^3}{3}$

d) $V = 3\pi h^3$

e) $V = 9\pi h^3$

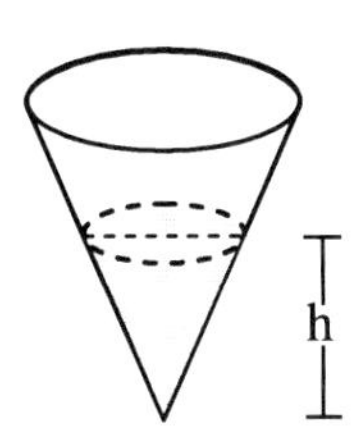

500) (FUVEST) Um pedaço de cartolina possui a forma de um semicírculo de raio *20cm*. Com essa cartolina um menino constrói um chapéu cônico e o coloca com a base apoiada sobre uma mesa.

Qual a distância do bico do chapéu à mesa?

a) $10\sqrt{3}$ cm

b) $3\sqrt{10}$ cm

c) $20\sqrt{2}$ cm

d) 20 cm

e) 10 cm

501) (CESGRANRIO) Um tanque cônico, de eixo vertical e vértice para baixo, tem água até a metade de sua altura. Se a capacidade do tanque é de *1.200* ℓ, então a quantidade de água nele existente é de:

a) 600 ℓ

b) 450 ℓ

c) 300 ℓ

d) 200 ℓ

e) 150 ℓ

502) (U.E.CE) Um cone circular reto de volume $\frac{8}{3}\pi\ \text{cm}^3$ tem altura igual ao raio da base. Então, a geratriz desse cone, em *cm*, mede:

a) $2\sqrt{2}$

b) $2\sqrt{3}$

c) $3\sqrt{2}$

d) $3\sqrt{3}$

503) (CESGRANRIO) Uma ampulheta é formada por dois cones de revolução iguais, com eixos verticais e justapostos pelo vértice, o qual tem um pequeno orifício que permite a passagem de areia da parte de cima para a parte de baixo. Ao ser colocada para marcar um intervalo de tempo, toda a areia está na parte de cima e, *35* minutos após, a altura da areia na parte de cima reduziu-se à metade, como mostra a figura. Supondo que em cada minuto a quantidade de areia que passa do cone de cima para o de baixo é constante, em quanto tempo mais toda a areia terá passado para a parte de baixo?

a) 5 minutos

b) 10 minutos

c) 15 minutos

d) 20 minutos

e) 30 minutos

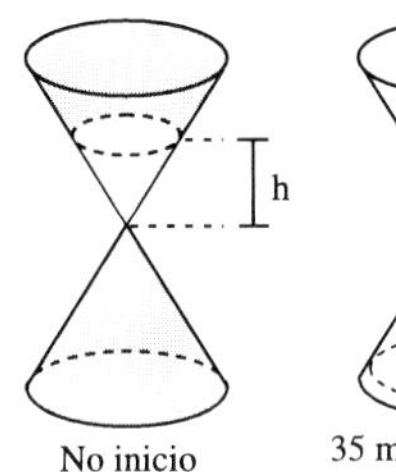

No inicio

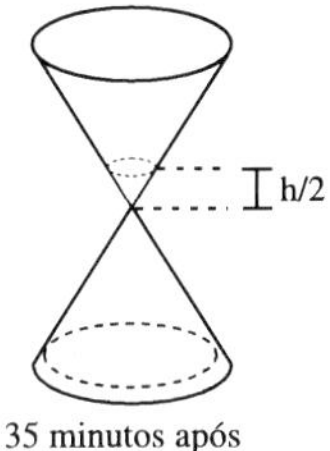

35 minutos após

504) (U.F.MG) Considerem-se dois cones. A altura do primeiro é o dobro da altura do segundo; o raio da base do primeiro é a metade do raio da base do segundo.

O volume do segundo é de 96π

O volume do primeiro é:

a) 48π

b) 64π

c) 128π

d) 144π

e) 192π

Capítulo 12

ESFERA

GENERALIDADES SOBRE A ESFERA

Definições:

– Superfície Esférica

É o Lugar Geométrico dos pontos do espaço que mantém uma distância dada constante de um ponto denominado centro (O).

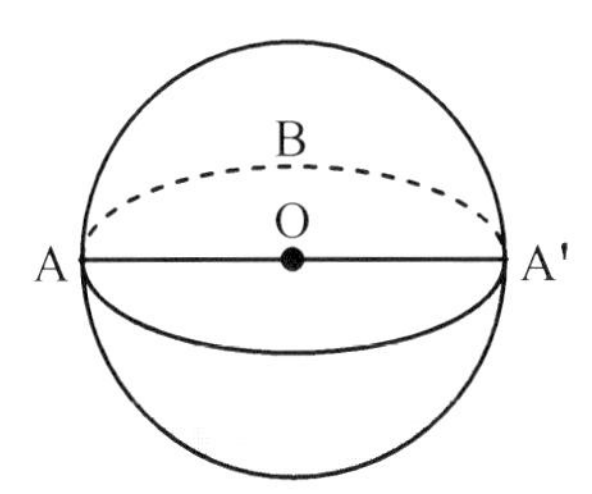

A superfície esférica pode ser considerada como gerada pela revolução completa de uma semicircunferência ABA' em torno de seu diâmetro $\overline{AA'}$, como mostra a figura.

– ESFERA

É o sólido limitado por uma superfície esférica.

A esfera, por sua vez, é gerada pela rotação completa de um semicírculo em torno de seu diâmetro.

O centro, o raio e o diâmetro do semicírculo gerador serão os da esfera.

Secção Plana na Esfera

Consideremos uma esfera de centro O e interceptemo-la por um plano α.

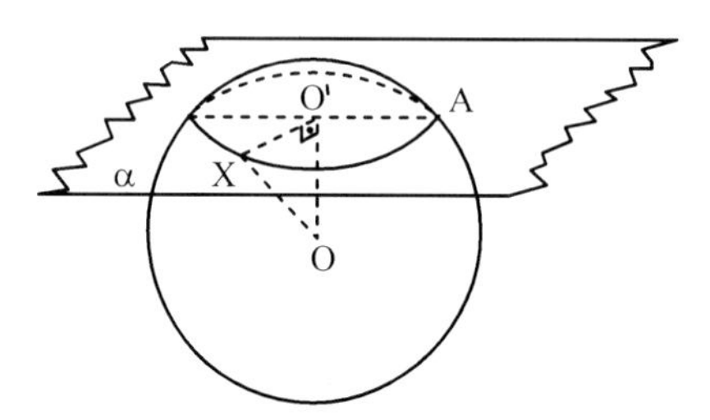

Seja X um ponto qualquer da intersecção de α com a superfície esférica e seja O' o "pé" da perpendicular a α por O. Então:

- $\overline{OX}$ é constante, qualquer que seja X, pois é o raio da superfície esférica.
- $\overline{OO'}$ é constante, pois é a distância de O a α.

- $\Delta\ OO'X$ é retângulo, pois $\overline{OO'} \perp \alpha$. Portanto, $\overline{O'X} = \sqrt{\left(\overline{OX}\right)^2 - \left(\overline{OO'}\right)^2}$ é constante. Então a intersecção de α com a superfície esférica é o lugar geométrico dos pontos de α que mantém distância constante de O'. Portanto, é uma circunferência que limita a secção plana.

Conclusão:

A secção plana na esfera é um **CÍRCULO**.

Círculo Máximo da Esfera

Quando um plano α secciona uma esfera e contém o centro da mesma, a secção será denominada círculo máximo da esfera (seu raio é o mesmo da esfera).

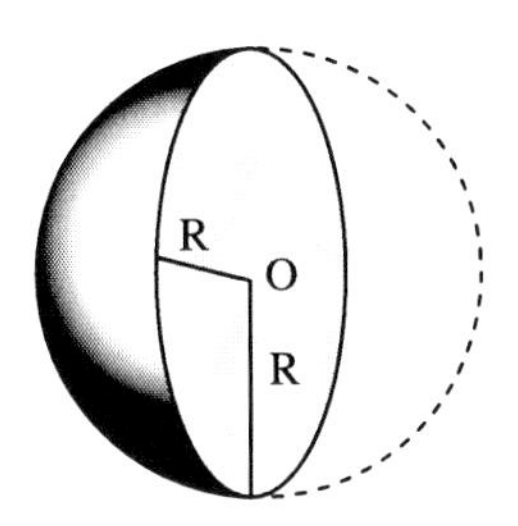

Círculos Menores da Esfera

Seja um plano α não tangente a uma esfera e seccionando-a sem conter o seu centro. A secção determinada será um círculo, cujo raio é menor do que o raio da esfera. Essa secção denominamos de círculo menor da esfera.

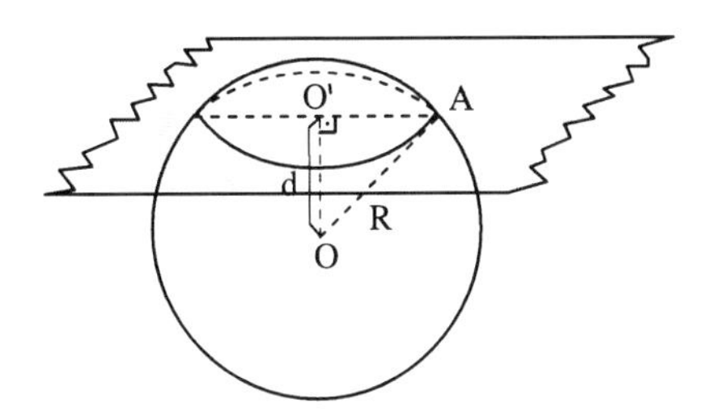

No Δ retângulo, $OO'A \Rightarrow OA^2 = OO'^2 + O'A^2$, sendo:

$\overline{OA}$ = R = Raio da esfera

$\overline{OO'} = d$ = distância do plano ao centro O.

$\overline{O'A} = r$ = raio da secção de círculo menor

$\therefore\ R^2 = d^2 + r^2$

Observação:

$d = 0$ [secção máxima $(0 \in \alpha)$]

$0 < d < R$ (secção menor)

$d = R$ (plano α é tangente à esfera)

$d > R$ (o plano não intercepta a esfera)

– Fuso Esférico

Denomina-se **FUSO** a parte da superfície esférica compreendida entre dois semicírculos máximos com o mesmo diâmetro.

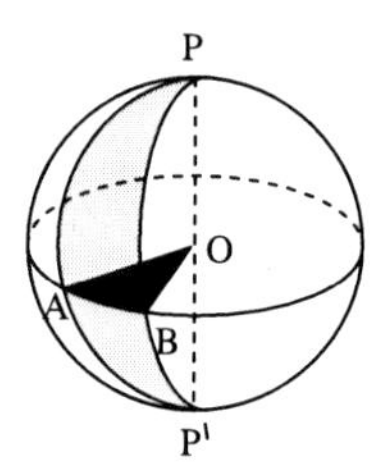

Os semiplanos dos dois semicírculos PAP' e PBP' formam um diedro, cujo ângulo plano $A\hat{O}B$ é o ângulo do fuso. O arco $\overset{\frown}{AB}$ sobre o círculo máximo, contido num plano perpendicular ao diâmetro $\overline{PP'}$ é arco equatorial do fuso.

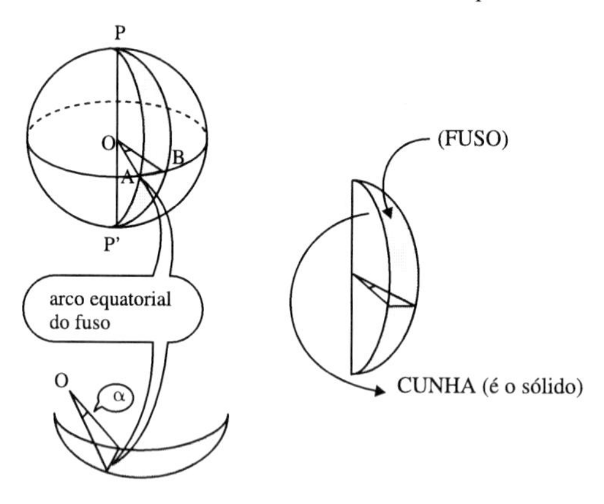

Observação:

O sólido limitado pelos dois semicírculos e pela superfície do fuso é a parte da esfera denominada **CUNHA** esférica.

– ÁREAS E VOLUMES

• Teorema:

"A área da superfície gerada por um segmento de reta de comprimento (g), quando gira em torno de um eixo, é igual ao produto da medida desse segmento pelo comprimento da circunferência que o ponto médio gera".

R = distância do ponto médio ao eixo.

$S = 2\pi R g$

1° Caso:

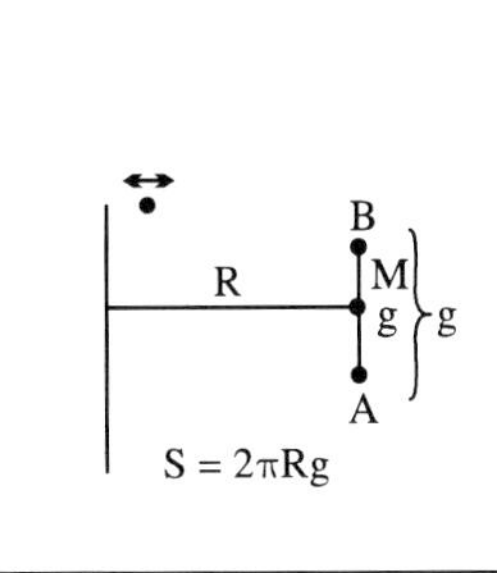

2° Caso:

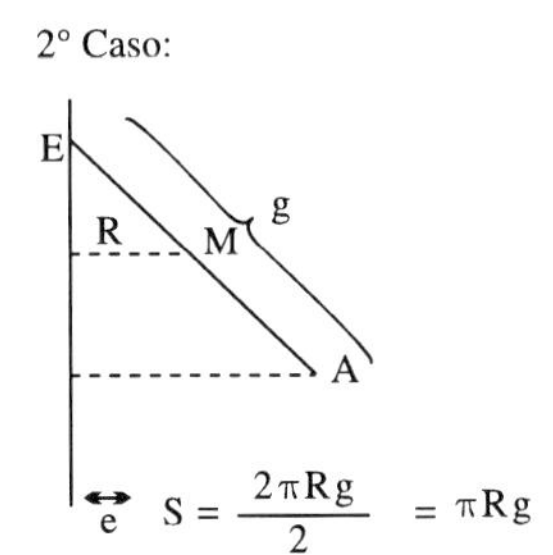

3° Caso:

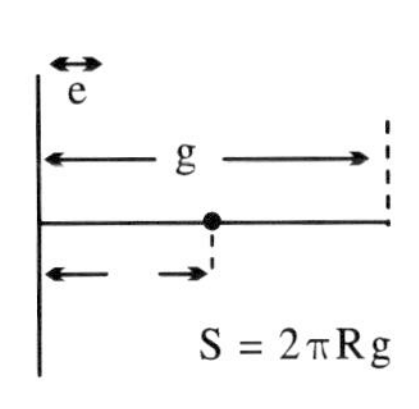

4° Caso:

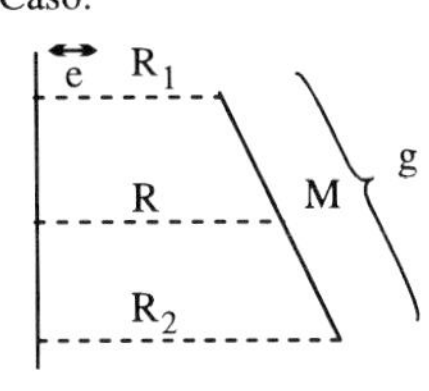

$$S = 2\pi R g = \pi \cdot \frac{R_1 + R_2}{2} \cdot g$$

Observação:

i) No caso de uma linha poligonal, devemos decompor em segmentos e somar as partes das áreas geradas.

ii) Na figura:

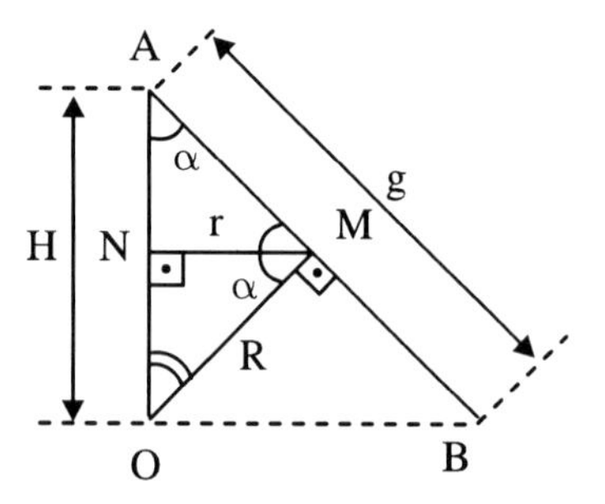

Podemos observar $\Delta ANM \sim \Delta MNO \Rightarrow$ ou $\dfrac{\overline{AN}}{\overline{MN}} = \dfrac{\overline{AM}}{MO}$ ou $\dfrac{H/2}{r} = \dfrac{g/2}{R} \Rightarrow rg = RH$

Com isso, na expressão do teorema anterior, temos:

S = 2 π rg. Podemos escrever:

S = 2 π RH

Área Total da Superfície Esférica

Com base no item (*ii*) da observação anterior, podemos considerar uma poligonal como na figura:

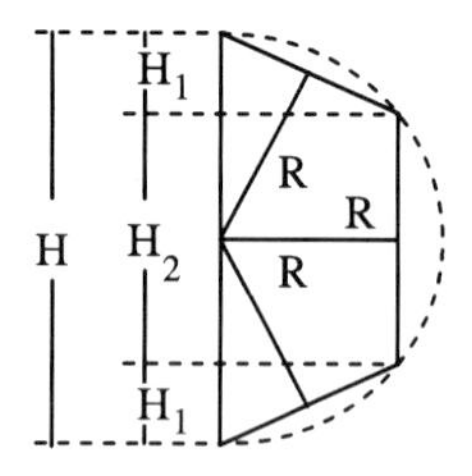

Se o número de lados da poligonal tender ao infinito e for inscrito num semicírculo, podemos dizer que:

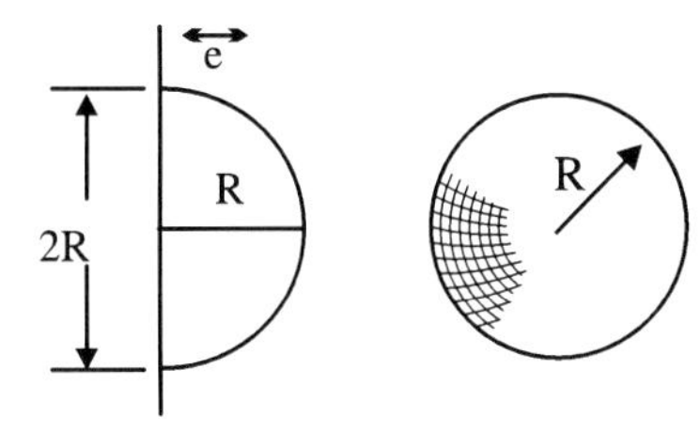

Na esfera $H = 2R$ e é o limite da poligonal.

$S = 2\pi . R . 2R = 4\pi R^2$

Área da superfície esférica:

$A_T = 4\pi R^2$

Zona Esférica

Se o arco não tiver extremidades no eixo, ele gera a zona esférica, de área:

$S = 2\pi Rh$

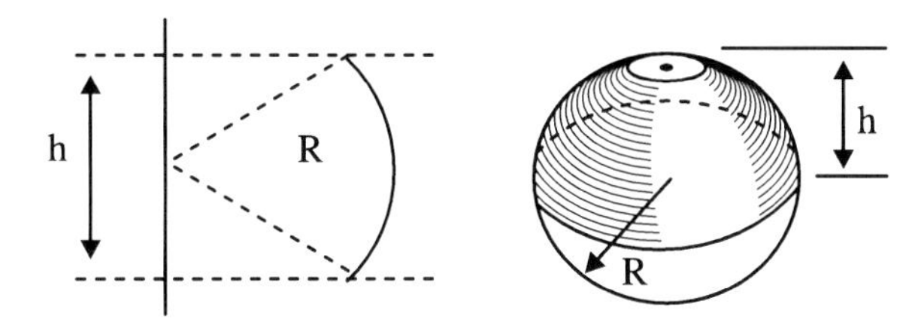

Calota Esférica

Se o arco tiver uma só extremidade no eixo, ele gera a calota esférica.

$S = 2\pi Rh$

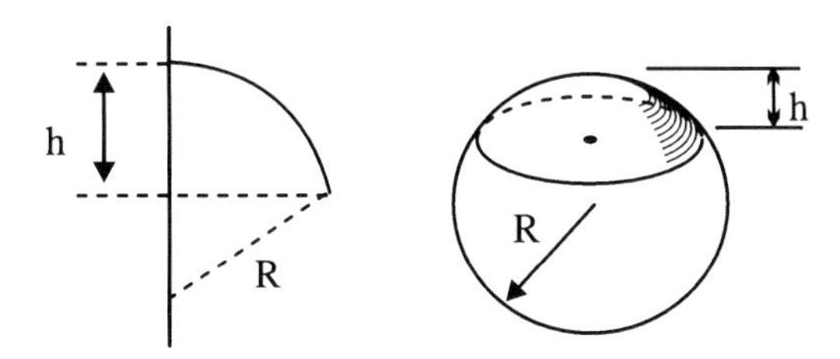

– Volume da Esfera

$$V = \frac{4}{3}\pi R^3$$

– Área do Fuso e Volume da Cunha

Área do fuso – *"A_f"*

Se considerarmos a superfície da esfera como um fuso com $\alpha = 360^o$, podemos calcular a área do fuso por regra de três simples:

$$\begin{cases} 360^\circ \rightarrow 4\pi R^2 \\ \alpha^\circ \rightarrow A_f \end{cases} \Rightarrow A_f = \frac{\pi R^2 \cdot \alpha^\circ}{90^\circ}$$

Volume da Cunha – *"V_c"*

Analogamente, podemos usar a regra de três simples para o volume da cunha:

$$\begin{cases} 360^\circ \rightarrow V_{esf} \\ \alpha^\circ \rightarrow V_c \end{cases} \Rightarrow V_c = \frac{\alpha^\circ \cdot V_{esf}}{360^\circ}$$

ou

$$\begin{cases} 2\pi \rightarrow \frac{4}{3}\pi R^3 \\ \alpha \rightarrow V_c \end{cases} \Rightarrow V_c = \frac{2}{3}\alpha R^3$$

(Cunha é o sólido)

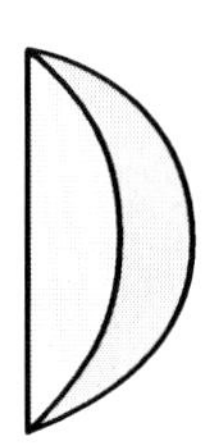

"Cunha é um gomo de tangerina"

Volume da Esfera

Demonstração:

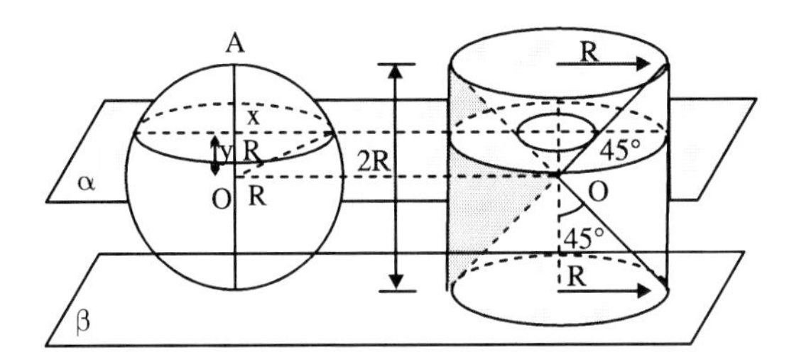

O triângulo hachurado gera a anticlepsidra que é equivalente à esfera:

De fato, o plano $\alpha // \beta$ determina na esfera uma secção circular de raio $x = \sqrt{R^2 - y^2}$ e na anticlepsidra, uma coroa circular de raios *R* e *r* (sendo *r* a distância do centro ao plano α). Então:

$$A_{círculo} = \pi x^2 = \pi (R^2 - y^2) = \pi R^2 - \pi r^2 = A_{coroa}$$

Como $A_{círculo} = A_{coroa}$, pelo princípio de Cavaliere, podemos dizer que o volume da esfera é igual ao da anticlepsidra.

Sabemos que:

$V_{anticlepsidra} = V_{cilindro} - 2V_{cone}$ (base de raio *R*, altura *R*).

Onde:

$$V_{cilindro} = \pi R^2 \text{ x } 2R = 2\pi R^3$$

Onde:

$$V_{cone} = \frac{1}{3} \pi R^2 \text{ x } R = \frac{1}{3} \pi R^3$$

Daí:

$$V_{anticlepsidra} = 2\pi R^3 - \frac{2}{3} \pi R^3 = \frac{4}{3} \pi R^3$$

Portanto:

$$V_{esfera} = \frac{4}{3} \pi R^3$$

Volume do segmento esférico

Fazendo uma secção meridiana na anticlepsidra e na esfera, obtemos as figuras seguintes:

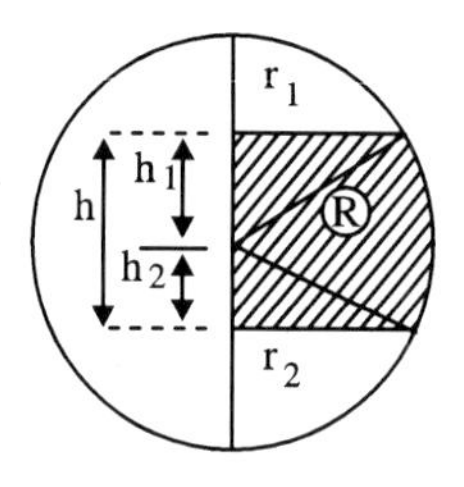

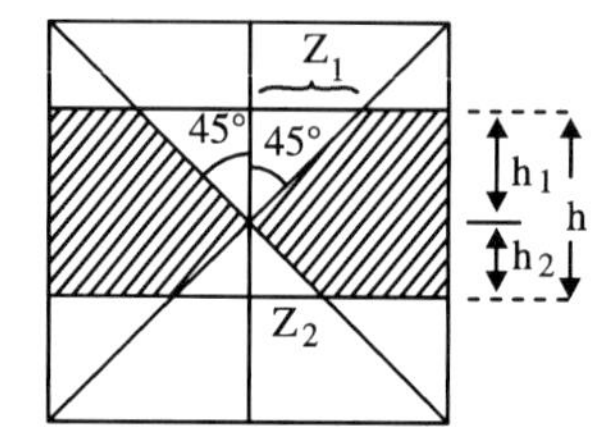

Temos:

$$\begin{cases} z_1 = h_1 & \text{triângulo} \\ z_2 = h_2 & \text{isóceles} \end{cases} \quad e \quad \begin{cases} h_1^2 + r_1^2 = R^2 \\ h_2^2 + r_2^2 = R^2 \end{cases}$$

$$V_{seg} = V_{cil.}(R,h) - V_{cone}(z_2, h_2) - V_{cone}(z_1,h_1)$$

$$V_{cil.}(R,h) = \pi R^2 h$$

$$V_{cone}(z_1, h_1) = \frac{1}{3}\pi z_1^2 h_1 = \frac{1}{3}\pi h_1^3$$

$$V_{cone}(z_2, h_2) = \frac{1}{3}\pi z_2^2 h_2 = \frac{1}{3}\pi h_2^3$$

$$V_{seg} = \pi R^2 h - \frac{1}{3}\pi h_1^3 - \frac{1}{3}\pi h_2^3$$

$$V_{seg} = \pi R^2 h - \frac{\pi}{3}(h_1^3 + h_2^3)$$

$$V_{seg} = \pi R^2 h - \frac{\pi}{3}\underbrace{(h_1 + h_2)}_{h}(h_1^2 + h_2^2 - h_1 h_2)$$

$$V_{seg} = \frac{\pi h}{6}[6R^2 - 2(h_1^2 + h_2^2 + h_1 h_2)]$$

$$V_{seg} = \frac{\pi h}{6}[3R^2 - 3h_1^2 + 3R^2 - 3h_2^2 + h_1^2 + h_2^2 + 2h_1 h_2]$$

$$V_{seg} = \frac{\pi h}{6}[3(R^2 - h_1^2) + 3(R^2 - h_2^2) + (h_1 h_2)^2]$$

$$V_{seg} = \frac{\pi h}{6}[3r_1^2 + 3r_2^2 + h^2] \quad \therefore V_{seg} = \frac{\pi h}{6}[3(r_1^2 + r_2^2) + h^2]$$

Volume do Setor Esférico

Considere, primeiramente, um setor em que um raio de base é o raio *R* da esfera.

Seu volume será o do segmento menos o volume do cone (r_1, h_1).

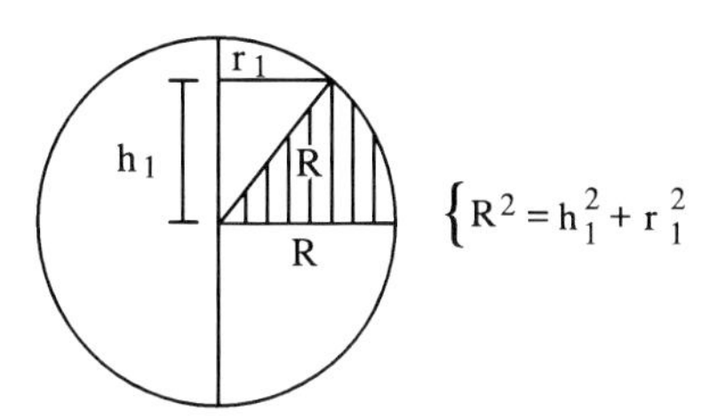

$$V_{set} = \frac{\pi h_1}{6}[3(R^2 + r_1^2) + h_1^2] - \frac{1}{3}\pi r_1^2 h_1$$

$$V_{set} = \frac{\pi}{6}h_1\left[3R^2 + \underbrace{3r_1^2 + h_1^2 - 2r_1^2}_{R^2}\right]$$

$$V_{set} = \frac{\pi}{6}h_1[3R^2 + R^2] \qquad \therefore V_{set_1} = \frac{2}{3}\pi R^2 h_1$$

No caso de um setor qualquer, faz-se por soma:

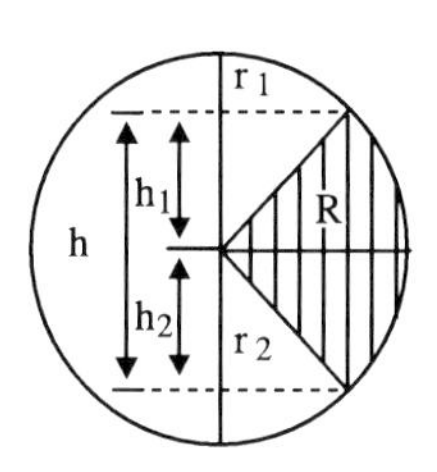

$$V = \frac{2}{3}\pi R^2 h_1 + \frac{2}{3}\pi R^2 h_2 \qquad \therefore V = \frac{2}{3}\pi R^2 h$$

Anel Esférico

Por diferença entre segmento e tronco:

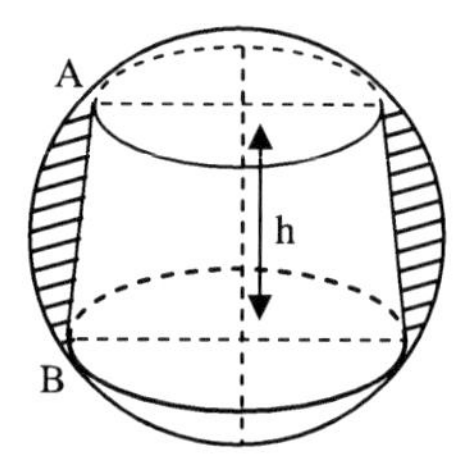

$$\therefore V = \frac{1}{6}\pi\left(\overline{AB}\right)^2 \cdot h$$

Exemplo:

1) Calcule o raio *R* da esfera circunscrita ao tetraedro regular de aresta *a*, em função de *a*.

O raio *R* da esfera circunscrita ao tetraedro regular é tal que:

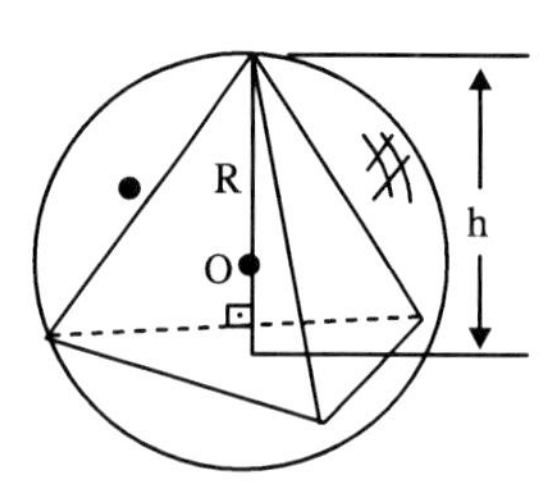

$$R + r = h \Rightarrow R = h - r = \frac{3}{4}h \Rightarrow$$

$$\Rightarrow R = \frac{3}{4}\frac{a\sqrt{6}}{3} \Rightarrow R = \frac{a\sqrt{6}}{4} \qquad \text{Resposta}: R = \frac{a\sqrt{6}}{4}$$

ESFERA INSCRITA E CIRCUNSCRITA A UM CONE DE REVOLUÇÃO

Definições:

Um cone diz-se circunscrito a uma superfície esférica se, e somente se:

- A superfície lateral do cone circunscreve a superfície esférica.
- O plano de base é tangente à superfície esférica.

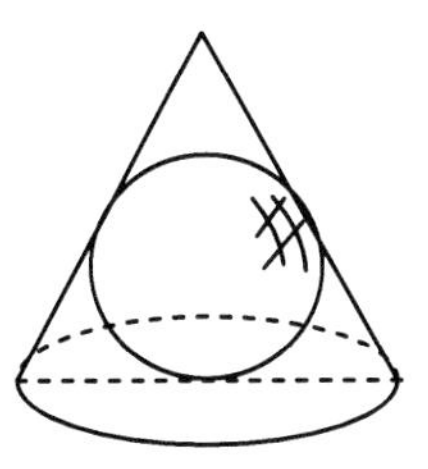

• Um cone diz-se inscrito numa superfície esférica se, e somente se, a circunferência da base está contida na superfície esférica e o vértice do cone pertence à superfície esférica.

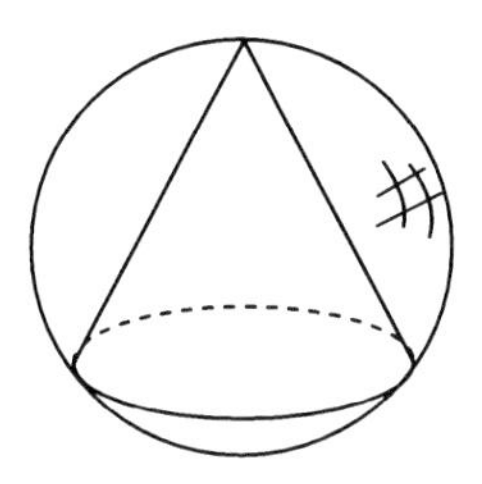

☑ EXERCÍCIOS PROPOSTOS:

505) (CESESP) Pretende-se construir um tanque com a forma e dimensões da figura abaixo. Sabendo-se que o hemisfério, o cilindro circular reto e o cone circular reto que constituem o referido tanque têm igual volume, assinale, dentre as alternativas abaixo, a única que corresponde às relações existentes entre as dimensões indicadas.

a) $R = h = H$

b) $3R = h = 3H$

c) $4R = h = 3H$

d) $2R = h = 3H$

e) $h = 3R = H$

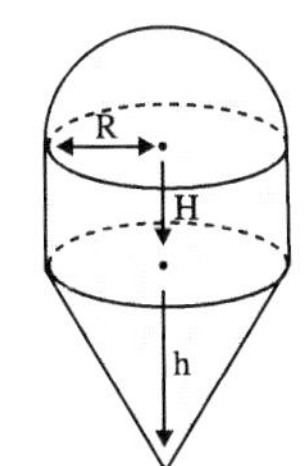

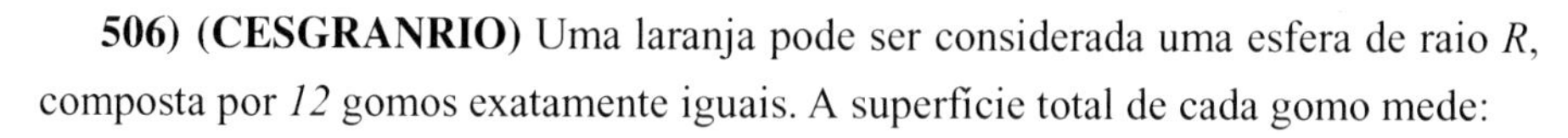

506) (CESGRANRIO) Uma laranja pode ser considerada uma esfera de raio R, composta por *12* gomos exatamente iguais. A superfície total de cada gomo mede:

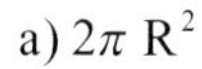

a) $2\pi\ R^2$

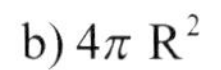

b) $4\pi\ R^2$

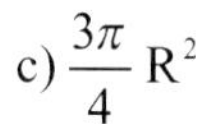

c) $\frac{3\pi}{4}\ R^2$

d) $3\pi\ R^2$

e) $\frac{4}{3}\ \pi R^2$

507) (CESGRANRIO) Um tanque cilíndrico com água tem raio da base R. Mergulha-se nesse tanque uma esfera de aço e o nível da água sobe $\frac{9}{16}R$ (vide figura). O raio da esfera é:

a) $\frac{3R}{4}$

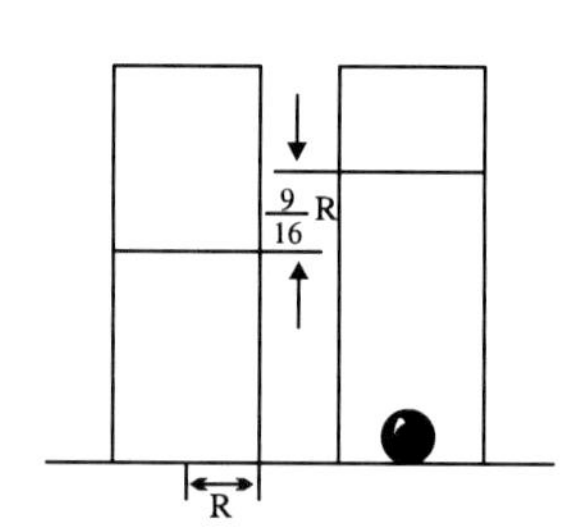

b) $\frac{9R}{16}$

c) $\frac{3R}{5}$

d) $\frac{R}{2}$

e) $\frac{2R}{3}$

508) (F.M.ABC) Assinale a verdadeira:

a) A área da coroa circular de raios R e r $(R > r > 0)$, é $S = \pi(R - r)^2$.

b) A área do triângulo de lados a, b, c é $S = \frac{abc}{2}$

c) Numericamente, o volume de qualquer esfera é maior do que a respectiva área.

d) Num cubo de aresta *1*, a soma da diagonal interna com a diagonal da base é aproximadamente π.

e) O volume do tetraedro regular de aresta a é $\frac{a^3}{3}$.

509) (V.UNIF.RS) Um plano secciona uma esfera determinando um círculo de raio igual à distância do plano ao centro da esfera. Sendo 36π a área do círculo, o volume da esfera é:

a) $192\sqrt{2}\pi$

b) 576π

c) $576\sqrt{2}\pi$

d) 1296π

e) 7776π

510) (PUC-SP) Qual é o raio de uma esfera *1* milhão de vezes maior (em volume) que uma esfera de raio *1*?

a) 100.000

b) 10

c) 10.000

d) 1.000

e) 100

511) (U.F.RS) Uma panela cilíndrica de *20cm* de diâmetro está completamente cheia de massa para doce, sem exceder a sua altura de *16cm*. O número de doces em formato de bolinhas de *2cm* de raio que se podem obter com toda a massa é:

a) 300

b) 250

c) 200

d) 150

e) 100

512) (U.F.MG) Duas bolas metálicas, cujos raios medem *1cm* e *2cm*, são fundidas e moldadas em forma de um cilindro circular cuja altura mede *3cm*. O raio do cilindro, em *cm*, é:

a) $\frac{3}{2}$

b) 2

c) 6

d) $2\sqrt{\frac{5}{3}}$

e) $2\sqrt{3}$

513) (CESCEM) Supondo a Terra esférica com circunferência meridiana de *40.000km*, a área de um fuso horário é de:

a) $\frac{32}{3\pi^2}10^{12}\text{km}^2$

b) $\frac{4}{9\pi}10^{12}\text{km}^2$

c) $\frac{2}{3\pi}10^{8}\text{km}^2$

d) $\frac{4}{3}\pi 10^{8}\text{km}^2$

e) $\frac{4}{3}\pi^2\text{km}^2$

514) (CESGRANRIO) Supondo a Terra esférica de centro *C*, o comprimento do paralelo *PP'* mostrado na figura é a metade do Equador *EE'*. A latitude $\left(P\hat{C}E\right)$ do paralelo é:

a) 30°

b) 40°

c) 45°

d) 60°

e) 70°

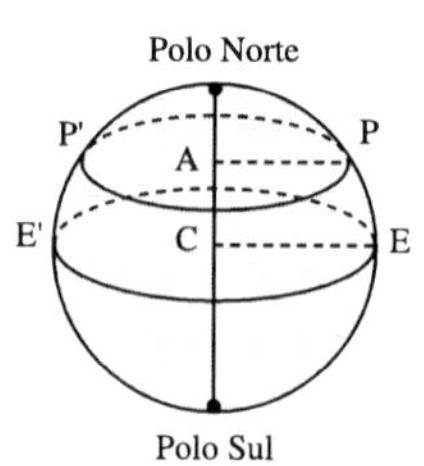

515) (CESGRANRIO) *ABC* é um octante de superfície esférica de raio *6* centrada na origem *O*, como se vê na figura. O segmento *OM*, do plano *yOz*, faz ângulo de *60º* com *Oy*. Se o plano *AOM* corta o octante segundo o arco $\widehat{AM}$, então o comprimento de $\widehat{AM}$ é:

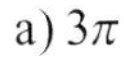
a) 3π

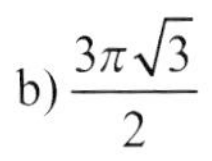
b) $\frac{3\pi\sqrt{3}}{2}$

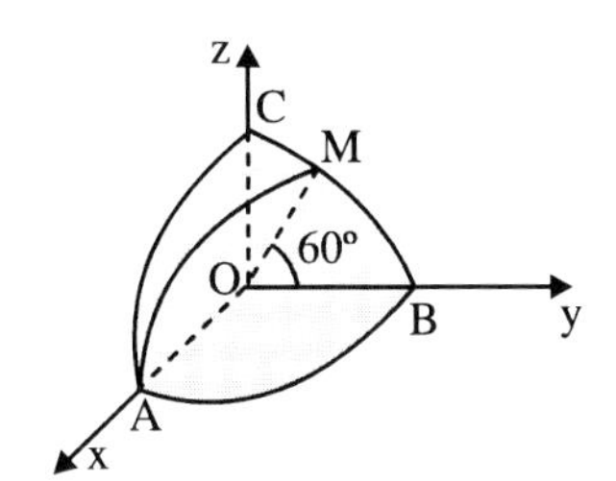

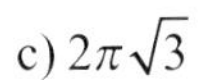
c) $2\pi\sqrt{3}$

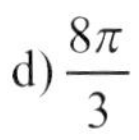
d) $\frac{8\pi}{3}$

e) 6π

516) (U.F.PE) Uma esfera de centro *O* e raio igual a *5cm* é cortada por um plano *P*, resultando desta interseção uma circunferência de raio igual a *4cm*. Assinale, então, a alternativa que fornece a distância de *O* a *P*.

a) 10 cm

b) 5 cm

c) 2 cm

d) 1 cm

e) 3 cm

517) (U.F.RS) Duas bolas concêntricas têm raios medindo $\sqrt{2}$ e $\sqrt{6}$. A interseção da bola maior com um plano tangente à bola menor determina uma região plana de área:

a) π

b) 2π

c) 4π

d) 6π

e) 8π

518) (U.E.LONDRINA) Um cilindro circular reto e uma esfera são equivalentes. Se o raio da esfera e o raio da base do cilindro têm medida *1*, a área lateral desse cilindro é:

a) $\frac{14}{3}\pi$

b) $\frac{11}{3}\pi$

c) $\frac{11}{4}\pi$

d) $\frac{8}{3}\pi$

e) $\frac{5}{4}\pi$

519) (U.F.PA) Um plano secciona uma esfera determinando um círculo de raio igual à distância do plano ao centro da esfera. Sendo 25π a área do círculo, o volume da esfera é:

a) $\frac{100\sqrt{2}}{3}\pi$

b) $500\sqrt{2}\pi$

c) $\frac{500\sqrt{2}}{3}\pi$

d) $\frac{1000\sqrt{2}}{3}\pi$

e) $\frac{1000\pi}{3}$

520) (U.F.PA) O círculo máximo de uma esfera mede 6π *cm*. Qual o volume da esfera?

a) 12π cm³

b) 24π cm³

c) 36π cm³

d) 72π cm³

e) 144π cm³

521) (CESESP) Uma sonda espacial, em forma de um cone circular reto de volume igual a 16π m³ cuja altura é seis vezes o raio da base, colidiu com um asteróide de forma esférica e, por ter este uma baixa densidade, penetrou-lhe de tal modo que o terço médio de seu eixo (altura do cone) coincidiu com o diâmetro do asteróide.

Assinale, então, qual, dentre as alternativas abaixo, corresponde ao volume do asteróide antes da colisão.

a) $32\pi / 3m^3$

b) $256\pi / 3m^3$

c) $32\sqrt{2}\,\pi / 3m^3$

d) $96\pi / 3m^3$

e) $16\pi / 3m^3$

522) (U.F.R.PE) Um reservatório de gás combustível de forma esférica está apoiado numa estrutura metálica conforme indicado na figura abaixo. Sabendo que a distância de *A* a *B* é de *4m* e de *2m* do ponto *B* ao ponto *C*, indique o valor aproximado do volume do reservatório, entre as alternativas abaixo:

a) 580 m³

b) 545 m³

c) 523 m³

d) 512 m³

e) 505 m³

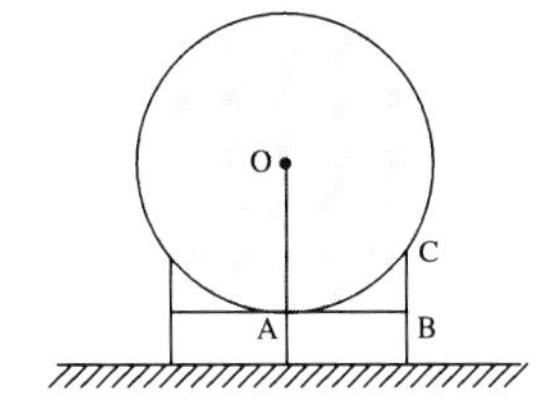

523) (FUVEST) Um recipiente cilíndrico cujo raio da base é *6cm* contém água até uma certa altura. Uma esfera de aço é colocada no interior do recipiente ficando totalmente submersa. Se a altura da água subiu *1cm*, então o raio da esfera é:

a) 1cm

b) 2cm

c) 3cm

d) 4cm

e) 5cm

524) (ITA) Justapondo-se as bases de dois cones retos e idênticos de altura H, forma-se um sólido de volume v. Admitindo-se que a área da superfície deste sólido é igual à área da superfície de uma esfera de raio H e volume V, a razão v / V vale:

a) $\frac{\sqrt{11}-1}{4}$

b) $\frac{\sqrt{13}-1}{4}$

c) $\frac{\sqrt{15}-1}{4}$

d) $\frac{\sqrt{17}-1}{4}$

e) $\frac{\sqrt{19}-1}{4}$

525) (COVEST) Num tanque aberto, em forma de cubo, existem $510\ m^3$ de álcool. No interior do referido tanque é colocada uma esfera, que se ajusta perfeitamente ao tanque, ou seja, a esfera fica inscrita no cubo. Se a aresta do cubo mede *10 m*, assinale dentre os itens abaixo as proposições verdadeiras e as proposições falsas.

a) Não haverá derramamento de álcool.

b) O volume da esfera é menor que o volume de álcool.

c) O derramamento de álcool é de aproximadamente $34\ m^3$.

d) O volume da esfera é maior que o volume de álcool.

e) O derramamento de álcool é de aproximadamente 100 m^3.

526) (VUNESP) Considere uma circunferência C de raio r num plano α e aponte a única alternativa *falsa*.

a) Existem superfícies esféricas cuja interseção com α é C.

b) Existe apenas uma superfície esférica de raio r cuja interseção com α é C.

c) Dentre as superfícies esféricas que interceptam α segundo C, há uma de raio menor.

d) Dentre as superfícies esféricas que interceptam α segundo C, há uma de raio maior.

e) Se $t > r$, há duas, e apenas duas, superfícies esféricas de raio t cuja interseção com α é C.

527) (ITA) Um cone de revolução está circunscrito a uma esfera de raio Rcm. Se a altura do cone for igual ao dobro do raio da base, então a área de sua superfície lateral mede:

a) $\frac{\pi}{4}\left(1+\sqrt{5}\right)^2 R^2 cm^2$

b) $\frac{\pi\sqrt{5}}{4}\left(1+\sqrt{5}\right)^2 R^2 cm^2$

c) $\frac{\pi\sqrt{5}}{4}\left(1+\sqrt{5}\right) R^2 cm^2$

d) $\pi\sqrt{5}\left(1+\sqrt{5}\right) R^2 cm^2$

e) n.d.a

528) (U.F.MG) Observe a figura.

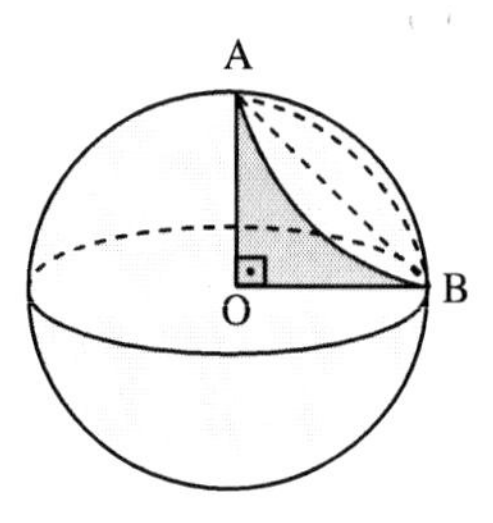

Um plano intercepta uma esfera segundo um círculo de diâmetro $\overline{AB}$. O ângulo mede 90° e o raio da esfera, $12cm$.

O volume do cone de vértice O e base de diâmetro $\overline{AB}$ é:

a) 9π

b) $36\sqrt{2}\pi$

c) $48\sqrt{2}\pi$

d) $144\sqrt{2}\pi$

e) 1304π

Capítulo 13

SÓLIDOS SEMELHANTES – TRONCOS

– SÓLIDOS SEMELHANTES

Definição:

Dois sólidos da mesma natureza são chamados semelhantes se, e somente se, possuem os elementos homólogos ordenadamente proporcionais.

As pirâmides S_1 e S_2 da figura constituem um exemplo de dois sólidos semelhantes.

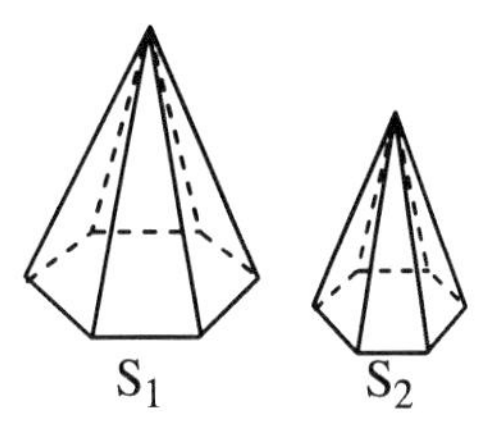

Razão de semelhança

É a razão k entre dois elementos lineares homólogos dos sólidos semelhantes.

Assim, considerando sólidos semelhantes:

- Razão entre duas arestas laterais homólogas = k.
- Razão entre duas arestas homólogas das bases = k.

- Razão entre as alturas = k.
- Razão entre raios das bases = k.
- Razão entre geratrizes homólogas = k etc.

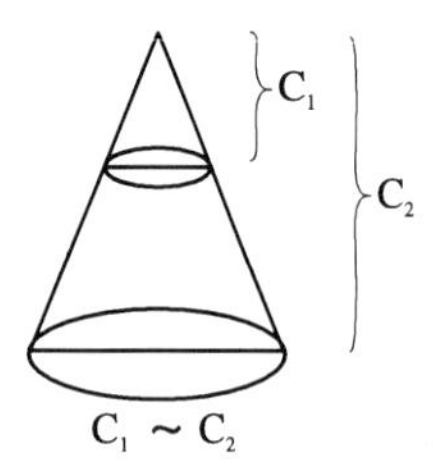

Secção paralela à base

Consideremos a secção de pirâmide (ou cone) por um plano paralelo à base.

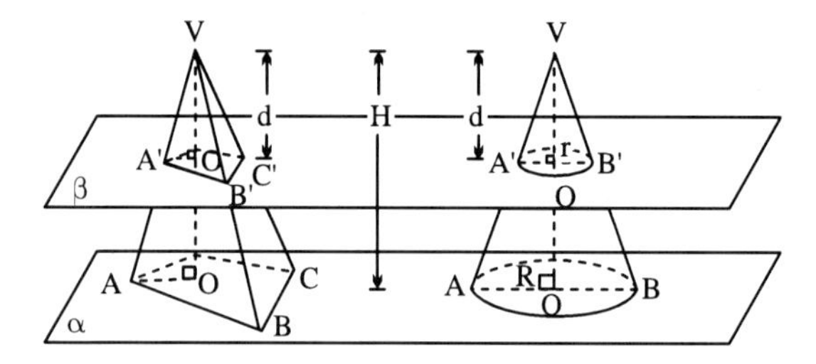

Propriedades:

1ª) Todo plano paralelo à base de uma pirâmide (cone) divide a altura e as arestas laterais (geratrizes) em partes proporcionais:

$$\frac{VA'}{VA} = \frac{VB'}{VB} = \frac{VC'}{VC} = \cdots = \frac{d}{H} = k$$

2ª) A razão entre as áreas da secção e da base é igual ao quadrado da razão de suas distâncias ao vértice.

$$\frac{\text{Área}_{(A'B'C'...)}}{\text{Área}_{(ABC...)}} = \frac{d^2}{H^2} = k^2$$

3ª) As áreas laterais ou totais de duas pirâmides (cones) semelhantes estão entre si como os quadrados das arestas laterais (geratrizes, raios ou alturas).

$$\frac{A_\ell}{A_L} = \frac{A_t}{A_T} = \frac{(VA')^2}{(VA)^2} = \frac{d^2}{H^2} = \frac{r^2}{R^2} = k^2$$

4ª) Os volumes de duas pirâmides (cones) semelhantes estão entre si como os cubos das arestas laterais (geratrizes, raios ou alturas).

$$\frac{v}{V} = \frac{d^3}{H^3} = \frac{r^3}{R^3} = k^3$$

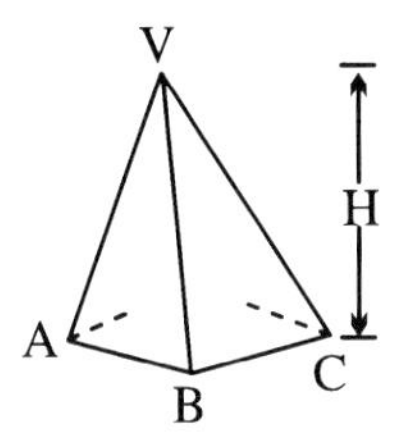

TRONCOS:

– TRONCO DE PIRÂMIDE

Tronco de pirâmide de bases paralelas é reunião da base com uma secção transversal e com o conjunto dos pontos da pirâmide compreendidos entre a base e a secção transversal.

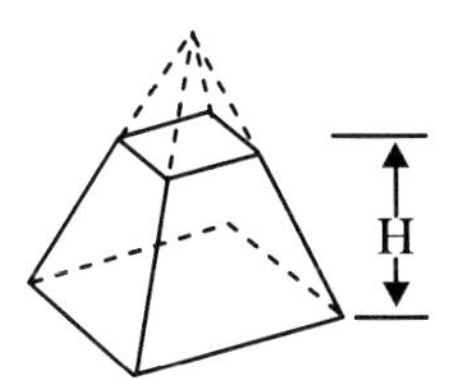

A base da pirâmide e a secção são as bases do tronco.

A distância entre os planos das bases é a altura do tronco.

Tronco de pirâmide regular é o tronco de bases paralelas obtido de uma pirâmide regular.

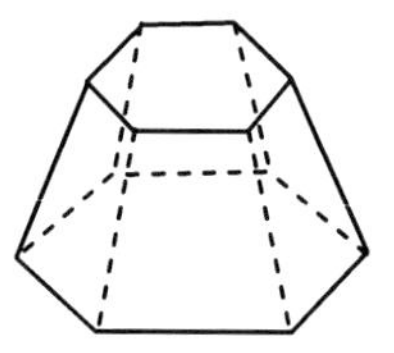

Em um tronco de pirâmide regular, as faces laterais são trapézios isósceles congruentes entre si. A altura de um desses trapézios chama-se apótema do tronco.

– TRONCO DE CONE

Tronco de cone circular reto de bases paralelas é reunião da base com uma secção transversal e com o conjunto dos pontos do cone compreendidos entre a base e a secção transversal.

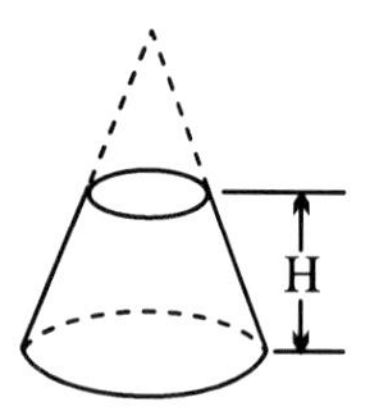

A distância H entre as bases é a altura do tronco. A secção meridiana de um tronco de cone circular reto é um trapézio isósceles.

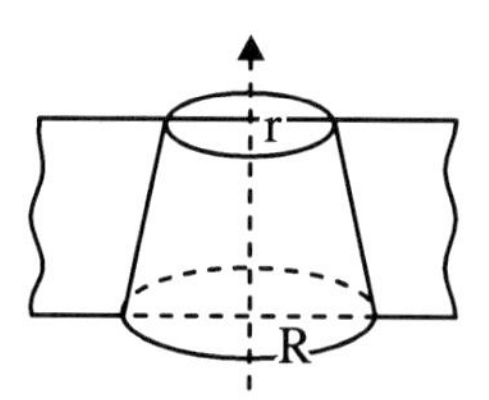

☑ EXERCÍCIOS PROPOSTOS:

529) (ITA) Dado um cone reto de geratriz g e altura h, calcular a que distância do vértice deveremos passar um plano paralelo à base, a fim de que a secção obtida seja equivalente à área lateral do tronco formado.

a) $\sqrt{g(g-h)}$

b) $\sqrt{g(g-\sqrt{g^2-h^2})}$

c) $\sqrt{g^2\sqrt{g^2-h^2}}$

d) $\sqrt{h^2-g\sqrt{g^2-h^2}}$

e) nenhuma das respostas anteriores.

530) (FEI) Na figura abaixo temos:

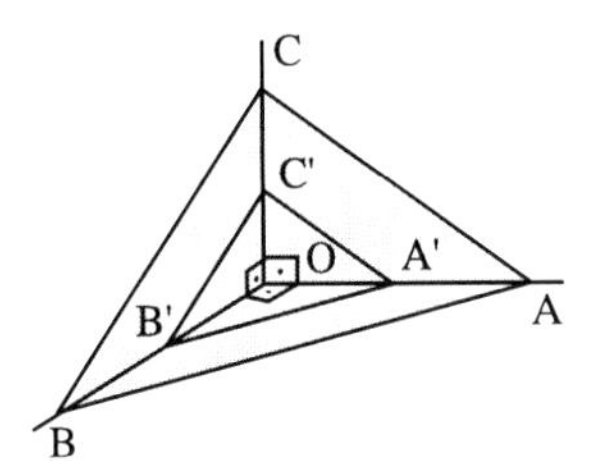

$\overline{OA}=\overline{OB}=\overline{OC}=2$ cm

$\overline{OA'}=\overline{OB'}=\overline{OC'}=2$ cm

O volume da parte da figura entre os planos $A'B'C'$ e ABC é:

a) metade do volume de OABC

b) $\frac{2}{3}$

c) $\frac{1}{8}$

d) $\frac{7}{8}$

e) $\frac{7}{6}$

531) (ITA) Seja *S* uma semi-esfera de raio *R* dado. Sejam *p* e *q* dois planos paralelos e distantes entre si $\frac{R}{2}$ e tais que interceptam *S* paralelamente à sua base. Seja *T* o tronco de cone com bases *b* e *c*, onde *b* e *c* são as interseções de *p* e *q* com *S*. Seja *x* o valor da menor das distâncias *d* e *D*, onde *d* é a distância entre *p* e a base de *S*, e *D* é a distância entre *q* e a base de *S*.

$$\text{Seja } K = \left[(R^2 - x^2)\left(R^2 - \left(x + \frac{R}{2}\right)^2\right)\right]^{1/2}$$

Então o volume de *T*, como função de x, $0 \le x \le \frac{R}{2}$, vale:

a) $\frac{\pi R}{6}\left(\frac{7}{4}R^2 - 2x^2 - Rx + K\right)$

b) $\frac{\pi R}{12}\left(\frac{7}{4}R^2 - 2x^2 - Rx + K\right)$

c) $\frac{\pi R}{12}\left(\frac{7}{4}R^2 - 2x^2 - Rx - K\right)$

d) $\frac{\pi R}{6}\left(\frac{7}{4}R^2 - 2x^2 - Rx - K\right)$

e) n.d.a

532) (CESGRANRIO) Uma ampulheta repousa numa mesa como mostra a figura (*I*) (o cone *B* completamente cheio de areia). A posição da ampulheta é invertida. A figura (*II*) mostra o instante em que cada cone contém metade da areia. Nesse instante, a areia no cone *B* forma um cone de altura:

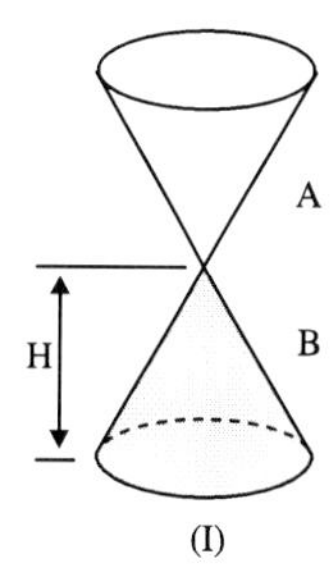

(I)

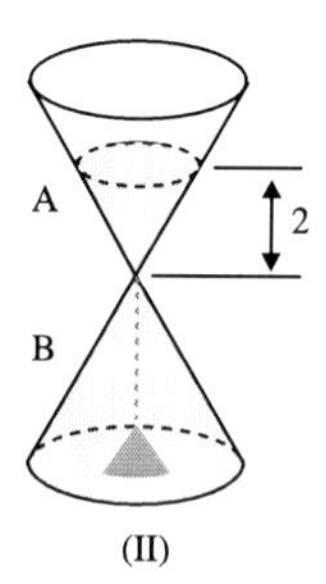

(II)

a) $\frac{H}{\sqrt{3}}$

b) $\frac{H}{2}$

c) $\frac{H}{\sqrt[3]{2}}$

d) $\frac{H}{\sqrt[3]{3}}$

e) $\frac{H}{4}$

533) (U.MACK.) Na figura abaixo, *b* é a medida da aresta de um cubo e aresta da base de uma pirâmide de altura *h*; *m* é a medida do lado do quadrado *ABCD*. Então existe *b*:

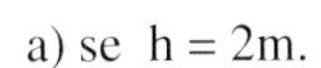
a) se $h = 2m$.

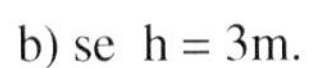
b) se $h = 3m$.

c) se $h = 4m$.

d) quaisquer que sejam *h* e *m*.

e) não sei.

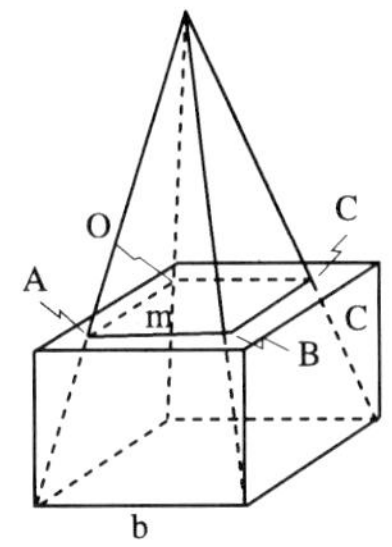

534) (CESGANRIO) Uma cesta de lixo (Figura *I*) tem por faces laterais trapézios: isósceles (Figura *II*) e por fundo um quadrado de *19cm* de lado (estamos desprezando a espessura do material de que é feita a cesta). A altura da cesta em *cm* é:

a) $30 \times \frac{19}{25}$

b) $9\sqrt{11}$

c) $7\sqrt{19}$

d) $5\sqrt{13}$

e) $30\sqrt{\frac{19}{25}}$

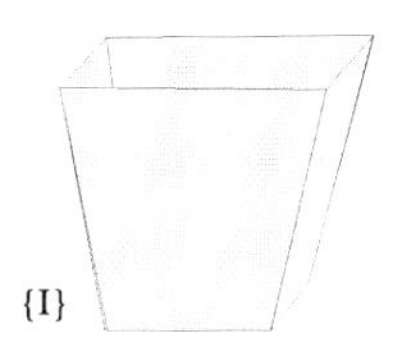

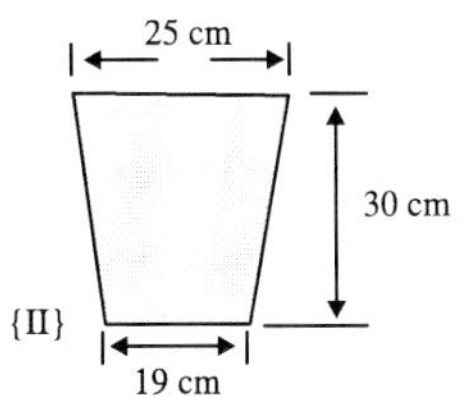

535) (V.UNIF.RS) Uma pirâmide de altura *6* e área da base *27* é interceptada por um plano cuja distância ao vértice é *2* e que é paralelo ao plano da base. O volume do tronco de pirâmide assim determinado é:

a) 44

b) 46

c) 48

d) 50

e) 52

536) (U.F.GO) O volume de um tronco de cone circular reto com base de raio *R*, cuja altura é a quarta parte da altura *h* do cone correspondente, é:

a) $\frac{\pi R^2 h}{4}$

b) $\frac{\pi R^2 h}{12}$

c) $\frac{55\pi R^2 h}{192}$

d) $\frac{37\pi R^2 h}{192}$

e) $\frac{3\pi R^2 h}{4}$

537) (PUC-SP) O volume de um tronco de pirâmide de bases paralelas e altura *h* é dado por $V = \frac{h}{3}\left(S + S'\sqrt{S \cdot S'}\right)$ onde *S* e *S'* são as áreas das bases. Se as bases de um tronco de pirâmide são quadrados de lados *3* e *4* e se a altura é *5*, então o seu volume é:

a) $\frac{175\sqrt{3}}{3}$

b) 73

c) $\sqrt{12}$

d) $25+\sqrt{3}$

e) $\frac{185}{3}$

538) (VUNESP) Seja P_1 uma pirâmide regular, cuja base é um quadrado de lado *a*. Cortamos P_1 por um plano paralelo à base e que dista da base de metade da altura *h* de P_1. Seja P_2 a pirâmide menor resultante desse corte, V_1 o volume de P_1 e V_2 o volume de P_2. Então:

a) não dá para comparar os volumes V_1 e V_2.

b) $V_2 = \frac{V_1}{9}$

c) V_1 é igual a 8 vezes V_2

d) $\frac{V_1}{9} < V_2 < \frac{V_1}{8}$

e) $\frac{V_1}{8} < V_2 < \frac{V_1}{7}$

539) (CESGRANRIO) Um recipiente cônico, com altura *2* e raio da base *1*, contém água até a metade de sua altura (Figura *I*). Inverte-se a posição do recipiente, como mostra a Fig. *II*. A distância do nível da água ao vértice, na situação da Fig. *II*, é:

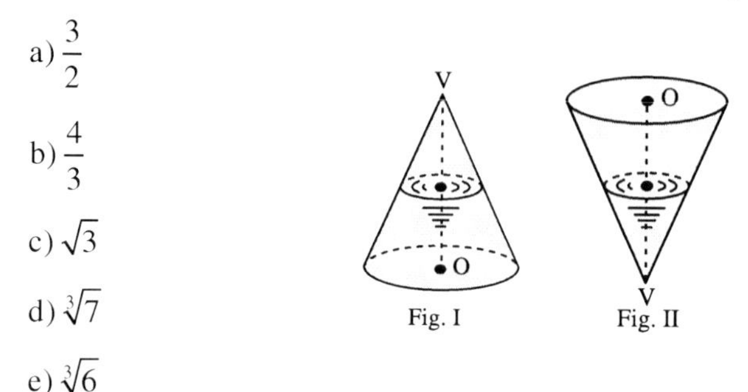

Fig. I Fig. II

a) $\frac{3}{2}$

b) $\frac{4}{3}$

c) $\sqrt{3}$

d) $\sqrt[3]{7}$

e) $\sqrt[3]{6}$

540) (CESGRANRIO) De um cone de centro da base *O* e de altura *H* (Fig. I), obtém-se um tronco de cone de altura H/2 (Fig. *II*) . Neste tronco, faz-se um furo cônico com vértice *O*, como indicado na Fig. *III*. Se o volume do cone da Fig. *I* é *V*, então o volume do sólido da Fig. *III* é:

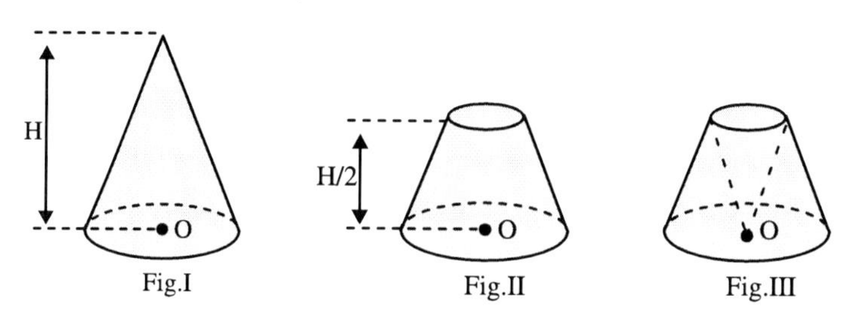

Fig.I Fig.II Fig.III

a) $\frac{3V}{4}$

b) $\frac{V}{2}$

c) $\frac{5V}{8}$

d) $\frac{2V}{3}$

e) $\frac{4V}{7}$

541) (CESGRANRIO) Um cone circular reto é cortado em duas partes por um plano paralelo à sua base e que passa pelo ponto médio da sua altura. Se v e V são os volumes da menor e da maior dessas partes, respectivamente, então $\frac{v}{V}$ vale:

a) $\frac{1}{9}$

b) $\frac{1}{8}$

c) $\frac{1}{7}$

d) $\frac{2}{7}$

e) $\frac{2}{9}$

542) (ITA) A geratriz de um cone circular reto forma com o eixo deste cone um ângulo de *45°*. Sabendo-se que o perímetro de sua secção meridiana mede *2cm*, podemos afirmar que a área total deste cone vale:

a) $\frac{\pi}{3}\left(2\sqrt{2}-2\right)\text{cm}^2$

b) $\pi\left(\sqrt{2}-1\right)\text{cm}^2$

c) $\pi\left(\sqrt{3}-1\right)\text{cm}^2$

d) $\frac{\pi}{2}\left(\sqrt{2}-1\right)\text{cm}^2$

e) $\pi\left(\sqrt{5}-1\right)\text{cm}^2$

543) (U.F.MG) Corta-se uma pirâmide regular de base quadrangular e altura *4cm* por um plano paralelo ao plano da base, de maneira que os volumes dos dois sólidos obtidos sejam iguais. A altura do tronco de pirâmide obtido é, em centímetros:

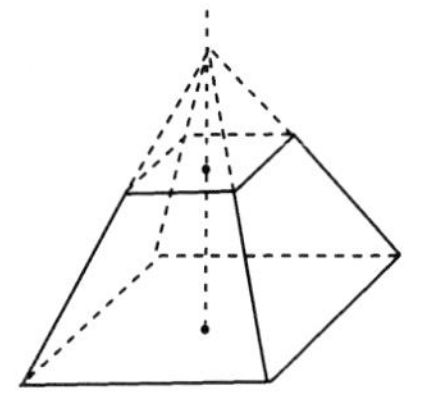

a) 1

b) $4 - 2\sqrt[3]{4}$

c) 2

d) $4 - \sqrt{2}$

e) $4 - \sqrt[4]{2}$

544) (VUNESP) Um cone reto tem raio da base *R* e altura *H*. Secciona-se este cone por um plano paralelo à base e distante *h* do vértice, obtendo-se um cone menor e um tronco de cone, ambos de mesmo volume.

Então:

a) $h = \dfrac{H\sqrt[3]{4}}{2}$

b) $h = \dfrac{H}{\sqrt{2}}$

c) $h = \dfrac{H\sqrt[3]{2}}{2}$

d) $3h = H\sqrt[3]{4}$

e) $h = \dfrac{H\sqrt[3]{3}}{3}$

545) (ITA) Uma seção plana que contém o eixo de um tronco de cilindro é um trapézio cujas bases menor e maior medem, respectivamente, *hcm* e *Hcm*. Duplicando-se a base menor, o volume sofre um acréscimo de $\frac{1}{3}$ em relação ao seu volume original. Deste modo:

a) 2H = 3 h

b) H = 2 h

c) H = 3 h

d) 2H = 5 h

e) n.d.a.

546) (ITA) Num cone de revolução, o perímetro da seção meridiana mede *18cm* e o ângulo do setor circular mede *288º*. Considerando-se o tronco de cone cuja razão entre as áreas das bases é $\frac{4}{9}$ então sua área total mede:

a) $16\pi cm^2$

b) $\frac{308\pi}{9}cm^2$

c) $\frac{160\pi}{3}cm^2$

d) $\frac{100\pi}{9}cm^2$

e) n.d.a

Capítulo 14

INSCRIÇÃO E CIRCUNSCRIÇÃO DE SÓLIDOS

ESFERA INSCRITA E CIRCUNSCRITA A UM POLIEDRO REGULAR

Definições:

Um poliedro diz-se circunscrito a uma superfície esférica se, e somente se, os planos das faces são tangentes à essa superfície em pontos internos às faces.

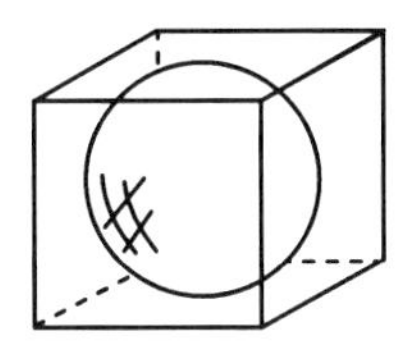

Um poliedro diz-se inscrito numa superfície esférica se, e somente se, os vértices pertencem à essa superfície.

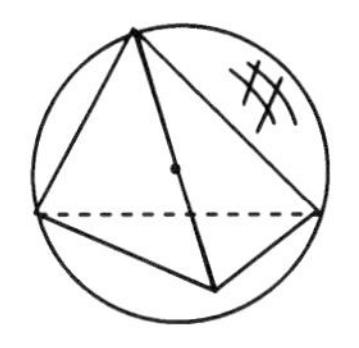

– Superfícies de revolução

Definição:

Consideremos um semiplano de origem e (eixo) e nele uma linha g (geratriz); girando esse semiplano em torno de e, a linha g gera uma superfície que é chamada superfície de revolução.

Salvo aviso em contrário, considera-se revolução completa (de 360º em torno do eixo).

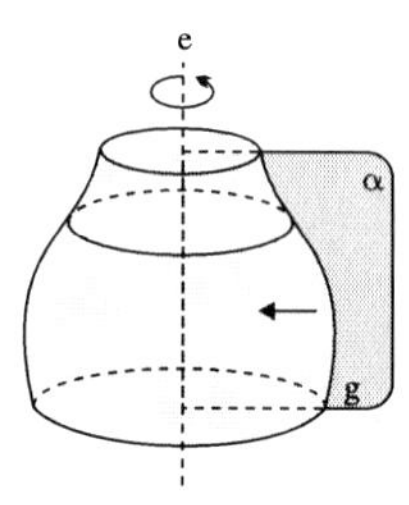

Exemplos:

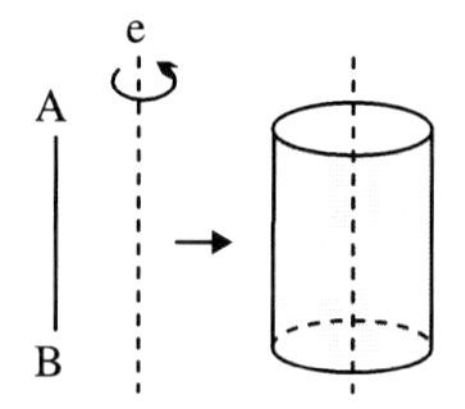

O segmento $\overline{AB}$ gera a superfície lateral de um cilindro.

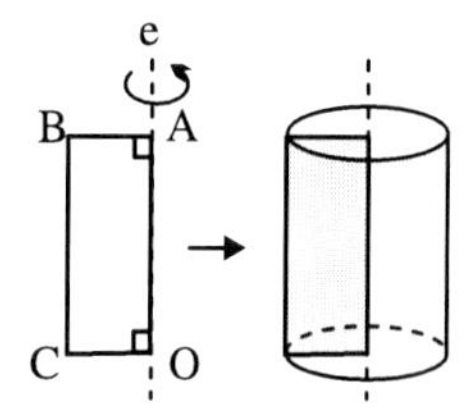

A linha poligonal $ABCD$ gera a superfície total de um cilindro.

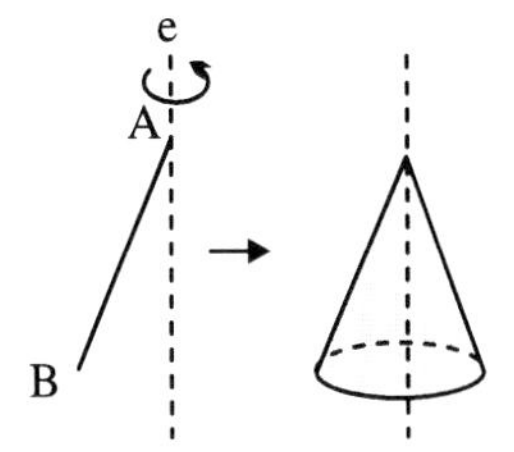

O segmento $\overline{AB}$ gera a superfície lateral de um cone.

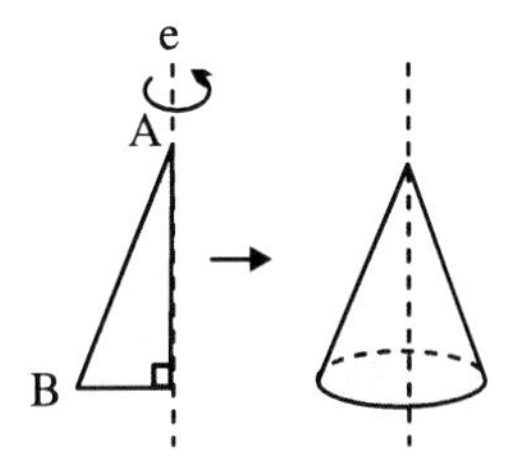

A linha poligonal *ABC* gera a superfície total de um cone.

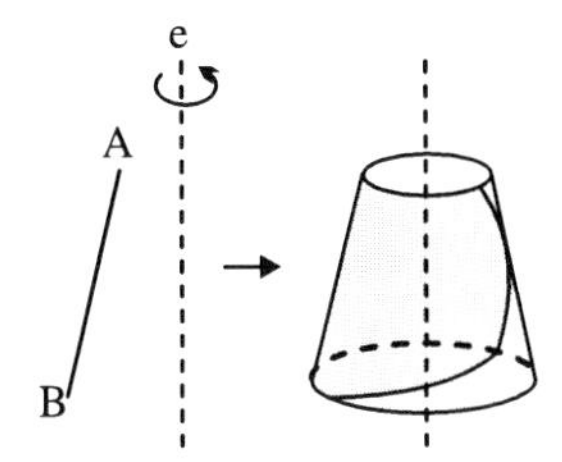

O segmento $\overline{AB}$ gera a superfície lateral de um tronco de cone.

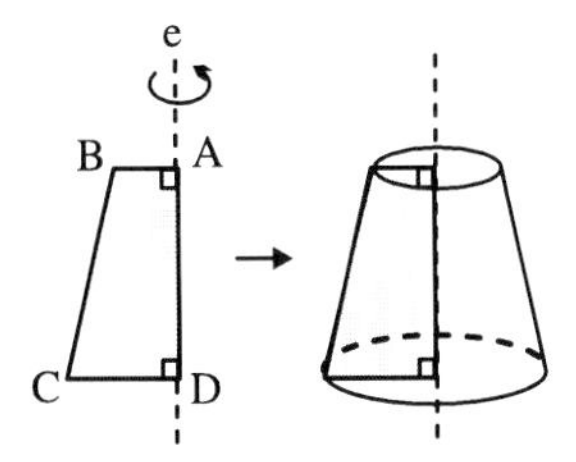

A linha poligonal *ABCD* gera a superfície total de um tronco de cone.

• **Área**

O cálculo da área de uma superfície de revolução pode ser feito de dois modos, a saber:

1º modo:

Usando as expressões de área lateral e de área total que conhecemos (do cilindro, do cone, do tronco de cone etc.).

2º modo:

Usando a fórmula $A = 2\pi\ell d$, em que:

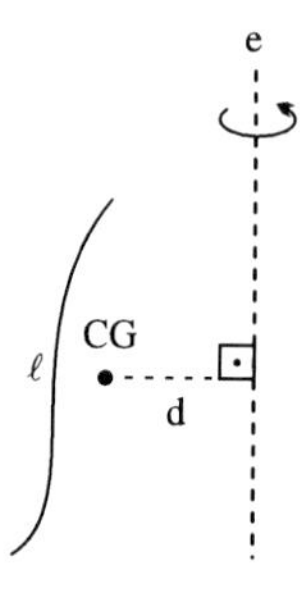

A é a área da superfície gerada.

ℓ é o comprimento da geratriz.

d é a distância do centro de gravidade da geratriz ao eixo.

– Sólidos de revolução

Definição:

Consideremos um semiplano de origem *e* (eixo) e nele uma superfície *S*; girando o semiplano em torno de *e*, a superfície *S* gera um sólido chamado sólido de revolução.

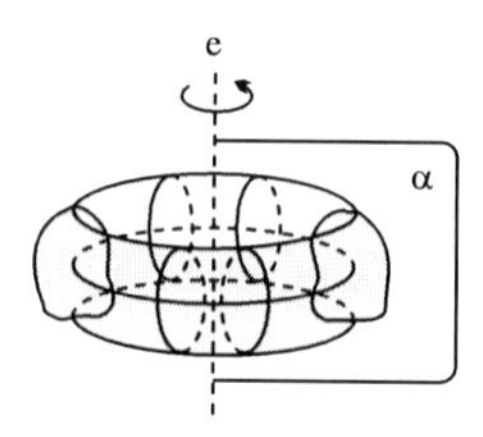

Exemplos:

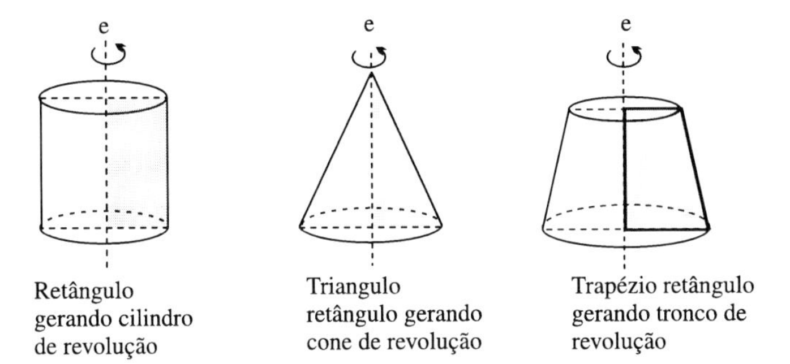

Outros exemplos de sólidos de revolução, assim como de superfícies de revolução, aparecerão nos exercícios.

• **Volume**

O cálculo do volume de um sólido de revolução pode ser feito de dois modos, a saber:

1º modo:

Usando as expressões dos volumes dos sólidos (cilindro, cone, tronco de cone etc.).

2º modo:

Usando a fórmula $V = 2\pi S d$, em que:

V é o volume do sólido gerado.

S é a área da superfície geradora.

d é a distância do centro de gravidade da superfície do eixo.

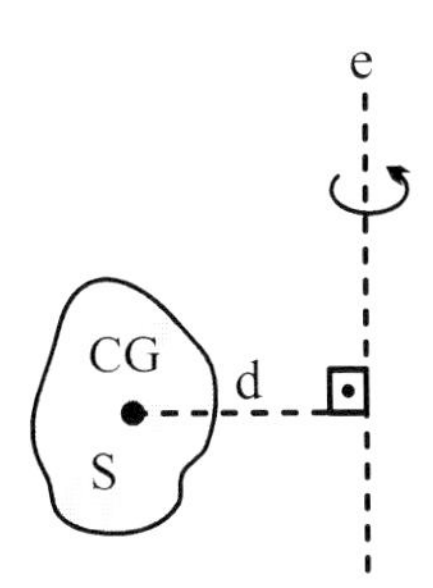

Observação:

As fórmulas $A = 2\,\pi\,\ell\,d$ e $V = 2\,\pi\,S\,d$, fórmulas de Pappus-Guldin (Pappus – matemático grego do início do século IX; Guldin – padre Guldin, matemático suíço do século *XI*), só devem ser aplicadas quando o centro de gravidade da geratriz for de fácil determinação e o *d* não apresentar dúvidas; caso contrário, usam-se os primeiros modos para obter área e volume de sólidos de revolução.

Exemplos de utilização das fórmulas $A = 2\,\pi\,\ell\,d$ **e** $V = 2\,\pi\,S\,d$:

a) Área lateral do cilindro de revolução (raio *r*, altura *h*).

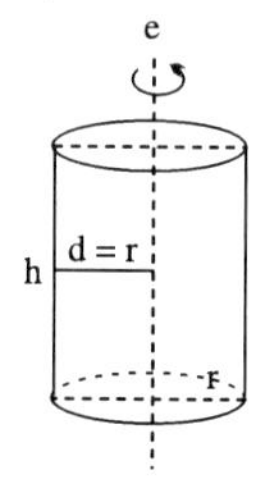

$A = 2\,\pi\,\ell\,d$

$\ell = h$ e $d = r$

$\Rightarrow A_\ell = 2\pi hr$

$\Rightarrow A_\ell = 2\pi rh$

b) Volume do cilindro de revolução (raio *r*, altura *h*).

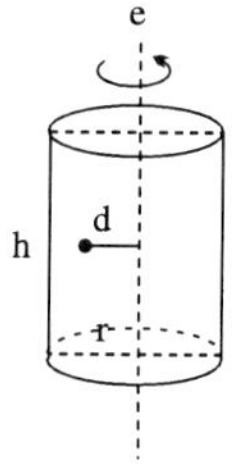

$$\left.\begin{array}{l} V = 2\,\pi\,S\,d \\ S = r \cdot h \quad e \quad d = \dfrac{1}{2} r \end{array}\right\} \Rightarrow$$

$$\Rightarrow V = 2\,\pi \cdot rh \cdot \frac{1}{2} r \Rightarrow$$

$$\Rightarrow V = \pi\, r^2\, h$$

c) Área lateral de um cone de revolução (raio r, geratriz g).

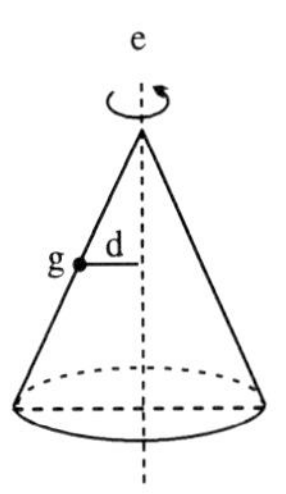

$$\left.\begin{array}{l} A = 2\,\pi\,\ell\,d \\ \ell = g \quad e \quad d = \dfrac{1}{2}r \end{array}\right\} \Rightarrow$$

$$\Rightarrow A_\ell = 2\,\pi \cdot g \cdot \frac{1}{2} r \Rightarrow$$

$$\Rightarrow A_\ell = \pi\, r\, g$$

d) Volume de um cone de revolução (raio r, altura h).

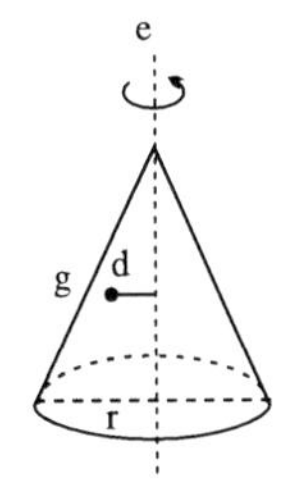

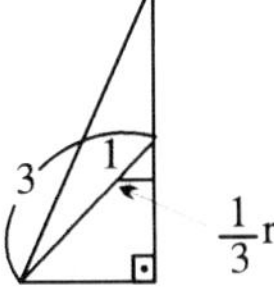

$$V = 2\pi S d$$

$$S = \frac{1}{2} rh \;\; e \;\; d = \frac{1}{3} r$$

$$\Rightarrow V = 2\pi. \; \frac{1}{2}.rh. \; \frac{1}{3} r$$

$$\Rightarrow V = \; \frac{1}{3} \pi r^2 h$$

e) Área lateral do tronco de cone de revolução (raios *R* e *r*, geratriz *g*).

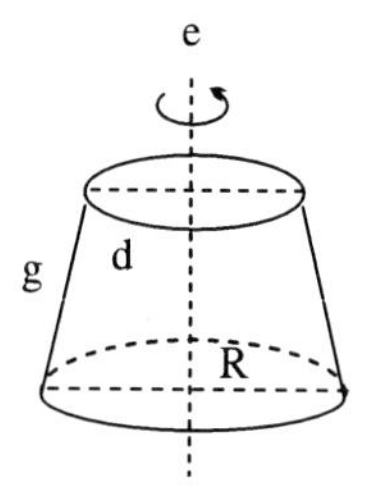

$A = 2\,\pi\,\ell\,d$

$A_\ell = 2\,\pi g \cdot \dfrac{R+r}{2} \Rightarrow$

$\Rightarrow A_\ell = \pi\,(R+r)\,g$

Nota: O volume de um tronco de cone de revolução não é calculado por $V = 2\,\pi\,S\,d$, em vista do exposto na observação sobre a utilização dessa fórmula.

f) Determinação do centro de gravidade de uma semicircunferência.

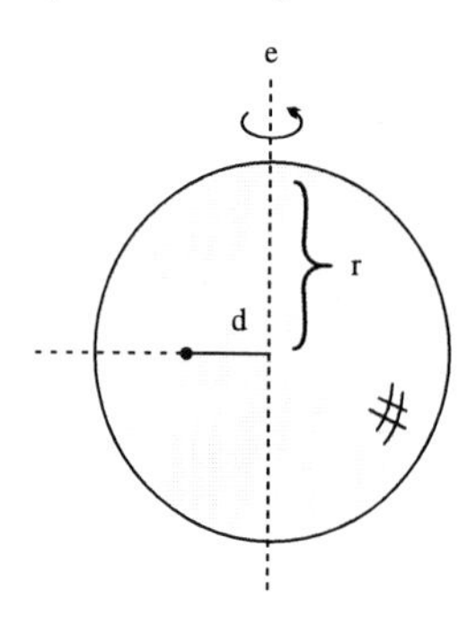

$A = 2\,\pi\,\ell\,d$

com $A = 4\pi r^2$, $\ell = \pi r$

obtemos d

$4\pi r^2 = 2\,\pi\,.\,\pi\,r\,d \Rightarrow$

$\Rightarrow d = \dfrac{2}{\pi} r$

g) Determinação do centro de gravidade de um semicírculo.

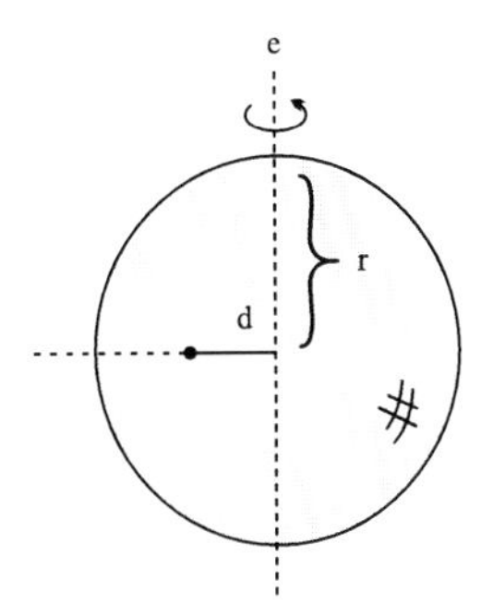

$V = 2\pi S d$

$\frac{4}{3}\pi r^3 = 2\pi \cdot \frac{\pi r^2}{2} \cdot d \Rightarrow$

$\Rightarrow d = \frac{4}{3\pi} r$

☑ EXERCÍCIOS PROPOSTOS:

547) (ITA) Um bloco de madeira tem a forma de um paralelepípedo reto, com base quadrada de lado *5cm* e com altura *1m*. Tal bloco tem uma cavidade cilíndrica, sendo que o eixo do cilindro que determina a cavidade passa pelo centro do paralelepípedo e faz com o plano da base um ângulo de *45*graus. O cilindro corta ambas as faces do paralelepípedo segundo uma circunferência de raio *1m*. Qual é o volume do bloco?

a) $(75 - \pi)m^3$

b) $(25 - 2\pi)m^3$

c) $\left(25 - \frac{\sqrt{2}}{2}\pi\right)m^3$

d) $\left(25 + \frac{\sqrt{2}}{2}\pi\right)m^3$

e) nenhum dos resultados acima é válido.

548) (PUC-SP) Num cabo de aresta *a*, inscreve-se uma esfera, depois um cubo nesta esfera, neste último cubo, e assim indefinidamente. O limite da soma dos volumes de todos os cubos será:

a) $\frac{2\sqrt{3}}{3\sqrt{3}+1}a^3$

b) $\frac{\sqrt{3}}{\sqrt{3}-1}a^3$

c) $\frac{3\sqrt{3}}{3\sqrt{3}-1}a^3$

d) $\frac{3\sqrt{3}}{3\sqrt{3}+2}a^3$

e) nenhuma das anteriores.

549) (CESCEM) Em uma caixa cúbica de aresta 1 são colocadas N^3 esferas maciças, cada uma delas com diâmetro $\frac{1}{N}$, N inteiro, estritamente positivo. A diferença entre o volume do cubo e o volume ocupado pelas esferas é:

a) igual a $1-\frac{\pi}{3}$.

b) igual a $1-\frac{\pi}{6}$.

c) igual a $1-\frac{4\pi}{3}$.

d) estritamente crescente com N.

e) estritamente decrescente com N.

550) (ITA) Seja L o comprimento do eixo de uma caldeira cilíndrica terminada por duas semi-esferas. Sabe-se que a área da superfície total da caldeira é $4\pi k^2$, com $0 < k < \frac{L}{2}$. As dimensões da parte cilíndrica da caldeira valem:

a) $\frac{k^2}{L}$ e $L + \frac{3k^2}{L}$

b) $\frac{k^2}{L}$ e $k + \left(\frac{3}{4}\right)L$

c) $\frac{2k^2}{L}$ e $L - \frac{4k^2}{L}$

d) $\frac{k^2}{2L}$ e $L + \left(\frac{4}{3}\right)k^2$

e) n.d.a

551) (ITA) Consideremos um cone de revolução de altura h, e um cilindro nele inscrito. Seja d a distância do vértice do cone à base superior do cilindro. A altura H de um segundo cilindro inscrito neste cone (diferente do primeiro) e de mesmo volume do primeiro é dada por:

a) $H = \frac{\left(h - \sqrt{h - d}\right)}{3}$

b) $H = \frac{\left(h \pm \sqrt{h^2 - d^2}\right)}{3}$

c) $H = \frac{\left(h - d + h\sqrt{h^2 - d^2}\right)}{2}$

d) $H = \frac{\left(h + d - \sqrt{(h - d)(h + 3d)}\right)}{2}$

e) n.d.a

552) (ITA) Um octaedro regular é inscrito num cubo, que está inscrito numa esfera, e que está inscrita num tetraedro regular. Se o comprimento da aresta do tetraedro é *1*, qual é o comprimento da aresta do octaedro?

a) $\sqrt{\frac{2}{27}}$

b) $\sqrt{\frac{3}{4}}$

c) $\sqrt{\frac{2}{4}}$

d) $\frac{1}{6}$

e) n.d.a

553) (CESCEM) Duas esferas de raios *3m* e *4m* têm centro no eixo do cone da figura, são tangentes entre si e ao cone. A altura *h* do cone mede:

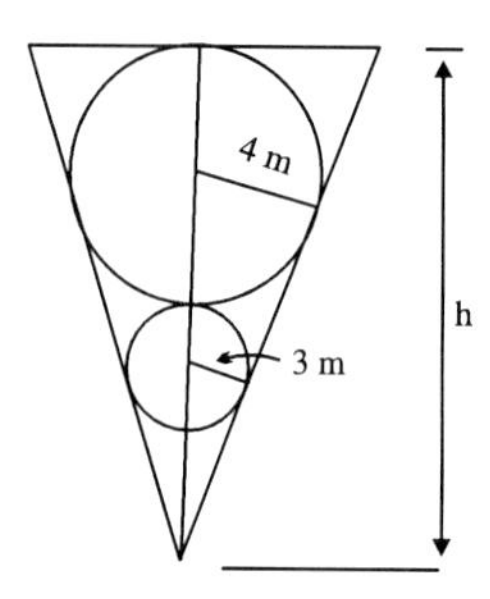

a) $512\sqrt{\frac{3}{7}}$m

b) $32\sqrt{\frac{6}{7}}$m

c) $32\left(\sqrt{\frac{6}{7}}+\sqrt{\frac{1}{42}}\right)$m

d) 32m

e) 21m

554) (FUVEST) Um tetraedro tem um triedro tri-retângulo de arestas *a, b, c* e está circunscrito a uma esfera de raio *r* que tangencia as faces do citado triedro em *P, Q* e *R*. Os lados do triângulo *PQR* são:

a) proporcionais a $\frac{\sqrt{a^2+b^2}}{c}, \frac{\sqrt{a^2+c^2}}{b}$ e $\frac{\sqrt{b^2+c^2}}{a}$.

b) proporcionais a a, b e c.

c) proporcionais a $\frac{ab}{c}, \frac{ac}{b}, \frac{bc}{a}$.

d) iguais a $r\sqrt{2}$.

e) perpendiculares às faces do triedro.

555) (ITA) Se numa esfera de raio *R* circunscrevemos um cone reto cuja geratriz é igual ao diâmetro da base, então a expressão do volume deste cone em função do raio da esfera é dada por:

a) $3 - R^3$

b) $\frac{3\sqrt{3}}{2}\pi R^3$

c) $3\sqrt{3}\pi R^3$

d) $\frac{4\sqrt{3}}{2}\pi R^3$

e) n.d.a.

556) (PUC-SP) A soma de todas as arestas de um cubo mede *24m*. O volume da esfera inscrita no cubo é:

a) $\frac{2}{3}\pi m^3$

b) $\frac{3}{4}\pi m^3$

c) $\frac{1}{2}\pi m^3$

d) $\frac{3}{2}\pi m^3$

e) $\frac{4}{3}\pi m^3$

557) (U.MACK.) Vinte e sete esferas maciças de chumbo, de raio *1* metro, devem ser acondicionadas em uma única caixa, após o que, todo "espaço" restante da caixa deve ser completado com água.

Dispondo-se somente de *5* caixas cúbicas distintas, aquela na qual o volume de água adicionada é mínimo, é a de capacidade, em metros cúbicos, igual a:

a) 108π

b) 27π

c) 36π

d) 72π

e) 81π

558) (PUC-RS) O volume do cubo inscrito numa esfera de raio *3* é:

a) $24\sqrt{3}$

b) $12\sqrt{3}$

c) $8\sqrt{3}$

d) $6\sqrt{3}$

e) $2\sqrt{3}$

559) (ITA) Considere uma esfera inscrita num cone circular reto tal que a área da superfície total do cone é n vezes a área da superfície da esfera, $n > 1$. Se o volume da esfera é $r\,cm^3$ e se a área da base do cone é $s\,cm^2$ o comprimento em centímetros da altura do cone é dado por:

a) r / s

b) (nr) / s

c) (2nr) / s

d) (3nr) / s

e) (4nr) / s

560) (U.F.UBERLÂNDIA) A área de uma esfera, a área total do cilindro eqüilátero circunscrito a ela e a área total do cone eqüilátero também circunscrito a essa esfera são proporcionais aos números:

a) 1, 2, 4

b) 3, 4, 5

c) 4, 6, 9

d) 1, 2, 3

e) 2, 4, 7

561) (U.F.PE) Considere um tanque em forma de um cone invertido de raio de base *6m* e altura *8m*. Deixa-se cair dentro do tanque uma esfera de raio *3m*. Assinale a alternativa correspondente à distância do centro da esfera ao vértice do cone.

a) 4m

b) 2m

c) 5m

d) 10m

e) 6m

562) (PUC-SP) Uma pirâmide quadrangular regular é inscrita num cubo de aresta a. A área total da pirâmide é igual a:

a) a^2

b) $a^2\sqrt{5}$

c) $a^2\left(1+\sqrt{5}\right)$

d) $a^2\left(2+\sqrt{5}\right)$

e) $a^2\left(5+\sqrt{5}\right)$

563) (U.F.RS) O cone e o cilindro da figura são circulares retos e têm a mesma base, altura e área lateral; se a geratriz do cone mede *4*, então a medida da altura é:

a) 1

b) 2

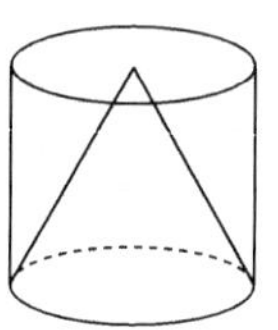

c) 3

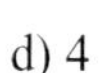
d) 4

e) 5

564) (U.F.ES) Enche-se um tubo cilíndrico de altura $h = 20cm$ e raio da base $r = 2cm$ com esferas tangentes ao mesmo e tangentes entre si.

O volume interior ao cilindro e exterior às esferas vale:

a) $\frac{102\pi}{3}\text{cm}^3$

b) $\frac{80\pi}{3}\text{cm}^3$

c) $40\pi\text{cm}^3$

d) $\frac{160\pi}{3}\text{cm}^3$

e) $80\pi\text{cm}^3$

565) (CESGRANRIO) Uma cesta cilíndrica de *2m* de altura e raio da base *1m* está cheia de bolas de diâmetro igual à quarta parte de *1m*. Se cerca de *50%* da capacidade da cesta correspondente aos espaços vazios, o número mais aproximado de bolas que a cesta contém é:

a) 100

b) 150

c) 215

d) 385

e) 625

566) (U.F.PR) A área total do prisma triangular regular inscrito num cilindro circular reto de *10cm* de altura e de *25πcm²* de base é:

a) $\frac{375}{2}\ cm^2$

b) $\frac{375\sqrt{3}}{2}\ cm^2$

c) $300\sqrt{3}\ cm^2$

d) $375\sqrt{3}\ cm^2$

e) $675\sqrt{3}\ cm^2$

567) (U.F.RS) Um cubo de lado *a* é inscrito em um cilindro. A área lateral do cilindro é:

a) $\frac{\pi\ a^2}{4}$

b) $\frac{\pi\ a^2\sqrt{2}}{4}$

c) $\frac{\pi\ a^2\sqrt{2}}{2}$

d) $\pi\ a^2\sqrt{2}$

e) $2\pi a^2$

568) (ITA) Um tronco de cone reto com bases paralelas está inscrito em uma esfera cujo raio mede *2m*. Se os raios das bases do tronco de cone medirem, respectivamente, *rm* e *2rm*, então o seu volume medirá:

a) $\frac{2}{3}\pi\ r^2\left(\sqrt{4-r^2}-\sqrt{1-r^2}\right)$

b) $\frac{3}{2}\pi\ r^2\left(\sqrt{4-r^2}+\sqrt{1-r^2}\right)$

c) $\frac{7}{3}\pi\ r^2\left(\sqrt{4-r^2}-2\sqrt{1-r^2}\right)$

d) $\frac{7}{3}\pi\ r^2\left(\sqrt{4-r^2}+2\sqrt{1-r^2}\right)$

e) $\frac{3}{2}\pi\ r^2\left(\sqrt{4-r^2}+2\sqrt{1-r^2}\right)$

569) (U.F.PA) Qual o volume da esfera inscrita em um cilindro cujo volume é $16\pi cm^3$?

a) $\frac{2}{3}\pi$ cm^3

b) $\frac{4}{3}\pi$ cm^3

c) $\frac{8}{3}\pi$ cm^3

d) $\frac{16}{3}\pi$ cm^3

e) $\frac{32}{3}\pi$ cm^3

570) (ITA) Uma esfera de raio r = $\sqrt{3}$ cm está inscrita num prisma hexagonal regular que, por sua vez, está inscrito numa esfera de raio R. Pode-se afirmar que a medida do raio R vale:

a) $\sqrt{7}$ cm

b) $\sqrt{\frac{7}{3}}$ cm

c) $2\sqrt{3}$ cm

d) $\frac{\sqrt{7}}{2}$ cm

e) $4\sqrt{3}$ cm

571) (VUNESP) Um cilindro é circunscrito a um prisma reto, cuja base é um hexágono regular. Seja S_c a área lateral do cilindro e S_p a do prisma.

Então, $\frac{S_c}{S_p}$ está:

a) entre 1 e 1,1.

b) entre 1,1 e 1,2.

c) entre 1,2 e 1,3.

d) entre 1,3 e 1,4.

e) entre 1,4 e 1,5.

572) (U.F.MG) Um cone circular tem sua base inscrita em uma face de um cubo de aresta *a* e vértice na face oposta. O volume desse cone é:

a) $\frac{4}{3}\pi a^3$

b) $\frac{\pi}{6} a^3$

c) $\frac{8}{3}\pi a^3$

d) $\frac{\pi}{4} a^3$

e) $\frac{\pi}{12} a^3$

573) (U.F.MG) A razão entre os volumes dos cubos circunscrito e inscrito em uma esfera de raio *R* é:

a) $\sqrt{3}$

b) 2

c) 3

d) $3\sqrt{3}$

e) $\sqrt{6}$

574) (CESGRANRIO) Uma esfera está contida num cilindro circular reto e tangencia suas bases e sua superfície lateral, como se vê na figura. Então a razão entre a área da esfera e a área total do cilindro é:

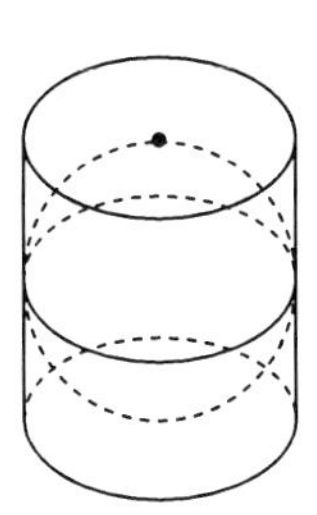

a) $\frac{1}{2}$

b) $\frac{2}{3}$

c) $\frac{3}{4}$

d) $\frac{2}{\pi}$

e) $\frac{\pi}{4}$

575) (FATEC) Seja g a geratriz de um cone circular reto inscrito num cilindro circular reto de altura h e raio da base 3. Se a razão entre a área da superfície total do cone e a área da superfície total do cilindro é $\frac{4}{7}$, então g é igual a:

a) $-\frac{3}{8}+\frac{7}{8}h$

b) $\frac{3}{8}+\frac{7}{8}h$

c) $\frac{8h}{7}$

d) $-\frac{3}{7}+\frac{8h}{7}$

e) $\frac{3}{7}+\frac{8h}{7}$

576) (VUNESP) O quadrado *MNPQ* está situado na base (também um quadrado) da pirâmide reta *VABCD* e seus lados são paralelos aos respectivos de *ABCD*. Se os segmentos *MR, NS, PT* e *QL* são perpendiculares à base da pirâmide, se $\overline{AM} = \overline{MP} = \overline{PC}$ e se $\overline{AB} = 4$ cm e $\overline{VY} = 3$ cm, o volume do prisma *MNPQRSTL* abaixo é:

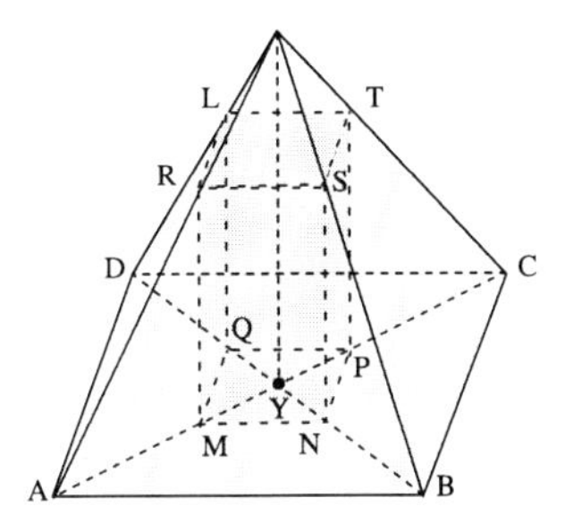

a) $\frac{32}{9}$ cm^3

b) $\frac{14}{9}$ cm^3

c) $\frac{30}{9}$ cm^3

d) $\frac{24}{9}$ cm^3

e) $\frac{34}{9}$ cm^3

577) (U.F.R.PE) Indique o valor da área lateral, em cm^2, do sólido cujos vértices são os centros de simetria das faces de um cubo de aresta medindo *Lcm*.

a) $L\sqrt{3}$ cm^2

b) $L^2\sqrt{3}$ cm^2

c) $L^2\sqrt{2}$ cm^2

d) $5L^2$ cm^2

e) $3L^2$ cm^2

578) (U.F.VIÇOSA) Uma esfera tem raio não nulo *r* e volume $V = \frac{4}{3}\pi r^3$. O volume do cubo circunscrito a ela, em função de *V*, é:

a) $\frac{3V}{\pi}$

b) $\frac{4V}{\pi}$

c) $\frac{5V}{\pi}$

d) $\frac{6V}{\pi}$

e) $\frac{2V}{\pi}$

579) (ITA) Os lados congruentes de um triângulo isósceles formam um ângulo de *30*graus e o lado oposto a este ângulo mede *xcm*. Este triângulo é a base de uma pirâmide de altura *Hcm*, que está inscrita em um cilindro de revolução. Deste modo, o volume *V*, em centímetros cúbicos, deste cilindro é igual a:

a) $2\pi x^2 H$

b) $\frac{1}{3}\pi x^2 H$

c) $\frac{2}{3}\pi x^2 H$

d) $3\pi x^2 H$

e) $\pi x^2 H$

580) (ITA) Um cone e um cilindro, ambos retos, possuem o mesmo volume e bases idênticas. Sabendo-se que ambos são inscritíveis em uma esfera de raio R, então a altura H do cone será igual a:

a) $\frac{6}{5}R$

b) $\frac{3}{2}R$

c) $\frac{4}{3}R$

d) $\frac{2}{3}R$

e) $\frac{7}{5}R$

581) (U.F.MG) A razão entre as áreas totais de um cubo e do cilindro reto nele inscrito, nessa ordem, é:

a) $\frac{2}{\pi}$

b) $\frac{3}{\pi}$

c) $\frac{4}{\pi}$

d) $\frac{5}{\pi}$

e) $\frac{6}{\pi}$

582) (U.E.CE) A área total, em cm^2, de um cubo inscrito numa esfera de raio *2 cm* é:

a) 16

b) 32

c) $16\sqrt{3}$

d) $32\sqrt{3}$

583) (U.MACK.) A razão entre o volume de um cone, de altura igual a *4* vezes o raio da esfera inscrita, e o volume desta esfera é:

a) 2

b) 3

c) 4

d) $\frac{4}{3}$

e) $\frac{5}{4}$

584) (U.F.BA) Considerando-se um cubo de aresta $2\sqrt{3}$ cm inscrito numa esfera, pode-se afirmar:

a) O volume da esfera é $36\pi cm^3$.

b) O volume do cone circular reto inscrito no cubo é $6\sqrt{3}\ \pi cm^3$.

c) A área lateral do cilindro eqüilátero circunscrito na esfera é $18\pi cm^2$.

d) A área total do tetraedro de aresta igual à do cubo é $12\sqrt{3}\ \pi cm^2$.

e) O volume do sólido limitado por uma face do cubo e a superfície esférica é $(6\pi - 4\sqrt{3})cm^3$.

585) (PUC-SP) A medida dos lados de um triângulo eqüilátero *ABC* é a. O triângulo *ABC* gira em torno de uma reta *r* do plano do triângulo, paralelo do lado *BC* e passando pelo vértice. O volume gerado por esse triângulo mede:

a) $\frac{\pi a^3}{3}$

b) $\frac{\pi a^3}{2}$

c) πa^3

d) $\frac{3\pi a^3}{2}$

e) $\frac{\pi a^3}{5}$

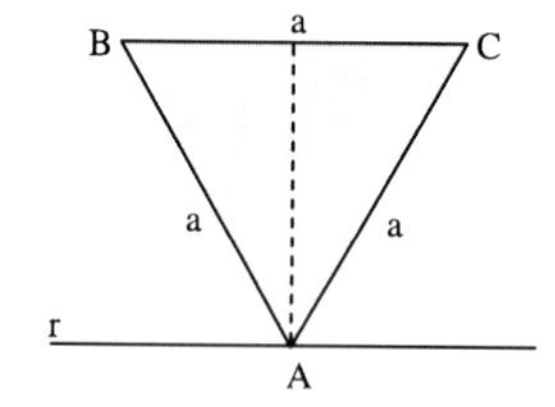

586) (ITA) Seja $\overline{B'C'}$ a projeção do diâmetro $\overline{BC}$ de um círculo de raio r sobre a reta tangente t por um ponto M deste círculo. Seja $2k$ a razão da área total do tronco do cone gerado pela rotação do trapézio $BC\,B'C'$ ao redor da reta tangente t e área do círculo dado. Qual é o valor de k para que a medida do segmento MB' seja igual à metade do raio r?

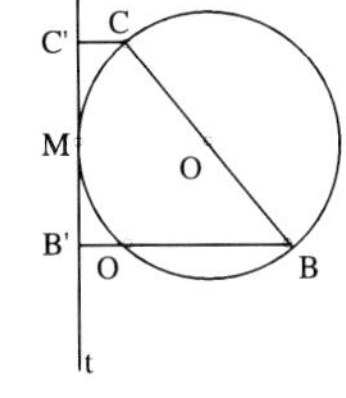

a) $k = \dfrac{11}{3}$

b) $k = \dfrac{15}{4}$

c) $k = 2$

d) $k = \dfrac{1}{2}$

e) nenhuma das respostas anteriores.

587) (ITA) Seja c um quarto de circunferência $\overset{\frown}{AB}$ de raio R e centro O, e seja t a reta tangente a c em A. Traça-se pelo centro O de c uma reta que corta c num ponto M, e corta a reta tangente num ponto N, distintos de A. Seja k a razão entre o volume gerado pelo setor OAM e o volume gerado pelo triângulo OAN, ambos obtidos girando-se de 2π em torno de $\overline{AO}$. O comprimento do segmento $\overline{AN}$ é igual ao raio R se:

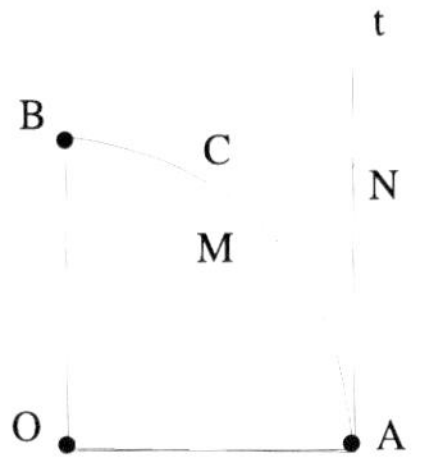

t
B
C
N
M
O
A

a) $1 < k < 2{,}5$

b) $2{,}5 \leq k \leq 3$

c) $0 < k \leq 2$

d) $0 < k < 1{,}5$

e) n.d.r.a.

588) (ITA) As medidas dos catetos de um triângulo retângulo são $(sen\ x)\ cm$ e $(cos\ x)\ cm$. Um estudante calculou o volume do sólido gerado pela rotação deste triângulo em torno da hipotenusa, e obteve como resultado $\pi\ cm^3$.

Considerando este resultado como certo, podemos afirmar que:

a) $x = \frac{\pi}{6}$

b) $x = \frac{\pi}{3}$

c) $x = \frac{\pi}{4}$

d) $x = \frac{\pi}{5}$

e) n.d.a.

589) (ITA) Considere um triângulo retângulo inscrito em uma circunferência de raio R tal que a projeção de um dos catetos sobre a hipotenusa vale $\frac{R}{m}(m \geq 1)$. Considere a esfera gerada pela rotação desta circunferência em torno de um de seus diâmetros. O volume da parte desta esfera, que não pertence ao sólido gerado pela rotação do triângulo em torno da hipotenusa, é dado por:

a) $\frac{2}{3}\pi\ R^3\left(\frac{m-1}{m}\right)^2$

b) $\frac{2}{3}\pi\ R^3\left(1-\left(\frac{m+1}{m}\right)^2\right)$

c) $\frac{2}{3}\pi\ R^3\left(\frac{m+1}{m}\right)^2$

d) $\frac{2}{3}\pi\ R^3\left(1+\left(\frac{m-1}{m}\right)^2\right)$

e) nenhuma das alternativas anteriores.

590) (PUC-SP) A hipotenusa de um triângulo retângulo mede *2* e um dos ângulos mede *60º*. Girando-se o triângulo em torno do cateto menor, obtém-se um cone cujo volume é igual a:

a) π

b) $\frac{\pi\sqrt{3}}{3}$

c) $\frac{\pi\sqrt{3}}{6}$

d) $\frac{\pi}{2}$

e) $\frac{\pi\sqrt{2}}{3}$

591) (V.UNIF.RS) O volume do sólido gerado pela revolução de um triângulo equilátero de lado *a* em torno de um de seus lados é:

a) $\frac{1}{4}\pi a^3$

b) $\frac{1}{3}\pi a^3$

c) $\frac{1}{2}\pi a^3$

d) $\frac{3}{4}\pi a^3$

e) $\frac{4}{3}\pi a^3$

592) (U.MACK.) Na figura abaixo o retângulo *ABCD* faz uma rotação completa em torno de $\overline{AB}$. A razão entre os volumes gerados pelos triângulos *ABD* e *BCD* é:

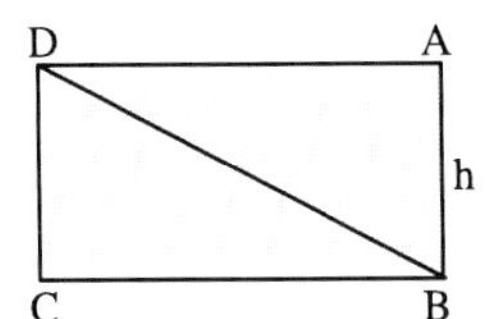

a) 1

b) $\frac{1}{2}$

c) 3

d) $\frac{1}{3}$

e) $\frac{1}{4}$

593) (ITA) A figura hachurada abaixo é a seção transversal de um sólido de revolução em torno do eixo x. A parte tracejada é formada por um setor circular de raio igual a *1* e ângulo igual a *60º*. O segmento de reta AB é paralelo ao eixo x. A área da superfície total do sólido mede:

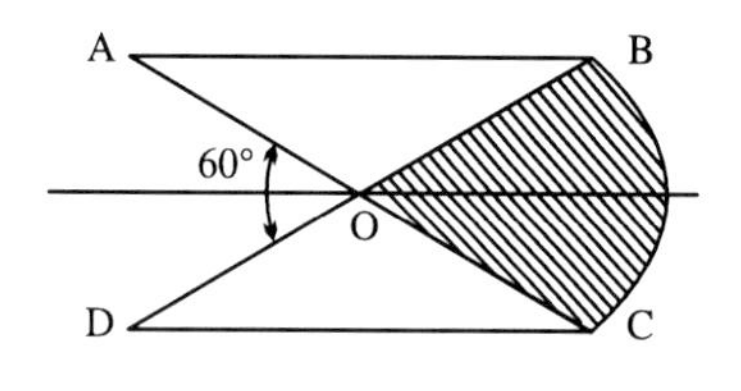

a) $\left(\sqrt{3}-\frac{1}{2}\right)\pi$

b) $\left(\sqrt{3}+\frac{1}{2}\right)\pi$

c) $\left(\sqrt{3}+\frac{5}{2}\right)\pi$

d) $\left(\sqrt{3}-\frac{5}{2}\right)\pi$

e) $\frac{5\pi}{2}$

594) (U.F.RS) Na figura, o triângulo tem catetos *a* e *b*. Se V_a e V_b são os volumes dos sólidos gerados pelas rotações de *360º* do triângulo em torno de *a* e *b*, respectivamente, e $V_b = 2V_a$, então *tg* α é:

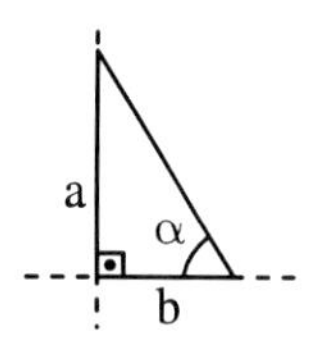

a) $\frac{1}{2}$

b) $\frac{\sqrt{2}}{2}$

c) $\sqrt{2}$

d) 2

e) 4

595) (ITA) Ao girarmos o gráfico da função $f(x) = \begin{cases} x;\ x \in [0,1] \\ \sqrt{2x - x^2};\ x \in [1;2] \end{cases}$ em torno do eixo das abscissas (eixo dos x), obtemos uma superfície de revolução cujo volume é:

a) $\frac{\pi}{3}$

b) $\frac{\pi}{2}$

c) π

d) 2π

e) 3π

596) (U.F.PE) Considere um quadrado de lado ℓ e uma reta contendo uma de suas diagonais. Assinale a alternativa correspondente ao volume do sólido que obtemos quando giramos o quadrado de *180°* em torno dessa reta.

a) $\pi \ell^3 \frac{\sqrt{2}}{12}$

b) $\pi \ell^3 \frac{\sqrt{2}}{2}$

c) $\pi \ell^3 \frac{\sqrt{1}}{2}$

d) $\pi \ell^3 \frac{\sqrt{2}}{8}$

e) $\pi \ell^3 \frac{\sqrt{2}}{4}$

597) (U.F.MG) Na figura, a reta r é paralela a BC, e o triângulo ABC é tal que $B\hat{A}C = 90°$, $BC = a$ e a altura relativa à hipotenusa é h. Então, o volume do sólido gerado pela rotação do triângulo em torno de r é:

a) $\pi h^2 a$

b) $\frac{2}{3}\pi h^2 a$

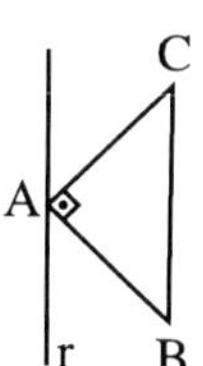

c) $\pi a^2 h$

d) $\frac{\pi}{3} a^2 h$

e) $\frac{\pi}{3} h^2 a$

598) (UNICAP) Faz-se girar, de $360°$, um triângulo retângulo de catetos medindo $1cm$ e $3cm$ em torno do cateto de maior medida. O volume do sólido obtido por este procedimento é:

a) $\frac{\pi}{3} cm^3$

b) $3\pi cm^3$

c) πcm^3

d) $\frac{2}{3}\pi cm^3$

e) $\frac{3}{2}\pi cm^3$

599) (CESGRANRIO) Um triângulo retângulo, de lados 3, 4 e 5, gira em torno do seu maior cateto, gerando um cone de revolução. O volume desse cone mede:

a) 10π

b) 12π

c) 15π

d) 18π

e) 20π

600) (U.F.MG) Os lados de um triângulo isósceles medem *5cm*, *6cm* e *5cm*. O volume do sólido que se obtém girando-o em torno de sua base, em cm^3, é:

a) 16π

b) 24π

c) 32π

d) 48π

e) 75π

601) (ITA) Considere a região do plano cartesiano *xOy* definida pelas desigualdades $x - y \leq 1$, $x + y \geq 1$ e $(x - 1)^2 + y^2 \leq 2$. O volume do sólido gerado pela rotação desta região em torno do eixo x é igual a:

a) $\frac{4}{3}\pi$

b) $\frac{8}{3}\pi$

c) $\frac{4}{3}\left(2-\sqrt{2}\right)\pi$

d) $\frac{8}{3}\left(\sqrt{2}-1\right)\pi$

e) n.d.a.

602) (UNESP) No trapézio *ABCD* da figura os ângulos internos em *A* e *B* são retos, e o ângulo interno em *D* é tal que sua tangente vale $\frac{5}{6}$. Se $\overline{AD} = 2 \cdot \overline{AB}$, o volume do sólido obtido ao se girar o trapézio em torno da reta por *B* e *C* é dado por:

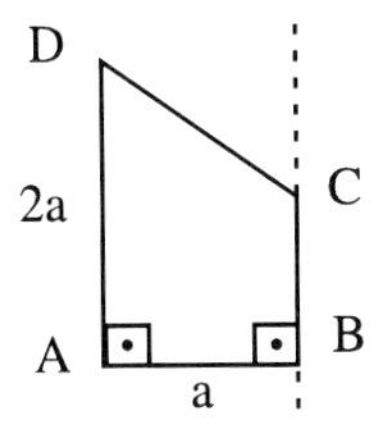

a) $\left(\frac{3}{4}\right)\pi a^3$

b) $\left(\frac{5}{8}\right)\pi a^3$

c) $\left(\frac{6}{5}\right)\pi a^3$

d) $\left(\frac{20}{13}\right)\pi a^3$

e) $\left(\frac{8}{5}\right)\pi a^3$

603) (ITA) Considere a região do plano cartesiano *xy* definido pela desigualdade: $x^2 + y^2 - 2x + 4y + 4 \leq 0$. Quando esta região rodar um ângulo de $\frac{\pi}{3}$ radianos em torno da reta $y + x + 1 = 0$, ela irá gerar um sólido cujo volume é igual a:

a) $\frac{4\pi}{3}$

b) $\frac{2\pi}{3}$

c) $\frac{\pi}{3}$

d) $\frac{4\pi}{9}$

e) n.d.a.

604) (U.F.MG) Considerem-se um retângulo *ABCD* e dois cilindros: um obtido girando-se *ABCD* em torno de $\overline{AB}$ e outro, girando-se o retângulo em torno de $\overline{BC}$. A razão entre a soma dos volumes dos dois cilindros e a área do retângulo, nessa ordem, é 10π.

O perímetro do retângulo é:

a) 10

b) 20

c) 30

d) 40

e) 50

605) (ITA) Num cone de revolução, o perímetro da seção meridiana mede *18cm* e o ângulo do setor circular mede *288º*. Considerando-se o tronco de cone cuja razão entre as áreas das bases é 4/9, então sua área total mede:

a) $16\pi \text{cm}^2$

b) $\frac{308\pi}{9}\text{cm}^2$

c) $\frac{160\pi}{3}\text{cm}^2$

d) $\frac{100\pi}{9}\text{cm}^2$

e) n.d.a.

606) (ITA) Um cone de revolução está circunscrito a uma esfera de raio *Rcm*. Se a altura do cone for igual ao dobro do raio da base, então a área de sua superfície lateral mede:

a) $\frac{\pi}{4}\left(1+\sqrt{5}\right)^2 \text{R}^2\text{cm}^2$

b) $\frac{\pi\sqrt{5}}{4}\left(1+\sqrt{5}\right)^2 \text{R}^2\text{cm}^2$

c) $\frac{\pi\sqrt{5}}{4}\left(1+\sqrt{5}\right)\text{R}^2\text{cm}^2$

d) $\pi\sqrt{5}\left(1+\sqrt{5}\right)\text{R}^2\text{cm}^2$

e) n.d.a.

RESPOSTA DOS EXERCÍCIOS PROPOSTOS

1 – b
2 – a
3 – a
4 – e
5 – d
6 – d
7 – b
8 – d
9 – e
10 – b
11 – a
12 – e
13 – d
14 – e
15 – b
16 – a
17 – e
18 – d
19 – b
20 – a
21 – d
22 – a
23 – a
24 – d
25 – b
26 – b
27 – c
28 – e
29 – d
30 – c
31 – c
32 – d
33 – a
34 – b
35 – b
36 – b
37 – d
38 – c
39 – e
40 – b
41 – e
42 – a

43 – c
44 – c
45 – b
46 – d
47 – c
48 – c
49 – c
50 – d
51 – e
52 – b
53 – d
54 – c
55 – b
56 – e
57 – e
58 – e
59 – d
60 – c
61 – d
62 – b
63 – c
64 – c
65 – c
66 – d
67 – a
68 – a
69 – d
70 – a
71 – a
72 – d
73 – b
74 – c
75 – b
76 – d
77 – d
78 – d
79 – d
80 – a
81 – e
82 – d
83 – d
84 – b
85 – d
86 – a
87 – d
88 – e
89 – c
90 – b
91 – d
92 – c
93 – d
94 – c
95 – e
96 – c
97 – c
98 – b
99 – **b**
100 – **c**
101 – **e**
102 – **d**
103 – **a**
104 – **c**
105 – **b**
106 – **c**
107 – **b**
108 – **d**
109 – **e**
110 – e
111 – b
112 – b
113 – b
114 – d
115 – a
116 – b
117 – c

118 – d
119 – d
120 – c
121 – e
122 – b
123 – a
124 – e
125 – e
126 – b
127 – a
128 – d
129 – b
130 – e
131 – b
132 – b
133 – c
134 – b
135 – c
136 – e
137 – a
138 – d
139 – d
140 – d
141 – d
142 – c
143 – c
144 – a
145 – e
146 – d
147 – b
148 – b
149 – c
150 – d
151 – e
152 – e
153 – e
154 – e
155 – c
156 – d
157 – d
158 – b
159 – a
160 – b
161 – c
162 – c
163 – b
164 – d
165 – e
166 – b
167 – c
168 – a
169 – d
170 – c
171 – a
172 – b
173 – a
174 – b
175 – e
176 – e
177 – e
178 – c
179 – c
180 – b
181 – c
182 – a
183 – b
184 – c
185 – c
186 – b
187 – a
188 – b
189 – a
190 – e
191 – b
192 – b

193 – d
194 – b
195 – b
196 – e
197 – c
198 – b
199 – a
200 – c
201 – d
202 – d
203 – b
204 – c
205 – e
206 – e
207 – d
208 – a
209 – a
210 – a
211 – e
212 – b
213 – d
214 – c
215 – a
216 – d
217 – d
218 – b
219 – e
220 – c
221 – e
222 – b
223 – c
224 – a
225 – a
226 – b
227 – c
228 – d
229 – c
230 – a
231 – d
232 – d
233 – a
234 – d
235 – c
236 – d
237 – d
238 – e
239 – d
240 – b
241 – d
242 – e
243 – b
244 – e
245 – d
246 – d
247 – d
248 – c
249 – b
250 – a
251 – d
252 – e
253 – a
254 – b
255 – b
256 – c
257 – d
258 – c
259 – a
260 – b
261 – d
262 – c
263 – c
264 – c
265 – d
266 – c
267 – d

268 – c
269 – b
270 – c
271 – d
272 – e
273 – b
274 – e
275 – a
276 – e
277 – e
278 – a
279 – a
280 – d
281 – c
282 – e
283 – a
284 – d
285 – d
286 – e
287 – d
288 – c
289 – b
290 – d
291 – b
292 – d
293 – b
294 – b
295 – d
296 – a
297 – c
298 – d
299 – c
300 – e
301 – c
302 – a
303 – e
304 – e
305 – e
306 – b
307 – c
308 – a
309 – d
310 – c
311 – a
312 – d
313 – b
314 – b
315 – b
316 – a
317 – b
318 – c
319 – a
320 – d
321 – d
322 – b
323 – d
324 – c
325 – b
326 – a
327 – d
328 – c
329 – d
330 – b
331 – d
332 – e
333 – d
334 – b
335 – b
336 – c
337 – a
338 – c
339 – d
340 – d
341 – d
342 – e

343 – c

344 – d

345 – a

346 – e

347 – b

348 – d

349 – e

350 – d

351 – e

352 – e

353 – a

354 – b

355 – e

356 – a

357 – a

358 – b

359 – b

360 – **I**: d; **II**: a, b, c, e

361 – c

362 – b

363 – c

364 – a

365 – e

366 – d

367 – b

368 – c

369 – d

370 – c

371 – a

372 – d

373 – e

374 – c

375 – d

376 – c

377 – c

378 – d

379 – b

380 – a

381 – b

382 – a

383 – b

384 – b

385 – e

386 – e

387 – c

388 – b

389 – d

390 – a

391 – e

392 – e

393 – a

394 – e

395 – d

396 – b

397 – b

398 – d

399 – d

400 – b

401 – a

402 – e

403 – a

404 – e

405 – b

406 – a

407 – d

408 – b

409 – a

410 – d

411 – a

412 – a

413 – a

414 – c

415 – d

416 – b

417 – d

418 – b
419 – d
420 – a
421 – d
422 – e
423 – a
424 – b
425 – a
426 – a
427 – a
428 – e
429 – a
430 – d
431 – b
432 – e
433 – c
434 – e
435 – e
436 – d
437 – d
438 – b
439 – c
440 – d
441 – c
442 – d
443 – a
444 – c
445 – d
446 – b
447 – c
448 – c
449 – e
450 – e
451 – a
452 – e
453 – a
454 – a
455 – a
456 – e
457 – a
458 – b
459 – d
460 – a
461 – e
462 – a
463 – b
464 – d
465 – e
466 – a
467 – b
468 – c
469 – c
470 – d
471 – a
472 – b
473 – b
474 – b
475 – e
476 – a
477 – c
478 – e
479 – e
480 – b
481 – a
482 – a
483 – c
484 – c
485 – c
486 – b
487 – a
488 – b
489 – b
490 – d
491 – d
492 – d

493 – c

494 – e

495 – b

496 – a) V
b) V
c) F
d) V
e) F

497 – b

498 – a

499 – a

500 – a

501 – e

502 – a

503 – a

504 – a

505 – d

506 – e

507 – a

508 – d

509 – c

510 – e

511 – d

512 – b

513 – c

514 – d

515 – a

516 – e

517 – c

518 – d

519 – d

520 – c

521 – a

522 – c

523 – c

524 – d

525 – a) F
b) F
c) V
d) V
se) F

526 – d

527 – b

528 – d

529 – b

530 – e

531 – a

532 – c

533 – c

534 – b

535 – e

536 – d

537 – e

538 – c

539 – d

540 – a

541 – b

542 – b

543 – b

544 – a

545 – b

546 – b

547 – e

548 – c

549 – b

550 – c

551 – d

552 – d

553 – d

554 – d

555 – a

556 – e

557 – d

558 – a

559 – d

560 – d

561 – c

562 – c

563 – b

564 – b

565 – d

566 – b

567 – d

568 – d

569 – e

570 – a

571 – a

572 – e

573 – a

574 – b

575 – e

576 – a

577 – b

578 – d

579 – b

580 – a

581 – c

582 – b

583 – a

584 – a) V
b) F
c) V
d) V
e) V

585 – b

586 – b

587 – e

588 – e

589 – d

590 – a

591 – a

592 – b

593 – e

594 – d

595 – c

596 – d

597 – b

598 – c

599 – b

600 – c

601 – b

602 – e

603 – d

604 – b

605 – b

606 – b

MISCELÂNIA

1) (UFF) A figura a seguir representa duas circunferências C e C’ de mesmo raio r.

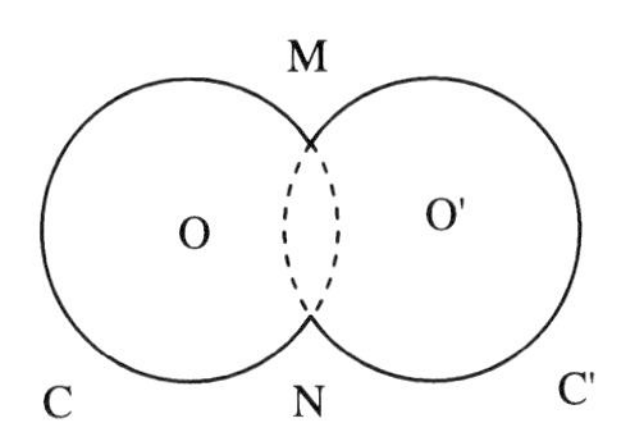

Se o segmento MN é o lado comum de hexágonos regulares inscritos em C e C’, então o perímetro da região sombreada é:

a) $10 \pi r / 3$

b) $\pi r / 3$

c) $2 \pi r / 3$

d) $4 \pi r$

e) $2 \pi r$

2) (CESGRANRIO) O gráfico a seguir representa o resultado da eleição para governador do Estado do Rio de Janeiro.

Brizola: 47%

Brancos e nulos: 22%

Bittar: 14%

Nelson: 10%

Ronaldo: 6%

Jussara: 1%

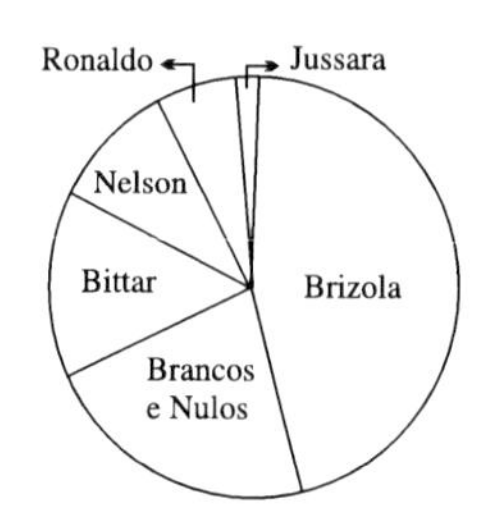

Sabendo que, no gráfico, a votação de cada candidato é proporcional à área do setor que o representa, podemos afirmar que o ângulo central do setor do candidato Bittar é de:

a) 14°

b) 25°

c) 50° 24'

d) 57° 36'

e) 60° 12'

3) (UNIRIO) As retas r_1 e r_2 são paralelas. O valor do ângulo α, apresentado na figura a seguir, é:

a) 40°

b) 45°

c) 50°

d) 65°

e) 130°

4) (UFF) O triângulo MNP é tal que ângulo M = 80°e ângulo P = 60°.

A medida do ângulo formado pela bissetriz do ângulo interno N com a bissetriz do ângulo externo P é:

a) 20°

b) 30°

c) 40°

d) 50°

e) 60°

5)(UNIRIO)

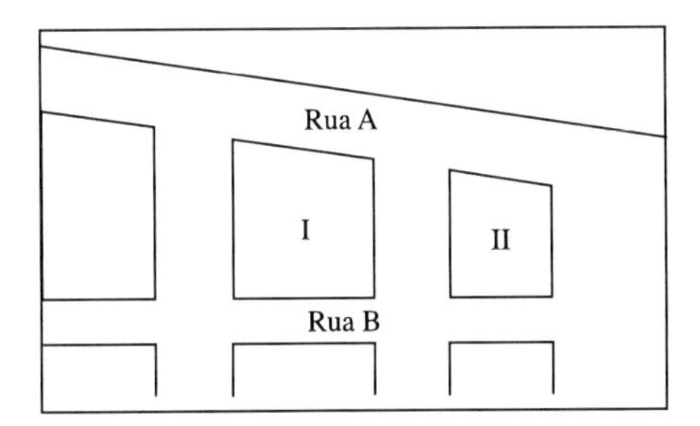

No desenho anterior apresentado, as frentes para a rua A dos quarteirões I e II medem, respectivamente, 250m e 200m, e a frente do quarteirão I para a rua B mede 40m a mais do que a frente do quarteirão II para a mesma rua. Sendo assim, pode-se afirmar que a medida, em metros, da frente do menor dos dois quarteirões para a rua B é:

a) 160

b) 180

c) 200

d) 220

e) 240

6) (CESGRANRIO) ABCDE é um pentágono regular convexo. O ângulo das diagonais AC e AD vale:

a) 30°

b) 36°

c) 45°

d) 60°

e) 72°

7) (UNIRIO) Numa circunferência de 16cm de diâmetro, uma corda $\overline{AB}$ é projetada ortogonalmente sobre o diâmetro $\overline{BC}$. Sabendo-se que a referida projeção mede 4cm, a medida de $\overline{AB}$, em cm, é igual a:

a) 6

b) 8

c) 10

d) 12

e) 14

8) (CESGRANRIO)

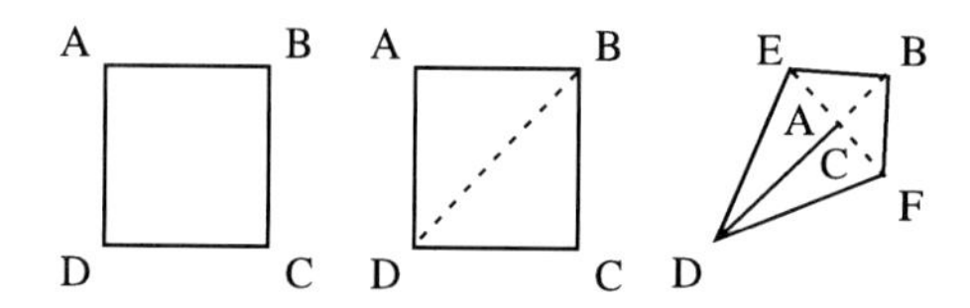

Origami é a arte japonesa das dobraduras de papel. Observe as figuras anteriores, onde estão descritos os passos iniciais para se fazer um passarinho: comece marcando uma das diagonais de uma folha de papel quadrada. Em seguida, faça coincidir os lados AD e CD sobre a diagonal marcada, de modo que os vértices A e C se encontrem. Considerando-se o quadrilátero BEDF da fig.3, pode-se concluir que o ângulo BED mede:

a) 100°

b) 112° 30'

c) 115°

d) 125° 30'

e) 135°

9) (UERJ) Dispondo de canudos de refrigerantes, Tiago deseja construir pirâmides. Para as arestas laterais, usará sempre canudos com 8cm, 10cm e 12cm de comprimento. A base de cada pirâmide será formada por 3 canudos que têm a mesma medida, expressa por um número inteiro, diferente das anteriores.

Veja o modelo a seguir:

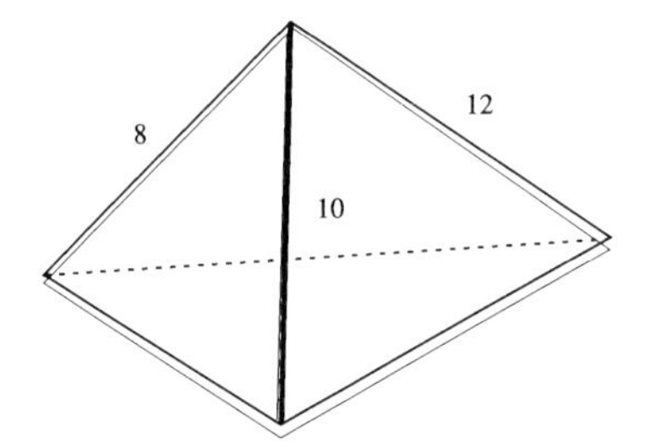

A quantidade de pirâmides de bases diferentes que Tiago poderá construir é:

a) 10

b) 9

c) 8

d) 7

10) (UNIRIO)

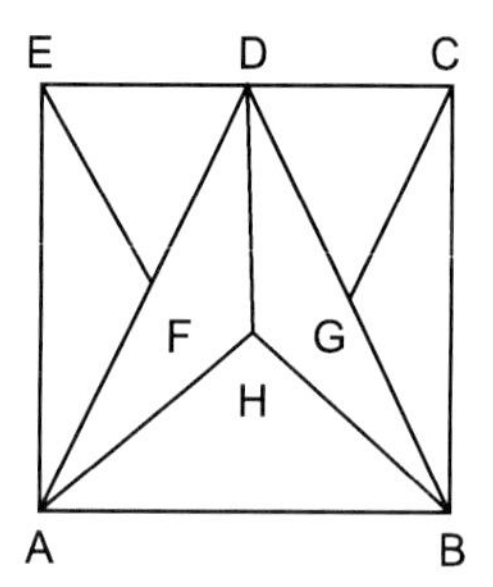

Na figura anterior, o triângulo ABD é equilátero, e seu lado mede 3m. H é o ortocentro, sendo que os pontos F e G são os pontos médios dos lados , respectivamente. Quantos rolos de fita adesiva serão necessários, no mínimo, para cobrir todos os segmentos da figura, se cada rolo possui 1m de fita?

a) 18

b) 20

c) 22

d) 24

e) 26

11) (MACK) Num triângulo retângulo, um cateto é o dobro do outro. Então a razão entre o maior e o menor dos segmentos determinados pela altura sobre a hipotenusa é:

a) 2

b) 3

c) 4

d) 3/2

e) $\sqrt{5}$

12) (CESGRANRIO) Certa noite, uma moça, de 1,50m de altura, estava a dois metros de distância de um poste de luz de 4m de altura. O comprimento da sombra da moça no chão era de:

a) 0,75m

b) 1,20m

c) 1,80m

d) 2,40m

e) 3,20m

13) (UFF) Um prédio com a forma de um paralelepípedo retângulo tem 48m de altura. No centro da cobertura desse prédio e perpendicularmente a essa cobertura, está instalado um pára-raios. No ponto Q sobre a reta r – que passa pelo centro da base do prédio e é perpendicular ao seguimento MN – está um observador que avista somente uma parte do pára-raios (ver a figura).

A distância do chão aos olhos do observador é 1,8m e o segmento PQ = 61,6m.

O comprimento da parte do pára-raios que o observador NÃO consegue avistar é:

a) 16m

b) 12m

c) 8m

d) 6m

e) 3m

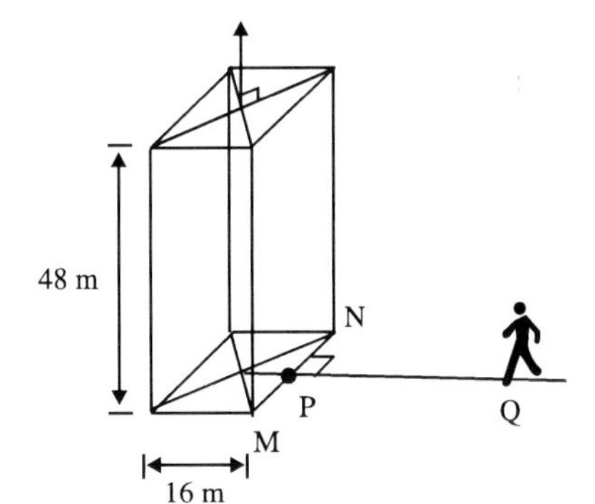

14) (UNIRIO)

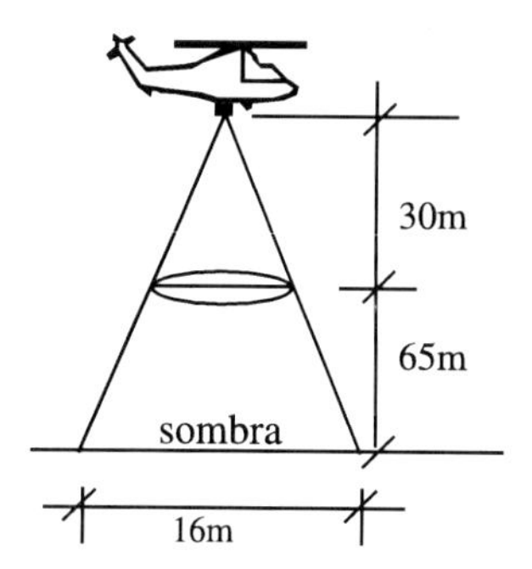

Numa cidade do interior, à noite, surgiu um objeto voador não identificado, em forma de disco, que estacionou a 50m do solo, aproximadamente. Um helicóptero do exército, situado a aproximadamente 30m acima do objeto, iluminou-o com um holofote, conforme mostra a figura anterior. Sendo assim, pode-se afirmar que o raio do disco-voador mede, em m, aproximadamente:

a) 3,0

b) 3,5

c) 4,0

d) 4,5

e) 5,0

15) (UNIRIO) Os lados de um triângulo retângulo estão em progressão aritmética. Sabendo-se que o perímetro mede 57cm, podemos afirmar que o maior cateto mede:

a) 17cm

b) 19cm

c) 20cm

d) 23cm

e) 27cm

16) (UNIRIO) Considere um cilindro eqüilátero de raio R. Os pontos A e B são pontos da secção meridiana do cilindro, sendo A o ponto médio da aresta. Se amarrarmos um barbante esticado do ponto A ao ponto B, sua medida deverá ser:

a) $R\sqrt{5}$

b) $R\sqrt{1+\pi^2}$

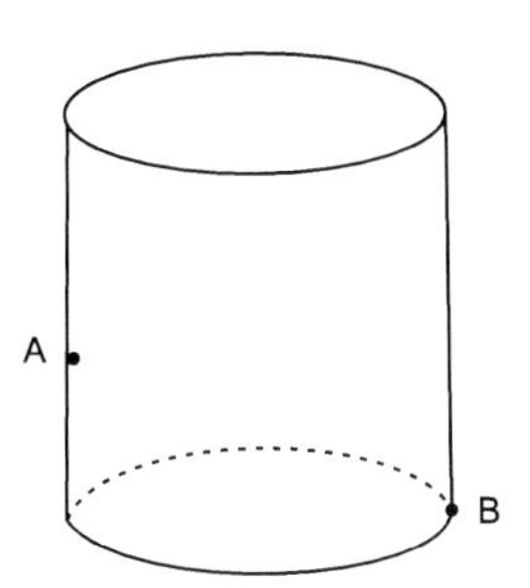

c) $R\sqrt{1+4\pi^2}$

d) $R\sqrt{4+\pi^2}$

e) $2R\sqrt{2}$

17) (UNIRIO) Dado um triângulo retângulo cujos catetos medem 2cm, construímos um segundo triângulo retângulo onde um dos catetos está apoiado na hipotenusa do primeiro e o outro cateto mede 2cm. Construímos um terceiro triângulo com um dos catetos medindo 2cm e o outro apoiado na hipotenusa do segundo triângulo. Se continuarmos a construir triângulos sempre da mesma forma, a hipotenusa do 15º triângulo medirá:

a) 15cm

b) $15\sqrt{2}$cm

c) 14cm

d) 8cm

e) $8\sqrt{2}$cm

18) (CESGRANRIO) As rodas de uma bicicleta, de modelo antigo, têm diâmetros de 110cm e de 30cm e seus centros distam 202cm. A distância entre os pontos de contacto das rodas com o chão é igual a:

a) 198cm

b) 184cm

c) 172cm

d) 160cm

e) 145cm

19) Uma escada medindo 4 metros tem uma de suas extremidades apoiada no topo de um muro, e a outra extremidade dista 2,4m da base do muro. A altura desse muro é:

a) 2,3m

b) 3,0m

c) 3,3m

d) 3,2m

e) 3,8m

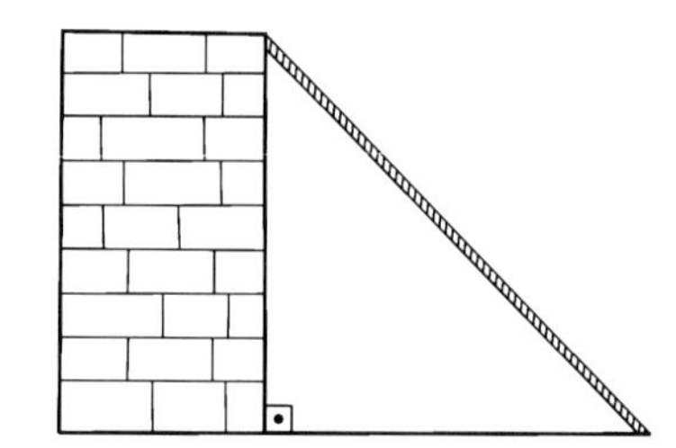

20) Um avião levanta vôo sob um ângulo de 30°. Depois de percorrer 8km, o avião se encontra a uma altura de:

a) 2km

b) 3km

c) 4km

d) 5km

e) 6km

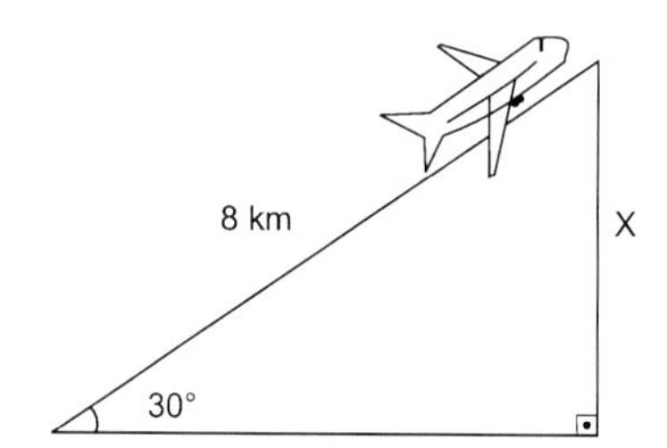

21) (Escola Técnica Federal - RJ) A área do triângulo retângulo no qual a medida da hipotenusa é 13cm e a de um dos catetos é 5cm é igual a:

a) $128cm^2$

b) $65cm^2$

c) $30cm^2$

d) $39cm^2$

e) $60cm^2$

22)(UFRJ) Na figura, o triângulo AEC é equilátero e ABCD é um quadrado de lado 2cm.

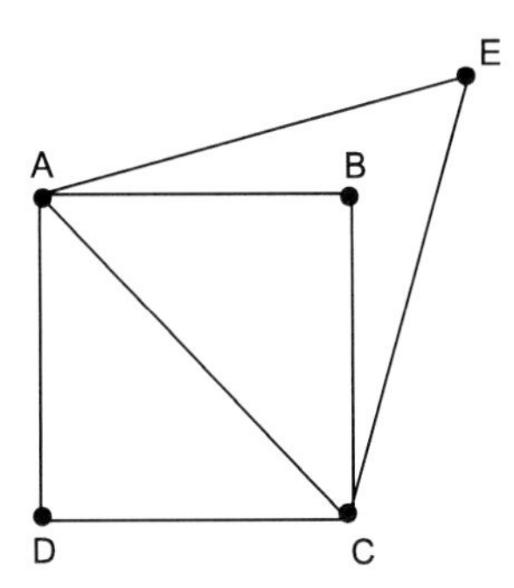

Calcule a distância BE:

23) (UERJ)

Millôr Fernandes, em uma bela homenagem à Matemática, escreveu um poema do qual extraímos o fragmento a seguir:

Às folhas tantas de um livro de Matemática,
um Quociente apaixonou-se um dia doidamente
por uma Incógnita.
Olhou-a com seu olhar inumerável
e viu-a do ápice à base: uma figura ímpar;
olhos rombóides, boca trapezóide,
corpo retangular, seios esferóides.
Fez da sua uma vida paralela à dela,
até que se encontraram no Infinito.
"Quem és tu?" - indagou ele em ânsia radical.
Sou a soma dos quadrados dos catetos.
Mas pode me chamar de hipotenusa."

(Millôr Fernandes. Trinta Anos de Mim Mesmo.)

A Incógnita se enganou ao dizer quem era. Para atender ao Teorema de Pitágoras, deveria dar a seguinte resposta:

a) "Sou a soma dos catetos. Mas pode me chamar de hipotenusa."

b) "Sou o quadrado da soma dos catetos. Mas pode me chamar de hipotenusa."

c) "Sou o quadrado da soma dos catetos. Mas pode me chamar de quadrado da hipotenusa."

d) "Sou a soma dos quadrados dos catetos. Mas pode me chamar de quadrado da hipotenusa."

24) (UNIRIO)

Na figura a seguir, o valor da secante do ângulo interno C é igual a:

a) 5/3

b) 4/3

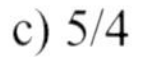
c) 5/4

d) 7/6

e) 4/5

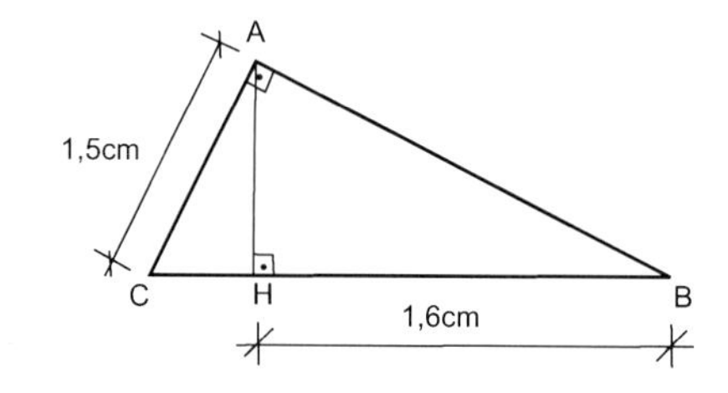

25) (Enem) A sombra de uma pessoa que tem 1,80m de altura mede 60cm. No mesmo momento, a seu lado, a sombra projetada de um poste mede 2,00m. Se, mais tarde, a sombra do poste diminuiu 50cm, a sombra da pessoa passou a medir:

a) 30cm

b) 45cm

c) 50cm

d) 80cm

e) 90cm

26) (UFF) A razão entre o lado do quadrado inscrito e o lado do quadrado circunscrito em uma circunferência de raio R é:

a) 1/3

b) 1/2

c) $\sqrt{3}/3$

d) $\sqrt{2}/2$

e) $\sqrt{2}$

27) (Escola Técnica Federal - RJ) Sejam 20cm e 30cm, respectivamente, os perímetros dos dois polígonos semelhantes e x e y dois de seus lados homólogos, se x = 6cm. O valor de y será

a) 3cm

b) 4cm

c) 9cm

d) 10,5cm

e) 5,2cm

28) (CESGRANRIO)

No quadrilátero ABCD da figura anterior, são traçadas as bissetrizes CM e BN, que formam entre si o ângulo α. A soma dos ângulos internos A e D desse quadrilátero corresponde a:

a) $\alpha/4$

b) $\alpha/2$

c) α

d) 2α

e) 3α

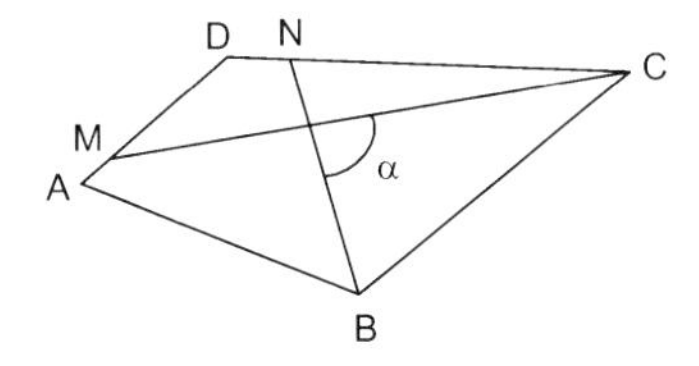

29) (UERJ) Ao observar, em seu computador, um desenho como o apresentado a seguir, um estudante pensou tratar-se de uma curva.

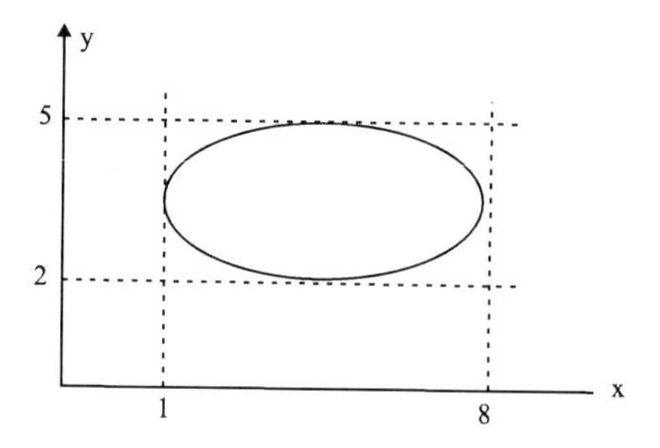

Porém, após aumentar muito a figura, verificou que a tal "curva" era, de fato, um polígono, com o menor perímetro possível, formado por uma quantidade finita de lados, todos paralelos ao eixo x ou ao eixo y. Verificou ainda que esse polígono possuía um lado em cada uma das seguintes retas: $x = 1$, $x = 8$, $y = 2$ e $y = 5$.

Se foi utilizada a mesma unidade de comprimento em ambos os eixos, a medida do perímetro desse polígono é:

a) 10

b) 13

c) 18

d) 20

30)(Escola Técnica Federal - RJ) Quando o comprimento de uma circunferência aumenta de 8cm para 14cm o raio da circunferência aumenta de:

a) $\pi/6$ cm

b) $3/\pi$ cm

c) $\pi/3$ cm

d) 1,5 cm

e) 3 cm

31)(CESGRANRIO) Na figura a seguir, AB = 8cm, BC = 10cm, AD = 4cm e o ponto O é o centro da circunferência. O perímetro do triângulo AOC mede, em cm:

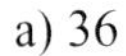
a) 36

b) 45

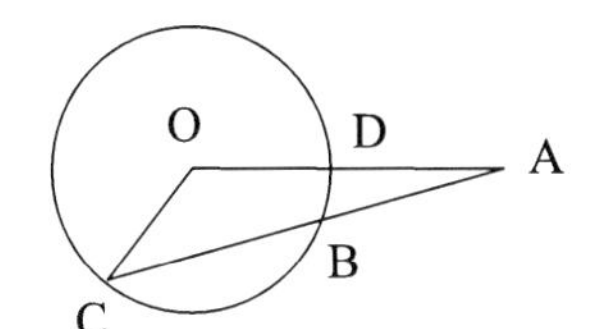

c) 48

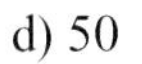
d) 50

e) 54

32) (FEI) Na figura a seguir, ABC é um triangula equilátero com área de $16cm^2$. M, N e P são pontos médios dos lados deste triângulo. A área, em cm^2, do quadrilátero AMPN é:

a) 4

b) 8

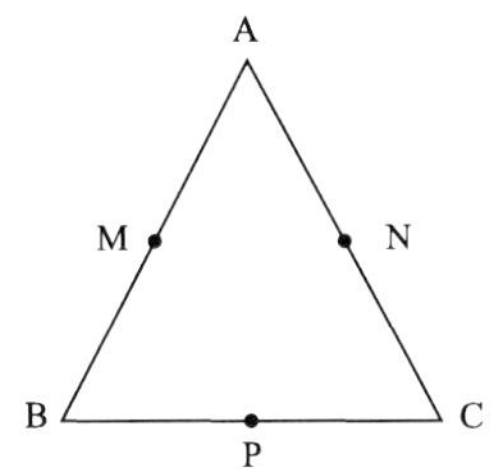

c) 6

d)10

e)12

33) (Escola Técnica Federal - RJ) O perímetro de um hexágono regular inscrito em um círculo de $25\pi cm^2$ de área é igual a

a) 150cm

b) 75cm

c) 25cm

d) 15cm

e) 30cm

34)(UNIRIO) Um carimbo com o símbolo de uma empresa foi encomendado a uma fábrica. Ele é formado por um triângulo eqüilátero que está inscrito numa circunferência e que circunscreve um hexágono regular. Sabendo-se que o lado do triângulo deve medir 3cm, então a soma das medidas, em cm, do lado do hexágono com a do diâmetro da circunferência deve ser:

a) 7

b) $1 + 2\sqrt{3}$

c) $2\sqrt{3}$

d) $1 + \sqrt{3}$

e) 77/32

35)(CESGRANRIO) ABCD é um paralelogramo e M é o ponto médio do lado AB. As retas CM e BD dividem o paralelogramo em quatro partes. Se a área do paralelogramo é 24, as áreas de I, II, III e IV são, respectivamente, iguais a:

a) 10, 8, 4 e 2.

b) 10, 9, 3 e 2.

c) 12, 6, 4 e 2.

d) 16, 4, 3 e 1.

e) 17, 4, 2 e 1.

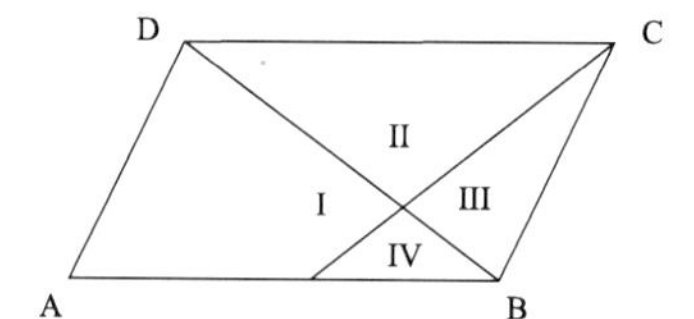

36) (CESGRANRIO) Um triângulo tem lados 20, 21 e 29. O raio da circunferência a ele circunscrita vale:

a) 8

b) 8,5

c) 10

d) 12,5

e) 14,5

37) (CESGRANRIO)

O polígono a seguir, em forma de estrela, tem todos os lados iguais a 1cm e todos os ângulos iguais a 60° ou 240°. Sua área é:

a) $3cm^2$

b) $3\sqrt{3}\,cm^2$

c) $6cm^2$

d) $6\sqrt{3}\,cm^2$

e) $9cm^2$

38) (CESGRANRIO) OPQ é um quadrante de círculo, no qual foram traçados semicírculos de diâmetros OP e OQ. Determine o valor da razão das áreas hachuradas, a/b:

a) $1/\sqrt{2}$

b) 1/2

c) $\pi/4$

d) 1

e) $\pi/3$

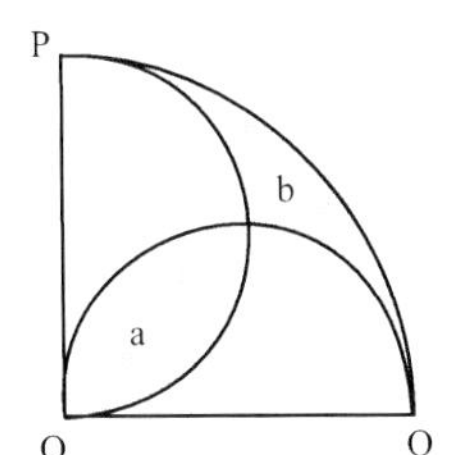

39) (UNIRIO) Uma placa de cerâmica com uma decoração simétrica, cujo desenho está na figura a seguir, é usada para revestir a parede de um banheiro. Sabendo-se que cada placa é um quadrado de 30cm de lado, a área da região hachurada é:

a) $900 - 125\pi$

b) $900\,(4 - \pi)$

c) $500\pi - 900$

d) $500\pi - 225$

e) $225\,(4 - \pi)$

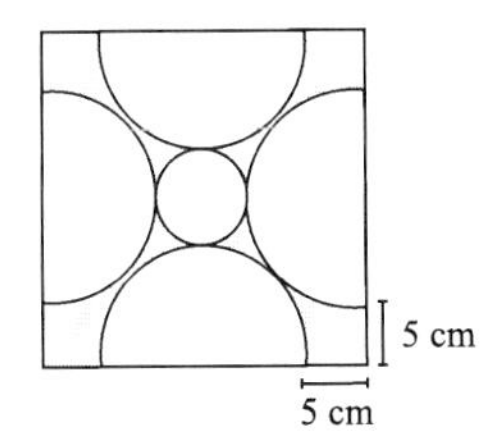

40) (FGV) Na figura a seguir têm-se $\overline{AB}$ é paralela a CD, AB = 6cm, AD = 4cm e os ângulos internos de vértices A e B têm as medidas indicadas. A área do quadrilátero ABCD, em centímetros quadrados, é:

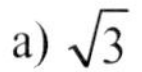
a) $\sqrt{3}$

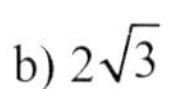
b) $2\sqrt{3}$

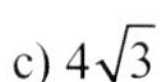
c) $4\sqrt{3}$

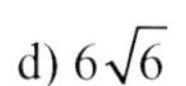
d) $6\sqrt{6}$

e) $8\sqrt{3}$

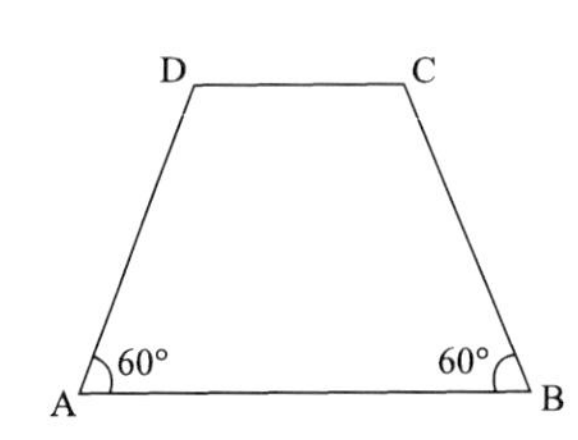

41) (CESGRANRIO) Um cavalo deve ser amarrado a uma estaca situada em um dos vértices de um pasto, que tem a forma de um quadrado cujo lado mede 20m. Para que ele possa pastar em 20% da área total do pasto, o comprimento da corda que o prende à estaca deve ser de, aproximadamente:

a) 1m

b) 2m

c) 5m

d) 8m

e) 10m

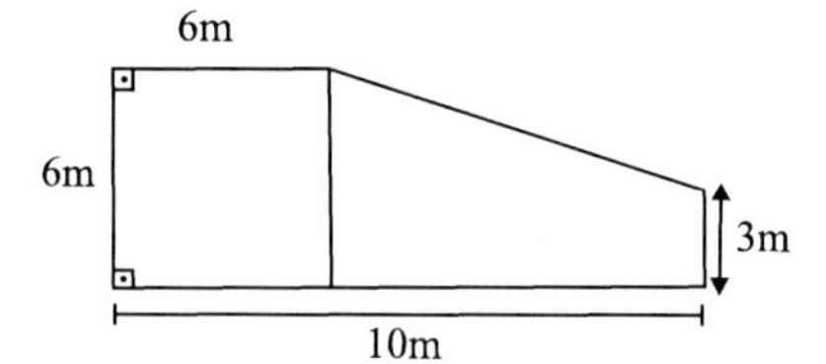

42) (Faculdade Oswaldo Cruz) Para pintar a parede indicada, com certa tinta, gasta-se uma lata pequena de tinta para cada 3,6m². Para pintar a parede inteira o número de latas necessário é:

a) 12

b) 15

c) 11

d) 1,5

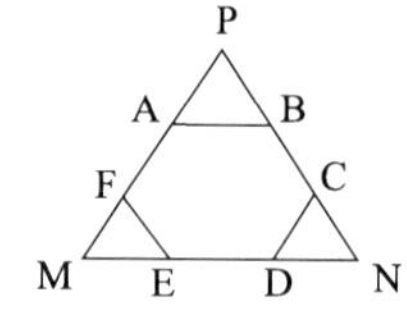

43) (Fac. Oswaldo Cruz) No triângulo MNP o lado MN mede 12cm. A área do hexágono regular ABCDEF inscrito no triângulo, conforme a figura, é, em cm^2:

a) 12

b) 24

c) 48

d) 72

44) (Faculdade Oswaldo Cruz) Um triângulo tem lados 3x, 4x e 5x e sua área é 48. O valor de x é:

a) $\sqrt{2}$

b) $2\sqrt{2}$

c) 2

d) $\sqrt{2}/2$

45) (Escola Técnica Federal - RJ) A área do triângulo retângulo no qual a medida da hipotenusa é 13cm e a de um dos catetos é 5cm é igual a:

a) $128cm^2$

b) $65cm^2$

c) $30cm^2$

d) $39cm^2$

e) $60cm^2$

46)(UNIRIO)

A área da região hachurada vale:

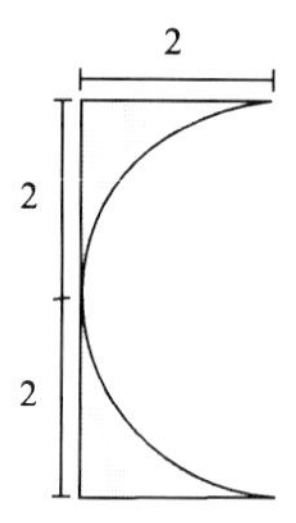

a) 12 – 2

b) 16 – 2

c) 9 –

d) 8 – 2 π

e) 4 – π

47) (CESGRANRIO) No futebol de salão, a área de meta é delimitada por dois segmentos de reta (de comprimento de 11m e 3m) e dois quadrantes de círculos (de raio 4m), conforme a figura. A superfície da área de meta mede, aproximadamente:

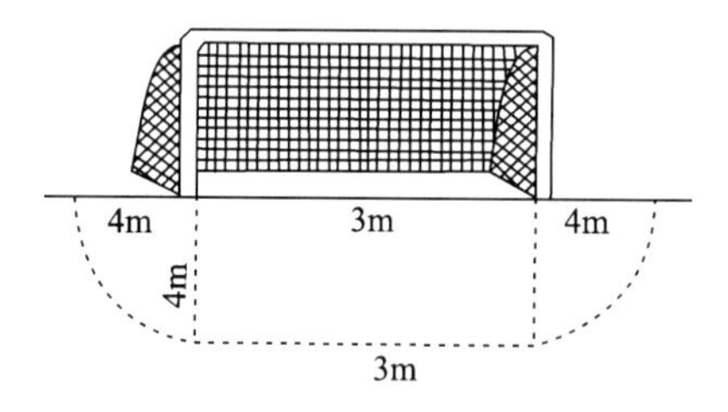

a) 25m^2

b) 34m^2

c) 37m^2

d) 41m^2

e) 61m^2

48) (UFF) Considere o triângulo PMN, retângulo em M, representado na figura a seguir.

A área, em cm^2, do triângulo obtido, unindo-se os pontos médios de PM, MN e NP é:

a) 4

b) 6

c) 12

d) 20

e) 24

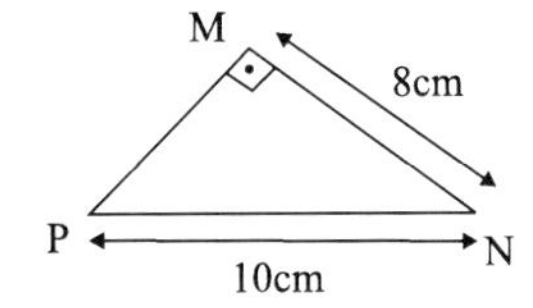

49) (CESGRANRIO) Os pontos A, B e C pertencem a uma circunferência de centro 0. Sabe-se que BC = 5cm, AC = 10cm e que os pontos A e B são diametralmente opostos. A área do círculo determinado por esta circunferência, em cm^2, é igual a:

a) $125\pi/8$

b) $125\pi/4$

c) $125\pi/2$

d) 125π

e) 250π

50)(UNIRIO)

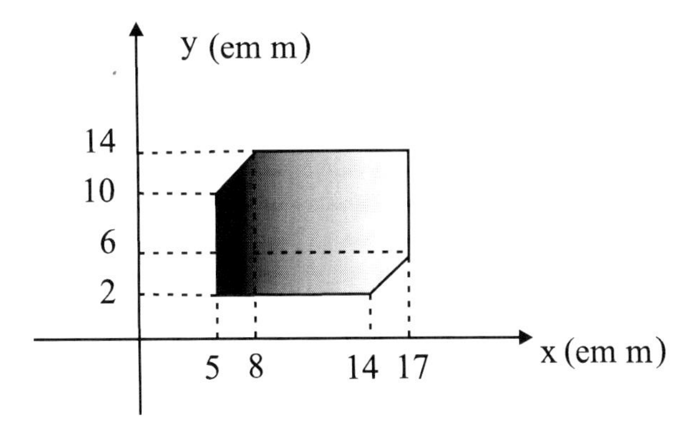

A área da figura hachurada é:

a) $100m^2$

b) $132m^2$

c) $140m^2$

d) $144m^2$

e) $156\ m^2$

51) (CESGRANRIO)

Na figura anterior vemos uma "malha" composta de 55 retângulos iguais. Em três dos nós da malha são marcados os pontos A, B e C, vértices de um triângulo. Considerando-se a área S de cada retângulo, a área do triângulo ABC pode ser expressa por:

a) 4 S

b) 6 S

c) 12 S

d) 18 S

e) 24 S

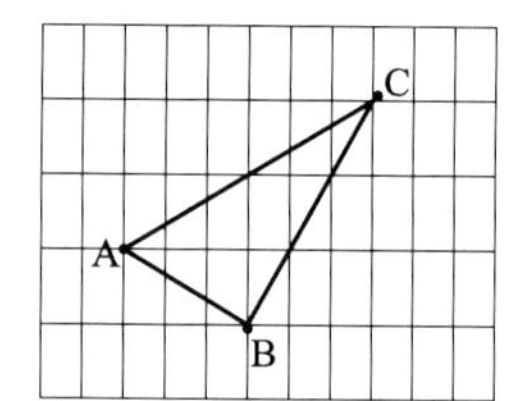

52) (UERJ)

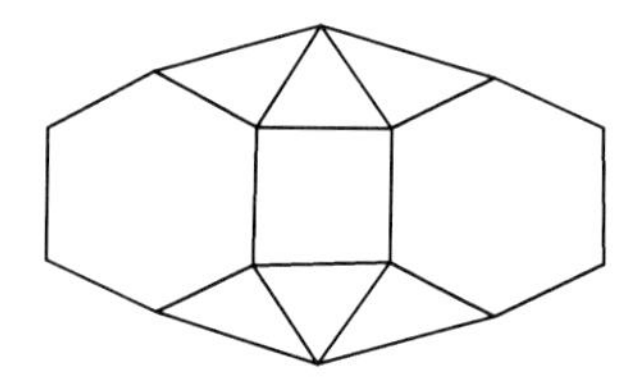

O decágono da figura anterior foi dividido em 9 partes: 1 quadrado no centro, 2 hexágonos regulares e 2 triângulos eqüiláteros, todos com os lados congruentes ao do quadrado, e mais 4 outros triângulos.

Sendo T a área de cada triângulo equilátero e Q a área do quadrado, pode-se concluir que a área do decágono é equivalente a:

a) 14 T + 3 Q

b) 14 T + 2 Q

c) 18 T + 3 Q

d) 18 T + 2 Q

53) (UERJ) A superfície de uma esfera pode ser calculada através da fórmula: $4.\pi.R^2$, onde R é o raio da esfera. Sabe-se que 3/4 da superfície do planeta Terra são cobertos por água e 1/3 da superfície restante é coberto por desertos. Considere o planeta Terra esférico, com seu raio de 6.400km e use π igual a 3.

A área dos desertos, em milhões de quilômetros quadrados, é igual a:

a) 122,88

b) 81,92

c) 61,44

d) 40,96

54)(UERJ)

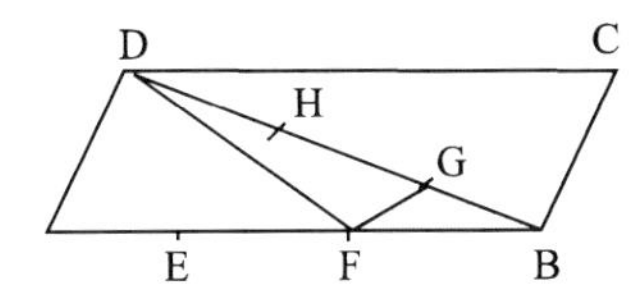

O paralelogramo ABCD teve o lado (AB) e a sua diagonal (BD) divididos, cada um, em três partes iguais, respectivamente, pelos pontos {E,F} e {G,H}. A área do triângulo FBG é uma fração da área do paralelogramo (ABCD).

A seqüência de operações que representa essa fração está indicada na seguinte alternativa:

a) 1/2 . 1/3 . 1/3

b) 1/2 + 1/3 . 1/3

c) 1/2 . (1/3 + 1/3)

d) 1/2 + 1/3 + 1/3

55) (UERJ) Observe as regiões hachuradas do plano cartesiano, que correspondem aos pontos que satisfazem ao sistema de inequações a seguir:

$$\begin{cases} y \leq x+1 \\ y \geq -x \\ x^2+y^2 \leq 4 \\ x.y \leq 0 \end{cases}$$

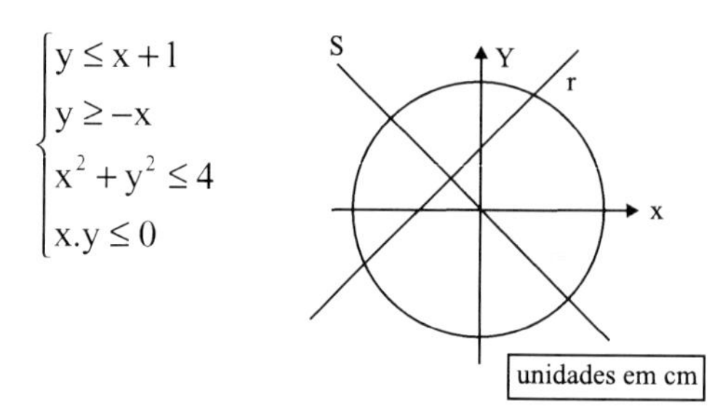

Calcule:

a) o ângulo formado entre as retas r e s.

b) a área total das regiões hachuradas.

56)(UERJ) Observe a figura I, onde ABC é um triângulo retângulo e {r,s,t,u} é um feixe de retas paralelas eqüidistantes.

A figura I foi dobrada na reta (t), conforme ilustra a figura II.

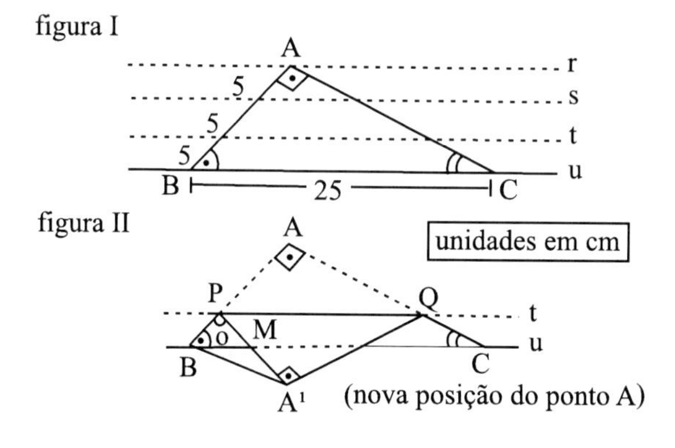

Calcule:

a) a área do triângulo A'BM, hachurado.

b) o seno do ângulo θ = BPA'.

57) (UFRJ) Um arquiteto projetou um salão quadrangular 10m x 10m. Ele dividiu o salão em dois ambientes I e II através de um segmento de reta passando pelo ponto B e paralelo a uma das diagonais do salão, conforme mostra a figura a seguir:

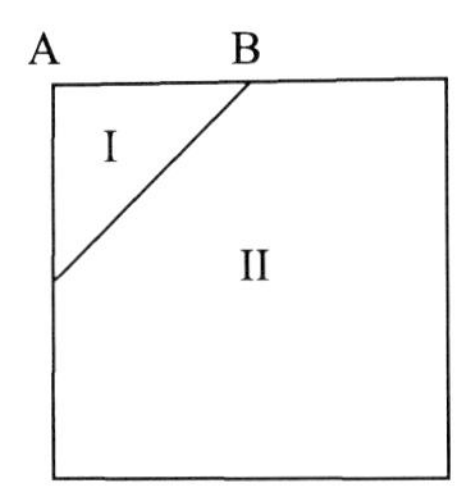

A área do ambiente I é a sétima parte da área do ambiente II.

Calcule a distância entre os pontos A e B:

58)(UFRJ) Na figura a seguir, R é um ponto pertencente ao lado AB e S um ponto pertencente ao lado AC. Sejam b a medida de AC, c a medida de AB, p a medida de AR e q a medida de AS.

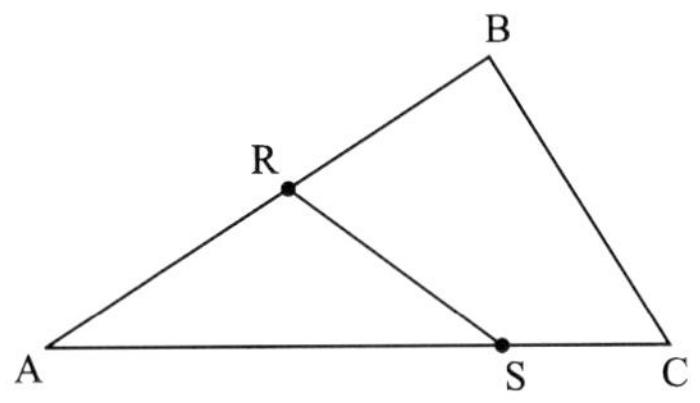

Mostre que a razão entre as áreas dos triângulos ARS e ABC vale pq/bc:

59) (UFRJ) Na figura a seguir o quadrado ABCD tem lado 6. Q1, Q2, Q3 e Q4 são quadrados de lado x. A região hachurada tem área 16. Determine x:

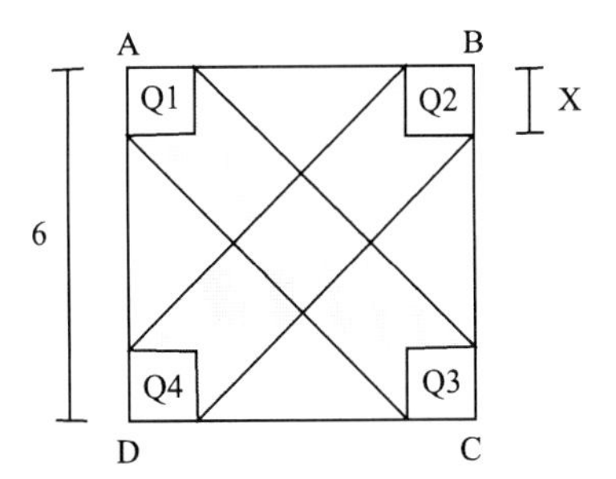

60)(UFRJ) No círculo a seguir, a figura é formada a partir de semicircunferências e AC = CD = DE = EB.

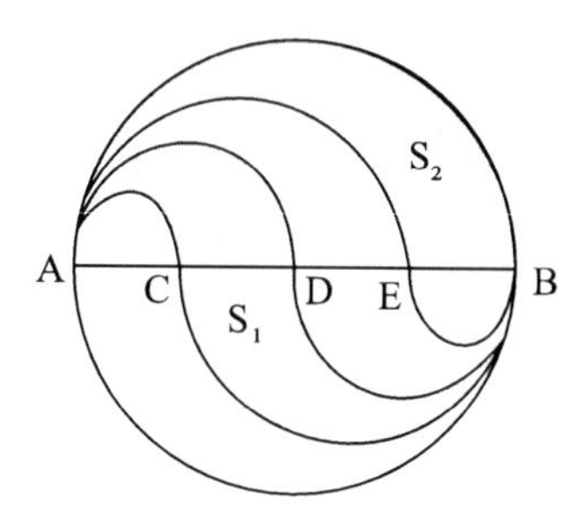

Determine S_1/S_2, a razão entre as áreas hachuradas:

61)(CESGRANRIO) No cubo da figura, o ângulo entre AD e AF vale:

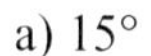

a) 15°

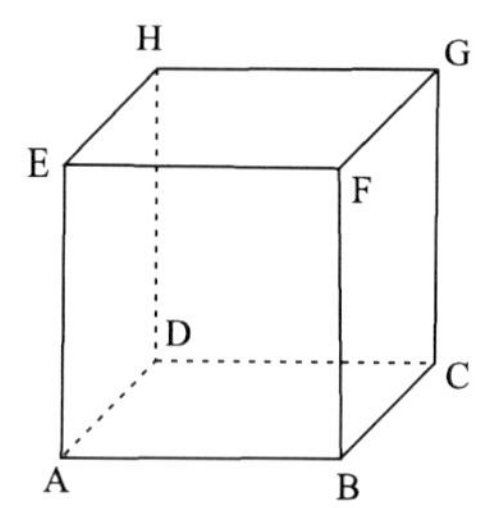

b) 30°

c) 45°

d) 60°

e) 90°

62) (UFF) Marque a opção que indica quantos pares de retas reversas são formados pelas retas suportes das arestas de um tetraedro.

a) Um par.

b) Dois pares.

c) Três pares.

d) Quatro pares.

e) Cinco pares.

63) (UFRJ) Na figura a seguir, A não pertence ao plano determinado pelos pontos B, C e D. Os pontos E, F, G e H são os pontos médios dos segmentos AB, BC, CD e DA, respectivamente.

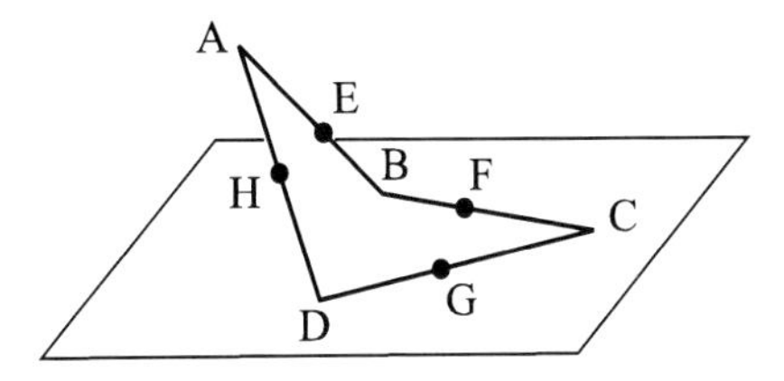

Prove que EFGH é um paralelogramo:

64) (CESGRANRIO) Se a diagonal de uma face de um cubo mede $5\sqrt{2}$, então o volume desse cubo é:

a) $600\sqrt{3}$

b) 625

c) 225

d) 125

e) $100\sqrt{3}$

65) (UNIRIO)

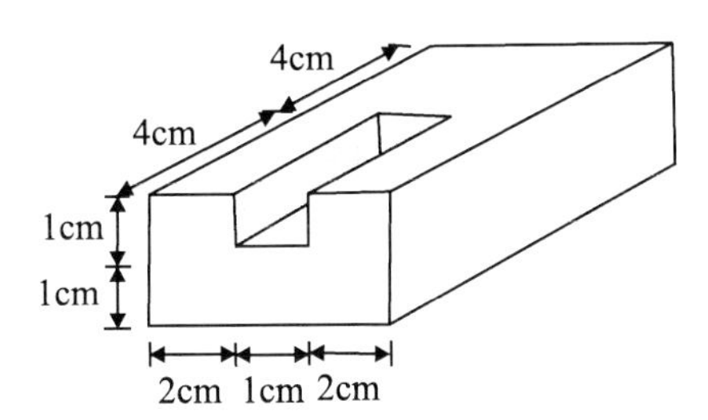

Na fabricação da peça acima, feita de um único material que custa R$ 5,00 o cm^3, deve-se gastar a quantia de:

a) R$ 400,00

b) R$ 380,00

c) R$ 360,00

d) R$ 340,00

e) R$ 320,00

66) (UNIRIO) Um prisma de altura H e uma pirâmide têm bases com a mesma área. Se o volume do prisma é a metade do volume da pirâmide, a altura da pirâmide é:

a) H/6

b) H/3

c) 2H

d) 3H

e) 6H

67) (CESGRANRIO) Uma pirâmide quadrangular regular tem todas as arestas iguais a x. O volume dessa pirâmide é:

a) $(x^3\sqrt{2})/3$

b) $(x^3\sqrt{2})/6$

c) $(x^3\sqrt{3})/2$

d) $(x^3\sqrt{3})/6$

e) x^3

68) (CESGRANRIO) Uma folha de papel colorido, com a forma de um quadrado de 20cm de lado, será usada para cobrir todas as faces e a base de uma pirâmide quadrangular regular com altura de 12cm e apótema da base medindo 5cm. Após se ter concluído essa tarefa, e levando-se em conta que não houve desperdício de papel, a fração percentual que sobrará dessa folha de papel corresponde a:

a) 20 %

b) 16 %

c) 15 %

d) 12 %

e) 10 %

69) (UNIRIO)

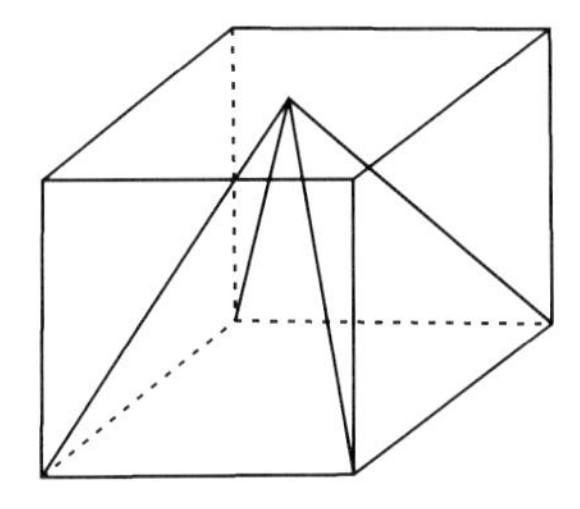

Uma pirâmide está inscrita num cubo, como mostra a figura anterior. Sabendo-se que o volume da pirâmide é de 6m^3, então, o volume do cubo, em m^3, é igual a:

a) 9

b) 12

c) 15

d) 18

e) 21

70) (CESGRANRIO) Um salame tem a forma de um cilindro reto com 40cm de altura e pesa 1kg. Tentando servir um freguês que queria meio quilo de salame, João cortou um pedaço, obliquamente, de modo que a altura do pedaço varia entre 22cm e 26cm. O peso do pedaço é de:

a) 600g

b) 610g

c) 620g

d) 630g

e) 640g

71) (CESGRANRIO) Um recipiente com a forma de um cilindro reto, cujo diâmetro da base mede 40cm e altura $100/\pi$cm, armazena um certo líquido, que ocupa 40% de sua capacidade. O volume do líquido contido nesse recipiente é, em litros, aproximadamente, igual a:

a) 16

b) 18

c) 20

d) 30

e) 40

72) (CESGRANRIO) No desenho a seguir, dois reservatórios de altura H e raio R, um cilíndrico e outro cônico, estão totalmente vazios e cada um será alimentado por uma torneira, ambas de mesma vazão. Se o reservatório cilíndrico leva 2 horas e meia para ficar completamente cheio, o tempo necessário para que isto ocorra com o reservatório cônico será de:

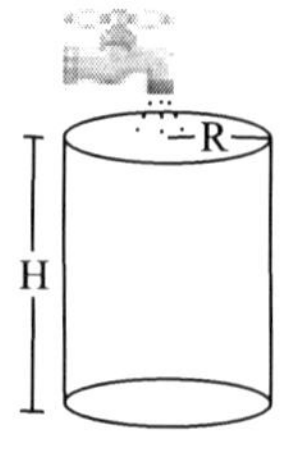

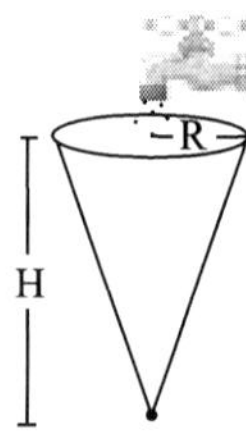

a) 2h

b) 1h e 30min

c) 1h

d) 50min

e) 30min

73) (UFF) Na figura estão representados três sólidos de mesma altura h - um cilindro, uma semi-esfera e um prisma - cujos volumes são V_1, V_2 e V_3, respectivamente.

A relação entre V_1, V_2 e V_3 é:

a) $V_3 < V_2 < V_1$

b) $V_2 < V_3 < V_1$

c) $V_1 < V_2 < V_3$

d) $V_3 < V_1 < V_2$

e) $V_2 < V_1 < V_3$

74) (UFRJ) Ping Oin recolheu 4,5m³ de neve para construir um grande boneco de 3m de altura, em comemoração à chegada do verão no Pólo Sul.

O boneco será composto por uma cabeça e um corpo ambos em forma de esfera, tangentes, sendo o corpo maior que a cabeça, conforme mostra a figura a seguir.

Para calcular o raio de cada uma das esferas, Ping Oin aproximou π por 3.

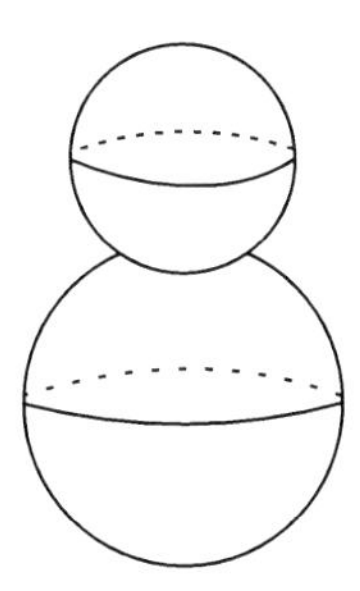

Calcule, usando a aproximação considerada, os raios das duas esferas:

75) (UERJ)

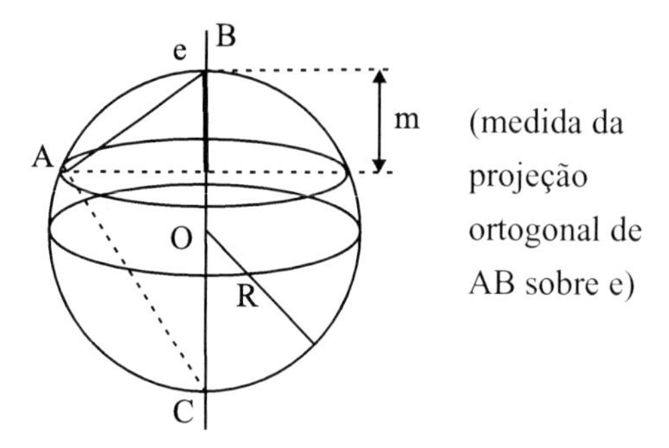

Na figura anterior, há um círculo de raio R e uma reta (e) que contém o seu centro – ambos do mesmo plano. Fez-se uma rotação de uma volta desse círculo ao redor da reta (e). O menor arco AB nele assinalado descreveu a superfície de uma calota esférica, cuja área pode ser calculada através da fórmula $2\pi Rm$, sendo m a projeção ortogonal do arco AB sobre a reta (e).

a) Calcule o comprimento da corda AB, do círculo original, em função de R e m:

b) Demonstre que a área da calota esférica gerada pelo arco AB é equivalente à área plana limitada por uma circunferência de círculo cujo raio tem a mesma medida da corda AB:

76) (Fatec) Na figura a seguir tem-se : o plano α definido pelas retas c e d, perpendiculares entre si; a reta b, perpendicular a α em A, com $A \in c$; o ponto B, intersecção de c e d. Se X é um ponto de b, $X \notin \alpha$, então a reta s, definida por X e B,

a) é paralela à reta c.

b) é paralela à reta b.

c) está contida no plano α.

d) é perpendicular à reta d.

e) é perpendicular à reta b.

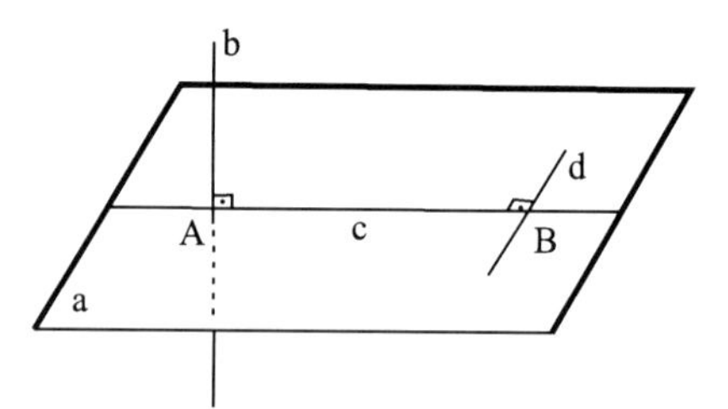

77) (UNIRIO) O volume do sólido gerado pela rotação completa da figura a seguir, em torno do eixo e é, em cm^3:

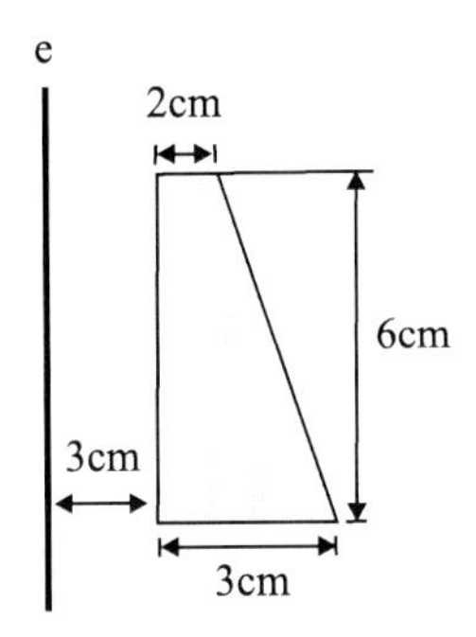

a) 38π

b) 54π

c) 92π

d) 112π

78) (CESGRANRIO) Um poliedro convexo tem 14 vértices. Em 6 desses vértices concorrem 4 arestas, em 4 desses vértices concorrem 3 arestas e, nos demais vértices, concorrem 5 arestas. O número de faces desse poliedro é igual a:

a) 16

b) 18

c) 24

d) 30

e) 44

79) (UNIRIO) Um geólogo encontrou, numa de suas explorações, um cristal de rocha no formato de um poliedro, que satisfaz a relação de Euler, de 60 faces triangulares. O número de vértices deste cristal é igual a:

a) 35

b) 34

c) 33

d) 32

e) 31

80) (CESGRANRIO) Considere o poliedro regular, de faces triangulares, que não possui diagonais. a soma dos ângulos das faces desse poliedro vale, em graus:

a) 180

b) 360

c) 540

d) 720

e) 900

81) (CESGRANRIO) Um poliedro convexo é formado por 4 faces triangulares, 2 faces quadrangulares e 1 face hexagonal. O número de vértices desse poliedro é de:

a) 6

b) 7

c) 8

d) 9

e) 10

82) (AFA) Seja ABC um triângulo retângulo em A, circunscrito por uma circunferência de raio **r**, e $A\hat{B}C = x$. A razão entre a área do triângulo e o quadrado da metade do valor da hipotenusa é:

(A) sen 2x

(B) $\frac{\text{sen}^2 x}{2}$

(C) $\frac{\cos^2 x}{2}$

(D) $\frac{\cos 2x}{2}$

83) (AFA) A área total da pirâmide regular de apótema A_2, onde A_1 e 2p são, respectivamente, apótema e perímetro de sua base, é:

(A) $p(A_1 + A_2)$

(B) $\frac{p}{2}(A_1 + A_2)$

(C) $2p(A_1 + A_2)$

(D) $p(A_1 +)$

84) (AFA) A razão entre os volumes de dois cones eqüiláteros de alturas **h** e **2h** é:

(A) 1/2

(B) 1/4

(C) 1/6

(D) 1/8

85) (AFA) Uma aeronave decola, iniciando seu vôo sob um ângulo de 30°, em relação ao solo, mantendo-se sob tal inclinação nos primeiros 500 metros. Em seguida, diminui em 15° o seu ângulo de inclinação, mantendo-se assim por 1 quilômetro. Logo após, nivela-se até iniciar a aterrissagem. Qual é, aproximadamente, a altura dessa aeronave, em metros, em relação ao solo, durante o seu vôo nivelado?

(A) 400 (C) 600

(B) 500 (D) 700

86) (AFA) Corta-se um pedaço de arame de comprimento 98cm em duas partes. Com uma, faz-se um quadrado, com a outra, um retângulo com base e altura na razão de 3 para 2. Se a soma das áreas compreendidas pelas duas figuras for mínima, o comprimento, em cm, do arame destinado à construção do quadrado será:

(A) 36

(B) 48

(C) 50

(D) 54

87) (AFA) O pentágono ABCDE está inscrito em uma circunferência de centro O. Se o ângulo $A\hat{O}B$ mede 40°, então, a soma dos ângulos $B\hat{C}D$ e , em graus, é:

(A) 144

(B) 180

(C) 200

(D) 214

88) (AFA) Dois vértices de um triângulo eqüilátero pertencem a dois lados de um quadrado cuja área é $1m^2$. Se o terceiro vértice do triângulo coincide com um dos vértices do quadrado, então, a área do triângulo, em m^2, é:

(A) $2\sqrt{3} - 1$

(B) $2\sqrt{3} + 1$

(C) $-3 + 2\sqrt{3}$

(D) $3 + 2\sqrt{3}$

89)(AFA) Seja ABCD um quadrado, ABE um triângulo eqüilátero e E um ponto interior ao quadrado. O ângulo $A\hat{E}D$ mede, em graus:

(A) 55 (C) 75

(B) 60 (D) 90

90) (AFA) Seja o triângulo eqüilátero DEF, inscrito no triângulo isósceles ABC, com $\overline{AB} = \overline{AC}$ e DE paralelo a BC. Tomando-se $A\hat{D}E = \alpha$, $C\hat{E}F = \beta$ e $D\hat{F}B = \gamma$ pode-se afirmar que:

(A) $\alpha + \beta = 2\gamma$

(B) $\gamma + \beta = 2\alpha$

(C) $2\alpha + \gamma$

(D) $\beta + 2\gamma = 3\alpha$

91) (AFA) A intersecção de 3 superfícies esféricas distintas pode ser, somente, ou:

(A) 1 ponto, ou vazia, ou 1 circunferência.

(B) 1 ponto, ou vazia, ou 2 circunferências.

(C) 1 segmento de reta, ou vazia, ou 1 circunferência.

(D) 2 pontos, ou 1 ponto, ou vazia, ou 1 circunferência.

92)(AFA) Qual das afirmações abaixo é verdadeira?

(A) Por uma reta dada pode-se conduzir um plano paralelo a um plano dado.

(B) Se uma reta é paralela a dois planos, então esses planos são paralelos.

(C) Por um ponto qualquer é possível traçar uma reta que intercepta duas retas reversas dadas.

(D) Se duas retas concorrentes de um plano são, respectivamente, paralelas a duas retas de outro plano, então estes planos são paralelos.

93) (AFA) A relação entre o raio da esfera inscrita, e o da esfera circunscrita a um tetraedro regular é:

(A) 1/3

(B) 3/4

(C) 1/4

(D) 2/3

94) (AFA) Seja uma pirâmide de base quadrada com arestas de mesma medida. O arc co-seno do ângulo entre as faces laterais que se interceptam numa aresta é:

(A) –2/3

(B) –1/3

(C) 1/3

(D) 2/3

95) (AFA) Na figura abaixo o perímetro do triângulo equilátero ABC é 72cm, M é o ponto médio de AB e $\overline{CE}$ = 16cm. Então, a medida do segmento CN, em cm, é um sétimo de:

(A) 48.

(B) 49.

(C) 50.

(D) 51.

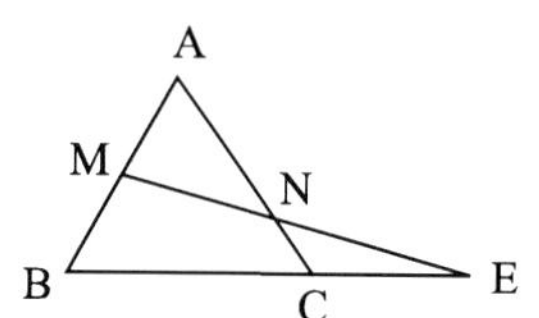

96) (AFA) Na figura abaixo, o lado do quadrado é 1cm. Então, a área da região hachurada, em cm^2, é:

(A) $\frac{\pi}{4}-\frac{1}{2}$

(B) $\frac{\pi}{2}-\frac{1}{2}$

(C) $\frac{\pi}{4}-\frac{1}{4}$

(D) $\frac{\pi}{2}-\frac{1}{4}$

97) (AFA) A área do quadrado menor, da figura abaixo, vale:

(A) $\sqrt{2}$

(B) 2

(C) $\sqrt{5}$

(D) $\sqrt{8}$

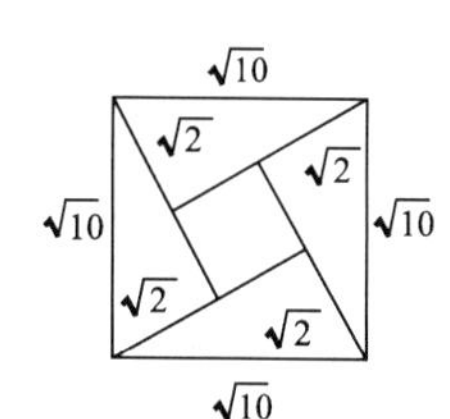

98)(AFA) Considere um triângulo eqüilátero, um quadrado e um hexágono regular, todos com o mesmo perímetro. Sejam A_T, A_Q e A_H as áreas do triângulo, do quadrado e do hexágono, respectivamente. Então, pode-se afirmar que:

(A) $A_T < A_Q < A_H$

(B) $A_T = A_Q = A_H$

(C) $A_T < A_Q$ e $A_Q > A_H$

(D) $A_T < A_Q$ e $A_Q = A_H$

99) (AFA) De 2h 45mim a 4h 35mim, o ponteiro das horas de um relógio percorre, em radianos:

(A) $\frac{11\pi}{36}$

(B) $\frac{\pi}{3}$

(C) $\frac{5\pi}{18}$

(D) $\frac{7\pi}{24}$

100)(AFA) Seja um triângulo com dois de seus lados medindo 2m e 5m e área igual a $3m^2$. Se o ângulo entre esses dois lados do triângulo triplicar, a área do mesmo será aumentada, em quantos m^2?

(A) $\frac{36}{25}$

(B) $\frac{42}{25}$

(C) $\frac{12}{5}$

(D) $\frac{14}{5}$

101) (AFA) O apótema de uma pirâmide regular, com base hexagonal, é $9\sqrt{3}$ cm. Se a sua área lateral é o triplo da área de sua base, então, o seu volume, em cm³, é:

(A) $\dfrac{3\sqrt{323}}{4}$

(B) $\dfrac{81\sqrt{35}}{3}$

(C) $81\sqrt{3}$

(D) $324\sqrt{2}$

102) (AFA) Seja P um ponto interior a um triângulo eqüilátero de lado k, qual o valor de k, sabendo-se que a soma das distâncias de P a cada um dos lados do triângulo é 2?

(A) $\dfrac{2\sqrt{3}}{3}$

(B) $\sqrt{3}$

(C) $\dfrac{4\sqrt{3}}{3}$

(D) $2\sqrt{3}$

103)(AFA) Na figura, O e M são centros das semicircunferências. O perímetro do triângulo **DBC**, quando **AO** = r = 2**AM**, é:

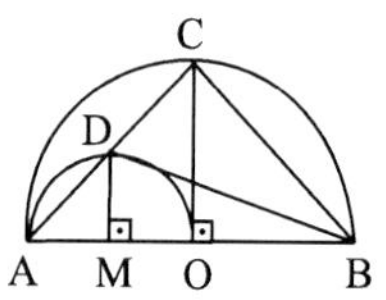

(A) $\dfrac{r\left(3\sqrt{2}+\sqrt{5}\right)}{2}$

(B) $\dfrac{r\left(3\sqrt{2}+3\sqrt{5}\right)}{2}$

(C) $\dfrac{r\left(3\sqrt{2}+3\sqrt{10}\right)}{2}$

(D) $\dfrac{r\left(3\sqrt{2}+\sqrt{10}\right)}{2}$

104) (AFA) Seja um tronco de cone reto com altura h e bases de Raio R e r (R > r), retira-se desse sólido um cone reto invertido com base coincidente com a base menor do tronco e altura h se o volume do sólido resultante é igual ao volume do sólido retirado, então:

(A) $R^2 + Rr - r^2$

(B) $R^2 + Rr - 2r^2 = 0$

(C) $2R^2 - Rr - r^2 = 0$

(D) $2R^2 + Rr - 2r^2 = 0$

105) (AFA) A razão entre os volumes das esferas inscrita e circunscrita em um cone eqüilátero é:

(A) 1/16

(B) 1/8

(C) 1/4

(D) 1/2

106) (AFA) Se as dimensões de um paralelepípedo reto retangular são as raízes de $24x^3 - 26x^2 + 9x - 1 = 0$, então sua diagonal é:

(A) $9/24$

(B) $7/12$

(C) $\sqrt{61}/12$

(D) $\sqrt{61}/24$

107) (AFA) A distância entre as arestas reversas em um tetraedro regular de aresta e apótema g é:

(A) $\dfrac{\sqrt{4g^2 - a^2}}{2}$

(B) $\dfrac{\sqrt{4g^2 - a^2}}{4}$

(C) $\dfrac{\sqrt{g^2 - 4a^2}}{2}$

(D) $\dfrac{\sqrt{g^2 - 4a^2}}{4}$

108) (AFA) Sejam sen $\frac{\alpha}{3} = a, 0 < \alpha < \frac{\pi}{2}$, e $\overline{CB}$ um segmento de medida x, conforme a figura abaixo. O valor de x é:

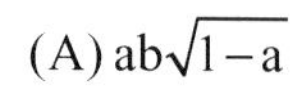
(A) $ab\sqrt{1-a}$

(B) $2ab(1-a^2)$

(C) $2ab\sqrt{1-a}$

(D) $2ab\sqrt{1-a^2}$

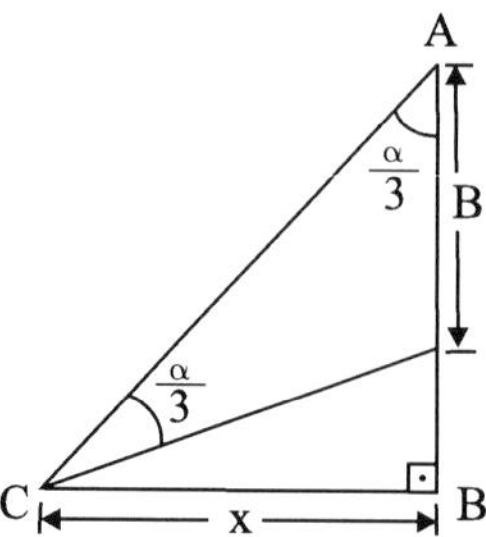

109) (AFA) O acesso ao mezanino de uma construção deve ser feito por uma rampa plana, com 2m de comprimento. O ângulo α que essa rampa faz com o piso inferior (conforme figura) para que nela sejam construídos 8 degraus, cada um com 21,6cm de altura, é, aproximadamente, igual a:

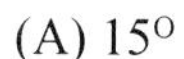
(A) 15°

(B) 30°

(C) 45°

(D) 60°

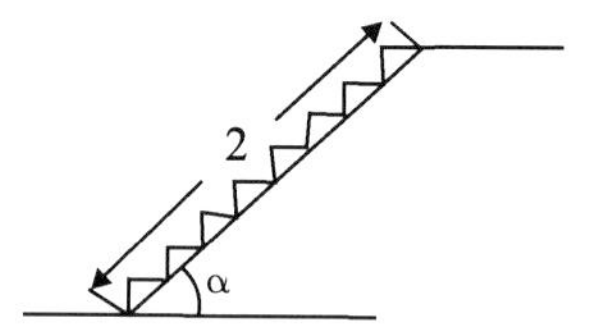

110)(AFA) Na figura abaixo, a circunferência de centro O é trigonométrica, o arco $A\hat{M}$ tem medida α, 0 < α < π/2, e OMP é um triângulo retângulo em M. Esse triângulo tem por perímetro

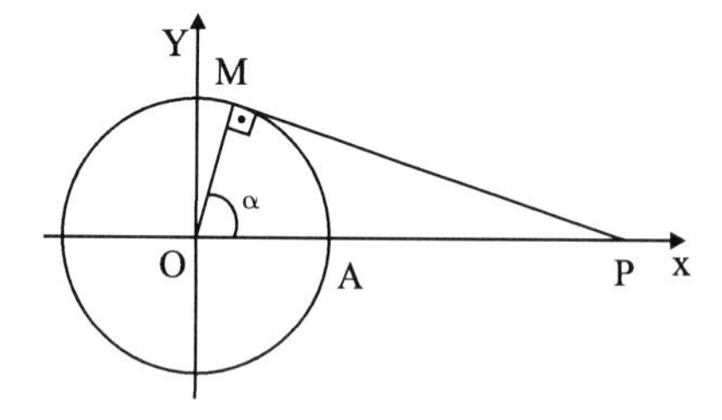

(A) $\dfrac{1+\text{sen}\alpha+\cos\alpha}{\cos\alpha}$

(B) $\dfrac{1+\text{sen}\alpha+\cos\alpha}{\text{sen}\alpha}$

(C) $\dfrac{1+2\text{sen}\alpha+\cos\alpha}{\cos\alpha}$

(D) $\dfrac{1+\text{sen}2\alpha+\cos\alpha}{\text{sen}\alpha}$

111) (AFA) Conforme a figura abaixo, s e t são, respectivamente, retas secante e tangente à circunferência de centro O. Se T é um ponto da circunferência comum às retas tangente e secante, então o ângulo α, formado por t e s, é

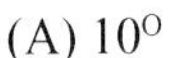
(A) 10°

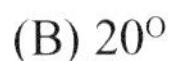
(B) 20°

(C) 30°

(D) 40°

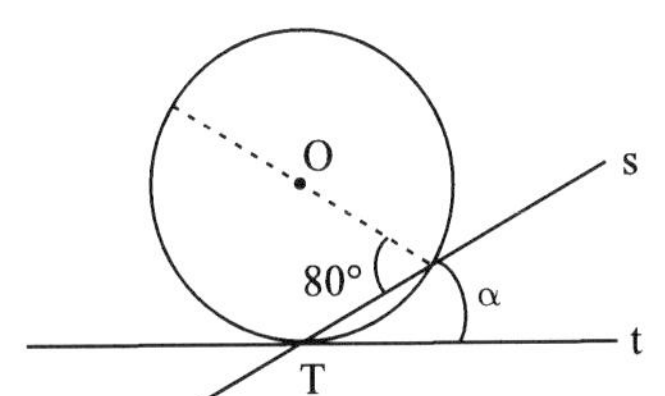

112) (AFA) Sejam r e s retas paralelas. A medida do ângulo α, na figura abaixo, é:

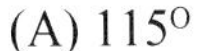
(A) 115°

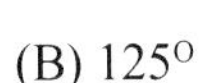
(B) 125°

(C) 135°

(D) 145°

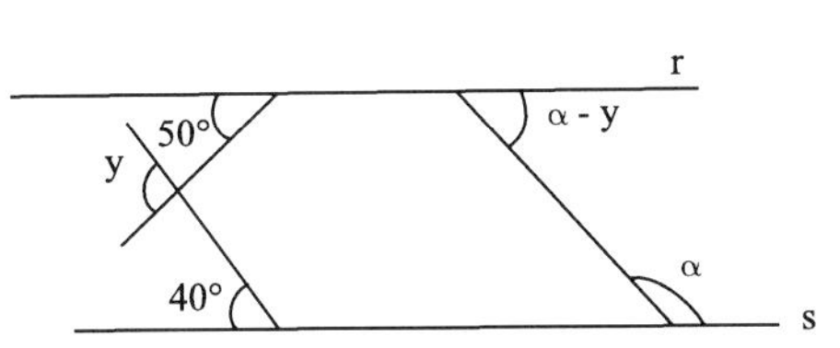

113) (AFA) O volume, em cm^3, do octaedro regular inscrito numa esfera com volume 36π cm^3 é:

(A) 18

(B) 36

(C) 54

(D) 72

114) (AFA) A quantidade de pares de retas reversas que contêm as arestas de um cubo é:

(A) 12

(B) 24

(C) 36

(D) 48

115) (AFA) Na figura, O é o centro da circunferência de raio r, AD = DE = EB = r e α é o menor ângulo formado pelos ponteiros de um relógio às 9h25min. O valor do ângulo $\beta = C\hat{B}E$ é

(A) 120°

(B) 119,45°

(C) 126,25°

(D) 132,50°

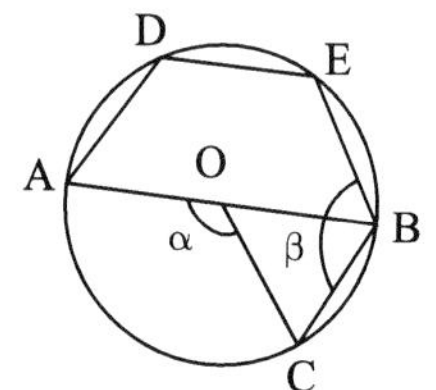

116) (AFA) Considere um triângulo retângulo de catetos b e c, hipotenusa a e altura relativa à hipotenusa h, $h \neq 1$. A alternativa correta é:

(A) $\log a + \log b + \log c = \log h$

(B) $\log a - \log b - \log c = \log h$

(C) $\log_h (b^2 - h^2) + \log_h (c^2 - h^2) = 4$

(D) $\log_h (b^2 - h^2) - \log_h (c^2 - h^2) = 4$

117)(AFA) Na figura abaixo existem n triângulos retângulos onde ABC é o primeiro, ACD o segundo e APN é o n-ésimo triângulo. A medida do segmento $\overline{HN}$ é

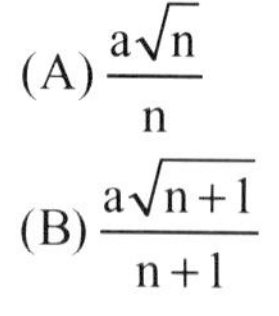

(A) $\dfrac{a\sqrt{n}}{n}$

(B) $\dfrac{a\sqrt{n+1}}{n+1}$

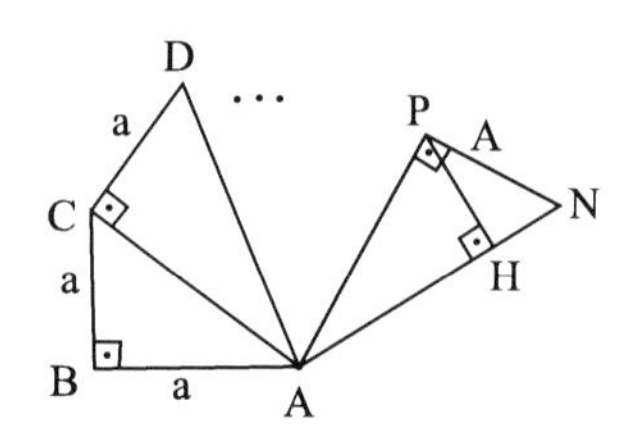

(C) $\dfrac{a\sqrt{n-1}}{n-1}$

(D) $\dfrac{a\sqrt{n+1}}{n}$

118) (AFA) A figura abaixo representa um quadrado de 8cm de lado. A área, em cm^2, da figura hachurada é

(A) 23,02

(B) 24,01

(C) 25,04

(D) 26,10

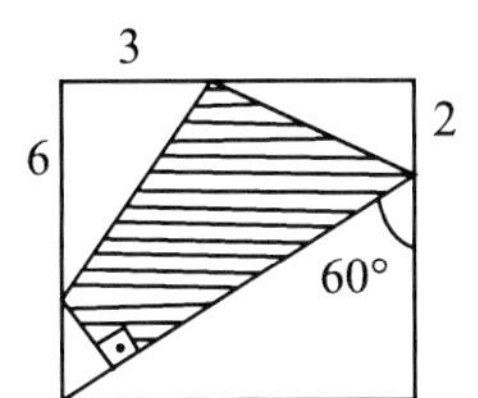

119) (EFOMM) A base de um prisma reto é um triângulo retângulo isósceles e a face lateral de maior área é um quadrado de lado a. A área total do prisma é:

(A) $5a^2$

(B) $\dfrac{5a^2}{2}$

(C) $\dfrac{a^2}{2}\left(3+2\sqrt{2}\right)$

(D) $\dfrac{a^2}{2}\left(1+\sqrt{2}\right)$

(E) $a-\left(2+\sqrt{2}\right)$

120)(EN)

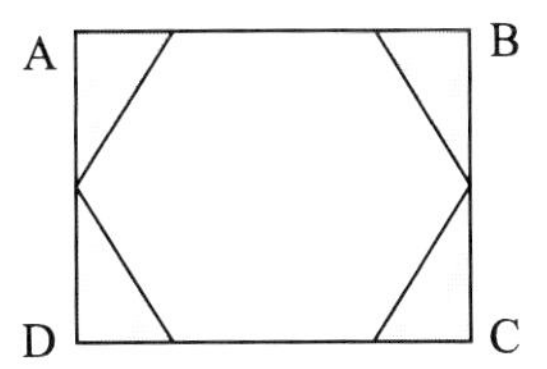

Do retângulo acima foram retirados os quatro triângulos retângulos formando assim um hexágono regular de lado igual a 4cm. Que percentagem da área do retângulo ABCD é representada pela área do hexágono?

(A) 50%

(B) 60%

(C) 75%

(D) 80%

121)(EN) Um poliedro convexo de 25 arestas tem faces triangulares, quadrangulares e pentagonais. O número de faces quadrangulares vale o dobro do número de faces pentagonais e o número de faces triangulares excede o de faces quadrangulares em 4 unidades. Pode-se afirmar que o número de vértices deste poliedro é:

(A) 14

(B) 13

(C) 11

(D) 10

122)(EsPCEx) Na figura abaixo, o segmento BC, paralelo ao segmento AD, representa o lado do hexágono regular inscrito na circunferência de centro O. O comprimento do arco ABC é de $\frac{20\pi}{3}$ cm. Nestas condições, a medida, em cm, do raio da circunferência é de:

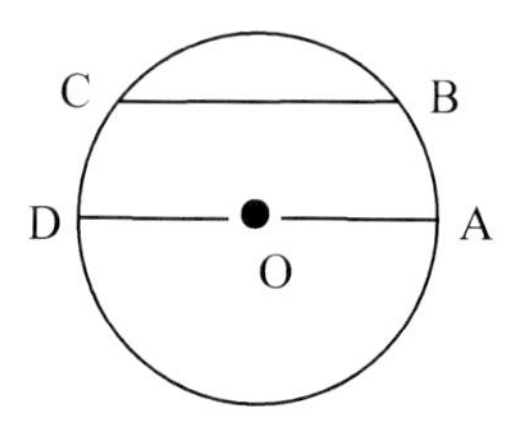

(A) $\frac{5\pi}{3}$

(B) $\frac{10\pi}{3}$

(C) 20

(D) 15

(E) 10

123) (EsPCEx) O retângulo ABCD está dividido em três quadrados, como mostra a figura abaixo. Nestas condições, pode-se concluir que $\alpha + \beta$ vale:

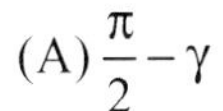
(A) $\frac{\pi}{2} - \gamma$

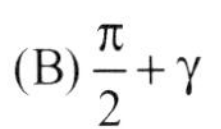
(B) $\frac{\pi}{2} + \gamma$

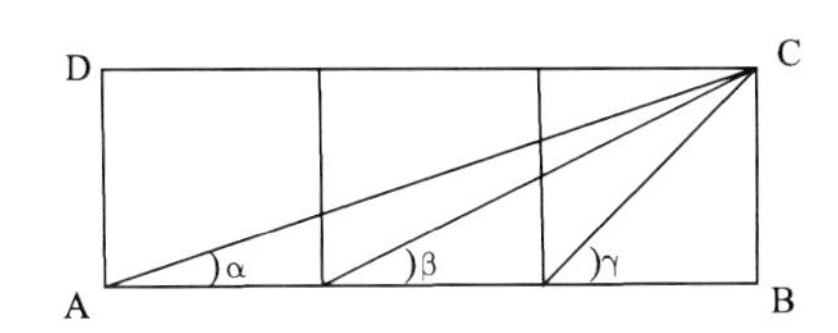

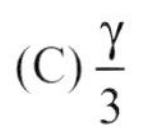
(C) $\frac{\gamma}{3}$

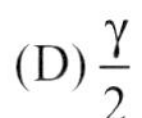
(D) $\frac{\gamma}{2}$

(E) $\pi - \gamma$

124)(EsPCEx) De posse da figura abaixo, e sabendo que as circunferências são tangentes entre si e que ambas tangenciam os lados do ângulo AÔB, pode-se concluir que o valor de sen α é igual a:

(A) $\frac{R+r}{R-r}$

(B) $\frac{R-r}{R+r}$

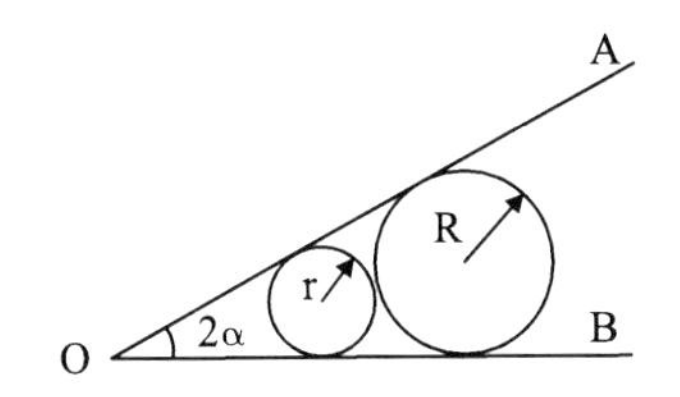

(C) $\frac{R}{R+r}$

(D) $\frac{R^2}{R+r}$

(E) $\frac{R^2}{R-r}$

125)(EsPCEx) Da figura, sabe-se que cos $\beta = \frac{\sqrt{2}}{2}$. Então o cos α vale:

(A) $\frac{\sqrt{6}}{4} - \frac{\sqrt{2}}{4}$

(B) $\frac{\sqrt{6}}{4} - \frac{\sqrt{3}}{4}$

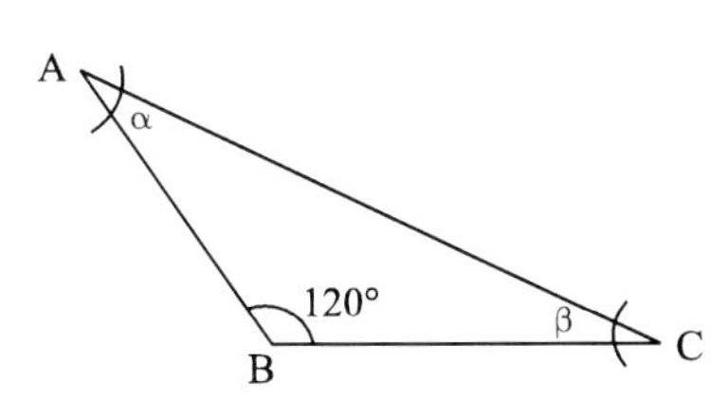

(C) $\frac{\sqrt{6}}{4} + \frac{\sqrt{2}}{4}$

(D) $\frac{\sqrt{6}}{4} + \frac{\sqrt{3}}{4}$

(E) $\frac{\sqrt{3}}{2}$

126) (EsPCEx) O volume, em cm^3, da esfera inscrita em um cone de revolução, cujo raio da base é 5cm e cuja altura é 12cm, é:

(A) $\frac{1000\pi}{162}$

(B) $\frac{2000\pi}{27}$

(C) $\frac{3000\pi}{108}$

(D) $\frac{4000\pi}{81}$

(E) $\frac{5000\pi}{9}$

127) (EsPCEx) A área da base de uma pirâmide quadrangular regular é $36m^2$. Se a altura da pirâmide mede 4m, sua área total, em m^2, é igual a:

(A) 48

(B) 54

(C) 96

(D) 120

(E) 144

128) (EsPCEx) Um trapézio isósceles, cujas bases medem 2cm e 4cm e cuja altura é 1cm, sofre uma rotação de 180° em torno do eixo que passa pelos pontos médios das bases. O volume, em cm^3, do sólido gerado por essa rotação é:

(A) $\frac{4\pi}{3}$

(B) $\frac{5\pi}{3}$

(C) 2π

(D) $\frac{7\pi}{3}$

(E) $\frac{8\pi}{3}$

129)(EsPCEx) Considere as seguintes proposições:

I – Toda reta paralela a um plano é paralela a qualquer reta desse plano.

II – Uma reta e um ponto determinam sempre um único plano.

III – Se uma reta é perpendicular a duas retas concorrentes de um plano, então ela é perpendicular a esse plano.

Pode-se afirmar que:

(A) Só I é verdadeira.

(B) Só III é verdadeira.

(C) Só I e III são verdadeiras.

(D) Só III é falsa.

(E) Só I e III são falsas.

130) (EsPCEx) Considere um triângulo eqüilátero de perímetro p. A função que relaciona a área e o perímetro desse triângulo é dada por

(A) $A(p) = \dfrac{p^2\sqrt{3}}{6}$

(B) $A(p) = \dfrac{p^2\sqrt{3}}{9}$

(C) $A(p) = \dfrac{4p^2\sqrt{3}}{9}$

(D) $A(p) = \dfrac{p^2\sqrt{3}}{36}$

(E) $A(p) = \dfrac{9p^2\sqrt{3}}{4}$

131) (EsPCEx) Aumentando-se em 10% as arestas da base e a altura de uma pirâmide regular, seu volume será aumentado de:

(A) 10 %

(B) 20%

(C) 21%

(D) 30%

(E) 33,1%

132) (EsPCEx) A razão entre a altura de um cilindro circular reto e a altura de um cone circular reto, de mesmo volume, é igual a $\frac{1}{3}$. Sendo "R" o raio do cilindro e "r" o raio do cone, pode-se afirmar que:

(A) $R = \frac{r}{9}$

(B) $R = \frac{r}{3}$

(C) $R = 3r$

(D) $R = r$

(E) $R = 2$

133)(EsPCEx) Deseja-se estimar a quantidade de combustível existente em um tanque cilíndrico disposto horizontalmente, medindo-se a parte molhada de uma régua, conforme a figura abaixo. Sabendo que o tanque tem 2m de raio e 12m de comprimento, e que a parte molhada da régua tem 3m de comprimento, pode-se concluir que o volume de combustível, em litros, existente no tanque está compreendido entre

Dados: utilizar $\pi = 3,1$ e $\sqrt{3} = 1,7$

(A) 145000 e 155000

(B) 135000 e 145000

(C) 125000 e 135000

(D) 115000 e 125000

(E) 105000 e 115000

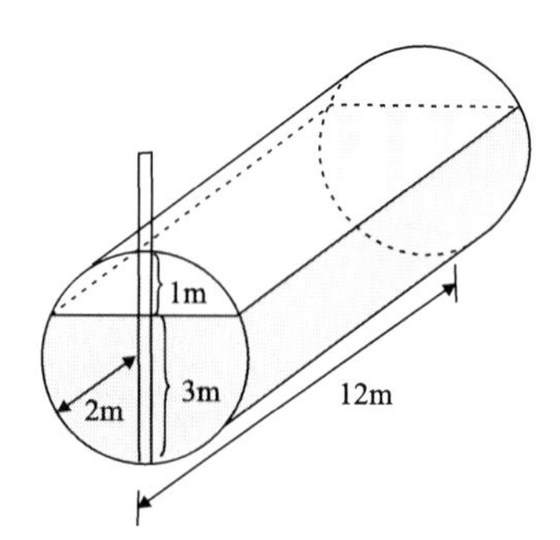

134) (PUC-RJ) Uma tela de computador de dimensões 25cm x 37cm pode exibir por inteiro um círculo cuja área tenha no máximo (valor aproximado):

(A) $470cm^2$

(B) $480cm^2$

(C) $490cm^2$

(D) $500cm^2$

(E) $510cm^2$

135) (PUC-SP) Na figura abaixo tem-se o prisma reto ABCDEF, no qual DE = 6cm, EF = 8cm e $\overline{DE} \perp \overline{EF}$.

Se o volume desse prisma é $120\,cm^3$a sua área total, em centímetros quadrados, é:

(A) 144

(B) 156

(C) 160

(D) 168

(E) 172

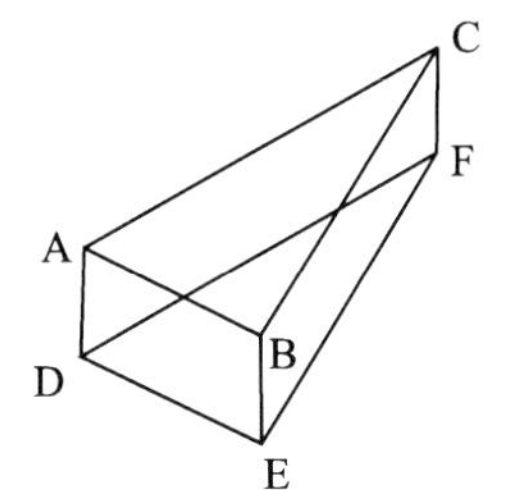

136) (PUC-SP) Um paralelepípedo retângulo tem suas dimensões dadas, em centímetros, pelas expressões x – 4, x – 3 e , nas quais x é um número racional maior do que 4. Se o volume do paralelepípedo é 30 cm^3 , então sua área total, em centímetros quadrados, é:

(A) 62

(B) 54

(C) 48

(D) 31

(E) 27

137) (PUC-SP) A tira seguinte mostra o Cebolinha tentando levantar um haltere, que é um aparelho feito de ferro, composto de duas esferas acopladas a um bastão cilíndrico.

Suponha que cada esfera tenha 10,5cm de diâmetro e que o bastão tenha 50cm de comprimento e diâmetro da base medindo 1,4cm. Se a densidade do ferro é 7,8g/cm^3, quantos quilogramas, aproximadamente, o Cebolinha tentava levantar? (Use: $\pi = \frac{22}{7}$)

(A) 18

(B) 16

(C) 15

(D) 12

(E) 10

138)(UFC) A planta de um apartamento está confeccionada na escala 1 : 50. Então a área real, em m^2, de uma sala retangular cujas medidas na planta, são 12cm e 14cm é:

(A) 24

(B) 26

(C) 28

(D) 42

(E) 54

139)(UFC) Na figura abaixo, os segmentos de reta $\overline{AB}$, $\overline{AC}$, $\overline{CD}$ são congruentes, β é um ângulo externo, e α um ângulo interno do triângulo ABD.

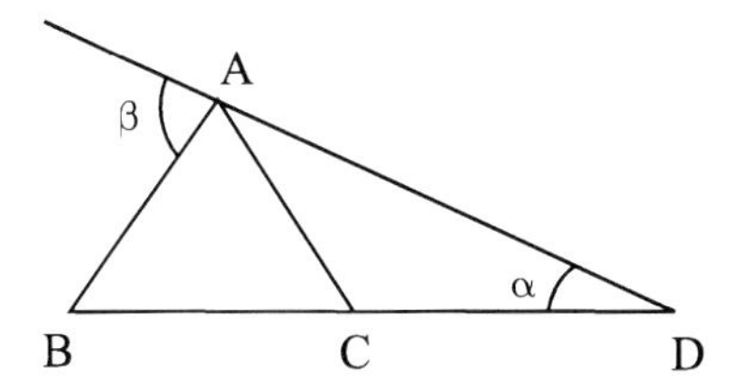

Assinale a opção que contém a expressão correta de β em termos de α:

(A) $\beta = 3\alpha$.

(B) $\beta = 2\alpha$

(C) $\beta = \alpha/2$.

(D) $\beta = 2\alpha/3$.

(E) $\beta = 3\alpha/2$.

140) (UFC) As medidas, em centímetros, dos lados de um triângulo retângulo são dadas pelos números que são raízes da equação $4x^3 - 24x^2 + 47x - 30 = 0$. Então, a área deste triângulo, em cm^2, é:

(A) 1,5.

(B) 0,5.

(C) 7,5.

(D) 6.

(E) 3.

141) (UFC) No triângulo ABC abaixo, a é a base, h a altura relativa a esta base, e b o lado oposto ao ângulo de 45°.

Se $a + h = 4$, então o valor mínimo de b^2 é:

(A) 16

(B) 16/5

(C) 4/5

(D) $4\sqrt{5}$

(E) $16\sqrt{5}$

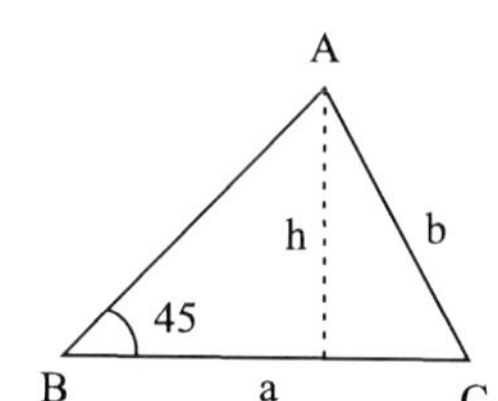

142) (UFC) Um ponto L dista 2r unidades de comprimento do centro de uma circunferência cujo raio mede r unidades de comprimento. A partir de L conduza duas tangentes à circunferência e denote os pontos de tangência por P e T. Então, a área lateral do cone circular reto, gerado pela rotação do triângulo LPT, tendo como eixo de rotação a mediana que parte de L, medida em unidades de área é:

(A) πr^2

(B) $\dfrac{3\pi r^2}{2}$

(C) $\dfrac{\pi r^2}{2}$

(D) $2\pi r^2$

(E) $5\pi r^2$

143)(UFC) Em um reservatório na forma de paralelepípedo foram colocados 18.000 litros de água, correspondendo a $\dfrac{4}{5}$ de sua capacidade total. Se este reservatório possui 3m de largura e 5m de comprimento, então a medida de sua altura é:

(A) 1m

(B) 2m

(C) 1,5m

(D) 2,5m

(E) 3m

144) (UFC) Considere a figura abaixo na qual:

1. A área do semicírculo c_1 é quatro vezes a área do semicírculo c_2.

2. A reta r é tangente a c_1 e a reta s é tangente a c_1 e c_2

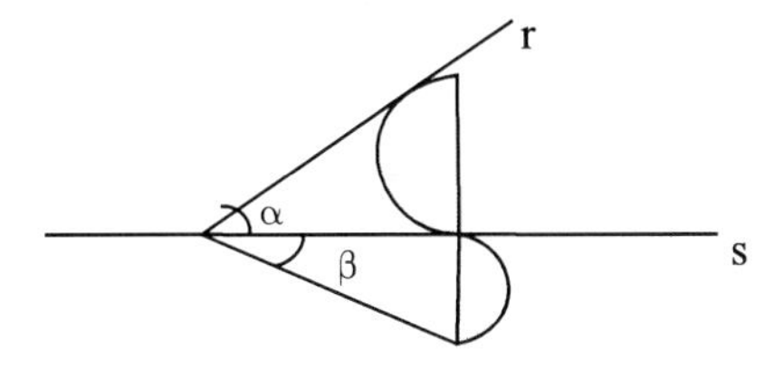

Então, podemos afirmar corretamente que:

(A) $\alpha = \beta$

(B) $\alpha = \beta$

(C) $\alpha = 4\beta$

(D) $\alpha = 2\beta$

(E) $\alpha = \beta$

145) (UFC) Um poliedro convexo de nove vértices possui quatro ângulos triédricos e cinco ângulos tetraédricos. Então o número de faces deste poliedro é:

(A) 12

(B) 11

(C) 10

(D) 9

(E) 8

146) (UFC) Um muro com y metros de altura se encontra a x metros de uma parede de um edifício. Uma escada que está tocando a parede e apoiada sobre o muro faz um ângulo θ com o chão, onde tg $\theta = \sqrt[3]{\frac{y}{x}}$. Suponha que o muro e a parede são perpendiculares ao chão e que este é plano (veja figuras).

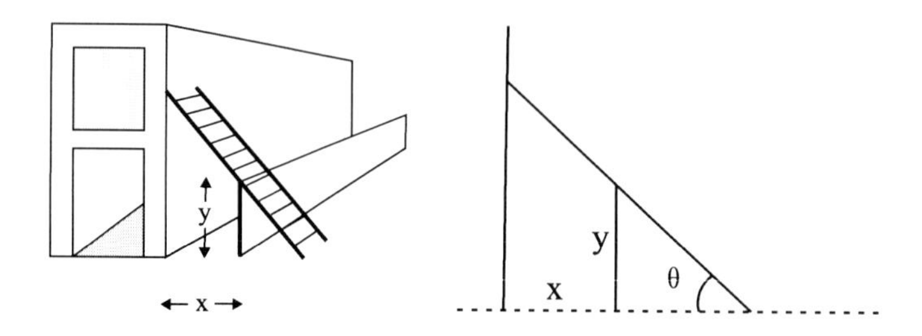

O comprimento da escada é:

(A) $\left(x^{3/2}+y^{3/2}\right)^{1/2}$

(B) $\left(x^{2/3}+y^{2/3}\right)^{3/2}$

(C) $\left(x^{3/2}+y^{3/2}\right)^{2/3}$

(D) $\left(x^{1/2}+y^{1/2}\right)^{3/2}$

(E) $\left(x^{1/2}+y^{1/2}\right)^{2/3}$

147) (UFC) O teorema de Ptolomeu afirma que "em todo quadrilátero convexo inscritível a soma dos produtos das medidas dos lados opostos é igual ao produto das medidas das diagonais". Use esse teorema para mostrar que: se d e ℓ representam, respectivamente, as medidas da diagonal e do lado de um pentágono regular, então $\frac{d}{\ell}=\frac{1+\sqrt{5}}{2}$.

148) (UNESP) Uma empresa tem o seguinte logotipo:

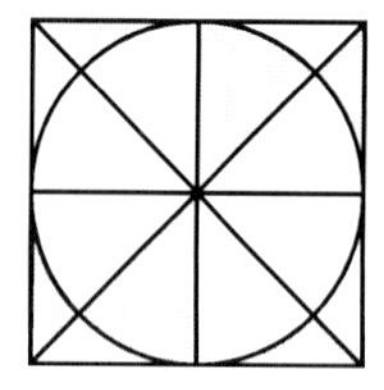

Se a medida do raio da circunferência inscrita no quadrado é 3cm, a área, em cm^2, de toda a região pintada de preto é

(A) $9-\dfrac{9\pi}{4}$

(B) $18-\dfrac{9\pi}{4}$

(C) $18-\dfrac{9\pi}{2}$

(D) $36-\dfrac{9\pi}{4}$

(E) $36-\dfrac{9\pi}{2}$

149) (UNESP) Um tanque subterrâneo, que tem a forma de um cilindro circular reto na posição vertical, está completamente cheio com $30m^3$ de água e $42m^3$ de petróleo.

Se a altura do tanque é 12 metros, a altura, em metros, da camada de petróleo é:

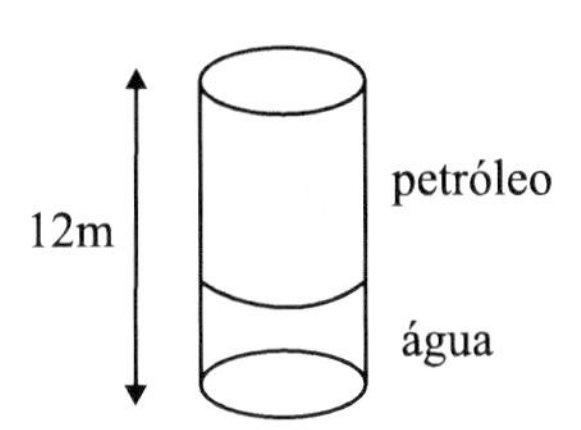

(A) 2π

(B) 7

(C) $\dfrac{7\pi}{3}$

(D) 8

(E) $\dfrac{8\pi}{3}$

150)(UNESP) Considere um pedaço de cartolina retangular de lado menor 10cm e lado maior 20cm. Retirando-se 4 quadrados iguais de lados xcm (um quadrado de cada canto) e dobrando-se na linha pontilhada conforme mostra a figura, obtém-se uma pequena caixa retangular sem tampa.

O polinômio na variável x, que representa o volume, em cm^3, desta caixa é:

A) $4x^3 - 60x^2 + 200x$

B) $4x^2 - 60x + 200$

C) $4x^3 - 60x^2 + 200$

D) $x^3 - 30x^2 + 200x$

E) $x^3 - 15x^2 + 50x$

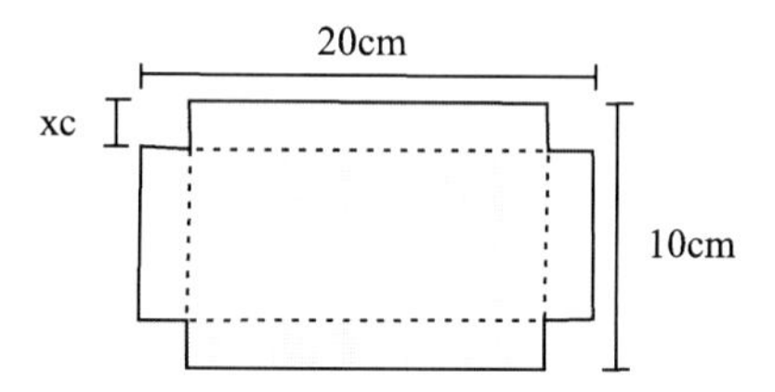

151) (FUVEST) Um trapézio retângulo tem bases 5 e 2 e altura 4. O perímetro desse trapézio é:

(A) 13

(B) 14

(C) 15

(D) 16

(E) 17

152) (FUVEST) Na figura abaixo, ABCDE é um pentágono regular. A medida, em graus, do ângulo α é:

(A) 32°

(B) 34°

(C) 36°

(D) 38°

(E) 40°

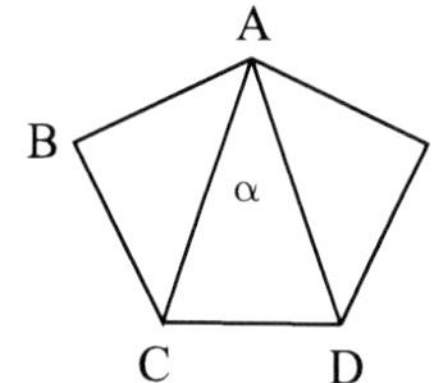

153) (FUVEST) Na figura seguinte, estão representados um quadro de lado 4, uma de suas diagonais e uma semicircunferência de raio 2. Então a área da região hachurada é:

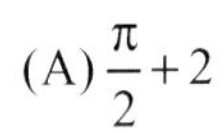
(A) $\frac{\pi}{2}+2$

(B) $\pi+2$

(C) $\pi+3$

(D) $\pi+4$

(E) $2\pi+1$

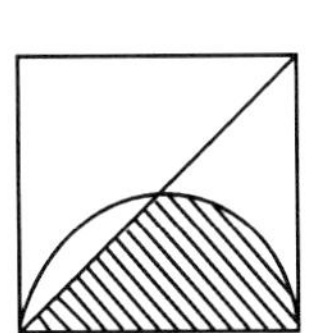

154) (FUVEST) No paralelepípedo reto retângulo da figura abaixo, sabe-se que AB = AD = a, AE = b e que M é a intersecção das diagonais da face ABFE. Se a medida de $\overline{MC}$ também é igual a b, o valor de b será:

(A) $\sqrt{2}a$

(B) $\sqrt{\frac{3}{2}}a$

(C) $\sqrt{\frac{7}{5}}a$

(D) $\sqrt{3}a$

(E) $\sqrt{\frac{5}{3}}a$

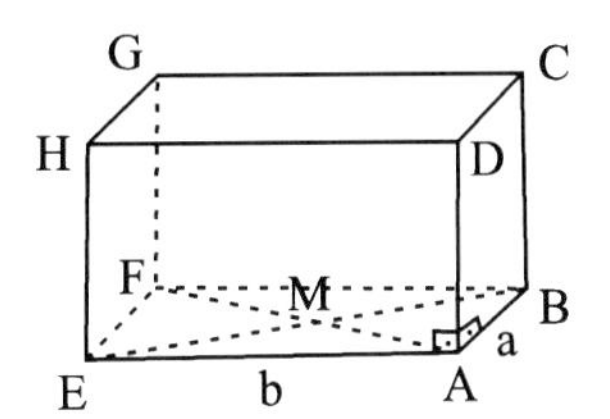

155) (FUVEST) Na figura, ABC é um triângulo retângulo de catetos AB = 4 e AC = 5. O segmento $\overline{DE}$ é paralelo a $\overline{AB}$, F é um ponto de $\overline{AB}$ e o segmento $\overline{CF}$ intercepta $\overline{DE}$ no ponto G, com CG = 4 e CF = 2. Assim, a área do triângulo CDE é:

(A) $\frac{16}{3}$

(B) $\frac{35}{6}$

(C) $\frac{39}{8}$

(D) $\frac{40}{9}$

(E) $\frac{70}{9}$

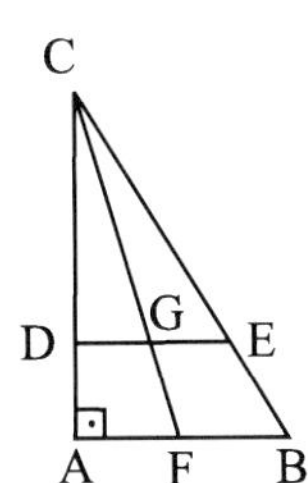

156) (FUVEST) Na figura abaixo, ABC é um triângulo isósceles e retângulo em A e PQRS é um quadrado de lado $\frac{2\sqrt{2}}{3}$. Então, a medida do lado AB é:

(A) 1

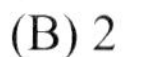
(B) 2

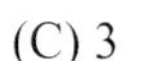
(C) 3

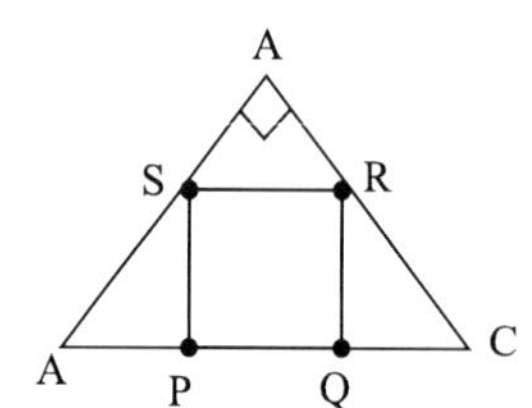

(D) 4

(E) 5

157) (FUVEST) Considere uma caixa sem tampa com a forma de um paralelepípedo reto de altura 8m e base quadrada de lado 6m. Apoiada na base, encontra-se uma pirâmide sólida reta de altura 8m e base quadrada com lado 6m. O espaço interior à caixa e exterior à pirâmide é preenchido com água, até uma altura h, a partir da base ($h \leq 8$). Determine o volume da água para um valor arbitrário de h, $0 \leq h \leq 8$:

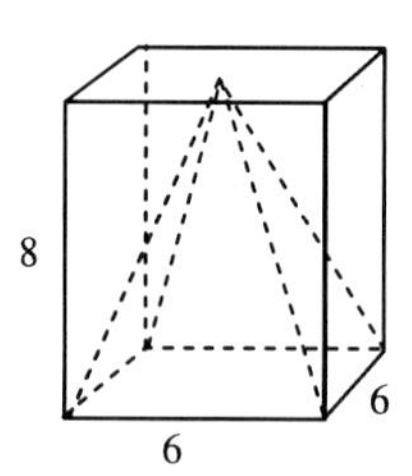

158)(FUVEST) Na figura ao lado, M é o ponto médio da corda da circunferência e PQ = 8.

O segmento $\overline{RM}$ é perpendicular a $\overline{PQ}$ e RM = $\frac{4\sqrt{3}}{3}$. Calcule:

A) O raio da circunferência.

B) A medida do ângulo PÔQ,

onde O é o centro da circunferência.

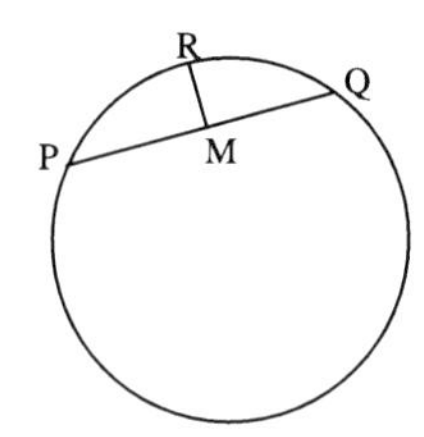

159) (FUVEST) Na figura ao lado, as circunferências têm centros A e B. O raio da maior é do raio da menor; P é um ponto de intersecção delas e a reta $\overleftrightarrow{AQ}$ é tangente à circunferência menor no ponto Q. Calcule:

A) cos $A\hat{B}Q$

B) cos $A\hat{B}P$

C) cos $Q\hat{B}P$

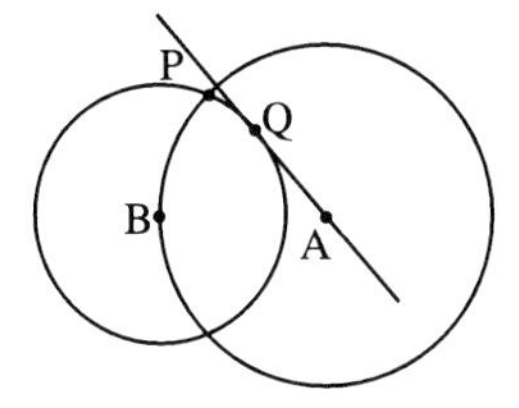

160)(FUVEST) No trapézio ABCD, M é o ponto médio do lado $\overline{AD}$; N está sobre o lado $\overline{BC}$ e 2BN = NC. Sabe-se que as áreas dos quadriláteros ABNM e CDMN são iguais e que DC = 10. Calcule AB:

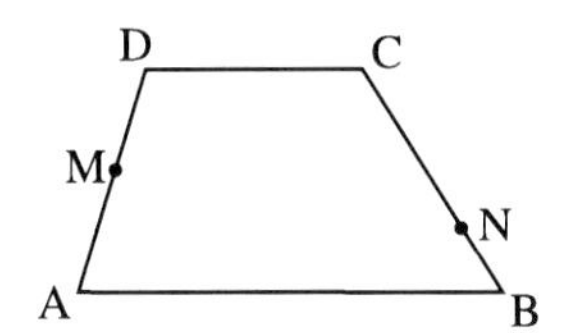

161)(FUVEST) Um cilindro oblíquo tem raio das bases igual a 1, altura $2\sqrt{3}$ e está inclinado de um ângulo de 60° (ver figura). O plano β é perpendicular às bases do cilindro, passando por seus centros. Se P e A são os pontos representados na figura, calcule PA:

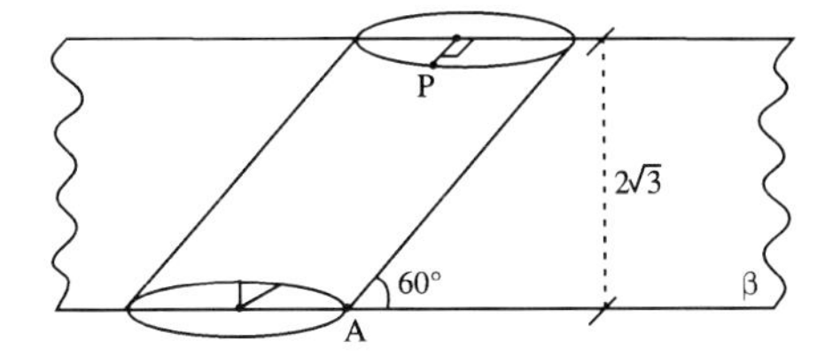

162) (FUVEST) O triângulo ABC tem altura h e base b (ver figura). Nele, está inscrito o retângulo DEFG, cuja base é o dobro da altura. Nessas condições, a altura do retângulo, em função de h e b, é dada pela fórmula:

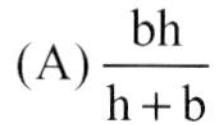

(A) $\dfrac{bh}{h+b}$

(B) $\dfrac{2bh}{h+b}$

(C) $\dfrac{bh}{h+2b}$

(D) $\dfrac{bh}{2h+b}$

(E) $\dfrac{bh}{2(h+b)}$

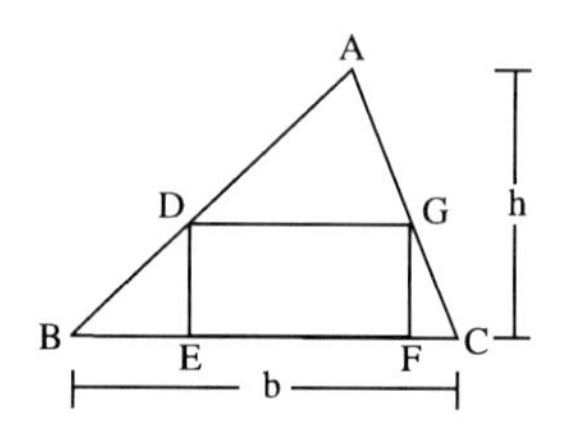

163)(FUVEST) Um telhado tem a forma da superfície lateral de uma pirâmide regular, de base quadrada. O lado da base mede 8m e a altura da pirâmide 3m. As telhas para cobrir esse telhado são vendidas em lotes que cobrem $1m^2$. Supondo que possa haver 10 lotes de telhas desperdiçadas (quebras e emendas), o número mínimo de lotes de telhas a ser comprado é:

A) 90

B) 100

C) 110

D) 120

E) 130

164)(UNICAMP) O sólido da figura abaixo é um cubo cuja aresta mede 2cm.

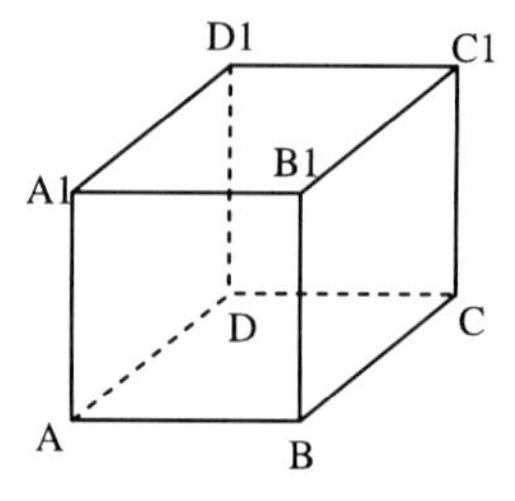

A – Calcule o volume da pirâmide $ABCD_1$:

B – Calcule a distância do vértice A ao plano que passa pelos pontos B, C e D_1:

165) (UNICAMP) Seis círculos, todos de raio 1cm, são dispostos no plano conforme mostram as figuras ao lado:

A – Calcule a área do triângulo ABC:

B – Calcule a área do paralelogramo MNPQ e compare-a com a área do triângulo:

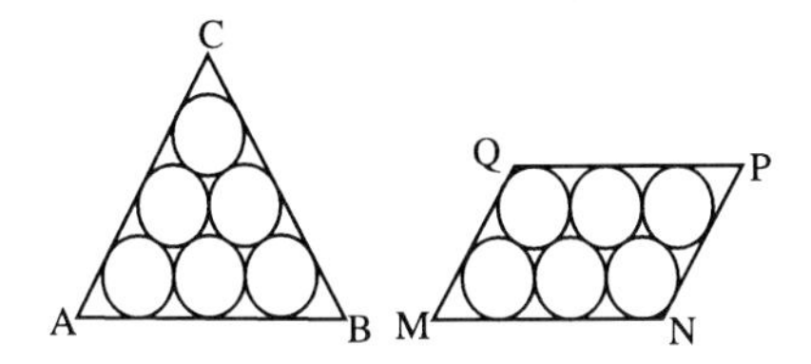

166)(UNICAMP) Um homem, de 1,80m de altura, sobe uma ladeira com inclinação de 30°, conforme mostra a figura. No ponto A está um poste vertical de 5 metros de altura, com uma lâmpada no ponto B. Pede-se para:

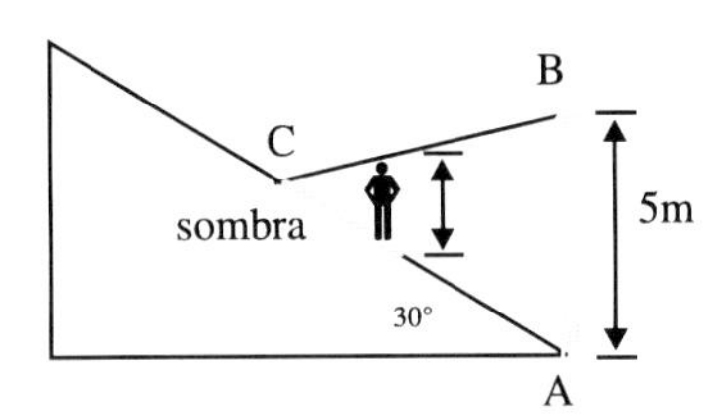

A – Calcular o comprimento da sombra do homem depois que ele subiu 4 metros ladeira acima:

B – Calcular a área do triângulo ABC:

167) (UNICAMP) Uma caixa d'água **cúbica**, de volume máximo, deve ser colocada entre o telhado e a laje de uma casa, conforme mostra a figura abaixo.

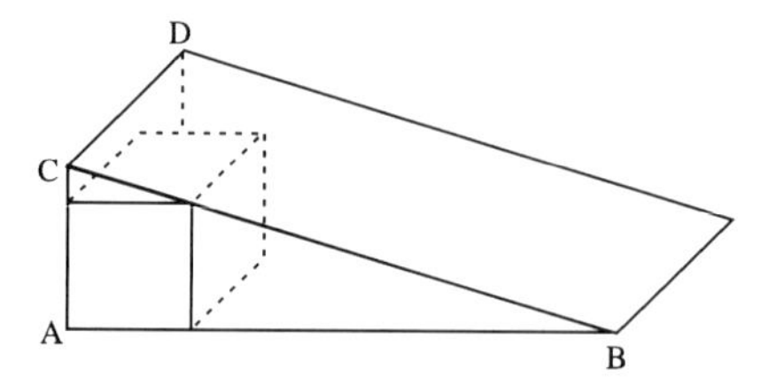

Dados: $\overline{AB} = 6\text{m}$ $\quad \overline{AC} = 1{,}5\text{m}$ $\quad \overline{CD} = 4\text{m}$.

A) Qual deve ser o comprimento de uma aresta da caixa?

B) Supondo que a altura máxima da água na caixa é de 85% da altura da caixa, quantos litros de água podem ser armazenados na caixa?

168)(ESA) O apótema de um hexágono regular de lado 4m mede:

(A) 4m

(B) $4\sqrt{3}$ m

(C) $2\sqrt{3}$ m

(D) $8\sqrt{3}$ m

(E) 2 m

169)(ESA) Na figura abaixo, o segmento $\overline{AB}$ mede 14cm e o segmento $\overline{MN}$ mede 12cm, M é o ponto médio de $\overline{AB}$ e N é o ponto médio de $\overline{BC}$. A medida do segmento $\overline{AC}$ é:

(A) 28

(B) 20

(C) 12

(D) 19

(E) 24

170) (ESA) A área da figura a seguir é:

(A) 29

(B) 37

(C) 22

(D) 55

(E) 30

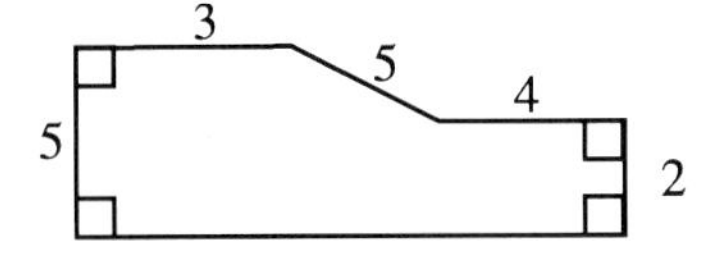

171) (ESA) O valor de x no triângulo abaixo é:

(A) 18º

(B) 36º

(C) 54º

(D) 60º

(E) 90º

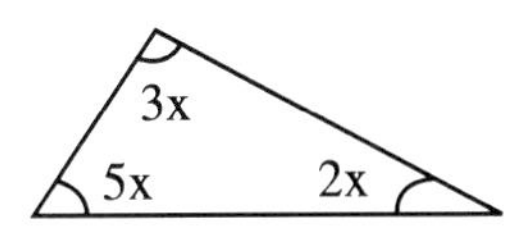

172) (ESA) Um homem quer saber a altura de um edifício cuja sombra num determinado momento mede 30m. Sabendo-se que, nesse mesmo momento, esse homem de 1,20m tem sua sombra de 40cm, podemos garantir que o edifício mede:

(A) 10m

(B) 20m

(C) 50m

(D) 60m

(E) 90m

173) (ESA) Calculando x e y na figura abaixo obtemos, respectivamente:

(A) 13 e 6

(B) 15 e 3

(C) 13 e 4

(D) 13 e 3

(E) 20 e 3

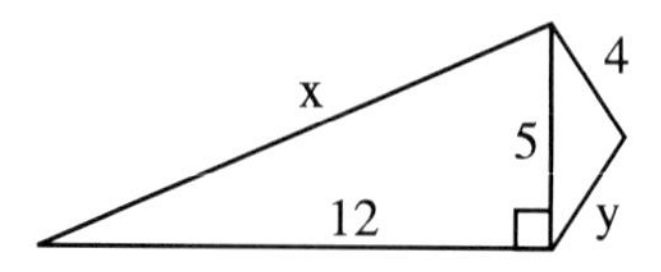

174)(ESA) O comprimento de um arco de 12º numa circunferência de diâmetro D é aproximadamente: (Obs: $\pi \cong 3$)

(A) D/4

(B) D/6

(C) D/8

(D) D/10

(E) D/12

175)(ESA) Num losango de 8cm de perímetro, os ângulos internos obtusos são o dobro dos ângulos internos agudos. A área do losango mede:

(A) $\frac{\sqrt{2}}{2}$ cm²

(B) $\sqrt{3}$ cm²

(C) $2\sqrt{3}$ cm²

(D) $4\sqrt{3}$ cm²

(E) $3\sqrt{3}$ cm²

176) (ESA) Dois triângulos eqüiláteros têm áreas medindo, respectivamente, $16\sqrt{3}$ cm^2 e $64\sqrt{3}$ cm^2. A razão entre suas alturas é:

(A) $\frac{1}{4}$

(B) $\frac{1}{2}$

(C) $\frac{2}{3}$

(D) $\frac{3}{4}$

(E) $\frac{\sqrt{3}}{2}$

177) (ESA) Considere um triângulo isósceles ABC onde $\overline{AB} = \overline{AC}$. Prolongando-se o lado $\overline{AB}$ de um segmento $\overline{BM}$ tal que med $(A\hat{C}M)$ – med $(B\hat{M}C) = 20^o$, podemos concluir que o ângulo $B\hat{C}M$ mede:

(A) 10°

(B) 13°

(C) 15°

(D) 20°

(E) 9°

178) (ESA) Num triângulo cujos lados medem 5cm, 12cm, 13cm, o comprimento da altura relativa ao lado maior é, aproximadamente:

(A) 4,0cm

(B) 4,2cm

(C) 4,4cm

(D) 4,6cm

(E) 4,8cm

179)(ESA) Dois triângulos são semelhantes. Os lados do primeiro medem 6cm, 8,5cm e 12,5cm, e o perímetro do segundo mede 81cm. O maior lado do segundo mede:

(A) 15,75cm

(B) 25cm

(C) 37,5cm

(D) 50cm

(E) 62,5cm

180) (ESA) No trapézio da figura abaixo o valor de x para que o seu perímetro seja igual a 36 é:

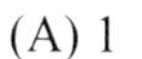

(A) 1

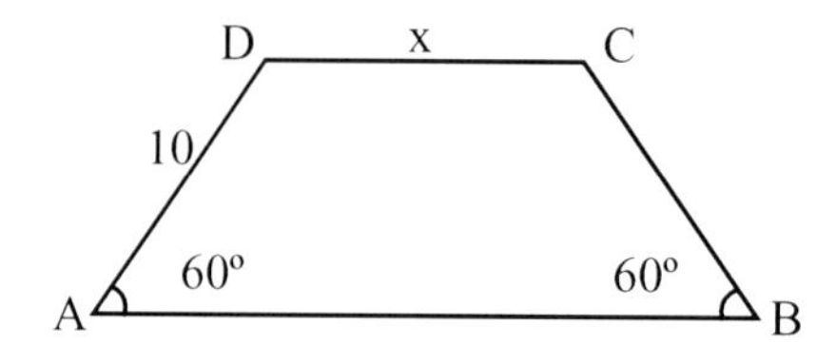

(B) 2

(C) 5

(D) 4

(E) 3

181) (ESA) Calculando x na figura dos quadrinhos abaixo, encontramos:

(A) 2

(B) 4

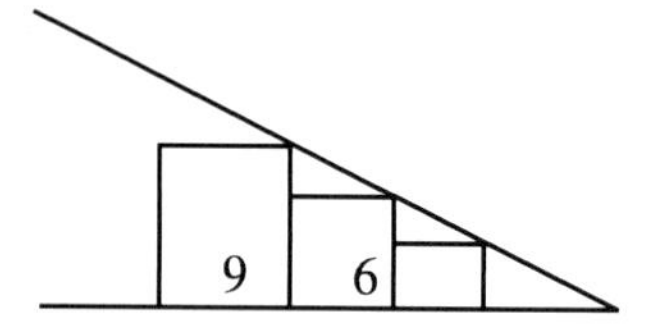

(C) 6

(D) 3

(E) 8

182)(ESA) A distância entre os centros de dois círculos é 53. Se os raios medem 20 e 8, o segmento da tangente comum interna vale:

(A) 45

(B) 46

(C) 48

(D) 50

(E) 52

183) (ESA) Num triângulo ABC, o ângulo A é obtuso. Os lados $\overline{AB}$ e $\overline{AC}$ medem 3 e 4, respectivamente, então:

(A) $\overline{BC} < 4$

(B) $\overline{BC} < 5$

(C) $\overline{BC} > 7$

(D) $5 < \overline{BC} < 7$

(E) $4 < \overline{BC} < 5$

184) (ESA) Quando duas retas paralelas coplanares r e s são cortadas por uma transversal t, elas formam:

(A) ângulos alternos externos suplementares

(B) ângulos colaterais internos complementares

(C) ângulos alternos externos congruentes

(D) ângulos alternos internos suplementares

(E) ângulos correspondentes suplementares

185) (ESA) Seja um paralelogramo, cujo perímetro é 80cm e o lado menor é 3/5 de medida do lado maior. Os lados do paralelogramo são:

(A) 25 e 15

(B) 28 e 12

(C) 24 e 16

(D) 30 e 10

(E) 22 e 18

186) (ESA) $\overline{AB}$ é hipotenusa de um triângulo retângulo ABC. A mediana $\overline{AD}$ mede 7 e a mediana $\overline{BE}$ mede 4. O comprimento $\overline{AB}$ é igual a:

(A) $2\sqrt{13}$

(B) $5\sqrt{2}$

(C) $5\sqrt{3}$

(D) 10

(E) $10\sqrt{2}$

187) (ESA) A soma das medidas dos ângulos internos de um triângulo é igual a 180 graus. Num triângulo, as medidas desses ângulos são diretamente proporcionais aos números 3, 4 e 2, respectivamente. Então, os ângulos desse triângulo medem, em graus:

(A) 100, 50 e 30

(B) 60, 70 e 50

(C) 60, 80 e 40

(D) 60, 90 e 30

(E) 50, 90 e 40

188) (ESA) O triângulo retângulo MPQ está inscrito num retângulo ABCD, como mostra a figura abaixo. Sabe-se que med ($\overline{AP}$) < med ($\overline{PD}$), med ($\overline{AD}$) = 4cm, med ($\overline{AM}$) = med ($\overline{MB}$) = 3cm e med ($\overline{CQ}$) = 5cm. Então, a altura do triângulo MPQ relativa à hipotenusa, em centímetros, mede:

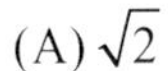
(A) $\sqrt{2}$

(B) $\sqrt{5}$

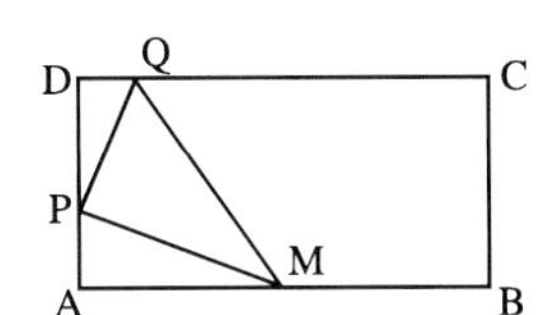

(C) $\sqrt{10}$

(D) $3\sqrt{2}$

(E) $\sqrt{20}$

189)(ESA) No polígono regular ABCDE..., o número de diagonais é o triplo do número de lados. Nesse polígono, o ângulo formado pela bissetriz do ângulo interno Â com a mediatriz do lado $\overline{BC}$ mede:

(A) 10º

(B) 20º

(C) 40º

(D) 60º

(E) 80º

190)(ESA) Um triângulo retângulo está inscrito em um círculo e seu cateto maior, que corresponde ao lado do triângulo eqüilátero inscrito nesse círculo, mede $\sqrt{3}$ cm. A altura desse triângulo em relação à hipotenusa mede:

(A) $3\sqrt{3}$ cm

(B) $2\sqrt{3}$ cm

(C) $\sqrt{3}$ cm

(D) 4 cm

(E) 2 cm

191)(ESA) Dois círculos são concêntricos e o raio do menor mede 6cm. Uma corda do círculo maior que tangencie a circunferência do circulo menor tem mesma medida que o lado do triângulo eqüilátero inscrito nesse círculo maior. A área desse triângulo, em cm^2, é:

(A) $9\sqrt{3}$

(B) $27\sqrt{3}$

(C) $36\sqrt{3}$

(D) $81\sqrt{3}$

(E) $108\sqrt{3}$

192)(ESA) O complemento de ¾ de 79°35’48” mede:

(A) 7°48’9”

(B) 16°7’44”

(C) 30°18’9”

(D) 30°48’52”

(E) 73°52’16”

193) (ESA) Uma área retangular de 12hm^2 vai ser loteada de acordo com um projeto de urbanização, que destina a quarta parte dessa área para ruas internas no loteamento. A parte restante está dividida em 200 lotes iguais, retangulares, com comprimento igual ao dobro da largura. O perímetro, em metros, de cada lote será de:

(A) 450

(B) 225

(C) 120

(D) 90

(E) 75

194) (ESA) Em um círculo de centro O, está inscrito o ângulo α. Se o arco AMB mede 130º, o ângulo α mede:

(A) 25º

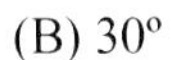
(B) 30º

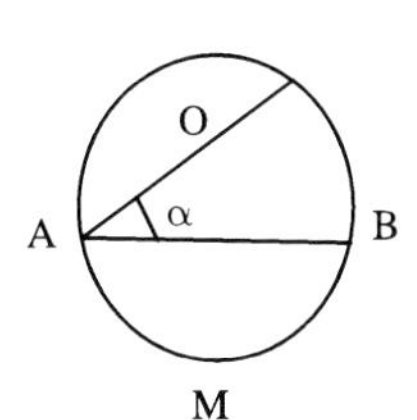

(C) 40º

(D) 45º

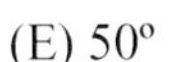
(E) 50º

195) (ESA) Na figura abaixo, os segmentos $\overline{BC}$ e $\overline{DE}$ são paralelos, $\overline{AB} = 15$m, $\overline{AD} = 5$m e $\overline{AE} = 6$m. A medida do segmento $\overline{CE}$ é, em metros:

(A) 5

(B) 6

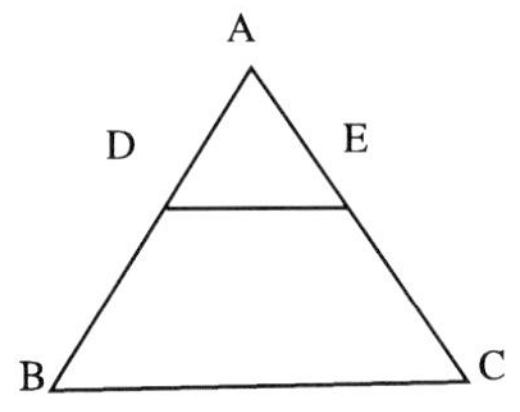

(C) 10

(D) 12

(E) 18

196) (ESA) O perímetro de um quadrado inscrito em uma circunferência de $10\sqrt{2}\,\pi$cm de comprimento é:

(A) 5cm

(B) 40cm

(C) 15cm

(D) 20cm

(E) 25cm

197) (ESA) Dois ângulos adjacentes a e b, medem, respectivamente, 1/5 do seu complemento e 1/9 do seu suplemento. Assim sendo, a medida do ângulo formado por suas bissetrizes é:

(A) 80º 30'

(B) 74º 30'

(C) 35º 30'

(D) 24º 30'

(E) 16º 30'

198) (ESA) Uma escada medindo 4 m tem uma de suas extremidades apoiada no topo de um muro, e a outra extremidade dista 2,4m da base do muro. A altura desse muro é:

(A) 2,3m

(B) 3,0m

(C) 3,2m

(D) 3,4m

(E) 3,8m

199)(ESA) O valor de a, no triângulo abaixo, é:

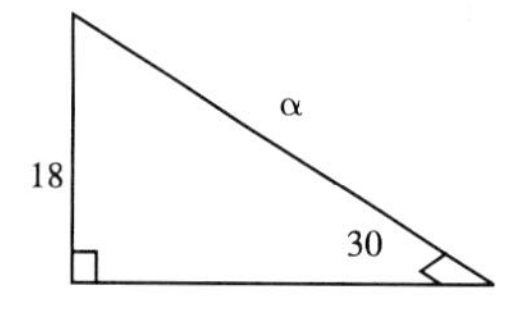

(A) 36

(B) 32

(C) 30

(D) 34

(E) 38

200) (ESA) Um tanque de água de 4m de comprimento, 3m de largura e 2m de profundidade está cheio 2/3 de sua capacidade. Então, quantos metros cúbicos ainda cabem de água?

(A) $22m^3$

(B) $40m^3$

(C) $16m^3$

(D) $8m^3$

(E) $24m^3$

201)(ESA) Na figura abaixo, há dois quadrados. A área do quadrado maior mede 36 m^2, sabendo-se que $\overline{AB} = 4m$, então, a área da região sombreada mede:

(A) $16m^2$

(B) $20m^2$

(C) $4m^2$

(D) $32m^2$

(E) $18m^2$

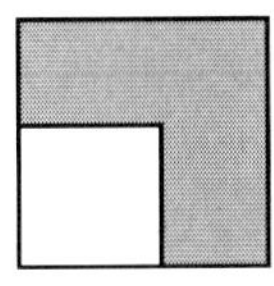

202)(ESA) O quadrilátero inscrito no quadrante de círculo é um quadrado. O raio da circunferência de centro O é $2\sqrt{2}$ cm. A área da região colorida (hachurada) é:

(A) $(\pi - 2)cm^2$

(B) $2(\pi - 2)cm^2$

(C) $(2\pi - 2)cm^2$

(D) $(\pi - 4)cm^2$

(E) $2(2\pi - 1)cm^2$

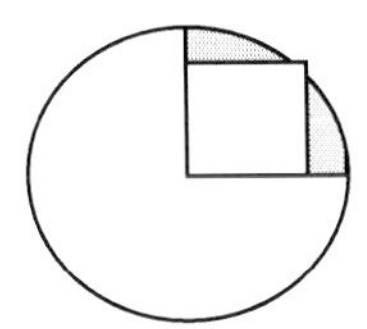

203) (ESA) Se $\overline{AB} = 30$ e P divide internamente o segmento $\overline{AB}$ na razão 2/3, calcule as medidas do segmento $\overline{PA}$ e $\overline{PB}$:

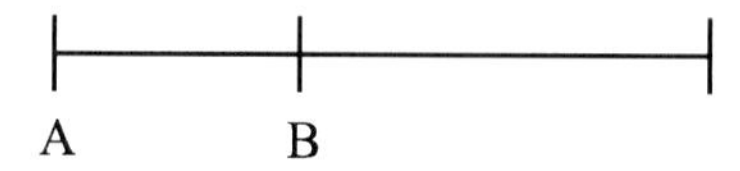

(A) $\overline{PA} = 12$ e $\overline{PB} = 18$

(B) $\overline{PA} = 2$ e $\overline{PB} = 8$

(C) $\overline{PA} = 10$ e $\overline{PB} = 28$

(D) $\overline{PA} = 27$ e $\overline{PB} = 34$

(E) $\overline{PA} = 18$ e $\overline{PB} = 30$

204) (ESA) Duas retas paralelas, cortadas por uma transversal, determinam dois ângulos alternos externos cujas medidas são $a = 2x + 57^0$ e $b = 5x + 12^0$. Calcule, em graus, as medidas de a e b:

(A) $a = 70^0$ e $b = 70^0$

(B) $a = 60^0$ e $b = 60^0$

(C) $a = 78^0$ e $b = 78^0$

(D) $a = 87^0$ e $b = 87^0$

(E) $a = 93^0$ e $b = 93^0$

205) (ESA) Num triângulo retângulo os ângulos agudos são $a = 2x + 5^0$ e $b = 3x - 10^0$. Determine a, b:

(A) $a = 37^0$, $b = 53^0$

(B) $a = 47^0$, $b = 43^0$

(C) $a = 57^0$, $b = 33^0$

(D) $a = 27^0$, $b = 63^0$

(E) $a = 17^0$, $b = 73^0$

206) (ESA) Numa circunferência, uma corda de 60cm tem uma flecha de 10cm. O diâmetro da circunferência mede:

(A) 50cm

(B) 100cm

(C) 120cm

(D) 180cm

(E) 200cm

207) (UFPB) Na figura, ao lado, ΔABC e ΔABD são triângulos retângulos. Se o lado BC mede 3cm, e o lado AB 5cm, então CD mede, em centímetros:

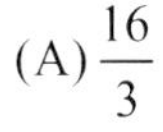

(A) $\frac{16}{3}$

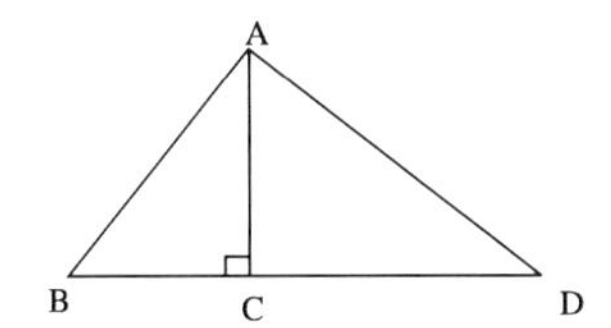

(B) 4

(C) $\frac{16}{5}$

(D) 3

(E) n.d.a.

208) (ITA) Um triângulo ABC está inscrito num círculo de raio $2\sqrt{3}$. Sejam a, b e c os lados opostos aos ângulos A, B e C respectivamente. Sabendo que $a = 2\sqrt{3}$ e (A,B,C) é uma progressão aritmética, podemos afirmar que:

(A) $C = 4\sqrt{3}$ e $A = 30^o$

(B) $C = 3\sqrt{3}$ e $A = 30^o$

(C) $B = 6$ e $C = 85^o$

(D) $B = 3$ e $C = 90^o$

(E) n.d.a.

209) (ITA) Sejam r e s duas retas paralelas distando entre si 5cm. Seja P um ponto na região interior a estas retas, distando 4cm de r. A área do triângulo eqüilátero PQR, cujos vértices Q e R estão, respectivamente, sobre as retas r e s, é igual, em cm², a:

(A) $3\sqrt{15}$

(B) $7\sqrt{3}$

(C) $5\sqrt{6}$

(D) $\frac{15}{2}\sqrt{3}$

(E) $\frac{7}{2}\sqrt{15}$

210) (ITA) Considere uma pirâmide regular de altura igual a 5cm e cuja base é formada por um quadrado de área igual a 8cm². A distância de cada face desta pirâmide ao centro de sua base, em cm, é igual a:

(A) $\frac{\sqrt{15}}{3}$

(B) $\frac{5\sqrt{6}}{9}$

(C) $\frac{4\sqrt{3}}{5}$

(D) $\frac{7}{5}$

(E) $\sqrt{3}$

211) (ITA) Considere o triângulo isósceles OAB, com lados $\overline{OA}$ e $\overline{OB}$ de comprimento $\sqrt{2}$ R e lado $\overline{AB}$ de comprimento 2R. O volume do sólido, obtido pela rotação deste triângulo em torno da reta que passa por O e é paralela ao lado $\overline{AB}$, é igual a:

(A) $\frac{\pi}{2}R^3$

(B) πR^3

(C) $\frac{4\pi}{3}R^3$

(D) $\sqrt{2}\pi R^3$

(E) $\sqrt{3}\pi R^3$

212) (ITA) Num trapézio retângulo circunscritível, a soma dos dois lados paralelos é igual a 18cm e a diferença dos dois outros lados é igual a 2cm. Se r é o raio da circunferência inscrita e a é o comprimento do menor lado do trapézio, então a soma a + r (em cm) é igual a:

(A) 12

(B) 11

(C) 10

(D) 9

(E) 8

213) (ITA) Considere a circunferência inscrita num triângulo isósceles com base de 6cm e altura de 4cm. Seja t a reta tangente a esta circunferência e paralela à base do triângulo. O segmento de t compreendido entre os lados do triângulo mede:

(A) 1cm

(B) 1,5cm

(C) 2cm

(D) 2,5cm

(E) 3cm

214)(ITA) Considere uma pirâmide regular com altura de $\frac{6}{\sqrt[3]{9}}$. Aplique a esta pirâmide dois cortes planos e paralelos à base de tal maneira que a nova pirâmide e os dois troncos obtidos tenham, os três, o mesmo volume. A altura do tronco cuja base é a base da pirâmide original é igual a:

(A) $2\left(\sqrt[3]{9}-\sqrt[3]{6}\right)$cm

(B) $2\left(\sqrt[3]{6}-\sqrt[3]{2}\right)$cm

(C) $2\left(\sqrt[3]{6}-\sqrt[3]{3}\right)$cm

(D) $2\left(\sqrt[3]{3}-\sqrt[3]{2}\right)$cm

(E) $2\left(\sqrt[3]{9}-\sqrt[3]{3}\right)$cm

215)(UFRS) Os ponteiros de um relógio marcam duas horas e vinte minutos. O menor ângulo entre os ponteiros é:

a) 45°

b) 50°

c) 55°

d) 60°

e) 65°

216) Um homem inicia uma viagem quando os ponteiros de um relógio estão juntos entre 8 e 9 horas e termina a viagem quando o ponteiro menor está entre 14 e 15 horas e o ponteiro maior a 180º do outro. O tempo de viagem foi de:

a) 5 horas

b) 6 horas

c) 6 horas e 30 minutos

d) 7 horas

e) 7 horas e 30 minutos

217) Um matemático possui um relógio de parede como o da figura abaixo. Seu filho subiu na cadeira e fez a "peraltice" de quebrar o ponteiro dos minutos, porém o das horas permaneceu intacto. Se numa manhã, ao levantar-se o matemático medir o ângulo formado pela direção 6-12 horas do relógio e encontrar 165°. Como na figura, utilizando seus conhecimentos da "rainha das ciências"(matemática) calculará exatamente a hora em que acordou. Que horas são?

218) (UNICAMP) Um relógio foi acertado exatamente ao meio dia. Determine as horas e os minutos que estará marcando esse relógio após o ponteiro menor ter percorrido um ângulo de 42º:

219) (ITA)O ângulo convexo formado pelos ponteiros das horas e dos minutos às 10 horas e 15 minutos é?

a) 142,30º

b) 142º 40 min

c) 142º

d) 142º 30 min

e) NRA

220) O ângulo formado pelos ponteiros de um relógio às 16 horas e 42 minutos é?

a) 108º

b) 111º

c) 120º

d) 141º

e) NRA

221) O ângulo formado pelos ponteiros de um relógio às 17 horas e 10 minutos é?

a) 85º

b) 90º

c) 95º

d) 100º

e) NRA

222) A que horas pela primeira vez após o meio-dia, os ponteiros de um relógio formam um ângulo de 110º?

a) 12h 18 min aproximadamente

b) 12h 18 min

c) 13h 22 min

d) 13h 23 min

e) NRA

223) Calcular o comprimento do um arco descrito pela extremidade do ponteiro dos minutos, decorridos 22 minutos, sabendo que o ponteiro tem comprimento 3cm:

224) O ponteiro dos minutos de um relógio mede 10 cm. Qual é a distância que sua extremidade percorre em 30 minutos?

225) O ponteiro dos minutos de um relógio de parede mede 12 cm. Quantos centímetros sua extremidade percorre durante 25 minutos?

226) Um relógio marca 5 horas; determine a hora na qual se dará a primeira superposição dos ponteiros das horas e dos minutos. Expresse a resposta em horas, minutos e segundos.

227) "Se faltar para terminar o dia 2/3 do que já passou, qual o ângulo formado pelos ponteiros do relógio?"

228) A soma dos ângulos assinalados na figura é:

a) 720º

b) 540º

c) 360º

d) 270º

e) 180º

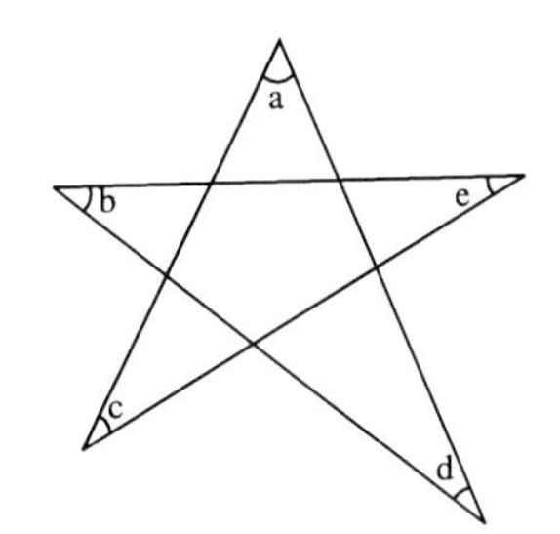

229) Se S = a + b + c, considerando a figura abaixo, podemos afirmar que S é igual a:

a) 60º

b) 120º

c) 140º

d) 160º

e) 180º

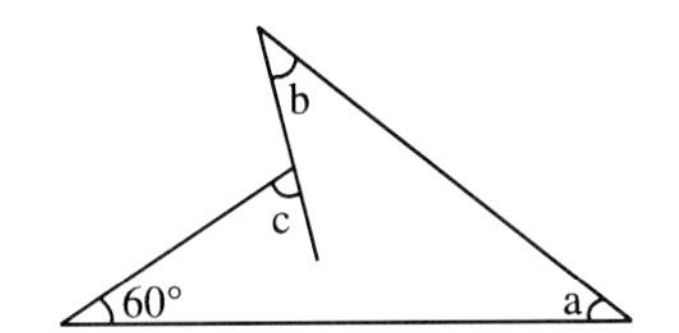

230) Na figura a seguir temos:

a) 2a + 3b + 4c

b) a + b + c

c) a + b – c

d) a – b + c

e) a – b – c

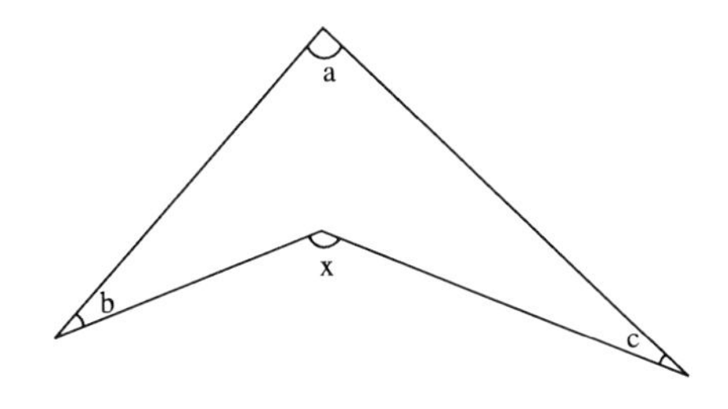

231) Na figura, a soma dos ângulos assinalados é:

a) 720º

b) 540º

c) 360º

d) 270º

e) 180º

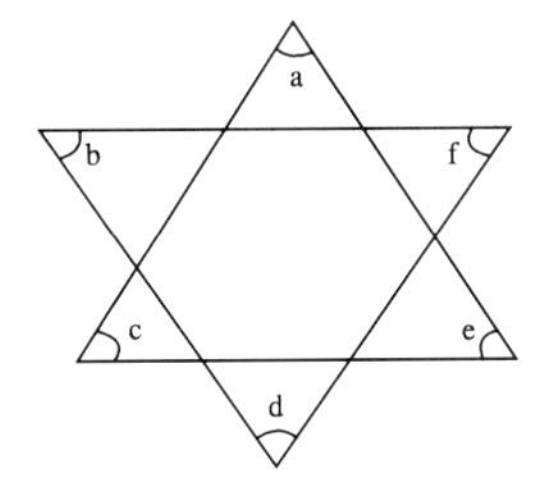

232) Na figura, a soma dos ângulos assinalados é:

a) 720º

b) 540º

c) 360º

d) 270º

e) 180º

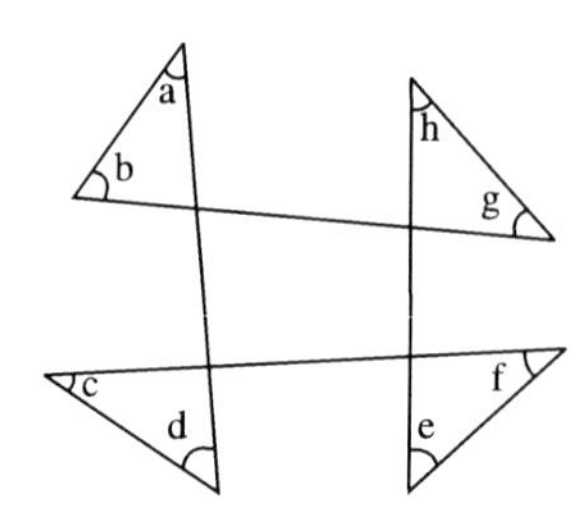

233) (UFMG) Sobre figuras planas, é correto afirmar que:

a) Um quadrilátero convexo é um retângulo se os lados opostos têm comprimento iguais

b) Um quadrilátero que têm suas diagonais perpendiculares é um quadrado

c) Um trapézio que tem dois ângulos consecutivos congruentes é isósceles

d) Um triângulo eqüilátero é também isóscele

e) Um triângulo retângulo é aquele cujos ângulos são retos

234)(UNIRIO) Q, T, P, L, R, e D denotam, respectivamente, os conjuntos dos quadriláteros, dos trapézios, dos paralelogramos, dos losangos, dos retângulos e dos quadrados. De acordo com a relação de inclusão entre esses conjuntos, a alternativa verdadeira é:

a) $D \subset R \subset L \subset P$

b) $D \subset L \subset P \subset Q$

c) $Q \subset P \subset L \subset D$

d) $T \subset P \subset Q \subset R \subset D$

e) $Q \subset T \subset P \subset L \subset R \subset D$

235) (PUC-SP) Sendo

A = {x/x é quadrilátero}

B = {x/x é quadrado}

C = {x/x é retângulo}

D = {x/x é losango}

E = {x/x é trapézio}

F = {x/x é paralelo g ramo}

Então vale a relação:

a) $A \supset D \supset E$

b) $A \supset F \supset D \supset B$

c) $F \subset D \subset A$

d) $A \supset F \supset B \supset C$

e) $B \subset D \subset A \subset E$

236) (UFRJ) Os ângulos internos de um quadrilátero convexo estão em progressão aritmética de razão igual a 20º. Determine o valor do maior ângulo desse quadrilátero:

237)(UFRJ) Em uma mesa de bilhar, uma bola está situada no ponto P a 30cm do menor lado da mesa e a 10cm do maior. Teixeirinha, em uma exibição, dá uma tacada em que a bola, após três tabelas, volta ao ponto P, percorrendo o caminho PABCP, conforme a figura abaixo. Em cada tabela, o ângulo de incidência é igual ao de reflexão. Calcule a distância BO.

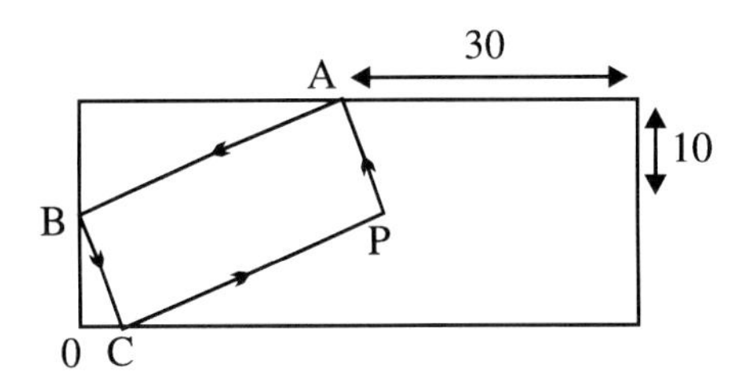

238) (UFCE) Duas tangentes são traçadas a um círculo de um ponto exterior A e tocam o círculo nos pontos B e C, respectivamente. Uma terceira tangente intercepta o segmento AB em P e AC em R e toca o círculo em Q. Se AB= 20cm, então o perímetro do triângulo APR, em cm, é igual a:

a) 39,5

b) 40

c) 40,5

d) 41

e) 41,5

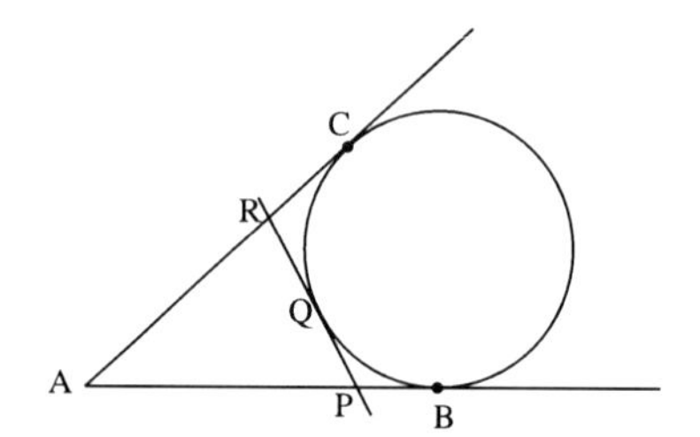

239) (UFAL) Seja a circunferência de centro o, representada na figura abaixo. A medida α, do ângulo assinalado, é:

a) 30º

b) 40º

c) 50º

d) 60º

e) 70º

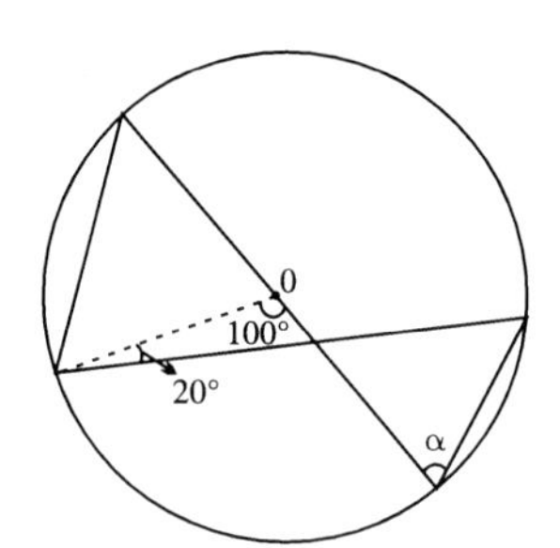

240) (UFES) Calcule a medida do ângulo α:

a) 50º

b) 52º

c) 54º

d) 56º

e) 58º

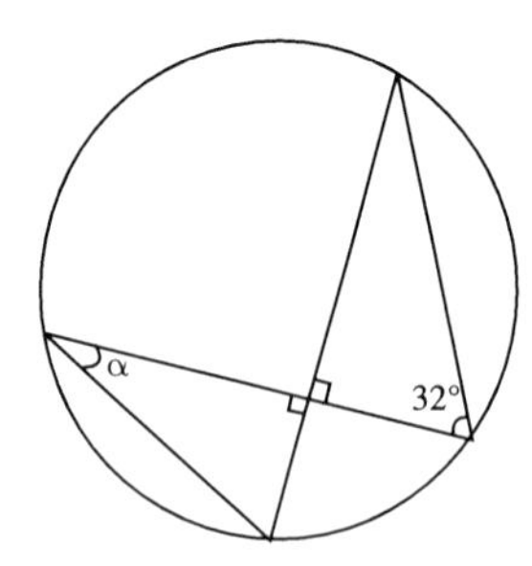

241)(UFF) Os pontos M,N,P,Q e R são vértices de um pentágono regular. A soma ∢M + ∢N + ∢P + ∢Q + ∢R é:

a) 360º

b) 330º

c) 270º

d) 240º

e) 180º

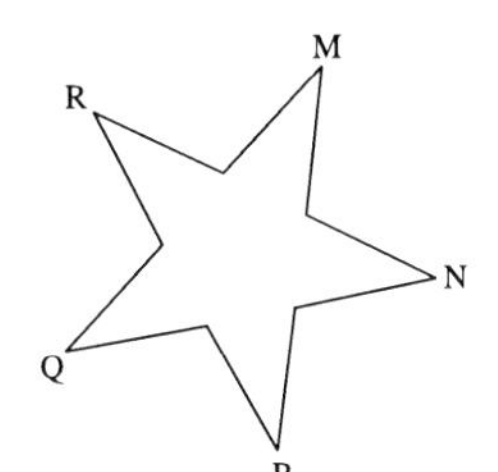

242) (UFRJ) Na figura dada a seguir:

– AB é lado de um octógono regular inscrito;

– t é uma tangente. Qual a medida de α?

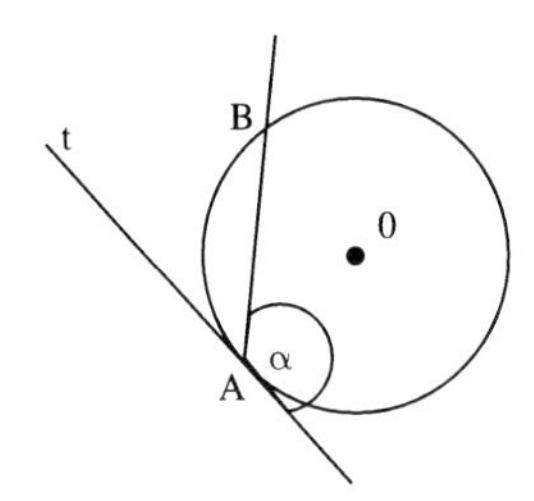

243) (UFRJ) Um automóvel de 4,5m de comprimento é representado, em escala, por um modelo de 3cm de comprimento. Determine a altura do modelo que representa, na mesma escala, uma casa de 3,75m dec altura:

244)(UFRJ) Duas cidades A e B distam 600Km, e a distância entre suas representações, num certo mapa, é dc 12cm. Se a distância real entre duas outras cidades C e D é de 100Km, qual, será a distância entre suas representações no mesmo mapa?

245)(UERJ) Num cartão retangular, cujo comprimento é igual ao dobro de sua altura, foram feitos dois vincos $\overline{AC}$ e $\overline{BF}$, que formam, entre si, um ângulo reto. Observe a figura, em que ∢BFA = ∢CAB.

Considerando AF =16cm e CB = 9cm, determine:

a) As dimensões do cartão;

b) O comprimento do vinco AC.

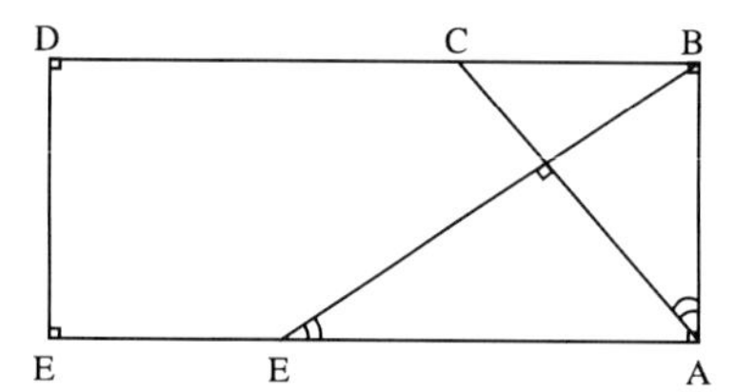

246) (UFRJ) A cada usuário de energia é cobrada uma taxa mensal de acordo com seu consumo no período, desde que esse consumo ultrapasse um determinado nível.

Caso contrário, o consumidor deve pagar uma taxa mínima referente a custos de manutenção em certo mês, o gráfico consumo (em kWh) X preço (em R$) foi o apresentado A seguir:

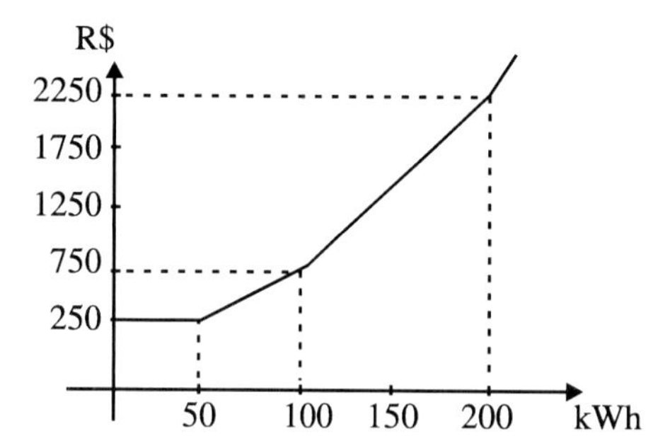

a) Determine entre que valores de consumo em kWh é cobrada a taxa mínima:

b) Determine o consumo correspondente à taxa de R$ 1950,00:

247) (UFRJ) Um poste tem uma lâmpada colocada a 4m de altura. Um homem de 2m de altura caminha, a partir do poste, em linha reta, em direção à porta de um edifício que está a uma distancia de 28m de poste.

Calcule o comprimento da sombra do homem que é projetada sobre a porta do edifício, no instante em que ele está a 10,5m da porta: Sua resposta de vir acompanhada de um desenho ilustrativo de situação descrita.

248) (UNICAMP) Uma rampa de inclinação constante, como a que dá acesso ao Palácio do Planalto em Brasília, tem 4 metros de altura na sua parte mais alta.Uma pessoa tendo começado a subi-la, nota que após caminhar 12,3 metros sobre a rampa, está a 1,5 metro de altura em relação ao solo.

a) Faca uma figura ilustrativa da situação descrita:

b) Calcule quantos metros a pessoa ainda deve caminhar para atingir o ponto mais alto da rampa:

249) (UFRJ) Os pontos médios dos lados de um quadrado de perímetro 2p são vértices de um quadrado de perímetro:

a) $\frac{p\sqrt{2}}{4}$

b) $\frac{p\sqrt{2}}{2}$

c) $p\sqrt{2}$

d) $2p\sqrt{2}$

e) $4p\sqrt{2}$

250) (UNIRIO-CEFET-ENCE) Os dados de um triângulo retângulo estão em progressão aritmética. Sabendo-se que o perímetro mede 57cm, podemos afirmar que o maior cateto mede:

a) 17cm

b) 19cm

c) 20cm

d) 23cm

e) 27cm

251) (UFMA) Assinale o seno do ângulo C:

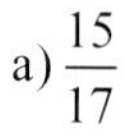
a) $\frac{15}{17}$

b) $\frac{8}{17}$

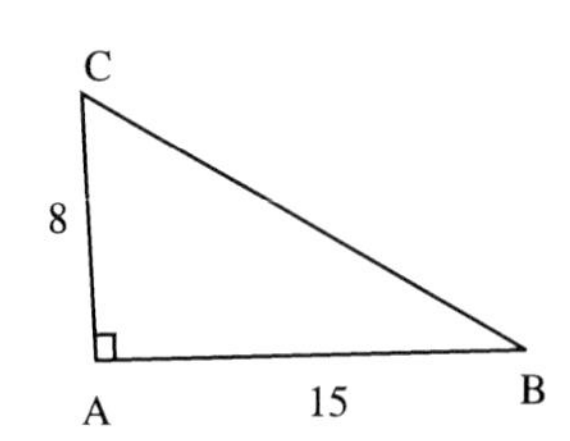

c) $\frac{17}{15}$

d) $\frac{17}{8}$

e) $\frac{8}{15}$

252) (UERJ) Observe a bicicleta e tabela trigonométrica:

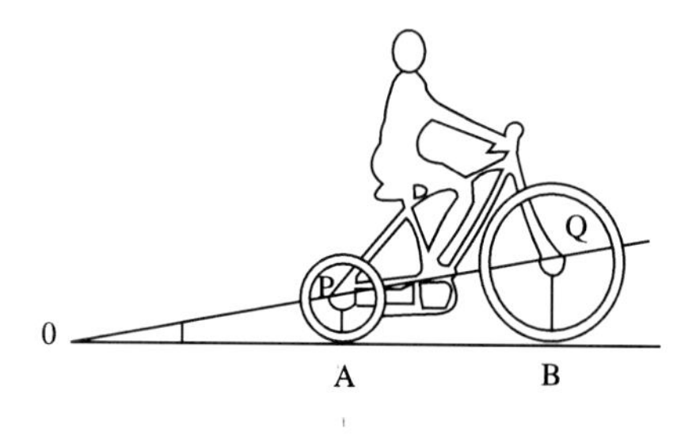

Ângulo (em graus)	seno	co-seno	tangente
10	0,174	0,985	0,176
11	0,191	0,982	0,194
12	0,208	0,978	0,213
13	0.225	0.974	0,231
14	0,242	0,970	0,246

Os centros das rodas estão a uma distância PQ igual a 120cm e os raios PA e QB medem, respectivamente, 25cm e 52cm.

De acordo com a tabela, o ângulo $\measuredangle AOP$ tem o seguinte valor:

a) 10º

b) 12º

c) 13º

d) 14º

253) (UFPI) Um triangulo retângulo é tal que sua hipotenusa mede 16cm e a tangente de um dos ângulos agudos é igual a $\frac{1}{\sqrt{3}}$. A soma das medidas dos catetos desse triângulo, em centímetros, é igual a:

a) 8

b) $8 + 4\sqrt{3}$

c)16

d) $4 + 8\sqrt{3}$

e) $8 + 8\sqrt{3}$

254) (FUVEST) Um móvel parte de A e segue numa direção que forma com a reta AC um ângulo de 30º. Sabe-se que o móvel caminha com uma velocidade constante de 50Km/h. Após 3 horas de percurso, a distância a que o móvel se encontra da reta AC é de:

a) 75km

b) $75\sqrt{3}$km

c) $50\sqrt{3}$km

d) $75\sqrt{2}$km

e) 50km

255) (UNIRIO) Numa circunferência de 16cm de diâmetro, uma corda $\overline{AB}$ é projetada ortogonalmente sobre o diâmetro $\overline{BC}$. Sabendo-se que a referida projeção mede 4cm, a medida de $\overline{AB}$ em cm é igual a:

a) 6

b) 8

c) 10

d) 12

e) 14

256) (UFF) A figura abaixo representa o quadrado MNPQ de lado l = 4 cm.

Sabendo que os retângulos NXYZ e JKLQ são congruentes, o valor da medida do segmento $\overline{YK}$ é:

a) 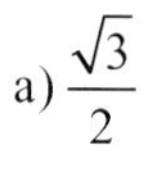 $\frac{\sqrt{3}}{2}$

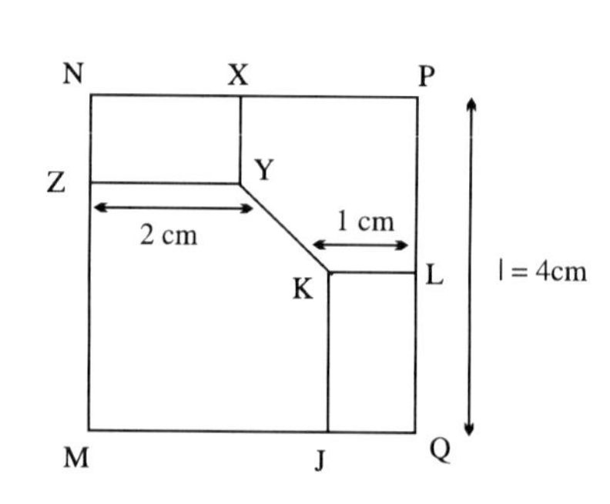

b) $2\sqrt{3}$

c) 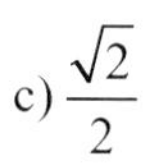 $\frac{\sqrt{2}}{2}$

d) 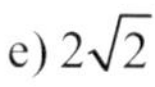 $\sqrt{2}$

e) $2\sqrt{2}$

257) (Uelondrina) Trafegando num trecho plano e reto de uma estrada, um ciclista observa uma torre. No instante em que o ângulo entre a estrada e a linha de visão do ciclista é 60°, o marcador de quilometragem da bicicleta acusa 103,50 km. Quando o ângulo descrito passa a ser 90°, o marcador de quilometragem acusa 104,03 km.

Qual é, aproximadamente, a distância da torre à estrada? (Se necessitar, use $\sqrt{2} \approx 1{,}41$; $\sqrt{3} \approx 1{,}73$; $\sqrt{6} \approx 2{,}45$.)

a) 463,4 m

b) 535,8 m

c) 755,4 m

d) 916,9 m

e) 1071,6 m

258) (UFPE) Considere os triângulos retângulos PQR e PQS da figura a seguir.
Se RS = 100, quanto vale PQ?

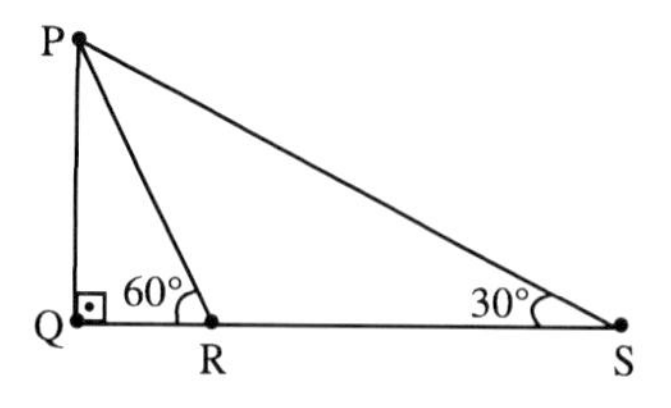

a) $100\sqrt{3}$

b) $50\sqrt{3}$

c) 50

d) $50\sqrt{3}/3$

e) $25\sqrt{3}$

259) O ângulo de elevação do pé de uma árvore ao topo de uma encosta é de 60°. Sabendo-se que a árvore está distante 100m da base da encosta, que medida deve ter um cabo de aço para ligar a base da árvore ao topo da encosta?

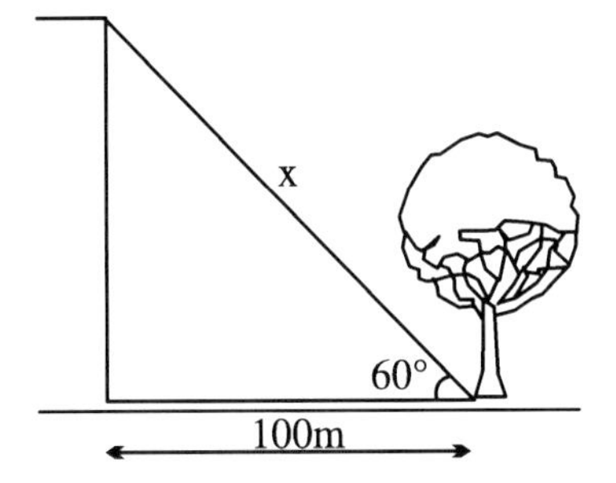

a) 100 m

b) 50 m

c) 300 m

d) 200 m

e) 400 m

260) (Cefet-PR) Se na figura abaixo AB = 9 cm, o segmento DF mede, em cm:

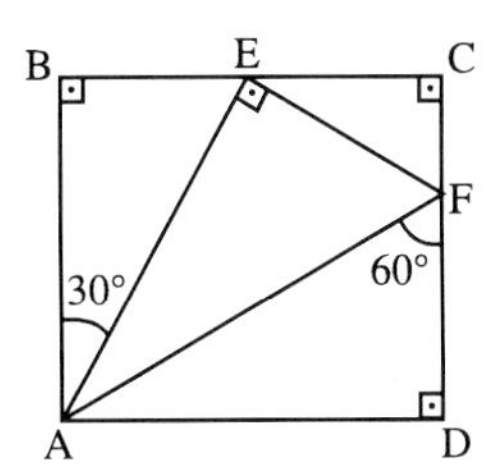

a) 5

b) 4

c) 8

d) 7

e) 6

261) (ITA) Se um poliedro convexo possui 20 faces e 12 vértices, o número de arestas desse poliedro é:

a) 12

b) 18

c) 28

d) 30

e) 32

262) (UMC-SP) Os raios de duas circunferências são 3cm e 8cm, e a distancia entre seus centros é 13 cm. O comprimento do segmento é:

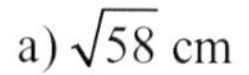

a) $\sqrt{58}$ cm

b) 11 cm

c) 12 cm

d) 10 cm

e) $\sqrt{120}$ cm

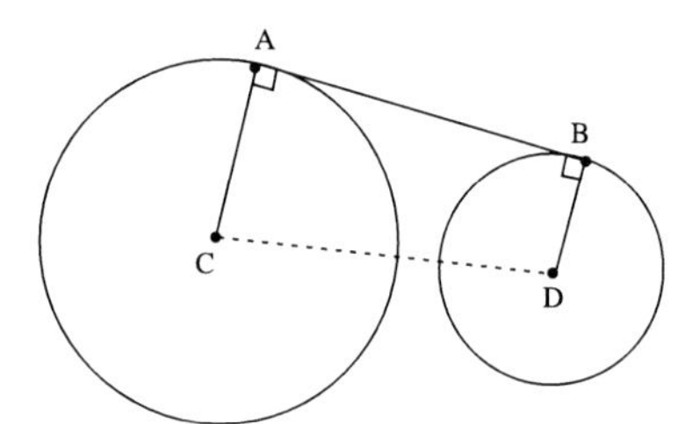

263) (UFF) No triângulo isósceles PQR, da figura abaixo, $\overline{RH}$ é a altura relativa ao lado $\overline{PQ}$.

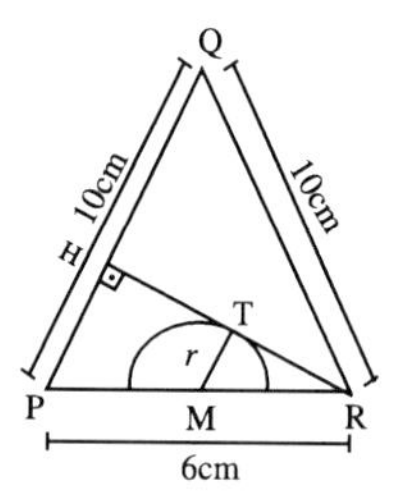

Se M é o ponto médio de $\overline{PR}$, então a circunferência de centro M, e tangente a $\overline{RH}$ em T tem raio igual a:

a) 0,50cm

b)0,75cm

c)0,90cm

d)1,00cm

e)1,50cm

264) (PUC-RJ) No triângulo abaixo a = 20, b = 25 e $\gamma = 60^o$. Então, sen(α) é igual a:

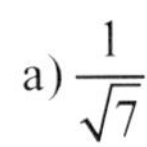

a) $\frac{1}{\sqrt{7}}$

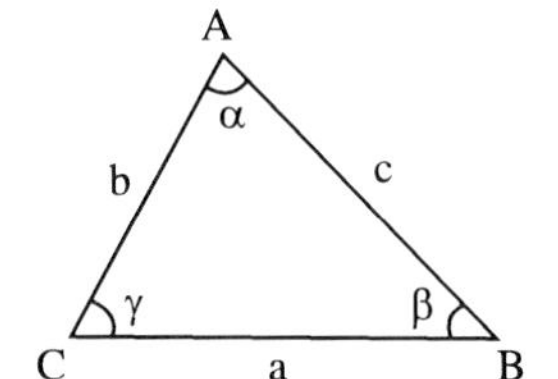

b) $\frac{2}{\sqrt{7}}$

c) $\frac{2}{\sqrt{5}}$

d) $\frac{2}{\sqrt{10}}$

e) $\frac{1}{\sqrt{5}}$

265)(EFOOM) Caminhando em linha reta ao longo de uma praia, um banhista vai de um ponto ***A*** a um ponto ***B***, cobrindo uma distância ***AB = 1200 m***. Antes de iniciar a caminhada, estando no ponto ***A***, ele avista um navio parado em ***N*** de tal maneira que o ângulo ***NÂB*** é de ***60º***, e quando chega em ***B***, verifica que o ângulo ***NBA*** é de ***45º***.

Calcule a distância em que se encontra o navio da praia:

Dados:

tg 60º = $\sqrt{3}$

tg 45º = 1

Considerar $\sqrt{3}$ = 1,732.

a) 945,22 m

b) 846,45 m

c) 830,33 m

d) 760,77m

e) 700,45m

266) (PUC-MG) Uma escada rolante de 10 m de comprimento liga dois andares de uma loja e tem inclinação de 30°.

A altura h entre um andar e outro, em metros, é tal que:

a) $3 < h < 5$

b) $4 < h < 6$

c) $5 < h < 7$

d) $6 < h < 8$

e) $7 < h < 9$

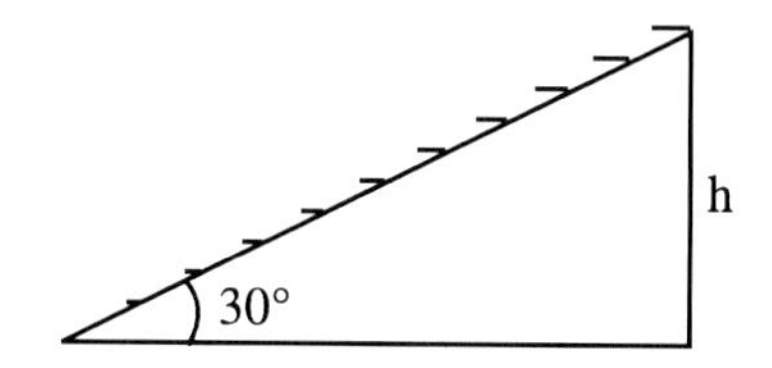

267) (UNIRIO) Um disco voador é avistado, numa região plana, a uma certa altitude, parado no ar. Em certo instante, algo se desprende da nave e cai em queda livre, conforme mostra a figura. A que altitude se encontra esse disco voador?

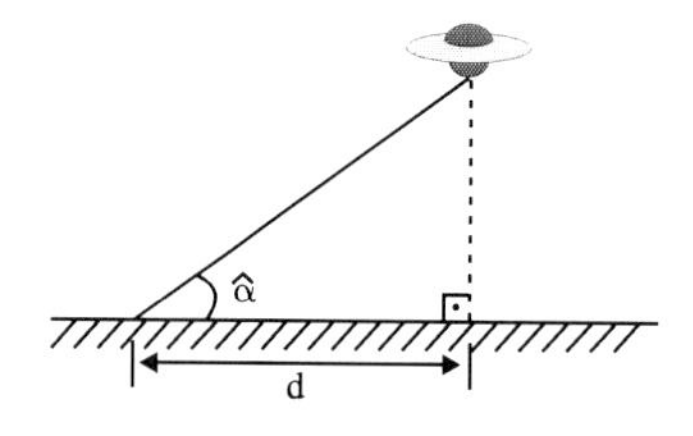

Considere as afirmativas:

I – a distância d é conhecida;

II – a medida do ângulo α e a tg do mesmo ângulo são conhecidas.

Então, tem-se que:

a) a I sozinha é suficiente para responder à pergunta, mas a II, sozinha, não.

b) a II sozinha é suficiente para responder à pergunta, mas a I, sozinha, não.

c) I e II, juntas, são suficientes para responder à pergunta, mas nenhuma delas, sozinha, não é:

d) ambas são, sozinhas, suficientes para responder à pergunta.

e) a pergunta não pode ser respondida por falta de dados.

268) (PUC-CAMP) Uma pessoa encontra-se num ponto A, localizado na base de um prédio, conforme mostra a figura adiante.

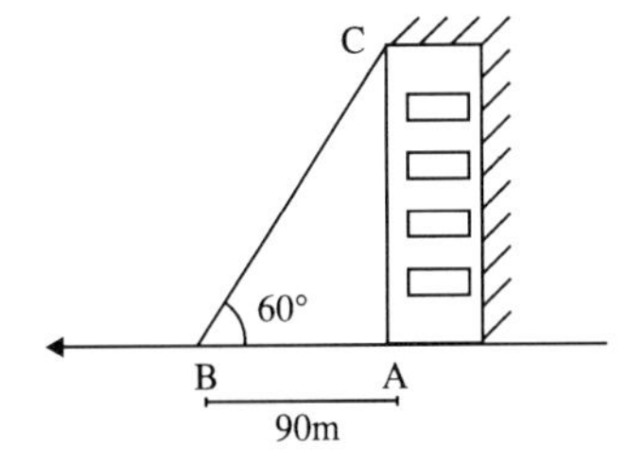

Se ela caminhar 90 metros em linha reta, chegará a um ponto B, de onde poderá ver o topo C do prédio, sob um ângulo de 60°. Quantos metros ela deverá se afastar do ponto A, andando em linha reta no sentido de A para B, para que possa enxergar o topo do prédio sob um ângulo de 30°?

a) 150

b) 180

c) 270

d) 300

e) 310

269) Um navio, navegando em linha reta, passa sucessivamente pelos pontos A, B e C. O comandante, quando o navio está em A, observa um farol em L, e mede o ângulo $L\hat{A}C = 30°$. Após navegar 4 milhas até B, verifica o ângulo $L\hat{B}C = 75°$. Quantas milhas separam o farol do ponto B?

a) 4

b) $2\sqrt{2}$

c) $2\sqrt{3}$

d) $\frac{8}{3}$

e) $\frac{\sqrt{2}}{2}$

270) (UFF) Na figura, as circunferências têm raios iguais a R e estão inscritas um triângulo eqüilátero de lado igual a 2cm. Assinale a alternativa que representa o valor R.

a) $\frac{1}{1+\sqrt{3}}$cm

b) $\frac{\sqrt{3}}{1+\sqrt{3}}$cm

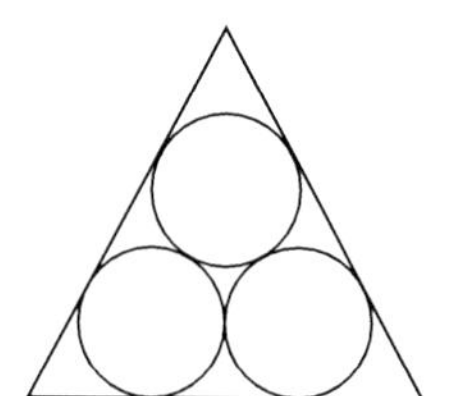

c) $\frac{3}{1+\sqrt{2}}$cm

d) $\frac{3}{2+\sqrt{3}}$cm

e) $\frac{2}{2+\sqrt{3}}$cm

271) (UFRS) Uma correia esticada passa em torno de três discos de 5m de diâmetro, conforme a figura abaixo. Os pontos A,B e C representam os centros dos discos. A distância AC mede 26m,e a distância BC mede 10m.

O comprimento da correia é:

a) 60m

b) $(60 + 5\pi)$m

c) 65m

d) $(60 + 10\pi)$ m

e) 65π

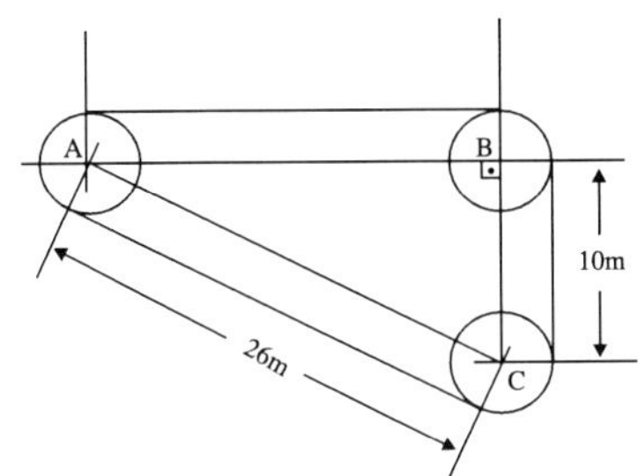

272) (UFES) Na figura a seguir está representada uma circunferência com centro no ponto C e raio medindo 1 unidade de comprimento. A medida do segmento de reta nesta unidade de comprimento é igual a:

a) 1/2

b) $\sqrt{3}/2$

c) 3/2

d) $1+ \sqrt{3}/2$

e) $\sqrt{3}$

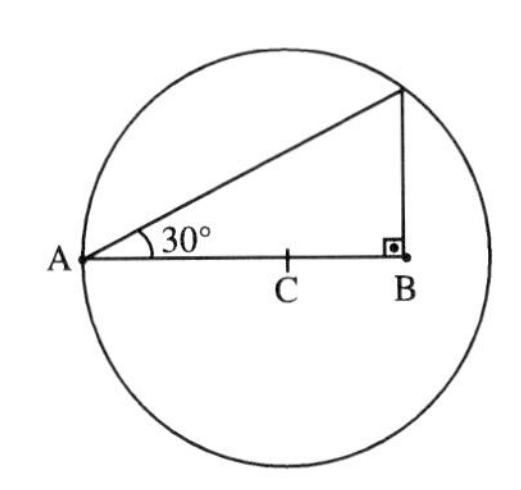

273) (UFRJ) Para o trapézio representado na figura, calcule a sua altura:

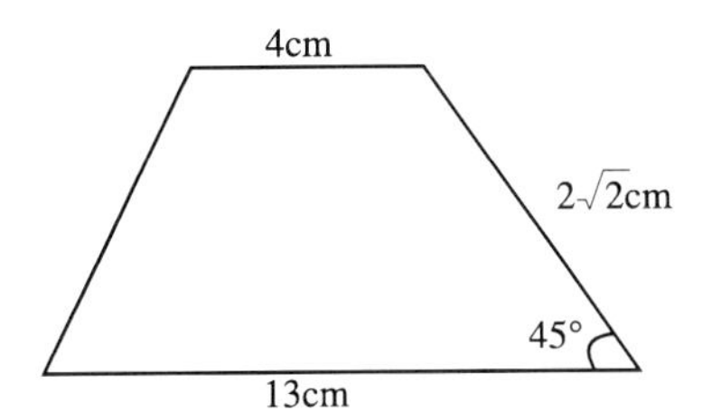

274) (FUVEST) Uma escada de 25dm de comprimento se apóia num muro do qual seu pé dista 7dm. Se o pé da escada se afastar mais 8dm do muro, qual o deslocamento verificado pela extremidade superior da escada?

275) (UNICAMP) Caminhando em linhas reta ao longo da praia, um banhista vai de um ponto A a um ponto B, cobrindo a distância AB = 1200 metros. Quando em A ele avista um navio parado em N de tal maneira que o ângulo NÂB é de 60º; e quando em B, verifica que o ângulo NÂB é de 45º.

a) Faca uma figura ilustrativa da situação descrita:

b) Calcule a distância a que se encontra o navio da praia:

276) (UFRJ) A grande sensação da última Expo Arte foi a escultura 'O.I.T.O', de 12 metros de altura, composta por duas circunferências, que reproduzimos abaixo, com exclusividade.

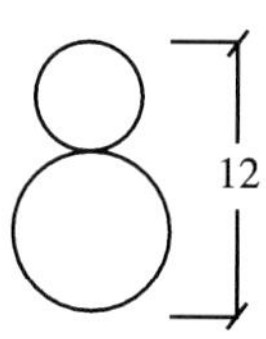

Para poder passar por um corredor de apenas 9 metros de altura e chegar ao centro do Salão Principal, ela teve que ser inclinada. A escultura atravessou o corredor tangenciando o chão e o teto, como mostra a figura a seguir.

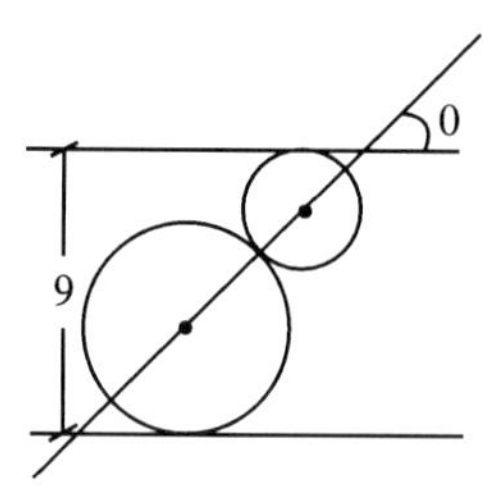

Calcule a medida do ângulo de inclinação:

277) (UFF) Uma folha de papel em forma de retângulo ABCD é dobrada no segmento $\overline{EF}$, de modo que o vértice D, como na figura.

Sabendo-se que as dimensões do retângulo são $\overline{AB} = 8$ cm e $\overline{BC} = 4$ cm, determine a medida do segmento $\overline{EF}$:

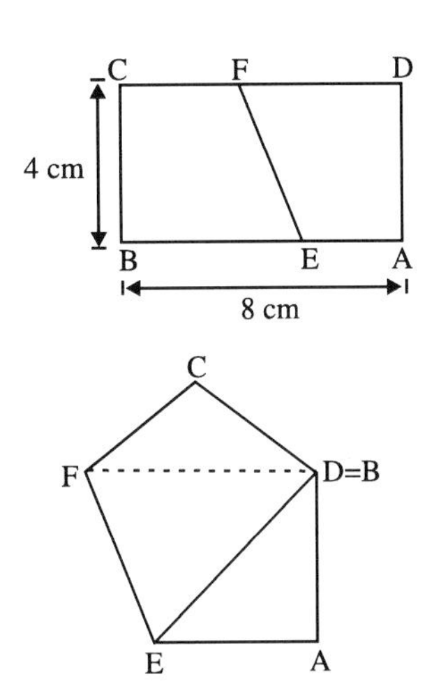

278) (UFF) Duas réguas de madeira, $\overline{MN}$ e $\overline{PQ}$, com 8cm cada, estão ligadas em suas extremidades por dois fios, formando o retângulo MNPQ (fig.1). Mantendo-se fixa a régua $\overline{MN}$ e girando-se 180° a régua $\overline{PQ}$ em torno do seu ponto médio, sem alterar os comprimentos dos fios, obtêm-se dois triângulos congruentes MNO e QPO (fig.2)

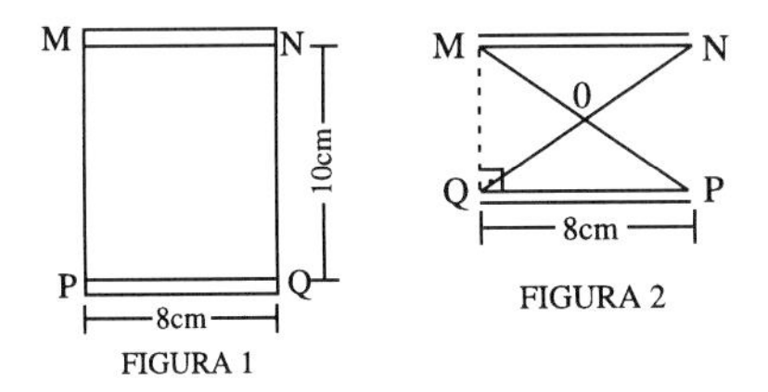

Calcule a distância entre as duas réguas nesta nova posição:

279) (UFRJ) A figura abaixo mostra duas circunferências que se tangenciam interiormente. A circunferência maior tem centro em O. A menor tem raio r = 5cm e é tangente a AO e a OB. Sabendo-se que o ângulo AÔB mede 60º, calcule a medida do raio R da circunferência maior:

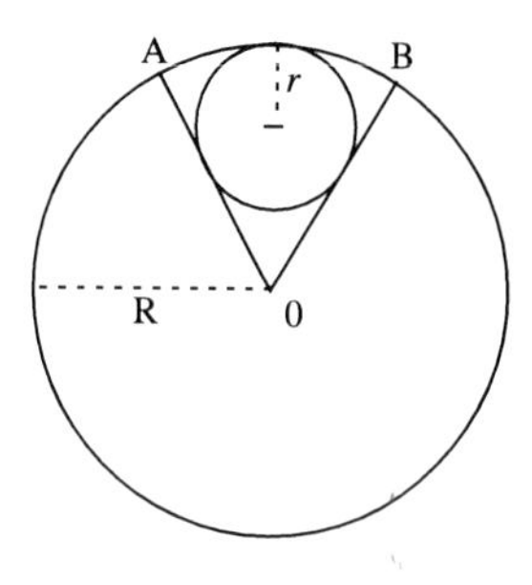

280) (UFRJ) Um observador (O), do ponto mais alto de um farol, vê a linha do horizonte (L) a uma distância d. Sejam h e R a altura do farol e o raio da Terra, respectivamente.

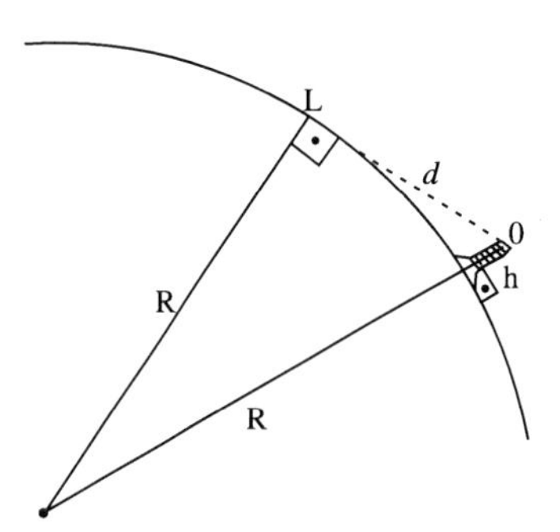

a) Como R é muito maior que h, pode-se admitir que 2R + h = 2R. Assim, prove, usando a aproximação indicada, que :

b) O raio da Terra tem, aproximadamente, 6300km. Usando a fórmula do item a), calcule a distância (d) do horizonte, quando o observador está a um a altura h = 35m:

281)(UNIRIO) Na figura abaixo, determine o perímetro do triângulo ABC:

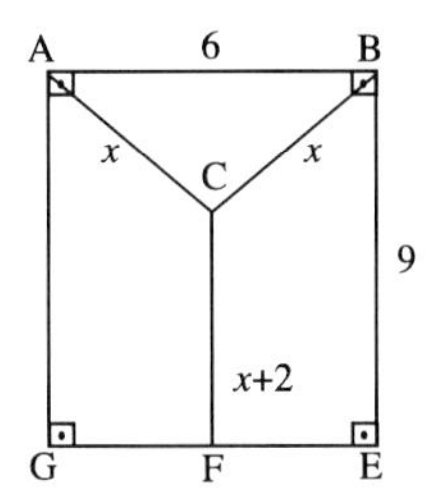

282) (CESGRANRIO) 15 toras de madeira de 1,5m de diâmetro são empilhadas segundo a figura a seguir. Calcule a altura da pilha:

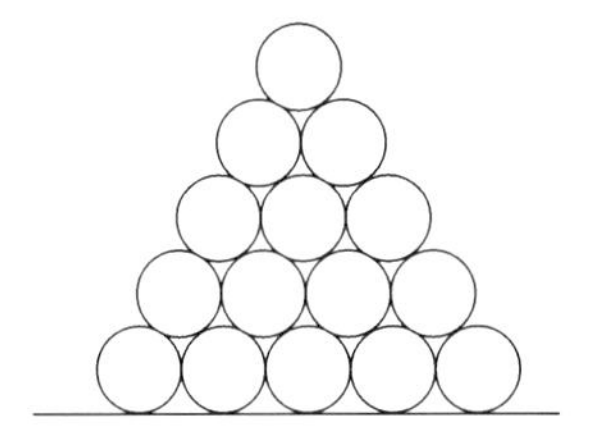

283) (UERJ)

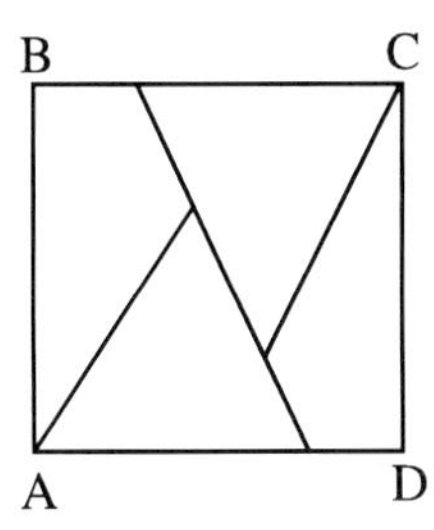

A figura acima representa um quadrado ABCD e dois triângulos eqüiláteros. Se cada lado desses triângulos mede 2cm, calcule o lado do quadrado ABCD:

284) (UERJ) A extremidade A de uma planta aquática encontra-se 10cm acima da superfície da água de um lago (fig.1).

Quando a brisa a faz balançar, essa extremidade toca a superfície da água no ponto B, situado a $10\sqrt{3}$ cm do local em que sua projeção ortogonal C, sobre a água, se encontrava inicialmente (fig. 2). Considere $\overline{OA}$, $\overline{OB}$ e $\overline{BC}$ segmentos de retas e o arco $\overset{\frown}{AB}$ uma trajetória do movimento da planta.

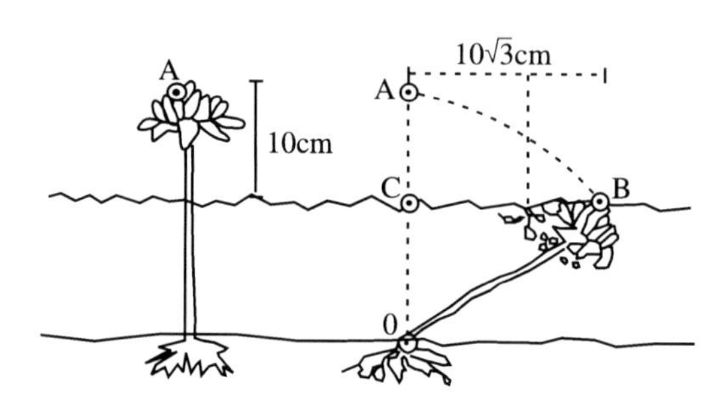

Determine:

a) A profundidade do lago no ponto O em que se encontra a raiz da planta;

b) O comprimento, em cm, do arco $\overset{\frown}{AB}$:

285) (UFMG) Um dos ângulos de um losango de 4m de lado mede 120º. Sua maior diagonal, em m, mede:

a) 4

b) 5

c) $2\sqrt{3}$

d) $3\sqrt{3}$

e) $4\sqrt{3}$

286) (MACK) Dois lados consecutivos de um paralelogramo medem 8 e 12 e formam um ângulo de 60º. As diagonais medem:

a) 4 e $4\sqrt{7}$

b) $4\sqrt{7}$ e $4\sqrt{19}$

c) $4\sqrt{7}$ e $4\sqrt{17}$

d) $4\sqrt{17}$ e $4\sqrt{19}$

e) 4 e $4,5$

287) (UERJ) O triângulo ABC está inscrito em círculo de raio R. Se $\cos(\hat{A}) = \frac{3}{5}$ o comprimento do lado $\overline{BC}$ é :

a) $\frac{2R}{5}$

b) $\frac{3R}{5}$

c) $\frac{4R}{5}$

d) $\frac{6R}{5}$

e) $\frac{8R}{5}$

288) (F.C.CHAGAS) Um triângulo isósceles é tal que a base mede ($\sqrt{6} - \sqrt{2}$)cm e os ângulos adjacentes a essa base medem 75º. A medida dos lados congruentes desse triângulo, em centímetros, é:

a) 1

b) $\sqrt{3}$

c) 2

d) $\sqrt{6}$

e) 4

289) (UERJ) Um triângulo tem lados 3, 7 e 8. Um de seus ângulos é igual a:

a) 30º

b) 45º

c) 60º

d) 90º

e) 120º

290) (UFRJ) Os ponteiros de um relógio circular medem, do centro às extremidades, 2 metros, o dos minutos, e 1 metro, o das horas. Determine a distância entre as extremidades dos ponteiros quando o relógio marca 4 horas:

291) (UNICAMP) A água, utilizada na casa de um sítio, é captada e bombeada do rio para uma caixa d'água a 50m de distância. A casa está a 80m de distância da caixa d'água e o ângulo formado pelas direções caixa d'águas-bomba e a caixa d'água-casa é de 60º. Pretende-se bombear água no mesmo ponto de captação até a casa, quantos metros de encanamento serão necessários?

292) (UFRJ) Observe o paralelogramo ABCD, abaixo:

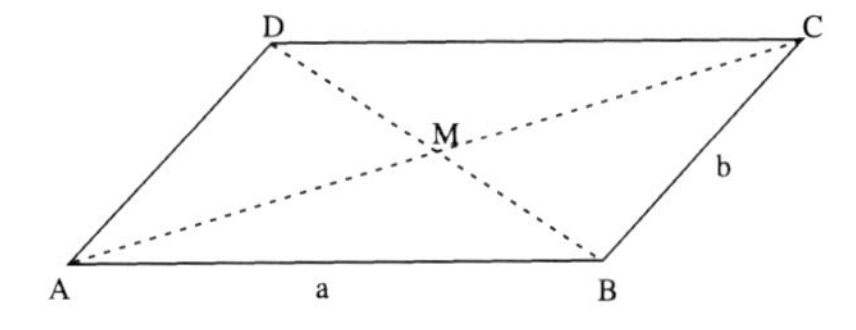

Calcule $\overline{AC}^2 + \overline{BD}^2$ em função de $\overline{AB} = \text{a}$ e $\overline{BC} = \text{b}$

293)(UFRJ) Os pontos A, B, C, D, E, F, G e H dividem uma circunferência de raio R, em oito partes iguais, conforme a figura abaixo:

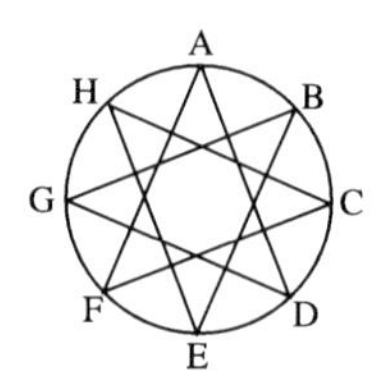

Calcule a medida do lado $\overline{AD}$ do octógono estrelado em função de R:

294) (UFRJ) O polígono regular representado na figura tem lado de medida igual a 1cm e o ângulo α mede 120°.

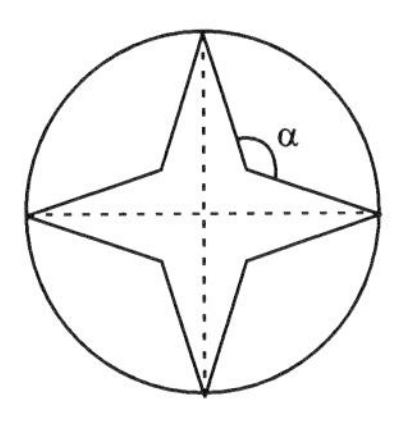

Determine o raio da circunferência circunscrita:

295) (U.F. GOAÍS) Para cobrir o piso de um banheiro de 1,00m de largura por 2,00m de comprimento com cerâmicas quadradas, medindo 20cm de lado, o número necessário de cerâmicas é;

a) 15

b) 30

c) 50

d) 75

e) 100

296) (FUVEST) A área de um triângulo de lados a,b, e c é dada pela forma fórmula $S = \sqrt{p(p-a)(p-b)(p-c)}$ onde p é o semipérimetro (2p = a + b + c). Qual a área de um triângulo de lado 5, 6 e 7?

a) 15

b) 21

c) $7\sqrt{5}$

d) $\sqrt{210}$

e) $6\sqrt{6}$

297) (UNIFICADO) Se as duas diagonais de um losango medem, respectivamente, 6cm e 8cm, então a área do losango é:

a) 18 cm^2

b) 24 cm^2

c) 30 cm^2

d) 36 cm^2

e) 48 cm^2

298) (VUNESP) O menor país do mundo em extensão é o Estado do Vaticano, com uma área de $0{,}4km^2$. Se o território do Vaticano tivesse a forma de um quadrado, então a medida de seus lados estaria entre:

a) 200m e 201m

b) 220m e 221m

c) 401m e 402m

d) 632m e 633m

e) 802m e 803m

299) (F.C. CHAGAS) Num retângulo, a altura mede 3/4 da base. Se a área desse retângulo é $9m^2$, então seu perímetro, em metros é:

a) $7\sqrt{3}$

b) $2\sqrt{3}$

c) $\frac{7}{2}$

d) 42

e) 60

300) (PUC-RJ) No trapézio ABCD, a área mede $21cm^2$ e a altura 3cm.

Então AB e DC valem, respectivamente:

a) 4cm e 6cm

b) 6cm e 8cm

c) 6cm e 4cm

d) 8cm e 6cm

e) n.d.a.

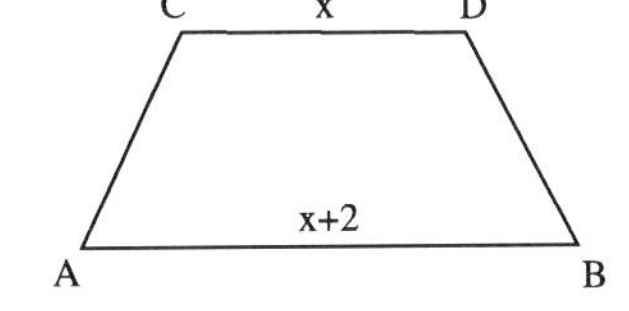

301) (UNESP) O mosaico da figura abaixo foi desenhado em papel quadriculado 1x1.

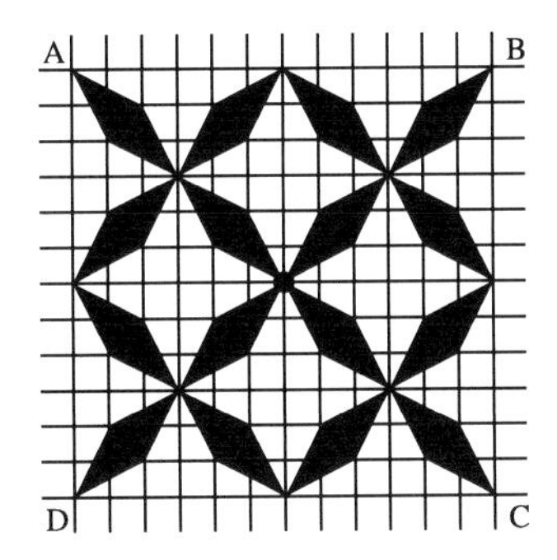

A razão entre a área da parte escura e a área da parte clara, na região compreendida pelo quadrado ABCD, é igual a:

a) $\frac{1}{2}$

b) $\frac{1}{3}$

c) $\frac{3}{5}$

d) $\frac{5}{7}$

e) $\frac{5}{8}$

302) (USC) A área hachurada da figura abaixo é:

a) $a - b$

b) $a^2 - b^2$

c) $a + b$

d) $(a + b)^2$

e) $\frac{(a + b)^2}{2}$

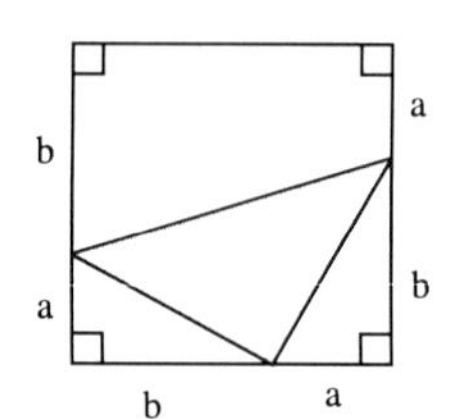

303) (F.C.CHAGAS) Os quadrados Q_1 e Q_2 estão, respectivamente, inscrito e circunscrito a um círculo C. Se, em metros, a soma dos perímetros dos dois quadrados é $8 + 4\sqrt{2}$, a área de C, em m², é:

a) $\sqrt{2}$

b) 2

c) π

d) $\sqrt{2}\pi$

e) 2π

304)(UFF) Cortando-se pedaços quadrados iguais nos vértices de uma cartolina retangular de 80cm de comprimento por 60cm de largura, obtém-se uma figura em forma de cruz. Se a área da cruz for a terça parte da área retangular original o tamanho do lado de cada quadrado é igual a:

a) $5\sqrt{2}$ cm

b) $10\sqrt{2}$ cm

c) $15\sqrt{2}$ cm

d) $20\sqrt{2}$ cm

e) $25\sqrt{2}$ cm

305)(PUC-RJ) Triplicando-se o raio de uma circunferência:

a) a área é multiplicada por 9π

b) o comprimento é multiplicado por 3π

c) a área é multiplicada por 9 e o comprimento por 3

d) a área e o comprimento são ambos multiplicados por 3

e) a área é multiplicada por 3 e o comprimento por 9

306) (UFRS) As medidas dos três lados de um triângulo retângulo são números em progressão aritmética. Qual o valor da área do triângulo, sabendo-se que o menor lado mede 6?

a) $12\sqrt{2}$

b) 18

c) $20\sqrt{2}$

d) 24

e) 30

307) (CESGRANRIO) Um projetor de slides, colocado a 4 metros de distância de uma tela de cinema, projetada sobre ela um quadrado. Para que a área desse quadrado aumenta 20%, a que distância da tela, em metros, deve ser colocado o projetor?

a) 4,20

b) 4,50

c) 4,80

d) 5,60

e) 6,00

308) (PUC-RJ) O símbolo de uma corporação é formado por três losangos iguais. Cada losango tem lado *a* e ângulo de 60º e 120º. A soma das áreas desses losangos vale:

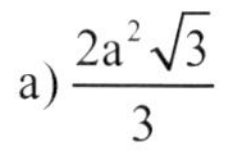
a) $\frac{2a^2\sqrt{3}}{3}$

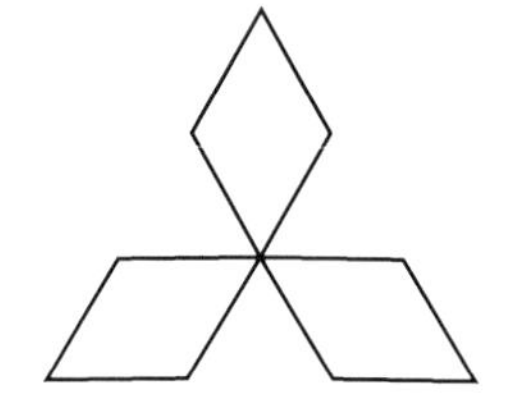

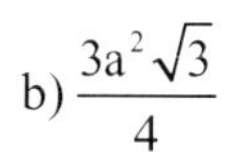
b) $\frac{3a^2\sqrt{3}}{4}$

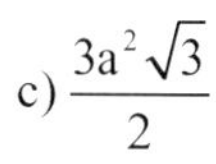
c) $\frac{3a^2\sqrt{3}}{2}$

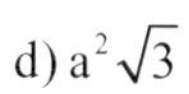
d) $a^2\sqrt{3}$

e) $3a^2\sqrt{3}$

309) (CEFET-RJ) Em cada lado de um triângulo retângulo cujos catetos medem 16cm e 30cm, apóiam-se dois semicírculos idênticos como mostra a figura abaixo. A área total da região sombreada, em cm², vale:

a) $\frac{289\pi}{2}$

b) 289π

c) 529π

d) 578π

e) $\frac{529\pi}{2}$

310) (UFF) A área da coroa circular definida por dois círculos concêntricos de raios r e R, r < R, é igual à área do círculo menor. A razão $\frac{R}{r}$ é igual a:

a) $\frac{\sqrt{2}}{2}$

b) 1

c) $\sqrt{2}$

d) 2

e) $2\sqrt{2}$

311) (CESGRANRIO) Um cavalo deve ser amarrado a uma estaca situada em um dos vértices de um pasto, que tem a forma de um quadrado cujo lado mede 20m. Para que ele possa pastar em 20% da área total do pasto, o comprimento da corda que o prende á estaca deve ser de, aproximadamente:

a) 1m

b) 2m

c) 5m

d) 8m

e) 10m

312) (UNIRIO) A área da região hachurada, na figura abaixo, onde ABCD é um quadrado e o raio de cada circunferência mede 5cm, é igual a:

a) $\frac{25(4-\pi)}{2}$ cm^2

b) $25(\pi-2)$ cm^2

c) $25(4-\pi)$ cm^2

d) $\frac{25(\pi-2)}{2}$ cm^2

e) $\frac{25(4-\pi)}{4}$ cm^2

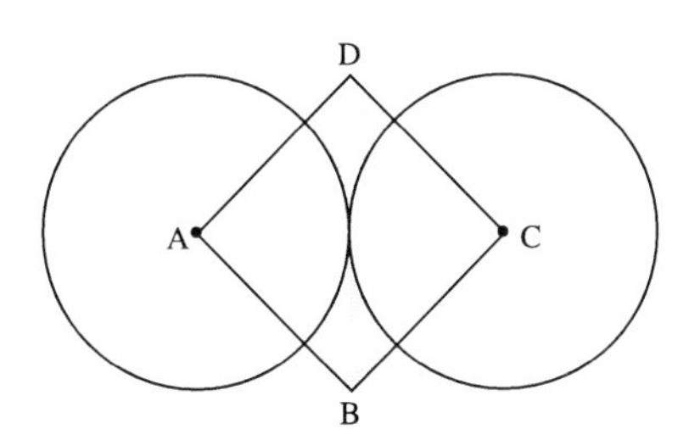

313) (UFF) Na figura abaixo, MNPQ é um retângulo e MRSQ é um quadrado.

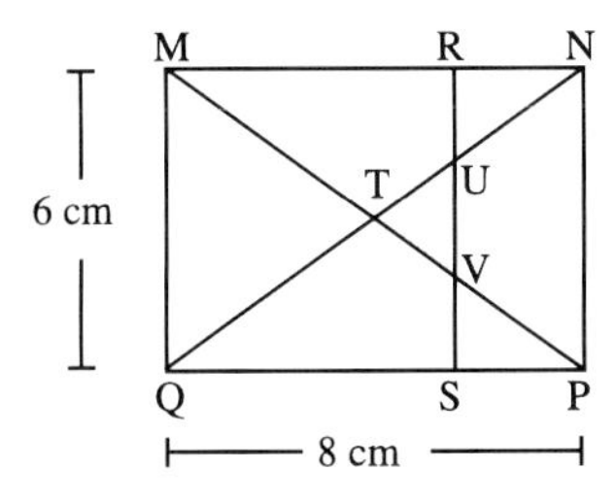

A área, em cm^2, do triângulo TUV assinalado na figura é:

a) 3

b) $3\sqrt{2}$

c) $3\sqrt{3}$

d) 6

e) 16

314)(UFF) Se S é área do pentágono regular inscrito numa circunferência de raio R, pode-se afirmar que S pertence ao intervalo:

a) $\left[2R^2, \dfrac{3R^2\sqrt{3}}{2}\right]$

b) $\left[\dfrac{3R^2\sqrt{3}}{2}, \pi R^2\right]$

c) $\left[\pi R^2, 4\pi R^2\right]$

d) $\left[0, 2R^2\right]$

e) $\left[0, \dfrac{3R^2\sqrt{3}}{4}\right]$

315) (UERJ) A curva da figura representa o gráfico da função y = log(x), x> 0. O valor da área hachurada é:

a) $\log_3 8$

b) $\log_4 7$

c) log 6

d) $\log_4 8$

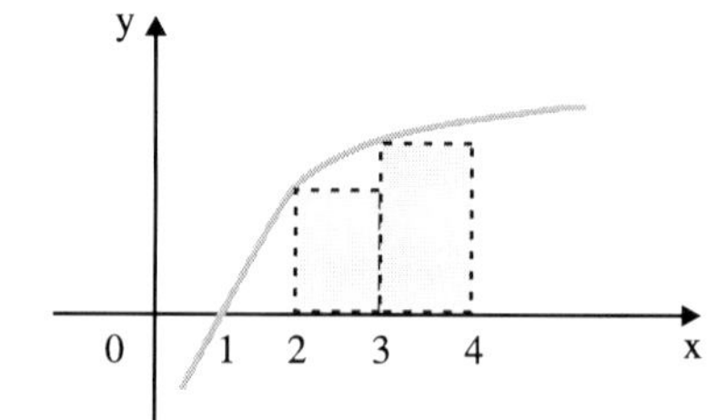

316) (UFCE) Sejam r e s retas paralelas conforme a figura abaixo:

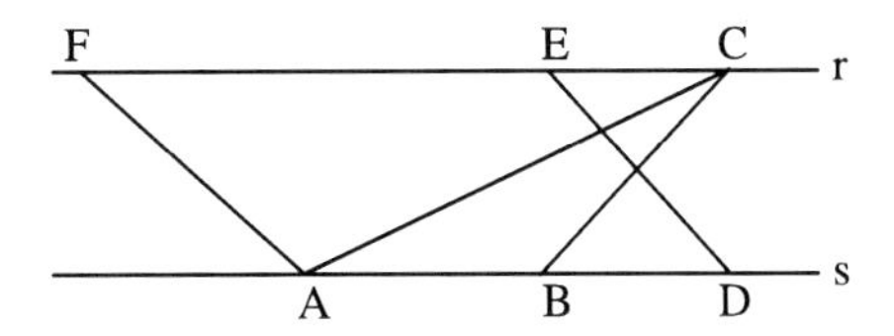

Se S_1 representa a área do triângulo ABC e S_2 representa a área do paralelogramo ADEF e B é o ponto médio do segmento AD, então a razãoé igual a:

a) 1

b) 4

c) 1/4

d) 2

e) 1/2

317)(UERJ) Observe a figura abaixo.

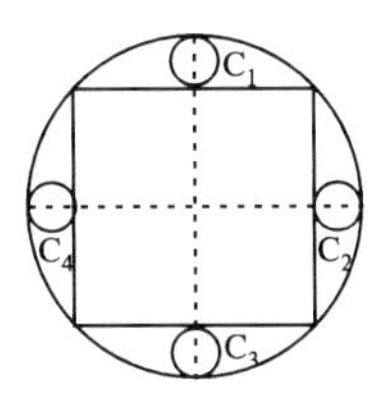

Nela, a circunferência maior C tem raio 2, e cada uma das circunferências menores, C_1, C_2, C_3 e C_4 é tangente a C e a um lado do quadrado inscrito. Os centros de C_1, C_2, C_3 e C_4 estão em diâmetros de C perpendiculares aos lados do quadrado. A soma das áreas limitadas por essas quatro circunferências menores é:

a) $8\pi(3+2\sqrt{2})$

b) $\pi(3+2\sqrt{2})$

c) $\pi(3-2\sqrt{2})$

d) $2\pi(3-2\sqrt{2})$

318) (CESGRANRIO) Seja $\sqrt{3}$ a medida do lado do octógono regular da figura. Então, a área da região hachurada é:

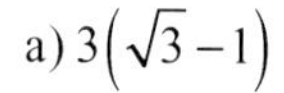

a) $3\left(\sqrt{3}-1\right)$

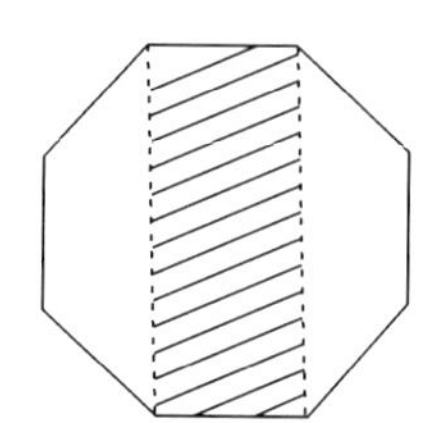

b) $4\left(\sqrt{3}-1\right)$

c) $3\left(1+\sqrt{2}\right)$

d) $2\left(1+\sqrt{3}\right)$

e) $2\left(\sqrt{2}+\sqrt{3}\right)$

319) (UFF) A figura representa dois retângulos XYZW e PQZX, de áreas S_1 e S_2, respectivamente. Pode-se afirmar que $\frac{S_1}{S_2}$ é igual a:

a) 1

b) $\sqrt{2}$

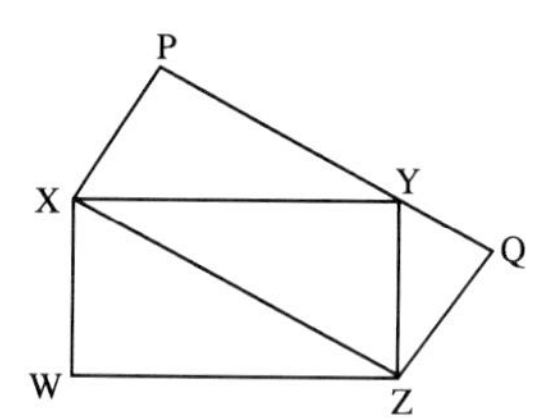

c) $\sqrt{3}$

d) 2

e) $\sqrt{5}$

320) (UFRS) No triângulo ABC desenhado abaixo, P, Q e R são os pontos médios dos lados. Se a medida da área do triângulo hachurado é 5, a medida da área do triângulo ABC é:

a) 20

b) 25

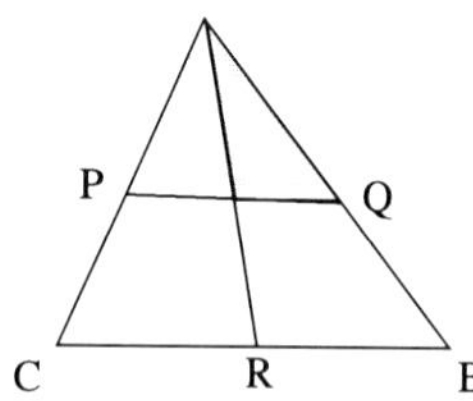

c) 30

d) 35

e) 40

321) (ASOCIADO) Um espiral começando na origem dos eixos coordenados é construído traçando-se semicírculos de diâmetros $\overline{OM}$, $\overline{MS}$ e $\overline{SP}$. A região hachurada vale:

a) 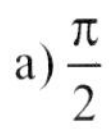 $\frac{\pi}{2}$

b) $\frac{3\pi}{4}$

c) $\frac{4\pi - 3\sqrt{3}}{6}$

d) $\frac{7\pi - 3\sqrt{3}}{6}$

e) $\frac{11\pi - 6\sqrt{3}}{12}$

321) (UNESP) Na figura abaixo, ABCD é um quadrado de lado a. Sendo $\overline{AE} = \overline{AC} = \overline{CG}$ e $\overline{FB} = \overline{BD} = \overline{DH}$.

A área do octógono AEDHCGBF é dada por:

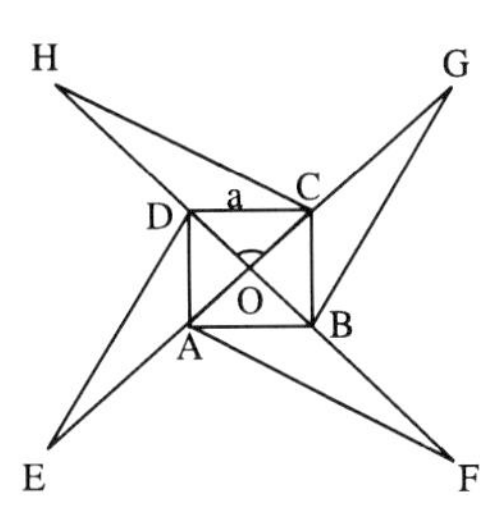

a) $\frac{a^3\sqrt{3}}{4}$

b) $3a^2$

c) $\frac{a^2\sqrt{2}}{4}$

d) $6a^2$

322) (UFRS) Em um sistema de coordenadas polares, $P = \left(3, \frac{\pi}{6}\right)$ e $Q = (\ 12{,}0)$ são dois vértices adjacentes de um quadrado. O valor numérico da área desta quadrado é:

a) 81

b) 135

c) 153

d) $153 - 36\sqrt{2}$

e) $153 - 36\sqrt{3}$

323) (UNICAMP) Uma folha retangular de cartolina mede 35cm de largura por 75cm de comprimento. Dos quatro cantos da folha são cortados quatro quadrados iguais, sendo que o lado de cada um desses quadrados mede xcm de comprimento.

a) Calcule a área do retângulo inicial:

b) Calcule x de modo que a área da figura obtida, após o corte dos quatro cantos, seja igual a 1725 cm^2:

324) (UNICAMP) Uma sala retangular medindo 3m por 4,25m deve ser ladrilhada com ladrilhos quadrados iguais. Supondo que não haja espaço entre ladrilhos vizinhos, pergunta-se:

a) Qual deve ser a dimensão máxima, em centímetros, de cada um desses ladrilhos para que a sala possa ser ladrilhada sem cortar nenhum ladrilho?

b) Quantos desses mesmos ladrilhos são necessários?

325) (UNICAMP) Prove que a soma das distâncias de um ponto qualquer do interior de um triângulo eqüilátero a seus três lados é igual á altura desse triângulo:

326) (UNICAMP) Quantos ladrilhos de 20cm por 20cm são necessários para ladrilhar um cômodo de 4m por 5m?

327)(UFF) A circunferência representada abaixo tem raio 2cm e os diâmetros $\overline{AB}$ e $\overline{CD}$, perpendiculares. Como centro em C e raio $\overline{CA}$ foi traçado o arco $\widehat{AB}$. Determine a área da região assinalada:

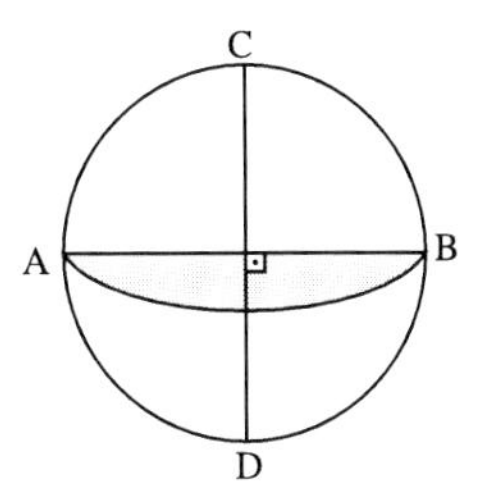

328) (UFRJ) O retângulo ABCD, da figura, está subdividido em 100 quadrados elementares iguais.

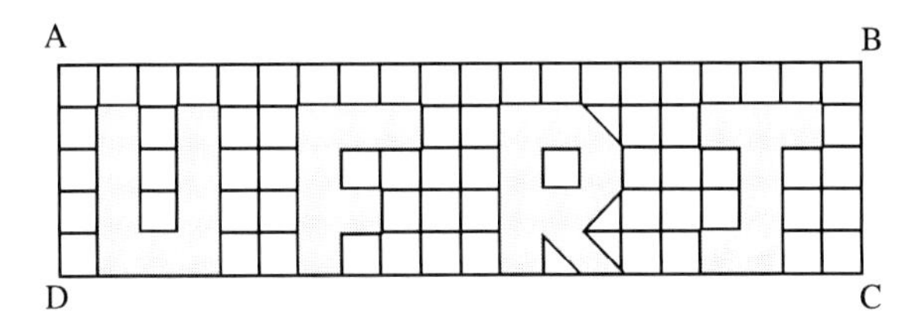

Determine a área sombreada correspondente às letras da sigla UFRJ se:

a) a área da letra U é unidade de área.

b) a área do retângulo ABCD é igual a uma unidade de área.

329) (UFRJ) Observe a figura abaixo (ABCD), que sugere um quadrado de lado a, onde M e N são, respectivamente, os pontos médios dos segmentos CD e AD, e F a interseção dos segmentos AM e BN. Utilizando esses dados, resolva os itens a e b:

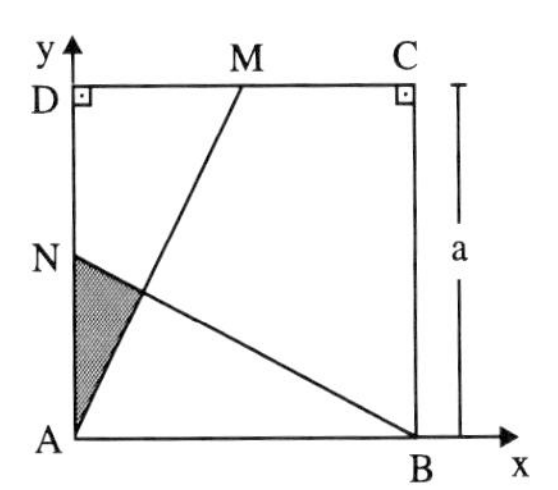

a) Demonstre que o ângulo AFN é reto.

b) Calcule a área do triângulo AFN em função de a.

330) (UFRJ) Há um conhecido quebra-cabeça que consiste em formar um quadrado com as partes de um triângulo equilátero, como mostra as figuras:

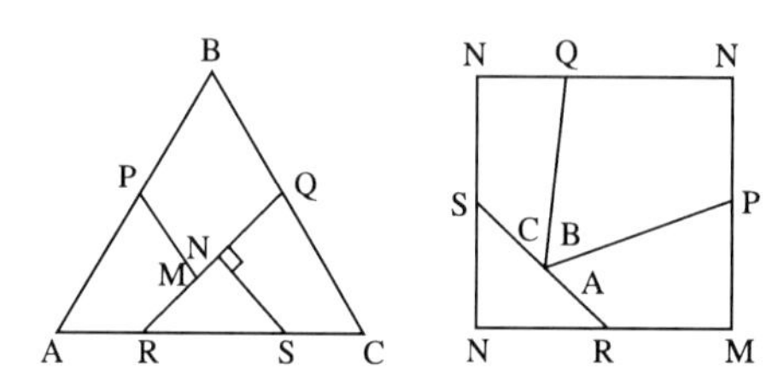

Partindo de um triângulo eqüilátero de perímetro 24cm, calcule o perímetro do quadrado:

331) (UFRJ) A figura abaixo mostra dois arcos de circunferência de centro O, raios R e 2R, e três ângulos iguais.

Calcule a razão entre as áreas das regiões hachurada e não hachurada.:

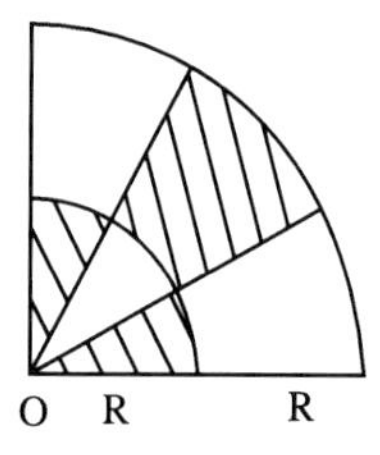

332) (UERJ) Na figura abaixo, os três círculos têm raio 1 e são tangentes dois a dois. Calcule a área delimitada pelos arcos $\overset{\frown}{AB}$, $\overset{\frown}{BC}$ e $\overset{\frown}{CA}$.

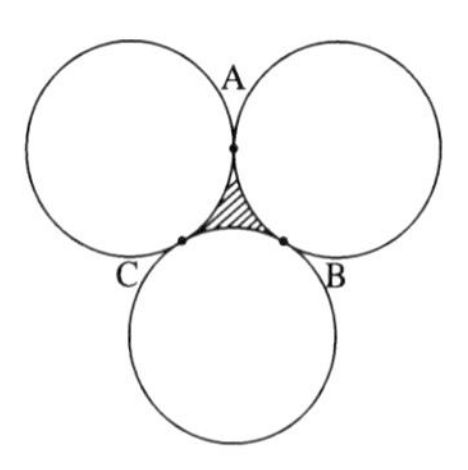

333) (UNICAMP) Calcule a área de um triângulo em função de um lado L e dos dois ângulos α e β a ele adjacentes:

334) (FUVEST) Cortando-se os cantos de um quadrado como mostra a figura abaixo, obtém-se um octógono regular de lados iguais a 10cm.

a) Qual a área total dos quatro triângulos cortados?

b) Calcule a área do octógono:

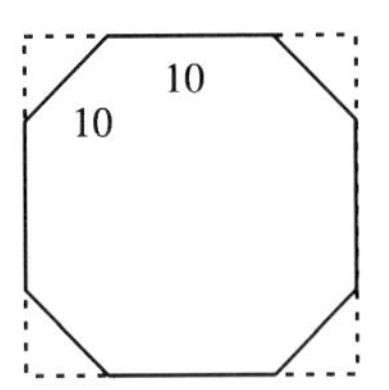

335) (UFRJ) O hexágono ABCDEF é construído de modo que MNP seja um triângulo eqüilátero e AMPF, BCNM e DEPN sejam quadrados.

A área do hexágono ABCDEF é igual a $(3 + \sqrt{3})$ cm^2. Determine o comprimento, em centímetros, do lado do triângulo MNP:

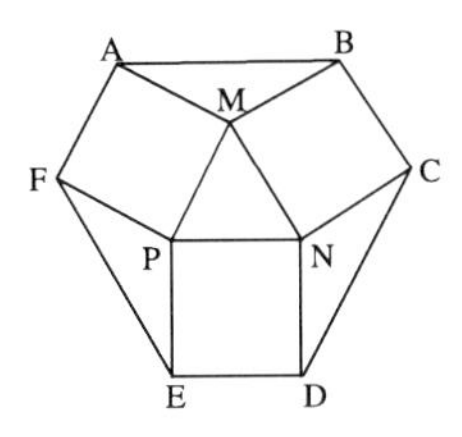

336) (UNICAMP) Na planta de um edifício em construção, cuja escala é 1:50, as dimensões de uma sala retangular são 10cm e 8cm. Calcule a área real da sala projetada:

337) (UNICAMP) Um triângulo escaleno ABC tem área igual a $96m^2$. Sejam M e N os pontos médios dos lados AB e AC, respectivamente. Faça uma figura e calcule a área do quadrilátero BMNC:

338) (UFRJ) Considere uma peça metálica cuja forma é representada pela figura a seguir, com vértice nos pontos A = (0,0); B = (0,3); C = (3,3); D = (3,1); E = (5,1) e

$F = (5{,}0)$. A reta AD divide a peça numa razão $K = \dfrac{\text{Área (ADEF)}}{\text{Área (ABCD)}}$

Determine o valor de K:

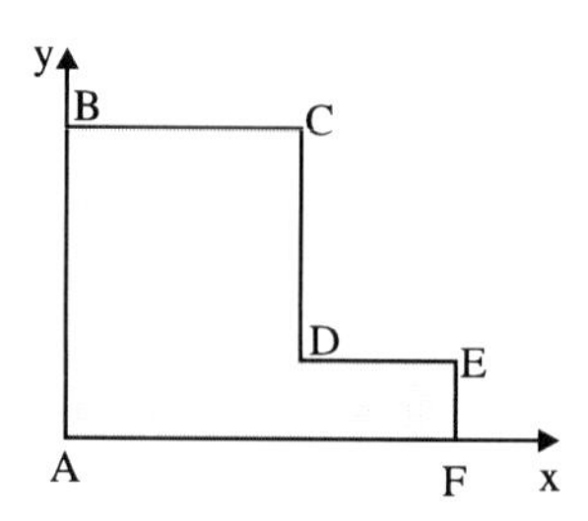

339) (UFRJ) A figura abaixo é formada por dois quadrados ABCD e A'B'C'D', cujos lados medem 1cm, inscritos numa circunferência. A diagonal AC forma com a diagonal A'C' um ângulo de 45°. Determine a área da região sombreada da figura:

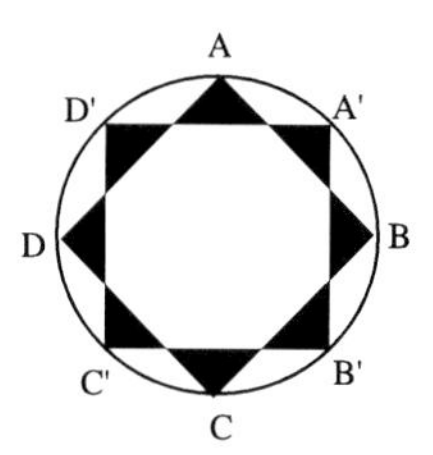

340) (UFRJ) Na figura dada temos um semicírculo de raio R e centro O. O ângulo entre o raio OB e o lado DC é α.

a) Calcule a área do retângulo ABCD, em função de R e α:

b) Mostre que a área do retângulo ABCD é máxima para $\alpha = 45°$:

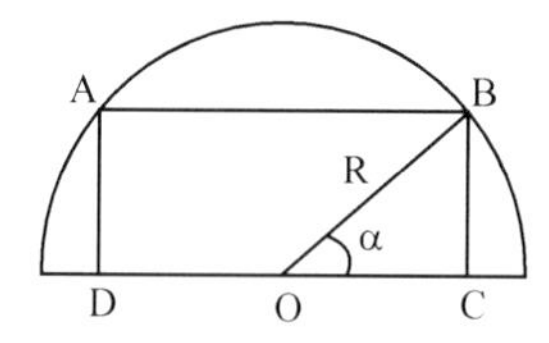

341) (UFRJ) O retângulo ABCD está inscrito no retângulo WXYZ, como mostra a figura. Sabendo que AB = 2 e AD = 1, determine a medida do ângulo θ para que a área de WXYZ seja a maior possível:

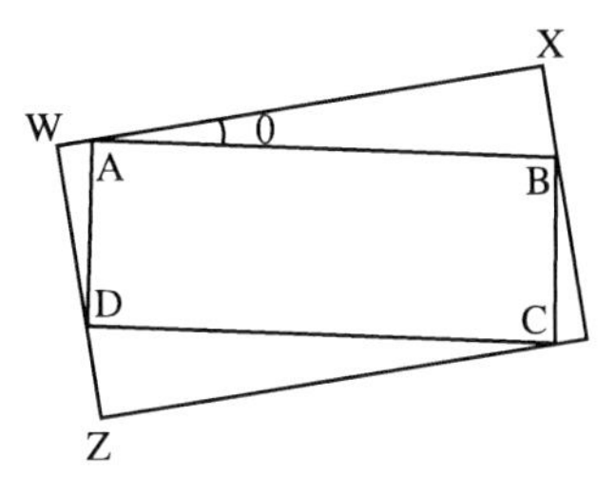

342) (UFRJ) Um pedaço de papel quadrado é dobrado duas vezes de forma que dois lados adjacentes se sobreponham sobre a diagonal correspondente. Ao desdobrarmos o papel, veremos os quatro ângulos assinalados na figura.

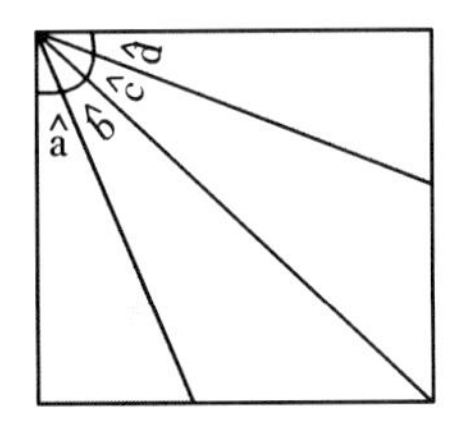

a) Determine as medidas dos ângulos $\hat{a}, \hat{b}, \hat{c}$ e $\hat{d}$:

b) Calcule a razão entre a área sombreada e a área do quadrado:

343)(UFRJ) As cinco circunferências da figura são tais que a interior tangencia as outras quatro e cada uma das exteriores também tangencia duas das demais exteriores. Sabendo que as circunferências exteriores têm todas raio 1, calcule a área da região sombreada situada entre as cinco circunferências:

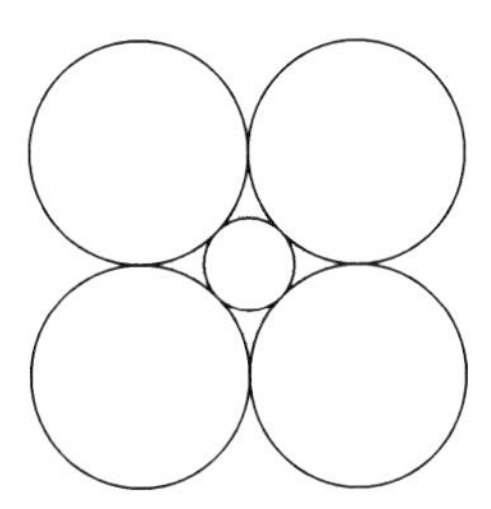

344) (UFRJ) Para cada número natural $n \geq 1$, seja F_n a figura plana composta de quadradinhos de lados iguais a $\frac{1}{n}$, dispostos da seguinte forma:

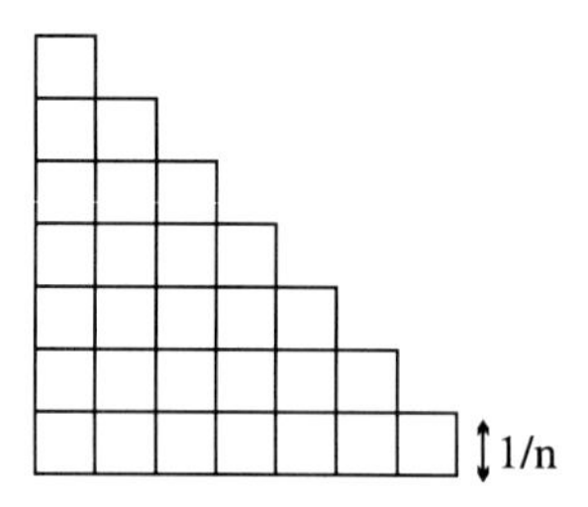

F_n é formada por uma fila de n quadradinhos, mais uma fila de (n – 1) quadradinhos, mais uma fila de (n – 2) quadradinhos, e assim sucessivamente, sendo a última fila composta de um só quadradinho (a figura ilustra o caso n = 7). Calcule o limite da área de F_n quando n tende a infinito:

345) (UFF) Um terreno tem a forma de um quadrilátero ABCD de lados AB = 48m, BC = 52m, CD = 28m e AD = 36m, tal que o ângulo C é obtuso (figura). Determine a área do terreno:

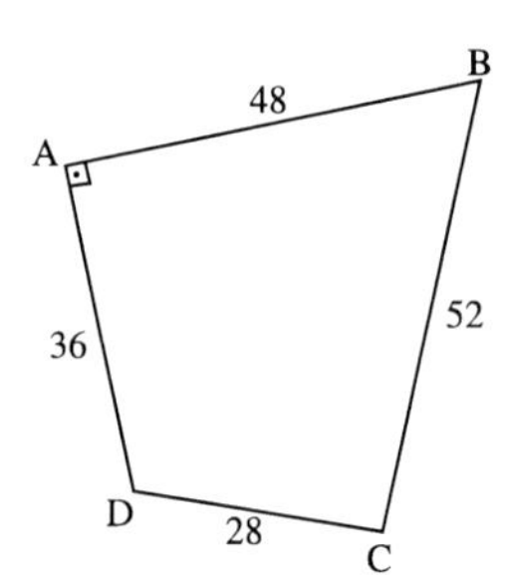

346) (UNIRIO)

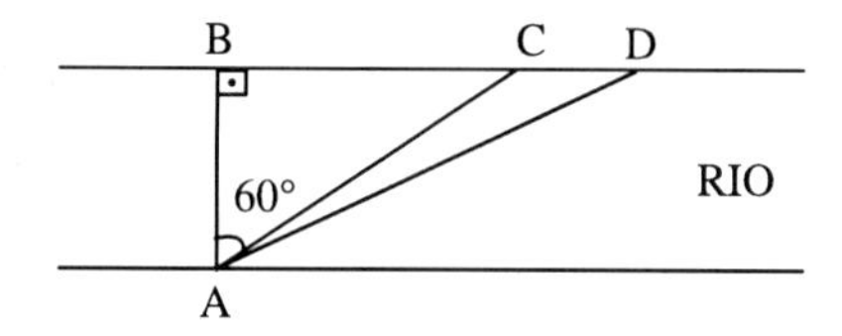

Considere a figura acima, que representa um rio de margens retas e paralelas, nesse trecho. Sabendo-se que AC = 6 e CD = 5, determine:

a) A distância entre B e D;

b) A área do triângulo ABD.

347) (UERJ) Considere a função f, definida para todo x real positivo, e seu respectivo gráfico:

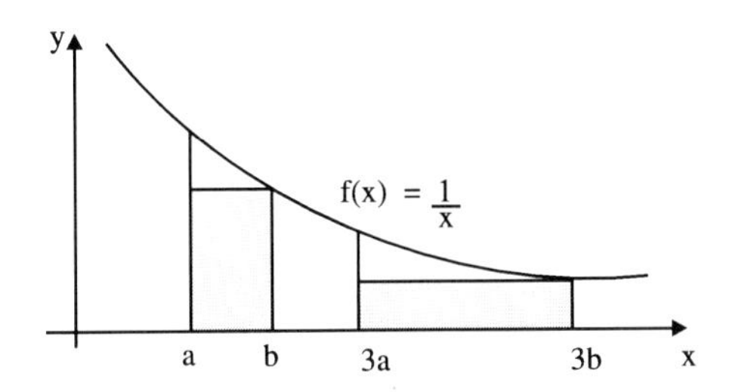

Se a e b são números positivos (a < b), a área do retângulo de vértices (a,0); (b,0) e (b,f(b)) é igual a 0,2. Calcule a área do retângulo de vértices (3a,0); (3b,0) e (3b,f(3b)):

348)(UFF) São dados 7 triângulos eqüiláteros, 15 quadrados e 30 pentágonos regulares, todos de mesmo lado. Utilizando estes polígonos, o número máximo de poliedros regulares que pode formar é:

a) 5

b) 6

c) 7

d) 8

e) 9

349)(CESGRANRIO) Um poliedro convexo é formado por 80 faces triangulares e 12 pentagonais. O número de vértices de poliedros é:

a) 80

b) 60

c) 50

d) 48

e) 36

350) (MACK) Sabe-se que um poliedro convexo tem 8 faces e que o número de vértices é maior que 14. Então, o número de arestas é tal que:

a) $14 \leq A \leq 20$

b) $14 \leq A < 20$

c) $13 < A < 19$

d) $13 \leq A \leq 19$

e) $12 \leq A \leq 20$

351) (UERJ) Considere a estrutura da figura abaixo como um poliedro de faces quadradas formada por 4 cubos de arestas iguais, sendo V o número de vértices distintos F o número de faces distintas e A o número de arestas distintas.

Se V, F e A são, respectivamente, os números de vértices, faces e arestas desse "poliedro", temos que V + F é igual a:

a) A – 4

b) A + 4

c) A – 2

d) A + 2

e) A

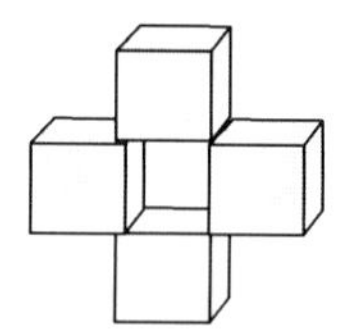

352) (U.F. PARÁ) Um poliedro convexo tem 6 faces e 8 vértices. O número de arestas é:

a) 6

b) 8

c) 10

d) 12

e)14

353) (MACK) Seja V o vértice de uma pirâmide. Cada uma de suas faces tem nos vértices V um ângulo de 50º. O número máximo de faces dessa pirâmide é:

a) 5

b) 6

c) 7

d) 8

e) 9

354) (UERJ) Um icosaedro regular tem 20 faces e 12 vértices, a partir dos quais retiram-se 12 pirâmides congruentes. As medidas das arestas dessas pirâmides são iguais a 1/3 da aresta do icosaedro. O que resta é um tipo de poliedro usado na fabricação de bolas. Observe as figuras.

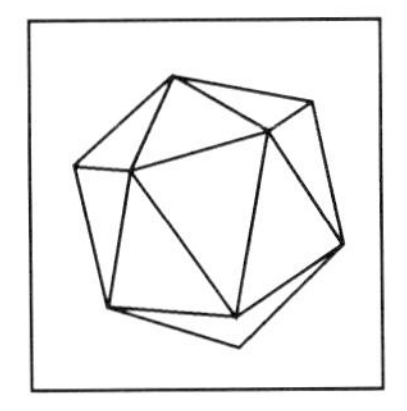

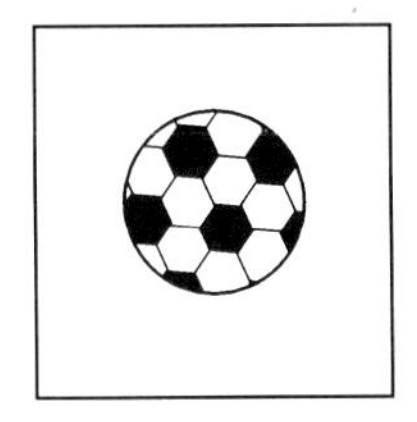

Para confeccionar uma bola de futebol, um artesão usa esse novo poliedro, no qual cada gomo é uma face. Ao costurar dois gomos para unir duas faces do poliedro, ele gasta 7cm de linha.

Depois de pronta a bola, o artesão gastou, no mínimo, um comprimento de linha igual a:

a) 7,0m

b)6,3m

c)4,9m

d) 2,1m

355) (UFF) Em um cubo aresta L, a distância entre os centros de duas faces adjacentes é:

a) $\frac{\sqrt{3}}{2}L$

b) $\frac{\sqrt{2}}{2}L$

c) $\sqrt{2}\,L$

d) $\sqrt{3}\,L$

e) $\frac{L}{2}$

356) (UFF) O sólido abaixo representado possui todas as arestas iguais a L.

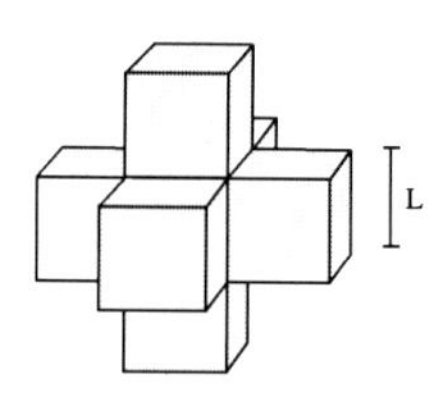

Sabendo-se que todos os ângulos entre duas faces adjacentes são retos, pode-se afirmar que o seu volume é:

a) $7L^3$ b) $9L^3$ c) $11L^3$ d) $19L^3$ e) $27L^3$

357) (FUVEST) Dois blocos de alumínios, em forma de cubo com arestas medindo 10cm e 6cm, são levados juntos à fusão e em seguida o alumínio líquido é moldado como um paralelepípedo reto de arestas 8cm, 8cm e xcm. O valor de x é:

a)16

b)17

c)18

d)19

e)20

358) (UNIRIO) Uma piscina na forma de um paralelepípedo retângulo tem 8m de comprimento, 6m de largura e 3m de profundidade.Um nadador que estava totalmente submerso na piscina verificou que, ao sair, o nível da água baixou 0,5cm. O volume do nadador, em dm^3, é igual a:

a) 480

b) 360

c) 300

d) 240

e) 120

359) (UERJ) Com uma chapa plana delgada, de espessura uniforme e massa homogeneamente distribuída, construíram-se duas pecas: uma com a forma de um cubo (Fig. A) e a outra com a forma de um poliedro com 9 faces, formando a partir de um outro cubo congruentes ao primeiro, onde as três faces menores são quadrados congruentes (Fig. B).

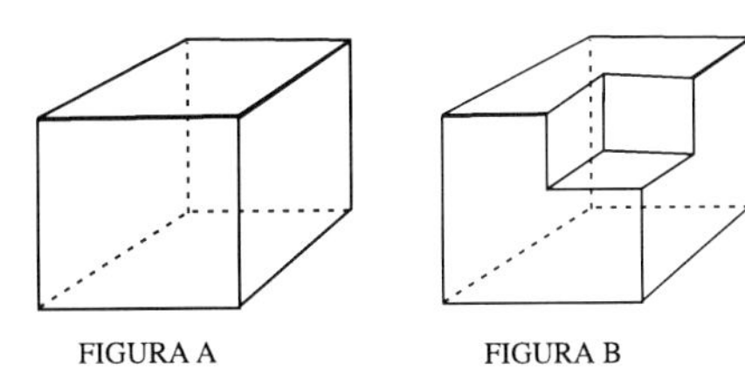

As informações acima possibilitam a seguinte conclusão:

a) o peso de A é igual ao peso de B

b) o volume de A é igual ao de B

c) a superfície de A é maior que a de B

d) a superfície de A é menor que a de B

360)(UERJ) Uma empresa que possui carros-pipa, todos com 9.000 *l* de capacidade, foi chamada para encher uma cisterna de dimensões 3,0m x 4,0m x 1,4m. Para a realização desta tarefa, podemos concluir que a capacidade de:

a) 1 carro-pipa me suficiente para encher totalmente a cisterna, sem sobrar água.

b) 1 carro-popa é maior que a capacidade da cisternas.

c) 2 carros-pipas são insuficientes para encher totalmente a cisternas.

d) 2 carros-pipas ultrapassaram em 1200l a capacidade da cisterna.

361) (MACK) Na figura, a aresta $\overline{BC}$ do cubo é prolongada até o ponto D tal que BC = CD. Em seguida, ligamos o vértice A ao ponto D. Nestas condições, o ângulo θ tem medida:

a) $\text{arcsen}\dfrac{2\sqrt{3}}{3}$

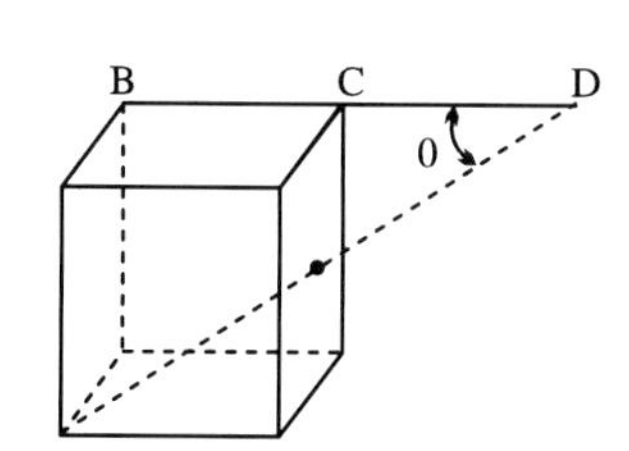

b) $\text{arctg}\dfrac{\sqrt{3}}{3}$

c) $\text{arctg}\dfrac{\sqrt{2}}{2}$

d) $\text{ar}\cos\dfrac{\sqrt{2}}{2}$

e) 45°

362) (UFF) Em um cubo de aresta L, a distância entre o ponto de encontro de suas diagonais e qualquer de suas arestas é:

a) $L\sqrt{3}$

b) $L\sqrt{2}$

c) $\frac{L\sqrt{3}}{2}$

d) $\frac{L\sqrt{2}}{2}$

e) $\frac{L}{2}$

363) (PUC-SP) Com uma ata de tinta é possível pintar $50m^2$ de parede. Para pintar as paredes de uma sala de 8m de comprimento, 4m de largura e 3m de altura, gasta-se uma lata e mais uma parte da segunda lata. Qual a percentagem de tintas que resta na segunda lata?

a) 22%

b) 30%

c) 48%

d) 56%

e) 72%

364) (U.F.CEARÁ) Um aquário de vidro, com a forma de um cubo, tem a capacidade para 27L de água. Qual é a área, em centímetros quadrados, das cincos placas de vidro que compõem esse aquário?

a) 4.000

b) 4.500

c) 5.000

d) 5.500

e) 6.000

365) (ITA) Dado um prisma hexagonal regular, sabe-se que sua altura mede 3cm e que sua área lateral é dobro da área de sua base. O volume deste prisma, em cm^3, é:

a) $27\sqrt{3}$

b) $13\sqrt{2}$

c) $54\sqrt{3}$

d) 12

e) $17\sqrt{5}$

366) (ITA) Considere P um prisma reto de base quadrada, cuja altura mede 3m e com área total de $80m^2$. O lado dessa base quadrada mede:

a) 1m

b) 8m

c) 4m

d) 6m

e) 16m

367) (UFF) São dados dois cubos: a diagonal do primeiro excede de $5\sqrt{3}$ m a diagonal do segundo. A diferença entre as arestas destes cubos mede:

a) $\sqrt{3}$ m

b) $2\sqrt{3}$ m

c) 5m

d) 3m

e) $3\sqrt{3}$ m

368) (UFF) O volume de octaedro regular de aresta *a* é:

a) $\frac{a^3\sqrt{2}}{2}$

b) $\frac{a^3\sqrt{2}}{3}$

c) $\frac{a^3\sqrt{3}}{2}$

d) $a^3\sqrt{2}$

e) $\frac{a^3\sqrt{3}}{3}$

369) (UFF) O sólido abaixo possui todas as arestas iguais a L. Sabendo-se que todos os ângulos entre duas faces adjacentes são retos, pode-se afirmar que o seu volume é:

a) $19L^3$

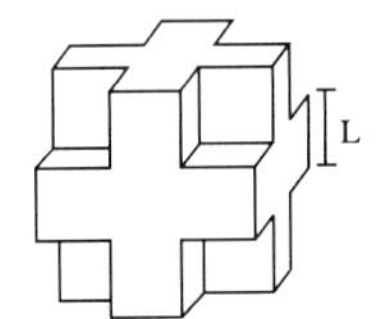

b) $20L^3$

c) $21L^3$

d) $22L^3$

e) $23L^3$

370)(PUC-RS) Numa pirâmide quadrangular regular, a secção feita a 3dm do vértice tem área igual a $45dm^2$. Se a altura da pirâmide é de 6dm, então seu volume é, em dm^3, igual a:

a) 90

b) 180

c) 360

d) 540

e) 1080

371)(UERJ) ABCD é um tetraedro no qual ABC é um triângulo eqüilátero de lado *a* e a aresta AD é perpendicular ao plano ABC. Sabendo-se que o ângulo diedro das faces ABC e DBC é 45º, o volume do tetraedro é:

a) $\frac{a^3}{12}$

b) $\frac{a^3}{8}$

c) $\frac{a^3}{6}$

d) $\frac{a^3}{4}$

e) $\frac{a^3}{2}$

372)(UERJ) A figura abaixo representa o brinquedo Piamix.

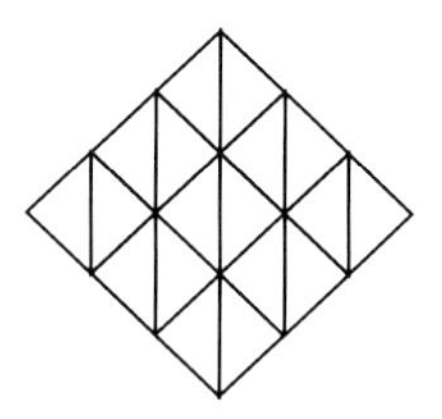

Ele tem a forma de um tetraedro regular, com cada face dividida em 9 triângulos eqüiláteros congruentes.

Se, a partir de cada vértice, for retirada uma pirâmide regular cuja aresta é 1/3 da aresta do brinquedo, restará um novo sólido. A razão entre as superfícies totais desse sólido e do Piramix equivale a:

a) 4/9

b) 5/9

c) 7/9

d) 8/9

373) (IME) Calcule o número de diagonais do poliedro de "Leonardo da Vinci". O poliedro da figura (uma invenção de Leonardo da Vinci, utilizada modernamente na fabricação de bolas de futebol) tem como faces 20 hexágonos e 12 pentágonos, todos regulares:

374) (UNIFICADO) Ao serem retirados 128 litros de água de uma caixa d'água de forma cúbica, o nível de água baixa 20 centímetros.

a) Calcule o comprimento das arestas da referida caixa:

b) Calcule a sua capacidade em litros (1 litro equivale a 1 decímetro cúbico):

375) (CESGRANRIO) De um bloco cúbico de isopor, de aresta 3m, recorta-se o sólido em forma de H mostrado na figura. Calcule o volume desse sólido:

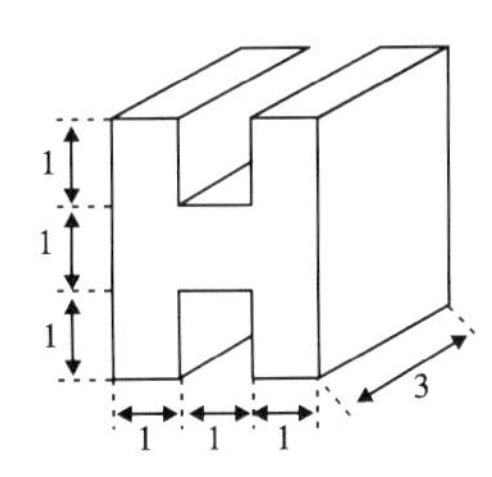

376)(UFRJ) É possível construir uma pirâmide regular de 7 vértices com todas as arestas congruentes, isto é, de mesma medida?

377)(UFF) Dado o cubo ABCDEFGH de aresta a da figura a seguir, determine o valor de x, de modo que o prisma AKLEMN tenha volume igual à oitava parte do volume do cubo.

378) (UFRJ) Uma pirâmide tem 30m de altura cada uma de suas seções planas paralelas à base é um quadrado. Calcule a que distância do topo da pirâmide está a seção que determina um tronco de pirâmide de volume igual a 7/8 do volume total da pirâmide:

379) (PUC-CAMP) A figura a seguir é um corte vertical de uma peça usada em certo tipo de máquina. No corte aparecem dois círculos, com raios de 3cm e 4cm, um suporte vertical e um apoio horizontal.

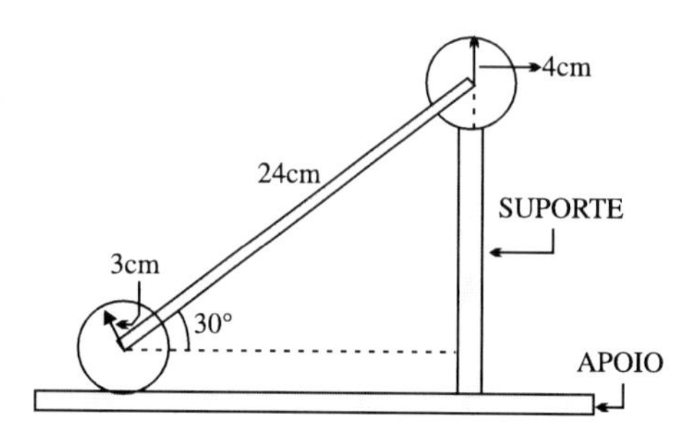

A partir das medidas indicadas na figura, conclui-se que a altura do suporte é:

a) 7cm

b) 11cm

c) 12cm

d) 14cm

e) 16cm

380)(UFLA) Calcule a área total de um prisma reto de altura 4m e cuja base é um hexágono regular de lado 2m:

381)(PUC-SP) Determine o volume de uma pirâmide hexagonal regular, cuja aresta lateral tem 10m e o raio de circunferência circunscrita à base mede 6m:

382)(UFRJ) Um marceneiro cortou um cubo de madeira maciça pintado de azul em vários cubos menores da seguinte forma: dividiu cada aresta em dez partes iguais e traçou as linhas por onde serrou, conforme indica a figura a seguir.

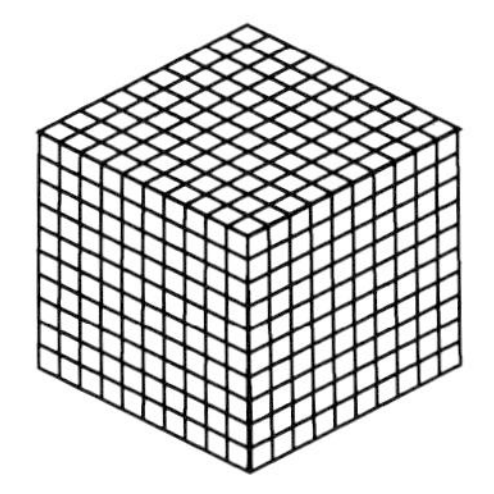

Determine o número de cubos menores que ficaram sem nenhuma face pintada de azul:

383) (UFF) A figura abaixo representa uma pirâmide regular de base quadrangular que foi seccionada por um plano β paralelo à base.

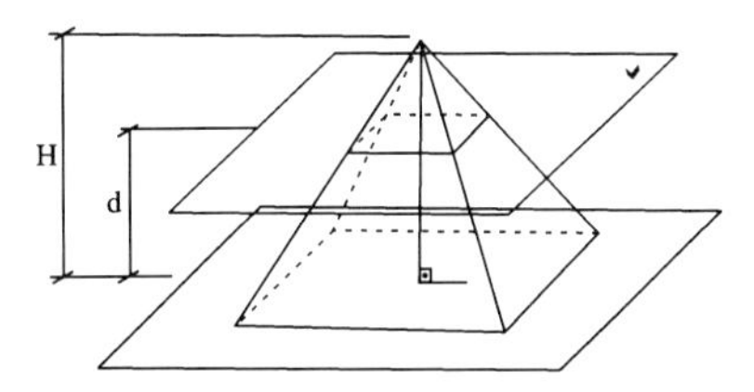

Determine a distância d em função de H:

384) (UNB) De um queijo com formato de um cilindro circular reto, cujo raio e altura medem, respectivamente, 6cm e 3cm, foi cortada uma fatia, como mostra a figura abaixo. O volume do sólido restante, em cm^3, é:

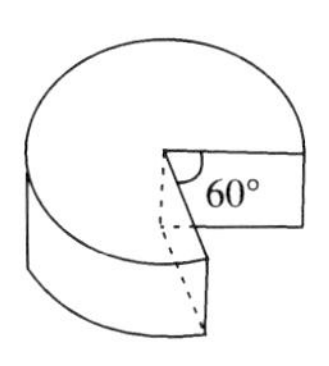

a) 50π

b) 60π

c) 70π

d) 80π

e) 90π

385) (PUC-RS) Dois cilindros, um de altura 4 e o outro de altura 6, têm para perímetro de suas bases 6 e 4, respectivamente. Se V_1 é o volume do primeiro e V_2 o volume do segundo, então:

a) $V^1 = V^2$

b) $V^1 = 2V^2$

c) $V^1 = 3V^2$

d) $2V^1 = 3V^2$

e) $2V^1 = V^2$

386) (U.F.CEARÁ) O raio de um cilindro circular reto é aumentado de 20% e a sua altura é diminuída de 25%. O volume deste cilindro sofrerá aumento de:

a) 2%

b) 4%

c) 6%

d) 8%

387) (U.F.CEARÁ) O volume de um cilindro circular reto é 432π cm^3. Se a medida do raio de sua base é igual à metade da medida de sua altura, sua área lateral, em centímetros quadrados, é:

a) 156π

b) 144π

c) 132π

d) 112π

e) 100π

388) (UERJ) Um recipiente cilíndrico de 60cm de altura e base com 20cm de raio está sobre uma superfície plana horizontal e contém água até a altura de 40cm, conforme indicado na figura.

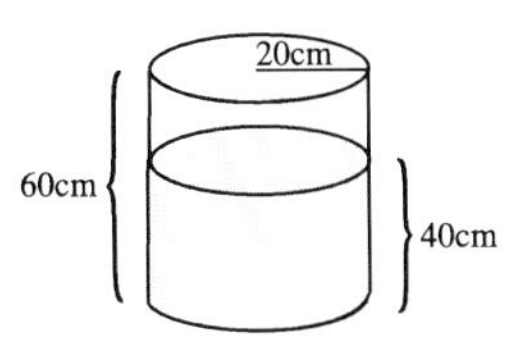

Imergindo-se totalmente um bloco cúbico no recipiente, o nível da água sobe 25%. Considerando igual π a 3, a medida, em cm, da aresta do cubo colocado na água é igual a:

a) $10\sqrt{2}$

b) $10\sqrt[3]{2}$

c) $10\sqrt{2}$

d) $10\sqrt[3]{12}$

389) (UFBA) O tonel representado abaixo está ocupado em 60% da sua capacidade. A quantidade de água nele contida é de aproximadamente:

a) $20l$

b) $30l$

c) $40l$

d) $50l$

e) $60l$

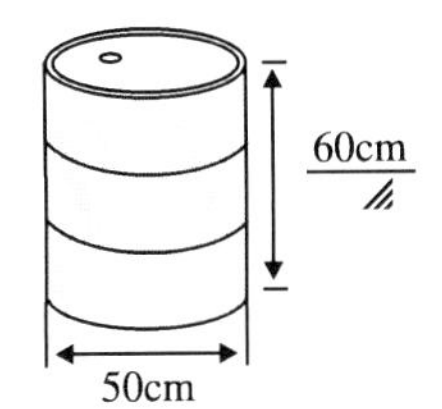

390) (ITA) Num cilindro circular reto sabe-se que a altura h e o raio da base r são tais que os números π, h e r formam, nesta ordem, uma progressão aritmética de soma 6π. O valor da área total deste cilindro é:

a) π^3 b) $2\pi^3$ c) $15\pi^3$ d) $20\pi^3$ e) $30\pi^3$

391) (UFRRJ) Um caminhão-pipa carrega 9,42 mil litros d'água. Para encher uma externa cilíndrica com 2metros de diâmetro e 3metros de altura são necessários, no mínimo:

a) 10 caminhões

b) 100 caminhões

c) 1 caminhão

d) 2 caminhão

e) 4 caminhão

392) (ITA) A área lateral de um cilindro revolução de x metros de altura é igual a área de sua base. O volume deste cilindro é:

a) $2\pi x^3 m^3$

b) $4\pi x^3 m^3$

c) $\pi\sqrt{2}\, x^3 m^3$

d) $\pi\sqrt{3}\, x^3 m^3$

e) $6\pi x^3 m^3$

393) (ITA) O raio de um cilindro de revolução mede 1,5m. Sabe-se que a área da base do cilindro coincide com a área de secção determinada por um plano que contém o eixo do cilindro. Então, a área total do cilindro, em m^2, vale:

a) $\frac{3\pi^2}{4}$

b) $\frac{9\pi(\pi+2)}{4}$

c) $\pi(\pi+2)$

d) $\frac{\pi^2}{2}$

e) $\frac{3\pi(\pi+1)}{2}$

394) (UFMG) Observe a figura.

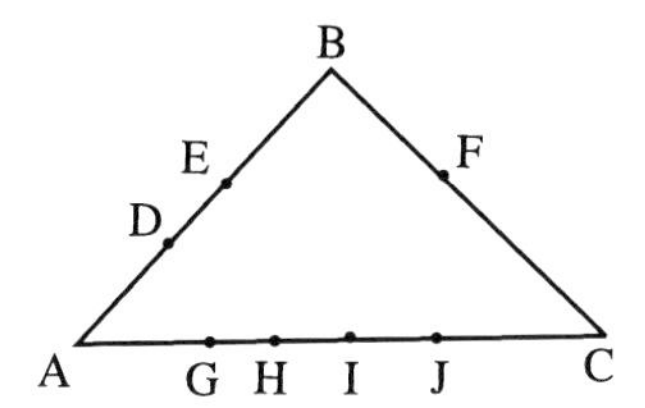

Nessa figura, o número de triângulos que se obtém com vértices nos pontos D, E, F, G, H, I, J é:

a) 20

b) 21

c) 25

d) 31

e) 35

395) (CESGRANRIO) Um bloco cilíndrico de volume V deforma-se quando submetido a uma tração T, conforme indicado esquematicamente na figura abaixo. O bloco deformado, ainda cilíndrico, está indicado por linhas tracejadas. Neste processo, a área da secção reta diminui 10% e o comprimento aumenta 20%. O volume do bloco deformado é:

a) 0,90V

b) V

c) 1,08V

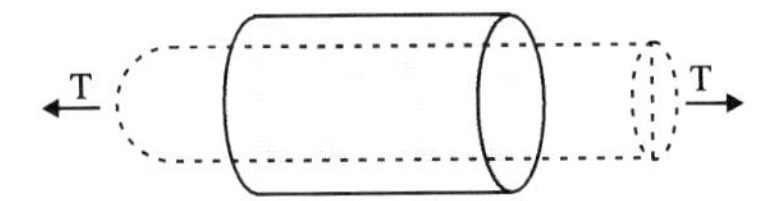

d) 1,20V

e) 1,80V

396) (U.F.PARÁ) Num cone reto, a altura mede 3m e o diâmetro da base é 8m. Então, a área total vale:

a) 52π b) 36π c) 20π d) 16π e) 12π

397)(F.C. CHAGAS) Um cone circular reto tem altura de 8cm e raio da base medindo 6cm. Qual é, em centímetros quadrados, sua área lateral?

a) 20π

b) 30π

c) 40π

d) 50π

e) 60π

398) (U.F.PARÁ) Um cone eqüilátero tem área de base $4\pi cm^2$. Qual sua área lateral?

a) $2\pi cm^2$

b) $4\pi cm^2$

c) $8\pi cm^2$

d) $16\pi cm^2$

e) $32\pi cm^2$

399) (UFMG) Considerem-se dois cones. A altura do primeiro é o dobro da altura do segundo; o raio da base do primeiro é a metade do raio da base do segundo. O volume do segundo é de 96π. O volume do primeiro é:

a) 48π

b) 64π

c) 128π

d) 144π

e) 192π

400) (F.C. CHAGAS) Considere um triângulo retângulo e isósceles cuja hipotenusa mede 2cm. Girando-se esse triângulo em torno da hipotenusa, obtém-se um sólido cujo volume, em centímetros cúbicos é:

a) 2π

b) $\frac{5\pi}{3}$

c) $\frac{4\pi}{3}$

d) π

e) $\frac{2\pi}{3}$

401) (F.C. CHAGAS) A altura de um cone circular reto é 12cm e seu volume é $64cm^3$. A geratriz desse cone mede, em cm:

a) $2\sqrt{10}$

b) $4\sqrt{10}$

c) $6\sqrt{10}$

d) $8\sqrt{10}$

e) $10\sqrt{10}$

402) (UECE) Um cone circular reto de volume tem altura igual ao raio da base. Então, a geratriz desse cone, em cm, mede:

a) $2\sqrt{2}$

b) $2\sqrt{3}$

c) $3\sqrt{2}$

d) $3\sqrt{3}$

403)(U.F. GO) O volume de um tronco de cone circular reto, com base de raio R, cuja altura é a quarta parte da altura h do cone correspondente, é:

a) $\frac{\pi R^2 h}{4}$

b) $\frac{\pi R^2 h}{12}$

c) $\frac{55\pi R^2 h}{192}$

d) $\frac{37\pi R^2 h}{192}$

e) $\frac{3\pi R^2 h}{4}$

404) (U.F.C.) Um cone reto, de altura 4cm, é seccionado por um plano paralelo à sua base à distância h de seu vértice. Para que o cone e o tronco de cone obtidos dessa secção tenham volumes iguais, a medida de h, em centímetros, é:

a) $\sqrt[3]{32}$

b) $\sqrt[3]{72}$

c) $\sqrt[3]{96}$

d) $\sqrt{72}$

e) $\sqrt{32}$

405) (ITA) Qual o volume de um cone circular reto, se a área de sua superfície lateral é de $24\pi cm^2$ e o raio de sua base mede 4cm?

a) $\frac{16\pi\sqrt{20}}{3} cm^3$

b) $\frac{\sqrt{24}}{4}\pi\ cm^3$

c) $\frac{\sqrt{24}}{3}\pi\ cm^3$

d) $\frac{8}{2}\sqrt{24}\pi\ cm^3$

e) $\frac{\sqrt{20}}{3} cm^3$

406) (F.C. CHAGAS) A esfera é um sólido gerado:

a) Pela translação de círculo, na direção de uma reta que passa pelo seu centro.

b) Pela translação de um segmento de reta, mantendo fixa sua direção.

c) Pela rotação de um semicírculo em torno de diâmetro.

d) Pela rotação de um plano, em torno de uma de suas retas.

e) Pela rotação de uma reta, mantendo fixo um de seus pontos.

407) (UERJ) O modelo astronômico heliocêntrico de Kepler, de natureza geométrica, foi construído a partir dos cincos poliedros de Platão, inscritos em esferas concêntricas, conforme ilustra a figura a seguir:

A razão entre a medida da aresta do cubo e a medida do diâmetro da esfera a ele circunscrita, é:

a) $\sqrt{3}$

b) $\frac{\sqrt{3}}{2}$

c) $\frac{\sqrt{3}}{3}$

d) $\frac{\sqrt{3}}{4}$

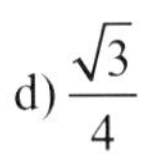

408) (F.C. CHAGAS) Uma esfera de volume $288\pi cm^3$ deve ser acondicionada numa caixa com o formato de um cubo. O menor valor possível para a aresta desse cubo é:

a) 6cm

b) 8cm

c) 9cm

d) 10cm

e) 12cm

409) (F.C. CHAGAS) Se o volume de uma esfera é 288cm, o seu diâmetro mede, em cm:

a) 8

b) 10

c) 12

d) 15

e) 16

410) (UFMT) Se o volume de uma esfera inscrita num cubo é $\frac{32\pi}{3}$ cm³, a aresta desse cubo mede:

a) $\sqrt{3}$cm

b) 2cm

c) 4cm

d) 6cm

e) 8cm

411) (F.C. CHAGAS) Um cilindro circular reto encontra-se circunscrito a uma esfera, conforme a figura abaixo.

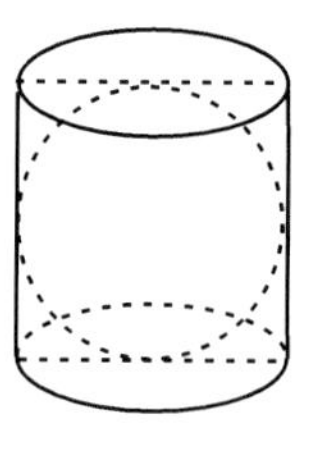

A que porcentagem do volume da esfera corresponde o volume do cilindro?

a) 75%

b) 100%

c) 120%

d) 150%

e) 175%

412) (F.C. CHAGAS) Se V_1 é o volume de uma esfera inscrita num cubo de aresta 10cm e V_2 é o volume de um cilindro reto de altura 4cm e raio da base 2cm, então $V_1 + V_2$ vale:

a) $\frac{548\pi}{3}$ cm³

b) $\frac{148\pi}{3}$ cm³

c) $\frac{516\pi}{3}$ cm³

d) 141π cm³

e) 182π cm³

413) (U.F.PARÁ) Qual o volume da esfera inscrita em um cilindro cujo volume é $16\pi cm^3$?

a) $\frac{2}{3}\pi cm^3$

b) $\frac{4}{3}\pi cm^3$

c) $\frac{8}{3}\pi cm^3$

d) $\frac{16}{3}\pi\ cm^3$

e) $\frac{32}{3}\pi\ cm^3$

414) (ITA) Um cone de revolução está circunscrito a uma esfera de raio Rcm. Se a altura do cone for igual ao dobro do raio da base, então a área de sua superfície lateral mede:

a) $\frac{\pi}{4}\left(1+\sqrt{5}\right)^2 R^2 cm^2$

b) $\frac{\pi\sqrt{5}}{4}\left(1+\sqrt{5}\right)^2 R^2 cm^2$

c) $\frac{\pi\sqrt{5}}{4}\left(1+\sqrt{5}\right) R^2 cm^2$

d) $\pi\sqrt{5}\left(1+\sqrt{5}\right)^2 R^2 cm^2$

e) n.d.a

415) (UERJ) O Ceará atravessa a maior seca do século. Há mais de cinco meses, Fortaleza vem sofrendo racionamento de água e estava ameaçada por um colapso no fornecimento, em setembro. Para combater este problema, Governo do Estado construiu a maior obra da história do Ceará: O CANAL DO TRABALHADOR, ligando o raio Jaguaribe ao Açude Pacajus, com 115 quilômetros de extensão. Para se ter uma idéia de dimensão desta obra, basta dizer que ela é 18 quilômetros maior que o canal do Panamá em extensão, e que representa um grau de curvatura da Terra.(Revista Veja)

Considere a Terra esférica e o canal construído como parte de um círculo máximo. Com essas informações e usando o valor 3 para π, raio da terra em Km, seria:

a) 20.700

b) 13.800

c) 10.350

d) 6.900

e) 6.300

416) (FUVEST) Uma superfície esférica de raio 13cm é cortada por um plano situado a uma distância de 12cm do centro da superfície esférica, determinado uma circunferência. O raio desta circunferência em cm, é:

a) 1

b) 2

c) 3

d) 4

e) 5

417) (UFRN) Se um plano situado a 4cm do centro de uma esfera a seciona segundo um círculo de 3cm de raio, então o volume da esfera, em cm^3, é igual:

a) $300\frac{\pi}{3}$

b) $400\frac{\pi}{3}$

c) $150\frac{\pi}{4}$

d) $150\frac{\pi}{3}$

e) $500\frac{\pi}{3}$

418) (UFRGS) Uma panela cilíndrica de 20cm de diâmetro esta completamente cheia de massa para doce, sem exceder a sua altura de 16cm. O número de doces em formato de bolinhas de 2cm de raio que se podem obter com toda a massa é:

a) 300

b) 250

c) 200

d) 150

e) 100

419) (UFRJ) Um produto é embalado em latas cilíndricas (cilindros de revolução).

O raio da embalagem A é igual ao diâmetro de B e a altura de B é o dobro da altura de A. Assim,

CILINDRO A $\begin{cases} \text{altura h} \\ \text{Raio da base 2R} \end{cases}$

CILINDRO B $\begin{cases} \text{altura 2h} \\ \text{Raio da base R} \end{cases}$

(A) (B)

a) As embalagens são feitas do mesmo material (mesma chapa). Qual delas gasta mais material para ser montada?

b) O preço de produto na embalagem A é R$ 780,00 e na embalagem B é de R$ 400,00. Qual das opções é mais econômica para consumidor?

420) (UFSC) Um cilindro reto tem $63\pi cm^3$ de volume. Sabendo que o raio da base mede 3cm, determine, em centímetros, a sua altura:

421) (UFRJ) Mário e Paulo possuem piscinas em suas casas. Ambas têm a mesma profundidade e bases com o mesmo perímetro. A piscina de Mário é um cilindro circular reto e a de Paulo é um prisma reto de base quadrada. A companhia de água da cidade cobra R$ 1,00 por metro cúbico de água consumida.

a) Determine qual dos dois pagará mais para encher de água a sua piscina:

b) Atendendo a um pedido da família, Mário resolve duplicar o perímetro da base e a profundidade de sua piscina, mantendo, porém a forma circular:

Determine quanto Mário pagará pela água para encher a nova piscina, sabendo-se que anteriormente ele gastava R$ 50,00:

422) (UNIRIO) Seja um cilindro de revolução obtido da rotação de um quadrado, cujo lado está apoiado no eixo de rotação. Determine a medida deste lado (sem unidade), de modo que a área total do cilindro seja igual ao seu volume:

423) (U.F.F) Uma peca de madeira, que tem a forma de um prisma reto com 50cm de altura e cuja seção reta é um quadrado com 6cm de lado, custa R$ 1,00. Essa peca será torneada para se obter um pé de cadeira cilíndrico, com 6cm de diâmetro e 50cm de altura.O material desperdiçado na produção do pé de cadeira deverá ser vendido para reciclagem por um preço P igual a seu custo.

Determine o preço de P, considerando $\pi = 3,14$:

424) (UFRJ) Um cone circular reto é feito de uma peca circular de papel de 20cm de diâmetro, cortando-se fora um setor de $\frac{\pi}{5}$ radianos, calcule a altura do cone obtido:

425) (UFRJ) Um recipiente em forma de cone circular reto de altura h é colocado com vértice para baixo e com eixo na vertical, como na figura abaixo. O recipiente, quando cheio até a borda, comporta 400ml.

Determine o volume de líquido quando o nível está em $\frac{h}{2}$:

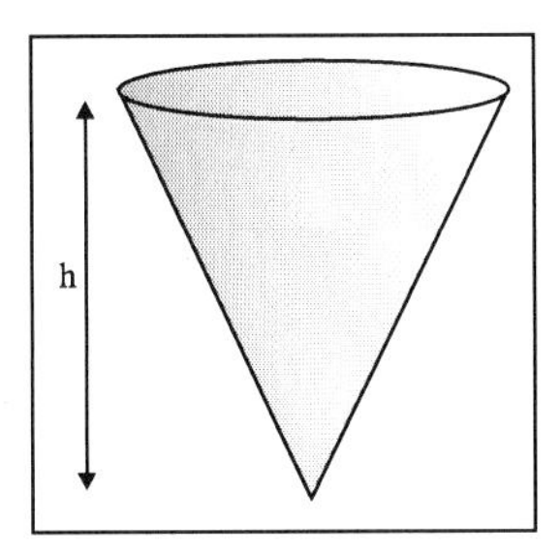

426) (UFRJ) As figuras abaixo representam um cone de revolução, seus elementos e a planificação de sua superfície lateral. Expresse β em função de α:

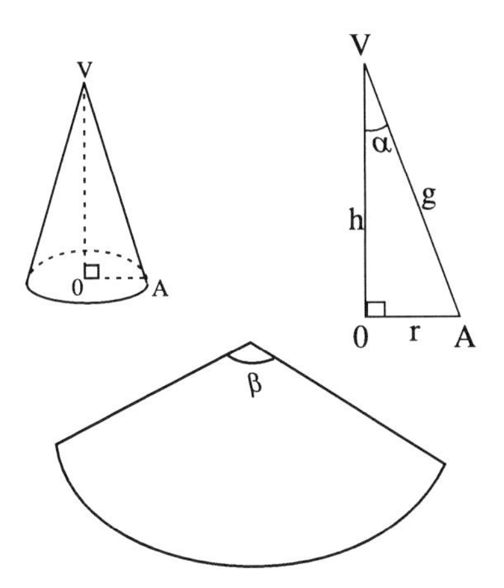

427) (PUC-RJ) Um tanque subterrâneo tem a forma de um cone circular reto invertido, de eixo vertical, e está cheio até a boca (nível do solo) com 27000 litros de água e 37000 litros de petróleo (o qual é menos denso que a água). Sabendo que a profundidade total do tanque é de 8 metros e que os dois líquidos não são miscíveis, a altura da camada de petróleo é:

a) 6m

b) 2m

c) $\dfrac{3\sqrt{37}}{\pi}$ m

d) $\dfrac{27}{16}$ m

e) $\dfrac{37}{16}$ m

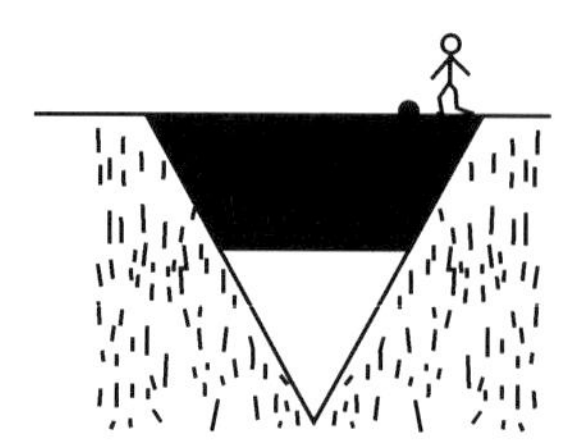

428) (FUVEST) Uma garrafa de vidro tem a forma de dois cilindros sobrepostos. Os cilindros têm a mesma altura 4cm e raios de bases R e r, respectivamente.

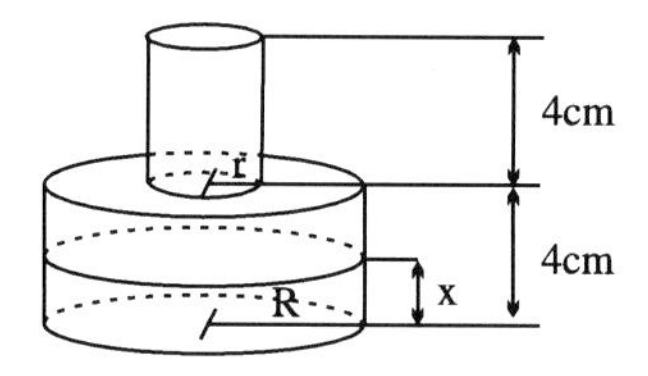

Se o volume V(x) de um líquido que atinge uma altura x da garrafa se expressa segundo o gráfico a seguir, quais os valores de R e de r?

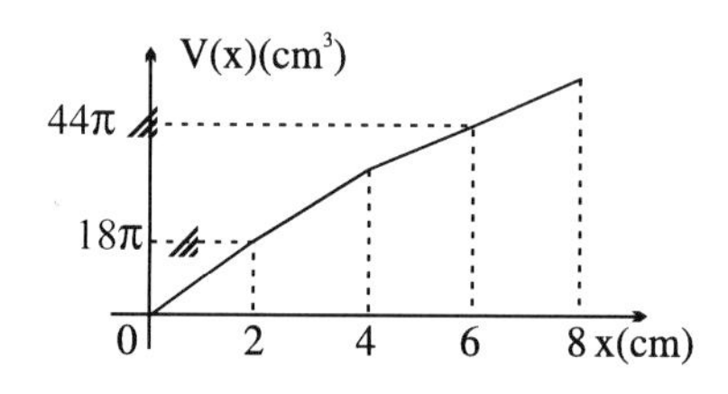

429) (UFRJ) Um pára-quedista está no ponto A situado a 80m do solo e, devido a condições técnicas, é obrigado a seguir uma trajetória que está sempre na superfície lateral do cilindro C de revolução cujo raio r da base é igual a $\dfrac{200}{\pi}m.$

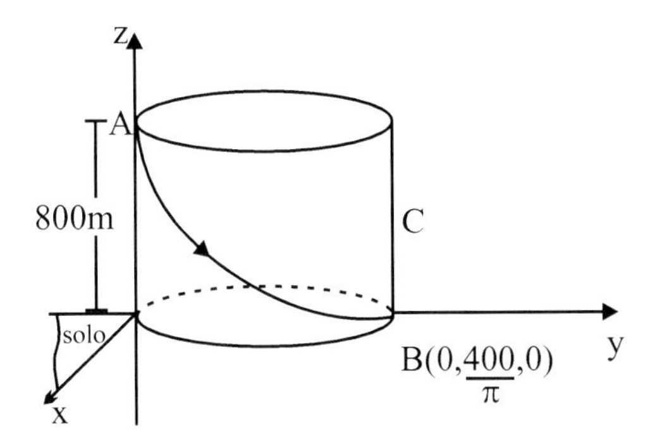

Determine o comprimento do menor caminho percorrido pelo pára-quedista para atingir o ponto de pouso $B\left(0, \dfrac{400}{\pi}, 0\right)$:

430) (UFF) A figura representa um cone de volume $36\pi cm^3$ contendo 3 cilindros cujos volumes V_1, V_2 e V_3 estão, nesta ordem, em progressão geométrica de razão 1/27.

Sabe-se que cada um dos cilindros tem a altura igual ao raio de sua base. Determine o raio da base do cone:

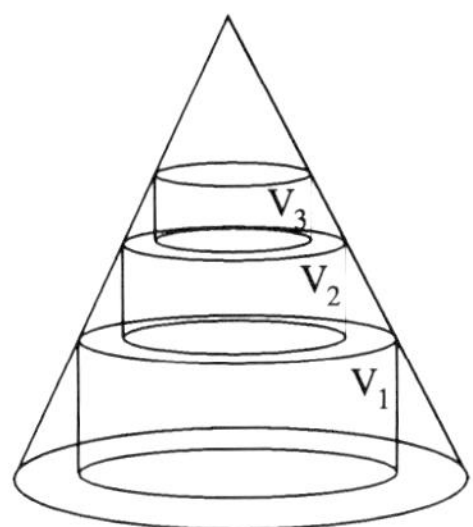

431) (UFRJ) Quantos brigadeiros (bolinhas de chocolate) de raio 0,5cm podemos fazer a partir de um brigadeiro de raio 1,0cm?

432) (UFF) Uma lata, cuja capacidade é igual a 300ml, contém água e 60bolas de gude iguais e perfeitamente esféricas com diâmetro de 2cm cada. Sabendo que a lata está completamente cheia, determine o volume de água, em ml. Considere $\pi = 3,14$:

433) (UERJ) Uma linda poligonal fechada de três lados limita um triângulo de perímetro L. Se ela gira em torno de um de seus lados, gera uma superfície de área S igual ao produto de L pelo comprimento da circunferência descrita pelo baricentro G da poligonal.A figura abaixo mostra a linha (ABCA) que dá uma volta em torno de BC.

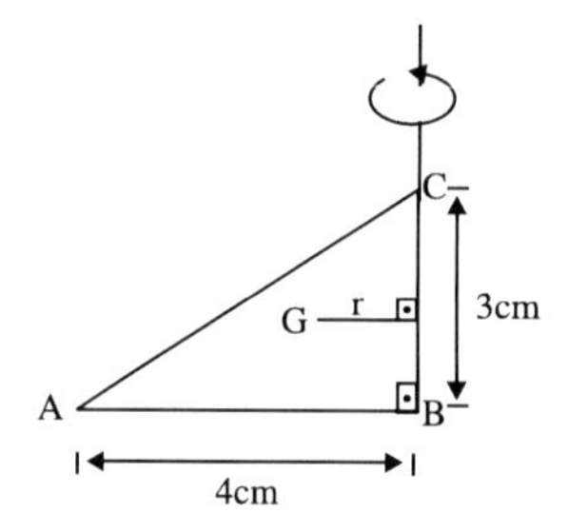

a) Esboce a figura gerada w indique o cálculo da área de sua superfície que é igual a 36cm?

b) Calcule a distância do baricentro G linha ao eixo de rotação:

434) (UFF) A figura abaixo representa um cone eqüilátero, onde foram colocadas 3 esferas de tal modo que cada uma delas é tangente à superfície lateral do cone, sendo a esfera do meio tangente às outras duas, e a maior tangente à base do cone.

Se o menor dos raios das esferas mede 1m, determine o raio da base do cone:

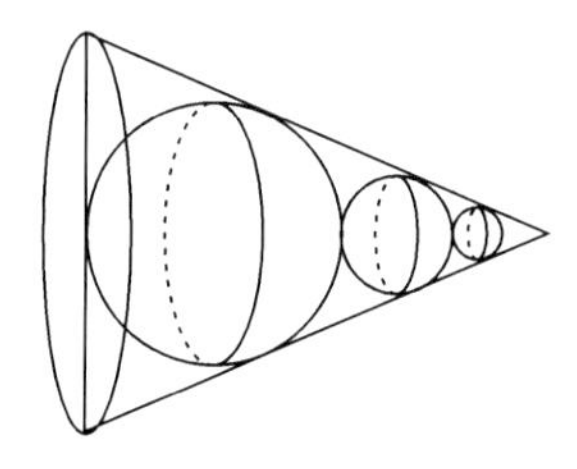

435) (U.F.C.) Um cone eqüilátero (g = 2r) de raio de base $r = 8\sqrt{3}\ m$ está inscrito numa esfera de raio igual a R metros. Determine R:

436) (UFRJ) Considere uma esfera E_1, inscrita, e outra esfera E_2 circunscrita a um cubo de aresta igual a 1cm. Calcule a razão entre o volume de E_2 e o volume de E_1:

437) (PUC-PR) Tem-se um recipiente cilíndrico, de raio 3cm, com água. Se mergulharmos inteiramente uma bolinha esférica nesse recipiente, o nível da água sobe cerca de 1,2 cm. Sabe-se, então, que o raio da bolinha vale aproximadamente:

a) 1cm

b) 1,5cm

c) 2cm

d) 2,5cm

e) 3cm

438) (UERJ) Três bolas de tênis, idênticas, de diâmetro igual a 6cm, encontram-se dentro de uma embalagem cilíndrica, com tampa. As bolas tangenciam a superfície interna da embalagem nos pontos de contato, como ilustra a figura a seguir.

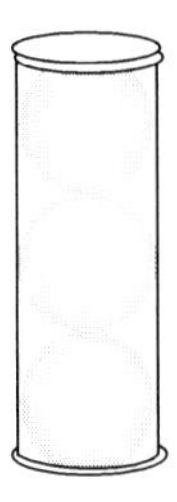

Calcule:

a) a área total, em cm, da superfície da embalagem:

b) a fração do volume da embalagem ocupado pelas bolas:

439) (UFRJ) Dois cones circulares retos têm bases tangentes e situadas no mesmo plano, como mostra a figura abaixo. Sabe-se que ambos têm o mesmo volume e que a reta que suporta uma das geratrizes de um passa pelo vértice do outro. Sendo r o menor dentre os raios das bases, s o maior e x = r/s, determine o valor de x:

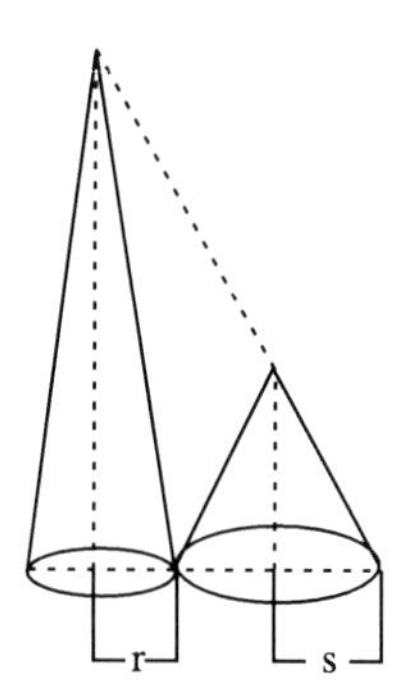

440) (UFF) O rebite R é obtido pela rotação, em torno do eixo E, da região do plano formada por 2 arcos de circunferência centrados em O e O' e um retângulo, conforme a figura abaixo:

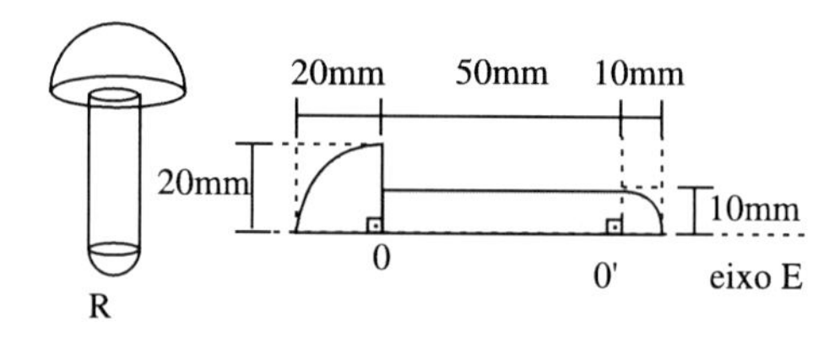

Determine o volume do rebite:

441)(UNICAMP) Uma esfera de 4cm de raio cai numa cavidade cônica de 12cm de profundidade, cuja abertura tem 5cm de raio. Determine a distância da esfera ao ponto mais profundo da cavidade:

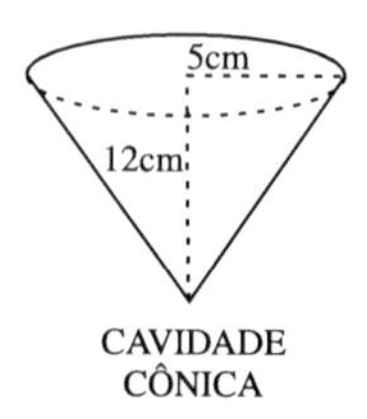

442) (UNICAMP) Uma esfera de 4cm de raio cai numa cavidade cônica de 12cm de profundidade, cuja abertura tem 6cm de raio. Determine a distância do vértice da cavidade à esfera:

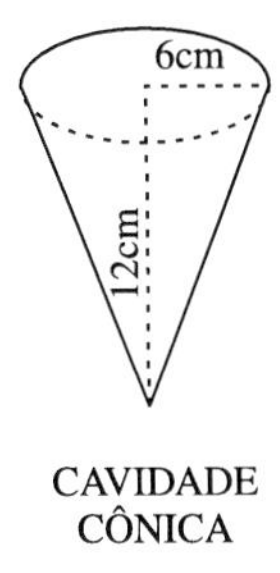

443) (UERJ) Admita uma esfera com raio a 2cm, cujo centro O dista 4m de um determinado ponto P. Tomando-se P como vértice, construímos um cone tangente a esta esfera, como mostra a figura abaixo.

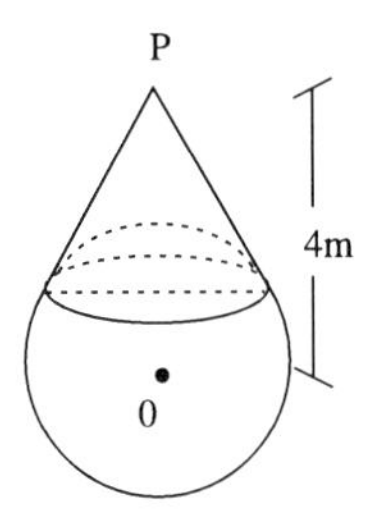

Calcule, em relação ao cone:

a) seu volume:

b) sua área lateral:

RESPOSTA DA MISCELÂNIA

1) C
2) C
3) A
4) C
5) A
6) B
7) B
8) B
9) A
10) E
11) C
12) B
13) D
14) A
15) B
16) A
17) D
18) A
19) D
20) C
21) C
22) $x = \sqrt{6} - \sqrt{2}$
23) D
24) A
25) B
26) D
27) C
28) D

29) D

30) B

31) E

32) B

33) E

34) B

35) A

36) E

37) B

38) D

39) E

40) E

41) E

42) B

43) B

44) B

45) C

46) D

47) C

48) B

49) B

50) B

51) B

52) A

53) D

54) A

55) a) 90° b) A = (1 + 2π) u.a./4

56) a) 12 u.a. b) sen θ = 24/25

57) d = 5m

58) Seja α = BAC. Temos que Área (ABC) = (b × c × sen α) /2.
Da mesma forma, Área (ARS) = (p × q × sen α) /2.
Logo Área(ARS) / Área (ABC) = p . q / b . c

59) x = 1 ou x =2

60) $S_1/S_2 = 1$

61) E

62) C

63) Notemos que:
no triângulo ABD, HE é paralelo a BD e HE=BD/2;
no triângulo CBD, GF é paralelo a BD e GF=BD/2.
Portanto os segmentos HE e GF são paralelos e iguais, logo o quadrilátero EFGH é um paralelogramo.

64) D

65) B

66) E

67) B

68) E

69) D

70) A

71) A

72) D

73) E

74) Raio da menor = 1/2 Raio da maior = 1

75) a) O Δ ABC é retângulo: $\overline{AB}^2 =$ m . 2R $\Leftrightarrow$ $\overline{AB} = \sqrt{2Rm}$

b) Área plana do interior dessa circunferência de raio $\overline{AB}$ é dado por $\pi\,\overline{AB}^2$, então:
$\pi\,\overline{AB}^2 = \pi\left[\sqrt{2Rm}\right]^2 = \pi\,.\,2Rm = 2\pi Rm$

76) D

77) E

78) A

79) D

80) D

81) C

82) A

83) A

84) D

85) B

86) B

87) C

88) C

89) C

90) A

91) D

92) D

93) A

94) B

95) A

96) A

97) B

98) A

99) A

100) B

101) D

102) C

103) D

104) A

105) B

106) A

107) A

108) D

109) D

110) A

111) A

112) C

113) B

114) B

115) C

116) C

117) B

118) C

119) C

120) C

121) B

122) E

123) A

124) B

125) C

126) D

127) C

128) D

129) B

130) D

131) E

132) D

133) D

134) C

135) D

136) A

137) E

138) D

139) A

140) A

141) B

142) B

143) C

144) D

145) D

146) B

147) Demonstre!

148) B

149) B

150) A

151) D

152) C

153) B

154) E

155) D

156) B

157) $V(h) = 36h - 96 + \frac{3}{16}(8-h)^3$

158) $a = \frac{8\sqrt{3}}{3}, b = 120^0$

159) $a = \frac{4}{5}, b = \frac{2}{5}, c = \frac{8+3\sqrt{21}}{25}$

160) 20

161) $\sqrt{14}$

162) D

163) A

164) $a = \frac{4}{3}cm^3, b = \sqrt{2}cm$

165) $a = \left(7\sqrt{3}+12\right)cm^2, b = \frac{20\sqrt{3}+36}{3}cm^2$

166) $a = 2,25.b = 7,8125\sqrt{3}$

167) $a = 1,2m.b = 1468,8litros$

168C)

169) E

170) B

171) A

172) E

173) D

174) D

175) C

176) B

177) A

178) D

179) C

180) E

181) B

182) A

183) D

184) C

185) A

186) A

187) C

188) B

189) D

190) B

191) E

192) C

193) D

194) A

195) E

196) B

197) E

198) D

199) A

200) D

201) B

202) B

203) A

204) D

205) A

206) A

207) B

208) C

209) B

210) B

211) C

212) C
213) B
214) D
215) B
216) B
217) 5h 30min
218) 13h 24min
219) E
220) B
221) C
222) E
223) 6,98cm
224) 31,4cm
225) 31,4cm
226) 5h 27min 16s
227) 72º
228) E
229) B
230) B
231) C
232) C
233) D
234) B
235) B
236) 120º
237) 10cm
238) B
239) E
240) E
241) E
242) 157º30´
243) 2,5cm
244) 2,0cm
245) a) 12cm e 24cm b) 15cm
246) a) 0 a 50Kwh b) 180Kwh
247) 0,8cm
248) 20,5cm
249) C
250) B
251) A
252) C
253) E
254) A
255) B
256) D
257) D
258) B
259) D
260) E
261) D

262) C

263) C

264) B

265) D

266) B

267) C

268) C

269) B

270) A

271) B

272) C

273) 2cm

274) 4dm

275) $600(3-\sqrt{3})m$

276) 30º

277) $2\sqrt{5}$

278) 6m

279) 15cm

280) a) Demonstre! b) 21m

281) 100/7

282) $(3\sqrt{5}+1,5)m$

283) $2(3-\sqrt{3})cm$

284) a) 10cm b) $\frac{20\pi}{3}$

285) E

286) B

287) E

288) C

289) C

290) $\sqrt{7}m$

291) 70m

292) $2a^2+2b^2$

293) $\sqrt{2+\sqrt{2}}$

294) $\frac{\sqrt{3}}{2}$

295) C

296) E

297) B

298) D

299) A

300) D

301) A

302) E

303) C

304) D

305) C

306) D

307) C

308) C

309) A

310) C

311) E

312) A

313) C

314) A

315) C

316) C

317) D

318) C

319) A

320) E

321) E

322) E

323) a) $2625m^2$ b) 15cm

324) a) 25m b) 204

325) Prove!

326) 500

327) $2(\pi - 2)$ cm^2

328) a) 3,555... b) 0,32

329) a) Demonstre! b) $a^2/20$

330) $16\sqrt[4]{3}cm$

331) 5/7

332) $\sqrt{3} - \frac{\pi}{2}$

333) $\frac{L^2 tg(\alpha) tg(\beta)}{2[tg(\alpha) tg(\beta)]}$

334) a) 100 cm^2 b) $100\left(3 + 2\sqrt{2}\right)cm^2$

335) 1cm

336) $20m^2$

337) $72m^2$

338) 7/15

339) $(6 - 4\sqrt{2})cm^2$

340) a) R^2 sen(2α) b) Demonstre!

341) 45º

342) a) 22º30´ b) $\sqrt{2} - 1$

343) $4 - 2\pi(2 - \sqrt{2})$

344) 1/2

345) $(864 + 420\sqrt{3})m^2$

346) a) $3\sqrt{3} + 5$ b) $\frac{9\sqrt{3} + 15}{2}$

347) 1,8

348) A

349) B

350) D

351) B

352) D

353) C

354) B

355) B

356) A

357) D

358) D

359) A

360) D

361) C

362) D

363) D

364) B

365) C

366) C

367) C

368) B

369) A

370) C

371) B

372) C

373) 1440

374) a) 8dm b) 512L

375) $21m^3$

376) NÃO

377) a/2

378) 15m

379) B

380) $12\left(4+\sqrt{3}\right)m^3$

381) $144\sqrt{3}m^3$

382) 512

383) $d = H\left(1-\frac{1}{\sqrt[3]{2}}\right)$

384) E

385) D

386) D

387) A

388) D

389) A

390) E

391) C

392) B

393) B

394) D

395) C

396) B

397) E

398) C

399) A

400) E

401) B

402) A

403) D

404) A

405) A

406) C

407) C

408) E

409) C

410) C

411) D

412) A

413) E

414) B

415) D

416) E

417) E

418) B

419) a) lata A b) lata A

420) 7cm

421) a) Mário b) R$ 400,00

422) 4

423) R$ 0,22

424) $\sqrt{19}cm$

425) 50ml

426) $\beta = 2\pi sen(\alpha)$

427) B

428) R = 3cm r = 2cm

429) $200\sqrt{17}$

430) 3cm

431) 8

432) 48,8ml

433) a) Desenhe um cone! b) 1,5

434) $9\sqrt{3}m$

435) 16m

436) $3\sqrt{3}$

437) C

438) a) $126\pi cm^2$ b) $\frac{2}{3}$

439) $\frac{\sqrt{5}-1}{2}$

440) $1000\pi mm^3$

441) $\frac{32\pi}{5}cm$

442) 6,4cm

443) a) $3\pi m^3$ b) $6\pi m^2$

FORMULÁRIO

O Alfabeto Grego

Nome Grego	Símbolos Gregos		Nome Grego	Símbolos Gregos	
	Minúscula	Maiúscula		Minúscula	Maiúscula
Alfa	α	Α	Nu	ν	Ν
Beta	β	Β	Csi	ξ	Ξ
Gama	γ	Γ	Ômicron	ο	Ο
Delta	δ	Δ	Pi	π	Π
Épsilon	ε	Ε	Ro	ρ	Ρ
Zeta	ζ	Ζ	Sigma	σ	Σ
Eta	η	Η	Tau	τ	Τ
Teta	θ	Θ	Upsilon	υ	Υ
Iota	ι	Ι	Fi	ϕ	Φ
Capa	κ	Κ	Chi	χ	Ξ
Lambda	λ	Λ	Psi	ψ	Ψ
Mu	μ	Μ	Ômega	ω	Ω

PARALELEPÍPEDO RETANGULAR DE COMPRIMENTO a, ALTURA b, LARGURA c

Volume = abc

Área da superfície = $2\,(ab + ac + bc)$

Diagonal $d = \sqrt{a^2 + b^2 + c^2}$

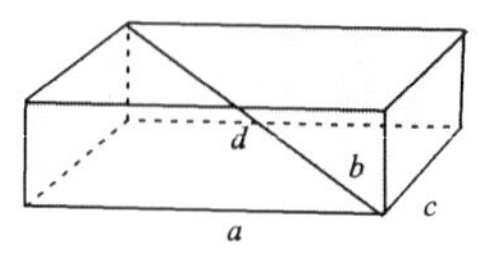

PARALELEPÍPEDO DE ÁREA DO CORTE SECCIONAL A E ALTURA h

Volume = $Ah = abc\ sen\,\theta$

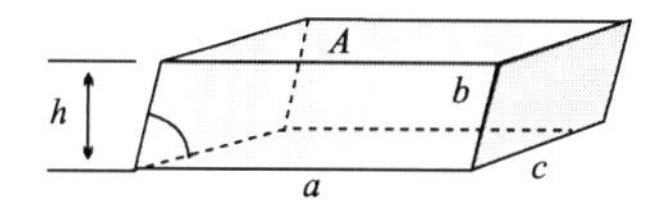

ESFERA DE RAIO r

Volume = $\frac{4}{3}\pi r^3$

Área da Superfície = $4\pi r^2$

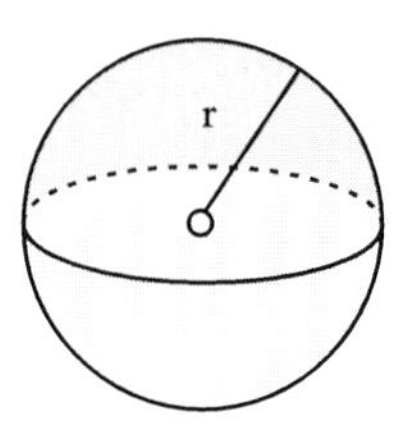

CILINDRO CIRCULAR RETO r E ALTURA h

Volume = $\pi r^2 h$

Área da superfície lateral = $2\pi rh$

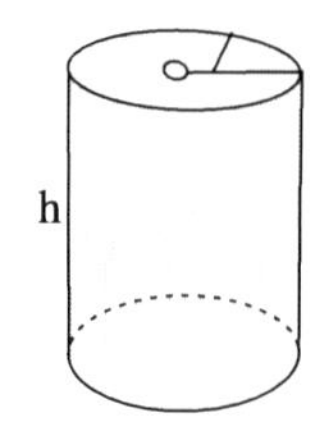

CILINDRO CIRCULAR DE RAIO r E ALTURA INCLINADA *l*

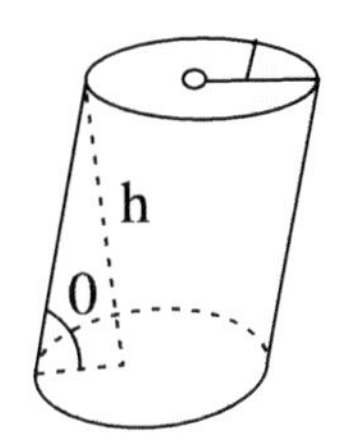

Volume = $\pi r^2 h = \pi r^2 l \; sen \; \theta$

Área da superfície lateral = $2\pi r l = \dfrac{2\pi r h}{\text{sen } \theta} = 2\pi r h \text{ cosec } \theta$

CILINDRO DE ÁREA DE CORTE SECCIONAL A E ALTURA INCLINADA l

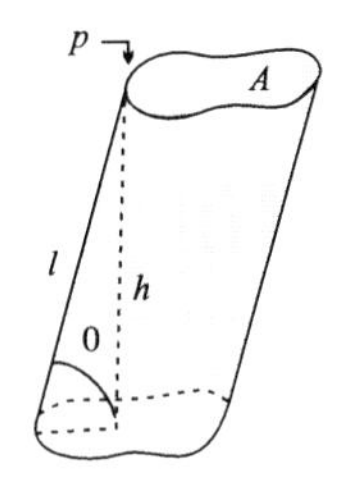

Volume = $Ah = Al \text{ sen } \theta$

Área da superfície lateral = $pl = \dfrac{ph}{\text{sen } \theta} = ph \text{ cosec } \theta$

CONE CIRCULAR RETO DE RAIO r E ALTURA h

Volume = $\dfrac{1}{3} \pi r^2 h$

Área da superfície lateral = $\pi r \sqrt{r^2 + h^2} = \pi r l$

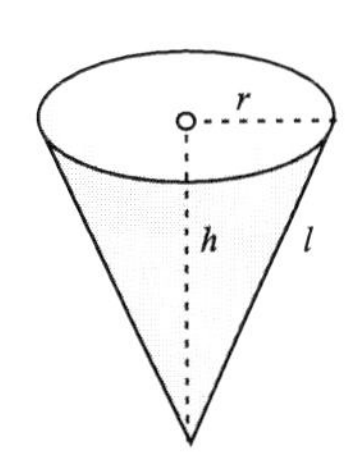

PIRÂMIDE DE BASE DE ÁREA A E ALTURA h

$$\text{Volume} = \frac{1}{3}Ah$$

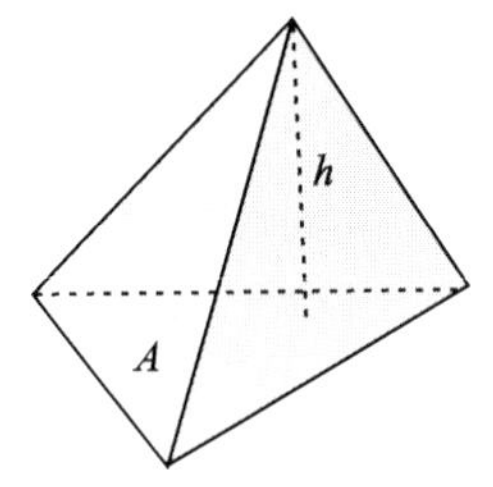

CALOTA ESFÉRICA DE RAIO r E ALTURA h

$$\text{Volume (parte sombreada da figura)} = \frac{1}{3}\pi h^2(3r - h)$$

$$\text{Área da superfície} = 2\pi rh$$

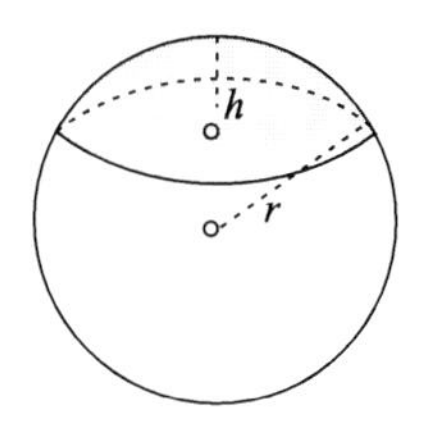

TRONCOS

Seja um tronco (de cone ou pirâmide)

$$\text{Volume} = \frac{h}{3}\cdot\left[A_B + A_b + \sqrt{A_B \cdot A_b}\right]$$

A_B = área da base maior

A_b = área da base menor

h = distância entre as bases.

Como exemplo:

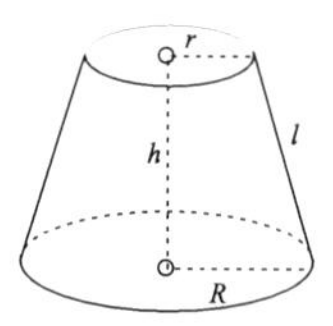

$$VOL = \frac{\pi h}{3}\left(R^2 + r^2 + R \cdot R\right)$$

Área lateral = $\pi . (R + r) . l$

$$\left(l = \sqrt{h^2 + (R - r)^2}\right)$$

TRIÂNGULO ESFÉRICO DE ÂNGULO A, B,C NA ESFERA DE RAIO r

Área do triângulo = ABC = $(A + B + C - \pi)\, r^2$

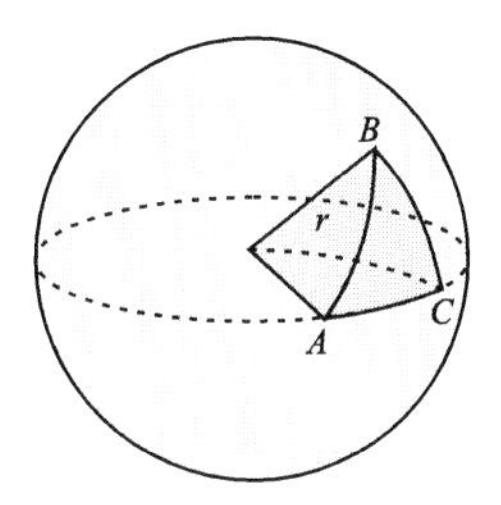

TORA DE RAIO INTERNO a E RAIO EXTERNO b

Volume = $\frac{1}{4}\ \pi^2 (a + b)\,(b - a)^2$

Área da superfície = $\pi^2(b^2 - a^2)$

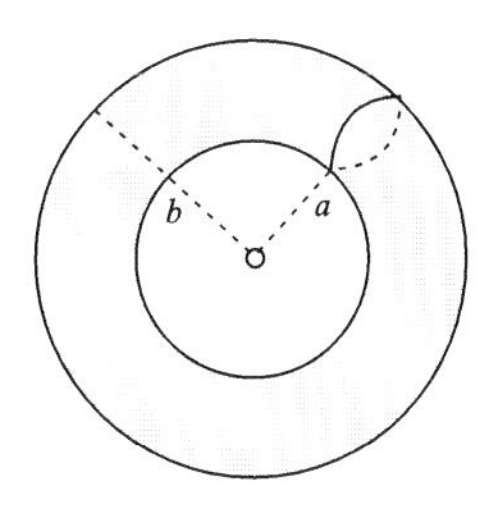

ELIPSÓIDE DE SEMI-EIXOS a,b,c

$$\text{Volume} = \frac{4}{3}\pi\,abc$$

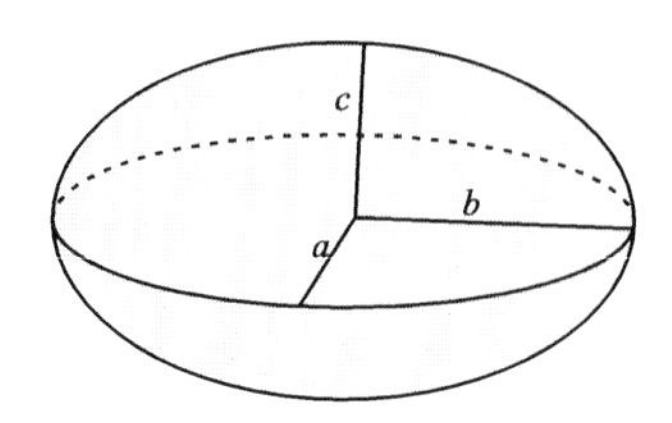

PARABOLÓIDE DE REVOLUÇÃO

$$\text{Volume} = \frac{1}{2}\pi\,b^2a$$

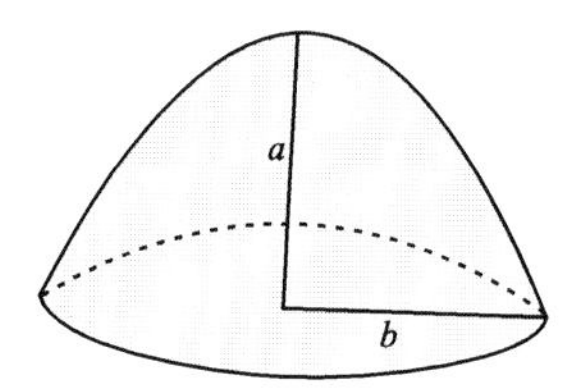

TRIÂNGULOS

– **Notação:**

a, b, c	– lados
$\hat{A}, \hat{B}, \hat{C}$	– ângulos internos
$\hat{A}', \hat{B}', \hat{C}'$	– ângulos externos
p	– semiperímetro
P_{ab}, P_{ac}, ...	– projeção de *a* sobre *b*, projeção de *a* sobre *c*, ...
m, n	– projeções dos catetos *b* e *c* sobre a hipotenusa *a*

m_a, m_b, m_c	– medianas
h_a, h_b, h_c	– alturas
b_A, b_B, b_c	– bissetrizes internas
b'_A, b'_B, b'_c	– bissetrizes externas
R	– raio do círculo circunscrito
r	– raio do círculo inscrito
r_a, r_b, r_c	– raios dos círculos ex-inscritos
S	– área

– Fórmulas:

1) Triângulo qualquer

$$\hat{A}+\hat{B}+\hat{C}=180^o; \quad \hat{A}'+\hat{B}'+\hat{C}'=360^o;$$

$$\hat{A}'=\hat{B}+\hat{C}, \hat{B}'=\hat{A}+\hat{C}, \hat{C}'=\hat{A}+\hat{B};$$

$$a^2=b^2+c^2\pm 2b\cdot P_{cb}=b^2+c^2\pm 2c\cdot P_{bc}.$$

$$b^2=a^2+c^2\pm 2a\cdot P_{ca}=a^2+c^2\pm 2c\cdot P_{ac}.$$

$$c^2=a^2+b^2\pm 2a\cdot P_{ba}=a^2+b^2\pm 2b\cdot P_{ab}.$$

$$m_a=\frac{1}{2}\sqrt{2(b^2+c^2)-a^2}, m_b=\frac{1}{2}\sqrt{2(a^2+c^2)-b^2},$$

$$m_c=\frac{1}{2}\sqrt{2(a^2+b^2)-c^2}; m_a^2+m_b^2+m_c^2=\frac{3}{4}(a^2+b^2+c^2);$$

$$h_a=\frac{2}{a}\sqrt{p(p-a)(p-b)(p-c)}, h_b=\frac{2}{b}\sqrt{p(p-a)(p-b)(p-c)},$$

$$h_c=\frac{2}{c}\sqrt{p(p-a)(p-b)(p-c)}, ah_a=bh_b=ch_c;$$

$$b_A = \frac{2}{b+c}\sqrt{bcp(p-a)}, b_B = \frac{2}{a+c}\sqrt{acp(p-b)},$$

$$b_C = \frac{2}{a+b}\sqrt{abp(p-c)},$$

$$b'_A = \frac{2}{b-c}\sqrt{bc(p-b)(p-c)}, b'_B = \frac{2}{a-c}\sqrt{ac(p-a)(p-c)},$$

$$b'_C = \frac{2}{a-b}\sqrt{ab(p-a)(p-b)}, (a > b > c);$$

$$ab = 2Rh_c, ac = 2Rh_b, bc = 2Rh_a; R = \frac{ab+ac+bc}{2(h_a+h_b+h_c)};$$

$$R = \frac{abc}{4\sqrt{p(p-a)(p-b)(p-c)}}; r = \sqrt{\frac{(p-a)(p-b)(p-c)}{p}};$$

$$r_a = \sqrt{\frac{p(p-b)(p-c)}{p-a}}; r_b = \sqrt{\frac{p(p-a)(p-c)}{p-b}};$$

$$r_c = \sqrt{\frac{p(p-a)(p-b)}{p-c}};$$

$$S = \frac{1}{2}ah_a = \frac{1}{2}bh_b = \frac{1}{2}ch_c; \qquad S = \sqrt{p(p-a)(p-b)(p-c)};$$

$$S = \frac{abc}{4R}; \qquad S = pr; \qquad S = (p-a)r_a = (p-b)r_b = (p-c)r_c;$$

$$S = \sqrt{rr_ar_br_c}; \qquad S = \sqrt{\frac{1}{2}Rh_ah_bh_c}; \qquad S = \frac{2R\dagger}{abc}h_ah_bh_c;$$

$$S = \frac{1}{2}\sqrt[3]{abch_ah_bh_c}; \qquad S = \frac{arr_a}{r_a - r}; \qquad S = \frac{ar_br_c}{r_b + r_c}; \qquad S = \frac{r_ar_br_c}{p};$$

$$S = \frac{(a+b)rr_c}{r+r_c}; \qquad S = \frac{(a-b)r_ar_b}{r_a - r_b}; \qquad S = \frac{rr_a(r_b + r_c)}{a};$$

$$S = \frac{4}{3}\sqrt{M(M-m_a)(M-m_b)(M-m_c)}, \qquad (2M = m_a + m_b + m_c);$$

$$S=\frac{1}{\sqrt{2\left(\frac{1}{h_a^2h_b^2}+\frac{1}{h_a^2h_c^2}+\frac{1}{h_b^2h_c^2}\right)-\left(\frac{1}{h_a^4}+\frac{1}{h_b^4}+\frac{1}{h_c^4}\right)}};$$

$$S=\frac{b_Ab_Bb_C(a+b)(a+c)(b+c)}{8abcp};\qquad S=\frac{b_Ab'_A(b\dagger-c\dagger)}{4bc},(b>c);$$

$$S=\sqrt{\frac{b'_A\,b'_B\,b'_C(b-c)(a-c)(a-b)p}{8abc}};\qquad (a>b>c);$$

$$\frac{1}{r}=\frac{1}{r_a}+\frac{1}{r_b}+\frac{1}{r_c};\frac{1}{r}=\frac{1}{h_a}+\frac{1}{h_b}+\frac{1}{h_c};\frac{1}{r_a}=\frac{1}{h_b}+\frac{1}{h_c}-\frac{1}{h_a};$$

$$\frac{1}{r}-\frac{1}{r_a}=\frac{2}{h_a};\qquad r_ar_b+r_ar_c+r_br_c=p\dagger;\qquad r_a+r_b+r_c=4R+r;$$

2) Triângulos isósceles

$$b=c;\qquad B=C;\qquad B'=C';\qquad A+2B=A+2C=180'';$$

$$A'+2B'=A'+2C'=360^o;\qquad \hat{A}'=2\hat{B}=2\hat{C};\qquad \hat{B}'=\hat{C}'=\hat{A}+\hat{B}=\hat{A}+\hat{C};$$

$$m_a=h_a=b_A=\frac{1}{2}\sqrt{4b^2-a^2};\qquad m_b=m_c=\frac{1}{2}\sqrt{2a^2+b^2};$$

$$h_b=h_c=\frac{a}{2b}\sqrt{4b^2-a^2};\qquad b_B=b_C=\frac{a}{a+b}\sqrt{b(a+2b)};$$

$$b'_B=b'_C=\frac{a}{a-b}\sqrt{b(2b-a)};\qquad b'_A=\infty;\qquad R=\frac{b^2}{\sqrt{4b^2-a^2}};$$

$$r=\sqrt{\frac{2b-a}{2b+a}};\qquad r_a=\sqrt{\frac{2b+a}{2b-a}};\qquad r_b=r_c=\frac{2}{a}\sqrt{4b^2-a^2};$$

$$S=\frac{a}{4}\sqrt{4b^2-a^2};\qquad S=\frac{ab^2}{4R};\qquad S=r_b\sqrt{rr_a}$$

3) Triângulo retângulo

$$\hat{A} = 90^o; \hat{B} + \hat{C} = 90^o; \hat{A}' = 90^o; \hat{B}' + \hat{C}' = 270^o; \hat{B}' = 90^o + \hat{C}; \hat{C}' = 90^o + \hat{B};$$

$$a = m + n; b^2 = am; c^2 = an; h_a^2 = mn; bc = ah_a;$$

$$a^2 = b^2 + c^2; \frac{1}{h_a^2} = \frac{1}{b^2} + \frac{1}{c^2}; m_a = \frac{a}{2};$$

$$m_b = \frac{1}{2}\sqrt{4a^2 - 3b^2} = \frac{1}{2}\sqrt{a^2 + 3c^2} = \frac{1}{2}\sqrt{b^2 + 4c^2};$$

$$m_c = \frac{1}{2}\sqrt{a^2 + 3b^2} = \frac{1}{2}\sqrt{4a^2 - 3c^2} = \frac{1}{2}\sqrt{4b^2 + c^2};$$

$$m_a^2 + m_b^2 + m_c^2 = \frac{3a^2}{2}; m_b^2 + m_c^2 = \frac{5a^2}{4};$$

$$h_a = \frac{bc}{a} = \sqrt{\frac{bc}{b^2 + c^2}}; h_b = c; h_c = b;$$

$$b_A = \frac{bc\sqrt{2}}{b + c}; b_B = c\sqrt{\frac{2a}{a + c}}; b_c = b\sqrt{\frac{2a}{a + b}}$$

$$b'_A = \frac{bc\sqrt{2}}{b - c}; b'_B = c\sqrt{\frac{2a}{a - c}}; b'_c = b\sqrt{\frac{2a}{a - b}}$$

$$R = \frac{a}{2} = \frac{1}{2}\sqrt{b^2 + c^2}; r = \frac{1}{2}(b + c - a) = p - a;$$

$$r_a = p; r_b = p - c; r_c = p - b;$$

$$S = \frac{bc}{2} = \frac{1}{2}ah_a; S = p(p - a) = (p - b)(p - c)$$

QUADRILÁTEROS

– Notação:

$AB = a$, $BC = b$, $CD = c$, $DA = d$	– lados
$\hat{A}, \hat{B}, \hat{C}, \hat{D}$	– ângulos internos
$\hat{A}', \hat{B}', \hat{C}', \hat{D}'$	– ângulos externos
$AC = x$, $BD = y$	– diagonais
M, N	– pontos médios de AC e BD
p	– semiperímetro
h	– altura
B_m	– base média
R	– raio do círculo circunscrito
r	– raio do círculo inscrito
S	– área

– Fórmulas:

1) Quadrilátero qualquer

$$\hat{A} + \hat{B} + \hat{C} + \hat{D} = 360^\circ; \quad \hat{A}' + \hat{B}' + \hat{C}' + \hat{D}' = 360^\circ;$$

$$a^2 + b^2 + c^2 + d^2 = x^2 + y^2 + 4\overline{MN}^2;$$

$$S = \frac{1}{4}\sqrt{4x^2y^2 - \left(a^2 - b^2 + c^2 - d^2\right)^2};$$

2) Quadrilátero inscritível

$$\hat{A}+\hat{C}=180^{\circ}, \hat{B}+\hat{D}=180^{\circ};$$

$$xy=ac+bd; \frac{x}{y}=\frac{ad+bc}{ab+cd};$$

$$x=\sqrt{\frac{(ac+bd)(ad+bc)}{ab+cd}}, y=\sqrt{\frac{(ac+bd)(ab+cd)}{ad+bc}}$$

$$R=\frac{1}{4}\sqrt{\frac{(ab+cd)(ac+bd)(ad+bc)}{(p-a)(p-b)(p-c)(p-d)}};$$

$$S=\frac{(ab+cd)x}{4R}=\frac{(ad+bc)y}{4R}; S=\sqrt{(p-a)(p-b)(p-c)(p-d)}$$

3) Quadrilátero circunscritível

$$a+c=b+d; S=(a+c)r=(b+d)r=pr$$

4) Quadrilátero inscritível e circunscritível

$$r=\frac{\sqrt{abcd}}{a+c}=\frac{\sqrt{abcd}}{b+d}; S=\sqrt{abcd};$$

$$R=\frac{1}{4}\sqrt{\frac{(ab+cd)(ac+bd)(ad+bc)}{abcd}}$$

5) Paralelogramo

$$a=c, b=d; \hat{A}=\hat{C}, \hat{B}=\hat{D}=90^{\circ}; x=y; MN=0$$

$$x^2+y^2=2(a^2+b^2)=2(c^2+d^2); S=ah$$

6) Retângulo

$$a = c, b = d; \hat{A} = \hat{B} = \hat{C} = \hat{D} = 90^\circ; x = y; MN = 0;$$

$$x = y = \sqrt{a^2 + b^2}; R = \frac{x}{2} = \frac{1}{2}\sqrt{a^2 + b^2}; S = ab$$

7) Losango

$$a = b = c = d; \hat{A} = \hat{C}, \hat{B} = \hat{D}; x \perp y; MN = 0;$$

$$x^2 + y^2 = 4a^2; S = \frac{1}{2}xy = 2ar = ah$$

8) Trapézio

$$a \parallel c\left(a > c\right); \hat{A} + \hat{D} = 180^\circ, \hat{B} + \hat{C} = 180^\circ;$$

$$B_m = \frac{a + c}{2}; MN = \frac{a - c}{2}; x^2 + y^2 = b^2 + d^2 + 2ac;$$

$$x = \sqrt{\frac{ac\left(a - c\right) + ad^2 - b^2c}{a - c}}, y = \sqrt{\frac{ac\left(a - c\right) + ab^2 - cd^2}{a - c}},$$

$$h = \frac{2}{a - c}\sqrt{\left(p - a\right)\left(p - c\right)\left(p - b - c\right)\left(p - c - d\right)};$$

$$S = \frac{1}{2}\left(a + c\right)h = B_m h = \frac{a + c}{a - c}\sqrt{\left(p - a\right)\left(p - c\right)\left(p - b - c\right)\left(p - c - d\right)}$$

9) Trapézio isósceles

$$b = d; \hat{A} = \hat{B}, \hat{C} = \hat{D}; x = y = \sqrt{b^2 + ac};$$

$$h = \frac{1}{2}\sqrt{4b^2 - \left(a - c\right)^2}; R = b\sqrt{\frac{ac + b^2}{4b^2 - \left(a - c\right)^2}}$$

$$S = \frac{a + c}{4}\sqrt{4b^2 - \left(a - c\right)^2}$$

10) Trapézio isósceles circunscritível

$$a + c = 2b = 2d; x = y = \frac{1}{2}\sqrt{a^2 + c^2 + 6ac}; h = \sqrt{ac};$$

$$R = \frac{b}{2}\sqrt{\frac{ac + b^2}{ac}} = \frac{a + c}{4}\sqrt{\frac{ac + b^2}{ac}}; r = \frac{\sqrt{ac}}{2};$$

$$S = b\sqrt{ac} = \frac{8 + c}{2}\sqrt{ac}$$

POLÍGONOS

– Notação:

n – número de lados

S_i – soma dos ângulos internos

S_e – soma dos ângulos externos

N – número de diagonais

– Fórmulas:

$$S_i = 180^\circ(n - 2); S_e = 360^\circ; n = \frac{S_i + 360^\circ}{180^\circ};$$

$$N = \frac{n(n - 3)}{2}; n = \frac{1}{2}\left(3 + \sqrt{9 + 8N}\right)$$

POLÍGONOS REGULARES

– Notação:

n – número de lados

ℓ (L) – lado do polígono inscrito (circunscrito)

$\hat{a}_i$ – ângulo interno

$\hat{a}_e$ – ângulo externo

$\hat{a}_c$ – ângulo cêntrico

d – diagonal

p – semiperímetro

h – altura

R – raio

r – apótema

S – área

– Fórmulas:

1) Polígono regular qualquer

$$\hat{a}_i = \frac{180^o(n-2)}{n}; \hat{a}_e = \frac{360^o}{n}; \hat{a}_c = \hat{a}_e = \frac{360^o}{n};$$

$$\hat{a}_i + \hat{a}_c = 180^o; r^2 + \left(\frac{1}{2}\ell\right)^2 = R^2; r = \frac{1}{2}\sqrt{4R^2 - \ell^2};$$

$$\ell_{2n} = \sqrt{2R^2 - R\sqrt{4R^2 - \ell_n^2}}; L_n = \frac{2R\ell_n}{\sqrt{4R^2 - \ell_n^2}};$$

$$S = pr = \frac{1}{2}n\ell_n r = \frac{1}{4}n\ell_n\sqrt{4R^2 - \ell_n^2}$$

2) Triângulo eqüilátero

$$\hat{a}_i = 60^o; \hat{a}_e = \hat{a}_c = 120^o; h = \frac{\ell\sqrt{3}}{2} = \frac{3R}{2} = 3r;$$

$$\ell = R\sqrt{3} = \frac{2}{3}h\sqrt{3} = 2r\sqrt{3}; R = \frac{2h}{3} = \frac{\ell\sqrt{3}}{3} = 2r;$$

$$r = \frac{R}{2} = \frac{\ell\sqrt{3}}{6} = \frac{h}{3}; r_a = r_b = r_c = \frac{3R}{2} = \frac{\ell\sqrt{3}}{2} = 3r = h;$$

$$S = \frac{\ell^2\sqrt{3}}{4} = \frac{h^2\sqrt{3}}{3} = \frac{3R^2}{4}\sqrt{3} = 3r^2\sqrt{3}$$

3) Quadrado

$$\hat{a}_i = 90^\circ; \hat{a}_e = \hat{a}_c = 90^\circ; \ell = R\sqrt{2} = \frac{d\sqrt{2}}{2} = 2r;$$

$$d = \ell\sqrt{2} = 2R = 2r\sqrt{2}; R = \frac{\ell\sqrt{2}}{2} = \frac{d}{2} = r\sqrt{2};$$

$$r = \frac{R\sqrt{2}}{2} = \frac{\ell}{2} = \frac{d\sqrt{2}}{4}; S = \ell^2 = \frac{d^2}{2} = 2R^2 = 4r^2$$

4) Pentágono regular

$$\hat{a}_i = 108^\circ; \hat{a}_e = \hat{a}_c = 72^\circ;$$

$$\ell = \frac{R}{2}\sqrt{10 - 2\sqrt{5}} = 2r\sqrt{5 - 2\sqrt{5}} = 1{,}176R = 1{,}453r;$$

$$R = \frac{\ell}{10}\sqrt{50 + 10\sqrt{5}} = r\left(\sqrt{5} - 1\right) = 0{,}851\ell = 1{,}236r;$$

$$r = \frac{\ell}{10}\sqrt{25 + 10\sqrt{5}} = \frac{R}{4}\left(\sqrt{5} + 1\right) = 0{,}688\ell = 0{,}809R;$$

$$S = \frac{5}{8}R^2\sqrt{10 + 2\sqrt{5}} = \frac{\ell^2}{4}\sqrt{25 + 10\sqrt{5}} = 5r^2\sqrt{5 - 2\sqrt{5}} = 2{,}378R$$

$$= 1{,}721\ell^2 = 3{,}633r^2$$

5) Hexágono regular

$$\hat{a}_i = 120^\circ; \hat{a}_e = \hat{a}_c = 60^\circ; \ell = R = \frac{2}{3}r\sqrt{3};$$

$$R = \ell = \frac{2}{3}r\sqrt{3}; r = \frac{R}{2}\sqrt{3} = \frac{\ell}{2}\sqrt{3};$$

$$S = \frac{3}{2}\ell^2 = \frac{3}{2}R^2\sqrt{3} = 2r^2\sqrt{3}$$

6) Octógono regular

$$\hat{a}_i = 135^o; \hat{a}_e = \hat{a}_c = 45^o; \ell = R\sqrt{2-\sqrt{2}} = 2r\left(\sqrt{2}-1\right);$$

$$R = \frac{\ell}{2}\sqrt{4+2\sqrt{2}} = r\sqrt{4-2\sqrt{2}} = 1,306\ell = 1,082r;$$

$$r = \frac{\ell}{2}\left(\sqrt{2}+1\right) = \frac{R}{2}\sqrt{2+\sqrt{2}} = 1,207\ell = 0,924R;$$

$$S = 2\ell^2\left(\sqrt{2}+1\right) = 2R^2\sqrt{2} = 8r^2\left(\sqrt{2}-1\right) = 4,828\ell^2 = 2,828R^2 = 3,314r^2$$

7) Decágono regular

$$\hat{a}_i = 144^o; \hat{a}_e = \hat{a}_c = 36^o;$$

$$\ell = \frac{R}{2}\left(\sqrt{5}-1\right) = \frac{2r}{5}\sqrt{25-10\sqrt{5}} = 0,618R = 0,650r;$$

$$R = \frac{\ell}{2}\left(\sqrt{5}+1\right) = \frac{r}{5}\sqrt{50-10\sqrt{5}} = 1,618\ell = 1,051r;$$

$$r = \frac{\ell}{2}\sqrt{5+2\sqrt{5}} = \frac{R}{4}\sqrt{10+2\sqrt{5}} = 1,539\ell = 0,951R;$$

$$S = \frac{5}{2}\ell^2\sqrt{5+2\sqrt{5}} = \frac{5}{4}R^2\sqrt{10-2\sqrt{5}} = 2r^2\sqrt{25-10\sqrt{5}} = 7,694\ell^2 =$$

$$= 2,935R^2 = 3,249r^2$$

8) Dodecágono regular

$$\hat{a}_i = 150^o; \hat{a}_e = \hat{a}_c = 30^o;$$

$$\ell = \frac{R}{2}\left(\sqrt{6}-\sqrt{2}\right) = 2r\left(2-\sqrt{3}\right) = 0,518R = 0,536r;$$

$$R = \frac{\ell}{2}\left(\sqrt{6}+\sqrt{2}\right) = r\left(\sqrt{6}-\sqrt{2}\right) = 1,932\ell = 1,035r;$$

$$r = \frac{\ell}{2}\left(2+\sqrt{3}\right) = \frac{R}{4}\left(\sqrt{6}+\sqrt{2}\right) = 1{,}866\ell = 0{,}966R;$$

$$S = 3\ell^2\left(2+\sqrt{3}\right) = 3R\dagger = 12r\dagger\left(2-\sqrt{3}\right) = 11{,}196\ell\dagger = 3{,}215r\dagger$$

9) Pentadecágono regular

$$\hat{a}_i = 156^o; \hat{a}_e = \hat{a}_c = 24^o;$$

$$\ell = \frac{R}{4}\left(\sqrt{10+2\sqrt{5}} - \sqrt{15}+\sqrt{3}\right) = r\left(\sqrt{50-22\sqrt{5}} - \sqrt{15}+3\sqrt{3}\right) =$$

$$= 0{,}416R = 2{,}221r;$$

$$R = \frac{\ell}{8}\left(\sqrt{50+10\sqrt{5}} + \sqrt{10+2\sqrt{5}} + 4\sqrt{3}\right) = 2{,}406\ell;$$

$$r = \frac{\ell}{4}\left(\sqrt{10+2\sqrt{5}} + \sqrt{15}+\sqrt{3}\right) = \frac{R}{8}\left(\sqrt{30+6\sqrt{5}} + \sqrt{5}-1\right) =$$

$$= 2{,}352\ell = 0{,}978R;$$

$$S = \frac{15}{8}\ell^2\left(\sqrt{10+2\sqrt{5}} + \sqrt{15}+\sqrt{3}\right) = \frac{15}{16}R^2\left(\sqrt{10-2\sqrt{5}} + \sqrt{15}+\sqrt{3}\right) =$$

$$= 15r^2\left(\sqrt{50-22\sqrt{5}} - \sqrt{15}+3\sqrt{3}\right) = 17{,}642\ell^2 = 3{,}050R^2 = 3{,}188r^2$$

10) Icoságono regular

$$\hat{a}_i = 162^o; \hat{a}_e = \hat{a}_c = 18^o;$$

$$\ell = R\sqrt{2-\sqrt{10+2\sqrt{5}}} = 0{,}313R;$$

$$r = \frac{R}{2}\sqrt{2+\sqrt{10+2\sqrt{5}}} = 0{,}988R;$$

$$S = \frac{5}{4}\ell^2\left[4\left(\sqrt{5}+1\right) - \left(3+\sqrt{5}\right)\sqrt{10+2\sqrt{5}}\right] = 31{,}569\ell^2 = 3{,}090R^2 = 3{,}168r^2$$

11) Polígono regular de *24* lados

$\hat{a}_i = 165^o ; \hat{a}_e = \hat{a}_c = 15^o ;$

$\ell = R\sqrt{2-\sqrt{2+\sqrt{3}}} = 0,261R$

FIGURAS CIRCULARES

– Notação:

R,r	– raios
D	– diâmetro
ℓ, ℓ'	– comprimentos de arcos
C, C'	– comprimentos de circunferências
n	– número de graus
C_{2n}	– corda de um arco de *2n* graus
e	– largura da coroa circular
h	– altura do trapézio circular
S	– área do círculo
S_t	– área do setor circular
S_g	– área do segmento circular
S_c	– área da coroa circular
S_{tc}	– área do trapézio circular

– Fórmulas:

$$C = 2\pi R = \pi D; \ell \frac{\pi Rn}{180} = \frac{\pi Dn}{360};$$

$$S = \pi R^2 = \frac{1}{4}\pi D^2 = \frac{1}{2}CR = \frac{1}{\pi}\left(\frac{C}{2}\right)^2; S_t = \frac{\pi R^2 n}{360} = \frac{1}{2}\ell R;$$

$$S_g = \frac{R}{2}\left(\frac{\pi Rn}{180} - \frac{1}{2}C_{2n}\right); S_g(45^o) = \frac{R^2}{8}\left(\pi - 2\sqrt{2}\right);$$

$$S_g(60^o) = \frac{R^2}{12}\left(2\pi - 3\sqrt{3}\right); S_g(90^o) = \frac{R^2}{4}(\pi - 2);$$

$$S_g(120^o) = \frac{R^2}{12}\left(4\pi - 3\sqrt{3}\right); S_c = \pi(R^2 - r^2) = \pi(R + r)e = \frac{1}{2}(C + C')e;$$

$$S_{tc} = \frac{\pi n}{360}(R^2 - r^2) = \frac{1}{2}(\ell + \ell')h$$

Números Usuais

$\sqrt{2} = 1,41421$

$\sqrt{3} = 1,73205$

$\sqrt{5} = 2,23607$

$\sqrt{2-\sqrt{2}} = 0,76537$

$\sqrt{2-\sqrt{3}} = 0,51764$

$\sqrt{5-2\sqrt{5}} = 0,72654$

$\sqrt{10-2\sqrt{5}} = 2,35114$

$\sqrt{25-10\sqrt{5}} = 1,62459$

$\sqrt{50-10\sqrt{5}} = 5,25731$

$\pi = 3,14159$

$\frac{\pi}{2} = 1,57080$

$\frac{\pi}{3} = 1,04720$

$\pi^2 = 9,86960$

$\sqrt{\pi} = 1,77245$

$\sqrt{2\pi} = 2,50623$

$\sqrt{6} = 2,44949$

$\sqrt{8} = 2,82843$

$\sqrt{10} = 3,16228$

$\sqrt{2+\sqrt{2}} = 1,84776$

$\sqrt{2+\sqrt{3}} = 1,93185$

$\sqrt{5+2\sqrt{5}} = 3,07768$

$\sqrt{10+2\sqrt{5}} = 3,80423$

$\sqrt{25+10\sqrt{5}} = 6,88191$

$\sqrt{50+10\sqrt{5}} = 8,50651$

$\frac{1}{\pi} = 0,31831$

$\frac{2}{\pi} = 0,63661$

$\frac{3}{\pi} = 0,95493$

$\frac{1}{\pi\dagger} = 0,10132$

$\frac{1}{\sqrt{\pi}} = 0,56419$

$\frac{1}{\sqrt{2\pi}} = 0,39894$

ANOTAÇÕES

Impressão e acabamento
Gráfica da Editora Ciência Moderna Ltda.
Tel: (21) 2201-6662